MANUAL DE SUPERVIVENCIA

John Wiseman

MANUAL DE SUPERVIVENCIA

Editorial ACANTO

Título original. THE SAS SURVIVAL HANDBOOK
Traducción: Gerardo di Masso

Balmes, 435 - Tel. 418 90 93
08022 Barcelona

Fotocomposición: Grafitex, S.A.
Impresión: Ferré Olsina, S.A.

Depósito legal: B.-751/94
ISBN: 84-86673-10-0

Primera edición en Gran Bretaña en 1986

PRINTED IN SPAIN.

A mi padre

T. C. H. WISEMAN

**que me enseñó el valor de la
vida y cuya dedicación
a ayudar a sus semejantes
yo trato de imitar.**

ADVERTENCIA

Las técnicas de supervivencia descritas en este manual deben utilizarse en circunstancias adversas, cuando la seguridad de las personas esté en peligro. Por tanto, los editores no pueden aceptar ninguna responsabilidad por juicios o procedimientos judiciales presentados contra persona o institución alguna como resultado del uso o mal uso de cualquiera de las técnicas descritas en este libro que ocasionen daños y perjuicios. Durante la práctica y perfeccionamiento de estas técnicas de supervivencia, se deben respetar, por encima de todo, los derechos de los propietarios de tierras y todas las leyes que protejan a determinadas especies animales y vegetales, y regulen la utilización de las armas de fuego, así como de otros tipos de armas.

ÍNDICE

INTRODUCCIÓN

A lo largo de 26 años, como soldado profesional, tuve el privilegio de servir en el Servicio Aéreo Especial (SAS). Esta unidad de élite del ejército británico está entrenada para llevar a cabo difíciles operaciones en todo el mundo, a menudo aislada y alejada de las fuerzas convencionales. Actuando en pequeños grupos, a menudo en territorio enemigo, sus miembros deben convertirse en sus propios médicos, dentistas, navegantes y cocineros. Con frecuencia, la situación operacional hace que el reaprovisionamiento resulte imposible y deben procurarse los alimentos de la tierra. Deben desenvolverse ante cualquier clase de situación y problema, ya sea provocados por el hombre o por la naturaleza, y regresar a un lugar seguro, y deben desarrollar las habilidades imprescindibles para poder sobrevivir en cualquier lugar del mundo.

Después de servir en numerosos destinos repartidos por todo el planeta, me convertí en instructor de supervivencia del SAS y mi trabajo consistía en que cada uno de los miembros del Regimiento pudiese aplicar estas habilidades. Verificadas en el entrenamiento y en el terreno operacional, estas habilidades constituyen la base de este libro.

Aislado de sus compañeros en una colina brumosa, perdido en la jungla o en el desierto, los problemas de la supervivencia son los mismos para un soldado y para un civil. La diferencia radica en que los soldados pueden necesitar ocultar su presencia, mientras que los civiles desearán atraer la atención para que puedan rescatarles. Todo el mundo quisiera ser un superviviente, jóvenes y ancianos, los que están en forma y los débiles. No obstante, obviamente, cuanto más en forma se encuentre usted —y cuantos más conocimientos tenga— mayores serán las posibilidades de superar el trance.

Los accidentes crean a menudo situaciones de supervivencia. Debe estar preparado para hacer frente a choques, colisiones y desastres naturales. Debe saber cómo tratar las heridas, cómo mantenerse sano y en forma y cómo ayudar a los que son menos afortunados que usted. Agua, comida, fuego y refugio son necesidades básicas. Debe saber cómo conseguirlos. El despliegue de señales atraerá a los servicios de rescate pero, si no logran dar con usted, debe ser capaz de llegar hasta un lugar seguro y de superar ríos y montañas.

Usted podría encontrarse aislado en cualquier lugar del mundo: desde los hielos árticos hasta el desierto y desde las selvas tropicales hasta el océano. Cada lugar específico exige unas técnicas de supervivencia especiales. Montañas, selvas, llanuras abiertas y ciénagas también pueden parecer peligrosas para el superviviente, pero cada una de ellas ofrece alguna forma de ayuda y puede ser explotada en busca de alimentos, combustible, agua y refugio... si sabe cómo hacerlo. El efecto del clima es sumamente importante. Debe saber cómo hacer frente al frío intenso y como sobrevivir bajo un calor abrasador, ya que ambas condiciones climatológicas representan diferentes riesgos para el superviviente. La supervivencia depende de la aplicación de unos principios básicos y de la adaptación de éstos a las diferentes circunstancias.

El lector debe emplear su propio sentido común en la aplicación de los métodos que se describen en este libro. Las pruebas para los alimentos vegetales, por ejemplo, constituyen la única forma segura para saber si determinada hoja o fruta es inocua o venenosa. Es improbable que la persona normal sufra algún daño si sigue correctamente estos métodos, pero siempre existe *un riesgo implícito. La respuesta individual al veneno varía con el individuo, ya que incluso pequeñas cantidades de sustancias tóxicas pueden ser muy peligrosas para algunas personas. Algunas de las trampas descritas también son muy peligrosas.* Jamás *deben dejarse sin vigilancia en lugares donde otras personas pudieran resultar heridas y puedan causar daño a quien las ha preparado si se las manipula incorrectamente.*

Al aprender las técnicas descritas en esta obra, los lectores deben tener en cuenta la necesidad de conservar nuestro medio ambiente y de evitar la crueldad con los animales, y respetar las leyes que estas técnicas pudieran contravenir. Recuerde siempre que este es un manual destinado a una situación de supervivencia en la cual la autoprotección es fundamental y en la que existen riesgos que resultaría estúpido correr en la vida normal. Tener en cuenta estos riesgos y sopesarlos forma parte de la estrategia de supervivencia. La elección final debe ser suya y nadie puede ser culpado si su elección no es la correcta.

Aunque no se trata de una publicación oficial, compartiendo los conocimientos sobre supervivencia que mis compañeros y yo hemos obtenido a través de nuestra experiencia, mi deseo es ayudarle a que sus decisiones sean correctas. Estos métodos y habilidades nos han servido para salvar la vida y también le ayudarán a usted a ser un superviviente.

Por último, me gustaría agradecer al Regimiento del SAS por haberme suministrado la experiencia que es la base de este manual, y dar las gracias a Howard Loxton y Tony Spalding, quienes me han ayudado para que este libro se editara. Sin su valiosa cooperación y dedicación, el manual no hubiera sido posible.

J.W.

The Survival School, Hereford. 1986.

PRIMERA SECCIÓN

PRINCIPIOS BÁSICOS

Comience por prepararse para ser un superviviente. Eso significa una preparación en todo sentido. Esta sección está destinada a asegurar que Ud. lleve el equipo adecuado en cualquier expedición que emprenda. Le propone la idea de llevar un equipo de bolsillo integrado por elementos de supervivencia considerados claves y que debe ir con Ud. a todas partes.

Un cuchillo constituye la herramienta de supervivencia más importante. Debe elegirse y utilizarse cuidadosamente y mantenerse en perfectas condiciones.

Igualmente importante es la preparación personal, de modo que Ud. se encuentre física y psicológicamente preparado para hacer frente a las tensiones y peligros que suponen las condiciones de supervivencia. Debe tener una comprensión clara de las necesidades de supervivencia, especialmente de las necesidades de agua y sal y los caminos para obtenerlos.

ESTAR PREPARADO
INVESTIGACIÓN
PLANIFICACIÓN
EQUIPAMIENTO
Sacos de dormir ▪ Mochilas ▪ Equipo de almacenamiento ▪ Radios ▪ Vehículos ▪ Equipo de bolsillo de supervivencia ▪ Mochila de supervivencia

CUCHILLOS:
Elección ▪ Tipos ▪ Cuidados

CÓMO HACER FRENTE AL DESASTRE
NECESIDADES BÁSICAS
AGUA:
Encontrar agua ▪ Animales como indicadores del agua ▪ Agua por condensación ▪ Agua de las plantas ▪ Agua de los animales

SAL

PRINCIPIOS BÁSICOS PARA LA SUPERVIVENCIA

La especie humana se ha establecido en casi todos los rincones de la Tierra. Incluso en territorios demasiado inhóspitos para tener un hogar estable y fijo, la humanidad ha encontrado la manera de explotar sus recursos, ya sea mediante la caza o extrayendo las riquezas de la tierra y, con frecuencia, ha puesto a prueba sus habilidades en pugna con la naturaleza por el mero placer de hacerlo.

En casi todas partes, la naturaleza suministra los elementos indispensables para sobrevivir. En algunos lugares, este suministro es abundante, en otros es muy escaso y se requiere sentido común, conocimientos e ingeniosidad para aprovechar los recursos disponibles. Y más importante que todo ello es la voluntad de sobrevivir. Hombres y mujeres han demostrado que pueden sobrevivir en las condiciones más duras y adversas, pero lo han logrado por su enorme determinación ya que, sin ella, las técnicas y conocimientos descritos en este libro servirán de muy poco si Ud. decide que el reto es demasiado grande.

La supervivencia es el arte de permanecer con vida. Cualquier equipo que Ud. tenga debe considerarse una bonificación. Debe saber como extraer todo lo que sea posible de la naturaleza y usarlo al máximo, como atraer la atención hacia Ud. de modo que equipos de rescate puedan encontrarle, como atravesar un territorio desconocido para regresar a la civilización, si no existe ninguna posibilidad de ser rescatado, navegando sin mapas ni compás. Debe saber como mantener un estado físico saludable, o como curar las enfermedades o las heridas, tanto suyas como las de los demás. Debe ser capaz de mantener la moral y también la de aquellos que comparten la misma situación.

La falta de equipo no debiera significar que Ud. no está equipado, ya que contará con las habilidades y la experiencia necesarias, como tampoco debe permitir que esas habilidades y esa experiencia se oxiden, sino que debe preocuparse por mejorar continuamente sus conocimientos.

Todos nosotros estamos acostumbrados a sobrevivir en nuestro medio ambiente —aunque quizá no pensemos en nuestras vidas en ese sentido—, pero los verdaderos supervivientes deben aprender a sobrevivir cuando se hallan lejos de su entorno habitual o cuando ese entorno se encuentra alterado radicalmente por el hombre o la naturaleza. Cualquier persona, joven o mayor, puede encontrarse en una situación de supervivencia. Considerando que cada vez es mayor el número de personas que vuela a todas partes del mundo, navega en pequeñas embarcaciones o cruza los mares en otras de mayor tamaño, escala montañas y escoge para sus vacaciones lugares cada vez más exóticos, se amplían y diversifican las situaciones a las que pueden verse expuestas.

Las técnicas de supervivencia no están relacionadas exclusivamente con situaciones extremas como un accidente aéreo en un pico montañoso, un naufragio en los trópicos o una avería del vehículo en medio del desierto. Cada vez que Ud. se coloca el cinturón de Seguridad en su coche está aumentando considerablemente las posibilidades de supervivencia. Mirar a ambos lados de la calle antes de cruzarla o comprobar que un fuego al aire libre no supone ningún riego antes de meterse en la cama son técnicas de supervivencia que Ud. emplea de forma instintiva. Además de las técnicas adquiridas, son estos hábitos mentales los que Ud. debe desarrollar.

ESTÉ PREPARADO

El lema de los Niños Exploradores es el correcto. Cualquier persona que salga de viaje o planee una expedición debería seguir este lema, averiguando todo lo posible sobre las situaciones con las que se encontrará y el equipo y conocimientos que requieren esas situaciones. El sentido común más elemental sugiere que Ud. debe prepararse, escoger el equipo adecuado y hacer todos los planes de la forma más cuidadosa posible.

Su equipo es el que marcará la diferencia entre el éxito y el fracaso. Especialmente, cuando se prepara la mochila, mucha gente lleva inicialmente demasiadas cosas y debe aprender a través de una amarga experiencia, lo que realmente necesita. No es nada divertido cargar con una enorme mochila llena de cosas superfluas, mientras se desea contar con una linterna o un abrelatas que uno no ha incluido en el equipo. No resulta sencillo conseguir el equilibrio justo en este aspecto.

LISTA DE COMPROBACION DEL EQUIPO

Antes de iniciar un viaje o una expedición, confeccione una lista y formúlese las siguientes preguntas:

¿Cuánto tiempo estaré fuera? ¿Cuánta comida necesitaré para ese período? ¿Necesito llevar agua?

¿Tengo la ropa adecuada para ese clima y la cantidad necesaria? ¿Es suficiente un par de botas o, debido a las condiciones del suelo y a la distancia en que debo recorrer, debería llevar otro par de reserva?

¿Qué equipo especial necesito para el terreno?

¿Qué botiquín es el más apropiado?

Asegúrese previamente de que se encuentra en buenas condiciones físicas para lo que planea realizar. Cuanto más en forma se encuentre, más fácil y gratificante le resultará el viaje. Si, por ejemplo, piensa caminar por las colinas, realice previamente ejercicios de forma regular usando sus botas de excursionista. Camine hasta su trabajo y de regreso a casa llevando una bolsa llena de arena y mejore la condición de sus músculos! La buena forma mental es otro factor muy importante. ¿Está seguro de que puede llevar a cabo la tarea que se ha propuesto? ?está suficientemente preparado y dispone del equipo necesario para conseguir su propósito? Elimine cualquier duda antes de ponerse en marcha.

Prepare siempre planes de emergencia en caso de que algo salga mal. Es muy raro que todo transcurra según lo planeado. ¿Qué hará si no puede conseguir el objetivo que se había fijado? ¿Qué hará si un vehículo sufre una avería o si las condiciones climatológicas o del terreno resultan ser más duras de lo previsto? ¿Cómo se reagruparán si el grupo se dispersa? ¿Qué sucede si alguien cae enfermo?

Chequeos médicos

Sométase a un chequeo médico completo y asegúrese de que está vacunado para los territorios por los que piensa viajar. Hay vacunas contra la fiebre amarilla, el cólera, el tifus, la hepatitis, la viruela, la poliomielitis, la difteria y la tuberculosis. Y la vacuna antitetánica es imprescindible. Prevea la vigencia de los efectos de las distintas vacunas; la protección antitifoidea completa requiere tres inyecciones en un lapso de seis meses. Si piensa viajar por una región donde hay malaria, lleve consigo una provisión suficiente de pastillas antimalaria. Debe comenzar a tomarlas dos semanas antes de iniciar el viaje, de modo que su organismo se encuentre inmunizado antes de llegar a la zona de riesgo, y debe continuar tomándolas durante un mes después de haber regresado de su viaje.

Visite al dentista y que le practique una buena revisión de la dentadura. Los dientes que normalmente no duelen pueden provocar un dolor considerable en los climas fríos. Al menos comience en buenas condiciones.

Prepare un botiquín que cubra todas sus necesidades probables y, si viaja con un grupo, asegúrese de que estén cubiertas las necesidades médicas de cada uno de sus miembros. Si un miembro potencial del grupo no se halla en buenas condiciones, ¿debe ser apartado de la expedición? Se trata de una decisión muy difícil entre amigos, pero que debe tomarse en beneficio de todos a largo plazo. Considere, también, la capacidad de cada miembro del grupo para hacer frente al desafío de las penurias, el riesgo y la resistencia que pueden encontrar durante el viaje. A menudo, la tensión hace emerger el lado desconocido de una persona y, al planificar cualquier expedición en grupo, se necesita alguna forma de selección de los que habrán de ser sus compañeros.

INVESTIGACIÓN

Nunca se puede disponer de toda la información sobre un lugar que se piensa visitar. Póngase en contacto con personas que ya hayan estado allí, lea libros, estudie los mapas... y asegúrese de que esos mapas son fiables y están actualizados. Averigue todo lo que pueda sobre la población local. ¿Se trata de gente amistosa y servicial o por el contrario, están hartos de los extranjeros? ¿Hay costumbres «tabúes» locales?

Cuanto más detallado sea el conocimiento que Ud. tenga sobre la forma de vida de la gente —sobre todo en sociedades no occidentalizadas, donde la vida está muy ligada a la tierra—, mayor será el conocimiento sobre supervivencia si llega a necesitarlo en algún momento. Los métodos locales para construir un refugio y encender fuego, los alimentos silvestres, las hierbas medicinales y las fuentes de agua potable se basarán en un conocimiento minucioso del medio ambiente.

Estudie sus mapas cuidadosamente, acostúmbrese al terreno incluso antes de haberlo visto, y obtenga de éste la mayor información posible: dirección de los ríos y velocidad de la corriente, saltos de agua, rápidos y corrientes difíciles. ¿Qué altura tienen las colinas y las montañas y cómo son sus laderas... están cubiertas de nieve? ¿Qué clase de vegetación va a encontrar, qué especies de árboles y dónde? ¿Cuáles son las temperaturas y qué diferencias hay entre el día y la noche? ¿A qué hora amanece y a qué hora anochece? ¿Cuál es la fase de la luna, la hora y la altura de las mareas, la dirección y la intensidad predominante del viento? ¿Qué tiempo cabe esperar?

PLANIFICACION

En las expediciones en grupo los miembros deben reunirse regularmente para debatir los objetivos que pretenden conseguir. Deben determinarse las responsabilidades particulares de cada miembro: médico, intérprete, cocinero, encargado del equipo especial, encargado del mantenimiento de los vehículos, conductor, navegante, etcétera. Asegúrese de que todos están familiarizados con el equipo y que hay recambios suficientes: especialmente baterías, combustible y bombillas.

Divida el proyecto en fases: fase inicial o de entrada, objetivo y recuperación. Establezca claramente el objetivo de cada fase y elabore un plan horario. Elabore también un plan para procedimientos de emergencia, como avería de un vehículo, enfermedades y evacuación de heridos.

Al calcular el índice de progreso en la expedición, especialmente si se hace a pie, concédase un amplio margen de tiempo. Siempre es mejor calcular en menos y luego sentirse agradablemente sorprendido por haberlo hecho mejor antes de lo previsto. La presión que supone tratar de cumplir con un horario demasiado ambicioso no sólo produce tensiones y agotamiento, sino que conduce también a errores de juicio y a correr riesgos que, con frecuencia, son la causa de que las cosas no salgan bien. No puede llevar *toda* la provisión de agua que necesita sino que debe reaprovisionarse durante la marcha. Las fuentes de agua constituirán un factor vital a la hora de planificar cualquier ruta.

Cuando la ruta haya sido planeada y aprobada, cerciórese de

que todos los demás la conocen para estar seguro de que le rescatarán en caso de que haya problemas. Si ha salido de excursión por las colinas, informe a la policía y al centro de rescate de montaña local. Infórmeles de cual es su plan y de las fechas previstas de salida y regreso. Si realiza el viaje en coche, póngase en contacto con la organización automovilística respectiva. Si viaja por mar, póngase en contacto con el servicio de guardacostas y con las autoridades portuarias.

Asegúrese siempre de que alguien sabe perfectamente lo que Ud. está proyectando hacer y cuándo piensa hacerlo, y manténgale informado en fechas preestablecidas, de modo que cualquier falta de contacto haga sonar la alarma. Embarcaciones y aviones se hallan estrictamente controlados de este modo y, si se produce algún retraso, se organiza la búsqueda por la ruta previamente establecida y se procede al rescate. Acostúmbrese a informar a la gente sobre el lugar a donde piensa viajar y en qué fecha piensa regresar o llegar a su siguiente punto de destino.

EQUIPAMIENTO

Provisto de la información obtenida a través de la investigación realizada, estará en condiciones de escoger su equipo, ajustándolo a los objetivos propuestos y a las condiciones del viaje. En las largas caminatas, sus pies tienen la máxima prioridad. Ablande gradualmente las botas nuevas y endurezca su piel con espíritu preventivo, comenzando dos semanas antes de ponerse en marcha.

Elija cuidadosamente su ropa para contar con una buena protección sin sufrir excesivo calor. Las prendas deberan ajustarse bien sin impedir los movimientos. Deben mantenerle abrigado y seco pero permitiendo que el cuerpo esté bien ventilado. Hay telas y tejidos que permiten que la sudoración se disperse hacia el exterior sin permitir el paso del agua y de la humedad hacia el interior. Varias capas de tejido son lo apropiado en zonas de clima frío. Para los excursionistas en zonas de clima templado, lo indicado es una camiseta, una camisa y un anorak contra el viento. Puede ponerse un suéter si refresca y un chubasquero si llueve. Necesita también una muda de ropa y prendas de abrigo adicionales para cuando haga un alto en la ruta.

Sacos de dormir

En general pueden conseguirse dos tipos de sacos de dormir. Un tipo lleva fibra sintética en su relleno, el otro tipo (más caro) lleva plumón. El plumón es muy ligero y provee un mejor aislamiento... siempre que permanezca seco. Si se moja pierde todas sus propiedades aislantes y resulta muy difícil de secar. Por tanto, en condiciones húmedas, los sacos de dormir de fibra sintética son una elección más aconsejable.

También pueden conseguirse excelentes sacos de vivac de material «respirable» que le mantendrán seco sin necesidad de contar con una tienda de campaña, pero, a largo plazo, una tienda es mucho mejor ya que puede usarse para cocinar y para desarrollar actividades comunitarias.

Mochilas

Para llevar toda su ropa y el equipo necesita una mochila fuerte y cómoda. Elija la mejor que pueda permitirse según sus posibilidades. Deberá contar con correas fuertes y ajustables, bien aseguradas a la tela o el armazón de la mochila. Una carga pesada puede aflojar rápidamente las correas de mala calidad. *Debe* tener un cinturón de cadera realmente cómodo. El secreto de llevar una mochila reside en apoyar confortablemente el peso en las caderas —el pivote más fuerte del cuerpo—, no en los hombros y la espalda, zonas que se cansan rápidamente debido a la tensión que soportan.

¿Quiere una mochila con armazón interno o externo? Los armazones internos son más ligeros y hacen que resulte más fácil llenar la mochila, pero los armazones externos son más fuertes, aseguran una distribución más pareja de la carga y son especialmente útiles para transportar equipo pesado o difícil de manejar incluyendo, en una emergencia, a una persona enferma o herida. Un buen armazón externo debería colocar la mochila en la zona superior de la espalda, ejerciendo menos peso sobre las caderas y los hombros, y debería estar diseñada para permitir una zona de aire entre la mochila y la espalda para reducir el contacto con la transpiración. Un armazón añade peso y tiende a engancharse en las salientes rocosas o en las ramas, dificultando la marcha por zonas de vegetación densa, pero sus ventajas compensan sobradamente este inconveniente.

Finalmente, elija una mochila hecha con una tela resistente e impermeable, preferiblemente con una capucha que se asegure por dentro para impedir la entrada de agua y que el contenido pueda volcarse. Los bolsillos laterales siempre son útiles, pero deben contar con buenas cremalleras en lugar de tiras o cuerdas de cierre, que no mantienen seguro el equipo.

Equipo de almacenamiento

Si espera un tiempo lluvioso, lo mejor será que meta todo en bolsas de plástico. Prepare todo sabiendo perfectamente donde está cada cosa y de manera tal que los elementos de primera necesidad no se encuentren en el fondo. La tienda debería estar arriba de todo, lo mismo que los objetos pesados —como las radios—, ya que resulta más fácil transportarlos... aunque la mochila no debe ser demasiado alta ya que en caso de encontrarse con vientos fuertes, una mochila muy alta resultará difícil de mantener equilibrada y Ud. gastará muchas energías tratando de mantenerla recta.

Incluya un hornillo y algunos alimentos en un bolsillo lateral para tener fácil acceso a ellos cuando se disponga a acampar. Asegúrese de que los alimentos que pueden mezclarse o aplastarse con facilidad se encuentran en recipientes adecuados. En un clima cálido, puede llevar alimentos para comer fríos y preparar muchas bebidas calientes. Si el clima es frío, asegúrese de tener una buena provisión de grasa y azúcares. Las raciones exactas dependen de su gusto, pero deben suponer un buen equilibrio de vitaminas, minerales, grasas, proteínas y carbohidratos. Tome en consideración cuanto tiempo será capaz de vivir lejos de su ambiente habitual y lleve una buena provisión de todas aquellas cosas que no será fácil encontrar allí adonde piensa viajar.

Radios

Para una expedición de larga duración por territorios remotos, una radio es una necesidad. Establezca previamente un plan de señales con llamadas fijas a la mañana y a la noche. Un plan de señales implica que haya un encargado de manejar el radiotransmisor en el campamento base y una comunicación en ambos sentidos es fácil de realizar. Asegúrese de que las frecuencias elegidas no sufrirán interferencias en las zonas adonde Ud. se dirige y que, al menos, dos personas del grupo estén familiarizadas con el funcionamiento del equipo.

Al anochecer envíe un informe de la situación a la base, estableciendo su ubicación, lo que han hecho hasta el momento y cuales son sus intenciones futuras. Por la mañana, debe recibir una información detallada y actualizada sobre las condiciones climatológicas y cualquier otra información que le puedan ofrecer desde la base.

Si está abordando una etapa peligrosa de la expedición, debe llegar a un acuerdo con la base para que ésta pueda recibir llamadas adicionales en caso de emergencia y proceda a responder de inmediato.

Cuando dejan de producirse dos llamadas consecutivas, debe activarse inmediatamente el plan de emergencia. Incluso si todo funciona según lo previsto, si Ud. no hubiera logrado ponerse en contacto, esta circunstancia sería considerada como una emergencia por la base. Ud. debe regresar al punto de partida o permanecer en la última situación informada y esperar a establecer contacto nuevamente. Si Ud. se encuentra realmente en problemas, en la base sabrán cual era su última situación y hacia donde pensaba dirigirse, de modo que la misión de rescate verá facilitada su tarea.

□ VEHÍCULOS

Los vehículos motorizados necesitan una adaptación especial para hacer frente al desafío que suponen las grandes alturas y las condiciones climatológicas extremas, además de una revisión mecánica exhaustiva para asegurarse de que todo funciona perfectamente. Necesitará depósitos adicionales para combustible y agua, como así también recambios y modificaciones (ver *Vehículos* en **Clima y terreno**, pág. 33.)

□ EMBARCACIONES Y AVIONES

Ya sea que viaje privadamente o utilizando los servicios de una compañía comercial, debe tomar nota de los procedimientos de emergencia. Las autoridades marítimas y aéreas establecen que los pasajeros deben estar informados de ellos. Recordar esos procedimientos podría salvarle la vida. Cuando Ud. sube a bordo de un avión, el personal le informa acerca de las salidas de emergencia y le aconseja sobre la conducta a seguir en caso de que se produzca una emergencia. En un barco deberá realizar ejercicios de simulacro de naufragio y le informarán sobre las formas en que debe abandonar la embarcación si llegara el caso.

El lugar más seguro en un avión es la zona más próxima a la cola del mismo. En caso de accidente, esta zona suele desprenderse del resto del fuselaje. La maryoría de los superivientes pertenece a los pasajeros que la ocupaban durante el vuelo. Si viaja en un avión ligero, siempre debe preguntarle al piloto detalles del viaje: ¿cuánto tiempo durará el vuelo y sobre qué tipo de terreno están volando. Atienda a todos los detalles... pueden ser fundamentales en caso de emergencia.

LO INESPERADO

¿Cómo puede prepararse para aquello que no tenía previsto? Prepararse para afrontar peligros y dificultades que uno prevee es ya bastante difícil, ¿pero qué posibilidades tiene uno de equiparse para hacer frente a un desastre completamente inesperado? Y, sin embargo, son precisamente estos desastres los que saltan inmediatamente a la mente de la gente: el naufragio y el aterrizaje forzoso o el accidente de un avión en un terreno difícil y desconocido.

Esta es la razón de la existencia de este manual que Ud. tiene en sus manos. Existen libros especializados en montañismo, navegación o travesías por los ríos, sobre el desierto, la jungla o las planicies polares, y leerlos formará parte de su investigación preparatoria antes de iniciar estas actividades o de viajar por esas zonas del mundo. Aún más importante, sin embargo, es conocer una amplia gama de técnicas que pueden ser aplicadas y adaptadas a toda clase de situaciones y desarrollar una forma de pensamiento que le permita encontrar la solución más adecuada a un problema determinado. Esta es la preparación que Ud. debe tener ante lo inesperado.

Pero no lo es todo. Puede equiparse con unos pocos elementos que aumentarán sus posibilidades al ayudarle con algunas de las necesidades básicas de supervivencia. Esto puede inclinar la balanza entre el éxito y el fracaso. Estos elementos se llevan en un pequeño recipiente, en un bolsillo o en un bolso, a cualquier parte. Representan su equipo de supervivencia. Si se presenta una situación de emergencia, se sentirá feliz de tenerlos con Ud.

EQUIPO DE BOLSILLO DE SUPERVIVENCIA

Unos pocos elementos claves pueden establecer la diferencia en la lucha por la supervivencia. Reúna los 15 objetos que se exhiben a la derecha. Todos ellos caben en un pequeño recipiente, como por ejemplo una lata de tabaco, que apenas abultará dentro del bolsillo del anorak. Acostúmbrese a llevarlo siempre con Ud. No escoja un recipiente mayor, ya que le resultará difícil de transportar y de sacar cuando lo necesite. Muchas personas que arman sus propios cigarrillos llevan esa clase de lata de tabaco. Pero esta es mucho más útil. Puede ayudarle a salvar la vida. El fumador está acelerando el final de la suya.

La experiencia ha demostrado que cada uno de estos 15 objetos merece su lugar, aunque algunos son más útiles que otros en determinadas situaciones: los anzuelos, por ejemplo, pueden ser fundamentales en la selva, pero no tendrán ninguna utilidad en el desierto.

Saque brillo al interior de la lata para disponer de una superficie espejada que pueda reflejar la luz y séllela con una banda de cinta adhesiva (a), para hacerla impermeable. Pero luego no debe olvidarse de la lata. Verifique regularmente su contenido, cambiando aquellos elementos que se deterioran, como las cerillas y las tabletas medicinales. Marque todos los recipientes que contengan drogas y medicamentos, señalando claramente su uso, dosis y fecha de caducidad. Rellene con algodón los espacios libres de la lata, lo que impedirá que el contenido se mueva y luego puede utilizarse para encender fuego. El fuego es esencial para la supervivencia y se incluyen los 4 primeros de los quince elementos para ello.

1 • CERILLAS

Las cerillas impermeables son útiles pero más grandes que las cerillas comunes que pueden encenderse en cualquier parte. No obstante, éstas pueden «impermeabilizarse» cubriendo las cabezas con cera de vela derretida. Para ahorrar espacio, corte las cerillas impermeables por la mitad.

Hacer un fuego utilizando cerillas es, obviamente, más fácil que si se emplea otro método. Pero no las desperdicie, recurra a ellas sólo cuando fracasen los otros métodos improvisados. Cójalas una a una de la lata y vuelva a colocar inmediatamente la tapa de la misma. Nunca deje la lata abierta y tampoco sobre el suelo.

2 • VELAS

Imprescindibles para hacer fuego y también como fuente de luz. Córtelas hasta darles una forma cuadrada para facilitar su embalaje. Si las velas están fabricadas con sebo también pueden comerse en una emergencia, pero asegúrese de que se trata de sebo. La cera de parafina y otros materiales para la fabricación de velas no son comestibles. El sebo no es muy resistente, especialmente en climas cálidos.

3 • PEDERNAL

Los pedernales se utilizarán sin problemas en ambientes húmedos y continuarán funcionando mucho después de que se haya quedado sin cerillas. Trate de conseguir un pedernal tratado.

4 • LUPA

Puede encender fuego haciendo pasar a través de ella los rayos del sol y también es muy útil para localizar astillas y aguijones.

5 • HILO Y AGUJAS

Incluya varias agujas, una de ellas con un ojo lo bastante grande para enhebrarla con hilos gruesos. Escoja un hilo fuerte y envuelva las agujas con él.

6 • ANZUELOS Y SEDAL

Incluya una selección de diferentes anzuelos en una lata pequeña. Añada algunas plomadas. Recuerde que con un anzuelo pequeño podrá coger peces grandes y pequeños, pero que con un anzuelo grande podrá coger peces de mucho mayor tamaño. Incluya la mayor cantidad posible de sedal, ya que también podrá emplearlo para cazar pájaros.

7 • BRÚJULA

Una brújula luminosa. Asegúrese de que sabe leerla, ya que algunas brújulas suelen ser un tanto confusas. La mejor es la que está llena de líquido, pero compruebe que no filtra el agua, que no tiene burbujas y que funciona. El indicador tiende a oxidarse. Asegúrese de que se encuentra bien asentado en el pivote y que se mueve libremente.

8 • LUZ BETA

Se trata de un cristal que emite luz y es del tamaño de una moneda pequeña, ideal para leer un mapa por la noche y también muy útil como cebo para pescar. Es cara pero su duración es casi indefinida.

9 • ALAMBRE PARA TRAMPAS

Preferiblemente alambre de cobre de unos 60-90 cm de longitud. Resérvela para preparar trampas aunque también puede resolver muchos problemas de supervivencia.

10 • SIERRA FLEXIBLE

Habitualmente vienen provistas de anillas en ambos extremos para utilizarlas como asas. Las anillas ocupan demasiado espacio, de modo que puede reemplazarlas por dos trozos de madera hasta que necesite usarla. Para protegerla del óxido, y para que no se rompa, cúbrala con una fina película de grasa. Las sierras flexibles pueden utilizarse para cortar incluso grandes árboles.

11 • BOTIQUÍN

Lo que incluya en el botiquín dependerá de sus conocimientos medicinales para aplicarlo. Lleve los medicamentos en recipientes herméticamente cerrados y con algodón en su interior para impedir que se muevan. Los siguientes productos cubrirán la mayoría de las dolencias, pero sólo son una guía:

Analgésico. Mitiga los dolores suaves y moderados. El fosfato de

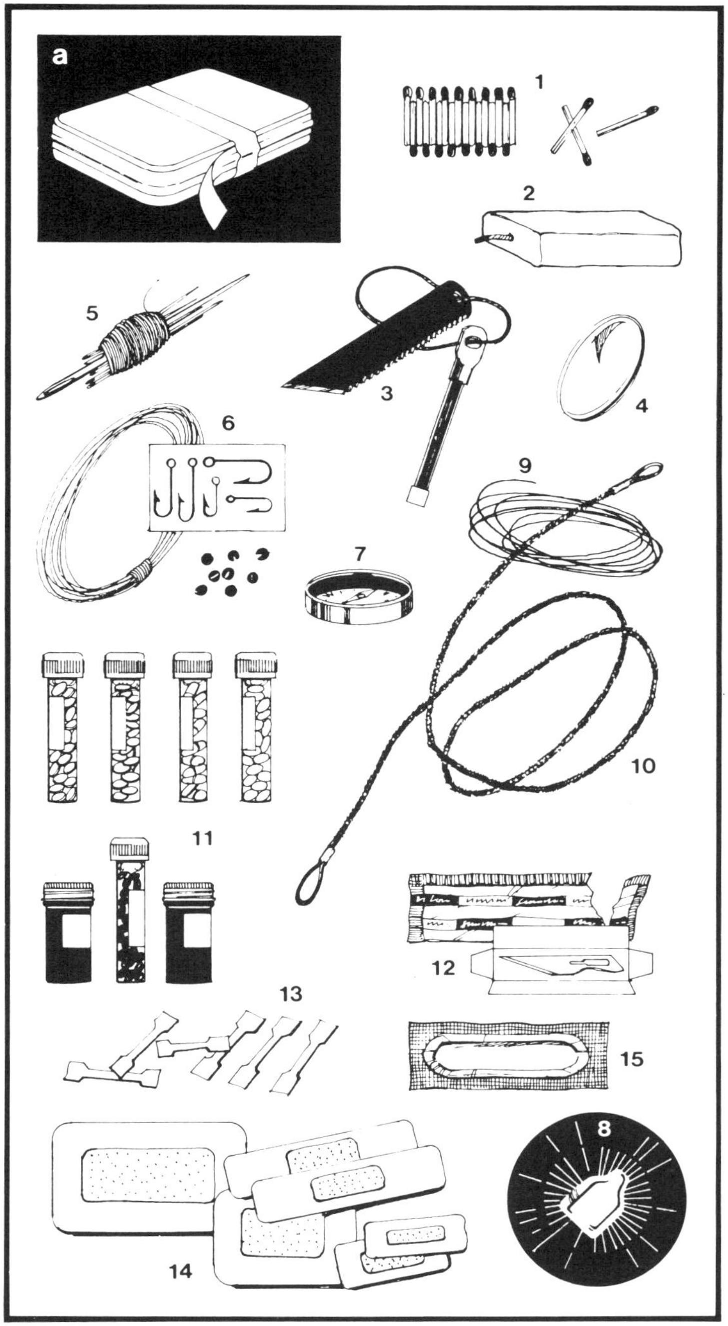

codeína es ideal para las jaquecas y los dolores de muelas y de oídos. DOSIS: una tableta cada seis horas, pero pueden provocar estreñimiento como efecto secundario, de modo que también son aconsejables en casos de diarrea. No deben tomarlos los niños, los asmáticos y las personas con problemas hepáticos.

Sedante intestinal. Para tratar la diarrea aguda y crónica. Habitualmente se recomienda las sulfamidas. DOSIS: dos cápsulas para empezar y luego una después de cada evacuación.

Antibiótico. Para infecciones generales. Puede utilizarse la tetraciclina, incluso personas hipersensibles a la penicilina. DOSIS: una tableta de 250 mg cuatro veces por día, durante cinco o siete días. Llevar una cantidad suficiente para un tratamiento completo. Si los está tomando, evite la leche, los preparados de calcio y hierro y otras drogas que contengan hidróxido de aluminio.

Antihistamínico. Para las alergias, picaduras de insectos y aguijones (también puede resultar útil en casos de una mala reacción ante una droga). En Gran Bretaña se recomienda el Piriton, en EEUU el Benadryl. La somnolencia es uno de los efectos secundarios del Piriton, de modo que resulta útil como una píldora para dormir de efectos suaves. No se exceda en la dosis y no lo mezcle con el alcohol.

Tabletas de agua. Para usar en aquellas zonas donde se sospecha que el agua no es potable y Ud. no puede hervirla. Siga las instrucciones del fabricante.

Tabletas antimalaria. Fundamentales en zonas donde la enfermedad está presente. Hay tipos que requieren la toma de sólo una tableta mensualmente.

Permanganato de potasio. Tiene diversos usos. Añádalo al agua y mézclelo hasta que el agua adquiera una tonalidad rosada para esterilizarla, rosa intenso para utilizarla como antiséptico y rojo para tratar enfermedades fungácesas como el pie del atleta.

12 • CUCHILLAS QUIRÚRGICAS
Al menos dos cuchillas tipo escalpelo de diferentes tamaños. Cuando las circunstancias lo exijan, puede fabricarse un mango con un trozo de madera.

13 • SUTURAS DE MARIPOSA
Utilizadas para mantener unidos los bordes de las heridas.

14 • TIRITAS
Tamaños clasificados, preferiblemente impermeables, especiales para quemaduras menores y para mantener limpios los cortes. Se pueden cortar y usar como suturas de mariposa (ver Saturando las heridas en Salud, págs. 207-208).

15 • PRESERVATIVO
Supone una buena bolsa de agua que puede albergar hasta un litro de líquido.

MOCHILA DE SUPERVIVENCIA

Si viaja en coche, en una embarcación o en avión, no guarde su equipo por separado. Prepare una mochila de supervivencia, que es demasiado grande para llevarlo en el bolsillo como la lata de supervivencia pero que debe estar en un lugar donde pueda ser alcanzada fácilmente en caso de emergencia. Si realiza su excursión a pie, manténgalo fuera del equipaje normal, sujeto al cinturón. Debe contener combustible, comida, un saco de supervivencia y equipo para hacer señales, todo dentro de una lata de rancho que proteje el equipo y puede utilizarse como utensilio para cocinar. Si desea beber o comer algo, lo tiene todo allí dentro. En una emergencia, supone su primer apoyo para sobrevivir. Cualquier cosa que use durante un viaje normal deberá ser reemplazado lo antes posible.

Mochila

La mochila debe estar fabricado en material impermeable y ser lo bastante grande para incluir una lata de rancho. Debe tener un buen cierre que no se suelte solo y una presilla resistente para sujetarlo al cinturón. Recuerde que la mochila contiene cerillas, combustible sólido y bengalas —todos ellos elementos que pueden salvar su vida— que debe tratar con mucho cuidado.

Lata de rancho

Está hecha de aluminio, que es fuerte y ligero. Es un buen utensilio de cocina que protege todo el equipo dentro de la mochila.

Combustible

Es preferible que lleve tabletas de combustible sólido en su propio recipiente para cocinar (1). Úselo cuando sea complicado hacer un buen fuego de madera. Son excelentes para encender fuego. El pequeño hornillo se abre simplemente para formar un lugar de apoyo para una olla (2) y protege el combustible que está ardiendo.

Linterna

Incluya una pequeña linterna del tipo lápiz (3) que apenas ocupa lugar. Mantenga las pilas en su interior, pero invierta la última, de modo que, no se gasten, en caso de que el interruptor se accionara casualmente. Las pilas de litio son las que más duran.

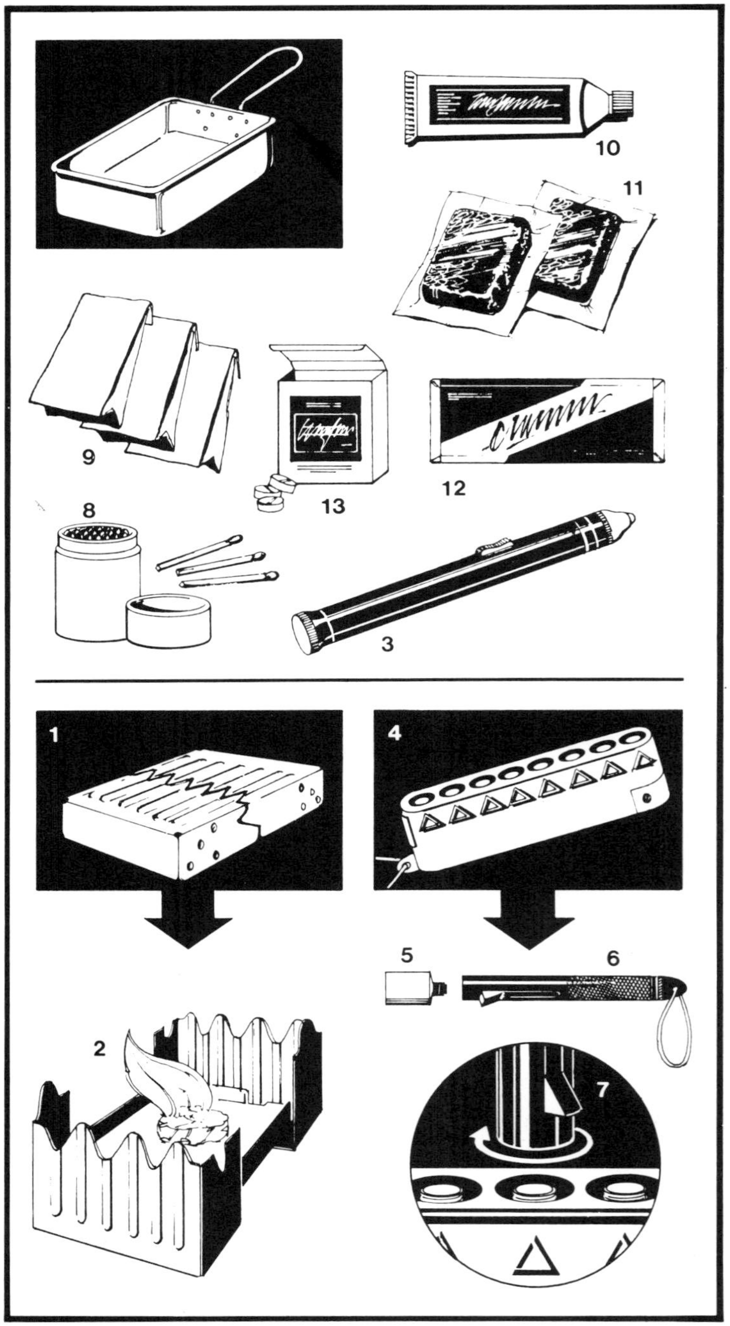

Bengalas

Bengalas de señales (4) para atraer la atención, especialmente en campo cerrado. Lleve minibengalas rojas y verdes (5) y un descargador (6) (más pequeño que una estilográfica). Manipúlelas con cuidado porque son explosivas. Sólo tiene que levantar el descargador y enroscarlo en la bengala (7). Retire la bengala y apunte hacia el cielo con el brazo extendido. Tire del gatillo para disparar. Debe usar las bengalas con mucho cuidado y tratar de no malgastarlas. Úselas para atraer la atención (ver ***Rescate*** pág. 253).

Baliza

Una tira o cinta de material fluorescente de aproximadamente 0,3×2 m utilizados para llamar la atención en una emergencia (ver *Señales* en Rescate pág. 253). Una cinta indica la evacuación inmediata. Forme otras señales con las balizas que llevan los otros miembros del grupo. Guárdelas en el zurrón de modo que impidan el movimiento de los demás elementos de supervivencia.

Cerillas

Incluya todas las cerillas (8) que pueda llevar en un recipiente impermeable, ya que nunca tendrá suficientes. El movimiento de unas contra otras puede favorecer la ignición de las cerillas comunes, de modo que debe empaquetarlas con mucho cuidado.

Equipo de infusiones

No hay nada como una buena infusión para levantar la moral. Lleve té en polvo y bolsitas de leche y azúcar (9).

El té calma la sed... ¡el café la aumenta!

Comida

La grasa es el alimento más difícil de obtener cuando uno se encuentra de excursión. Sus calorías extra merecen un lugar en su equipo, en forma de tubos de mantequilla o manteca de cerdo (10). Los panes de carne deshidratada (11) son muy alimenticias pero su sabor no es muy agradable. El chocolate (12) constituye un buen alimento, pero no se conserva bien, por lo que debe verificar su estado de forma regular. La sal (13) DEBE ser incluida, la mejor manera de llevarla es en forma de tabletas, o, mejor aún, en forma de polvo electrólito que contiene vitaminas, sal y otros minerales que el cuerpo necesita.

Bolsa de supervivencia

Una gran bolsa de polietileno de aproximadamente 2 m×60 cm es un elemento que puede salvarle la vida cuando el clima es muy frío. En una emergencia, métase dentro para reducir la pérdida de calor. Aunque la condensación producirá una atmósfera húmeda, estará caliente. Aún mejor es una bolsa que aísla el calor, fabricada en material reflectante, que le mantiene caliente y resuelve el problema de la condensación.

CUCHILLOS

Un cuchillo es un elemento fundamental en una situación de supervivencia. El aventurero responsable siempre llevará uno como parte indispensable de su equipo. Los cuchillos, sin embargo, son peligrosos, y pueden ser utilizados como armas. Deberán ser entregados al piloto o al personal de vuelo cuando viaje por avión como parte de los procedimientos habituales antisecuestro, y jamás deben ser exhibidos en circunstancias tensas o delicadas.

Elección del cuchillo

Una navaja plegable de varias hojas es un elemento muy útil, pero, si sólo lleva un cuchillo, necesita algo más fuerte, por ejemplo un cuchillo de varios usos que desarrollará con eficacia múltiples tareas, desde cortar árboles hasta desollar animales o preparar vegetales. Algunos vienen provistos de una brújula en la empuñadura o ésta la tienen ahuecada para que Ud. pueda llevar el equipo de supervivencia en su interior. Sin embargo, existe el inconveniente de que la empuñadura, al ser hueca, pueda romperse, y la brújula puede perder su precisión después de haber utilizado el cuchillo en un árbol de madera dura. Si Ud. pierde esta clase de cuchillo, también perderá su equipo de supervivencia, por tanto es mucho mejor llevar ese equipo separado en un bolso o mochila separado, en el cinturón o en la funda.

RECUERDE

USTED SÓLO ES TAN AFILADO COMO LO ES SU CUCHILLO. El cuchillo es una pieza tan importante en el equipo de supervivencia que debe mantenerlo afilado para usarlo en cualquier momento. No utilice su cuchillo sin un propósito definido. Nunca lo lance contra los árboles o el suelo. Manténgalo limpio y, si no lo va a utilizar durante cierto tiempo engráselo y guárdelo en su funda.

Cuando atraviese parajes desconocidos, acostúmbrese a comprobar regularmente que tiene su cuchillo. Esto debería convertirse en un reflejo automático, especialmente después de haber viajado por terreno difícil. Una comprobación de todos los bolsillos y todas sus pertenencias también debería ser un hábito arraigado en el aventurero.

Navajas

Una navaja puede ser muy valiosa, siempre que disponga de un buen seguro de cierre. Lleve siempre una. Una hoja en una empuñadura de madera es habitualmente más cómoda: no se deslizará si la mano está húmeda.

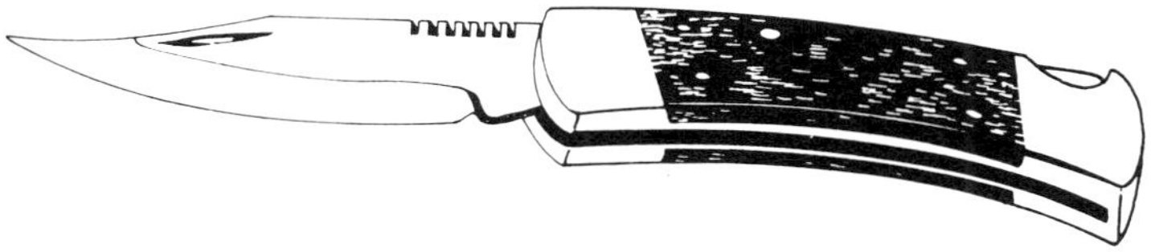

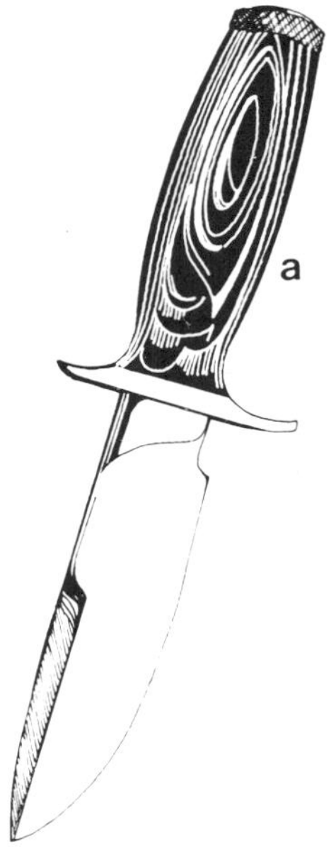

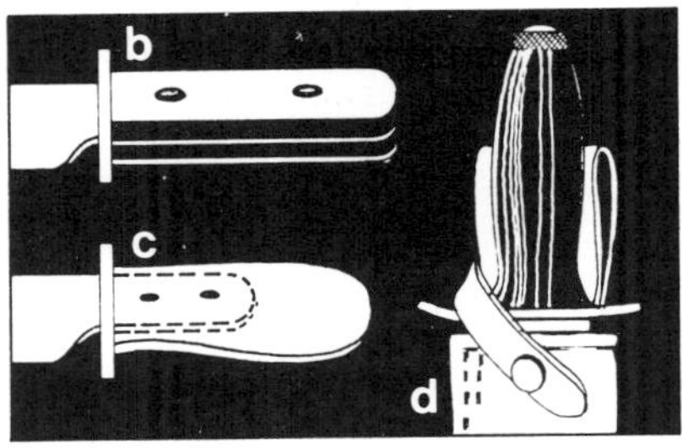

La empuñadura (a) es ideal: una pieza única de madera redondeada, la hoja pasando a través de ella y sujeta en el extremo. Si la empuñadura se rompe, la hoja puede cubrirse con tela o cordel. La empuñadura (b) está asegurada con remaches a la espiga de la hoja y puede ocasionar ampollas. La empuñadura (c) se romperá en los remaches si se la somete a un trabajo duro y su espiga corta hará que resulte muy difícil improvisar otra empuñadura. La funda (d) debería contar con un buen cierre y una presilla para el cinturón.

Parang

Es el nombre malayo que recibe un tipo de cuchillo provisto de una gran hoja curva similar a la de un machete. Es demasiado grande para llevarlo habitualmente, pero resulta ideal si uno sale de excursión.

El mejor parang es el que tiene una hoja de 30 cm de largo y un peso que no supera los 750 grs, 5 cm en la parte más ancha de la hoja y el extremo asegurado en una empuñadura de madera. La hoja curva permite que se ejerza una presión máxima cuando se corte madera y la hoja llega antes que los nudillos, protegiéndoles. Un parang puede llegar a cortar árboles de gran tamaño, lo cual es especialmente útil para construir refugios y balsas.

La hoja del parang tiene tres filos diferentes: ***B*** *hace el trabajo tosco de cortar madera y hueso,* ***A*** *es más fino y se usa para desollar,* ***C*** *es aún más fino y se emplea para tallar y para trabajos delicados.* ***A*** *y* ***C*** *son fáciles de mantener, y* ***B*** *es más afilado pero no tanto que pueda astillarse.*

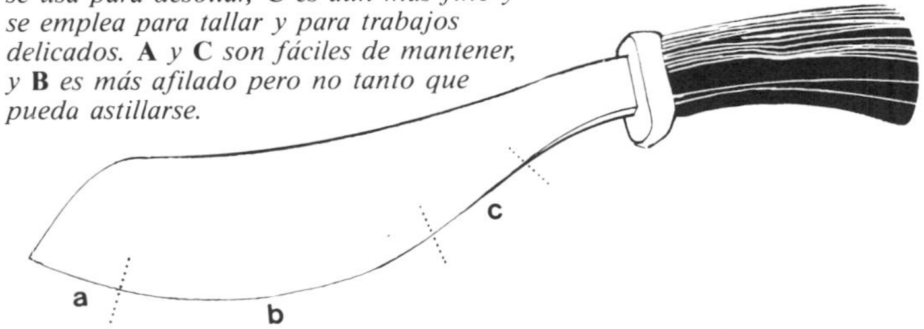

La funda debe contar con cierres seguros para mantener fijo el parang y con una presilla para sujetarla al cinturón. Algunas fundas tienen un pequeño bolsillo para llevar una piedra de afilar.

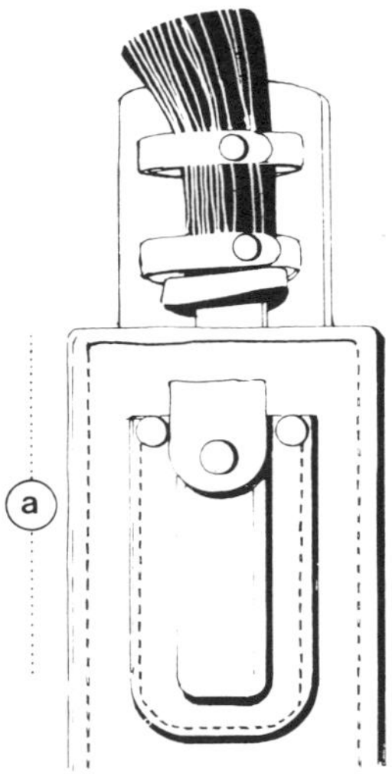

RECUERDE

Existe el peligro de que el borde afilado de la hoja pueda atravesar el costado de la funda. Para extraer el parang NUNCA sostenga la funda del mismo lado del borde afilado (a). Esto es muy peligroso. Acostúmbrese a coger el lado de la funda ALEJADO DEL BORDE AFILADO.

Afilar un cuchillo

Cualquier piedra de arenisca servirá para afilar herramientas: la mejor es la de arcilla. El cuarzo también es bueno para este propósito, aunque no resulta fácil hallarlo, y también puede usarse granito. Frote dos trozos juntos para suavizar su superficie. Una piedra de dos caras, una suave y otro áspera, es ideal y debería llevarse en el equipo de bolsillo. Use la superficie áspera en primer lugar para quitar la rebaba y luego la superficie suave para conseguir un filo aguzado. El objetivo es obtener un filo que dure y que no se astille.

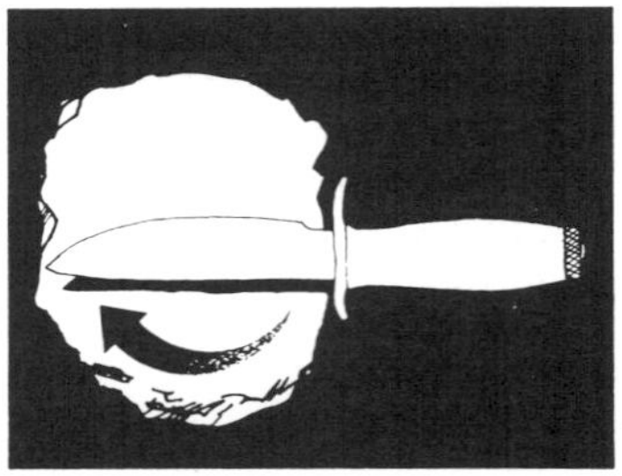

Para afilar la hoja, mantenga la empuñadura en la mano derecha. Aplique un movimiento circular en el sentido de las agujas del reloj y una firme presión sobre la hoja con las puntas de los dedos de la mano izquierda. Mantenga constante el ángulo. Mantenga la piedra mojada. Las partículas desprendidas por la piedra le mostrarán el ángulo que está obteniendo. NO lleve la hoja hacia usted bajo presión. Esto producirá asperezas. Reduzca la presión para conseguir un filo más fino. En el otro lado de la hoja, proceda con un movimiento contrario al de las agujas del reloj.

Perfil de la hoja: ***A*** *es demasiado exagerado y se gastará muy pronto,* ***B*** *es un buen filo y* ***C*** *es demasiado fino y podría astillarse.*

ENFRENTÁNDOSE AL DESASTRE

Cuando se hace frente a un desastre, es muy fácil rendirse y dejarse consumir por la autocompasión. Pero no tiene sentido tirar la toalla o hundir la cabeza como el avestruz, esperando que todo sea un mal sueño que pasará muy pronto. No será así, y con esa clase de actitud la situación empeorará rápidamente. Sólo una actitud positiva y activa puede salvarle.

Una persona sana y bien alimentada es capaz de soportar físicamente una situación comprometida, siempre que tenga confianza en sí misma. Aún enferma o herida, una persona decidida puede superar situaciones aparentemente imposibles. Para conseguirlo, existen muchas tensiones que deben vencerse.

La confianza en uno mismo es el producto de un buen entrenamiento y un conocimiento profundo. El entrenamiento y el conocimiento deben adquirirse antes de tener que afrontar una situación de supervivencia. El hecho de que Ud. esté leyendo este libro es un claro indicio de que dispone de las semillas de la determinación para equiparse con ella. Ése precisamente, es el verdadero punto de partida. Esa confianza le permitirá superar el miedo, el aburrimiento, el aislamiento y la soledad.

La buena forma física juega un papel muy importante. Cuanto mejor preparado se encuentre, mayores posibilidades tendrá de sobrevivir en una situación de emergencia. Al principio, es posible que deba permanecer sin dormir para asegurarse de que se encuentra en un lugar seguro, o realizar una larga marcha en condiciones peligrosas. No espere a sentirse obligado a no dormir para comprobar si puede hacerlo. Pruebe ahora, como forma de entrenamiento, desarrollando los recursos necesarios para hacer frente a la fatiga y la falta de sueño.

Tendrá que trabajar duramente para procurarse comida y agua. Con eso aliviará el hambre y la sed. Pero su búsqueda le agotará y necesitará disponer de un buen refugio que le permita descansar y recobrarse del esfuerzo realizado. No se exceda en este esfuerzo. Descanse con frecuencia y evalúe la situación.

El dolor y la fiebre son signos inequívocos que denotan la presencia de una herida o de una enfermedad. No son peligrosos, en sí mismos, aunque sí molestos y penosos. El dolor puede ser controlado y superado. Su función biológica es proteger la zona herida, impedir su uso, pero esta advertencia puede tener que ser ignorada para evitar el riesgo de nuevas heridas o incluso de la muerte.

Se sabe de personas con múltiples fracturas, que hubiesen muerto sin ninguna duda de haberse quedado inmóviles donde se encontraban, esperando ayuda, que se han arrastrado largas distancias desde regiones aisladas hasta conseguir ayuda.

La concentración y un esfuerzo sostenido pueden detener y reducir la sensación de dolor durante algún tiempo, aunque es importante tratar cualquier herida lo antes posible. Recuerde que el hecho de ignorar incluso una pequeña llaga o ampolla puede provocar más tarde problemas muy graves.

NECESIDADES BÁSICAS

Los principales elementos requeridos para la supervivencia son COMIDA, FUEGO, REFUGIO y AGUA. Su orden de importancia dependerá del lugar donde Ud. se encuentre. En el desierto, el agua será la primera prioridad; en las regiones polares, el refugio y el fuego serán las necesidades prioritarias. Uno de los primeros pasos para la supervivencia es el orden de sus prioridades.

Es necesario que transcurra bastante tiempo antes de que una persona sana muera por inanición, ya que el cuerpo puede utilizar los recursos que tiene almacenados, pero la exposición al viento, la lluvia y el frío puede resultar fatal incluso en climas templados y la muerte es prácticamente instantánea en las heladas aguas de los polos. Raramente es la comida la primera prioridad. Aún en aquellos lugares donde resulta difícil encontrarla, existen habitualmente otros problemas más acuciantes. A menudo será un refugio la primera necesidad en zona de temperaturas extremas, no sólo en las heladas regiones polares o en los desiertos abrasados por el sol, sino también para los caminantes que se ven sorprendidos por la niebla en la ladera de una colina. La necesidad de contar con un buen fuego va ligada a la de un buen refugio.

El agua es algo que la mayoría de la gente del mundo moderno da por supuesto. Están tan acostumbrados a que surja del grifo que raramente piensan en ella hasta que una grave sequía provoca su racionamiento. Sin embargo, el sobreviviente en el mar, o después de una inundación, aunque se halle rodeado de agua, puede llegar a desesperarse por un poco de agua potable, y hay muchos lugares donde, a menos que llueva, no puede encontrarse agua. Las otras necesidades de supervivencia se abordan en otras secciones del libro, pero el agua es universalmente importante.

AGUA

El agua es esencial para la vida. Toda forma de vida depende de ella, todas las criaturas vivientes la contienen. Una persona normal puede sobrevivir durante tres semanas sin comida, pero sólo tres días sin agua. Es la prioridad número uno. No espere a quedarse sin agua para empezar a buscarla. Conserve la que tiene y busque una fuente lo antes posible, preferiblemente de agua fresca y corriente, aunque cualquier clase de agua puede ser esterilizada hirviéndola o mediante el empleo de purificadores químicos.

El cuerpo humano es, en un 75%, agua. Es el elemento refrigerante que mantiene al cuerpo a una temperatura constante, es necesaria para que los riñones puedan funcionar y eliminar los desperdicios y es, en cierto modo, el conductor o vehículo de los impulsos nerviosos. Pero los fluidos que contiene el cuerpo son limitados. La pérdida de agua debe ser restituída o, de lo contrario, la salud y el rendimiento sufrirán las consecuencias.

Pérdida de agua

La persona media pierde 2-3 litros de agua cada día, incluso alguien que se encuentre en reposo y a la sombra pierde aproximadamente un litro. El mero hecho de respirar supone perder líquido, y la pérdida a través de la transpiración y la respiración aumenta con el índice de trabajo y la temperatura. Los vómitos y la diarrea en el curso de una enfermedad aumenta aún más esa pérdida de líquido. Y ese líquido debe ser compensado para mantener el equilibrio de agua crítico, ya sea a través de agua o del líquido contenido en los alimentos.

CÓMO RETENER FLUIDOS

Para reducir al mínimo la pérdida de líquido, tome las siguientes precauciones:

- Evite el ejercicio continuado. Descanse a menudo.
- No fume.
- Manténgase fresco. Permanezca a la sombra. Si no encuentra sombra provéase de alguna protección para disponer de ella.
- No permanezca sobre tierra caliente o sobre superficies recalentadas.
- No coma, o coma lo mínimo indispensable. Si no tiene agua, los alimentos obtendrán el fluido de los órganos vitales para su digestión, acentuando aún más la deshidratación. La grasa es el alimento más difícil de digerir y se necesita gran cantidad de líquido para descomponerla.
- Nunca beba alcohol. También necesita el fluido de órganos vitales para digerirlo.
- No hable, y respire por la nariz, no por la boca.

ENCONTRAR AGUA

El primer lugar donde debe buscarse es en el fondo de los valles, donde el agua fluye naturalmente. Si no existe ninguna vía de agua o estanque a simple vista, busque zonas con vegetación y proceda a cavar allí. Puede haber agua inmediatamente debajo de la superficie e irá llenando el hoyo. Incluso el hecho de cavar en los lechos secos y en hondonadas puede revelar un cauce bajo la superficie, especialmente en las zonas cubiertas de grava. En las montañas, busque la presencia de agua en las grietas.

En la costa debe cavar por encima de la línea de la marea alta, especialmente donde hay dunas o médanos, ya que cuenta con buenas posibilidades de encontrar unos 5 cm de agua fresca que se filtra y queda suspendida sobre el agua salada que es más pesada. Puede tener un gusto desagradable, pero sigue siendo potable. En las zonas donde los acantilados caen hacia el mar busque los lugares donde la vegetación crezca en forma abundante, incluso helechos y musgos, en una falla de la formación rocosa y es probable que encuentre un manantial.

Si no encuentra agua fresca, puede destilar el agua salada (ver *destilador solar* y *destilación* en esta sección).

ADVERTENCIA

Sospeche de cualquier estanque que no presente vegetación en sus orillas o en el que haya presente huesos de animales. Es probable que esté contaminado por agentes químicos en la tierra próxima a la superficie. Compruebe las orillas buscando minerales que pudieran indicar condiciones alcalinas. HIERVA SIEMPRE EL AGUA DE LOS ESTANQUES. En los desiertos hay lagos cerrados que se convierten en lagos de sal. El agua de estos lagos DEBE destilarse antes de beberla.

Recolección de rocío y lluvia

Aparte de la lluvia ácida producida por los países industrializados, que puede provocar un aumento de la polución en la tierra, el agua de lluvia es potable en todas partes y sólo se necesita recogerla. Emplee un área de recolección lo más amplia posible, haciendo que el agua caiga en todo tipo de recipientes. Un hoyo cavado en el suelo y revestido de arcilla contendrá eficazmente el agua de la lluvia, pero debe mantenerlo cubierto. Si no dispone de un forro impermeable, siempre puede usar hojas metálicas o corteza de árbol para recolectar el agua. Si tiene alguna duda sobre el agua que acaba de recoger, hiérvala.

En los climas donde, durante el día, hace mucho calor y mucho frío por la noche, la producción de rocío es muy grande. Cuando el rocío se condensa sobre objetos metálicos puede ser absorbido con una esponja o lamido.

Puede usar ropa para empaparla de agua y luego escurrirla. Una forma muy efectiva es atarse trozos de tela limpios en pantorrillas y tobillos y caminar por zonas de vegetación húmeda, esta tela puede chuparse o exprimirse.

ANIMALES COMO SEÑALES DE LA PRESENCIA DE AGUA

□ *Mamíferos*

La mayoría de los animales necesitan beber agua regularmente. Los animales de pastoreo nunca se encuentran demasiado lejos del agua —aunque algunos viajan miles de kilómetros para evitar la sequía— ya que necesitan beber al amanecer y cuando anochece. Los senderos de caza suelen conducir a una fuente de agua; sígalos colina abajo. Los animales carnívoros (que se alimentan de carne) pueden pasar un largo período sin beber. Consiguen su provisión de líquido de los animales que cazan, de modo que no pueden utilizarse como una señal segura de la presencia de agua.

□ *Aves*

Las aves que se alimentan de granos, como los pinzones y los gorriones nunca están muy lejos del agua. Beben al amanecer y al caer la noche. Cuando vuelan recto y bajo se dirigen hacia una fuente de agua. Cuando regresan de beber, sus estómagos están llenos y vuelan de árbol en árbol, descansando con frecuencia. Si sigue la dirección de sus vuelos podrá encontrar el agua que necesita.

Las aves acuáticas pueden recorrer grandes distancias sin detenerse a comer o a beber, de modo que no necesariamente indican la presencia de agua en las inmediaciones. Halcones, águilas y otras aves predadoras obtienen el líquido de sus víctimas, de modo que tampoco son una buena referencia para encontrar agua.

□ *Reptiles*

No son un buen indicador de la presencia de agua. Beben el agua del rocío y obtienen líquido de sus víctimas, de modo que pueden pasar largos períodos sin agua.

□ *Insectos*

Son muy buenos indicadores, especialmente las abejas: vuelan hasta a 6,5 km de sus colmenas, pero no beben a intervalos regulares. Las hormigas dependen del agua. Una columna de hormigas que sube por el tronco de un árbol se dirige seguramente a una pequeña reserva de agua. Esas reservas se pueden encontrar incluso en las regiones más áridas. La mayoría de las moscas permanecen a una distancia máxima de 90 m del agua, especialmente la Mosca Mason europea, que tiene un cuerpo verde e iridiscente.

□ *Huellas humanas*

Habitualmente le llevarán a un pozo, un hoyo perforado o una charca. Es posible que estén cubiertos con arbustos o piedras para reducir la evaporación. Una vez que haya bebido, coloque nuevamente la protección.

RECUERDE

CONTROLANDO SU SUDOR, RACIONA SU AGUA

Si tiene su ración de agua, bébala en pequeños sorbos. Después de haber pasado mucho tiempo sin beber, no la beba a grandes sorbos cuando la encuentre. Bébala a pequeños sorbos al principio. De otro modo, la persona deshidratada comienza a vomitar, lo que hace que pierda aún más líquido.

CONDENSACIÓN

Las raíces de árboles y plantas extraen la humedad del suelo, pero un árbol puede extraerla de un estrato de agua subterránea situado a 15 o más metros de la superficie, demasiado profundo para alcanzarlo. No lo intente; deje que el árbol bombee el agua por Ud. atando una bolsa de plástico alrededor de una rama con hojas. La evaporación producida por las hojas producirá un efecto de condensación en el interior de la bolsa.

Escoja una vegetación sana y ramas frondosas. En los árboles mantenga la boca de la bolsa en la parte superior con una esquina colgando bajo para recoger la evaporación condensada

Colocar una bolsa de polietileno encima de cualquier vegetación, recogerá la humedad producida por la evaporación, que se condensará en la superficie del plástico cuando se enfríe. Suspenda la bolsa por su ápice o utilice una estaca acolchada para sostenerla. Evite que las hojas toquen los lados de la bolsa para que las gotas de agua no caigan fuera de los canales revestidos de plástico en el fondo.

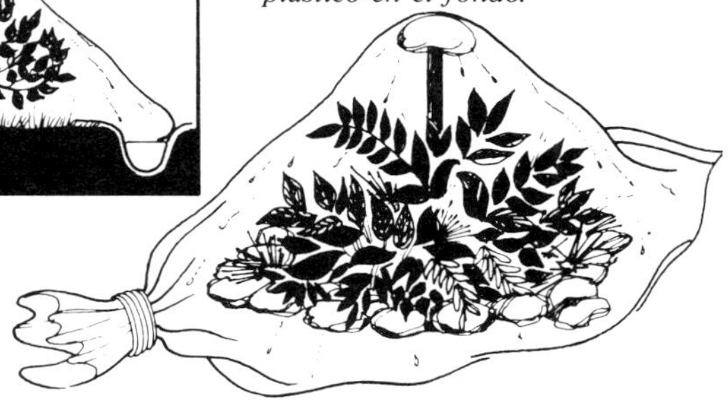

Incluso las hojas cortadas producirán un poco de condensación cuando se calienten en el interior de una bolsa de plástico de gran tamaño. Mantenga las hojas separadas del suelo con piedras, de modo que el agua pueda juntarse debajo de ellas, y evite que las hojas entren en contacto con el plástico. Use piedras para mentener la bolsa tirante. Sostenga la parte superior con una estaca acolchada. Disponga la bolsa sobre una ligera pendiente para que el agua condensada se precipite hacia el punto de recogida. Cuando ya no sean productivas, reemplace las hojas por follaje fresco.

Destilador solar

Cave un hoyo en el suelo de aproximadamente unos 90 cm de ancho y 45 de profundidad. Coloque en el centro un recipiente colector, luego cubra el hoyo con un trozo de plástico formando un cono. El calor del sol hace que se eleve la temperatura del aire y del suelo debajo del plástico, produciéndose así la evaporación. Cuando el aire se satura el agua se condensa en la parte inferior del plástico, cayendo en el recipiente. Este método resulta especialmente efectivo en las regiones desérticas y en otras zonas donde hace mucho calor durante el día y la temperatura desciende por las noches. El plástico se enfría más rápidamente que el aire, produciendo una intensa condensación. Esta clase de destilador puede recoger al menos 55 cc de agua en un período de dos horas.

El destilador puede utilizarse también como trampa. Insectos y pequeñas serpientes son atraídas por el plástico. Pueden deslizarse hacia el interior del cono o bien caer dentro del hoyo, de donde no pueden salir.

Un destilador solar puede utilizarse para destilar agua pura a partir de líquidos venenosos o contaminados.

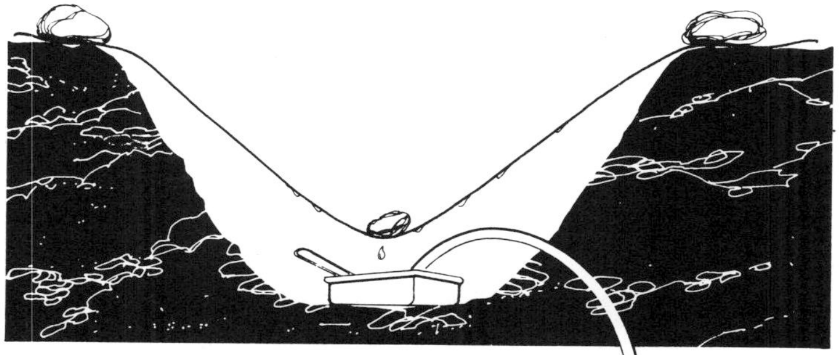

Tense la parte de abajo del plástico con una piedra para asegurarse de que las gotas se deslizan por ella. Use piedras o pesos para asegurar los bordes y mantener una forma de cono. Fije el recipiente para que los pequeños animales que queden atrapados no puedan volcarlo.

Si puede, use un sifón hacia un nivel inferior (a) para extraer agua sin perturbar el destilador.

ADVERTENCIA
ORINA Y AGUA DE MAR

Nunca beba ninguna de las dos. ¡NUNCA! Pero ambas pueden producir agua potable si son destiladas, y el agua del mar le suministrará un residuo de sal.

Destilación

Los equipos de destilación forman parte de los elementos de supervivencia, pero pueden improvisarse. Para destilar líquido, necesita que algo cumpla las funciones de una retorta de laboratorio. Pase un tubo a través de la parte superior de un recipiente tapado y lleno de agua, coloque el recipiente sobre el fuego y haga pasar el otro extremo del tubo a través de un recipiente colector sellado que, preferiblemente, se encuentra dentro de otro recipiente, suministrando una envoltura de agua fría para enfriar el vapor cuando pase a través del tubo. Puede improvisar este equipo de destilación con cualquier tubería. Para evitar malgastar el vapor de agua, selle las uniones con barro o arena húmeda.

Un método aún más sencillo consiste en una variación del destilador del desierto. Lleva un poco más de tiempo que el agua se condense, pero puede resultar más fácil de montar.

Coloque el extremo de un tubo en un recipiente cubierto en el cual se ha puesto a hervir agua salada/contaminada o incluso orina. Coloque el otro extremo debajo de un destilador solar. Un trozo de metal o de corteza, tal vez cargado con un peso, cubrirá el recipiente. Incluso un cono de hoja sobre el recipiente con agua ayudará a dirigir el líquido hacia el interior del tubo.

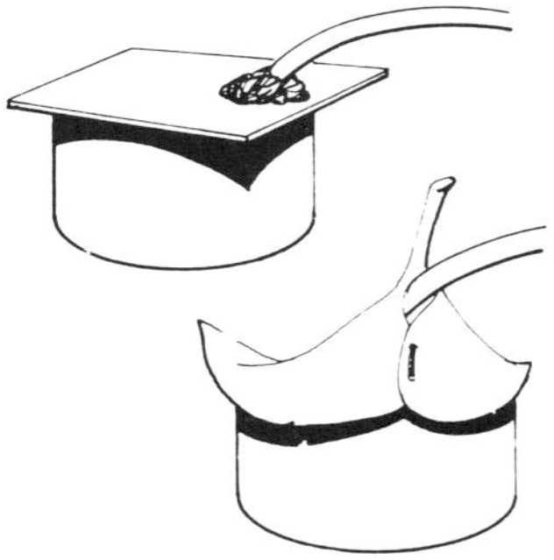

Agua del hielo y la nieve

Es mejor derretir hielo que nieve, ya que produce un mayor volumen de agua con menos calor: el doble con la mitad de calor. Si se ve obligado a derretir nieve, sin embargo, coloque un poco en el recipiente y procure derretirla, añadiendo gradualmente más cantidad. Si coloca mucha nieve en el recipiente, el nivel inferior se derretirá y el agua será absorbida por la nive superior, dejando un espacio debajo y haciendo que el recipiente se recaliente. Los estratos inferiores de nieve son más granulosos que los de la superficie y producirán más cantidad de agua.

Agua del hielo del mar

El hielo del mar es sal —no es potable— hasta que ha envejecido. Cuanto menos tiempo haya transcurrido desde su congelación, más salado será. El hielo del mar reciente es de contorno irregular y color blanco lechoso. El hielo viejo es de color azulado y tiene contornos redondeados, provocados por la erosión.

El agua potable puede obtenerse del hielo azul; cuando más azul y redondeado, mejor. Pero tenga cuidado con el hielo viejo que haya estado expuesto a la espuma salada de las olas del mar.

AGUA DE LAS PLANTAS

☐ COLECTORES DE AGUA

Las plantas en forma de copa y las cavidades entre las hojas de las bromeliáceas (muchas de las cuales son parásitas en las ramas de los árboles tropicales) contienen a menudo una reserva de agua.

El bambú suele contener agua en sus nudos huecos. Los tallos viejos y amarillos son los que suelen tener una reserva de agua. Sacúdalo y, si escucha que el líquido se agita en su interior, haga una muesca en la parte inferior de cada nudo y vierta el agua.

Las bromeliáceas alcanzan una altura entre los 5 cm y los 9 m, pero la mayoría de ellas varían entre los 30-150 cm. Algunas almacenan agua en sus tejidos y todas recogen en un depósito formado por la base de las hojas. Estas especies crecen en Hawai y en una zona que se extiende desde el sur del estado de Virginia (EEUU) hasta Argentina y Perú.

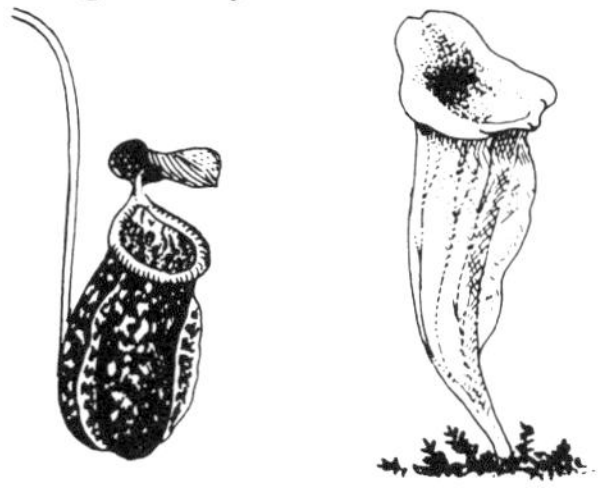

La nepente o sarracenia se emplea para describir muchas clases de plantas que recogen y conservan agua. Filtre el líquido para eliminar los insectos y los desperdicios atrapados en el depósito.

El Árbol del Viajero, Ravenala madagascariensis, *perteneciente a la familia de los plátanos, puede contener 1-2 litros de agua entre las bases de los tallos.*

☐ ENREDADERAS

Las enredaderas con corteza rugosa y brotes de unos 5 cm de grosor pueden constituir una buena fuente de agua. Pero debe aprender a través de la experiencia cuales son las enredaderas que contienen agua, porque no todas tienen agua potable y algunas de ellas tienen una savia que es venenosa. Las especies venenosas producen una savia lechosa y viscosa cuando se las corta. Aprenderá a no intentarlo nuevamente con este tipo de enredadera; de otro modo, se trata de una cuestión de ensayo y error y merece la pena intentarlo con cualquier otra especie.

Algunas enredaderas producen una irritación en la piel si se las lleva a la boca para chuparlas, de modo que es mejor dejar que el líquido caiga en el interior de la boca en lugar de acercar los labios al tallo y, mejor aún, recoja el agua en un recipiente.

Para obtener agua de una enredadera escoja uno de los tallos y siga su trayectoria hacia arriba. Alcance el punto más elevado posible y practique una profunda muesca en el tallo. Proceda luego a cortar el mismo tallo a nivel de la tierra y deje que el agua gotee en su boca o dentro de un recipiente. Cuando deje de gotear, corte una sección de la parte inferior y repita la operación hasta que la enredadera se haya vaciado. No corte primero la parte inferior de la enrededera, ya que eso hará que el líquido se desplace hacia arriba por acción capilar.

☐ RAÍCES

En Australia, el Árbol de Agua, el Roble del Desierto y el Bloodwood tienen sus raíces cerca de la superficie. Extraiga estas raíces de la tierra y córtelas en secciones de unos 30 cm de longitud. Quite la corteza. Chupe la humedad o corte la raíz hasta encontrar la pulpa y estrújela sobre la boca.

No resulta fácil encontrar algunas de las raíces más útiles del desierto a menos que alguien con experiencia le haya enseñado como hacerlo. Los aborígenes australianos pueden identificar una diminuta rama que crece de la raíz bulbosa en forma de balón de fútbol y que puede salvarles la vida, pero, a menos que le hayan enseñado como hacerlo, no merece la pena perder tiempo y energía buscándola.

☐ PALMERAS

Las palmeras Buri, Nipa y cocotera contienen un fluido azucarado que es potable. Para hacer que comience a fluir debe inclinar hacia abajo un tallo florecido y cortar el extremo. Si se practica una pequeña muesca en el tallo cada 12 horas, se renovará el flujo de agua, haciendo posible la recolección de un cuarto de litro de agua por día. Las palmeras Nipa surgen desde la base, de modo que puede trabajar desde el nivel de la tierra, mientras que en árboles adultos de otras especies tal vez deba trepar a ellos hasta encontrar un tallo florecido.

La leche de coco posee un considerable contenido de agua, pero constituye un poderoso laxante si se extrae de cocos maduros; si bebe en exceso podría perder más líquido.

☐ CACTUS

Tanto los frutos como el cuerpo de los cactus contienen agua, pero no todos ellos producen líquido potable. El Saquarro, el cactus gigante de Arizona, por ejemplo, es extremadamente venenoso. Evite el contacto con las espinas de los cactus ya que puede resultar muy difícil extraerlas, especialmente aquellas que son muy finas, similares a pelos y pueden provocar úlceras si permanecen en la piel.

El *Echinocactus grusoni,* o cactus Tonel, (ver *Plantas del desierto,* pág. 86), puede alcanzar una altura de 120 cm y se lo puede encontrar desde el Sur de Estados Unidos, hasta América del Sur. Su corteza es muy dura y está completamente cubierta de espinas. El mejor método para acceder al líquido que hay en el interior de este cactus, es cortar la punta y trocear su interior para luego chuparlos, o bien aplastar la pulpa dentro de la planta y extraer la savia acuosa, cuyo gusto varía desde insípido en algunas plantas hasta amargo en otras. Un cactus Tonel de tamaño medio, unos 100 cm, producirá aproximadamente un litro de jugo lechoso y constituye una excepción a la regla que establece que deben evitarse las plantas de savia lechosa.

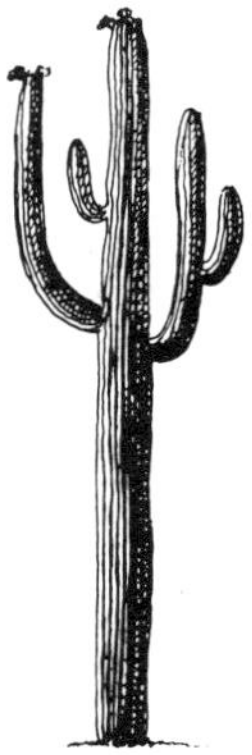

El cactus Saquarro, Sereus giganteus, *que crece en México, Arizona y California, alcanza una altura de 5 m y contiene gran cantidad de líquido, aunque venenoso. Recoja el líquido y colóquelo en un destilador para evaporarla y que se condense durante la noche.*

Cactos Opuntia: *el nopal o Frigilinda, tiene grandes excrecencias en forma de orejas y producen frutos ovalados que maduran de color rojo dorado. Sus largas espinas son más fáciles de evitar que las de otros cactus. Tanto sus frutos como sus «orejas» contienen líquido.*

AGUA DE LOS ANIMALES

Los ojos de los animales contienen agua que puede extraerse chupándolos.

Todos los peces contienen un líquido potable. Los peces grandes, en especial, tienen una reserva de agua a lo largo de la espina dorsal. Extraiga el agua destripando el pescado y, manteniéndolo extendido, quitándole la espina dorsal, cuidando no derramar el líquido para poder beberlo.

Si tiene una necesidad tan imperiosa de agua, recuerde que no debe beber los otros líquidos que el pescado tiene en su cuerpo, puesto que son muy ricos en proteínas y necesitarán agua para ser digeridos.

Los animales del desierto también pueden constituir una buena fuente de humedad. En el noroeste de Australia, en épocas de gran sequía, los aborígenes cavan en las zonas arcillosas buscando sapos del desierto que se entierran para mantenerse frescos y poder sobrevivir. Estos sapos almacenan agua en sus cuerpos y los aborígenes los estrujan para poder beber.

SAL

La sal es otro elemento fundamental para la supervivencia. Una dieta normal inlcuye una ingestión diaria de 10 gramos. El problema comienza cuando Ud. gasta más de la que consume. El organismo pierde sal a través del sudor y la orina, de modo que cuanto más caluroso es el clima mayor es la pérdida. El ejercicio físico aumentará esta pérdida.

Los primeros síntomas de deficiencia de sal son los calambres musculares, los vahídos, las náuseas y la fatiga. La solución consiste en beber un vaso de agua con un poco de sal. En su equipo de supervivencia hay tabletas de sal. Proceda a disolverlas en la cantidad adecuada de agua. No las trague enteras, ya que podría provocar trastornos estomacales y daño a los riñones.

¿Qué sucede si Ud. no lleva sal o si sus reservas se han agotado? En la costa o en el mar hay mucha sal disponible. Medio litro de agua de mar contiene aproximadamante 15 mg. de sal, pero NO la beba directamente. Dilúyala en agua dulce y fresca. La evaporación del agua de mar le proporcionará cristales de sal.

Las fuentes de sal tierra adentro son más difíciles de encontrar. En zonas de ganado, encontrará panes de sal destinados a los animales, pero entonces se encontrará muy cerca de la civilización y no es probable que haya llegado a un estado de carencia de sal. Sin embargo, todos los animales necesitan sal y la observación de los mismos puede conducirse a una fuente natural. En algunos lugares de África, los elefantes se arriesgan en las profundidades de una cueva oscura para lamer la sal de sus paredes.

La sal puede obtenerse de algunas plantas. En Norteamérica la mejor fuente de sal se encuentra en las raíces de los nogales y, en el sureste asiático, las raíces de la palmera Nipa pueden utilizarse del mismo modo. Hierva las raíces hasta que toda el agua se haya evaporado y sólo queden los cristales negros de sal.

Si no hay fuentes directas para la obtención de sal, tendrá que confiar en encontrarla de segunda mano, a través de la sangre de los animales, que nunca debiera desperdiciarse ya que se trata de una valiosa fuente de minerales.

DIARIO DE SUPERVIVENCIA

Lleve un diario de todos los acontecimientos. No confíe sólo en su memoria. Registre los descubrimientos de plantas comestibles y otros datos de lo que es útil y lo que no. Esto supone una valiosa referencia. El hecho de escribir lo que va pasando contribuye a mantener alta la moral. Posteriormente será una guía muy útil para el entrenamiento de supervivencia.

SEGUNDA SECCIÓN

ESTRATEGIA

Ya sea que se trate de un accidente menor o un terrible desastre —ambos pueden provocar una situación de vida o muerte—, se necesitan las mismas técnicas y la misma velocidad de pensamiento.

Para mostrar la forma en que se aplican las estrategias básicas de supervivencia a todo tipo de situación, exponemos en esta sección una serie de procedimientos en casos de accidentes menores en un vehículo.

Los mismos métodos pueden observarse a una escala mayor en el caso de un accidente aéreo de grandes proporciones. En estas circunstancias, es más probable que el superviviente se encuentre en un territorio desconocido y acompañado por un mayor número de gente durante un período más prolongado.

Una buena preparación y planificación permite que el superviviente se enfrente a los peligros y dificultades que amenazan la supervivencia. Estas amenazas se convierten en contingencias para las que Ud. se halla perfectamente preparado. Pero es imposible anticiparlo todo. Debe estar preparado para responder con rapidez a los peligros inesperados y para manejar racional y realísticamente un desastre potencial. Debe superar la propensión al pánico que produce ese tipo de situaciones y emprender el curso de acción más apropiado a la situación.

En ocasiones, una colisión u otro tipo de accidente se produce sin ninguna advertencia previa, pero en la mayoría de los casos existe un momento de comprensión instintiva de que algo está a punto de suceder, y es en ese momento que una reacción igualmente instintiva puede salvarle la vida. En muchas situaciones hay un tiempo más que considerable para tomar conciencia de la inminencia de un desastre potencial, y es en estas situaciones en las que la reacción de pánico es más peligrosa.

Cuando la niebla comienza a cubrir una colina, reduciendo la visibilidad casi a cero y haciendo que uno pierda el sentido de la orientación, la mayoría de las personas comienza a sentir pánico pensando que quedarán irremisiblemente atrapadas. Comienzan a hacer tonterías y aumentan el peligro, en lugar de valorar sus posibilidades y buscar algún tipo de refugio para esperar hasta que las condiciones mejoren y puedan seguir su camino. Mantener la calma, con la convicción de que Ud. es capaz de manejar la situaicón, no sólo le permitirá evaluar las posibilidades sino también ver otras soluciones que pudieran presentarse.

Algunas situaciones son previsibles, y el conocimiento de las técnicas para manejarlas reducirá considerablemente los riesgos. Aprenda estas técnicas, pueden salvarle la vida. Pueden exigir una gran presencia de ánimo —como esperar el momento justo para escapar de un coche que se está hundiendo en el agua—, pero están basadas en la experiencia y en principios contrastados. Sin embargo, la respuesta a los problemas más generales de la supervivencia residirá con frecuencia en la improvisación inspirada en aquellas habilidades apropiadas a la situación.

El desastre puede colocarle en una situación límite que tal vez deba resolver sin ayuda de nadie, o bien puede encontrarse entre cientos de personas afectadas por un desastre a gran escala y sobre el que no hay ninguna forma de control.

Existe una enorme diferencia entre hacer frente a un accidente de coche y a un desastre aéreo. Tal como demostrarán ambas situaciones extremas, cualquiera que sea la escala del accidente, deberán aplicarse la misma determinación y capacidad para poner en práctica el conocimiento adquirido. AMBOS son cuestiones de vida o muerte, independientemente de la cantidad de gente involucrada en los mismos.

ACCIDENTE DE COCHE

► *Frenos que fallan*

Si falla el freno mientras está conduciendo, cambie de marcha y aplique el freno de mano. Debe hacer varias cosas simúltaneamente: quitar el pie del acelerador, encender las luces de emergencia, bombear repetidamente el pedal del freno (tal vez pueda volver a funcionar), reducir la velocidad con el cambio de marchas y aplicar la presión de freno de mano. No tire violentamente del freno de mano, hágalo de forma gradual hasta que el coche se haya detenido.

Si no dispone de tiempo para todas estas maniobras, quite el pie del acelerador y reduzca la velocidad valiéndose del cambio de marcha —y coja el freno de mano— pero NO aplique la presión máxima hasta no estar seguro de que el coche no resbalará.

Busque lugares seguros en el arcén para abandonar la carretera, preferiblemente un terraplén blando o un lugar de giro con una inclinación ascendente.

Si la velocidad permanece inalterable, en una colina pronunciada por ejemplo, haga que la carrocería roce contra una valla o contra un muro para reducir la velocidad. Aproveche la proximidad de otro vehículo delante del suyo para poder frenar, acérquese lo más suavemente que la situación permita. Use las luces de advertencia, haga sonar el claxon y encienda los faros para advertir al otro conductor que la colisión es inevitable.

□ *Colisión*

Si la colisión es inevitable, dirija el coche de modo de causar el menor daño posible a los demás y a Ud. mismo. Trate de evitar una detención brusca, dirigiendo el coche contra algo que ceda. Una valla es mejor que una pared, un grupo de árboles jóvenes es mejor que un árbol grande —los primeros podrán detenerle eventualmente, pero un árbol o una pared le detendrán por completo— y probablemente para siempre.

Los cinturones de seguridad (obligatorios en muchos países) ayudarán a que no se proyecte a través del parabrisas, pero si no lleva asegurado el cinturón, lo mejor es NO tratar de prepararse para la colisión. En raras ocasiones este método puede resultar, pero, generalmente, la consecuencia es que cuando el coche se detiene, Ud. continúa viajando, produciéndose más daño que si se hubiese dejado llevar con la colisión, porque su desaceleración con respecto al impacto es mucho más brusca. Esconda la cabeza entre los brazos para protegerla y gire hacia un costado, alejándose del volante, al tiempo que se proyecta HACIA el punto de colisión. Suena bastante complicado, pero, en el momento de colisión, ese volante es como un ariete delante de su caja torácica.

Los pasajeros que viajen en el asiento trasero deben proteger sus cabezas del mismo modo y apoyarse contra el respaldo del asiento.

□ *Saltar*

NO intente saltar de un coche sin control a menos que sepa que se dirige hacia un risco o lugar similar en el que la caída es inevitable y no hay ninguna posibilidad de sobrevivir al impacto. Entonces abra la puerta, líbrese del cinturón de seguridad, adopte una posición similar a una pelota, apoye la cabeza contra el pecho, levante los pies uniendo las rodillas, una con fuerza los codos contra los costados del cuerpo, las manos cubriendo las orejas, y luego dóblese por la cintura. Déjese caer del coche y continúe rodando por el suelo sin tratar de resistir el impacto.

► *El coche debajo del agua*

Si puede, abandone el coche antes de que se hunda, porque el hundimiento no se produce inmediatamente ya que se requiere cierto tiempo antes de que el coche se llene de agua. La presión que ejerce el agua contra los laterales del coche hace muy difícil la apertura de las puertas, de modo que baje la ventanilla y salga a través de ella. Se necesita una gran presencia de ánimo para hacerlo cuando uno se encuentra conmocionado por el hecho de haber caído al agua con el coche, pero si viaja con niños pequeños, es posible sacarles a través de las ventanillas. No trate de salvar ninguna pertenencia.

Si no ha sido lo bastante rápido, CIERRE la ventanilla completamente, haga que los niños se pongan de pie y alce a los bebés cerca del techo. Quite los cinturones de seguridad y dígales a quienes se encuentren junto a las puertas que se preparen con una mano en la manilla.

Quite inmediatamente los seguros manuales y automáticos. El agua podría impedir su funcionamiento. No trate de abrir las puertas en esta etapa.

Cuando el agua comience a llenar el interior, el aire se concentrará junto al techo. La presión de agua dentro del coche será casi igual a la presión que ejerce el agua en el exterior del coche. Cuando el coche se detiene y está casi lleno de agua, dígale a todos que inspiren profundamente, abran las puertas y naden hacia la superficie, exhalando el aire mientras lo hacen. Los que salgan por la misma puerta deben enlazar los brazos. Si debe esperar a que alguien salga antes que Ud. contenga la respiración durante ese momento.

PRECAUCIÓN: Aparque siempre el coche a lo largo del agua, no enfilando el vehículo hacia ella. Si no tiene otra alternativa que dejarlo mirado hacia el agua, déjelo en marcha atrás y con el freno de mano puesto (si está aparcado con la culata hacia el agua, déjelo en primera y con el freno de mano puesto).

► *El coche en los raíles del tren*

Si el coche se avería en un paso a nivel sin personal del ferrocarril use la puesta en marcha con la primera velocidad metida y sin embragar. Esto funcionará con un coche que tenga cambio manual, pero no con uno que lleve cambio automático. Si se acerca un tren, abandone el coche, lleve a los niños o a las personas débiles a lugar seguro y manténgase a prudente distancia —unos 45 metros será suficiente— porque si el tren viaja a gran velocidad puede lanzar el coche muy lejos.

Si no hay ningún tren a la vista, o si divisa uno a varios kilómetros, debe tratar de evitar la colisión. Si puede mover el coche empujándolo, apártelo de todos los raíles, ya que no puede saber por cuáles se acerca el tren que ha visto en la distancia. Si hay un teléfono de emergencia, comunique inmediatamente la inminencia del peligro. Si no lo hay, comience a caminar en dirección al tren. Permanezca protegido al costado de los raíles (los trenes de alta velocidad producen un fuerte torbellino) y agite alguna manta de coche ó prenda de colores vivos para advertir al conductor. Si el conductor es responsable y está cumpliendo bien con su trabajo, sabe que se estaba acercando a un paso a nivel y comprobará que la zona está despejada.

DESASTRE EN EL AIRE

El choque de un avión o un aterrizaje forzoso en un terreno difícil constituyen uno de los más dramáticos escenarios del desastre aéreo. Considerando que se puede producir en cualquier parte, el individuo no puede prepararse para ninguna situación específica.

El personal de cabina del avión está entrenado para hacer frente a esa clase de emergencias y Ud. debe seguir sus instrucciones. La tripulación del avión tratará de hacer un aterrizaje lo más seguro posible; no hay absolutamente nada que Ud. pueda hacer, excepto permanecer en calma y ayudar a la tripulación a tranquilizar a los otros pasajeros.

Para prepararse en caso de aterrizaje de emergencia, ajústese el cinturón de seguridad, cójase de los brazos con sus compañeros de aisento, apoye firmemente la barbilla contra el pecho, inclínese hacia adelante sobre un cojín, una manta doblada o un abrigo, entrelace las piernas con las de sus compañeros si los asientos lo permiten, prepárese para el impacto.

Cuando el avión deje finalmente de moverse —y nunca antes— evacúe el aparato siguiendo las instrucciones recibidas previamente. Si se trata de un aterrizaje en tierra, aléjese rápidamente de la zona cercana al avión, ya que siempre existe el riesgo de que se produzca una explosión o de que el aparato se incendie. Aún cuando no haya fuego, manténgase alejado hasta que los motores se hayan enfriado y se haya evaporado cualquier fuga de combustible.

Si el avión ha caído al agua, las balsas de caucho se hincharán automáticamente y quedarán aseguradas a las alas. No hinche su propio chaleco salvavidas mientras se encuentre en el interior del avión. Eso limitaría sus posibilidades de abandonar el aparato. Espere hasta hallarse en el agua y luego tire de la perilla que hincha el chaleco y suba a una de las balsas.

Si el avión se está hudiendo, libere la balsa de su punto de sujeción tan pronto como los pasajeros y el equipo estén perfectamente acomodados. Cuantos más elementos de supervivencia pueda llevarse con Ud. al abandonar el avión siniestrado, mayores serán sus posibilidades de tener éxito. Nunca se detenga a recoger pertenencias personales o equipaje. Es en estos momentos cuando se sentirá muy feliz de llevar en el bolsillo su pequeño equipo de supervivencia.

NOTA: Si ha tenido que lanzarse en paracaídas en un territorio desconocido, trate de llegar al lugar del choque si es posible, ya que los restos del avión serán mucho más evidentes en un rescate que una sola persona o un paracaídas.

► Después del choque

No importa cuan autodisciplinado sea Ud., la emergencia de esta situación de supervivencia será dramática, abrupta y confusa. Se encontrará conmocionado y al borde del pánico. Si hay un incendio o existe el riesgo de que se produzca una explosión, permanezca a distancia hasta que el peligro haya pasado, pero no se aleje más de lo que parezca prudentemente necesario. No permita que nadie fume si hay una fuga de combustible.

No debe adentrarse en terreno desconocido, especialmente de noche y es fundamental que mantenga el contacto con los demás supervivientes.

Traslade a los heridos a una distancia segura y trate de responder por todas las personas implicadas en el siniestro. El tratamiento inmediato de los heridos es la prioridad máxima. Trate los diferentes casos en orden a su gravedad y con cada uno de ellos trate primero las dificultades respiratorias, luego las hemorragias, las heridas, las fracturas y el estado de shock.

Si es posible, separe a los muertos de los supervivientes; los muertos son parte de la amenaza de pánico descontrolado y, de este modo resultará más fácil calmar a los supervivientes si los muertos no están a la vista.

Aún cuando se haya producido un incendio, es posible que no todo haya quedado destruido. Revise los restos del accidente y rescate todo lo que pueda de equipo, comida, ropa y agua. NO debe correr riesgos si todavía existe la posibilidad de que los depósitos de combustible se incendien y tenga cuidado con cualquier humo nocivo que puedan desprender los restos del avión.

Si debe esperar a que el fuego se apague, investigue el lugar donde se encuentra, que, en cualquier caso, será el siguiente paso en su estrategia. ¿Es práctico y seguro permanecer en ese lugar? Si la ruta que llevaban es conocida —y tratándose de un vuelo lo será— puede esperar algún tipo de operación de búsqueda y rescate y el hecho de permanecer en el mismo lugar tiene muchas ventajas. Los equipos de rescate ya tienen una idea de la zona del accidente, y aún cuando el avión se haya desviado de su ruta, los equipos de rescate dispondrán de la comunicación de la última posición. El avión accidentado será más visible desde el aire, especialmente en terreno boscoso, donde incluso un grupo numeroso de personas quedará oculto por los árboles.

Si descubre que se encuentran en un lugar peligroso o muy expuesto, entonces será necesario trasladarse a una posición más protegida. Sin embargo, no debe moverse por la noche, a menos que la amenaza a la vida de los supervivientes sea mayor que los riesgos de tratar de atravesar un territorio desconocido en plena oscuridad.

En el lugar del accidente deje una indicación de la dirección que ha tomado, para que la partida de rescate sepa que hay supervivientes y en qué dirección deben continuar la búsqueda.

La razón más común para abandonar el lugar del accidente será el hecho de encontrarse en una montaña o una colina que no ofrecen protección contra los elementos, o con el riesgo de que se produzca un desprendimiento de piedras u otros peligros. Descienda por la ladera, no suba por ella, ya que se encontrará más protegido en un nivel inferior.

No deben ir todos a buscar un emplazamiento más seguro. Envíe exploradores para que investiguen el terreno cuidadosamente. Deben mantenerse juntos, trabajando en parejas, y NO salir en expediciones individuales. Pueden mantener contacto vocalmente y deben marcar su ruta mientras avanzan, para poder volver fácilmente sobre sus pasos.

► Protección

La primera exigencia será, probablemente, encontrar alguna clase de refugio para protegerse de los elementos, especialmente si hay heridos. Posteriormente se puede realizar un reconocimiento más amplio para escoger un lugar adecuado para establecer el campamento. Aproveche al máximo cualquier refugio natural y mejórelo empleando cualquier material disponible.

Si las heridas de una persona son demasiado graves para moverla debe improvisarse cualquier tipo de refugio en el mismo lugar y de inmediato.

En terreno pelado, si no se dispone de equipo que pueda ser utilizado, lo único que se puede hacer es cavar. Si fuese posible, trate de encontrar alguna cavidad natural y cave más profundamente, utilizando la tierra excavada para levantar los lados. Esto, al menos, le protegerá del viento. Encienda un fuego para entrar en calor (también ayudará a levantar la moral) y use reflectores para aumentar el efecto calórico, permitiéndole conservar el combustible.

Si las circunstancias hacen que sea imposible o innecesario moverse del lugar del accidente, deben seguirse procedimientos similares. Con rocas, restos del aparato y el equipamiento construya una protección contra el viento si no hay ningún refugio natural. Si se trata de un grupo de personas, deben permanecer juntos para reducir la pérdida de calor corporal. El tiempo de supervivencia para las personas con heridas graves en estas circunstancias es muy limitado y sólo cabe esperar un rescate rápido. Las personas en buena forma física deben salir en busca de agua, combustible, materiales para construir un refugio y comida. Pero siempre deben hacerlo en parejas. Deben desplegarse la mayor cantidad de señales para llamar la atención de los equipos de rescate.

Recuerde que el refugio es tan necesario para protegerse del sol como lo es para el frío y el viento. La exposición a los elementos no es sólo cuestión de hipotermia.

► *Ubicación*

Si se dispone de un aparato de radio tiene que emitirse un llamado de auxilio, pero nunca debe volver a entrar en un avión accidentado y aún potencialmente explosivo para radiar el mensaje. Espere hasta estar completamente seguro de que el peligro de explosión ha pasado. Los equipos de rescate querrán conocer exactamente la ubicación de los supervivientes. Aquellos que han estado viajando por tierra deberían tener una idea bastante buena de su posición —aún cuando estén temporalmente perdidos— y con ayuda de un mapa deberían ser capaces de ofrecer una posición más exacta. Si Ud. es víctima de un desastre en el mar o en el aire, sin duda ayudará considerablemente tener una idea de cuál era el plan de viaje y de la posición aproximada en que se encontraba el avión o la embarcación en el momento del desastre, como así también de las direcciones del viento y las corrientes.

Debe encender fuego para señalar su situación: tres fuegos son una señal de peligro internacionalmente reconocida. Haga los fuegos lo más extendidos posibles. Disponga señales terrestres para llamar la atención, use elementos pirotécnicos cuando sepa que la ayuda está cerca y haga ruido cuando piense que podrán oirle. Este es el momento en que Ud. se sentirá feliz de que las autoridades responsables hayan estado informados de sus intenciones y de haber respetado la ruta que había previsto seguir. Sólo es cuestión de tiempo que le rescaten de esa difícil situación. Entretanto, trate de ponerse lo más cómodo que pueda.

Sin embargo, incluso los planes más cuidadosos pueden salir mal. Los instrumentos de navegación pueden fallar, tormentas, vientos fuertes o la presencia de neblina pueden desviarle de su curso y allí está Ud., seguro en su refugio pero sin que nadie sepa dónde se encuentra. Es posible que la espera sea más prolongada de lo que Ud. preveía y necesita prepararse para esa circunstancia.

También necesita calcular donde se encuentra a una escala más local, estudiar el terreno para encontrar algún punto de refernecia seguro; no sólo fije exactamente su posición —en caso de ser posible— sino ver si hay otros lugares más seguros y cómodos para establecer su campamento y disponer de fuentes de combustible, agua y comida. A largo plazo también evaluará la posibilidad de iniciar la marcha para encontrar ayuda.

En el mar buscará cualquier indicación de que hay tierra lo bastante cerca para que sus posibilidades de supervivencia sean mayores si trata de llegar hasta ella que si permanece en su posición actual. Ya que se encuentra a merced del viento y de las corrientes, aunque también puede demorar su partida si dispone de un ancla.

En tierra, raramente es más razonable partir inmediatamente en busca de ayuda que esperar el rescate. No obstante, si Ud. sabe que nadie estará al tanto de su desaparición, si el terreno es tan árido que no ofrece posibilidades de encontrar agua, comida o refugio, o si está convencido de que sus reservas de energía y raciones son suficientes para devolverle a la civilización, o a alguna parte donde esté seguro de poder encontrar lo que necesita para sobrevivir, Vd. debe decidir partir tan pronto como la luz sea buena o las condiciones así lo señalen.

► *Obtención de comida y agua*

Si se encuentra en el saliente de un risco aislado, inmovilizado por la marea u obligado a esperar a causa de una tormenta o de la niebla, apenas tendrá posibilidades de explotar los recursos naturales. No recurra inmediatamente a sus raciones de emergencia. Es posible que deba estar allí durante algún tiempo y, aunque sienta mucha hambre, deberá racionar sus alimentos, esperando aún más tiempo de lo que aconsejan los cálculos más pesimistas. Aún en esa situación, puede haber agua y comida en las proximidades.

Por otra parte reserve sus raciones de emergencia para cuando ya no le quede otra alternativa que recurrir a ellas. Aproveche siempre los recursos naturales en primer lugar. No se limite a encontrar sólo una fuente de comida. Escoja una variedad de plantas para aprovechar sus hojas, frutos, raíces y otras partes comestibles. Busque rastros de animales que puedan ser cazados o cogidos con trampas.

Cuando lo que está en juego es su propia supervivencia, no hay lugar para remilgos en lo que se refiere a lo que puede comer o no, a la forma en que consigue la comida, aunque eso no significa necesariamente que deba olvidarse por completo de la vida salvaje y del medio ambiente que le rodea. Cuando hay otras alternativas disponibles no hay razón para cazar especies en peligro de extinción —animales o vegetales— o para tender trampas (que no pueden discriminar lo que cae en ellas) que le producirán más carne de la que puede consumir fresca o conservar. Aprovechar al máximo los recursos que le ofrece la naturaleza no significa expoliarlos. **La sobreexplotación irá en su propio detrimento si debe permanecer en esa zona durante un tiempo prolongado.**

Recuerde, asimismo, que la comida nutritiva que se obtiene más fácilmente puede ser muy diferente de lo que está acostumbrado a comer. Si ya ha aprendido a ingerir una dieta inusual como parte de su entrenamiento de supervivencia, le resultará mucho más sencillo alimentarse y será capaz de alentar a otros a que coman las mismas cosas que usted.

A corto plazo el agua es mucho más vital que la comida para su supervivencia. Si no encuentra agua fresca y potable, hay muchas otras fuentes que puede aprovechar, pero hiérvala o esterilícela previamente para asegurarse de que la beberá sin ningún riesgo para su salud. Haga que la búsqueda de fuentes de agua sea una prioridad.

Obtener combustible para encender fuego y hervir el agua será otra de las prioridades, aún cuando no necesite el fuego para calentarse. Pero no piense que un día caluroso será seguido de una noche igualmente calurosa. En algunas partes del mundo se producen cambios radicales entre las temperaturas diurnas y nocturnas.

► *Navegación*

Aunque en muchas circunstancias será mejor permanecer cerca del lugar del accidente, porque hay material y equipo del avión o del vehículo o porque pueden utilizarse sus restos, o porque su ubicación resulta más fácil de encontrar por parte de las partidas de rescate, si ha tomado la decisión de partir, necesitará contar con conocimientos para orientarse en la dirección para llegar a un lugar seguro.

DEBE TENER UN PLAN

Recordar esto puede salvarle la vida algún día.

P ► **Protección**
L ► **Localización**
A ► **Adquisición**
N ► **Navegación**

► *Gente*

En una expedición, la planificación incluirá una cuidadosa selección de personalidades compatibles, elegidas por su forma física y su entrenamiento y experiencia para ese proyecto determinado. En una situación de desastre, cualquiera puede reaccionar inesperadamente bajo presión. Cuando el accidente afecta a gente común y corriente, el grupo que puede formarse es muy variado. Hombres, mujeres, niños, personas mayores y bebés. Puede haber mujeres embarazadas y personas con problemas médicos o deficiencias físicas que requieren una atención especial. Las situaciones de esta naturaleza son también las que presentan mayores riesgos de accidentes que entre un grupo escogido de personas entrenadas y en buena forma.

Los bebés pueden parecer muy débiles, pero son muy fuertes. Sin embargo, deben mantenerse abrigados. Los niños necesitarán confianza y apoyo, especialmente si han perdido a las personas que estaban con ellos o si ellos mismos están heridos. A menudo la aventura que entraña la situación ayudará a que no se preocupen en exceso y a mantenerles ocupados, pero no debe permitírseles que se alejen, que jueguen con fuego o que se expongan de algún modo a nuevos peligros. Las personas mayores, habitualmente, son mentalmente fuertes y pueden apoyar a los más jóvenes dándoles ánimos, pero hay que cuidar que no pasen frío y deben alimentarse regularmente. A menudo parece cierto que las mujeres manejan las situaciones de emergencia mucho mejor que los hombres y son capaces de aceptar responsabilidades sobre los demás con mayor facilidad.

Tratándose de un avión o embarcación de una línea comercial, cabe esperar que los oficiales o la tripulación del avión se hagan cargo de la situación, si están entre los supervivientes, pero un grupo compacto y organizado no cabe esperar una cadena militar de mando o la aceptación del liderazgo y la responsabilidad. Debe intentarse algún procedimiento democrático para tomar decisiones, planificar la acción y mantener la moral. El trauma de la experiencia puede hacer que la gente se muestre ansiosa por seguir cualquier liderazgo que les proporcione alguna esperanza, pero también hará que afloren antagonismos y prejuicios que deben ser superados.

Cuando se trata de un desastre aéreo o marítimo, es posible que personas de diferentes culturas y estratos sociales se vean obligadas a permanecer juntas y a vivir situaciones que sus propios tabúes sociales no les permitirían en otras circunstancias. Será necesario desplegar un considerable tacto para superar estos problemas. Sin embargo, la SUPERVIVENCIA es lo primero.

Cuantos más conocimientos médicos se tengan, mejor será para todos, pero insuflar a la gente la voluntad de vivir será muy importante y esto puede conseguirse a través de un trato atento y gentil; si puede dar la impresión de que usted sabe lo que está haciendo, habrá recorrido la mitad del camino.

La tranquilidad y confianza en usted mismo inspirará la confianza y la cooperación de los demás miembros del grupo. Cuanto más conocimiento de la situación tenga, más capacitado estará para hacer frente a la situación.

TERCERA SECCIÓN

CLIMA Y TERRENO

Aunque la estrategia y técnicas básicas de supervivencia son aplicables en cualquier parte, las condiciones de clima y terreno varían enormemente alrededor del mundo. Es fundamental saber lo máximo posible sobre las condiciones de cualquier región por la que Ud. piensa viajar. Un conocimiento general de lo que puede esperar en diferentes climas aumentará notablemente su capacidad para manejar la situación de supervivencia, en caso de que un accidente le arroje a un territorio completamente desconocido.

Unas pocas páginas en este manual no pueden suministrarle una geografía del mundo. Sólo pueden preparar el escenario para los principales tipos de clima y medio ambiente y sugerir algunas de las formas de superar los problemas que se presentan.

Los consejos sobre temas específicos, como comida y refugio, aplicables a condiciones particulares, podrán encontrarse en otras secciones del manual, complementando la información que ofrecemos en esta sección.

ZONAS CLIMÁTICAS

A menudo, la gente ve un medio ambiente desconocido como a un enemigo al que hay que combatir. Esta no es la forma de sobrevivir... ¡luche contra él y habrá perdido la batalla! Existen peligros contra los que deben tomarse precauciones, pero la naturaleza es neutral. Aprenda a vivir con cada clima y a usar lo que le ofrece. El clima no está condicionado sólo por la latitud; la ubicación dentro de un continente y la altitud son igualmente importantes.

CLIMAS POLARES

Se consideran regiones polares aquellas que se encuentran a latitudes superiores a los 60° 33' norte y sur, aunque las habilidades para hacer frente al clima frío pueden ser necesarias a grandes altitudes en cualquier parte del mundo. Cerca del Ecuador, en los Andes por ejemplo, la línea de nieve no se alcanza hasta una altitud de aproximadamente 5 000 metros, pero cuanto más cerca se esté de los polos, más baja se encontrará la línea de nieve; en el extremo sur de Suramérica hay nieves perpetuas a unos pocos cientos metros. Las condiciones árticas penetran profundamente en los territorios septentrionales de Alaska, Canadá, Groenlandia, Islandia, Escandinavia y la URSS.

TUNDRA

Al sur del casquete polar, la tierra permanece continuamente helada y la vegetación está atrofiada. La nieve se funde en verano, pero las raíces no pueden penetrar el duro suelo. Las grandes altitudes producen condiciones similares.

BOSQUE SEPTENTRIONAL DE CONÍFERAS

Entre la tundra ártica y las principales zonas templadas, se extiende una zona boscosa de hasta 1.300 kilómetros. En la URSS donde se les conoce como «TAIGA» (o Siberia), los bosques penetran hasta 1.650 kilometros al norte del círculo ártico a lo largo de algunos ríos siberianos, pero en la bahía de Hudson, en Canadá, la línea de árboles se extiende a una distancia similar al sur del círculo ártico.

Los inviernos son largos y severos, la tierra permanece helada la mayor parte del tiempo, y los veranos son muy cortos. Sólo durante 3-5 meses al año la tierra se encuentra lo suficientemente blanda como para permitir que el agua llegue hasta las raíces de los árboles y las plantas, que florecen especialmente a lo largo de los grandes ríos que fluyen hacia el océano Ártico. Existe en la zona una fauna rica y variada: alces, osos, nutrias, linces, martas cibelinas y ardillas, como así también criaturas más pequeñas y muchas aves.

En verano, cuando la nieve se funde, no puede filtrarse en la tierra y crea pantanos. Los árboles caídos y el denso crecimiento de musgo fanganoso dificultan la marcha. Los mosquitos pueden ser un verdadero fastidio (aunque no son portadores de malaria).

El movimiento resulta más fácil en invierno, si lleva consigo ropa de abrigo. Viaje a lo largo de los ríos, donde la pesca es buena, y aprovechando la gran cantidad de trampas que hay instaladas.

CLIMAS TEMPLADOS

La zona templada del hemisferio norte, y los climas similares del hemisferio sur, ofrecen probablemente las circunstancias más equitativas para la supervivencia sin habilidades o conocimientos especiales. Son, seguramente, las áreas mejor conocidas por muchos lectores de este manual. Estos territorios son también los más densamente urbanizados y donde no es probable que las experiencias de supervivencia se hallen muy extendidas. Una persona sana y en buena forma física, equipada con conocimientos y habilidades básicos, nunca debería encontrarse tan aislada que no pudiera conseguir ayuda después de pocos días de marcha. Las duras condiciones invernales, no obstante, exigen el conocimiento de habilidades para desenvolverse como en las regiones polares.

BOSQUE CADUCO

Cuando el clima se vuelve más cálido y el invierno menos severo, el bosque caduco reemplaza a las coníferas. Robles, hayas, arces y nogales son las especies principales en América; mientras que en Eurasia lo son robles, hayas, castaños y tilos. El suelo, rico en humus, (ó mantillo) sirve de sustento a muchas plantas y hongos. La supervivencia no es muy complicada, excepto a grandes altitudes, donde aparecen la tundra y la nieve. Muchas de estas regiones han sido despejadas por el hombre.

PRADERAS TEMPLADAS

Las zonas continentales centrales, principalmente, con veranos calurosos, inviernos fríos y lluvias moderadas, se han convertido en las grandes regiones productoras de alimento del mundo, regiones donde crecen los cereales y se cría el ganado. El agua puede ser un problema en verano mientras que el del refugio puede serlo en invierno.

REGIONES MEDITERRÁNEAS

Las tierras que bordean el Mediterráneo son zonas semiáridas, con largos y torridos veranos e inviernos cortos y secos. Hay sol la mayor parte del año y los vientos son muy secos. En otros tiempos, esta región eran bosques de robles. Cuando los robles fueron cortados, la tierra comenzó a erosionarse y gran parte de la región se cubrió de arbusto perenne. El chaparral de California es muy similar. Los árboles son escasos y el agua constituye un verdadero problema. A grandes altitudes, prevalecen otras condiciones.

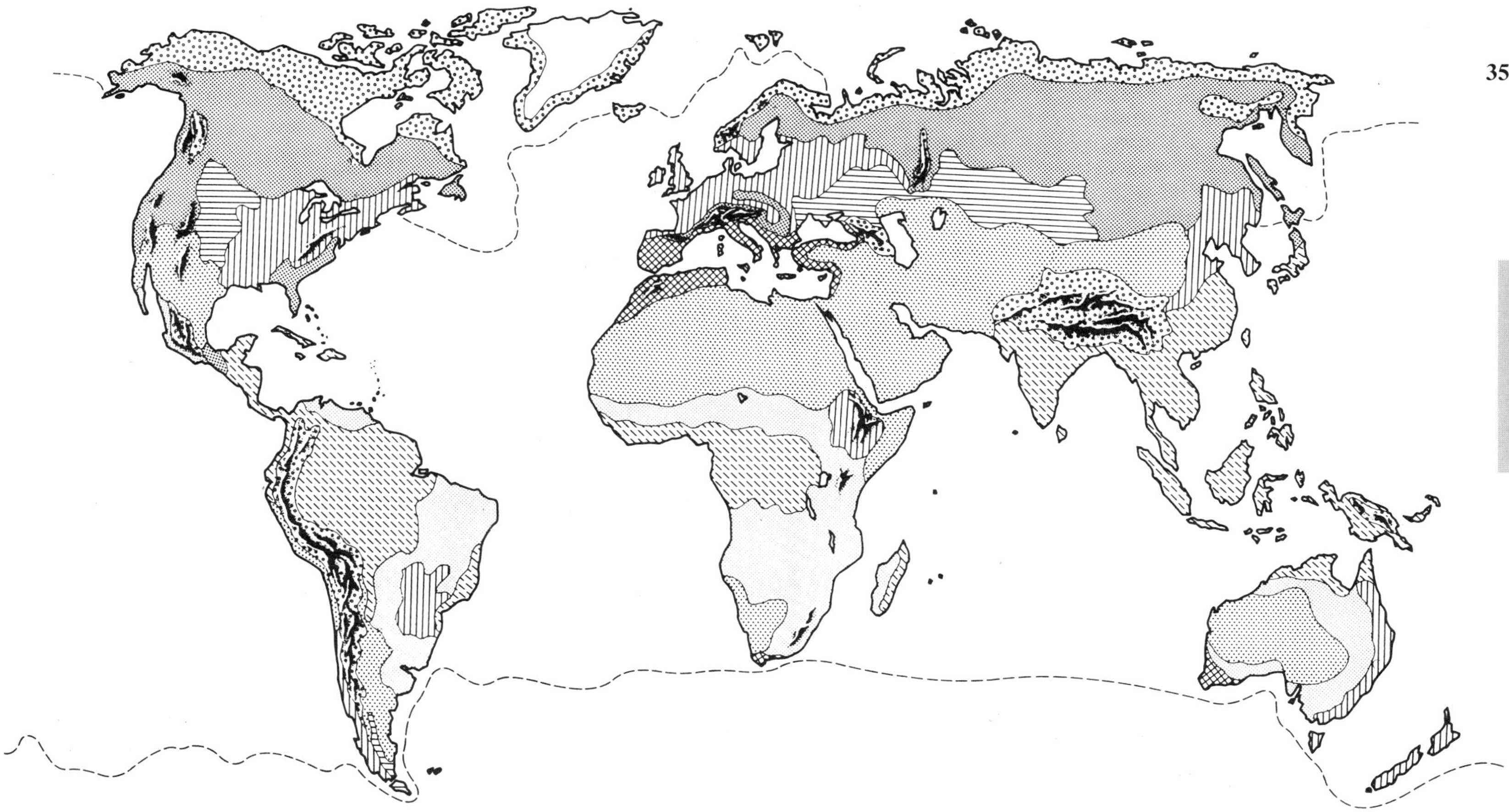

BOSQUES TROPICALES

La tierra que se extiende entre los trópicos incluye áreas de cultivo y zonas de ciénagas y desierto, pero una tercera parte está cubierta por bosques inexplotados: blosque tropical ecuatorial, bosque subtropical y bosque montés. Las lluvias son muy copiosas y las montañas son escarpadas y en ellas se originan ríos largos y meandrosos, que presentan regiones costeras y también áreas cenagosas.

SABANA

Se trata de una pradera tropical, que se extiende habitualmente entre el desierto y el bosque tropical. Cerca de los bosques, la hierba es alta, de hasta 3 metros, y la presencia de árboles es más frecuente. Las temperaturas son elevadas durante todo el año. Más de una tercera parte de África es sabana y también lo son grandes zonas de Australia, que presentan eucaliptus. Regiones similares son los llamados llanos de Venezuela y Colombia y los campos de Brasil. A menudo, el agua no es fácil de conseguir pero, donde se la encuentra, la vegetación será frondosa.

DESIERTOS

Una quinta parte de la superficie terrestre está ocupada por desiertos, una tierra seca y estéril donde la supervivencia resulta extremadamente difícil. Los desiertos se forman en aquellas zonas donde las corrientes de aire, que se intensifican en el Ecuador y ya han descargado su humedad, descienden y son recalentadas al aproximarse a la tierra, tomando la poca humedad del suelo. Raramente hay presencia de nubes que puedan servir de protección contra el sol o para retener calor por la noche, de modo que la diferencia de temperaturas es extrema entre el día (58 °C en el Sáhara) y valores bajo cero por la noche. Sólo pequeñas partes de los desiertos del mundo están compuestas de arena (aproximadamente una décima parte del Sáhara); su mayor parte está constituida por grava cortada por los lechos secos de los ríos (wadis). El viento se ha llevado la arena, amontonándola en zonas reducidas. En otras partes puede haber montañas erosionadas por el viento, tierras bajas resecas y abundancia de larvas.

REGIONES POLARES

La Antártida está cubierta por un manto de hielo. En el Ártico, el polo está cubierto por un grueso manto de hielo flotante y toda la tierra situada al norte del límite de la vegetación arbórea está helada. Hay sólo dos estaciones —un largo invierno y un verano breve— y el día varía desde la oscuridad total en pleno invierno hasta las 24 horas de sol en pleno verano.

Las temperaturas árticas en verano pueden alcanzar los 18 °C, excepto en los glaciares y mares helados, pero en invierno descienden hasta alcanzar los —56 °C y nunca superan los 0 °. En los bosques septentrionales, las temperaturas pueden alcanzar los 37 °C en verano, pero la altitud hace que las temperaturas invernales sean más bajas que en el Ártico. En la Siberia oriental se ha registrado una temperatura de —69 °C en Verkhotansk! Las temperaturas en la Antártida son incluso más bajas que en el Ártico.

Los vientos antárticos alcanzan hasta 177 km/h, mientras que en el otoño ártico, los vientos alcanzan una fuerza huracanada y pueden hacer volar la nieve hasta 30 m en el aire, dando la impresión de una tempestad de nieve, aún cuando no esté nevando. Acompañados de temperaturas muy bajas, los vientos tienen un marcado efecto congelante, mucho más de lo que señala el termómetro. Por ejemplo, un viento de 32 km/h producirá una temperatura de —14 a —34 °C, mientras que uno de 64 km/h dará lugar a una temperatura de —42 °C, con descensos aún más pronunciados cuando la temperatura es más baja. Velocidades superiores a los 64 km/h no parecen establecer mayores diferencias.

VIAJE

La experiencia demuestra que la mejor política es permanecer cerca de un avión o vehículo accidentado. Si el lugar es peligroso, construya un refugio seguro lo más cerca posible del accidente. La decisión de abandonar el lugar del accidente o avería se basará exclusivamente en la proximidad de una zona habitada y en la probabilidad de ser rescatados.

Decida rápidamente lo que debe hacer, mientras aún pueda pensar con claridad. El frío obnubila la mente.

Moverse en medio de una ventisca o tempestad de nieve está fuera de toda cuestión, y en cualquier tiempo la navegación resulta impracticable sobre el hielo y la tundra. El movimiento del hielo hace aparecer grietas que resultan muy traicioneros. El agua producida por la nieve derretida en verano hace que la tundra sea cenagosa y que incluso el mar de hielo se perciba lodoso al pisarlo.

Mosquitos, jejenes, tábanos y otros insectos pueden resultar muy molestos en el verano ártico. Sus larvas viven en el agua, de modo que debe evitar construir su refugio junto a ella. Mantenga las mangas bajadas, el cuello cerrado, lleve una redecilla sobre la cabeza y queme madera y hojas verdes en la hoguera, para que el humo mantenga a los insectos alejados. Cuando la temperatura desciende, estos insectos son mucho menos activos y desaparecen por la noche.

En Alaska, las zonas noroccidentales y noriental de Canadá, Groenlandia, Islandia, Escandinavia, Nueva Zelanda, Spitzbergen y en otras islas hay montañas donde los riscos de hielo o ícebergs, glaciares, grietas y avalanchas representan un grave peligro. En las proximidades de la costa del Ártico, la presencia frecuente de nieblas desde mayo a agosto, en ocasiones transportada hacia el interior, aumenta los problemas de la navegación.

☐ *NAVEGACIÓN*

Las brújulas no son fiables cerca de los polos, las constelaciones son mejores para guiarse y las noches tienen suficiente luz para poder viajar. Durante el día emplee el método del: «extremo de la sombra» (ver Leyendo las señales pág. 175).

Cuando viaje por el mar de hielo, no recurra a los témpanos o a marcas terrestres distantes para fijar su posición. Los témpanos de hielo se mueven continuamente y las posiciones relativas cambian con suma facilidad. Vigile que el hielo no se rompa y, si se ve obligado a saltar de témpano a témpano, salte desde y hacia un lugar situado a unos 60 cm de sus bordes. Muchos supervivientes han sido rescatados de témpanos que flotaban a la deriva en dirección al sur pero, tarde o temprano, al llegar a aguas más cálidas el témpano acaba por derretirse... aunque merece la pena correr el riesgo.

EVITE los iceberg, tienen la mayor parte de su masa debajo del agua. Cuando esta masa se derrite, pueden volcarse sin previo aviso, especialmente con su peso añadido a la superficie.
EVITE navegar cerca de los riscos helados. Los glaciares pueden «desprender» grandes masas de hielo, a menudo de cientos de toneladas de peso, que caen al mar sin previo aviso.

La observación de las aves puede ayudar a la navegación. Las aves silvestres migratorias vuelan hacia tierra durante la época del deshielo. La mayoría de las aves acuáticas vuelan hacia el mar durante el día y regresan por la noche.

Los reflejos del cielo ayudan a determinar la posición de la tierra distante. Las nubes que se encuentran encima de mar abierto, bosques o tierra sin nieve, tienen oscura la parte inferior; las que se hallan encima de un mar de hielo y de tierra cubierta de nieve, tienen la parte inferior de color blanco. La nieve nueva produce reflejos grisáceos, mientras que los reflejos moteados señalan la presencia de hielo duro o nieve arrastrada por el viento.

☐ *RAQUETAS DE NIEVE*

Cualquier viaje por las regiones polares es agotador, y sólo debería ser intentado por una persona en buena forma física. En una superficie de nieve con una costra dura, los esquíes son el mejor medio para viajar, aunque resulta difícil improvisar. Esquiar en nieve profunda y poco estable supone un gran esfuerzo y, en nieve blanda, lo mejor son las raquetas de nieve. Para andar sobre la nieve, levante cada pie sin angularlo, a diferencia de un paso normal, manteniendo la raqueta lo más plana posible.

Doble una larga rama verde y joven hasta que ambos extremos se toquen y formando un lazo y ate fuertemente sus extremos. Añada piezas transversales y cordel —cuanto más mejor— pero que las raquetas no sean demasiado pesadas. No podrá andar un largo trecho sin sentirse cansado. Disponga una sección central firme para fijar el pie.

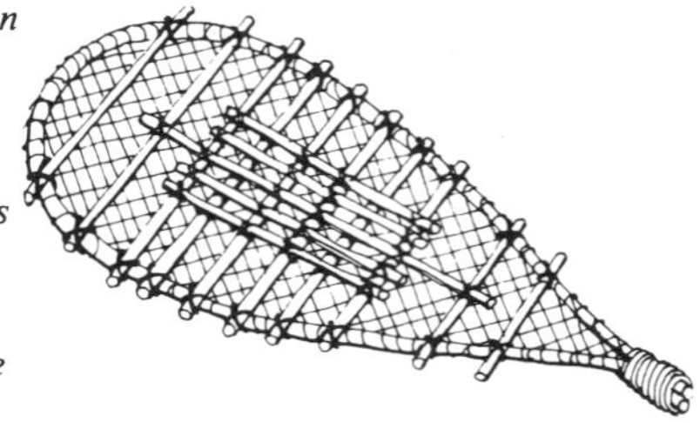

SIGA LOS RÍOS

Viaje corriente abajo —en una balsa en verano y sobre el hielo en invierno—, excepto en el norte de Siberia, donde los ríos fluyen hacia el norte.

En los ríos helados, tenga cuidado con los bordes, donde el hielo es más delgado, y con la curva exterior en los recodos. Donde se unan dos ríos, siga por el borde exterior o coja la margen exterior. Si el río tiene muchos recodos, abandone el hielo y viaje por las salientes más elevadas.

ATENCIÓN
EL AGUA HELADA ES MORTAL

Caer en aguas heladas le corta la respiración. El cuerpo se encoge con pérdida de control muscular y violentos temblores. Las partes expuestas se congelan en aproximadamente 4 minutos, la conciencia se desvanece en 7 minutos y la muerte sobreviene transcurridos 15-20 minutos.

¡RESISTA! Inicie una acción violenta al caer al agua. Nade rápidamente hacia tierra. Luego gire sobre la nieve para que ésta absorba el agua. Llegue hasta el refugio y cámbiese inmediatamente de ropa.

VESTIMENTA

EL frío intenso y los vientos helados pueden congelar en pocos minutos la piel expuesta. Proteja todo su cuerpo, manos y pies. Lleve una capucha con una cuerda de cierre para cubrir parcialmente el rostro. Accesorios o adornos de piel en la capucha impedirán que la humedad de su aliento al congelarse le produzca heridas en su rostro.

La ropa exterior debe ser a prueba de viento con una trama lo suficientemente cerrada como para impedir que la nieve se condense, pero lo bastante porosa para permitir que el vapor de agua salga al exterior; NO impermeable, ya que ello podría facilitar la condensación de la transpiración en el interior. Las capas interiores de ropa deberían contener el aire para suministrar calor aislante. Las pieles son ideales para las prendas exteriores.

Las aberturas permiten que el calor se escape, el movimiento puede expulsar el aire a través de ellas. Si la ropa no tiene cuerdas de cierre, ate algo alrededor de las mangas por encima de los puños y meta los bajos de los pantalones dentro de los calcetines o las botas.

Si comienza a transpirar, afloje algunos cierres (cuello, puños). Si, aún así, siente demasiado calor, quítese alguna prenda. Hágalo cuando esté cortando leña o construyendo un refugio.

Solamente un avión estrellado o un aterrizaje forzoso puede dejar a una persona sin equipo en una región polar. Trate de improvisar una vestimenta idónea antes de abandonar el avión.

Use lana: no absorbe el agua y conserva el calor aún cuando está húmeda. Los espacios entre su textura atrapan el calor del cuerpo y lo conservan. Es mejor para las prendas interiores.

El algodón actúa como una mecha, absorbiendo la humedad. Cuando está húmedo, el algodón puede perder calor 240 veces más rápidamente que cuando está seco.

☐ *LOS PIES*

Botas de piel de foca ó botas de lona impermeable y con suelas de goma calafeteadas hacia arriba y con un cordón de cierre para ajustarlas, son un calzado ideal. Lo mejor es que tengan un forro aislante.

Aísle sus pies con tres pares de calcetines, de tamaños diferentes para poder colocarlos uno encima del otro sin que se arruguen. Si fuese necesario, improvise una protección para los pies con varias capas de tela. Se puede improvisar un par de botas con la tela de los asientos.

Cuando los pies permanecen sumergidos en agua durante mucho tiempo pueden verse afectados de lo que se conoce como pie de trinchera, y ello puede suceder en la tundra cenagosa durante los meses de verano (ver *Peligros del clima frío* en ***Salud***, pág 227).

RESPLANDOR DE LA NIEVE

Proteja sus ojos con gafas o un trozo de tela o corteza con pequeños orificios para poder ver a través de ellos. La intensidad de los rayos del sol, reflejados por la nieve, puede causar ceguera. Oscurezca la zona inferior de los ojos con carbón o tizne para reducir aún más el efecto del resplandor.

FRÍO

La clave para mantenerse **CALIENTE.**

Mantenga la ropa **LIMPIA:** la suciedad y la grasa bloquean los espacios de aire.

Evite **EL RECALENTAMIENTO:** ¡Ventile!

Llévela **SUELTA:** ¡Permita que el aire circule!
Manténgala **SECA:** ¡Por fuera y por dentro!

REFUGIO

No puede permanecer al aire libre para descansar. ¡PROTÉJASE DEL VIENTO! Busque un refugio natural, pero EVITE el lado protegido de los riscos, ya que podría caer nieve y enterrar el refugio, o lugares donde es posible que se produzca avalanchas o caídas de rocas. Evite los árboles cubiertos de nieve —el peso podría hacer caer las ramas heladas— a menos que las ramas inferiores estén apoyadas en la nieve. Si fuese así, es posible encontrar un espacio debajo de las ramas, lo cual le proporcionaría un refugio ya hecho (ver *Refugio* en Habilidad de campo, pág 123).

RECUERDE: No bloquee todos los orificios para evitar las corrientes de aire. DEBE disponer de ventilación, especialmente si tiene un fuego encendido dentro del refugio. De otro modo, podría asfixiarse.

FUEGO

El fuego es fundamental para sobrevivir en las regiones polares. El combustible de un avión averiado puede proporcionar calor. Recoja el combustible antes de que se congele, ya que luego le resultará imposible filtrarlo. El combustible de alto octonaje no se congela con tanta facilidad, de modo que puede dejarlo en el depósito.

En los hielos ártico y antártico, la grasa de foca y de algunas aves es la otra única fuente de combustible. En las costas, pueden encontrarse maderas sueltas; los groenlandeses solían construir sus casas con madera que llegaba al Ártico desde los ríos siberianos. En la tundra puede encontrarse unos sauces bajos. Más allá de los bosques también crecen abedules y enebros. La corteza de abedul constituye un excelente material combustible, ya que su madera es oleosa. Pele una rama y arderá aunque esté húmeda.

Los esquimales usan como combustible la Casíope, una planta parecida al brezo. Se trata de una planta perenne, de hojas diminutas y flores blancas en forma de campanilla y de sólo 10-30 cm de altura. Contiene tanta cantidad de resina que también arde aunque esté húmeda.

Casiope

AGUA

Incluso en clima frío, Ud. necesita más de un litro de agua diariamente para compensar la pérdida de líquido. Durante el verano, el agua es abundante en los lagos y ríos de la tundra. El agua de los estanques puede tener color marrón y sabor salino, pero la vegetación que crece en él la mantiene potable. Si tiene alguna duda HIÉRVALA.

En invierno, derrita el hielo y la nieve. NO coma hielo masticándolo, podría herirse la boca y los labios y también provocarse una deshidratación adicional. Forme una bola con la nieve antes de tratar de chuparla.

RECUERDE: si tiene frío y está cansado, la ingestión de nieve enfriará su cuerpo aún más.

COMIDA

Antártida: Las únicas plantas son líquenes y musgos que crecen en rocas oscuras que absorben el calor en algunas de las costas septentrionales. Los mares son ricos en «plancton» y «krill», un alimento que mantiene con vida a peces, ballenas, focas y gran cantidad de aves marinas. La mayoría de las aves emigran al llegar el otoño, pero los pingüinos, que no pueden volar, permanecen en aquellas heladas tierras. Son un buen alimento. La mayor parte del año los pingüinos se lanzan al agua a la primera señal de peligro pero, cuando están incubando sus huevos, permanecen en sus escondrijos.

Ártico: El hielo no proporciona un hábitat propicio para plantas o animales terrestres, incluso sólo se encuentran osos polares en aquellos lugares donde pueden cazar a sus presas, y se trata de animales muy peligrosos. La comida potencial está representada por aves acuáticas, peces y focas. Los zorros —el zorro ártico se vuelve blanco en invierno— siguen a menudo a los osos hacia el mar helado para aprovechar los restos de sus capturas. La vida animal salvaje de la zona septentrional es migratoria y la posibilidad de disponer de ella depende de las estaciones.

Tundra y bosque: Plantas y animales pueden encontrarse en invierno y verano, y los bosques septentrionales ofrecen incluso mayor variedad de vida animal salvaje. Las especies vegetales de la tundra son las mismas en la URSS y en Alaska. Todas ellas son más pequeñas comparadas con las plantas de climas más cálidos: pueden encontrarse sauces, abedules y bayas de alto contenido vitamínico. Líquenes y musgos, fáciles de encontrar debido a su profusión, constituyen una valiosa fuente de alimentos, especialmente el líquen de los renos.

PLANTAS VENENOSAS

La mayoría de las plantas árticas son comestibles, pero EVITE la Cicuta, la más venenosa de todas. EVITE el fruto de la hierba de San Cristóbal. EVITE las pequeñas renúnculas árticas. Otras especies venenosas templadas que se encuentran más hacia el norte incluyen: lupino, acónito, consuelda, vicia, falso heléboro y camas de la muerte. También es aconsejable que evite los hongos; asegúrese de que puede distinguirlos de los líquenes! No se tiene noticia de la existencia de plantas árticas que produzcan envenenamiento por contacto.

□ ANIMALES COMO FUENTE DE COMIDA

La corteza y las hojas arrancadas de los árboles son una señal evidente de la presencia de animales. Los caribús (reno) son comunes desde Alaska hasta la costa occidental de Groenlandia y también se los encuentra a través de la zona septentrional de Escandinavia y en Siberia. El buey almizcleño vaga por la zona norte de Groenlandia y el alce se encuentra en las islas del archipiélago canadiense, donde hay una mezcla de bosques y campo abierto.

En el norte de Canadá, Alaska y Siberia son comunes los lobos (aunque son una especie muy rara y protegida en la mayoría de los países europeos). Los zorros, que viven en la tundra en verano y en los bosques en invierno, son un claro indicio de la presencia de otros animales más pequeños: liebres de la montaña, ardillas y otros pequeños roedores que cavan debajo de la nieve para encontrar semillas. Los ratones de Noruega construyen senderos debajo de la nieve. En el ártico pueden encontrarse castores, visones, glotones de América y comadrejas.

Los osos vagan por las áridas regiones del norte, y también por los bosques. Pueden ser peligrosos. Evítelos.

Las mejores posibilidades de supervivencia se encuentran en las costas, donde el mar suministra una fuente regular de comida. Las focas se encuentran en la costa, en los hielos flotantes y en el mar abierto.

Las morsas pueden parecer torpes pero también son muy peligrosas. NO LAS MOLESTE A MENOS QUE SE ENCUENTRE USTED ARMADO.

□ *CAZAR Y TRAMPEAR*

Las huellas son muy claras en la nieve y resultan fáciles de seguir, pero deje un rastro de material brillante proveniente de los restos del avión para encontrar su camino de regreso al refugio. Asegúrese de que estas señales son lo bastante altas para que no las cubra una nevada repentina.

El caribú puede ser un animal muy curioso y muchas veces se le puede atraer agitando un trozo de tela o bien colocándose a cuatro patas. Imitar a un animal de cuatro patas puede atraer también a los lobos, ya que pueden confundirle con una presa. Las ardillas terrestres y las marmotas pueden correr hacia usted si se interpone entre ellas y sus madrigueras. Algunos animales de presa pueden ser atraídos por el sonido que produce un beso en el dorso de la mano. Es un sonido similar al que produce un ratón o un pájaro heridos. Haga este ruido desde una posición oculta y en contra del viento. Sea paciente. Siga intentándolo.

Acercarse cautelosamente a una presa resulta muy difícil en el Ártico. Si dispone de un arma que lanza proyectiles —pistola, arco, catapulta— que puede dispararse a nivel de tierra, prepare una emboscada detrás de una cortina de nieve. Para disponer de mayor capacidad de movimiento, disponga una pantalla de tela delante de usted y muévala lentamente hacia adelante.

En invierno, lechuzas, cuervos y perdices blancas —las aves que pueden encontrarse en el norte— son habitualmente «mansas» y uno se puede aproximar a ellas lentamente, sin hacer movimientos súbitos. Muchas aves polares mudan el plumaje durante el verano, una circunstancia que les impide volar; por tanto, pueden ser apresadas con facilidad. Los huevos se encuentran entre los alimentos más seguros y pueden comerse en cualquier etapa del desarrollo embrionario.

□ *FOCAS*

Una fuente principal de comida en el hielo polar ya que algunas focas permanecen allí durante el invierno. La foca antártica de Weddel, el mamífero que vive en la zona más austral del planeta, puede permanecer sumergida durante 15 minutos antes de salir a respirar a las pequeñas bolsas de aire en la parte inferior del hielo, o a través de pequeños orificios que mantiene abiertos mordisqueando sus bordes. La mayoría de las focas deben respirar más frecuentemente. Muy pocas son tan formidables como la llamada Elefante marino, que puede alzarse hasta el doble de la altura del hombre cuando ataca o se defiende.

Las focas son más vulnerables cuando se encuentran en hielos flotantes con sus jóvenes crías (engendradas entre marzo y junio en el Ártico según las especies). Las focas recién nacidas no pueden nadar y son fáciles de atrapar. Miles de ellas son masacradas por los cazadores cada año, caminando simplemente entre ellas y abatiéndolas a garrotazos.

Fuera de la estación de crianza, los orificios que utilizan para respirar son los mejores lugares para atrapar a las focas; se los puede reconocer por su forma cónica (más estrecha en la parte superior). Donde el hielo es más grueso, la presencia de la foca estará señalada por las marcas de las aletas y de los dientes, que la foca habrá utilizado para mantener el orificio abierto. Debe ser paciente, aunque estando siempre preparado, ya que las visitas para respirar son muy breves. Golpee al animal y luego agrande el orificio para poder extraerlo.

Las focas suministran alimento, ropa, calzado y grasa para encender fuego. Los machos adultos tienen un olor muy penetrante en esta época del año, pero eso no afecta al sabor de su carne.

Coma todo excepto el hígado, víscera que en algunos momentos del año presenta PELIGROSAS concentraciones de vitamina A. Cocine la carne de la foca para evitar la triquinosis.

OSOS POLARES

Confinados a la zona más septentrional del Ártico —en Europa sólo se encuentran en Spitzbergen—, los osos tienen un olfato etraordinariamente desarrollado y son infatigables cazadores en el mar y sobre el hielo. Se alimentan principalmente de focas, y también de algunos peces, nadan muy bien y pueden permanecer sumergidos durante dos minutos. Raramente se los encuentra en tierra, aunque en los meses de verano pueden alimentarse de bayas y ratones. Al igual que muchos animales de clima frío, son más grandes que sus parientes de climas más cálidos. La mayoría de ellos son animales curiosos y se acercarán a usted, pero tráteles con prudencia y respeto.

Siempre debe cocinar su carne: los músculos siempre contienen el gusano de la triquinosis. NUNCA coma el hígado del oso polar, ya que puede contener concentraciones letales de vitamina A.

□ *PREPARANDO LA CARNE*

Desangre, destripe y desholle el animal mientras aún está caliente. Apisone el pellejo antes de que se congele. Corte la carne en porciones utilizables y luego deje que se congele. No conserve la carne recalentada. Una vez cocida, coma la carne sobrante fría (por eso debe cortarla en tajadas). Deje la grasa de todos los animales excepto de las focas. La grasa es fundamental en las regiones frías pero, si come en exceso, asegúrese de beber gran cantidad de líquidos. Salvo en zonas de frío extremo (cuando se congelaría) quite la grasa de la foca antes de que se vuelva rancia y arruine la carne. También puede utilizarse como combustible para hacer fuego.

Cuando la comida escasea, los animales pueden robársela, de modo que ocúltela muy bien. Si descubre señales de depredadores potenciales, búsquelos cuidadosamente porque podrían ser su próxima comida.

Los roedores, especialmente ardillas, conejos y liebres, pueden ser portadores de Tularemia, enfermedad que puede contraerse si se manipulan animales enfermos. Use guantes cuando los deshollе. Es más seguro hervir la carne.

SALUD ÁRTICA

Congelación, hipotermia y ceguera a causa de la nieve son los principales peligros, mientras que los movimientos y esfuerzos para conservar el calor y eludir las corrientes de aire helado pueden producir una falta de oxígeno y envenenamiento por monóxido de carbono.

Resulta fácil evadirse de la realidad, envuelto en varias capas de ropa y con la cabeza cubierta con una capucha. El pensamiento puede volverse ocioso y es probable pasar por alto algunas cosas obvias. Manténgase «conectado». Manténgase activo, pero evite la fatiga y conserve la energía para tareas útiles. Duerma todo lo que le sea posible, el frío le despertará antes de que se congele, a menos que se encuentre totalmente agotado y no pueda regenerar el calor que está gastando.

No permita que el frío le desmoralice. Piense en distintas maneras de mejorar su refugio, o, por ejemplo, cómo hacer un par de guantes mejores. Haga ejercicios con los dedos de las manos y los pies para mejorar la circulación sanguínea.

No postergue la defecación; el estreñimiento se produce a menudo a causa de ello. Trate de hacerla coincidir con el momento previo a la salida del refugio para llevarse los excrementos fuera.

EVITAR LA CONGELACIÓN

- ***Arrugue la cara para impedir que se formen costras, haciendo que los músculos se muevan en todas direcciones. Haga ejercicios con las manos.***
- ***Obsérvese y observe a los demás para descubrir zonas de piel cerosa, enrojecida o negra, especialmente en rostro, orejas y manos.***
- ***EVITE las prendas ceñidas, ya que reducen la circulación.***
- ***Vístase dentro del saco de dormir (si dispone de uno).***
- ***Nunca salga al exterior sin una vestimenta adecuada, aunque sea por poco tiempo. Evite que sus prendas se mojen, ya sea por el sudor o por el agua. Si ello sucede, séquelas lo antes posible.***
- ***Quítese la nieve antes de entrar en el refugio, o deje fuera la ropa que utiliza para salir. Ahorrará en secado de ropa.***
- ***Use guantes y manténgalos secos. NUNCA toque metal con las manos desnudas.***
- ***EVITE rociar con gasolina la piel desnuda. En zonas donde la temperatura es inferior a los cero grados se congelará casi instantáneamente y producirá un daño mayor que el agua debido a que su punto de fusión es inferior a ésta.***
- ***Tenga especial cuidado si ha estado trabajando duramente y se siente fatigado. Si está enfermo, DESCANSE.***

MONTAÑAS

Los picos montañosos están expuestos a fuertes vientos y, a menudo, se hallan cubiertos de nieve. No proveen alimento ni refugio. Trepar por superficies rocosas y atravesar zonas nevadas y con hielo exige habilidades especiales, que es mejor aprender previamente en escuelas de montañismo y practicar bajo la supervisión de un experto. Ninguna persona que carezca de experiencia debería pensar en adentrarse en territorio montañoso, excepto como alumno y formando parte de un grupo convenientemente organizado. Pero una situación catastrófica puede dejarle en una montaña u obligarle a atravesar una montaña para ponerse a salvo.

Si no existe ninguna posibilidad de ser rescatado, el primer objetivo —de día— debería ser bajar hasta el valle, donde es posible encontrar alimento y refugio. Por la noche y con mala visibilidad, esta empresa es demasiado peligrosa. Debe encontrar algún tipo de refugio hasta que la visibilidad mejore.

Cave en la nieve si no encuentra ningún refugio entre las rocas y tampoco puede protegerse entre los restos del avión. Si se encuentra por debajo de la línea de nieve, debe cubrirse de alguna manera para evitar la exposición al frío y los elementos. Una bolsa de plástico servirá como improvisado saco de dormir, si no dispone de un adecuado equipo de supervivencia. Consiga mantas o algún tipo de protección del avión accidentado o use toda la ropa que tenga para cubrir su cuerpo, pero no debe ceñir demasiado las prendas contra el cuerpo; el aire que circula dentro de las prendas le proporcionará el aislamiento que necesita para mantener el calor.

Si se encuentra en la ladera de una montaña, duerma con la cabeza apuntando hacia arriba; si el terreno es abrupto y rocoso, duerma sobre el estómago para estar más cómodo.

□ *JUZGANDO EL TERRENO*

Cuando descienda una montaña, a menudo le resultará difícil ver lo que se extiende debajo de usted. ¿Puede moverse alrededor del valle o a lo largo de la estribación montañosa para mirar hacia atrás y ver lo que hay más abajo? El lado opuesto de un valle podrá darle una idea bastante aproximada de las características del lado en el que usted se encuentra.

Tenga cuidado si está mirando hacia una pendiente lejana más allá de risco en primer plano, ya que es probable que el terreno caiga abruptamente entre ambos. Las laderas cubiertas de guijarros y piedras pueden ser particularmente engañosas y parecer continuas hasta que usted se encuentra muy cerca del precipicio.

▼ *Descenso*

Salvar los precipicios sin una cuerda es extremadamente peligroso. En los riscos más escarpados es necesario descender de cara al mismo y resulta muy difícil ver lo que hay debajo. Si hay una ladera contigua, un colega puede darle indicaciones a medida que desciende. Una vez abajo, usted puede señalarles a los demás los puntos de apoyo. Nunca debe intentarse el descenso de un precipicio grande. En caso de un accidente aéreo, hay probablemente más riesgo en descender que en esperar el rescate.

Para descender por paredes de piedra que son menos pronunciadas y con salientes más profundas, adopte una posición lateral utilizando la mano del interior para apoyarse. En descensos más fáciles, baje mirando hacia el exterior con el cuerpo inclinado hacia atrás y soportando su peso sobre las palmas de las manos.

▲ *Ascenso*

Ascendiendo, los puntos de agarre son más sencillos de ver, y es más seguro rodear los obstáculos que pasar por encima de ellos si no conoce la ruta. Podría verse inmovilizado ante un descenso imposible.

Siempre debe calcular la ruta desde la parte inferior y, al ascender, mantenga el cuerpo separado de la pared y mire hacia arriba. Mueva sólo una mano o un pie a la vez, mantenindo siempre los puntos de contacto. Mantenga el peso equilibrado de forma pareja sobre los pies, en lugar de colgarse de las manos. No se estire excesivamente.

Con los pies firmemente apoyados en la piedra y con una mano cogiendo un buen punto de apoyo, busque con la otra un asidero por encima de la cabeza. Compruebe su firmeza y busque otro punto de apoyo para la otra mano o los pies. Use pequeños puntos de apoyo intermedios, evite extender demasiado las extremidades y permita que sean las piernas las que hagan la mayor parte del trabajo. Coloque siempre los pies lo más planos posible para establecer el máximo contacto con la roca.

Para ascender verticalmente por una grieta, utilice la técnica de la chimenea. Apoye la espalda contra una de las dos superficies y calce las piernas firmemente contra la otra. Ascienda lentamente. Si la grieta se abre demasiado, puede encontrarse con dificultades para mantener el contacto con ambas paredes y verse obligado a descender.

▼ *El descenso con cuerda*

Con una cuerda firmemente sujeta en el nivel superior, es posible descender por el precipicio más pronunciado. La técnica, conocida como «RAPEL», puede necesitar un artilugio especial o un especialista para que la cuerda se sujete a través de ellos, pero en el método básico basta una cuerda doble. La cuerda no se mueve, usted es quien se mueve descendiendo por ella. No es un método cómodo, aún con el cuerpo colocado en un ángulo correcto, pero es la manera más segura de salvar las laderas muy pronunciadas. La fricción puede provocar daños en la ropa y en la piel.

La longitud de la cuerda controla la magnitud del descenso y debe contarse con un buen punto de sujección, ya sea un árbol o una roca, que pueda sostener el peso sin romper la cuerda. Si puede encontrarse una serie de plataformas con buenos puntos de sujeción, la ladera puede salvarse en varias etapas, pero si son muchas personas las que descienden, debe haber espacio para que todas ellas puedan esperar en cada una de las etapas.

Después de llegar a un lugar firme, la cuerda puede ser recogida. Si ha quedado alguien más arriba para desatar la cuerda, o si está dispuesto a dejar la cuerda tras usted, puede utilizar una cuerda simple, pudiendo descender el doble de distancia con la misma cuerda. La parte más difícil suele ser superar el borde del precipicio. Es posible que deba descender algunos metros para conseguir una buena posición y suficiente confianza.

Asegúrese de que se encuentra en una posición firme antes de tirar de la cuerda —el súbito peso podría afectar su equilibrio— y también de que ha planeado su próximo movimiento. Una vez que tiene la cuerda con usted, puede resultarle muy difícil volver sobre sus pasos.

«RAPEL»

Fije la cuerda alrededor de un soporte firme (pruébelo con todo el peso del cuerpo). Evite los bordes afilados que pueden cortar la cuerda.

Pase ambos extremos de la cuerda entre sus piernas por delante y rodéela.

Sostenga la cuerda delante de usted con la mano izquierda y en la espalda con la derecha.

Apoye los pies separados por unos 45 cm, firmemente, contra la ladera e inclínese hacia atrás. Deje que la cuerda que envuelve su cuerpo sustente su peso. No intente de sostenerse con la mano superior. Descienda lentamente paso a paso. La mano inferior controla la velocidad del descenso. Arríe la cuerda con una mano a la vez.

CUIDADO: Esta forma de descender puede ser peligrosa. Si no cuenta con experiencia en esta técnica, NUNCA lo intente a menos que le acompañe un experto o se encuentre en una situación límite de supervivencia.

USANDO UN GANCHO

En un descenso vertical sin obstrucciones, puede utilizarse un gancho hecho con una bolina enlazada (Ver *Nudos* en Campamento artesanal) para bajar o subir personas. Use esta técnica para rescatar a alguien que haya caído en el interior de una grieta.

▲ *Ascender con cuerdas*

Amarrar una cuerda alrededor de un saliente rocoso es un método de ayudar a que otros puedan subir. En primer lugar, una persona debe realizar el ascenso llevando la cuerda (podría llevar una cuerda ligera con la que poder tirar más tarde de la cuerda que va a utilizarse para el ascenso) atada a la cintura con una bolina. En cada etapa del ascenso, debe haber una plataforma o saliente para acomodar a todo el grupo y también un buen punto de sujeción para la cuerda. Si hay varios tramos de cuerda, podrían cumplirse una serie de etapas de forma simultánea y, de ese modo, mover a un grupo más numeroso.

Compruebe que el soporte es bueno: un árbol o una saliente rocosa (un orificio a través de una roca, o una piedra grande firmemente encajada en una grieta). Asegure la cuerda con una lazada atada formando un ocho o con un medio nudo.

El primer escalador se ata con uno o dos lazos para afirmarse bien y pasa la cuerda sobre la cabeza y sobre las caderas, haciendo un giro alrededor del brazo más próximo al punto de sujeción y tensando cualquier parte floja de la cuerda. El que asciende pasa la cuerda alrededor de su cintura y comienza a subir. El primer escalador mantiene la cuerda tirante.

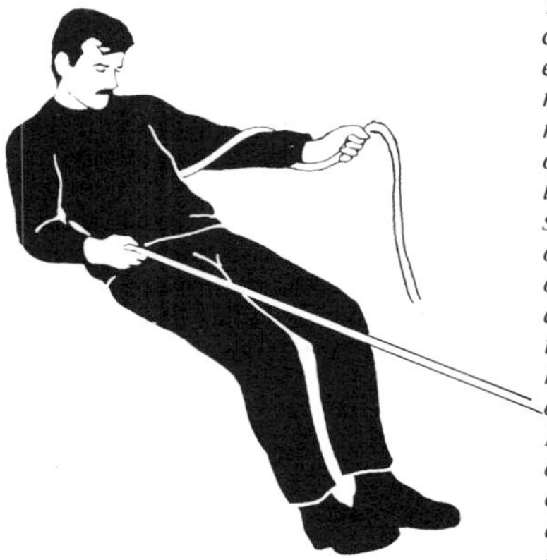

Recoger cuerda

Tire con ambas manos para que la cuerda pase por detrás de la espalda (tire hacia adentro con la mano derecha y hacia afuera con la mano izquierda). Deslice la mano derecha buscando más cuerda. Una las manos y sotenga ambas secciones de cuerda en la mano derecha, mientras la izquierda se desliza hacia el cuerpo para aflojarla. Vuelva a comenzar, tirando con la mano derecha, haciendo pasar la cuerda alrededor del cuerpo con la izquierda. Prepárese para frenar el movimiento de la cuerda si se produce una caída. Sujete con fuerza la cuerda alrededor del cuerpo uniendo ambas manos.

El punto de sujeción de la cuerda, el primer escalador y la persona que sube deberían encontrarse en una línea recta. Si se utiliza un saliente rocoso, éste debería encontrarse por encima de la cabeza del primer escalador. Si ello no fuese posible, el primer escalador debería trabajar desde una posición sentada y segura.

Las personas mayores y los niños deben ser atados alrededor del pecho. A los niños de corta edad es mejor transportarlos a la espalda de otro escalador.

Aplicar este método sin contar con un buen punto de sujeción resulta muy arriesgado y exige mayor fuerza. En cuyo caso, la cuerda debe pasar a través de los dedos del primer escalador, NO alrededor de su espalda, de otro modo se corre el riesgo de que la persona que está ascendiendo arrastre hacia abajo a la persona que está situada más arriba.

¡ATENCIÓN!

¡LOS DESPRENDIMIENTOS DE ROCAS PUEDEN SER MORTALES!

Cuando se trate de rocas flojas, cójalas suavemente y nunca se afirme en un punto de apoyo inestable.

Tenga cuidado que la cuerda no afloje las rocas. Incluso la caída de rocas pequeñas puede ocasionar graves heridas. Si provoca una caída, advierta inmediatamente a los que están ascendiendo debajo de usted.

ZONAS DE NIEVE Y DE HIELO

Se puede conseguir un equipo sofisticado para escalar a través de nieve y de hielo, pero, en la nieve, pueden improvisarse técnicas del tipo que practican los alpinistas con el pico utilizando un bastón fuerte y resistente, incluso un bastón de paseo provisto de mango puede proporcionar mayor sujeción que un simple palo. Si no dispone de un pico y de grampones y no está familiarizado con su uso, manténgase alejado de las zonas con hielo en las montañas.

Un pico o bastón de nieve, clavado en la nieve a medida que se escala la ladera, propociona una buena estabilidad al montañista. En laderas muy pronunciadas, ascienda describiendo un zig-zag, clavando los zapatos y hundiendo el baston a ambos lados. Hunda los tacones y use el bastón en las laderas más suaves. En las laderas escarpadas, descienda de espaldas, apoyándose en el bastón y utilizándole como freno en caso de que resbale. Resbalar por una ladera puede resultar excitante, pero también extremadamente peligroso.

Hundir los tacones le ayudará a controlar la velocidad y un bastón clavado en la nieve representa un freno adicional, pero siempre existe el riesgo de que no haya advertido la presencia de un precipio delante de usted¡ Nunca emplee este método cuando hay riesgo de avalancha.

► *Cuerdas de seguridad en el hielo*

Cualquier grupo que se mueva a través de un glaciar debería ir unido por una cuerda y a intervalos no inferiores a los 9 metros. El que abre la marcha debería probar la nieve con un bastón, ya que cualquier depresión puede indicar la presencia de una grieta.

Las cuerdas unidas a un soporte firme en ambos extremos pueden estabilizar el movimiento a través de las zonas de hielo que deben atravesarse. Úselas como sujeción manual, o bien ate una cuerda corta alrededor de la cintura con un nudo prusik. Este nudo se desplazará a lo largo de la cuerda para permitir el descenso pero se ceñirá impidiendo la caida. Esta es también una técnica muy útil cuando las personas débiles y los niños descienden por un terreno pedregoso.

BOLARDOS DE NIEVE Y HIELO

Si no encuentra una roca firme para amarrar la cuerda, puede cortar un punto de apoyo en el hielo. Hágalo en forma de hongo donde la formación de hielo natural lo haga más fácil. Debe tener un diámetro de 40 cm y una profundidad de al menos 15 cm. Descarte ese trozo de hielo y vuelva a comenzar al más mínimo signo de fractura en el hielo.

Un bolardo de nieve debe ser mucho más grande: de 30 cm de profundidad y de 1 metro de ancho en nieve dura y de 3 metros en nieve blanda. Coloque su equipo y equipaje alrededor para impedir que la cuerda la atraviese.

▼ *Grietas*

Las grietas se encuentran donde nace un glaciar en la pared de un valle, donde cambia de dirección o donde se abre en un valle más amplio. Viaje lentamente, comprobando la firmeza del terreno. Si algún miembro del grupo cae en una de estas grietas, puede ser izado por la cuerda que le une a los demás integrantes.

La presión ejercida por la cuerda sobre el pecho puede provocar asfixia. Para alzar a una persona, haga un lazo con la cuerda y coloque el pie dentro de él. Si la persona está inconsciente, se necesitarán tres compañeros para izarle. La temperatura en el interior de una grieta es muy baja y la víctima se debilitará rápidamente. La velocidad de reacción de sus compañeros es fundamental.

AVALANCHAS

Las avalanchas representan un serio peligro en todas las regiones de altas montañas. La mayor parte de ellas se produce en laderas con una inclinación entre los 20 ° y los 60 °, y especialmente entre los 30 ° y los 45 °, habitualmente dentro de las 24 horas posteriores a una nevada. Después de una nevada importante, de varias horas de duración, espere un día a que la nieve se haya asentado antes de iniciar la excursión.

La lluvia, o una subida de la temperatura, después de una nevada, aumenta enormemente el riesgo de avalanchas. El proceso de fusión contribuye a lubrificar el deslizamiento. Las copiosas nevadas en momentos de baja temperatura también pueden provocar avalanchas, porque no hay tiempo suficiente para que se estabilice.

Las laderas con superficies irregulares son más seguras y las laderas forestadas también son muy estables. Las rocas escarpadas en la cima de una ladera la vuelven más propensa a los deslizamientos, porque la nieve, las rocas o los carámbanos que caen pueden ponerlas en movimiento. En una ladera convexa, el movimiento gravitacional descendente compacta la nieve en el fondo y crea tensión en la parte superior, volviéndola más proclive al deslizamiento.

PRINCIPALES ÁREAS DE PELIGRO

- *Laderas convexas cubiertas de nieve. En este punto la nieve se halla bajo tensión.*
- *Laderas a sotavento donde la nieve se ha acumulado. Son inestables.*
- *Hondonadas llenas de nieve.*

PRECAUCIONES

▼ **El calor del sol sobre la nieve puede provocar avalanchas, de modo que antes del mediodía viaje por zonas con sombra, manténgase alejado de las zonas expuestas al sol.**
▼ **Después del mediodía, viaje por la laderas que han estado expuestas al sol y evite aquellas zonas que ahora reciben el sol por primera vez.**
▼ **Evite las pequeñas hondonadas y los valles con laderas escarpadas.**
▼ **Manténgase junto a las salientes y terreno elevado, por encima de los senderos que pueden verse afectados por las avalanchas; tiene más probabilidades de provocar un deslizamiento pero, si eso ocurre, tiene una mayor posibilidad de encontrarse en la parte superior de la avalancha o de no ser arrastrado en absoluto.**
▼ **Siempre debe vigilar la actividad de las avalanchas, aún cuando no vea ninguna. Calcule donde pudieron comenzar, su dirección, cuánto tiempo ha transcurrido desde que se produjo. Le servirá de guía para saber donde pueden producirse otras avalanchas.**

COSTAS

La mayoría de las costas ofrecen abundantes fuentes de comida y excelentes perspectivas de supervivencia. Aún cuando parezcan yermas y desiertas, puede encontrarse comida. Las aguas costeras son la morada de muchas formas de vida: algas marinas, peces, focas, aves, moluscos y plancton, un alimento que sustenta la vida marina. Los lagos interiores y las corrientes de agua de toda clase también estarán llenos de vida, salvo el Mar Muerto y otras zonas donde el proceso de salinización es extremo, y aquellos muy contaminados por el hombre.

Las costas pueden abarcar desde profundos acantilados hasta extensas playas que bordean el mar. Desde el mar, un escarpado risco no ofrece ninguna posibilidad de escapar del agua. Incluso una lengua de playa a sus pies es probable que se encuentre cortada por las altas mareas, aunque es posible que ofrezca unas pocas horas de respiro antes de sumergirse en el agua para buscar otro lugar más acogedor. No obstante, toda clase de costas ofrecen recursos para ser explotados y hay pocos lugares que sean mejores para quedar varados.

□ *Playas de arena*

Las costas arenosas tienden a ser suaves e inclinadas. La marea se aleja a una gran distancia, dejando al descubierto extensas áreas que constituyen el hábitat de especies que quedan enterradas debajo de la arena cuando el agua se retira. Entre ellas se encuentran muchos gusanos y moluscos que también atraen a aves que se alimentan de ellos. Busque señales de moluscos enterrados. Habitualmente resulta más fácil descubrir las marcas dejadas por los tubos chupadores de bivalvos ocultos en aguas poco profundas al borde del mar.

Allí donde la arena no es inundada por la marea y se convierte en dunas, puede encontrarse agua potable y distintas variedades de plantas.

La arena es fácilmente transportada por el viento y lo invade todo. Las dunas tienden también a estar llenas de insectos irritantes, de modo que no elija estos lugares para acampar o construir su refugio, si puede encontrar otro más idóneo.

□ *Costas y estuarios fangosos*

En el lugar donde un río de fluir lento se une al mar, deposita sedimentos, ricos en materiales nutritivos, formando extensas charcas de lodo En estos lugares pueden desarrollarse numerosas especies de gusanos y moluscos, constituyendo un sitio ideal para que acudan a alimentarse animales y aves.

□ *Costas rocosas*

Las costas rocosas, si sus riscos no son demasiado escarpados, forman pequeños estanques cuando el agua de las mareas se retira. Estos estanques pueden rebosar de vida. Las rocas forman un estrato del que pueden aferrarse las numerosas conchas univalvas, un soporte para las algas y erizos de mar y también grietas donde pueden vivir pulpos y otros cefalópodos.

Las rocas blandas como greda, marga y piedra caliza, se erosionan rápidamente y sus superficies son suaves, pero las rocas duras pueden fracturarse en grandes trozos y proporcionar buenos emplazamientos para que las aves hagan sus nidos.

☐ *Playas de guijarros*

Las playas de guijarros, que se encuentran habitualmente entre las zonas de arena y de piedra de la costa, contienen menos vida. El continuo movimiento de los guijarros hace que sea un hábitat muy difícil tanto para animales como para plantas.

☐ *MAREAS*

Las mareas varían considerablemente según el lugar y el momento del año, ya que están provocadas por las gravedades opuestas del sol y de la luna. En los mares cerrados, como el Mediterráneo, sólo abarcan unos pocos metros. La bahía de Fundy, entre Nueva Escocia y New Brunswick presenta una diferencia de 16 metros entre la marea baja y la marea alta.

Una línea de detritus a lo largo de la playa; un cambio en la apariencia y la textura desde la arena seca hasta la que es inundada periódicamente; algas, conchas y cambios de color en la pared vertical de las rocas, son todas señales que le ayudarán a precisar el nivel que probablemente alcanzará el agua durante la marea alta.

Siempre que compruebe el acceso hacia y desde una playa o costa rocosa, vigile la subida de las aguas para no correr el riego de quedar aislado.

Las mareas no sólo limpian la playa sino que también arrastran restos flotantes y desechos, suministrando a menudo combustible para hacer fuego, y pueden dejar grandes peces atrapados en estanques junto a sus habitantes habituales.

SEGURIDAD EN LA PLAYA

- ***Nunca menosprecie el poder y el peligro del mar. Calcule las mareas y familiarícese con su modelo; de este modo no se verá sorprendido por ellas ni aislado por la marea alta o arrastrado por la maja-mar. Es muy fácil ser sorprendido si se encuentra lejos de la playa.***
- ***Los riscos ofrecen problemas de acceso. Si hay sólo un camino para descender, asegúrese de que podrá volver a él.***
- ***Tenga cuidado con las corrientes fuertes, especialmente en los cabos. Los bancos de arena y las rocas sumergidas también son muy peligrosos. En el punto donde la playa caiga abruptamente hacia aguas profundas, habrá una fuerte corriente submarina. Si se ve obligado a meterse en el mar para rescatar a alguien o recuperar parte de su equipo, lleve una cuerda de seguridad alrededor de la cintura y que alguien le sirva de punto de apoyo en la playa, o bien sujete la cuerda a un lugar seguro.***

☐ *NADAR*

Si se ve atrapado en la contracorriente de una ola de grandes proporciones, impúlsese desde el fondo y nade hacia la superficie. Nade en dirección a la playa a través de las olas. Cuando se aproxime la siguiente ola grande, enfréntese a ella y sumérjase. Déjela pasar sobre su cuerpo y aproveche para nadar en su estela hacia la playa.

Si no es buen nadador, permanezca en lugares donde haga pie si está nadando o pescando. Tenga cuidado con las olas grandes que pueden hacer que pierda el equilibrio y arrastrarle mar adentro. Si esto sucede, no sienta pánico. La gente tiende a sentir pánico cuando ignora la profundidad del agua, pero se siente segura cuando lo sabe. Esto no tiene demasiada importancia puesto que usted puede ahogarse tanto si hay 10 cm como si hay 10 metros. Si quiere comprobar la profundidad, extienda ambos brazos por encima de la cabeza, extienda los dedos de los pies e introdúzcalos en el agua. ¡Tal vez no sea tan profundo como usted imaginaba!

Si una fuerte corriente le arrastra lejos de la costa, NO luche contra ella... porque perderá. Nade A TRAVÉS de ella, con brazadas laterales, y describiendo una trayectoria paralela a la playa para acercarse a ella. La brazada lateral no es la más poderosa ni la más veloz... pero es la que cansa menos.

Si se encuentra en el mar y es arrastrado hacia una zona de rocas, colóquese de frente a la playa, adoptando una posición sentada y con los pies por delante. Los pies absorberán el impacto inicial y le permitirán encontrar un punto de apoyo para arrastrarse hasta la playa.

☐ *FLOTAR*

Un cuerpo relajado flota mejor, de modo que trate de no perder la calma. Resulta difícil hundirse en agua salada. El principal peligro reside en tragar agua salada y ahogarse a causa del vómito.

Las mujeres flotan mejor que los hombres (disponen de una capa extra de grasa) y flotan naturalmente sobre la espalda. Los hombres flotan naturalmente sobre el estómago, aunque no olvide sacar la cabeza para respirar!

AGUA

El agua potable a lo largo de la costa se obtiene generalmente de los pequeños ríos; los ríos de mayor caudal tienden a estar llenos de cieno y pueden estar contaminados por la industria u otras actividades humanas río arriba.

En las playas arenosas que no tienen corrientes de agua potable, pueden encontrarse pequeños estanques entre las dunas. Cavar por encima de la línea de las mareas en cualquier playa, especialmente si hay vegetación, puede dar buenos resultados. Cave hasta encontrar arena húmeda. Deje que el agua se acumule. El agua potable flota encima del agua salada. Quite la capa más ligera de la superficie.

Las charcas entre rocas no suelen contener agua potable. Incluso por encima de la línea de las mareas, pueden ser el resultado de las olas, aunque en ocasiones puede identificar el agua potable por el crecimiento de algas verdes que no contiene moluscos, como ocurriría en cualquier otro lugar de la playa. Los moluscos de agua salada no pueden sobrevivir cuando la salinidad está reducida.

Busque el goteo de agua entre las paredes rocosas, especialmente donde hay helechos o musgos adheridos, ya que será agua potable. Si se encuentra sin recursos en una zona rocosa alejada de la playa, la única fuente segura de agua será el propio mar, pero NUNCA beba agua de mar sin destilarla previamente. Lejos de mitigarle la sed, extraerá valiosos fluidos de sus órganos vitales y, finalmente, colapsará sus riñones.

El agua salada puede ser muy útil para cocinar, pero no coma hasta no disponer de una buena provisión de agua potable. El residuo de sal resultante de la destilación del agua de mar puede utilizarse para conservar pescados y carnes.

COMIDA

Las plantas que se encuentran en la costa diferirán según sea el clima imperante, pero serán útiles cuando el tiempo o la marea le impidan recoger alimentos marinos. En el agua, encontrará algas de una u otra clase en aquellos lugares donde haya rocas que les den un punto de apoyo y el agua sea lo bastante poco profunda para que el sol las alcance. Las algas marinas son muy valiosas como alimento. En muchos países del mundo, constituyen una parte vital de la dieta y muchas son consideradas como platos exquisitos desde la cocina japonesa hasta el pan de ova de Gales. Las algas marinas pueden ser disecadas y conservadas durante meses.

¡ATENCIÓN!

Las algas marinas son una valiosa contribución a la dieta, pero NO debe comer las algas azul-verdosas que suelen encontrarse en los estanques de agua dulce. Son muy venenosas.

■ *PESCADOS Y MARISCOS*

El mejor momento para coger peces y moluscos será durante la marea baja, cuando pueden inspeccionarse los pequeños estanques entre las rocas y extraerse los moluscos y otras criaturas ocultas debajo de la arena.

Los moluscos bivalvos, que se alimentan filtrando agua a través de sus sistemas digestivos, pueden acumular peligrosas concentraciones de sustancias químicas tóxicas en las zonas contaminadas por la industria o las aguas cloacales.

En las zonas tropicales, los mejillones son venenosos durante el verano, especialmente cuando los mares están rojizos o altamente fosforescentes. En el Ártico, los mejillones negros pueden ser venenosos en cualquier momento del año. Aprenda a reconocer las conchas cónicas, que proyectan una púa venenosa, que, en unas pocas especies, es lo bastante potente para matarle. Existen más de 400 especies de estos pequeños animales, y se les encuentra principalmente en la zona tropical Indo-Pacífico y con aproximadamente 12 especies en el sureste de EEUU y en el Caribe. A todos se les identifica por su forma característica. Las especies Tenebra o Auger y Turrid también lanzan púas venenosas. Su veneno no es peligroso para el hombre, pero resulta muy doloroso.

Coma sólo aquellos moluscos que han sido recogidos vivos. Los bivalvos, como ostras, almejas y mejillones, se cierran herméticamente si se los golpea con suavidad en la concha. Los gastrópodos, como caracoles y buccinos, tienen una *puerta-trampa* (el epérculo) para cerrar la entrada al caparazón. Debe cerrarse herméticamente si la concha es agitada.

Otros gastrópodos, como lapas y abalones, carecen de opérculo pero se encuentran firmemente aferrados a las rocas. Use un cuchillo para desprenderlos de ellas. Si resulta difícil quitarlos, son buenos para comerlos. Si se desprenden con facilidad, lo más probable es que se encuentren enfermos o estén muertos. Después de la marea alta, cualesquiera lapas que se encuentren son buenas para comer, ya que la marea arrastra los especímenes muertos o enfermos.

Cocine estos mariscos sumergiéndoles en agua hirviendo durante cinco minutos.

Si los come crudos se expone a los parásitos y sustancias contaminadas que puedan contener en su interior.

■ *PESCA*

Los peces y serpientes de mar son más difíciles de coger. **Algunos peces son peligrosos y todas las serpientes de mar son venenosas.** Se puede distinguir a las serpientes de mar de las anguilas por sus escamas y sus colas más grandes y achatadas. Se dice que no muerden a los bañistas. Las mordeduras se producen —aunque sólo raramente— cuando los pescadores están quitando los peces de las redes donde también han quedado atrapadas las serpientes de mar.

En la mayoría de las costas, el mejor momento para pescar desde la playa es aproximadamente dos horas después de la marea alta. Si usted pesca cuando la marea aún está subiendo, debe retroceder continuamente y, probablemente, no puede impedir mojarse. Recuerde que el agua salada pudrirá las botas y la ropa.

La pesca en el mar requiere anzuelos mayores que los utilizados para la pesca en agua dulce. También puede utilizarse una amplia variedad de carnada. Las lapas, por ejemplo, pueden encontrarse a menudo colgando de las rocas, o las lombrices *(Arenicola)* pueden extraerse en las playas arenosas y rocosas. Cuando se produzca la marea baja, busque las huellas de los gusanos con cola que le indicarán donde se han enterrado.

Aproveche la marea para ayudarse a atrapar peces construyendo grandes trampas en forma de flecha utilizando estacas y rocas. Apúntelas en dirección opuesta a la playa. Los peces quedarán atrapados cuando descienda la marea.

■ *PULPOS Y CALAMARES*

Los pulpos pueden ser cazados por la noche, cuando salen a buscar sus propias presas. Atráigales con una luz, luego cláveles un objeto punzante. Durante el día, la presencia de conchas vacías alrededor de un agujero pueden ser un indicio de que un pulpo vive en su interior. Introduzca un anzuelo con cebo, espere a que el pulpo lo muerda y luego tire de él hacia afuera. La mejor forma de matar un pulpo es volverle del revés: meta una mano dentro de la zona carnosa, coja las vísceras y tire con fuerza. ¡Inténtelo primero con un pulpo pequeño! Se necesita bastante práctica, de modo que hasta que usted la haya adquirido, lancee al pulpo entre los ojos o golpéelo contra una roca.

Todos los pulpos tienen un pico duro, similar al de un loro, y algunos pueden tener una mordedura venenosa. La peor es la del pulpo de anillos azules que habita en la zona oriental de Australia; su veneno puede ser real. ¡EVÍTELO!

La carne de pulpo es dura pero puede masticarse y resulta muy nutritiva. Golpéela para ablandarla. Hierva el cuerpo y ase los pequeños tentáculos.

En mar abierto, los calamares pueden ser muy grandes, pero cerca de la playa pueden encontrarse calamares más pequeños. Búsqueles en los estanques de roca unidos a las algas. Cójalos por la noche con una luz brillante, sacudiéndoles de abajo hacia arriba. Las sepias no se acercan a la playa, pero pueden ser atrapadas mar adentro de la misma forma.

■ *EQUINODERMOS*

Entre los equinodermos, otra excelente fuente de alimentos, se incluyen la estrella de mar (no merece la pena molestarse considerándola como un alimento), los erizos de mar y los pepinos de mar. Estos últimos se arrastran por el fondo marino o se entierran en la arena. Parecen pepinos negros y arrugados de unos 20 cm de largo. También hay gusanos pepinos (que se ocultan en la arena). Los pepinos de mar deben hervirse durante cinco minutos antes de comerlos.

Los erizos de mar, o huevos de mar como se les llama a veces, son habitualmente unas pequeñas bolas espinosas que se adhieren a las rocas, justo debajo de la marea de bajamar, pero tienen parientes que también se ocultan, como los erizos corazón y erizos pastel y la patata de mar, que pueden encontrarse debajo de la arena. Ábralos y coma su interior, parecido a una «yema» de huevo. Puede comerlos crudos, pero es más seguro si los hierve. **EVÍTELOS si las espinas no se mueven al tocarlas o si no huelen bien una vez abiertos.**

ERIZOS DE MAR

Manipúlelos con cuidado. Sus espinas pueden provocar una herida muy dolorosa, especialmente si los pisa con los pies desnudos. Si resulta herido y la espina se rompe, no trate de arrancarla, ya que podría empujarla aún más adentro. Con un poco de suerte, las espinas saldrán al exterior al cabo de unos días.

■ *CRUSTÁCEOS*

Entre ellos se incluyen los cangrejos, langostinos, camarones y esquilas, todos los cuales establecen su morada en los pequeños estanques entre las rocas. A las langostas se las encuentra habitualmente más allá de la zona de mareas pero, a veces, también puede encontrárselas en charcas profundas o grietas. Busque debajo de las piedras y de las algas, aunque debe ser muy rápido para poder cogerlas! Una red puede serle de gran ayuda. Improvise una con alguna prenda y un trozo de alambre o una pequeña rama.

Los cangrejos de arena son muy abundantes en los trópicos. Son muy activos por la noche y se les puede cazar siguiéndoles hasta su escondite en el extremo de la playa. Algunos incluso trepan a los árboles y pueden ser derribados.

Los cangrejos, langostinos y camarones de agua dulce pueden encontrarse en muchas partes del mundo. Son más pequeños y habitan en aguas menos profundas.

Todos los crustáceos se echan a perder rápidamente y pueden contener parásitos nocivos. Deben comerse lo antes posible, de modo que consérvelos vivos en agua hasta que decida comerlos. Se los cocina vivos, ya sea sumergiéndolos en agua hirviendo, para que mueran inmediatamente, o colocándolos en agua fría y calentándola luego, un método que parece menos cruento ya que los deja inconscientes y no sufren. Hervir durante unos 20 minutos.

Los cangrejos tienen partes venenosas que deben eliminarse. Quite las patas y las pinzas, luego, con el cangrejo de espaldas, coloque ambos pulgares debajo del opérculo de la cola y tire hacia arriba. Extraiga el opérculo. Esto impide que el contenido del estómago toque la carne. Luego presione sobre la boca con los pulgares, haciendo fuerza hacia abajo y hacia afuera. Esto hace que la boca y el estómago salgan en una sola pieza. Los pulmones (conocidos como «Dedos de hombres muertos»), que no son comestibles, pueden ser extraidos y eliminados.

La langosta es más fácil de preparar. Practique un corte en la parte superior, en dirección a la cabeza, y ábrala en dos partes. El estómago se encuentra justo detrás de la boca y se extrae junto con la cabeza y el intestino.

■ *TORTUGAS*

La carne de tortuga es muy nutritiva, y sus huevos son otra buena fuente de comida, si tiene suerte de que las tortugas se acerquen a la playa. (Ver *Reptiles* en ***Comida***).

■ *AVES MARINAS*

La mayoría de las costas oceánicas están habitadas por multitud de aves marinas. Pesque para ellas. Deje anzuelos con cebo entre sobras sobre rocas planas, incluso puede arrojar anzuelos con cebo al aire para que los lleve el viento. Intente envolver el cebo alrededor de las piedras. El súbito cambio de peso puede hacer que las aves se «estrellen».

Las aves que hacen sus nidos en el suelo pueden proporcionar una buena provisión de huevos. Busque aquellos nidos fáciles de alcanzar antes de aventurarse a coger los que se encuentran en los riscos. incluso puede tratar de coger a las aves por la noche cuando están descansando. Pero NO se arriesgue a escalar.

PELIGROS

A menos que esté muy tranquila, el agua que le cubra los muslos estará demasiado oscura para ver a través de ella. Se arriesgará a tropezar con algo desagradable y las olas pueden arrojarle contra las rocas o los corales.

Use algún tipo de calzado cuando se interne en el agua; necesita suelas si su calzado es improviosado. La envoltura con tela NO es suficiente para protegerse de las espinas.

► **A menudo** las medusas son arrojadas a la playa después de una tormenta. Algunas, especialmente en los trópicos, tienen una picadura muy dolorosa. las avispas de mar, o jalea de caja, de las playas del norte de Australia, son las más peligosas. El cuerpo en forma de campana de los especímenes más grandes alcanza sólo 25 cm, pero sus tentáculos pueden medir hasta 9 metros. Cada tentáculo, casi transparente y muy difícil de ver, está provisto de millones de células urticantes. Aunque su veneno es uno de los más mortales que se conocen y altas concentraciones del mismo producen lesiones cutáneas y la muerte, sólo una dosis muy elevada resulta fatal para los seres humanos. Algunas medusas no son venenosas, pero tenga cuidado, su tamaño no es un indicador de su poder!

Si le pica una medusa, NO se arranque los tentáculos ni quite la baba con la mano, sólo conseguirá provocarse más dolor. Utilice algas o un trozo de tela para quitarse el aguijón con arena.

► **Sifonóforo:** parece una medusa pero se trata en realidad de una colonia de pólitos. También puede tener tentáculos de hasta 9 metros de largo pero, aunque sus púas pueden causar irritacion en la piel durante varios días, raramente resultan mortales.

Trátese la picadura como si fuese una medusa.

► **Pez tejedor:** se encuentra enterrado en la arena, fuera de las playas de Europa, África occidental y el Mediterráneo. Sus espinas son venenosas.

Aplique agua muy caliente para mitigar el dolor de las heridas.

► **Rayas con púas:** se encuentran cerca de la orilla en todas partes, pero especialmente en aguas cálidas, y las rayas eléctricas en zonas cálidas y templadas. Increíblemente camufladas, algunas como si fuesen rocas o guijarros, no sólo se ocultan en la arena.

Vaya con cuidado. Pruebe el fondo con un palo a medida que avanza. Las heridas de las rayas pueden mitigarse con agua muy caliente.

► **Anguilas morenas:** pueden encontrarse en aguas poco profundas. Tienen una mordedura salvaje y protegen tenazmente sus guaridas.

Aléjese de ellas y NO meta las manos en las grietas!

► **Almejas gigantes:** en los arrecifes tropicales pueden ser lo bastante grandes para atrapar un brazo o una pierna si se cierran sobre ellos.

► **Peces con púas venenosas:** viven a menudo en aguas muy poco profundas. Son más comunes, y más peligrosos, en los trópicos; algunas especies viven en aguas templadas. Las especies que habitan en el fondo son casi imposibles de detectar y, a menudo, se encuentran notablemente camufladas. Los peces cebra son más fáciles de ver, pero su contacto es igualmente peligroso.

Use un palo para levantar la arena y las rocas delante de usted.

► **Serpientes de mar:** a menudo se encuentran cerca de las playas en el océano Índico y en la zona tropical del océano Pacífico. **Son inofensivas y raramente muerden, pero su veneno es el más tóxico de todos los venenos de serpiente. Aléjese de ellas en el agua. Si las encuentra en la playa, pínchelas con una varilla ahorquillada, son un buen plato.**

► **Muchos corales** son afilados y pueden cortarle con facilidad. Algunos, como los corales de fuego, provocan picor.

Siempre debe acercarse con cuidado a los arrecifes. Primero explore otros lugares en busca de comida. Tanto el arrecife como sus habitantes —que pueden incluir moluscos cónicos— pueden presentar muchos peligros.

► **Tiburones:** aunque la mayoría de los tiburones buscan su comida en aguas profundas, algunas especies frecuentan aguas menos profundas y nadan río arriba y cualquiera podría acercarse a la playa en busca de una comida sencilla de conseguir. La mayoría de los ataques de tiburones contra seres humanos se producen en aguas poco profundas. **¡Tenga cuidado!**

► **Lagunas:** los arrecifes se forman a menudo alrededor de islas tropicales o lejos de la costa, dando origen a un rompeolas que deja aguas tranquilas en una laguna. Los peces que viven en estas lagunas pertenecen generalmente a especies venenosas. La barracuda y la cubera roja, que son comestibles en mar abierto, deben ser evitados si se les captura en una laguna, ya que sus hábitos alimentarios les convierten en peces tóxicos.

Pesque desde el arrecife hacia el lado del mar abierto.

ISLAS

Las islas ofrecen un reto especial al superviviente, especialmente las islas pequeñas y aquellas que carecen de recursos. La sensación de soledad se ve enfatizada en una isla y se agudiza la sensación de aislamiento. Los problemas son tanto físicos como mentales. Para superarlos, explore detenidamente la isla y establezca una rutina diaria.

Ascienda hasta el punto más elevado para hacer un bosquejo de la isla y obtenga una imagen mental del terreno. Explore cada cala, grieta, bahía y playa de la costa. Luego haga un reconocimiento de la parte interna de la isla hasta que todo el terreno le resulte familiar.

Es posible que la isla haya estado habitada en el pasado; los restos de las edificaciones ofrecen una base para la construcción de un refugio adecuado. Los postes de las vallas y el alambre serán útiles para reparar su embarcación o construir una balsa. Es probable que encuentre vegetales que siguen creciendo y las ratas parecen seguir al hombre a todas partes. En ocasiones son la única forma de vida salvaje permanente que puede encontrarse.

Un refugio hará que la vida parezca mejor e incluso una grieta en la tierra le dará alguna protección. Si encuentra cuevas, asegúrese de que no las cubre la marea antes de decidirse a utilizarlas. Recuerde que incluso aquellas cuevas pueden resultar inundadas o aisladas por las mareas vivas, que son más altas de lo normal.

En un saliente rocoso y yermo, un refugio puede significar simplemente encontrar un lugar protegido del viento. El agua puede depender de la lluvia y de la destilación. La comida será todo aquello que cuelgue de las rocas, aves y huevos de aves, si es afortunado, y lo que pueda sacar del mar.

Recursos

En cualquier isla pequeña los recursos serán muy limitados. Tenga cuidado de no explotar excesivamente ninguno de ellos. A menudo el agua representa un problema, la falta de ella es la razón de que muchas islas se encuentren deshabitadas. La vegetación frondosa atraerá hacia manantiales y corrientes de agua. Puede encontrarse agua si se cava por encima de la línea de la marea alta. Recoja y almacene el agua de lluvia.

Para desalinizar el agua de mar por medio de la destilación, necesita mucho combustible, algo que puede escasear en una isla. Puede encontrar maderas que el mar ha arrojado a la playa, y algunas algas pueden servir también una vez que están secas, pero necesitará madera para que el fuego no se apague. La grasa de foca también puede utilizarse como combustible. Encienda un fuego cuando realmente lo necesite. Revise la playa cada vez que se retire la marea, no sólo en busca de madera. Cualquier cosa tiene valor para un superviviente.

Una vez que se haya familiarizado con la isla, no tema aventurarse por la noche, un momento en que pueden verse más criaturas y la caza puede resultar más gratificante.

□ *COCOS*

Las islas tropicales raramente están desiertas; habitualmente ofrecerán gran cantidad de alimentos, tanto en tierra como en el mar. La palmera cocotera se encuentra en las zonas tropicales y subtropicales y suministran: hojas para construir un refugio, vainas para cuerdas, puntos de crecimiento, que saben a col, leche y pulpa y la cáscara (que puede utilizarse como recipiente y como taza).

Para quitar la cubierta fibrosa que rodea al coco, golpéela con una pequeña hacha o contra una estaca afilada. Extraiga la leche pinchando uno de los «ojos» oscuros del fruto antes de aplastar el coco para quitarle la pulpa.

La leche del coco es una bebida refrescante e inocua: un fruto grande puede contener hasta un litro de leche. No beba la leche de los cocos muy jóvenes (verdes) o muy maduros (marrón oscuro), ya que le provocará diarrea. La pulpa es indigesta en grandes cantidades, de modo que sólo debe comer un poco.

Extraiga el aceite de coco exponiendo al calor la pulpa troceada —ya sea al sol o al fuego— y recójalo cuando comience a desprenderse, o bien hierva la pulpa y recoja el aceite cuando sube a la superficie. Frótese con el aceite para protegerse de las quemaduras del sol, y de las excoriaciones producidas por el agua salada, para repeler insectos, como bálsamo para las llagas y ampollas o, mezclado con ceniza de madera, como substituto del jabón.

Trepando a las palmeras. Si los cocos no caen sobre su cabeza y no puede derribarlos desde tierra, o si necesita coger algunos plátanos que se encuentran a demasiada altura, no trate de trepar por el tronco como si fuese una cuerda. En cambio, coja un trozo fuerte de tela y asegúrelo a ambos tobillos. Ajústelo para que ambos pies queden junto al tronco y luego puede apretar las plantas de los pies hacia adentro y asirse con ellos al tronco.

ATRAYENDO EL RESCATE

- *Despliegue señales para atraer a los equipos de búsqueda disponiendo rocas, algas marinas y cualquier otra cosa que sirva de contraste con el entorno.*
- *La arena es excelente para pulir metales y convertirlos en espejos para hacer señales.*
- *Prepare señales de fuego para encenderlas en el momento en que divise a los equipos de rescate.*

En marcha

En un grupo de islas, es posible que usted se vea obligado a pasar de unas a otras cuando sus primeros recursos se hayan agotado. En los climas más cálidos puede nadar entre las islas, pero conviene construir una balsa en aquellas zonas de clima más frío. Si no tiene nada con que construir una balsa, ingénieselas para conseguir alguna clase de flotador, ya sea una caja vacía o cocos vacíos.

Si en la isla hay focas, puede utilizarlas como una balsa. Desde el otoño hasta la primavera, cuando la foca almacena grandes cantidades de grasa, un cadáver de foca flotará sin problemas. Si une varios de ellos, podrán soportar su peso.

Estudie las mareas y las corrientes entre las islas cuidadosamente, ya que pueden ser muy traicioneras. Arroje al agua algún objeto que flote y observe su progreso. Sincronice sus movimientos en el agua para que la marea baja le aleje de su isla y la marea alta le lleve hacia la otra.

REGIONES ÁRIDAS

La mayor parte de las tierras desérticas fueron fértiles en otro tiempo y algunas de las criaturas que vivieron en ellas se adaptaron a las nuevas condiciones de vida. Al igual que ellas, el superviviente debe aprender a aprovechar al máximo cualquier zona de sombra, para crear una protección contra el sol, reducir la pérdida de líquido y restringir la actividad a las últimas horas del día y de la noche. Aprenda de la gente que vive o viaja por el desierto.

En algunos desiertos, especialmente en el Sáhara, los desiertos de Oriente Medio, de Perú y norte de Chile y partes del desierto de Gobi en Mongolia, se producen grandes diferencias de temperatura entre el día y la noche. Por la noche, la condensación de la humedad del aire puede producir un poco de agua potable, y en el desierto de Namibia, en el sur de África, la niebla que llega desde el mar provee la humedad necesaria para la vida. En otros lugares, en desiertos como los de Australia occidental, norte de México y el Mohave, en la parte suroccidental de EEUU, donde los cambios de temperatura son comparativamente insignificantes, hay muy poca condensación y, consecuentemente, es muy raro encontrar plantas y animales. En ocasiones, como sucede en el desierto de Kalahari, se encontrarán algunas zonas de hierba y arbustos espinosos y, hasta en las condiciones más áridas, parece existir alguna clase de vida, aunque a menudo sea invisible a los ojos si uno no sabe donde buscar.

Las tormentas de arena y polvo pueden producirse en algunas épocas del año, reduciendo la visibilidad a cero y exigiendo una máxima protección para impedir que la arena se cuele por cualquier orificio. Los demonios del polvo —torbellinos del desierto que se asemejan a tornados— son muy comunes.

Cuando cae la lluvia —y en algunos territorios pueden pasar años sin que caiga una sola gota— puede producirse en forma de precipitaciones torrenciales que crean inundaciones relámpago antes de ser rápidamente absorbidas por la tierra agrietada y reseca. Esto provoca una fugaz aparición de vegetación y de especies como el sapo Pie de Espada de Arizona, que se reproduce rápidamente.

Lluvia y temperatura en el desierto

Típicas de los extremos que presenta el desierto son las condiciones en Rub'al Khali, la «Región vacía» del sur de Arabia. Durante la mayor parte del año apenas cae la lluvia, pero en un sólo día de invierno pueden caer hasta 30 mm. En julio, las temperaturas pueden superar los 48 °C, descendiendo a 15 °C por la noche, y las temperaturas extremas en diciembre van desde los 26 °C a los —6,6 °C.

AGUA

Las necesidades de agua son una prioridad absoluta. Encontrarla es VITAL. Si dispone de ella, raciónela inmediatamente. Si se queda parado en el desierto debido a una avería mecánica en el curso de una travesía planificada, seguramente habrá marcado la ruta teniendo en cuenta la presencia de oasis, pozos y charcas. Los pozos pueden ser muy profundos y, para alcanzar el nivel del agua, hay que bajar algún recipiente sujeto a una cuerda. Las pequeñas charcas en las arroyadas suelen ser estacionales. Habitualmente están cubiertas con una piedra o un matorral.

Si se encuentra lejos de los pozos y charcas conocidos, trate de cavar en el punto más bajo del lecho seco de un río o arroyo o en el punto más bajo entre las dunas. NO cave a pleno sol, el ejercicio hará que pierda demasiado líquido y luego no podrá reponerlo. Siempre debe equilibrar la pérdida de líquido con la posible obtención de agua.

Explote los cactus y las raíces como fuentes de agua y, en los desiertos donde las diferencias de temperatura día/noche son muy grandes, explote esta circunstancia para obtener agua por condensación. (Ver *Agua* en ***Principios básicos***).

Expectativa de vida

La expectativa de vida depende del agua disponible y de su habilidad para proteger el cuerpo de la exposición al sol para reducir al máximo la transpiración. Permita un ligero equilibrio negativo. Beba 1,5 litros por cada 2 litros perdidos y luego beba según el índice de transpiración del cuerpo. De este modo la eficacia no se ve afectada gravemente y no se desperdicia el agua. Menos cantidad de líquido no producirá menor transpiración. La transpiración es un mecanismo refrigerante y no una forma de perder humedad. Si se bebe más líquido del que se necesita, el excedente será excretado.

Sin agua podrá sobrevivir aproximadamente 2 1/2 días a 48 °C si permanece todo el tiempo descansando a la sombra, aunque puede sobrevivir hasta 12 días si la temperatura permanece por debajo de los 21 °C.

Si se ve obligado a caminar para ponerse a salvo, la distancia a recorrer estará en relación directa al agua de que disponga. Si carece de agua, con una temperatura de 48 °C, caminando sólo de noche, descansando todo el día, podría cubrir unos 40 km. Si intenta caminar durante el día, considérese afortunado si cubre 8 km antes de sufrir un colapso. A la misma temperatura, con aproximadamente 2 litros de agua, podría cubrir unos 56 km y durar 3 días. Sus posibilidades no aumentan considerablemente a menos que la disponibilidad de agua alcance a los 4,5 litros por persona, aunque el entrenamiento y la determinación a sobrevivir pueden contradecir todas las predicciones.

REFUGIO Y FUEGO

Construya un refugio para protegerse del sol y descanse a la sombra. También necesitará protegerse del viento y de las bajas temperaturas nocturnas. NO permanezca en el interior de un vehículo metálico o de un avión, ya que se recalientan rápidamente. Úselos para sustentar un refugio o aproveche la zona de sombra debajo del ala de un avión. Aproveche también la sombra que proyectan las rocas y los costados de un wadi. Use la técnica de la doble capa para ayudar a refrigerarse. (Ver *Regiones tropicales*).

En un desierto de arena incluso puede usar los restos del aparato accidentado para construirse un refugio debajo de la arena. Muchas criaturas del desierto pasan el día debajo de la superficie, donde la temperatura diurna es más baja y la temperatura nocturna más alta que en el exterior. La arena no permitirá la construcción de túneles y se verá obligado a construir una estructura de apoyo.

Habiendo conseguido sombra rápidamente, construya su refugio aprovechando el fresco del atardecer para conservar energía y fluidos. Apile rocas para formar una barrera contra el viento y use las paredes del wadi (excepto cuando es probable que llueva y se produzcan súbitas inundaciones.

Si usa telas, deje flojos y sin sujetar los bordes inferiores durante el día para facilitar la circulación del aire. Sujételos con piedras durante la noche. Evite yacer directamente sobre el suelo caliente. Si construye una cama elevada, el aire puede circular por debajo de usted.

Necesitará fuego para calentarse por las noches y para hervir el agua. El humo será también llamativo y útil para hacer señales. Los matorrales del desierto son muy secos y arden con facilidad. Si la tierra es completamente estéril, el combustible del vehículo mezclado con arena arderá bien (y es una manera sencilla de encender otros fuegos) o use una mecha de cuerda. Los excrementos de camello, mono y otros animales también arden muy bien.

VESTIMENTA

La ropa ayuda a reducir la pérdida de líquido y protege de las quemaduras del sol; también sirve de abrigo por la noche y como una barrera contra la mordedura de insectos y contra las espinas. En el desierto, las prendas deben ser flojas y ligeras, con aire que circula entre ellas y el cuerpo para aislar a éste del calor exterior. Copie la vestimenta suelta y compuesta de varias capas que se lleva en el mundo árabe. Los pantalones ofrecen una mayor protección contra los insectos que los calzones cortos (y cúidese de las graves quemaduras en las piernas si las expone al sol durante el día). Cúbrase la cabeza y los pies.

¡MANTÉNGASE CUBIERTO!

No se quite la ropa. Aparte del riesgo de que el sol le produzca quemaduras graves, un cuerpo sin protección perderá líquido a través de la evaporación de la transpiración, necesitando aún más para refrigerarse, pero mantenga la protección lo más suelta posible para que el aire pueda circular. La transpiración le enfriará entonces de un modo más eficaz.

► *SOMBRERO*

Cualquier sombrero hecho con un trozo de tela sujeto a la espalda protegerá su cabeza y la parte posterior del cuello, pero es mejor imitar el tocado de los pueblos del desierto. Necesita un trozo de tela de unos 120 cm^2, un trozo más pequeño, del tamaño de un pañuelo, y un trozo de cordel o tela (una corbata es ideal) para mantenerlos en posición.

Enrolle el pañuelo en la parte superior de la cabeza. Doble diagonalmente el trozo mayor de tela, colóquelo encima del pañuelo, con el borde más largo hacia adelante. Ate el cordel o el trozo de tela alrededor de la cabeza para mentenerlos en su sitio.

Si se permite que caiga libremente le protegerá del sol, formará bolsas de aire, aprovechará las brisas y le protegerá de las tormentas de arena. Por la noche, envuélvase el rostro para conservar el calor.

► PROTECCIÓN DE LOS OJOS

Las gafas de sol o gafas protectoras le servirán de ayuda, aunque muchas de ellas, fabricadas para su uso en climas templados, ofrecerán una protección insuficiente. Si se oscurece los párpados inferiores con el tizne del fuego podrá reducir el resplandor reflejado por la piel. Cúbrase los ojos con un trozo de tela para protegerse de la luz y de la arena. Practique dos orificios en la tela para poder ver.

► CALZADO

No camine descalzo sobre la arena caliente hasta que sus pies se hayan endurecido. Se los quemará y le saldrán ampollas. No use sandalias que dejen expuesta la parte superior de los pies. Improvise alguna protección si no dispone de ninguna. Las polainas ayudarán a mantener la arena fuera de las botas o pueden extenderse para envolver los pies si se llevan sandalias abiertas.

COMIDA

El calor produce habitualmente una pérdida de apetito, de modo que no coma por obligación. Los alimentos ricos en proteínas aumentan el calor metabólico y aumentan la pérdida de agua y de líquidos necesarios para la digestión. Si el agua es escasa, mantenga la ingestión de alimentos a un nivel mínimo y coma alimentos ricos en humedad, como frutas y vegetales.

La comida se descompone rápidamente en el desierto y cualquier alimento envasado, una vez abierto, debe consumirse rápidamente o mantenerse tapado y protegido. Las moscas aparecen desde cualquier parte y se establecen encima de los alimentos.

■ PLANTAS

Es probable que la vegetación, lejos de los oasis y las charcas, se limite a hierbajos y matorrales —incluso en el semidesierto—, pero las hierbas son comestibles y, a veces, abundantes. Las acacias proporcionan frutos comestibles. Tenga cuidado con las espinas de este árbol, pero pruebe todas sus partes blandas: flores, frutos, semillas, corteza y brotes nuevos.

Las hierbas del Sáhara y del desierto de Gobi no son nutritivas ni sabrosas, pero tanto en el Sáhara como en los desiertos asiáticos puede encontrar la Calabaza del Desierto, de la familia de las Calabazas. Su enredadera puede extenderse sobre el suelo a lo largo de 4-5 metros. Mastique sus brotes llenos de agua y coma sus flores y frutos del tamaño de una naranja, cuyas semillas son comestibles, ya sea hervidas o cocidas.

La planta de Mescal (un Agave con el que se fabrica el tequila) del desierto mexicano, crece con una roseta de hojas gruesas, duras y con los extremos afilados. Su tallo central, que se eleva como una vela hasta culminar en una corona de flores, puede comerse. Corte las puntas de las hojas para beber el agua que contienen en su interior.

■ ANIMALES

A menudo los desiertos presentan una variedad de vida animal que se oculta debajo de la arena o en cualquier zona de sombra durante el día. Insectos, reptiles, pequeños roedores y mamíferos especialmente adaptados, como el zorro africano, del norte de África, el Bandicoot australiano, el puerco espín en el desierto de Gobi y la liebre grande de Norteamérica, todos los cuales tienen grandes orejas para refrigerarse.

También hay gecos, lagartos y serpientes. Tortugas y anfibios sobreviven desde la época en que estas zonas estaban irrigadas por las aguas. El Sáhara tiene gerbos y gerboas; en Oriente Medio hay caracoles y hienas; en el Nuevo Mundo hay ratas canguro y coyotes. En el desierto de Kalahari hay una ardilla que usa la cola para darse sombra. Incluso hay gacelas que se las ingenian para conseguir toda la humedad que necesitan de la savia de las hojas, aunque la presencia de grandes mamíferos son un claro indicio de que hay alguna fuente de agua a un día de camino de sus zonas de pastoreo.

Las plumas de las aves les proporcionan un buen aislamiento del calor y muchas viven y procrean a gran distancia de sus fuentes de agua, como es el caso del correcaminos de Arizona.

SALUD

La mayoría de las enfermedades del desierto están causadas por una exposición excesiva al sol y al calor. Pueden evitarse manteniendo la cabeza y el cuerpo cubiertos y permaneciendo a la sombra hasta la noche.

- El estreñimiento y el dolor al orinar son muy frecuentes y la deficiencia de sal puede provocar calambres.
- El sudor continuado del cuerpo, unido al frotamiento de la ropa, puede provocar un bloqueo de las glándulas sudoríparas y una incómoda irritación cutánea conocida como sarpullido de calor.
- Los calambres de calor, que provocan agotamiento por calor, golpes de calor y graves quemaduras de sol, son peligros que deben tenerse en cuenta en el desierto. Un gradual aumento de la actividad y de la exposición diaria al sol nos ayudará a defendernos mejor, siempre que dispongamos de mucha cantidad de agua.
- Diversos microorganismos atacan las zonas húmedas del cuerpo: axilas, ingles y entre los dedos de los pies. La prevención y el tratamiento se reducen a mantener estas zonas limpias y secas.

¡ATENCIÓN!

LLAGAS DEL DESIERTO

En el desierto, incluso la herida más trivial puede infectarse si no se la trata adecuadamente y con prontitud. Las espinas no son difíciles de extraer y deben quitarse lo antes posible. Donde la piel esté agrietada puede formarse una ampolla grande y dolorosa que podría impedirle caminar. Cubra todas las heridas con venda limpia y emplee todos los medicamentos de que disponga.

REGIONES TROPICALES

En la selva todo medra, incluyendo la enfermedad —los gérmenes se desarrollan en una proporción alarmante— y los parásitos. La naturaleza provee agua, alimento y numerosos materiales para construir refugios. Los pueblos indígenas han vivido durante milenios de la caza y de la pesca, pero al extranjero puede llevarle mucho tiempo adaptare a las condiciones de la selva y a la actividad incesante.

Los indígenas apenas llevan ropa, excepto como adorno, pero el recién llegado, que no está acostumbrado a los insectos y los parásitos y tampoco a moverse a través de la jungla cerrada, necesita cubrir su cuerpo lo máximo posible. La ropa puede saturarse de transpiración, pero eso es mejor que sufrir arañazos y picaduras por todas partes. No se quite la ropa mojada de transpiración hasta que no haga un alto en la marcha y entonces, con una humedad del 80-90%, no tiene sentido que cuelgue la ropa a secar, a menos que lo haga al sol o junto al fuego. Las prendas continuamente transpiradas acaban pudriéndose.

Excepto a grandes altitudes, tanto las regiones tropicales como subtropicales se caracterizan por sus altas temperaturas, copiosas precipitaciones y una humedad opresiva. A altitudes más bajas, la variación de temperatura raramente baja de los 10 °C y la temperatura se mantiene habitualmente en los 37 °C. A altitudes superiores a los 1 500 metros suele formarse hielo por las noches. La lluvia tiene un efecto ligeramente refrigerante pero, cuando cesa de caer, la temperatura se eleva terriblemente.

La lluvia es torrencial, acompañada a menudo de truenos y relámpagos. La lluvia súbita golpea la bóveda del follaje, convirtiendo los arroyos en torrentes incontenibles y los ríos aumentan su caudal de un modo alarmante, pero, así como ha llegado, la lluvia desaparece. Pueden producirse tormentas muy violentas, habitualmente hacia finales de los meses de «verano». Huracanes, ciclones y tifones se desarrollan sobre el mar y se abaten sobre el interior de la selva, provocando devastación y marejadas. Al elegir un sitio para acampar, asegúrese de que no se verá afectado por una inundación potencial. Los vientos predominantes crean variaciones entre invierno y verano, con la estación seca (lluvia una vez por día) y la estación de los monzones (lluvia continua). En el sureste asiático, los vientos provenientes del océano Índico traen los monzones, pero el tiempo es seco cuando los vientos soplan desde la masa continental china.

El día y la noche tropicales son de igual duración, la noche cae rápidamente y el amanecer es igualmente repentino.

■ *BOSQUES TROPICALES ECUATORIALES*

El clima apenas varía en estos bosques tropicales, que se extienden en las cuencas del Amazonas y el Congo, algunas partes de Indonesia y numerosas islas del Pacífico. La lluvia de 1,5-3,5 metros se distribuye regularmente a lo largo del año. Las temperaturas oscilan entre los 30 °C durante el día y los 20 °C durante la noche.

En los lugares donde no ha intervenido la mano del hombre, los árboles de la selva ascienden desde raíces apuntaladas hasta alcanzar los 60 metros, abriéndose en un hongo de hojas. Debajo de ellos, árboles más pequeños producen una bóveda tan espesa que la luz del sol apenas alcanza a llegar al suelo de la jungla. Las plantas luchan debajo de ellos para alcanzar la luz y multitud de enredaderas y lianas se elevan hacia el sol. Helechos, musgos y plantas herbáceas se abren camino a través de una gruesa alfombra de hojas y una enorme variedad de hongos crece en las hojas y los troncos caídos.

En esta JUNGLA PRIMARIA el clima es bastante fresco, con escaso monte bajo que dificulte el movimiento, pero la visibilidad se halla limitada a unos 50 metros. Es muy fácil perder el sentido de la dirección y también resulta difícil distinguir a alguien desde el aire.

SEÑALES DE RESCATE

El humo es detenido por la bóveda de los árboles y quizá no lo vean, especialmente si también hay neblina. Prepare sus señales en un claro, que se encuentran con frecuencia junto a los ríos, o mejor aún, disponga sus señales en una balsa en mitad del río.

■ *JUNGLA SECUNDARIA*

El crecimiento vegetal es prolífico en las zonas donde el sol alcanza a llegar al suelo de la jungla, principalmente a lo largo de los márgenes de los ríos, en los bordes de la selva y donde la jungla primaria ha sido desbrozada por el hombre mediante la tala y la quema del monte para la instalación de granjas. Cuando estas zonas son abandonadas, grandes masas de vegetación reclaman nuevamente su lugar. Busque plantas cultivadas comestibles que pueden haber sobrevivido entre las otras.

Hierbas, helechos, arbustos y enredaderas de la jungla secundaria alcanzan alturas de 2-3 metros en un año. El movimiento es lento, a menudo debe abrirse camino a golpes de machete o parang, un trabajo agotador, con una visibilidad de unos pocos metros (Ver ***En marcha***). La vegetación de la selva parece estar cubierta de púas y espinas y los matorrales de mabúes pueden constituir barreras impenetrables.

A veces, como sucede en Belize en América Central, los árboles de la selva son bajos. La luz del sol llega hasta el fértil suelo de la jungla, produciendo abundante maleza incluso en la jungla primaria.

■ *BOSQUES SUBTROPICALES*

Situados dentro de los 10 ° con respecto al Ecuador, en América Central y el Sur, Madagascar, India occidental, Birmania, Vietnam, sureste de Asia y Filipinas, estos bosques tienen una estación de precipitaciones reducidas, incluso padecen sequías, con la lluvia que aparece en ciclos, los típicos monzones. Con estaciones más marcadas hay árboles más caducos, de modo que mayor cantidad de luz llega al suelo de la jungla y la maleza es muy densa.

■ *MONTAÑAS FORESTALES*

Cuando las altitudes llegan aproximadamente a los 1.000 m. en los trópicos, y en las zonas adyacentes, el bosque tropical comienza a dejar paso al bosque montés. Se convierte en verdaderamente montés a aproximadamente a 1.240 metros, como sucede en los montes Gotel, en Camerún, la altiplanicie de Amhara en Etiopía, o la cordillera Ruwenzori en África central, la cordillera Ruwenzori —las «Montañas de la luna»— está formada por montañas típicas: laderas de contornos abruptos que ofrecen un paisaje de cráteres cubiertos de moho entre picos de hielo.

El crecimiento vegetal es escaso, los árboles son pequeños y deformados, las ramas son bajas y resulta difícil caminar por debajo de ellas. Las noches son frías, las temperaturas diurnas son elevadas con gran cantidad de niebla y largos períodos con el cielo cubierto de nubes. La supervivencia es muy difícil en este terreno. Abandónelo y descienda por las laderas montañosas hacia el bosque tropical.

■ *CIÉNAGAS DE AGUA SALADA*

En las zonas donde la costa se ve sometida a la invasión de las mareas se desarrollan los árboles de mangle. Pueden alcanzar alturas de 12 metros y sus raíces enmarañadas representan un obstáculo tanto por encima como por debajo de la orilla. La visibilidad es pobre y la marcha resulta difícil, se pueden tardar hasta 12 horas para cubrir 900 metros. A veces, los canales son lo bastante anchos como para navegarlos en una balsa, pero generalmente la marcha debe hacerse andando.

Hay pantanos de mangle en África occidental, Madagascar, Malasia y las islas del Pacífico, en América Central y del Sur y en la desembocadura del Ganges. Las ciénagas en las desembocaduras del Orinoco, Amazonas y ríos de las Guayanas consisten en lodo hediondo y árboles que ofrecen muy poca sombra. Las mareas pueden alcanzar los 12 metros.

Todo lo que hay en los manglares parece hostil, desde los insectos y parásitos acuáticos, hasta los caimanes y cocodrilos. Evítelos si puede. Si se encuentra en ese lugar a causa de un desafortunado accidente, aléjese lo antes posible. Si hay ríos que cruzan el manglar, puede construir una balsa para salir de allí.

Entre los manglares no se morirá de hambre. Hay muchos peces y la vegetación es abundante. Pueden encontrarse cangrejos, moluscos, barbos y lochas en agua poco profundas. Los animales acuáticos y arborícolas incluyen tapires, nutrias, armadillos y, en suelo firme, pecaríes.

Tierra adentro de los manglares son comunes las ciénagas con palmeras nipa. Todas las zonas de crecimiento de la palmera son comestibles.

Si se ve obligado a permanecer en la ciénaga, determine el nivel máximo de la marea examinando la línea de sal y detritus en los árboles, y coloque una cama red por encima de ese nivel. Cúbrase para protegerse de las hormigas y de los mosquitos.

En cualquier ciénaga o manglar el fuego deberá encenderse sobre una plataforma. Use como material combustible la madera seca de los árboles. El poceso de putrefacción es muy rápido. Elija madera que no esté podrida.

■ *CIÉNAGAS DE AGUA DULCE*

Se encuentran en zonas bajas interiores, su masa de maleza espinosa, cañaverales, hierbas y ocasionales palmeras de baja altura, dificultan la marcha y reducen la visibilidad a sólo unos pocos metros, pero abunda la fauna silvestre y la supervivencia es fácil. Una ciénaga de agua dulce no es un lugar tan desagradable una vez que se acostumbra a él. A menudo estará salpicada de islas y el agua nunca supera el nivel de la cintura. Con frecuencia hay canales navegables y materiales para construir una balsa.

REFUGIO

En la mayoría de las regiones tropicales hay una amplia variedad de materiales para construir un refugio (Ver *Refugio* en ***Campamento artesanal***). Donde las temperaturas son muy elevadas y los refugios están expuestos directamente al sol, construya el techo con dos capas y con un espacio entre ellas para permitir la circulación refrigerante del aire. Gran parte del calor se disipará golpeando la capa superior, y con el aire que pasa entre ella se mitiga la temperatura de la capa inferior. La distancia debe ser de unos 20-30 cm. Capas dobles de tela permeable incluso, permitirá protegerse de la lluvia si el ángulo es correcto (ver ***Campamento artesanal***).

FUEGO

Es probable que todo se encuentre mojado. Aproveche la madera seca de los árboles, quitando la corteza. Use ese material para iniciar el fuego. El bambú seco es una excelente mecha (almacene las cañas), y también lo es el nido de las termitas.

COMIDA

Se puede encontrar una gran variedad de frutas, raíces y hojas. Plátanos, papayas, mangos e higos son fácilmente reconocibles. (La papaya es una de las pocas plantas que tienen savia blanca y que es comestible. El fruto, grande y espinoso, del Durian, del sureste de Asia, tiene un olor desagradable, pero es comestible. Las palmeras suministran varias zonas comestibles de la planta y la mandioca produce numerosos tubérculos, aunque deben cocerse antes de comerlos. Taros, patatas silvestres y algunas clases de ñames también deben ser preparados antes de comerlos para quitarles las zonas venenosas. Tal vez le resulte difícil identificar los productos comestibles de los trópicos; si no está seguro, emplee las pruebas descritas en Comida antes de arriesgarse a comerlos.

Alimentos animales

Ciervos, cerdos, monos y una amplia variedad de animales pueden ser cazados y atrapados según el lugar.

En la jungla primaria, las aves pasan la mayor parte del tiempo en la bóveda de los árboles entre frutos y bayas. Coloque las trampas en los claros y atraiga a las aves con pequeños frutos. Algunos pájaros, como el cálao asiático, también se alimentan de lagartos y serpientes. Junto a los ríos, las trampas (ver *Trampas* y *trapping* en ***Comida***) pueden ser encarnadas con peces o sobras de alimentos para pescar el pez águila y especies similares que recorren los ríos en busca de sus presas.

Los loros y sus parientes abundan en los trópicos y su cotilleo incesante se deja oir desde las primeras horas de la mañana. Son aves muy astutas y debe acostumbrárseles a morder el cebo antes de tender la trampa.

Las serpientes resultan más fáciles de cazar —busque las constrictores que no sean venenosas— y muy sabrosas. Cácelas utilizando una varilla ahorquillada (ver *Cazar* en ***Comida***).

Comida de los ríos

Los ríos contienen toda clase de vida: peces, plantas, animales e insectos. Si no dispone de elementos para pescar, los estanques pequeños pueden ser represados y luego vaciados con un cubo. En el fango puede encontrarse un sorprendente número de peces y tortugas. Trate de construir trampas o de aplastar determinadas raíces y enredaderas para embotar a los peces (ver *Pescar* en ***Comida***).

Los peces son fáciles de digerir y tienen un rico contenido en proteínas. Muchos habitantes de la selva dependen de ellos para su alimentación, pero en los trópicos se descomponen rápidamente. Límpielos cuidadosamente, descarte las entrañas y cómalos lo antes posible, no los conserve ahumándolos o secándolos. Los peces que viven en aguas con poco movimiento son más proclives a tener parásitos. Si le resultan sospechosos, hiérvalos durante 20 minutos. En las zonas donde los habitantes locales utilizan el agua como sistema sanitario, los peces pueden transportar tenias y otros parásitos humanos y el agua puede estar infectada con amebas que causan disentería. Hierva siempre el agua.

Los ríos también pueden ser peligrosos. Las pirañas pueden encontrarse en el Amazonas, Orinoco y Paraguay, ríos de América del Sur. Un pez similar se encuentra en Birmania. Las anguilas eléctricas se mueven lentamente y no son agresivas, pero pueden alcanzar un gran tamaño y descargar 500 voltios o más. En algunos ríos tropicales de América del Sur y el África occidental también pueden encontrarse rayas con púas. Esté atento a la presencia de cocodrilos y caimanes y serpientes de agua, y tenga cuidado con los barbos, que tienen afiladas aletas dorsales y espinas en las zonas que protegen las agallas, el barbo eléctrico también tiene una poderosa descarga voltaica.

PELIGROS

► CUBRA SUS PIES

Un buen calzado y protección para sus piernas es fundamental; son las zonas del cuerpo que están más expuestas a las sanguijuelas, niguas, y ciempiés. Envuélvase las piernas con corteza o tela y átelas para que actúen como polainas.

► ¡ATAQUE DE INSECTOS!

Al caminar por la jungla puede molestar a las abejas, las avispas o los avispones. Pueden atacarle, especialmente los avispones, y sus aguijones pueden ser muy dolorosos. Cualquier zona del cuerpo que no cuente con protección, especialmente el rostro, es vulnerable al ataque de estos pequeños insectos. ¡Corra! No deje caer nada, ya que no podrá regresar en su busca! Las gafas ayudarán a proteger sus ojos.

Hay insectos desesperados por conseguir sal que buscarán las zonas transpiradas de su cuerpo. Lamentablemente, estos insectos también tienen aguijón. Protéjase la ingle y las axilas.

► CUIDADO CON LOS INVASORES

Mantenga su ropa y su calzado lejos del suelo. De ese modo, escorpiones, serpientes y otras peligrosas criaturas no podrán invadirlos. Sacuda siempre la ropa y examine sus botas antes de calzarse y tenga cuidado cuando meta las manos en los bolsillos. Tenga cuidado al despertarse; los ciempiés suelen buscar el calor en algunas de las partes más privadas del cuerpo.

► ¡CUIDADO TAMBIÉN CON LAS ORUGAS!

Si no es suficiente que los mosquitos y las sanguijuelas le chupen la sangre, que reciba la dolorosa mordedura de los ciempiés o que se arriesgue a recibir la mordedura de serpientes y escorpiones (ver *Mordeduras* en ***Primeros auxilios***) tenga cuidado con las orugas peludas. No las aparte de la dirección de su marcha porque pueden irritarle la piel con sus pequeños vellos enponzoñados y hacer que, con el calor, se le infecte la zona afectada.

► PROTECCIÓN CONTRA LOS MOSQUITOS

Use una red sobre la cabeza, o sujete una camiseta sobre ella, especialmente al amanecer y al atardecer. Mejor aún, coja un trozo de tela lo suficientemente largo para atarlo alrededor de la cabeza y de unos 45 cm de ancho, córtelo en tiras verticales que colgarán alrededor de su rostro y sobre su cuello.

Por la noche, mantenga el cuerpo cubierto, incluyendo las manos. Use bambúes o pequeños árboles para sostener una pequeña tienda de tela además de hojas grandes, extendidas sobre la parte superior de su cuerpo. Aceite, grasa o incluso barro extendidos sobre manos y rostro pueden ayudar a repeler a los mosquitos. En el campamento, un buen fuego hará que los mosquitos se mantengan alejados de usted.

► SANGUIJUELAS

Las sanguijuelas se encuentran en la tierra o en la vegetación, especialmente en lugares húmedos, esperando prenderse a un animal (o persona) para chuparle la sangre. Su mordedura no es dolorosa pero segregan un anticoagulante natural que complica la herida. Si no se las molesta, se desprenden solas cuando están satisfechas, pero si tiene todo el cuerpo cubierto de ellas debe hacer algo! NO las arranque de la piel. Corre el riesgo de quitar la cabeza pero dejando las mandíbulas en la herida, que podría infectarse posteriormente. Quíteselas con un poco de sal, alcohol o el extremo ardiente de un cigarrillo (uno de los buenos usos del tabaco!), una pequeña llama o una brasa.

► ¡CUIDADO CON EL CANDIRU!

Este diminuto barbo del Amazonas, de aproximadamente 2,5 cm de largo, muy delgado y casi transparente, chupa la sangre de las branquias de otros peces. Se dice que es capaz de nadar por la uretra de una persona que esté orinando en el agua y se queda fijado por su espina dorsal. La posibilidad de que esto ocurra es muy remota, pero sus consecuencias podrían ser terribles! Cubra sus genitales y no orinen en el agua.

VEHÍCULOS

Para viajar por el desierto, incluya tanques de combustible suplementarios y asegúrese una buena provisión de agua potable. Lleve una provisión suplementaria en bidones. Un gato mecánico no sirve en la arena blanda y debe llevar una bolsa de aire para hincharla con el tubo de escape. Puede necesitar filtros extra en los tubos del combustible y en la toma de aire. Deben llevarse neumáticos para la arena y guías metálicas para sacar el vehículo de la arena cuando se queda atascado.

Si piensa viajar por zonas de gran altitud, el carburador necesita ciertos ajustes. En terreno espinoso, las faldillas reducirán el riesgo de pinchazos. Para el hielo y la nieve se necesita líquido anticongelante, ruedas y cadenas apropiadas. El motor necesitará una puesta a punto especial para hacer frente a las condiciones climatológicas y deberá contar con los recambios necesarios. Un neumático de recambio y un buen juego de herramientas son requerimientos básicos.

EN CLIMAS CÁLIDOS

Aún cuando haya introducido en su vehículo las modificaciones necesarias para prepararlo para las condiciones del clima cálido, puede tener varios problemas.

Al cruzar algunos desiertos, las temperaturas varían considerablemente entre el día y la noche y ello puede suponer una gran tensión sobre los metales y aumentar el riesgo de fugas.

ATENCIÓN: NUNCA deje a una persona dormida o herida o a un animal en el interior de un coche cerrado en una zona de clima cálido, o incluso en un día de sol en zonas de clima templado. Siempre deje las ventanillas abiertas para asegurar una buena ventilación (el agotamiento por calor puede ser letal), aunque el coche esté aparcado a la sombra, ya que la zona soleada variará.

Recalentamiento: Pare y permita que el motor se enfríe. Si está conduciendo por un camino particularmente difícil y no puede deternerse, haga funcionar la calefacción. Esto dará mayor volumen al líquido refrigerante y, aunque el interior del vehículo se volverá aún más caluroso, el motor se enfriará. **Cuando pueda hacerlo, pare el coche y abra el capó.** No quite la tapa del radiador hasta que la temperatura haya bajado. Compruebe el radiador y todos los manguitos buscando alguna fuga. Si el radiador pierde líquido, puede tapar los pequeños orificios con clara de huevo. Si el orificio es más grande, aplaste esa sección de la cañería de cobre para sellarlo. Esto reducirá el tamaño de la zona refrigerante pero, si conduce muy lentamente, podrá continuar la marcha.

El metal se recalienta: ¡Tenga cuidado! Todas las partes metálicas de un coche pueden calentarse lo suficiente como para causar ampollas.

Cuidado en un medio arenoso: Cuando cargue combustible, el polvo y la arena pueden entrar en el depósito. Coloque un filtro encima o justo en el interior de la boca del depósito.

EN CLIMAS FRÍOS

Las bajas temperaturas no sólo dificultan la conducción. También pueden complicar el encendido y el mantenimiento del coche.

Arranque: Siempre trate de aparcar en una cuesta, de modo que pueda aprovechar el declive para ayudar a la ignición del motor. Una vez que el motor está en marcha, manténgalo así, pero compruebe que el freno de mano esté puesto. Nunca deje niños o animales en un vehículo sin conductor y con el motor en marcha.

Desempañar: No trate de conducir mirando a través de un pequeño resquicio en un parabrisas empañado. Una cebolla o una patata cruda frotada en la parte interior del parabrisas ayudará a desempañarlo.

Cubra la zona exterior del parabrisas y las ventanillas con papel de periódico para impedir que se cubran de escarcha. Sin embargo, si el papel se humedece, se pegará al cristal.

Cuidar el motor: Envolver el motor con una manta puede ayudar a que no se congele, pero recuerde que debe quitarla antes de poner el vehículo en marcha. Cubra la zona inferior del radiador con cartón o madera para que no se congele durante la marcha. Si hace un frío excesivo, manténgalo cubierto. De no ser así, descúbralo para que no se recaliente.

Cubra el metal: No toque NINGUNA parte metálica con las manos desnudas. Sus dedos podrían quedarse adheridos y desgarrarse la piel. Si le resulta complicado manipular algunos componentes metálicos con las manos enguantadas, envuelva sus dedos con cinta adhesiva. Manipule la tapa del radiador y la varilla para medir el aceite con los dedos cubiertos de este modo.

Motores diesel: El diesel contiene agua y se congela a baja temperatura. Siempre cubra la parte delantera del motor, pero cuide que no se recaliente. Siempre cubra el motor por la noche o cuando lo deje en el exterior. Algunos camioneros encienden pequeños fuegos debajo de los depósitos de combustible helados. Sólo usted puede determinar si merece la pena correr el riesgo.

AISLADO EN LA NIEVE

Si se ve atrapado en medio de una ventisca, **no salga del coche.** Si se encuentra en una carretera con tráfico regular, pronto le rescatarán. Salir en busca de ayuda puede resultar muy peligroso.

Ponga el motor en marcha para calentar el interior del coche si dispone de suficiente combustible. Cubra el motor para perder la menor catidad posible de calor, pero asegúrese de que el tubo de escape está limpio y desbloqueado. **No se arriesgue a que el humo del tubo de escape llegue al interior del coche. Si se siente amodorrado, pare el motor y abra una ventanilla. No se duerma con el motor en marcha.**

Apague la calefacción tan pronto como haya calentado el interior del coche. Hágala funcionar nuevamente cuando baje la temperatura. Si no tiene combustible para que el motor funcione, envuélvase en cualquier cosa que tenga a mano y no deje de movere en el interior del coche.

Si debe abandonar el coche para recorrer una distancia corta, por ejemplo cuando sabe que encontrará ayuda, deje alguna clase de señal —un pañuelo o prenda de colores brillantes sujeto a un palo— para encontrar el camino de regreso.

Cuando cese la ventisca, y si es de día (de otro modo aguarde hasta el amanecer), merece la pena aventurarse en el exterior si hay una buena indicación que señale la presencia de una ruta segura (como los postes del teléfono).

Si se encuentra a muchos kilómetros de cualquier parte y alejado de las rutas normales, y si la nieve se está acumulando y amenaza con cubrir el coche, es mejor salir del vehículo y construir una cueva en la nieve, donde se encontrará más protegido y caliente que en el coche y podrá permanecer durante varios días. Cuando la nevada haya cesado, haga señales cavando en la nieve para llamar la atención.

CONSIDERACIONES GENERALES

Embrague resbaladizo: Causado a menudo por aceite o grasa que llega hasta las planchas del embrague. Puede usar el extintor para solucionar este problema. Acciónelo a través del orificio de inspección.

Correas del ventilador: Improvise una con un par de medias, una corbata o incluso una cuerda.

Conductores de alta tensión: Si un conductor de alta tensión se rompe, puede reemplazarlo con una pequeña rama de sauce. Cualquier tallo vegetal que contenga agua puede utilizarse para llevar corriente desde la bobina hasta el distribuidor. Pele los extremos e insértelos en los contactos. **¡PELIGRO! Cuando lo ponga en funcionamiento, se producirá una corriente de aproximadamente 1300 voltios. ¡NO LO TOQUE!** Reemplace la ramita cuando se seque.

Batería agotada: No necesita la batería si consigue alcanzar una alta velocidad. Puede conseguirlo deslizando el vehículo por una ladera. En un vehículo con cuatro marchas, use la segunda o la tercera cuando suelte el embrague para que el motor se ponga en marcha.

CUARTA SECCIÓN

COMIDA

Usted debe tener ciertos conocimientos sobre las necesidades alimenticias de su cuerpo y sobre cómo puede satisfacerlas. En la mayoría de las circunstancias, las plantas comestibles serán el recurso más inmediato, pero debe saber qué plantas evitar. Las ilustraciones en color proporcionan una pequeña guía de campo que incluye algunas de las plantas más útiles. Desde este núcleo, usted puede extender sus conocimientos sobre las plantas.

Casi cualquier animal puede proporcionar comida y debe acostumbrarse a comer variedades inusuales, como gusanos e insectos, que pueden conseguirse fácilmente. Una amplia gama de lazos y trampas se encargarán de conseguir la comida por usted, mientras se dedica a recoger plantas, almacenar agua o llevar a cabo otras tareas de supervivencia.

Para cazar, es probable que primero deba improvisar sus propias armas. Aprenda a hacerlo y practique con ellas.

La carne necesita prepararse para poder comerla sin problemas. Aprenda a conservarla cuando tenga una cantidad excesiva.

Los peces ofrecen otra fuente de alimentación, de modo que aquí se describen algunos métodos muy sencillos que no requieren ninguna habilidad previa.

COMIDA Y VALORES ALIMENTICIOS
Probando plantas alimenticias ▪ Recogiendo plantas ▪ Plantas que deben evitarse ▪ identificando plantas
ANIMALES PARA COMER:
Encontrar la presa ▪ Huellas y señales ▪ Mamíferos ▪ Reptiles ▪ Aves ▪ Insectos ▪ Caracoles y gusanos
PLANTAS COMESTIBLES DE ZONAS TEMPLADAS:
Frutos ▪ Nueces ▪ Hojas ▪ Granos y semillas ▪ Raíces ▪ Árboles ▪ Hongos ▪ Plantas venenosas
PLANTAS TROPICALES
PLANTAS ÁRTICAS
PLANTAS SELVÁTICAS
PLANTAS COSTERAS
ALGAS

CONFECCIÓN DE TRAMPAS:
Lazos ▪ Trampas con peso ▪ Trampas con picas ▪ Trampas para aves
CAZA:
Armas ▪ Cazando aves ▪ Animales peligrosos
MANIPULANDO LA CACERÍA:
Preparando la presa cazada ▪ Sangría ▪ Despellejar ▪ Desviscerar ▪ Descuartizar ▪ Colgadura de la pieza
PESCA:
Dónde pescar ▪ Pesca con caña ▪ Cebo ▪ Trampas ▪ Explosivos ▪ Narcóticos ▪ Pesca en el Ártico ▪ Preparando el pescado

COMIDA Y VALORES ALIMENTICIOS

El cuerpo necesita comida para proveerse de calor y energía y para obtener los materiales con los cuales poder construir nuevos tejidos, ya sea para crecimiento, reparación o reproducción. Un cuerpo sano puede sobrevivir durante cierto tiempo recurriendo a las reservas almacenadas en sus tejidos, pero por falta de alimentos difícilmente puede mantenerse caliente, recuperarse después de un duro trabajo o de haber sufrido heridas y luchar contra las enfermedades.

Afortunadamente, los seres humanos somos onmívoros —podemos digerir tanto animales como plantas— y podemos comer casi cualquier cosa proveniente de los mundos animal y vegetal. Con un poco de cuidado, podemos evitar fácilmente aquellos alimentos que son venenosos o peligrosos. Disfrutamos de la comida, de modo que un buen plato es un excelente estimulante de la moral, y cuando no existen otras prioridades más apremiantes, merece la pena tomarse el trabajo de cocinar los alimentos, ya que serán más sabrosos, y de buscar aquellos alimentos con sabores interesantes.

No confíe en la fuente más fácil de comida, ya que para un superviviente es tan importante una dieta equilibrada como disponer de la cantidad suficiente de alimentos. Si usted está acampado en medio de un conejar, y el almuerzo prácticamente llega saltando hasta usted, podría llegar a morir a causa de las deficiencias que no suministran los conejos. Su dieta DEBE estar integrada por una amplia variedad de elementos que proveen las proporciones adecuadas de sustancias nutritivas y la energía suficiente para poder sobrevivir. Estas sustancias nutritivas deben incluir proteínas, carbohidratos, grasas, minerales y otros microelementos y vitaminas.

Necesidades energéticas

Sin hacer ninguna clase de esfuerzo físico, la persona media en un estado de resposo absoluto necesita 70 calorías por hora para mantener su metabolismo básico: las funciones involuntarias, como respirar y la circulación sanguínea, en las que ni siquiera tenemos que pensar. Una caloría es una unidad de calor —es la cantidad necesaria para elevar la temperatura de un litro de agua en 1 °C— y es la forma en que se expresa la energía cuando se habla de nutrición.

Las calorías no se producen del mismo modo por toda clase de alimentos. Los valores energéticos de los tipos básicos son:

Carbohidratos	1 gr produce **4** calorías
Grasas	1 gr produce **9** calorías
Proteínas	1 gr produce **4** calorías

Las actividades domésticas más simples —ponerse de pie, sentarse, encender el fuego, etcétera— que constituyen un día cualquiera exigen otras 45 calorías por hora. Eso suma un total de aproximadamente 2040 calorías por día sin ningún otro trabajo más intenso, que podría quemar otras 3500 calorías diariamente. Considerando que no sólo el esfuerzo físico —sino también el esfuerzo mental y la ansiedad— queman calorías, mantenga la calma y relájese y, si la comida escasea, NO MALGASTE SUS ENERGÍAS.

CARBOHIDRATOS

Los carbohidratos forman la parte mayor de la dieta y constituyen la principal fuente de energía, no sólo para el esfuerzo físico, sino para alimentar las funciones internas y la actividad del sistema nervioso. Los carbohidratos están compuestos de carbono, hidrógeno y oxígeno, y son sintetizados por las plantas. Son fácilmente convertidos en energía por el organismo humano y no requieren una gran ingestión de agua. Esto impide la quetosis —indigestión, vómitos y náuseas provocados por la excesiva desintegración de las grasas del cuerpo durante la inanición— pero tiene dos desventajas: no contienen vitamina B y pueden causar estreñimiento.

Hay dos tipos de carbohidratos:

Los **azúcares** se encuentran en el azúcar, el almíbar, la miel, la melaza y las frutas.

Las **féculas** se encuentran en los cereales, las raíces y los tubérculos. Los gránulos de fécula son insolubles en agua fría pero el calor los rompe, por eso las raíces y los tubérculos siempre deben cocerse.

GRASAS

Las grasas contienen los mismos elementos que los carbohidratos, pero combinados de un modo diferente. También son una fuente concentrada de energía, y suministran el doble de calorías que los carbohidratos, almacenadas en el cuerpo como una capa de grasa debajo de la piel y rodeando a los órganos. Son insolubles en agua y antes de que puedan ser absorbidas por el cuerpo exigen un prolongado proceso digestivo que requiere una adecuada ingestión de agua. Las grasas calientan y aíslan el cuerpo, protegen los órganos, lubrifican el tracto alimentario y constituyen una reserva de energía. Se las encuentra en animales, pescados, huevos, leche, frutos secos y algunos vegetales y hongos.

PROTEÍNAS

Las proteínas son las unidades químicas básicas para la materia orgánica. Son el único constituyente de los alimentos que contienen nitrógeno y, por tanto, son fundamentales para el crecimiento y reparación del organismo, y están compuestas de complejas estructuras químicas conocidas como aminoácidos, que se combinan en miles de formas diferentes.

Las principales fuentes de proteínas son la carne, los pescados, los huevos y los productos lácteos, y plantas en forma de nueces, granos y legumbres. También se encuentra en pequeñas cantidades en algunos tubérculos y otros vegetales. Los hongos pueden ser una importante fuente de proteínas. La proteína animal contiene todos los aminoácidos que los seres humanos necesitamos, pero con las plantas no sucede lo mismo, a menos que se coma una amplia variedad de ellas.

Si los carbohidratos y las grasas faltan de la dieta, la proteína es utilizada para generar energía, pero a expensas de las otras necesidades del organismo, de modo que en casos de inanición el cuerpo quema sus propios tejidos.

MINERALES

Los minerales incluyen algunos que uno necesita en cantidad, como es el caso del calcio, fósforo, sodio, cloro, potasio, azufre y magnesio, y otros, incluyendo hierro, flúor y yodo, que son necesarios en cantidades más pequeñas. El calcio se necesita para los huesos y los dientes, pero tiene otras funciones en la actividad muscular y la coagulación de la sangre. Todos los minerales tienen papeles vitales en las funciones orgánicas.

MICROELEMENTOS

Los microelementos incluyen estroncio, aluminio, arsénico, oro y otros elementos químicos en cantidades mínimas. Su exacta función aún no ha sido descubierta.

VITAMINAS

Las vitaminas son fundamentales para la salud y cumplen un papel muy importante no sólo en el mantenimiento del cuerpo sino en la protección ante las enfermedades. Existen aproximadamente 40 vitaminas diferentes, de las que una docena son esenciales para los seres humanos, y se las encuentra en pequeñas cantidades en muchas clases de alimentos. La vitamina D puede ser sintetizada en la piel cuando se la expone a los rayos del sol y la vitamina K puede ser sintetizada por las bacterias en los intestinos, pero otras deben obtenerse de fuentes externas. El beri-beri, el escorbuto, el raquitismo y la pelagra son consecuencia de la falta de vitaminas. La vitamina A ayuda a la visión y previene contra las enfermedades oculares.

PLANTAS ALIMENTICIAS

Hay pocos lugares en el mundo donde usted se encuentre lejos de alguna clase de vegetación —arbustos, enredaderas, plantas trepadoras, flores, hierbas o líquenes— que puede ser ingerida para alimentarse. Solamente en Europa hay 10.000 plantas silvestres comestibles. La única habilidad que se necesita para aprovecharlas es saber identificarlas y dónde encontrarlas. Algunas de ellas, aunque son comestibles, tienen un escaso valor alimenticio, de modo que aprenda cuáles son las más nutritivas, especialmente aquellas que crecen en todas partes y se las puede encontrar en cualquier momento del año. Y conozca también cuáles son venenosas a fin de poder evitarlas.

Las plantas contienen vitaminas y minerales esenciales, y son ricas en proteínas y carbohidratos. Algunas incluso contienen grasas y todas ellas proveen de fibra, fundamental para que el cuerpo funcione adecuadamente.

NO coma grandes cantidades de ninguna planta y si no está acostumbrado a comer plantas, comience por mordisquear un ejemplar fresco y añada algunas a sus cocidos, aumentando gradualmente su ingestión. Si le da a su estómago la oportunidad de acostumbrarse a un nuevo alimento se adaptará a él y no lo rechazará.

NO suponga que porque las aves, los mamíferos o los insectos han comido una planta, ésta es comestible para los seres humanos. Los monos son un indicativo relativamente fiable, pero no una garantía, de que las plantas son aptas para el consumo humano.

Probando nuevas plantas

Adopte siempre el siguiente procedimiento cuando pruebe nuevas plantas potenciales, siendo una sola persona la que pruebe cada planta. NUNCA pruebe pequeños trozos, complete toda la prueba. Si tiene alguna duda, NO coma la planta. Si tuviese desórdenes estomacales, puede aliviarse bebiendo gran cantidad de agua caliente; no vuelva a comer hasta que el dolor haya desaparecido. Si el dolor es muy fuerte, provóquese el vómito introduciendo los dedos en la garganta. El carbón es un emético muy eficaz. Si traga un poco de carbón inducirá el vómito y el carbón podrá absorber el veneno. La ceniza de madera blanca mezclada con agua hasta formar una pasta, aliviará el dolor de estómago.

► *INSPECCIÓN*

Trate de identificar lo que come. Asegúrese de que una planta no está viscosa ni comida por los gusanos. No tendrá ningún valor nutritivo, excepto para los gusanos y las larvas. Algunas plantas, cuando son viejas, alteran su contenido químico y se vuelven tóxicas.

► *OLOR*

Aplaste una pequeña porción. Si huele a melocotón o almendras amargas, **DESCÁRTELA.**

► *IRRITACIÓN CUTÁNEA*

Frótese ligeramente una zona blanda del cuerpo o exprima un poco de jugo de una planta (debajo del brazo, entre la axila y el codo, por ejemplo). Si siente molestias, picazón o inflamación, **DESCÁRTELA** y rechácela en el futuro.

► *LABIOS, BOCA, LENGUA*

Si no se produce ninguna irritación en la piel, proceda según las siguientes etapas, pasando a la próxima sólo después de haber esperado cinco segundos para comprobar que no se produce ninguna reacción molesta:

- Coloque un pequeño trozo en los labios
- Coloque un pequeño trozo en un costado de la boca
- Coloque un pequeño trozo en la punta de la lengua
- Coloque un pequeño trozo debajo de la lengua
- Mastique un pequeño trozo.

En todos los casos: si ha sentido alguna molestia, como dolor en la garganta, irritación, picor o sensación quemante, **DESCÁRTELA** y rechácela en el futuro.

► *TRAGAR*

Trague una pequeña cantidad y ESPERE CINCO HORAS. Durante este tiempo no coma ni beba **NADA** más.

► *COMER*

Si no se producen reacciones como dolor en la boca, eructos repetidos, náuseas, descomposición, dolores de estómago, dolores espasmódicos en el vientre o cualesquiera otros síntomas desagradables, puede considerar que la planta es inofensiva.

RECOGIENDO PLANTAS

Resulta fácil coger plantas aquí y allá, pero es mejor y más seguro recogerlas sistemáticamente.

Coja un recipiente cuando salga de excursión: una bolsa vacía, un trozo de tela doblado formando un saco, una caja hecha con corteza o grandes hojas unidas entre sí. Esto impedirá que la cosecha se aplaste, lo que facilita una descomposición más rápida.

□ *HOJAS Y TALLOS*

Las plantas jóvenes, usualmente de color verde pálido, serán más sabrosas y más tiernas. Las plantas más viejas son más duras y más amargas. Corte las hojas cerca del tallo. Las hojas arrancadas se echan a perder fácilmente. Pueden marchitarse y perder sus propiedades antes de llegar al cazo.

□ *RAÍCES Y TUBÉRCULOS*

Elija plantas grandes. Algunas son muy difíciles de extraer. Para reducir las posibilidades de romperlas, cave alrededor de la planta para aflojarla y luego apalánquela con un instrumento aguzado.

□ *FRUTOS Y NUECES*

Elija plantas grandes. Coja sólo aquellos frutos maduros y completamente coloreados. Las bayas duras y verdosas son indigestas, incluso después de haberlas cocido durante largo tiempo. Muchas frutas, especialmente en los trópicos, tienen la piel dura y amarga. Pélelas. Las nueces que se encuentran en la base de un árbol están a punto para ser comidas. Otras pueden ser derribadas sacudiendo el árbol si éste es pequeño. Puede derribar algunas otras arrojando un palo contra ellas.

□ *SEMILLAS Y GRANOS*

¡CUIDADO! Algunos contienen venenos mortales. Si los prueba no pasará nada, pero NO LOS TRAGUE. Haga las pruebas de comestibilidad, rechace cualquier semilla que sea insípida, amarga o tenga un sabor amargo y quemante (a menos que sea identificada positivamente como pimienta o una especia).

Las cabezas de algunas plantas de granos pueden tener espolones negros en lugar de semillas normales. Estos espolones son portadores de cornezuelo del centeno, una enfermedad fungal que convierte los granos en estructuras negras y alargadas, parecidas a una alubia. Es una fuente alucinógena muy venenosa, en ocasiones mortal.

□ *HONGOS*

Los de tamaño mediano son más fáciles de identificar y es menos probable que estén dañados por la acción de los insectos. Coja todo el hongo. Si deja el tallo en la tierra, le resultará más difícil identificar los hongos que ha recogido. Manténgalos separados. Si ha recogido una variedad venenosa, no contaminará a las demás.

PLANTAS QUE DEBEN EVITARSE

ATENCIÓN

¡VENENO! Hay dos venenos muy comunes en el mundo vegetal, pero ambos son fácilmente detectables:

ÁCIDO CIANHÍDRICO (ácido prúsico), tiene el sabor y el olor de los melocotones o almendras amargas. El ejemplo más notable es el laurel real *(Prunus laurocerasus),* con hojas similares a las del laurel, que contiene un veneno estrechamente afín. Aplaste las hojas y recuerde el olor. Descarte TODAS las plantas que tengan este olor.

ÁCIDO OXÁLICO, cuyas sales (oxalatos) están presentes naturalmente en algunas plantas, por ejemplo en el ruibarbo silvestre (principalmente en sus hojas) y en la acedera menor. Este veneno es reconocible por la sensación quemante, seca, fuerte o punzante cuando se aplica un trozo de la planta a la lengua o la piel. Descarte TODAS las plantas que coincidan con esta descripción.

- *EVITE* **cualquier planta con savia lechosa, a menos que sea identificada positivamente como una especie segura (como el amargón).**
- *EVITE* **las *plantas rojas,* a menos que sean identificadas positivamente, especialmente en los trópicos. El tallo veteado de rojo del ruibarbo silvestre es comestible, pero sus hojas son venenosas. La cicuta tiene manchas rojo-púrpura en su tallo.**
- *EVITE* **los frutos que estén divididos en cinco segmentos, a menos que pueda identificarla positivamente como una especie inocua.**
- *EVITE* **las hierbas y otras plantas con pelos finos en tallos y hojas. Con ayuda de una lupa puede verlos como ganchos en lugar de pelos rectos y le provocarán irritación en la boca y en el tracto digestivo.**
- *EVITE* **las hojas viejas o marchitas. Las hojas de algunos árboles y plantas desarrollan un ácido cianhídrico mortal cuando se marchitan, incluyendo zarzamora, frambuesa, cerezo, melocotón y ciruelo. Todas pueden comerse sin riesgo alguno cuando son jóvenes, frescas y están secas.**
- *EVITE* **los helechos maduros *(Pteridium aquilinum).* Destruye la vitamina B en el organismo, originando una peculiar enfermedad de la sangre que lleva a la muerte. Coma solamente los ejemplares de «cabeza de violín» muy enrollados. Las 250 variedades de helecho de zonas septentrionales con temperatura templada son comestibles cuando son jóvenes, aunque algunos de ellos también son amargos al paladar y algunos tienen vellos irritantes que deben quitarse antes de comerlos.**

IDENTIFICANDO LAS PLANTAS

Sólo una pequeña selección de las muchas plantas que hay en el mundo puede ser descrita e ilustrada en esta sección y solamente un especialista en botánica podría identificar más de un puñado de plantas en extremos remotos del mundo. Comencemos por conocer unas pocas plantas que pueden encontrarse bajo casi cualquier condición y en cualquier época del año. La estrecha familiaridad incluso con una o dos de ellas podría establecer la diferencia entre la supervivencia y la muerte por inanición. **Aprenda a conocer primero a éstas y conózcalas en profundidad.**

Zonas templadas:
amargón, ortigas, romazas, plátanos
Zonas troplicales y subtropicales:
palmeras, higueras silvestres, bambú
Zonas áridas y desérticas:
mescal, nopal, baobabs, acacias (pero no en América del Norte o del Sur)
Zonas polares:
abetos y sauces (norte), líquenes (norte y sur). Durante el verano en el norte como en las zonas templadas
Costas:
algas marinas y ovas

AYUDAS PARA LA IDENTIFICACIÓN

► **Ubicación:** las plantas crecen solamente en condiciones propicias si usted conoce los hábitats que prefieren, y su distribución geográfica, puede reducir inmediatamente las posibilidades.
► **Forma y tamaño:** ¿es la planta alta y leñosa como un árbol o un arbusto? ¿de baja estatura y tallos blandos? ¿tupida y ramificada o tiene sólo uno o dos tallos?
► **Hojas:** ¿son grandes o pequeñas? ¿lanceoladas, redondas o en forma de cintas? ¿con bordes serrados o lobulados? ¿formadas por varias hojuelas? ¿de color uniforme?
► **Flores:** estacionales, pero si están presentes en la planta, compruébese color, tamaño, forma, simples o en ramilletes.
► **Frutos y semillas:** ¿son leñosos, duros y encerrados como una nuez, o pequeños y duros como una semilla? Compruébese el color, el tamaño y la forma, y si se distribuyen individualmente o en grupos, en vainas o en cápsulas.
► **Raíces:** raramente ayudan a la identificación de la planta, a menos que sean inusuales.

ANIMALES PARA COMER

Todos los animales pueden ser una fuente alimenticia. Algunos de ellos, incluyendo gusanos e insectos, pueden recogerse con poco esfuerzo, pero la mayoría deben ser cazados o cogidos mediante trampas, exigiendo conocimiento y experiencia sobre los animales y sobre los métodos.

Cuanto más sepa sobre los animales mejor, pero el conocimiento general de la historia natural puede ser utilizado para ayudarle a conocer más cosas a través de la observación en el medio silvestre. No existe sóla una forma de hacer las cosas; debe aprender a través del método del ensayo y el error.

Debe estudiar los hábitos de cada especie, averiguar dónde duerme, qué come y dónde bebe. Debe aprender la mejor manera de cazar su presa, qué trampas tender y sopesar sus instintos humanitarios con las necesidades de sobrevivir.

Los mejores animales por su sabor y cantidad de carne disponible son las hembras maduras. Cuanto más joven sea el animal, más magra será su carne. Un macho adulto tiene la máxima cantidad de grasa justo antes de la temporada de apareamiento (que varía según la especie y el clima). Durante la temporada de apareamiento, el macho se vuelve progresivamente magro, la grasa desaparece e incluso se ve afectado el normalmente rico hueso medular. Los animales acumulan grasa para pasar el invierno y la reducen al llegar el verano. Cuanto más viejo sea el animal, más cantidad de grasa tiene en su piel y más dura es su carne.

ENCONTRAR LA PRESA

Hay muy pocos lugares en la tierra que carezcan de animales salvajes, pero, en ocasiones, las señales que delatan su presencia distan mucho de ser obvias. Si usted es capaz de leer y reconocer las señales que dejan los animales, y de identificarlos, sabrá qué métodos adoptar para cazar o atrapar su presa, qué cebo utilizar y qué clase de trampas tender.

La mayoría de los mamíferos se mueven fundamentalmente al alba y al caer la noche. Solamente los más grandes y poderosos se aventuran durante el día. Los grandes hervíboros necesitan todo un día de pastoreo para satisfacer sus apetitos. Algunos de los más pequeños deben comer con tanta frecuencia que se encuentran intermitentemente activos durante todo el día. Pero la mayoría de los mamíferos más pequeños, como los conejos, comen principalmente por la noche y sólo cambian sus hábitos cuando el tiempo es malo. Los animales que se alimentan de otros animales cazan en los momentos en que su presa está activa. Lo mismo debe hacer usted, si pretende cazarlos, pero puede descubrir muchas cosas sin siquiera ver un sólo animal salvaje y puede tender sus trampas para cogerlos cuando están en los alrededores.

■ *HUELLAS Y SEÑALES*

La mayoría de los animales son criaturas de hábitos regulares y utilizan los mismos caminos entre los lugares donde beben, los lugares donde cazan y comen y sus guaridas. Busque las señales de estas huellas. Las huellas serán más evidentes sobre tierra húmeda, nieve y arena mojada, mientras que otras señales son más evidentes en las zonas de espesa vegetación. El tamaño de la huella se halla en proporción directa con el tamaño del animal que la ha dejado. El tiempo que ha pasado desde que el animal dejó la huella puede medirse por su agudeza y contenido de humedad. ¿El agua se ha filtrado en la huella o es la lluvia que la ha llenado? ¿Se ha ensuciado? Cuanto más clara sea la huella, mayores probabilidades hay de que sea reciente.

A primera hora de la mañana, las huellas pueden seguirse observándolas a nivel del suelo. Si el rocío y las telas de araña han sido perturbados, las huellas tienen, como máximo, unas pocas horas. Algunos animales, como los conejos, nunca se desplazan a gran distancia y cualquier huella indicará que se hallan cerca. Algunos animales hacen túneles a través de la densa maleza. Su altura indica el tamaño del animal que los ha hecho. La altura de las ramas rotas a lo largo de un sendero, indica también el tamaño del animal. Compruebe lo frescas que son estas huellas: ¿Están marchitas las hojas? ¿Se encuentran aún verdes y frescas las ramas rotas? Otras indicaciones útiles son las marcas en los árboles y los troncos, los restos de comida y las zonas donde el animal ha comido. Los excrementos indican la clase de animal que los ha dejado.

■ *SEÑALES DE ALIMENTACIÓN*

La forma en que la corteza ha sido desgarrada de los árboles, las cáscaras roídas de las nueces, los frutos parcialmente comidos, los brotes mordisqueados y los restos de animales presa de los carnívoros o la destrucción de los nidos de la presa son todas indicaciones de la presencia de especies que viven o cazan en la vecindad.

Los frutos y nueces descartados se encuentran a menudo cuando la comida es abundante: un animal encuentra algo que no es de su agrado, lo abandona y busca otro alimento. Esto no sólo revela la presencia de un animal, sino que sugiere la elección de cebos para preparar trampas.

Un ojo experimentado puede identificar a menudo las especies por el dibujo que dejan los dientes o el pico en una nuez, o la forma en que una piña ha sido comida hasta llegar a sus semillas.

Corteza, pequeñas ramas y brotes, especialmente de los árboles y arbustos jóvenes, representan una parte importante de la dieta de muchos animales, incluyendo varias especies de ciervos y cabras, liebres, ardillas, y otros numerosos roedores. En la mayoría de los casos, las marcas dejadas por los dientes de un animal se verán claramente en la corteza.

Muchos ciervos morderán las hojas para arrancarlas, dejando un borde desgarrado y desgastado (las liebres, por ejemplo, dejan un mordisco claro). La corteza desgarrada en largas tiras, dejando totalmente expuesta la madera, es otra señal de la presencia de ciervos en verano, ya que en invierno la corteza se halla más firmemente adherida a la madera y es comida en trozos, de modo que sólo se ven afectadas secciones en un lado del tronco y las marcas de los dientes son claramente visibles. Los ciervos también arañan los árboles con sus astas para quitar la piel velluda que las recubre y también para marcar su territorio, dejando la corteza deshilachada y la madera desgarrada por las puntas de las astas.

Las ovejas y las cabras también descortezan los árboles. Las marcas de sus dientes generalmente corren de forma oblicua, mientras que las marcas dejadas por los ciervos son verticales. Las mordeduras a baja altura corresponden usualmente a pequeños roedores, en tanto que la presencia de raíces desgarradas son probablemente obra de animales parecidos a los ratones. Los tocones con puntas cónicas que parecen haber sido cortados con un hacha pequeña son el resultado del trabajo feroz de los castores.

Las ardillas roen la corteza en la zona superior de los árboles, y los trozos suelen caer a los pies del árbol. Un grupo disperso de trozos de piña es a menudo señal de la presencia de ardillas. Debajo de un árbol, las cáscaras de nuez también pueden indicar la presencia de estos roedores; tal vez su nido se encuentre justo encima de nosotros, pero si las nueces o los trozos de piñas también están calzados en el tronco del árbol, eso indica la presencia de aves comedoras de nueces. Cerca de una pila de cáscaras vacías también puede encontrar igualmente la madriguera de un roedor.

Si un árbol joven tiene el aspecto de haber sido cortado a nivel como si se tratara de un seto cortado con tijeras de podar, o las ramas bajas de un árbol parecen limpiamente cortadas debajo de determinada altura, puede apostar que es obra de animales como el ciervo.

■ *EXCREMENTOS*

Los excrementos proporcionan uno de los mejores indicadores de la clase de animal que los ha dejado. El tamaño del animal puede ser calculado por el tamaño y la cantidad de las deyecciones; la sequedad es una clara señal del tiempo que ha pasado desde que el animal estuvo en ese lugar. Los excrementos viejos serán duros e inodoros; las deyecciones frescas estarán húmedas y olerán. Las moscas son atraídas por las deyecciones.

Mamíferos: muchos excrementos de mamíferos tienen un olor muy fuerte, producido por las glándulas localizadas en el ano. Este olor desempeña un importante papel en la demarcación del territorio y en la comunicación de señales sexuales. Puede ser utilizado para cebo de las trampas.

Los animales que viven en la vegetación, como el ganado vacuno, los ciervos y los conejos, producen excrementos redondeados y pajizos. Los carnívoros, como los gatos monteses y los zorros, producen excrementos más alargados. Algunos animales, incluyendo osos y tejones, tienen dietas mixtas. Abra un excremento para ver si encuentra alguna pista sobre lo que el animal ha estado comiendo, y luego coloque el cebo adecuado en la trampa.

Aves: también se dividen en dos grupos: carnívoras y comedoras de semillas y frutos, que pueden distinguirse por sus deyecciones. Los excrementos de las aves más pequeñas que comen semillas son pequeños y principalmente líquidos, mientras que los búhos y los halcones producen pelotillas que pueden contener partes indigestibles de la carne ingerida, ya sea pescado, otro pájaro, insecto o roedor. Los excrementos flojos son una indicación de que el agua se encuentra a una distancia razonable, ya que las aves pequeñas necesitan estar cerca de una fuente de agua. Los sitios donde anidan estas aves estarán delatados a menudo por una copiosa producción de deyecciones en el suelo o en las ramas más bajas. Las aves, generalmente, se alimentan en los árboles viejos, donde exiten partes putrefactas y multitud de gusanos y larvas.

■ *EXCAVACIONES*

Algunos animales excavan en la tierra en busca de insectos y tubérculos. Los cerdos, especialmente, excavan extensas zonas de tierra. Si la tierra aún se encuentra fresca y desterronada, lo más probable es que un animal haya estado buscando comida recientemente. Una gran zona enlodada es usualmente una clara señal de la presencia de cerdos. Pequeños surcos en la tierra pueden indicar la cercanía de una ardilla que ha estado cavando en busca de brotes.

■ *AROMA Y OLOR*

Escuche los sonidos y ruidos alrededor de usted, registre los olores. Esto le ayudará a percibir indicaciones de la vida silvestre presente en la zona y, donde existe una variedad de animal también habrá otros; donde hay especies que sirven de presa a otros animales, también habrá predadores. Muchas personas descuidan su sentido del olfato, pero usted debe tratar de volver a desarrollarlo. El olor de algunos animales es muy intenso, especialmente el de los zorros. Mantenga los ojos bien abiertos también. En climas fríos, por ejemplo, la respiración de los animales de gran tamaño forma una nube de condensación. Este «humo» puede verse desde cierta distancia si usted se encuentra en un buen punto de observación.

■ *MADRIGUERAS Y GUARIDAS*

Muchos animales construyen sus casas en madrigueras, habitualmente en terreno elevado, lejos del agua. Algunos, como los conejos y las ardillas de tierra, apenas se preocupan por ocultarse, aunque habrá una o dos salidas ocultas para usarlas en caso de emergencia. Los agujeros de emergencia de los conejos son fáciles de remover, también puede introducir un trozo de zarza o un alambre de espino para coger al conejo y obligarle a salir.

Los animales predadores suelen ocultar sus agujeros, que habitualmente se encuentran en el bosque. Las huellas o los excrementos pueden revelar su presencia, e indican asimismo que la madriguera está siendo utilizada en ese momento (aunque algunos animales, como los tejones, suelen hacer sus deyecciones lejos de sus madrigueras).

MAMÍFEROS

NOTA: Donde se exhiben las huellas, no se ha empleado ninguna escala. La mayoría son típicas de toda una familia de animales, pero variarán considerablemente en su tamaño según sea la especie. La huella 1 es la delantera. La huella 2 es la posterior.

▼ *GATOS MONTESES*

Van desde el gato doméstico hasta el tigre. Se encuentran en todos los continentes, excepto en Australia y la Antártida, pero en ninguna parte son comunes. Sigilosos y generalmente noctámbulos, evitan al hombre. Usted podrá ver leones en una reserva natural, pero raramente encontrará gatos monteses en otra parte. Todos ellos son un alimento potencial, pero evite los ejemplares más grandes. La carne puede ser fibrosa, mastíquela mucho, pero la carne de los ejemplares más pequeños sabe a carne de conejo. Los tendones son muy fuertes y pueden utilizarse para hacer cuerdas para arco.

Trampas: Fuertes lazos de cuerda, plataformas o lazos con cebo. Cebo de carne, sangre o menudos. Estos felinos tienen reacciones muy rápidas y pueden eludir las trampas con pesos suspendidos.

Huellas y señales: Caminan sobre las puntas de las patas, dejando marcas de cuatro pisadas bien desarrolladas y una pisada larga posterior. Las garras (excepto en el caso del cheeta) son retráctiles durante la marcha. Las deyecciones son alargadas, pero habitualmente las oculta. La orina tiene un olor muy intenso.

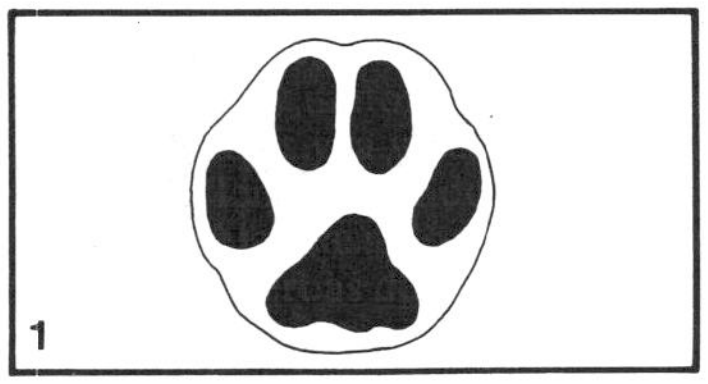

▼ *PERROS SALVAJES*

Los zorros y otros perros salvajes se encuentran en amplias zonas, desde desiertos hasta el Ártico. Sus increíbles sentidos hacen inútil su caza con perros rastreadores a corta distancia, pero su curiosidad los acercará a las trampas.

Trampas: Lazo para zorros, pruebe el cebo escalonado o la trampa con tensor que libera el cebo. Reduzca todo lo posible el olor humano en la zona.
Huellas y señales: Camina sobre las puntas de las patas. Deja impresas cuatro huellas y las puntas de las garras; la huella exterior es más corta que la interior, con una huella más grande en la zona posterior. Los excrementos, alargados, muestran restos de piel, huesos e insectos según sea la dieta del animal. Las deyecciones del zorro son acres, como lo es la tierra (guarida). En terreno blando, la tierra puede estar removida.

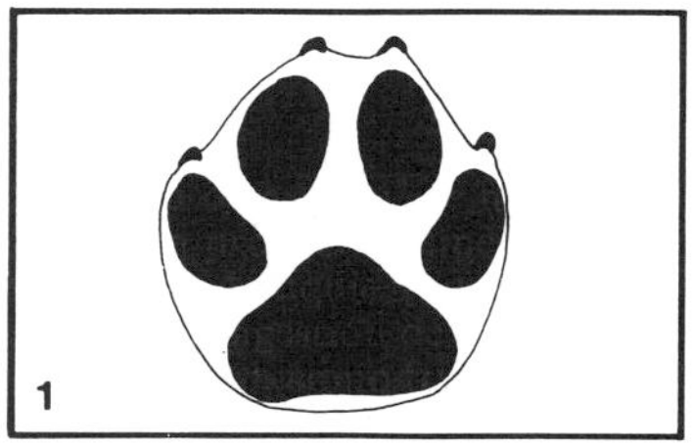

Hienas: Carroñeras (no verdaderos perros) que habitan una zona que abarca desde África oriental hasta Asia. Pueden ser muy peligrosas. Hiérvalas durante mucho tiempo; su carne puede tener parásitos.
Civetos: Carroñeros de África y Asia tropical, atrápelos como a los perros y quíteles las glándulas anales antes de cocinarlos.

▼ *OSOS*

Animales solitarios de Norteamérica, Eurasia y algunas zonas septentrionales de América del Sur, prefieren las zonas boscosas (excepto el oso polar). Fuertes y veloces, pueden limpiar un sitio de acampada. La mayoría de ellos pueden trepar a los árboles. **Los osos pueden matar a un hombre fácilmente. EVÍTELOS.** Son animales potencialmente ricos como alimento, con grasa comestible, si puede atrapar alguno, pero tratar de cazarlos con armas improvisadas no tiene sentido. Cocine bien la carne para eliminar los parásitos. **NO coma el hígado del oso polar, ya que contiene un nivel letal de vitamina A.**

Trampas: Pesos suspendidos y picas, pero sólo si son trampas grandes, ya que los osos destrozan los lazos. Debe matarlos o incapacitarlos completamente; un oso herido es terriblemente peligroso.

Huellas y señales: Las huellas pueden tener 30 cm, con pisadas de grandes garras. Los dedos muy juntos, las marcas de las garras son típicas. Las pisadas posteriores son ahusadas y pueden ser confundidas con las de un ser humano. Los osos comen casi cualquier cosa, arrancan los tocones y destrozan los nidos de insectos buscando comida.

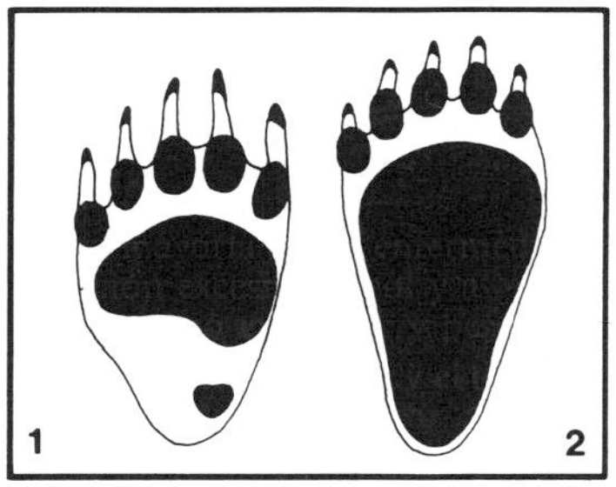

▼ *NUTRIAS*

Difíciles de ver o de atrapar, pasan gran parte del tiempo en el agua o en agujeros excavados en las orillas de los ríos, pero son animales muy curiosos, de modo que las trampas con cebo de pescado fresco puede atraerlas.

Huellas y señales: Cinco dedos entrelazados, casi circular, 7,5×6 cm. Deyecciones alargadas con olor a pescado en lugares regulares, habitualmente piedras.

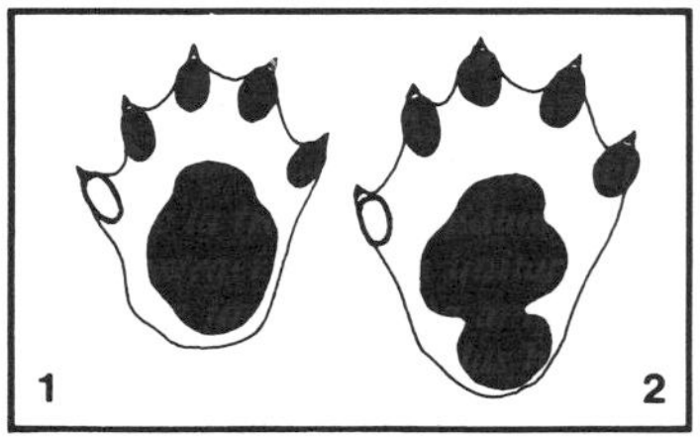

▼ *GRUPO DE LAS COMADREJAS*

Comadrejas, armiños, visones, martas y mofetas son muy sigilosos, pero pueden constituir una excelente fuente de alimentos en el norte. **Cuidado con sus dientes afilados.**

Trampas: Cepos con muelle con el cebo en palanca, trampas con pesos suspendidos. Cebo con huevos de aves o menudos.

Huellas: Indistintas excepto en terreno blando. Cinco garras y puntas bien espaciadas, el pelo en la pata principal a menudo ensucia.

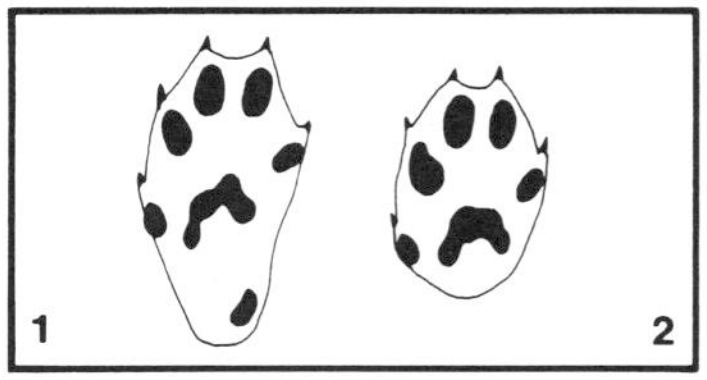

▼ *GLOTONES*

Son animales gruesos, parecidos al tejón, que habitan en el extremo norte, muy capaces de abatir a un caribú, aunque normalmente se alimentan de carroña. No son comunes en ninguna parte. **¡No se enfrente a ellos a menos que esté armado!**

Trampas: Fuertes trampas de muelle con cebo o lazo para el hocico... si puede encontrar cebo en la tundra.

Huellas: 8 cm de promedio, cinco dedos con poderosas garras. El pelo en la planta de la pata puede oscurecer la huella principal.

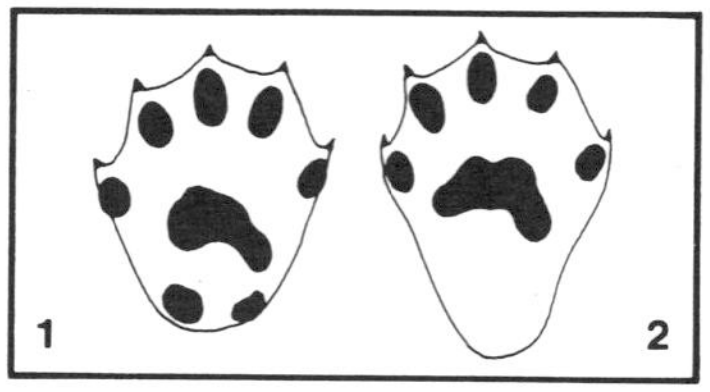

▼ *TEJONES*

Criaturas noctámbulas y robustas que habitan en América del Norte, África y Eurasia oriental hasta Indonesia. Hibernan en las zonas más frías. Los mejores lugares para tender las trampas son los lugares donde defecan y los senderos muy usados. Pueden ser muy feroces, con una mordedura incapacitante. **No se acerque a ellos.** Los tejones jóvenes saben a cerdo.

Trampas: Con muelles, con cebo liberado y con pesos suspendidos, lazo corredizo. Hágalas muy fuertes.

Huellas y señales: Cinco dedos con garras prominentes y una gran pisada posterior. Se las puede confundir con las de un oso. La longitud entre huella y huella es de unos 50 cm. Los excrementos son como los del perro, pero en una cavidad poco profunda. La tierra revuelta y los nidos de insectos destruidos pueden indicar la presencia de tejones.

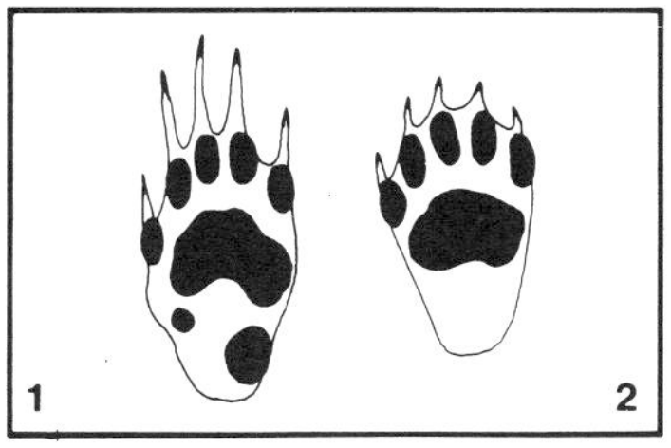

▼ *MOFETAS*

Las mofetas, que habitan en América del Norte y del Sur, parecen pequeños tejones con una cola peluda. Cuando se sienten amenazadas proyectan una lluvia de fluido de olor repugnante proveniente de las glándulas anales. Busque una comida más sencilla de capturar.

▼ *MONOS/SIMIOS*

Confinados casi completamente a los trópicos, viven generalmente en extensos grupos familiares, a menudo en los árboles. **Incluso los monos más pequeños pueden infligir una mordedura grave.** Son animales inteligentes y resulta difícil cazarlos —comienzan a proferir gritos mucho antes de que usted logre acercarse a ellos—, pero son valientes y curiosos, una característica que usted puede aprovechar. Muy comestibles.

Trampas: Con muelle y cebo o lazo corredizo. Puede ponerle de cebo una fruta o cualquier cosa que despierte su curiosidad.

Señales: La actividad le llevará hasta ellos, son muy pocos los que se toman el trabajo de ocultarse y la mayoría son muy ruidosos.

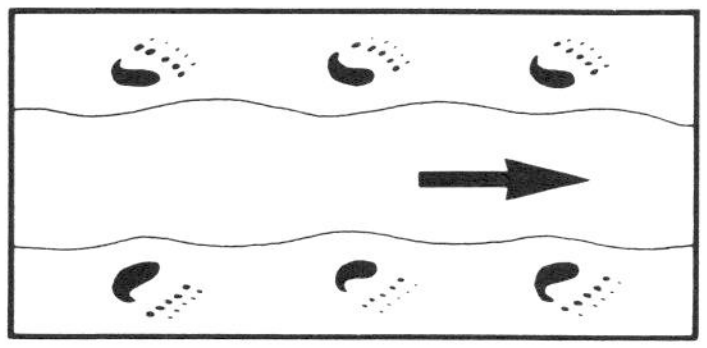

▼ *FOCAS*

Las huellas muestran una cuña en el centro. La flecha indica la dirección de la marcha.
Ver *Regiones polares* en **Clima y terreno.**

▼ *MURCIÉLAGOS*

Se encuentran en todas partes excepto en climas muy fríos. Activos por la noche. Hibernan en áreas templadas. Carnívoros, comen insectos, peces, pequeños animales, incluso al pequeño murciélago Vampiro de América del Sur que chupa la sangre y puede transmitir la rabia. **Manténgase BIEN cubierto cuando pase la noche al sereno en una zona donde habite este animal.** Los comedores de frutos (conocidos también como zorros voladores) son más grandes, algunos tienen una envergadura de 1 m con las alas desplegadas, se los encuentra desde el África tropical hasta Australasia. Constituyen un buen alimento, especialmente los murciélagos que comen frutos. Quíteles las alas y las patas, despelléjelos y quíteles las entrañas como si fuesen conejos.

Trampas: Cubra con una red un árbol frutal donde se alimentan los zorros voladores. Derribe a los otros de las ramas cuando se encuentren durmiendo durante el día.

Señales: Las colonias de murciélagos son fáciles de descubrir, a menudo en cuevas, los zorros voladores también habitan en los árboles.

▼ *GANADO VACUNO*

El ganado vive en rebaños y necesita tener acceso a una fuente de agua. Los bisontes y otro ganado salvaje se en-

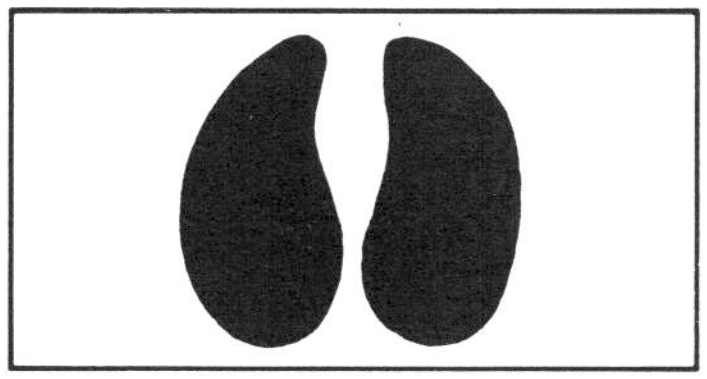

cuentran en las praderas de Norteamérica, África y el sudeste de Asia. Los escasos búfalos de Europa y América se hallan protegidos. El carabao, introducido en Australia, es salvaje. En África, particularmente, se puede encontrar ganado doméstico extraviado.

Los ejemplares grandes pueden ser peligrosos, especialmente los viejos toros solitarios.

Trampas: Solamente los lazos más poderosos, las trampas de muelles y las trampas de pesos suspendidos, excepto para los animales jóvenes.

Huellas y señales: Dos marcas de pezuñas, profundas y características, estrechas en la parte superior. Los excrementos son como los de las vacas y constituyen un excelente combustible.

▼ *CABRAS Y OVEJAS SALVAJES*

Las ovejas viven generalmente en pequeños rebaños en zonas de pastos montañosos y estepas en América del Norte, partes de Europa y norte de África (raras), a través de Arabia hasta las montañas del Asia central. Prevenidas, ágiles, les gusta vivir en lugares inaccesibles, lo cual hace prácticamente imposible acercarse a ellas.

Las cabras son escasas en Europa y el norte de África, y se las encuentra principalmente en las montañas de Asia central. Se afirman en lugares inaccesibles incluso mejor que las ovejas. Buen alimento.

Trampas: Trampas con muelles en senderos. En las zonas rocosas, las obstrucciones naturales proporcionan buenos lugares para tender trampas con pesos suspendidos. ¡Pero no espere grandes éxitos!

Huellas y señales: Patas hendidas, dos marcas delgadas y puntiagudas no unidas, la punta siempre aplastada en las ovejas, y a veces en las cabras. La huella de la cabra es más redonda en la parte delantera que es más estrecha que la posterior. La ilustración inferior muestra, a escala, la huella de la oveja doméstica (izquierda), y gamuza (derecha). Excrementos globulares como los de la oveja doméstica.

▼ *CIERVOS/ANTÍLOPES*

Los ciervos, que se encuentran en las zonas muy boscosas de todos los continentes, excepto Autralia, varían desde el alce del norte hasta el ciervo del bosque tropical que sólo mide 45 cm. Los antílopes y las gacelas se encuentran en igual especie desde África oriental hasta la India, con una variedad, el Berrendo, en América del Norte. Tímidos, esquivos, viven habitualmente en grupos, y tienen un oído y un olfato tremendamente desarrollados. Se muestran más activos al amanecer y al atardecer —excepto aquellos que viven en zonas áridas—, y nunca se alejan del agua. Carne excelente que ahuma bien. La piel del ciervo es especialmente elástica, mientras que las astas son implementos muy útiles.

Considere sus cornamentas como ARMAS. Los animales grandes pueden ser

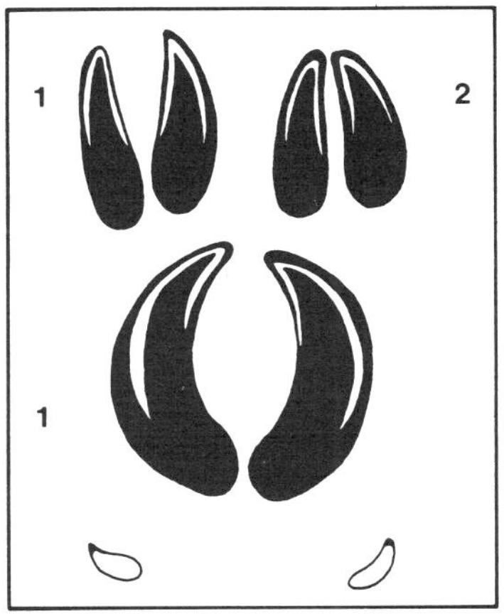

agresivos, pudiendo embestir y acuchillar con sus astas.

Trampas: Lazos o pesos suspendidos para los ejemplares más pequeños, trampas con muelle, lazos corredizos y pesos suspendidos para los más grandes. Cebo con desperdicios, la curiosidad les atraerá a las trampas.

▼ *CERDOS SALVAJES*

Cerdos, pecaríes y otros puercos varían de tamaño. Muchos de ellos tienen pelos hirsutos, pero todos tienen forma de cerdo, hocico alargado y dos grandes dientes, o colmillos, a un costado de la boca. Viven en grupos familiares, habitualmente en áreas boscosas, aunque los jabalíes prefieren la sabana. Son difíciles de cazar, aunque no son tan listos como los ciervos, excepto cuando se encuentran tumbados en los momentos de más calor. Esté atento a sus ronquidos. Los jabalíes grandes y los que cuidan de las crías necesitan poca provocación para cargar contra un ser humano y derribarle. **Los colmillos causan profundas heridas, a menudo peligrosamente cerca de la arteria femoral en la parte superior del muslo.** Su carne es buena, con mucha grasa en invierno, pero debe ser hervida para matar los parásitos.

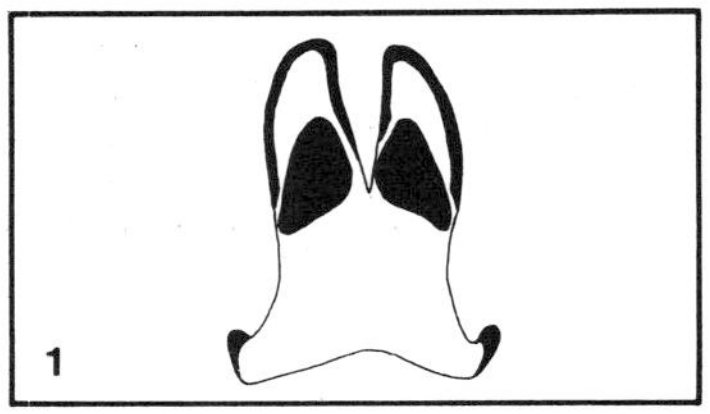

Trampas: Fuertes trampas con muelles, pesos suspendidos, lazos para cerdos en el sendero que usan habitualmente. Los cerdos comen virtualmente cualquier cosa, de modo que puede poner de cebo lo que encuentre.

Huellas y señales: Las patas hendidas dejan huellas similares a las del ciervo. En terreno blando, sus cortos dedos laterales con característicos. A menudo sus excrementos son informes, y nunca son grandes ni firmes. La tierra suele estar excavada, siendo las charcas enlodadas la mejor señal de su presencia. Los jabalíes tienen guaridas que son grandes agujeros excavados donde duermen.

▼ *CAMELLOS*

Vagan en rebaños salvajes en los desiertos del norte de África, en Asia oriental y central, y han sido introducidos en Australia, pero, para cazarlos se necesita una poderosa trampa con picas o bien un arma con proyectiles. Los camellos escupen y también pueden infligir fuertes mordiscos en las manos, el rostro o el cuerpo.

▼ *LLAMAS*

Alpacas, guanacos y vicuñas de los Andes, hasta el sur de la Patagonia, pueden ser atrapados como los antílopes. Las llamas y alpacas semidomesticadas indican la presencia de seres humanos a corta distancia.

▼ *TAPIRES*

Animales tímidos de las profundas selvas de la América tropical y el sureste de Asia, se parecen a grandes cerdos sin pelo con hocicos colgantes. Coloque trampas con pesos suspendidos o lazos corredizos en la senda que acostumbran a transitar.

▼ *CONEJOS/LIEBRES*

Ampliamente esparcidos por el hombre, se los encuentra desde el círculo ártico hasta desiertos y junglas. En la mayor parte de las zonas, son los animales que primero debe intentar cazar. Las liebres del Ártico (raqueta) y las liebres grandes del extremo norte podrían salvarle la vida. Los conejos son más fáciles de cazar, la mayoría vive en madrigueras, a menudo en gran número, y usan sendas muy transitadas, el mejor lugar para colocar las trampas. Los conejos jóvenes suelen quedarse inmóviles y resulta muy fácil cogerlos.

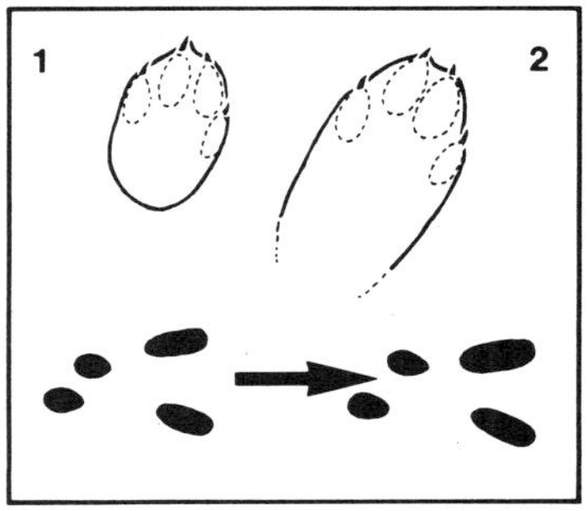

Trampas: Cepos simples, aunque un cepo con muelle sacará al animal a la superficie y lo elevará, reduciendo de este modo la posibilidad de que le roben su comida.

Huellas y señales: Las plantas peludas dejan escaso detalle en terreno blando, pero es característica la combinación de huellas delanteras cortas y huellas posteriores alargadas. Las liebres tienen cinco dedos en las patas delanteras, pero la pata anterior es corta y raramente deja marca. La pata posterior es más estrecha y tiene cuatro dedos. La del conejo es similar, pero más pequeña.

¡PELIGRO!

INANICIÓN PROVOCADA POR LOS CONEJOS

Los conejos pueden suministrar los alimentos más fáciles de obtener, pero su carne carece de grasa y vitaminas fundamentales para el hombre. La Hudson Bay Company tiene registrados casos de tramperos que han muerto de inanición a pesar de haberse alimentado de carne de conejo en abundancia.

El cuerpo utiliza sus propias vitaminas y minerales para digerir la carne de conejo y luego los expulsa con las heces. Si estos minerales y vitaminas no son sustituidos, aparecen la debilidad y otros síntomas propios de la carencia vitamínica. Si se come más carne de conejo, la situación emperora. Los tramperos se comen literalmente a sí mismos hasta morir, cuando el hecho de haber comido plantas y vegetales les hubiese asegurado la supervivencia. Esta situación suele producirse cuando la vegetación ha sido cubierta por la nieve y los supervivientes confían en la carne del conejo para su dieta.

La mixomatosis, una enfermedad viral que produce la inflamación de las glándulas mucosas, especialmente en la cabeza, causa a menudo la ceguera de los conejos y los vuelve perezosos. Su aspecto es desalentador, pero se trata de una enfermedad que no afecta al hombre. Una vez despellajado el animal, la presencia de la enfermedad será visible sólo a través de manchas blancas en el hígado.

▼ *PEQUEÑOS ROEDORES*

Forman el grupo de animales más numerosos y algunos de ellos son los más fáciles de atrapar, aunque la mayoría son demasiado pequeños para cazarlos con cepos. Las huellas de las distintas especies no son fáciles de diferenciar. Ratas y ratones hay prácticamente en cualquier parte. Puede atraérseles hacia trampas simples o pesos suspendidos. **Las ratas transmiten enfermedades.** Cuando les quite las entrañas trate de no romperlas, y cocine la carne completamente. Excepto como alimento, no son animales agradables. Trate de cazarlos si invaden su campamento.

Cobayos y conejillos de Indias, son domesticados en los Andes, lugar donde viven. Pueden ser atraídos hacia trampas con cebos de frutas y vegetales con hoja, y son un alimento excelente.

Carpincho, se encuentra en las zonas tropicales de América del Sur, alcanza el tamaño de una oveja pequeña y vive en grupos familiares. Es un animal semiacuático y se le puede atraer hacia la trampa si se le corta el camino de acceso al agua. Su carne es magra y sabrosa.

Copyu, es similar al carpincho y vive también en América del Sur, aunque es más pequeño. Se encuentra en estado salvaje en Europa. Su carne es sabrosa.

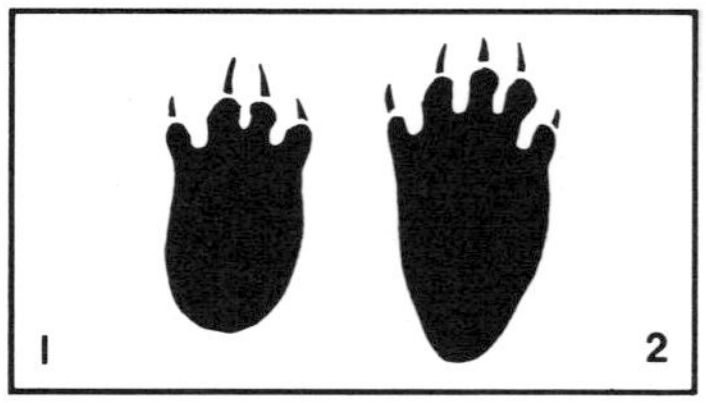

▼ *PUERCOESPINES*

En el continente americano se encuentran diversas clases de este animal, y también en África y la zona tropical de Asia. Algunos de ellos trepan a los árboles. Los que viven en tierra son bastante torpes para andar. Se les puede cazar con facilidad. **Sus púas pueden causar graves heridas.**

▼ *CASTORES*

Son animales rechonchos, acuáticos,

constructores de presas, con colas escamosas que parecen paletas. Se encuentran en América del Norte y la zona septentrional de Eurasia, utilizan itinerarios regulares a lo largo de corrientes de agua, donde pueden ser cogidos con trampas. Constituyen un buen alimento, sobre todo la cola.

Trampas: Una red fuerte o una línea con lazos corredizos a través del agua. Cepos con muelles o pesos suspendidos en los lugares donde emergen para roer los árboles.

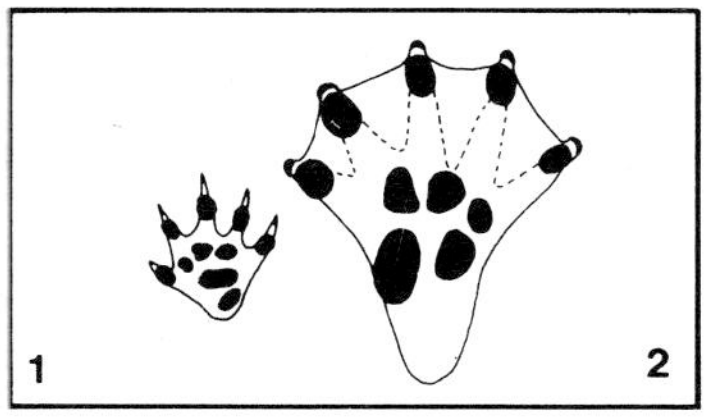

Huellas y señales: Cinco dedos con marcas de garras, a menudo sólo se ven cuatro. La huella posterior está unida por una membrana, es redondeada, de unos 15×10 cm. Busque construcciones de presas y madrigueras, troncos roídos y talados, corteza y virutas cerca del agua.

▼ *ERIZOS*

Animales tímidos y fundamentalmente nocturnos que habitan desde Eurasia y África oriental hasta Indonesia; viven en nidos bien ocultos durante el día e hibernan en las regiones templadas. Se mueven muy lentamente, de modo que se les puede cazar con cierta facilidad. Comestibles, manipúlense con cuidado, habitualmente están infestados de parásitos. La piel puede quitarse con las espinas intactas. Cocinarlos bien.

Trampas: Los cepos difícilmente sirven para atraparlos. Use trampas con pesos suspendidos; a los erizos les gusta husmear en las zonas obstruidas.

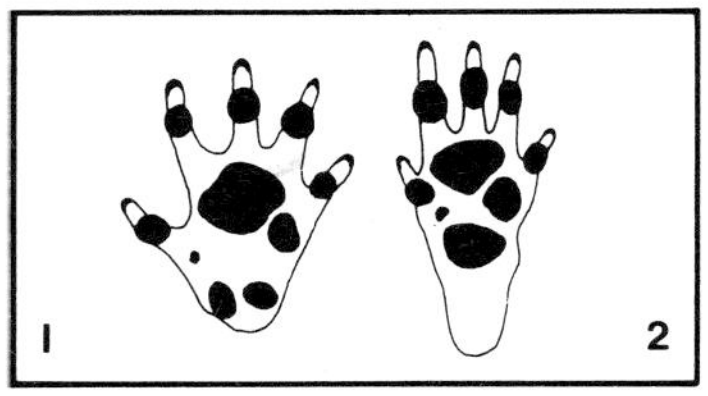

Huellas: Cinco dedos con largas garras, pero habitualmente sólo se ven cuatro.

▼ *ARDILLAS*

Las ardillas y las marmotas se encuentran en todas partes, excepto en Australasia y los polos, hibernan en las zonas frías. Prevenidas y ágiles, la mayoría de ellas son activas de día y de noche; se alimentan de nueces, frutos, brotes, etcétera, y algunas de huevos de aves. Busque en sus nidos a la caza de ejemplares jóvenes. **Tenga cuidado con sus afilados dientes, son salvajes cuando se defienden.** Las especies que viven en la tierra lo hacen en grandes colonias y en madrigueras. La mayoría de ellas constituyen un bocado excelente.

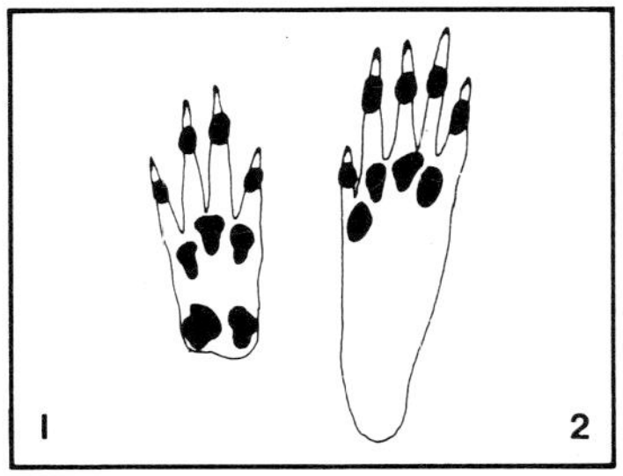

Trampas: Pequeños cepos con muelles unidos a un cebo. Use alguna fruta o huevos de aves para atraerlas. Para las ardillas voladoras coloque lazos corredizos de 5 cm a lo largo de un palo y apóyelo contra el tronco del árbol donde vive la ardilla; aún cuando una de ellas haya caído en la trampa, las demás seguirán usando el árbol como un atajo.

Huellas y señales: Cuatro dedos delgados, con garras en las patas delanteras, cinco dedos en las patas traseras. Cortezas mordidas, nueces roídas y piñas debajo de un árbol o un nido construido con pequeñas ramas pueden indicar la presencia de ardillas.

▼ *CANGUROS*

Junto con los wallabis y otros parientes, los canguros viven únicamente en Australia, Tasmania y partes de Papúa Nueva Guinea. Los ejemplares más grandes pueden golpear con fuerza con sus patas traseras. Algunos son expertos trepadores de árboles. Son demasiado rápidos para atraparlos. Activos durante la noche, algunos se ocultan en cuevas durante el día. Los canguros de las planicies se alejan a gran distancia del agua. ¡Son comestibles, pero difíciles de cazar!

Trampas: Pesos suspendidos, cepos con muelles, aunque en campo abierto es imposible seguir sus huellas. Atraiga a los canguros que están en los árboles ofreciéndoles frutas, hojas y raíces.

Huellas y señales: Solamente dos marcas, parecidas a las huellas de un conejo gigante, las patas delanteras no se utilizan como apoyo y tampoco para la locomoción.

▼ *OPOSSUMS*

Pequeños carroñeros nocturnos que se extienden desde el sur de EE.UU. hasta América del Sur. En Australasia hay animales similares, pero que no guardan relación con ellos. Buenos trepadores de árboles. El pastel hecho con este animal es un plato tradicional en EE.UU.

Trampas: Utilice zumo de frutas o huevos para el cebo, o cualquier cosa que tenga a mano. Son animales muy curiosos.

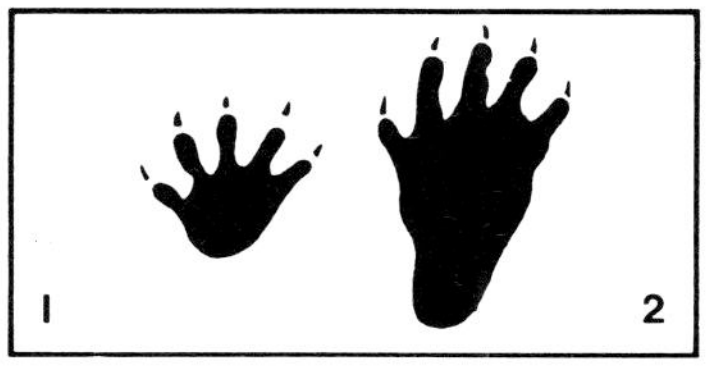

REPTILES

▼ *COCODRILOS*
▼ *CAIMANES*

Los miembros de este grupo se encuentran en la mayoría de las regiones tropicales y subtropicales. Los ejemplares que miden menos de 1-3 metros son un alimento potencial. Los más grandes deben evitarse; virtualmente cubiertos por una armadura y algunos, como el agresivo cocodrilo estuarino de Indo-Australasia, pueden alcanzar un tamaño enorme. SIEMPRE piense que están cerca si atraviesa zonas donde viven estos reptiles gigantes, ya que tienen un camuflaje excelente y pueden permancer debajo del agua durante largos períodos, esperando que una víctima incauta se ponga al alcance de sus fauces. Sus colas puede asestar un golpe segador, casi tan terrible como su mordedura. La mejor parte para comer es la cola, firme y muy sabrosa.

Trampas: Busque ejemplares pequeños a orillas del agua o atrápelos con un sedal, con un palo encajado en el cebo para que se le atraviese en el esófago. Mátelo con un golpe seco entre los ojos.

▼ *LAGARTOS*

Los monstruos de Gila y los largartos con cuentas son dóciles pero **venenosos** (ver *Animales peligrosos y venenosos* en **Salud**), pero todos los lagartos pueden comerse. La mayoría de ellos son tímidos, aunque iguanas grandes y varanos pueden inflingir graves mordeduras y tienen garras poderosas. NO se confunda con el dragón gigante Komodo (2 metros) que vive en algunas islas de Indonesia.

Trate de cazar los lagartos por la cola, aunque los ejemplares pequeños se mueven a gran velocidad. A veces se les puede atrapar en un foso, búsquelos en lugares soleados. Tienda trampas para los ejemplares de mayor tamaño.

▼ *TORTUGAS*

Todos estos reptiles son un buen alimento. La mayoría de ellos pasan la vida en agua dulce o salada, saliendo de ella para poner sus huevos, pero unas pocas son terrestres, y la tortuga cofre ni siquiera entra en el agua para aparearse. A algunas tortugas se las puede encontrar en mar abierto, a gran distancia de la costa, un verdadero regalo para el superviviente del mar. Cójalas con una red o arrástrelas fuera del agua. Una vez en tierra, utilice un palo para colocarlas de espaldas; manténgase alejado de sus mandíbulas y aletas. Entonces quedarán indefensas. Mátelas golpeándolas en la cabeza. Córtelas a través del vientre y descarte las entrañas, quíteles la cabeza y el cuello (algunas llevan un saco de veneno en el cuello). Es mejor hervirlas. Su carne es muy rica, de modo que debe comerla en pequeñas cantidades. Su sangre es incluso más rica. Los huevos encontrados en el interior de lashembras pueden comerse. Las tortugas pueden retraer sus cabezas; es probable que deba introducir algún objeto para extraerla. Cocínelas —sin entrañas— sobre las brasas y, cuando el caparazón se abre, ya están listas para ser comidas.

Huellas: Las hembras que llegan a la playa para poner sus huevos dejan en la arena huellas similares a las de un tractor. Ellas le conducirán adonde se encuentran enterrados los huevos, pero deberá cavar profundamente para encontrarlos. Hervidos, se conservarán durante algunos días.

▼ *ANFIBIOS*

Todas las ranas son comestibles, desde las diminutas ranas de los árboles hasta las gigantes africanas con ancas tan gruesas como las patas de una gallina, pero algunas tienen veneno debajo de la piel, de modo que quítesela antes de comerla. Activas por la noche, su croar le servirá para localizarlas, siempre junto al agua. Deslúmbrelas con una luz —un tizón será suficiente— y luego mátelas con un palo. Durante el día cácelas con un sedal y un anzuelo y con un señuelo similar a un insecto. Las ancas de las ranas grandes son un plato exquisito y saben a pollo.

Los sapos tienen la piel verrugosa y se les puede encontrar lejos del agua. Su sabor es desagradable y la mayoría de ellos segregan sustancias altamente tóxicas. NO los coma.

Las salamandras y los tritones, que se encuentran en el agua y cerca de ella, se pueden coger igual que las ranas y son igualmente comestibles.

▼ *SERPIENTES*

Supere sus temores y aprenda sus hábitos. ¡Una serpiente es un bistec! Pero NO trate de coger una que sepa que es altamente venenosa, si es demasiado grande para cogerla sin riesgo para usted o si usted no está bien equipado.

Las grandes serpientes constrictoras —las pitones de áfrica, Asia y Australasia, y las boas, como la anaconda de América del Sur— pueden medir hasta 10 metros de largo. Tienden a ser tímidas e incluso los ejemplares más grandes encontrarán que un ser humano es demasiado para tragárselo. Son fáciles de coger, pero ¡NO lo intente con las más grandes! No son venenosas, pero sus dientes pueden provocar graves heridas. Si puede abrirle las mandíbulas, en lugar de arrancar la serpiente de su piel, los resultados serán menos graves.

Las serpientes cuentan con un excelente camuflaje, a menudo sólo su movimiento las delata. Usted puede pasar varios días sin advertir su presencia.

Use un palo ahorquillado para inmovilizar a la serpiente justo por detrás de la cabeza. Golpéela en la cabeza con otro palo. Las serpientes de los árboles pueden ser derribadas y luego rematadas en el suelo. ¡Vuelva a golpearlas para asegurarse de que están muertas!

Las serpientes enrolladas con la cabeza oculta presentan un problema. Pínchela en la cola y aguarde a que se desenrolle antes de buscar la cabeza para golpearla.

NUNCA levante del suelo una serpiente ni se acerque a una a menos que esté seguro de que ha muerto. Algunas, incluyendo las venenosas, pueden fingir la muerte con bastante convicción.

AVES

Todas las aves son comestibles, pero algunas saben mucho mejor que otras. Se las encuentra prácticamente en todas partes —mar abierto, desiertos, montañas y regiones polares—, pero no siempre resulta fácil atraparlas.

Las aves de caza son las mejores para comer: faisanes, urogallos, perdices, codornices, patos, gansos, gallos salvajes, pero son animales muy precavidos y muchos de ellos se camuflan muy bien. Las aves de rapiña necesitan hervirse durante mucho tiempo para ablandar la carne y destruir los parásitos. Las aves marinas pueden ser aceitosas y saber a pescado.

Trampas: Las más fáciles de atrapar son las aves de rapiña, como las águilas y los halcones; las carroñeras, como los buitres; las basureras, como los cuervos y las gaviotas.

Las trampas de jaula, los pesos suspendidos y los cepos con muelles pueden ser empleados con las aves que comen el cebo, mientras que los lazos corredizos en las ramas de los árboles pueden atrapar aves que descansan en ese lugar. En los bosques, coloque las trampas en los claros o junto a la orilla del río. Como cebo use carne, fruta o bayas. La mayoría de las aves son ligeras, de modo que proceda delicadamente.

Use también lazos en postes, sedales con anzuelos con cebo y trampas para cogerlos por la cabeza.

Las aves pequeñas son fáciles de coger con liga y se las puede atraer con un cebo, pero puede ser más eficaz fabricar un búho. Las aves pequeñas se acercan a él para atacarle; incluso funciona perfectamente un modelo tosco.

Huellas y señales: Excepto aquellas aves que tienen las patas unidas con una membrana, las huellas son muy similares e indican solamente el tamaño del ave, con muy pocas excepciones. Sin embargo, en el desierto y en la nieve, las huellas pueden ayudar a localizar a las aves que se ocultan. Los reclamos y los vuelos son mucho más útiles. Las llamadas de alarma pueden ayudar a localizar otros animales. Los excrementos pueden indicar la presencia de aves descansando en percha en un árbol.

Muda de otoño: Las aves cambian completamente su plumaje en otoño y son incapaces de volar, o sólo pueden recorrer cortas distancias. Algunas, especialmente patos, gansos y aves de presa, son mucho más fáciles de atrapar en esta época. Si no se encuentran en el agua, puede cogerlas sin demasiado esfuerzo.

Nidadas: Los huevos son fáciles de coger en los nidos terrestres, y muchas aves anidan en colonias. Acérquese cuidadosamente —arrastrándose, no andando— y puede alcanzarlas con una piedra o un palo.

Algunas, como las gaviotas, protegen sus nidos ferozmente. Si entra en una colonia, prepárese para ser atacado.

Nidos excavados: Frailecillos, petreles y otras pocas aves hacen sus nidos en cavidades, habitualmente en lugares inaccesibles en costas rocosas y pequeñas islas. Se alimentan en el mar durante el día, pero pueden ser obligados a salir de sus nidos por la noche.

Aves incapaces de volar: Avestruces (en África), ñandúes (América del Sur) y emus y casuarios (Australia) son grandes y no pueden volar, pero tráteles con prudencia: **el avestruz, sobre todo, puede golpear con sus patas y romperle un hueso.** Aunque es muy raro encontrarlos, sus huevos pueden alimentar a un grupo de personas y sirven también como recipientes.

INSECTOS

Los insectos son la fuente de alimentos más segura para un superviviente. Aunque habitualmente son muy pequeños, se les encuentra en todas partes y, con frecuencia, son tan numerosos que resultan suficientes para una comida.

Proporcionalmente suministran un valor alimenticio superior al de los vegetales. Ricos en grasa, proteínas y carbohidratos, son salvavidas, especialmente sus larvas, esos suculentos gusanos. Pronto logrará superar su asco, recuerde que en muchos países les consideran como un plato exquisito. Seguramente los ha comido sin darse cuenta en la comida.

RECOLECCIÓN

Los más útiles son las termitas, las hormigas, los escarabajos, los saltamontes, las langostas, los grillos, las abejas, las orugas y diversos insectos acuáticos.

Muchos insectos permanecen inactivos durante las horas de más calor del día, aunque la mayoría saldrá a recoger humedad los días de lluvia. Búsquelos en escondrijos y grietas de los árboles y detrás de la corteza, en el tejido y vainas de las plantas, en cualquier lugar umbrío y húmedo y en los lechos de charcas y vías de agua. Los nidos de hormigas y termitas son fácilmente reconocibles por su forma de montículo.

Busque los escarabajos, habitualmente de color pálido con tres patas cortas, con un tamaño que varía desde las larvas diminutas hasta las jugosas «salchichas» de 15 cm de largo y que pesan 85 grs. Les podrá encontrar en árboles con la corteza despellejada, y en los tocones putrefactos. Algunas palmeras y bambúes tropicales están infestadas de ellos. Si tiene un cuchillo, desprenda la madera hasta dar con ellos.

Coja sólo los especímenes vivos. EVITE cualquiera que esté muerto o parezca enfermo, que huela mal o provoque irritación en la piel cuando lo frote contra ella.

Tenga cuidado cuando busque insectos. Los lugares donde se ocultan pueden alojar también a criaturas peligrosas, como escorpiones y arañas o, en grietas de mayor tamaño, a serpientes.

¡ATENCIÓN!

No coja insectos que se alimentan de desperdicios, carroña o estiércol, pueden provocar infecciones.

RECUERDE: Los insectos de colores brillantes —incluyendo sus orugas— suelen ser venenosos. Sus brillantes colores son precisamente la señal de advertencia.

EVITE: Los gusanos que se encuentran debajo de las hojas, ya que suelen segregar fluidos venenosos. De olor desagradable y viscosos al tacto, pueden utilizarse como cebo para pescar.

CUIDADO: Los escarabajos de gran tamaño tienen a menudo poderosas mandíbulas, trátelos con respeto!

PREPARACIÓN

La mayoría de los insectos son comestibles crudos y, habitualmente, más nutritivos de ese modo, aunque resultan más sabrosos si se les cocina previamente. Hervirles es la forma más segura de comerlos, ya que se destruyen los parásitos y bacterias nocivos, pero es más fácil asarlos si no se dispone de un recipiente adecuado. Coloque su cena sobre piedras calientes o en las brasas del fuego.

Quite las patas y las alas de los insectos grandes, como langostas, saltamontes y grillos. Los pelos de las patas pueden irritar o incluso bloquear el tracto digestivo. Los pelos finos de algunas orugas pueden causar ronchas. Si quiere comer una oruga pilosa, apriétela para quitarle las entrañas y no coma la piel. Quite el duro caparazón de los escarabajos.

Los insectos más pequeños, como hormigas y termitas, pueden ser aplastados hasta formar una pasta y luego cocinada o bien secada en polvo. Use este polvo para espesar otros alimentos o bien guárdelo; se conservará durante algún tiempo. La gente que no puede soportar la idea de comer insectos, encontrará que este polvo les resulta menos traumático de comer, especialmente en sopas o mezclado con otros alimentos.

▼ TERMITAS

Se encuentran en las partes más calurosas del mundo, y son insectos nutritivos y sabrosos. La mayoría de ellos sólo se alimenta de vegetación, pero los ejemplares más grandes tienen afiladas mandíbulas y morderán cualquier cosa que se les ponga por delante. Usted puede aprovecharse de esta característica introduciendo un palillo en sus nidos para extraerlas aferradas a él. Las termitas morderán el palillo y no lo soltarán, aunque no podrá juntar muchas con este método.

Las termitas voladoras, y las hormigas voladoras, suelen volar cuando el tiempo es tormentoso. En esos momentos pueden cogerse grandes cantidades en las hojas y en las ramas donde se posan.

Quite las alas de las termitas antes de comerlas. Pueden ser hervidas, asadas o fritas, pero son más alimenticias si se las come crudas. Sus huevos también tienen un alto valor nutritivo.

Recolección: Las termitas construyen grandes montículos, a menudo de varios metros de altura, y llenos de pasadizos y cámaras. Aunque tienen la dureza de una roca, pueden romperse algunos trozos con ayuda de una piedra o un palo y luego introducirlos en agua para obligar a salir a las termitas.

Un trozo de nido de termitas colocado sobre las ascuas de un fuego producirá un aroma fragante que mantendrá alejados a los mosquitos e insectos similares. Arderá durante toda la noche y ayudará a mantener el fuego encendido.

Cuando esté pescando, suspenda un trozo de nido sobre una charca o estanque; las termitas que caigan de él constituirán un buen cebo para los peces.

▼ ABEJAS Y AVISPAS

Todas son comestibles —crisálidas, larvas y adultos— pero la abeja también suministra miel. La miel es el alimento más fino que puede encontrarse en la naturaleza, fácilmente digestible y con un alto valor nutritivo. Pero NO resulta fácil recolectarla porque las abejas protegen celosamente sus panales.

Durante el día, las abejas obreras se alejan a gran distancia del panal, pero todas vuelven a reunirse por la noche. Ese es el momento para dar el golpe. Haga una antorcha con un trozo de grasa y sosténgala muy cerca de la entrada para que el panal se llene de humo. Luego selle el orificio de entrada. Eso matará a las abejas, proveyendo una comida inmediata y haciendo que la miel sea fácilmente accesible. Quite las patas, las alas y el AGUIJÓN de las abejas antes de proceder a comerlas. Hervirlas o asarlas aumenta su sabor.

La miel puede ser filtrada desde las celdillas en el interior del panal. Aunque se endurezca, puede conservarse durante años. La miel proporciona una energía instantánea. Como el cuerpo la asimila tan rápidamente, es un excelente reconstituyente en caso de agotamiento. El propio panal también puede comerse, pero su cera también es útil para impermeabilizar la ropa, ablandar el pellejo y fabricar velas.

En algunas partes del mundo existe un ligero riesgo de que la miel pueda contener concentraciones de veneno vegetal. Esto es probable sólo en áreas donde las abejas dependen de una sola planta para libar, como sucede con los densos grupos de rododendros en el Himalaya. El olor será una guía pero, en caso de duda, emplee los métodos de comestibilidad usados para las plantas.

Las avispas son mucho más peligrosas que las abejas melíferas, pero ellas y otras clases de abejas sociales, que no producen miel, pueden ser recolectadas y comidas del mismo modo, junto con sus larvas. Existen también muchas abejas y avispas solitarias que no fabrican panales comunitarios.

Localización: Los panales de avispas se encuentran habitualmente suspendidos de las ramas de los árboles. Suelen tener la forma y el tamaño de un balón de fútbol o de una pera. La entrada se halla en la base. Los panales de abejas se encuentran generalmente en un árbol hueco o en una cueva o en una roca voladiza.

▼ AVISPONES

Se trata, en realidad, de una variedad de avispa social. Si puede encontrar el panal sin que los ejemplares adultos le encuentren a usted, entonces tiene un alimento a punto para ser comido: tanto las larvas como las crisálidas son muy alimenticias. A menos que usted esté desesperado —y los avispones habitan en zonas donde la comida es escasa— busque un alimento más seguro.

▼ HORMIGAS

Las hormigas se congregan rápidamente alrededor de cualquier resto de comida, donde pueden ser recogidas, o bien puede irrumpir en el hormiguero. **Tenga cuidado.** La mayoría de las hormigas tienen una mordedura punzante y algunas grandes hormigas de la selva pueden infligir una mordedura que puede incapacitar a su víctima durante 24 horas. Busque las más pequeñas.

Algunas hormigas, como la especie *Melanophus,* tienen un abdomen distendido y lleno de néctar. Conocidas como hormigas azucareras o mieleras, son un plato exquisito.

¡ATENCIÓN!

Algunas hormigas tienen una mordedura que parece el pinchazo de una planta de hortiga. Algunas inoculan ácido fórmico. Por tanto, las hormigas DEBEN ser cocinadas durante **al menos seis minutos** para destruir el veneno. Entonces se las puede comer sin problemas.

▼ *LANGOSTAS, GRILLOS* ▼ *SALTAMONTES*

Todos ellos tienen cuerpos rechonchos y patas musculosas. Algunos alcanzan los 15 cm de largo. Son muy abundantes en algunas zonas.

Aplástelos con una rama frondosa o con un trozo de tela. Quíteles las alas, las antenas y los espolones de las patas, luego cómalos crudos o asados. Al asarlos no sólo mata todos los parásitos que puedan tener, sino que les da un gusto delicioso.

▼ *INSECTOS ACUÁTICOS*

Colecte adultos y larvas de ditiscos, moscas de mayo, moscas de pie, fríganos, libélulas y el resto de la amplia variedad de insectos acuáticos, solamente de agua dulce. Aunque son pequeños, se les encuentra en gran número. Coloque una pantalla de material fino —una camisa u otra prenda— en el agua para que actúe como una «red». Asegúrelo con palos si fuese necesario. Camine hacia la red, corriente abajo si se trata de agua manante, agitando el fondo mientras lo hace. La corriente arrastrará a los insectos hacia la red. Si no quiere meterse en el agua, agitar la superficie le producirá una abundante cosecha.

Lo mejor es hervir completamente todos los insectos cazados en el agua, por si el agua se encuentra contaminada.

CARACOLES / GUSANOS

Caracoles, babosas, gusanos y criaturas similares no deben ser ignorados. Muchas cocinas califican a los caracoles como una exquisitez y la mayoría de la gente come moluscos de agua, como mejillones y ostras, sin remordimientos de conciencia. En cuanto a los gusanos, ¡piense en lo que hacen por los pájaros! Tanto los caracoles de agua como de tierra y otros alimentos con concha, deben ser frescos. **Hay algunos que pueden ser peligrosos como alimento.** Otros, que no son nocivos en sí mismos, pueden ser peligrosos por alguna cosa que puedan haber comido y requieren preparación previa.

▼ *CARACOLES*

Se les encuentra en agua dulce, agua salada y desde el desierto hasta las praderas alpinas. En África existe un caracol gigante que puede alcanzar los 20 cm. Son ricos en proteínas y minerales. Cuando junte caracoles de tierra, evite aquellos que tengan el caparazón de colores brillantes, ya que pueden ser VENENOSOS. Los caracoles de mar, especialmente en aguas tropicales, son engañosos y no se les debe molestar a menos que se les haya identificado positivamente. Los de caparazón ahusado, como el *Toxoglossa,* por ejemplo, de las costas del Pacífico y del Caribe, tienen un aguijón venenoso que es como una aguja hipodérmica. **Algunas especies pueden resultar mortales.**

No alimente a los caracoles o hágalo sólo con hierbas y hojas inocuas durante varios días para que puedan segregar cualquier veneno que alberguen sus cuerpos, y luego colóquelos en una solución salina para limpiarles las entrañas antes de cocinarlos. Hiérvalos durante 10 minutos añadiendo hierbas para darles sabor.

Los caracoles que hibernan pueden ser comidos siempre que el opérculo (la obturación a la entrada del caparazón) no se haya recedido.

PELIGROS

▼ *BABOSAS*

Las babosas son simplemente caracoles sin caparazón. Prepárelas y cocínelas exactamente del mismo modo que los caracoles.

▼ *GUSANOS*

Contienen la clase más elevada de proteína con una gran proporción de aminoácidos esenciales y se les puede coger con facilidad. No los alimente durante un día antes de comerlos o aprételos entre los dedos para limpiarlos bien. Los gusanos pueden ser secados al sol —un método muy sencillo es dejarlos sobre una piedra caliente— y luego aplastarlos hasta formar un polvo, que luego puede añadirse a otros alimentos. Esto les volverá más «aceptables» para comer y, secos, se conservarán durante algún tiempo.

ENFRENTAMIENTOS PELIGROSOS

Es muy raro sufrir el ataque de un animal, pero los especímenes de gran tamaño pueden ser peligrosos. Manténgase alejado de ellos. Si se encuentra frente a uno de ellos, se sorprenderán tanto como usted. Necesitará una gran dosis de autocontrol para no provocar el ataque del animal.

- **Si se encuentra cara a cara con un animal de gran tamaño, PERMANEZCA INMOVIL. Retroceda lentamente y hable con calma. Evite los movimientos súbitos y recuerde que los animales pueden oler el miedo. Muchos cazadores se han mojado los pantalones en estas circunstancias. Trate por todos los medios de conservar la calma.**
- **Si un animal carga contra usted, probablemente esté bloqueando su vía de escape. Apártese de su camino.**
- **Si un animal parece decidido a darle caza (o usted no ha tenido la suficiente presencia de ánimo para permanecer inmóvil o para apartarse de su camino), corra en zigzag; los rinocerontes, por ejemplo, cargan en línea recta y tienen muy mala vista.**
- **Un depredador nocturno experto, como el leopardo o el tigre, tiene una vista excelente si usted está en movimiento, aunque su visión en color es pobre y no pueden ver con la misma precisión los objetos detenidos. Permanezca inmóvil si el animal aún no le ha descubierto.**
- **Los gritos y los movimientos bruscos *pueden* ahuyentar a un animal peligroso.**
- **Trepar a un árbol es la última alternativa, pero puede permanecer bastante tiempo arriba del árbol si el animal es persistente. Si puede hacerlo, evite los árboles con espinas. Presa del pánico, puede sufrir heridas de consideración y quedar atrapado en una situación muy dolorosa.**

PLANTAS COMESTIBLES

En primavera y verano, los brotes jóvenes son tiernos y fáciles de cortar. Algunos pueden comerse crudos, pero muchos son más sabrosos ligeramente cocidos, especialmente el sello de Salomón, cemenerio, espadaña y helecho. Lávelos en agua limpia, quíteles las vellosidades y hiérvalos en poca agua para que se cocinen básicamente al vapor.

Las hojas son muy ricas en vitaminas y minerales. Junto con los brotes jóvenes, constituyen la fuente de alimentos más accesible para el superviviente. La mayoría de ellas sabrán mejor una vez cocinadas, pero no las cocine en exceso, destruirá las vitaminas que contienen: C, E, K, B y grandes cantidades de vitamina A.

1 • Mostaza blanca (*Synapsis alba*), alcanza los 60 cm, con un tallo piloso, hojas onduladas y profundamente lobuladas y flores de color amarillo pálido; crece en lugares desiertos y cubiertos de hierba de Eurasia. Las hojas y flores, jóvenes y picantes, son comestibles crudas; toda la planta resulta muy sabrosa cuando se la cocina. Escoja ejemplares jóvenes.

2 • Bolsa de pastor (*Capsella bursa-pastoris*), puede alcanzar los 60 cm, con una roseta de hojas lobuladas en forma de lanza y una escarpia de pequeñas flores blancas; es muy común en lugares desiertos. Hierva las hojas, que saben a col, y mézclela con otras plantas.

3 • Prímulas (*Primula*) se encuentran en lugares cubiertos de hierba y umbríos. Se las identifica por sus rosetas de hojas arrugadas y ahusadas y sus flores de cinco pétalos y largos tallos, cuyos colores van desde el amarillo pálido al brillante y, en algunas variedades, al rosa. Todas sus partes son comestibles, pero las hojas jóvenes son la mejor parte para comer. Las prímulas incluyen la vellorita (3a) y la hierba de San Pablo. (3b).

4 • Amargones (*Taraxacum*), se presentan en varias formas prácticamente en cualquier parte. Fíjese en el gran capullo de color amarillo o naranja o la roseta de hojas profundamente lobuladas. Coma crudas las hojas jóvenes; hierva las hojas más viejas, cambiando el agua para quitarles el sabor amargo. Hierva las raíces o áselas para el café. El amargón es rico en vitaminas y minerales.

5 • Achicoria (*Cichorium intybus*), es común en lugares desiertos y cubiertos de hierba. Crece hasta alcanzar 1-3 metros, con hojas gruesas, pilosas y tallos frondosos de flores de color azul claro parecidas al amargón. Prepárelas para comer como si se tratara de amargones.

6 • Acedera silvestre (*Rumex acetosa*), es común en los lugares desolados y cubiertos de hierba, alcanzando 1 metro de altura, con hojas largas y alanceadas y escarpias de pequeñas flores rojizas y verdes. Sus hojas, ricas en minerales, son comestibles crudas, pero cocínelas para quitarles su sabor picante.

7 • Trigo sarraceno (*Fagopyrum esculentum*), crece en lugares abiertos y cubiertos de hierba, en zonas templadas. Sus tallos de 60 cm de altura son habitualmente rojos, con hojas alanceadas y ramilletes de pequeñas flores de color rosa o blanco. Sus semillas son comestibles.

8 • Romaza rizada (*Rumex crispus*), crece hasta superar el metro de altura, con hojas grandes, estrechas y de bordes ondulados y grupos de pequeñas flores verdosas; se encuentra en lugares cubiertos de hierba y en parajes desolados. Hierva las hojas más tiernas de las plantas jóvenes, cambiando el agua para eliminar el amargor. *Si frota las hojas les quitará las espinas.* Hay muchas otras clases de acedera, templadas y tropicales; prepárelas como se indica aquí, pero no las coma con frecuencia.

Algunas plantas tienen tallos comestibles, aunque muchos son demasiado leñosos para comerlos. Si son blandos, quíteles la corteza exterior, córtelos en trozos y hiérvalos. La médula interna de algunos tallos es alimenticia y dulce, por ejemplo, la médula de saúco. En este caso, el tallo debe abrirse por la mitad para extraerle la pulpa.

Los tallos producen para el superviviente menos elementos nutritivos que las raíces, los brotes y las hojas, de modo que apúntelos en último término en la alternativa alimenticia y explote sus otros usos. Los tallos fibrosos, como los de las ortigas, son muy útiles para fabricar cordel.

PLANTAS COMESTIBLES

1 • Pie de ganso (*Chenopodium bonus-henricus*), es espigada, de 60 cm de altura, con hojas triangulares de color verde pálido, en ocasiones rojizas, y escarpias de diminutas flores verdosas; muy común en zonas desiertas. Las hojas y los brotes jóvenes son comestibles crudos o hervidos como si fuese espinaca; pele los brotes para eliminar las partes fibrosas.

2 • Fat Hen o Lamb's Quaters (*Chenopodium album*), también es espigada, de 1 metro de altura, con tallos a menudo rojizos, hojas ovaladas o alanceadas, farináceas, de color verde pálido y escarpias de diminutas flores verdosas; abunda en las zonas desiertas. Cocine las sabrosas hojas como si fuese espinaca.

3 • Álsine (*Stellaria media*), es una planta dispersa, de 30 cm de altura, con una franja pilosa en el tallo principal, hojas ovaladas y puntiagudas y diminutas flores de cinco pétalos; común en las zonas desiertas. Hierva las deliciosas y tiernas hojas.

4 • Berro (*Roripa nasturtium aquaticum*), se la encuentra abundantemente junto a los corrientes de agua dulce. Es una planta trepadora, semiacuática, con hojas lustrosas en pares opuestos y pequeñas flores blancas de cuatro pétalos. **NO la confunda con la cicuta.** Las flores y los tallos son comestibles crudos, pero hiérvalos si cree que el agua está contaminada.

5 • Laurel de San Antonio (*Epilobium angustifolium*), se la encuentra en bosques abiertos, lugares desiertos y rocosos. Es alta, más de 1,5 metros, con hojas alanceadas en pares opuestos y una escarpia de brillantes flores de color rosa. Las hojas, flores y tallos jóvenes son comestibles crudos pero es mejor hervirlos. Los tallos maduros tienen una pulpa interna de sabor dulce.

6 • Perifollo oloroso (*Myrrhis odorata*), de aroma dulce, crece hasta alcanzar 1,5 metros, con tallos ligeramente pilosos y de color púrpura, hojas plumosas, parecidas al helecho, salpicadas de blanco y con diminutas flores del mismo color; en bosques abiertos, lugares desiertos y rocosos de Europa. NO la confunda con la cicuta. Raíces, tallos y hojas saben a anís y pueden ser hervidos.

7 • Ortigas muertas (*Lamium*), son más pequeñas que las ortigas, con hojas en forma de corazón y carecen de púas urticantes; tienen flores blancas (7) o rosa-púrpuras (7a). Prepárelas como a la álsine.

8 • Ortigas (*Urtica*), son abundantes durante la mayor parte del año. Busque las hojas ovaladas, estrechas y dentadas cubiertas de vellos urticantes y las escarpias de flores verdes. Escoja las plantas o los brotes jóvenes de 15-20 cm de altura. **HIÉRVALAS durante un mínimo de seis minutos para destruir el ácido fórmico de los vellos.** Las hojas pueden secarse y guardarse; los tallos aplastados suministran fibras para fabricar cuerdas.

9 • Llanténes (*Plantago*), son comunes en casi todas partes. El Llantén menor (*Plantago lanceolata*) tiene hojas alanceadas y escarpias de flores mucho más cortas que el Llantén mayor; le gusta el terreno seco. Prepare sus hojas como las del Llantén mayor.

10 • Cuerno de Macho Cabrío (*Plantago coronopus*), es pequeña y en forma de estrella, con hojas estrechas y dentadas y cortas escarpias de flores; crece en lugares rocosos y arenosos, a menudo cerca del mar. Prepárelo como el Llantén mayor.

11 • Llantén mayor (*P. major*), tiene hojas grandes y ovaladas, y características escarpias verticales de flores diminutas de color amarillo verdoso y marrón; crecen en lugares desiertos y cubiertos de hierva. Prepare sus hojas, bastante amargas, como si fuesen espinacas; *use su jugo exprimido para las heridas, o una cocción de toda la planta para los dolores de pecho.*

Flores

Las flores de algunas plantas son comestibles. Entre ellas se incluyen limeros o tilos, rosas, lúpulo, saúco, prímula y camomila. Pero sólo son estacionales y contienen escasos elementos nutritivos, comparados con otras partes de la planta. Es mejor usarlas para preparar infusiones medicinales y tés.

1 • Juncia, (*Cyperus*), alcanza 1,5 metros de altura, con tres tallos angulados, largas hojas en forma de cinta y un capítulo apiñado y bífido de color marrón oliva que se vuelve amarillo con los frutos; en y junto al agua casi en todas partes. Pele y hierva sus tubérculos con sabor a nuez, o séquelos y muélalos para fabricar harina o un sucedáneo del café.

2 • Espadaña (*Typha*), crece hasta los 2-5 metros de altura, con hojas largas, estrechas, de color gris y un capítulo llamativo, de color marrón y en forma de salchicha; en y junto al agua dulce. El rizoma y los tallos son comestibles crudos o hervidos; cocine las hojas como si fuesen espinacas y los brotes jóvenes como si fuesen espárragos. El polen puede mezclarse con agua para formar una pasta que luego puede comerse asada en una plancha o en el extremo de un palo.

3 • Cañas (*Phragmites*), alcanzan los 4 metros de altura, con hojas gris verdoso y capítulos diseminados, de color marrón púrpura sobre altas cañas; en y junto al agua dulce, casi en todas partes. Cocine la raíz comestible; las cañas exudan una goma comestible de sabor azucarado.

4 • Junco florido (*Butomus umbellatus*), crece hasta alcanzar 1,5 metros con hojas muy largas, trianguladas en forma de tiras que nacen desde las raíces, y flores de color rosa y con tres pétalos; en y junto al agua dulce en Eurasia. Pele y hierva el rizoma comestible.

5 • Helecho (*Pteridium aquilinum*), es común prácticamente en todas partes, a menudo en grandes grupos. **Las hojas viejas son nocivas; coma SOLO los brotes jóvenes de sabor fuerte,** o «Arcos de violín», quitándoles las partes leñosas e hirviéndolos durante media hora. Cómalos esporádicamente. Las raíces son comestibles hervidas o asadas.

Muchas hierbas familiares utilizadas para cocinar crecen en forma silvestre. Su aroma ayuda a identificarlas. Pueden ser secadas y se conservarán bien, pero no las seque bajo los rayos del sol porque perderán sus aceites esenciales.

6 • Tanaceto (*Tanacetum vulgare*), crece hasta los 90 cm, con hojuelas dentadas, de color verde oscuro y correosas y un ramillete de flores amarillo brillante en forma de botones; crece en lugares desiertos y cubiertos de hierba. De intenso aroma, con un sabor caliente y amargo. Úsela en pequeñas cantidades como hierba de condimento; **en grandes cantidades es VENENOSA; con las hojas y las flores puede preparar un té contra los parásitos.** Su olor mantiene alejadas a las moscas.

7 • Orégano (*Origanum vulgare*), es ligeramente pubescente y alcanza los 60 cm de altura, con hojas pequeñas, ovaladas y grupos de pequeñas flores de color rosa-púrpura; crece en los lugares cálidos, secos y cubiertos de hierba de Eurasia, introducida en todas partes. Es una hierba de sabor dulce especial para guisr; *úsela como infusión para catarros y problemas digestivos; sus hojas, masticadas, alivian el dolor de dientes.*

8 • Ajo de oso (*Allium ursinum*), es uno de los muchos ajos silvestres. Tiene hojas grandes, de color verde pálido, como el Lirio del valle y un ramillete de flores blancas en forma de estrella en la punta del tallo; se la encuentra en las zonas boscosas de Eurasia, detectadas por su intenso olor a ajo. Use cualquiera de sus partes como hierba para condimentar.

9 • Borraja (*Borago officinalis*), de tallos redondos, piloso, de 30-60 cm de altura, con hojas ovaladas y puntiagudas, flores azules en forma de estrella y olor a pepino; se la encuentra en lugares cubiertos de hierba y desiertos de Eurasia. Todas sus partes son comestibles, crudas o cocidas; *úsela en infusión para combatir la fiebre. Los tallos producen sal cuando se los cocina.*

10 • Ácoro (*Acorus calamus*), alcanza 1,3 metros de altura, con tallos triangulados, hojas con bordes ondulados, alanceadas y en forma de cintas, y una escarpia de flores en forma de dedo que nace desde el tallo; en y junto al agua dulce. Corte en tajadas el aromático rizoma y hiérvalo hasta conseguir un almíbar.

11 • Angélicas silvestres (*Angelica*), crece hasta 1,5 metros de altura, con tallos huecos, a veces con grandes hojas dentadas de color púrpura en pares opuestos y cabezas de diminutas flores de color verdoso, blanco o rosa.

RAÍCES Y TUBÉRCULOS

Las raíces y los tubérculos constituyen un valioso alimento para la supervivencia. Están llenos de elementos nutritivos, especialmente fibra. Todas las raíces deben ser cocidas minuciosamente si existe alguna duda sobre su identificación.

1 • Bistorta o Centinodias (*Polygonum*), una altura media de 30-60 cm, con hojas estrechas y triangulares y una delgada escarpia con flores blancas o rosadas; crece en lugares cubiertos de hierba en el extremo norte. Moje bien las raíces para quitarles el sabor amargo y luego áselas.

2 • Claytonias (*Montia*), alcanza una altura media de 15-30 cm, con un par de hojas ovaladas, de tallos largos situados a mitad del tallo principal y pequeñas flores de color blanco o rosado; en lugares desordenados, especialmente arenosos. Extraiga los tubérculos con un palo afilado, pélelos y hiérvalos. Las hojas jóvenes son comestibles y suministran vitaminas A y C.

3 • Argentina (*Potentilla anserina*), es pequeña, trepadora, con bordes inferiores blanco platino en sus hojas segmentadas y flores solitarias de color amarillo y cinco pétalos; se la encuentra en lugares cenagosos. Sus raíces leñosas son comestibles crudas pero es mejor cocinarlas. *Use externamente una infusión preparada con sus hojas para tratar las hemorroides, e internamente para trastornos digestivos.*

4 • Vicia dulce o Palo dulce (*Astragalus glycophyllos*), es desordenada, de 30-60 cm de altura, con pequeñas hojas ovaladas en pares opuestos, y flores color verde cremoso; se la encuentra en lugares arenosos, cubiertos de hierba y cubiertos de maleza. La raíz es comestible cruda, y sabe a zanahoria cuando se la cocina.

4 • Chirivía silvestre (*Pastinaca sativa*), es pilosa, espinosa, de 1 metro de altura, con hojuelas dentadas y densas cabezas de flores diminutas de color amarillo; crece en lugares desiertos y cubiertos de hierba. Sus raíces son comestibles, crudas o cocidas.

6 • Consuelda (*Symphytum officinale*), es gruesa, pilosa, alcanza 1 metro de altura, con hojas alanceadas, ahusándose hacia el tallo y grupos de flores de color malva o blancas en forma de campanilla; crece en lugares húmedos y en acequias. La raíz es comestible cruda o cocida. Otras de sus partes son medicinales (ver *Medicina natural* en *Salud*). **NO confundirla con la Dedalera.**

7 • Salsifí o Mertensia marítima (*Tragopogon porrifolius*), altura media de 60-90 cm, con hojas largas parecidas a hierbas que recorren el tallo en sentido descendente y grandes flores solitarias, de color púrpura, parecidas al amargón; crecen en lugares secos y desiertos; la raíz, bulbosa, y las hojas jóvenes son comestibles si se las cocina.

8 • Gallarito lanudo (*Pedicularis lanata*), es pilosa, de expansión baja, con flores rosa-púrpura y una raíz amarilla comestible, cruda o cocida; se encuentra muy extendida en la tundra de Norteamérica. **CUIDADO: algunos otros gallaritos son venenosos.**

Las raíces contienen su cantidad máxima de almidón entre el otoño y la primavera. En primavera, parte del almidón se convierte en azúcar para sustentar el nuevo crecimiento. Algunas raíces comestibles pueden tener varios centímetros de grosor y su longitud puede alcanzar un metro o más. Los tubérculos son raíces hinchadas, parecidas a bulbos; uno de gran tamaño puede mantener a un superviviente durante largo tiempo. No olvide los bulbos comestibles, como la cebolla, pero tenga cuidado, porque algunos bulbos, incluyendo la cebolla silvestre, son venenosas.

Muchas raíces son particularmente sabrosas cuando se las asa. Caliéntelas bien hasta que se ablanden, y luego áselas sobre piedras calientes en las brasas del fuego. Algunas, incluyendo la juncia y el amargón (ver ilustraciones anteriores), son finos sucedáneos del café cuando se las aplasta hasta convertirlas en polvo. Otras, como la cala silvestre, pueden ser convertidas en polvo para usarlas como harina.

La raíz de consuelda es particularmente valiosa. Es tan rica en almidón que, después de hervirla, queda tan dura como el yeso y es un agente para entablillar miembros rotos.

1 • Leche de gallina o matacandiles (*Ornitholgallum umbellatum*), alcanza una altura media de 10-30 cm, con hojas parecidas a hierbas, con una nervadura central blanca que emerge de las raíces y flores blancas de seis pétalos, cada uno de ellos veteado de verde; crece en las zonas cubiertas de hierba. **La raíz es nociva si se la come cruda y DEBE cocinarse. Evite otras partes.**

2 • Cebollas silvestres (*Allium*), crecen en casi todas partes y son fácilmente detectables por su olor. Las hojas, largas y parecidas a hierbas, crecen desde la base; un grupo de flores de seis pétalos, púrpura, rosa o blanco, coronan el tallo. El bulbo comestible puede encontrarse hasta 25 cm bajo tierra.

3 • Aro europeo (*Arum maculatum*), crece hasta los 15-40 cm, con hojas verde oscuro, en forma de flecha, en ocasiones moteadas de negro, y un órgano floral color púrpura, similar a un dedo, encerrado en un penacho parecido a una hoja del que surgen las bayas rojas; crece en Eurasia en lugares umbríos y boscosos. **La raíz es nociva si se la come cruda y DEBE cocinarse. NO coma ninguna otra parte de la planta.**

4 • Cotufa (*Amphicarpa bracteata*), crece en muchas zonas de América del Norte: trepadora, parecida a una enredadera, de tallo fino, con hojas ovaladas de color verde pálido y flores que varían del lila al blanco. Extraiga cada semilla de su vaina marrón (subterránea) y hiérvalas.

5 • Chufa (*Apios americana*), es pequeña, parecida a una enredadera, con hojuelas puntiagudas, ovaladas, de color verde claro, y flores marrones; se la encuentra en zonas húmedas, generalmente boscosas, en América del Norte. Pele los pequeños tubérculos y luego áselos o hiérvalos.

6 • Topinambur (*Helianthus tuberosus*), se parece al girasol, es muy alta, pilosa, con hojas grandes, ovaladas y ásperas, y flores grandes y amarillas en forma de disco; crece en forma silvestre en zonas desiertas de América del Norte, y ha sido ampliamente introducida en otras partes. Los tubérculos cocidos son deliciosos. NO los pele para que no pierdan su valor alimenticio.

Raíces acuáticas y de las orillas

7 • Cala silvestre o Cala de los pantanos (*Calla palustris*), es pequeña, con hojas de largos tallos en forma de corazón y un órgano floral verdoso similar a un dedo, encerrado en un penacho parecido a una hoja, pálido en su interior, del que nacen las bayas rojas; crece siempre junto al agua. **Las raíces son nocivas si se las come crudas y DEBEN ser cocinadas. EVITE OTRAS PARTES.**

8 • Saetas de agua (*Saggitaria*), son acuáticas, alcanzan los 60-90 cm, con grandes hojas que varían desde la forma de flecha hasta la forma alanceada y, en ocasiones, en forma de cinta debajo del agua, y flores con tres pétalos redondos; se la encuentra siempre junto al agua dulce. Los tubérculos son comestibles crudos, pero es mucho mejor cocinarlos.

9 • Castaño acuático (*Trapa natans*), es acuática, con hojas flotantes en forma de diamante y otras sumergidas, divididas y plumosas, y pequeñas flores blancas; muy extendidas en corrientes de agua dulce en Eurasia. Las semillas, duras, grises, de 2,5 cm, son comestibles crudas o asadas.

Es mejor cocinar todas las raíces antes de comerlas, ya que algunas son nocivas si se las come crudas, no sólo las conocidas, como las tropicales mandioca y taro, sino también muchas especies de zonas templadas. La mayoría de las raíces deberán ser cocidas para ablandarlas. Frótelas con agua limpia y hiérvalas hasta que se ablanden. Algunas raíces parecidas a las patatas tienen sus vitaminas y minerales cerca de la superficie de la piel y, por tanto, NO debe pelarlas. Las raíces se cocinarán más rápidamente si primero las trocea. Use un palo afilado para probarlas. Si penetra fácilmente en la pulpa, ya pueden comerse.

FRUTOS

1

2

3

4

5

A partir del verano, los frutos y las nueces representan uno de los alimentos más importantes para el superviviente. Muchos le resultarán familiares en sus formas cultivadas o cogidos naturalmente de los setos. Algunos son abundantes, incluso en la tundra del extremo norte.

1 • Bérbero o Agracejo (*Berberis vulgaris*), se la encuentra en páramos secos y con malezas, crece hasta los 3 metros, con hojas ovaladas, flores amarillas y duras espinas en grupos de tres en sus tallos. Sus frutos, de color rojo brillante y sabor ácido, son muy ricos en vitamina C.

2 • Escaramujo oloroso (*Rosa*), se encuentra en la mayoría de las zonas templadas. Se parece a las rosas de jardín poco llamativas y desordenadas, con tallos espinosos y flores simples de color blanco o rosa. Sus escaramujos (pericarpios) contienen más vitamina C que cualquier otra fruta. Mastíquela para extraer los jugos y obtener el máximo contenido vitamínico, o aplástela y hiérvala en agua hasta que sólo quede una especie de almíbar.

3 • Zarzas Moras y frambuesas silvestres (*Rubus*), crecen en matorrales, bosques y terreno abierto; hojas dentadas y flores blancas y, en ocasiones, rosadas en las moras. Busque los arbustos enmarañados con tallos espinosos y arqueados y bayas segmentadas y jugosas, que maduran desde el verde hasta el rojo y el púrpura en sus frutos, que aparecen a finales del verano. Las frambuesas, menos enmarañadas y espinosas, maduran hasta alcanzar un color rojo brillante a comienzos del verano. Todas son comestibles crudas. Las cañas de las zarzas pueden usarse para obligar a salir a los conejos de sus madrigueras.

4 • Zarzamoras (*Rubus*), son como las zarzas, pero sus frutos son más pequeños y con menos segmentos que las moras.

5 • Fresas silvestres (*Fragaria*), son plantas pequeñas y amontonadas que crecen en los lugares secos cubiertos de hierba y en los bosques y cuyos frutos parecen pequeñas fresas cultivadas. Es probable que deba mirar debajo de las hojas para encontrar el fruto dulce y delicioso. Algunas crecen en lo alto de las montañas. Los frutos son ricos en vitamina C y es mejor comerlos frescos.

6 • Espinos (*Crataegus*), son arbustos espinosos o pequeños árboles que crecen en lugares desiertos o cubiertos de maleza, con hojas profundamente lobuladas, grupos de flores blancas o rosadas y, en otoño, frutos rojizos. Los brotes nuevos de la primavera también son comestibles.

7 • Manzanos silvestres (*Malus*), son árboles cortos, bastante espinosos, que crecen en los bosques y matorrales, con hojas ovaladas, dentadas y a menudo pubescentes, pequeñas ramas rojizas y flores de color blanco, rosa o rojo. Sus frutos, muy amargos, se parecen a las manzanas cultivadas. Pueden cortarse y secarse para almacenarlas. **Si come demasiadas de estas manzanas amarillo verdosas (a veces rojas) ricas en pectina, le producirán diarrea y es mejor cocinarlas junto con otras frutas.**

8 • Cerezas silvestres (*Prunus*), crecen en los bosques, alcanzan los 2,4 metros con pequeñas hojas de color verde pálido o rojizo, habitualmente una corteza de color marrón rojizo brillante y flores blancas o rosadas. Sus frutos son rojos o negros, dependiendo de la clase; algunos son muy amargos.

9 • Endrino o ciruelo silvestre (*Prunus espinosa*), es un arbusto grande, que alcanza los 4 metros, con ramas de color marrón oscuro, largas espinas, hojas ovaladas y flores blancas; crece en zonas boscosas y matorrales en Eurasia. Los pequeños frutos negro azulado son muy ácidos y es mejor cocinarlos hasta hacer una jalea.

Las frutas suministran elementos nutritivos esenciales, especialmente vitaminas A, B2 y C. Representan la dieta principal de muchos animales y aves, de modo que, donde encuentre frutas, también encontrará animales.

6

7

8

9

1

2

3

4

1 y 2 • Arándanos, Ráspanos, Arándanos rojos y Gaylussacias (*Vaccinium* y *Gaylussacia*), son abundantes en terrenos yermos, pantanos, tundra y, en ocasiones, en los bosques. Variables en tamaño, pero todos son leñosos y arbustivos con pequeñas hojas ovaladas y pequeñas flores en forma de globo y cuyos colores varían desde el blanco al rosa o verdoso. El Ráspano prefiere el terreno fangoso, y su variedad afín, **el Arándano rojo (o Ráspano de la montaña, 2)** crece en las marismas. Las bayas redondas pueden ser negras **(Arándano 1),** azul oscuro (Gaylussacia), rojo moteado (Ráspano) o rojo (Arándano rojo). Son comestibles frescos, cocidos o secos para almacenarlos como pasas. Los tallos leñosos son muy útiles como combustible.

3 • Guillomo (*Amelanchier ovalis*), son arbustos de América del Norte que alcanzan los 2,4 metros de altura, pero habitualmente son más pequeños, con hojas alanceadas, finamente dentadas, y flores de cinco pétalos de color rosa o blanco; se encuentran en zonas húmedas o secas, o en terreno pantanoso. Sus frutos son redondos, de color rojo, púrpura o negro, que crecen en grupos, son excelentes, tanto crudos como secos o en jalea. **No los confunda con el Cambrón venenoso (Rhamnus).**

4 • Saúco europeo (*Sambucus nigra*), crece en bosques y matorrales, alcanzando los 7 metros de altura, con hojas alanceadas y dentadas y grupos de diminutas flores blanquecinas. Los puñados de pequeños frutos color púrpura negro son más sabrosos si se los cocina hasta hacer un almíbar. **En otras zonas hay saúcos comestibles similares, pero evite los más pequeños, ya que sus frutos rojos podrían ser tóxicos.**

5 • Enebro (*Juniperus communis*), crece en áreas montañosas y septentrionales, en forma de arbusto leñoso de 5 metros de altura o como un pequeño arbusto achaparrado con hojas color gris verdoso parecidas a agujas. Evite los frutos jóvenes y verdes; los frutos maduros de color azul negro es mejor cocinarlos junto con otros alimentos.

6 • Serbal o Serbo (*Sorbus*), es común en lugares rocosos y boscosos, alcanzando hasta 1,5 metros de altura, con una corteza suave y gris, pequeñas hojuelas dentadas, flores blancas y grupos de pequeños frutos anaranjados. Estos frutos son comestibles, pero su sabor es picante si están crudos y pueden cocinarse hasta hacer una jalea.

7 • Moras silvestres (*Morus*), de 60 cm a 2 metros de altura media, con hojas ovaladas, a veces profundamente lobuladas, flores en candelillas, sus frutos rojos o negros parecen grandes zarzamoras de 5-7 cm de largo. Se las puede comer crudas. Se las encuentra en zonas boscosas en áreas templadas.

8 • Vides silvestres (*Vitis*), son desordenadas, trepadoras, con grandes hojas en forma de corazón y de gruesos dientes, flores verdosas y grupos de uvas cuyos colores varían desde el ámbar al púrpura. Muy extendidas en las zonas cálidas del mundo. Además de sus frutos, sus hojas son excelentes después de hervidas.

CONSERVACIÓN DE LOS FRUTOS

Los frutos frescos se echan a perder rápidamente, pero se pueden conservar si se los convierte en jaleas. La mayoría de las variedades contienen un ingrediente llamado pectina, que reacciona con el ácido de la fruta para ayudar a convertirla en jalea después de hervida.

Preparación de la jalea

Primero hierva los frutos y luego manténgalos a fuego lento hasta que formen una pasta blanda. Algunos frutos contienen menos pectina que otros. Esto puede compensarse añadiendo otra clase de fruta rica en dicha sustancia, como el Manzano silvestre. Al hervir el fruto destruimos las bacterias que pueda tener. Deje enfriar y conserve la jalea en un recipiente limpio y, si es posible, de cierre hermético.

Algunos frutos pueden ser secados para almacenarlos, aunque este proceso llevará de una semana a diez días. Extiéndalos sobre una tela, no bajo los rayos del sol, y protéjalos de la humedad, ya sea del rocío como de la lluvia.

5

6

7

8

NUECES (FRUTOS SECOS)

1

2

3

4

5

Los frutos secos proporcionan proteínas y grasa.

1 • Pinos (*Pinus*), son los conocidos árboles con piñas y ramilletes de finas agujas perennes; se les encuentra en la mayoría de las zonas templadas y septentrionales. Caliente las piñas maduras para que liberen las semillas. Crudas son sabrosas, pero cocidas son deliciosas. Los piñones asados pueden molerse hasta fabricar una harina que puede guardarse. Las piñas jóvenes pueden comerse después de hervirlas. Las agujas y la corteza también son comestibles.

2 • Nogal (*Juglans*), crece hasta los 30 metros con hojas compuestas de numerosas hojuelas estrechas y dentadas y una corteza arrugada. Las nueces, de color marrón oscuro, se encuentran originalmente encerradas dentro de una gruesa cáscara verde. Crece en la mayoría de las zonas templadas. Un sólo árbol puede producir hasta 58 kg de nueces. Las nueces de nogal contienen 18 % de proteína, 60 % de grasa y suministran 6600 calorías por kilogramo!

3 • Nuez de Cuba (*Juglans cinerea*), es otro pariente norteamericano, más pequeño, con más corteza grisácea y frutos oblongos y pegajosos.

4 • Pacana (*Carya illinoensis*), alcanza los 3,6 metros, con una corteza oscura y arrugada y gran cantidad de hojuelas pequeñas dispuestas en pares opuestos; crece en las zonas húmedas de América del Norte. Las nueces, ovaladas de fina cáscara, son más ricas en grasa que cualquier otro producto vegetal.

5 • Avellanas (*Corylus*), son altos arbustos que crecen en los lugares desiertos y en los matorrales, con hojas dentadas, ovaladas o en forma de corazón y candelillas marrón amarillento. Sus frutos, altamente nutritivos, vienen dentro de cáscaras ovoidales, frondosas, cerdosas o pilosas.

6 • Castañas dulces (*Castanea*), alcanzan desde los 5 hasta los 30 metros, extendidas, con grandes hojas dentadas sin vellos y que sostienen candelillas; crecen en las zonas boscosas. Los frutos, en algunas variedades 2-3 juntos, se desarrollan en cáscaras duras, verdes y en forma de globo. Golpee la cáscara para liberar los frutos, pélelos, hiérvalos y redúzcalos a una pasta. **No confunda estos frutos con la Castaña de Indias**, que tiene grandes hojas palmeadas, como los dedos de una mano, y **frutos venenosos.**

7 • Hayas (*Fagus*), son muy altas y extendidas, con una corteza suave y ligera y hojas ovaladas, con gruesas venas y bordes ondulados; crece en zonas boscosas. Los frutos son pequeños, triangulares, y aparecen 2-4 en cada cáscara pilosa según la especie. Ricos en proteínas; comestibles crudos, asados o machacados para extraerles el aceite.

8 • Robles (*Quercus*), crecen en gran variedad en las zonas boscosas. Muchos tienen hojas profundamente lobuladas, pero todos ellos presentan bellotas inconfundibles. Quíteles la cáscara y hiérvalas varias veces, cambiando el agua para aliviar su amargor, o remójelas en agua fría durante 3-4 días. Alternativamente, entiérrelas con ceniza y carbón, regándolas ocasionalmente. Luego áselas; las bellotas asadas son un buen sucedáneo del café o la harina.

9 • Pistacheros (*Pistacia*), crecen en forma silvestre en las zonas más cálidas que se extienden desde el Mediterráneo oriental hasta Afganistán; han sido introducidos en todas partes. Los árboles alcanzan los 10 metros de altura, con hojuelas pequeñas y ovaladas y grupos de fruto con semillas verdes y piel roja. Cómalos crudos o asados sobre las brasas.

10 • Almendros (*Prunus*), crecen en forma silvestre en zonas cálidas y áridas de Europa y Asia; ampliamente introducidos en otros lugares. Parecen grandes melocotoneros, con ramilletes de flores, pequeñas hojas alanceadas y grupos de nueces en cáscaras verdes y correosas. **Evite las amargas, que contienen ácido prúsico.**

Extraiga el aceite de los frutos secos de las hayas. Golpéelas para abrirlas, separe la pulpa de la cáscara. Hiérvalas lentamente en agua, extrayendo el aceite a medida que es segregado a la superficie o deje enfriar y sepárelo. Almacénelo en un lugar seco y fresco, preferiblemente un recipiente cerrado herméticamente. De 450 gramos de frutos secos del haya pueden extraerse 270 ml de rico aceite.

6

7

8

9

10

PLANTAS COMESTIBLES

Hay muchas plantas comestibles de zonas templadas además de las que hemos ilustrado en color, incluyendo las formas silvestres de plantas cultivadas, como grosellas y uvas espina. La que sigue no es más que otra selección de las plantas comestibles que pueden encontrarse.

Si usted es lo bastante desafortunado como para no encontrar ninguna de las plantas ilustradas o descritas en esta sección, recurra a las pruebas de comestibilidad y aplíquelas a las plantas disponibles.

RECUERDE que aunque una parte de la planta pueda comerse, otras pueden ser venenosas. Pruebe por separado hojas, tallos, raíces y frutos.

FRUTOS

Grosellas y Uvas espina *Ribes,* se encuentran en lugares boscosos, desiertos y cubiertos de maleza, son de tamaño mediano, habitualmente arbustos con hojas dentadas que se parecen a las del arce, flores pequeñas, verdoso-blancas a púrpura, con cinco pétalos y bayas rojas, púrpura oscuro o amarillas. Las grosellas crudas son comestibles; cocine las uvas espina.

Ciruelos Existen en muchas variedades en zonas boscosas y con maleza, en casi todas las zonas templadas. Pequeños arbustos o árboles, similares al cerezo silvestre, sus frutos son más grandes, vellosos, de color púrpura oscuro, rojo o amarillo; algunos son demasiado agrios para comerlos crudos.

RAÍCES, HOJAS Y TALLOS

Rábanos picantes *Armoracia* crece hasta los 50 cm en zonas desiertas y húmedas, con grandes hojas ovaladas, de largos tallos y bordes ondulados y grupos de diminutas flores blancas. Corte la raíz de sabor picante y añádala al guisado; las hojas jóvenes son comestibles crudas o hervidas.

Hierba de asno *Oenothera biennis,* es una planta alta de las zonas abiertas y secas, frondosa y pilosa, con hojas alanceadas, de bordes arrugados y, en ocasiones, pedúnculos rojizos de flores con grandes flores amarillas de cuatro pétalos. Las raíces son comestibles hervidas, cambiando el agua para aliviar su sabor picante. Pele las hojas jóvenes y trátelas del mismo modo. Las plantas sobreviven al invierno como rosetas.

Tilos *Tilia* son árboles altos, de hasta 26 metros, que crecen en bosques húmedos, con grandes hojas dentadas en forma de corazón y grupos de flores amarillas y fragantes. Las hojas jóvenes son comestibles crudas, al igual que los brotes de hoja sin abrir; las flores pueden ser usadas para preparar té.

Lúpulos *Humulus,* plantas trepadoras de zonas boscosas y cubiertas de matorrales, tienen tallos largos y torcidos, hojas dentadas, profundamente cortadas en tres lóbulos, y flores femeninas de color verde y en forma de cono. Pele, corte y hierva los brotes jóvenes, prepare tisanas con las flores.

Cardos *Cirsium* tienen tallos espinosos y a menudo arrugados, hojas alanceadas, espinosas, profundamente cortadas, y grandes cabezas de flores de color púrpura. Quite las espinas y hierva las hojas jóvenes. Pele los brotes tiernos y cómalos crudos o hervidos. Las raíces de las plantas más jóvenes y sin tallo pueden ser cocidas y la base de cada capítulo contiene una carne alimenticia parecida a la de la alcachofa que puede comerse cruda.

Saxífragas *Saxifraga,* crecen hasta los 90 cm, habitualmente mucho menos, a menudo les gustan las zonas abiertas y rocosas, y las montañas. La mayoría de ellas tienen hojas redondeadas, ahusadas o de largos tallos que surgen desde la base, a menudo tallos rojizos y grupos de flores de cinco pétalos; usualmente blancas. Las hojas pueden comerse crudas o cocidas.

Pimpinela mayor *Sanguisorba officinalis* alcanza los 60 m en zonas húmedas cubiertas de hierba, con hojuelas dentadas y alanceadas en pares opuestos y cabezas oblongas de diminutas flores de color rojo oscuro. Coma las sabrosas hojas jóvenes, crudas o hervidas. Beba una infusión de ellas para los dolores de estómago.

Persicaria o Pata roja *Polygonum persicaria,* alcanza los 60 cm. Con tallos maduros de color rojizo, estrechas hojas alanceadas, a menudo moteadas de negro, y escarpias de diminutas flores color rosa. A menudo comunes en zonas desiertas. Las hojas jóvenes son comestibles crudas o cocidas como espinaca.

Ruibarbo silvestre *Rheum palmatum,* se encuentra en lugares abiertos y cubiertos de hierba desde el sur de Europa oriental hasta China, se parece al ruibarbo cultivado, pero sus hojas son más dentadas y seccionadas. Los grandes tallos de las flores son comestibles hervidos; otras partes son nocivas.

Coma SÓLO los tallos.

Colleja de vesícula *Silene vulgaris,* crece hasta los 45 cm en lugares cubiertos de hierba, es de color gris verdoso, con hojas puntiagudas y ovaladas sin tallo, grupos de flores blancas con una base hinchada que parece un globo. Hierva las hojas jóvenes durante diez minutos.

Field Pennycress *Thlaspi arvense,* crece hasta los 45 cm en lugares abiertos cubiertos de hierba, tiene grandes hojas alanceadas y dentadas que abrazan el tallo, un pecíolo de diminutas flores blancas y características vainas de semillas en forma de moneda. Las hojas son comestibles crudas o hervidas.

Tréboles *Trifolium,* abundantes en zonas cubiertas de hierba, reconocibles por sus características hojuelas trifolias y sus densos capítulos redondeados de pequeñas flores, cuyos colores van desde el blanco hasta el verde cremoso y matices de rojo. Las hojas pueden comerse crudas, pero es mejor hervirlas.

Alfilerillo de pastor *Erodium cicutarium,* alcanza los 30 cm, en lugares abiertos y cubiertos de hierba, es pilosa, a menudo espinosa, con hojas parecidas al helecho, cortadas dos veces y capítulos de diminutas flores de cinco pétalos de color rosado y blanco, cuyos frutos forman un «pico» largo y torcido. Coma sus hojas crudas o hervidas.

Bardanas *Arctium,* de tamaño mediano a grande, son plantas arbustivas que crecen en lugares desiertos, tienen hojas flojas y ovaladas, a menudo tallos arqueados y muchos capítulos de flores de color púrpura parecidas a espinas. Coma las hojas y los tallos pelados crudos o hervidos. Hierva las raíces peladas. Cambie el agua para eliminar su sabor amargo.

Violetas *Viola* son pequeñas flores que se encuentran en muchas zonas, incluyendo las pantanosas y boscosas. Sus hojas, veteadas, arrugadas, a menudo en forma de corazón, aparecen en largos tallos con flores en matices de azul-violeta, amarillo o blanco, con cinco pétalos desiguales. Cocine las hojas jóvenes. Ricas en vitaminas A y C.

Hierba de los canónigos *Valerianella locusta,* crece hasta los 10-20 cm en lugares rocosos y cubiertos de hierba. Muy enramada, con hojas oblongas sin tallo y grupos de pequeñas flores de color azul-lila; sus hojas son comestibles crudas o cocidas como espinaca. Es una planta que se debe conocer, porque aparece desde el invierno en adelante.

Margaritas mayores *Leucanthemum,* comunes con frecuencia en áreas abiertas, de 90 cm de altura, con hojas estrechas, de color verde oscuro y lobuladas, siendo redondas las inferiores, y grandes flores parecidas a las margaritas de color blanco y amarillo. Sobreviven al invierno como una roseta. Coma las hojas jóvenes (verde claro) crudas.

Berro de prado *Cardamine pratensis,* crece en terreno húmedo hasta los 50 cm con muchas pequeñas hojuelas en pares opuestos, redondeadas en la parte basal que forman una roseta, y grupos de flores de cuatro pétalos, de color lila o blanco. Las hojas jóvenes son sabrosas si se las come crudas, las más maduras son bastante picantes.

Verónica *Veronica,* crece en aguas poco profundas y en pantanos. Sus tallos trepadores o verticales presentan pares de hojas gruesas, ovaladas y dentadas, y de su base nacen escarpias de 7-25 cm de flores azules de cuatro pétalos con dos estambres prominentes. Coma los brotes jóvenes antes de que florezcan y las hojas después. Ligeramente amarga (especialmente la forma europea *V. beccabunga*), pero cómala como si fuese berro.

PLANTAS VENENOSAS

Comparadas con las muchas plantas comestibles, existen pocas plantas venenosas en las zonas templadas. Conozca bien las siguientes.

Venenos de contacto

El contacto con zumaque venenoso, hiedra venenosa y árbol de las pulgas produce una grave irritación y ronchas. Lave inmediatamente las partes afectadas (ver *Venenos* en ***Salud).***

1 • Zumaque venenoso (*Toxicodendron vernix*) alcanza 2-6 metros de altura, sin vellos, con muchas hojuelas ovaladas en pares opuestos, corteza blanda y moteada de negro y grupos de bayas blancas; crece en los pantanos del sureste de América del Norte.

2 • Árbol de las pulgas (*Toxicodendron quercifolium*), se parece a la hiedra venenosa, pero es más pequeña, siempre recta, y con hojuelas en forma de hojas de roble y bayas blancas; crece en zonas boscosas de América del Norte.

3 • hiedra venenosa (*Toxicodendron radicans*), es más pequeña, 0,6-2,1 m, colgante o recta, con hojas divididas en tres partes y muy variables, pero siempre con flores verdosas y bayas blancas; crece en zonas boscosas de América del Norte.

4 • Hierba de Santa Catalina (*Impatiens*), se la encuentra a menudo junto a la Hiedra venenosa, con flores moteadas de amarillo o naranja y vainas que estallan; **proporciona un jugo que sirve para aliviar la irritación** producida por contacto por esta y otras plantas.

Venenos por ingestión

5 • Death Camas (*Zigadenus venosus*), alcanza los 30-60 cm, con grandes hojas en forma de cintas que nacen desde la base y grupos sueltos de flores color verde blanquecino divididas en seis partes; crece en América del Norte, en lugares boscosos, rocosos y cubiertos de hierba. **MORTAL: no confundir con las cebollas silvestres o los lirios.**

6 • Estramonio o Berenjena del diablo (*Datura stramonium*), altura media de 90 cm de hojas ovaladas y dentadas y grandes flores solitarias en forma de trompeta y color blanco y frutos espinosos; muy extendida en la mayoría de las zonas templadas y también en los trópicos. Olor nauseabundo. **Todas sus partes son MORTALMENTE venenosas.**

7 • Dedalera (*Digitalis*), crece hasta 1,5 metros, con una roseta de hojas basales ahusadas por una escarpia alta y frondosa de flores púrpuras, rosas o blancas en forma de tubo; ampliamente extendida en zonas desiertas y enmarañadas. **TODAS sus partes son altamente tóxicas y afectan al corazón.**

8 • Acónito o Napelo (*Aconitum*), alcanza 1,5 metros de altura, frondosa, con hojas palmeteadas y profundamente segmentadas, y flores pilosas, en forma de capucha y de color azul púrpura o amarillo; crece en zonas húmedas y lugares umbríos. Las especies más comunes tienen flores de color púrpura azulado. **MUY venenosa.**

9 • Cicuta (*Conium maculatum*), puede alcanzar los 2 metros, muy bifurcada, con tallos huecos moteados de color púrpura, hojas de dientes gruesos, más ligeras en la parte inferior, densos grupos de diminutas flores blancas y raíces también blancas; crece en lugares desiertos cubiertos de hierba. Olor desagradable. **Muy venenosa.**

10 • Cicuta acuática (*Cicuta*), altura media de 0,6-1,3 metros, bifurcante, con tallos veteados de púrpura, un rizoma hueco, pequeñas hojuelas dentadas y lobuladas y grupos de diminutas flores blancas; siempre se la encuentra junto al agua. Olor desagradable. **UN BOCADO PUEDE SER FATAL.**

11 • Hierba de San Cristóbal (*Actaea*), alcanza los 30-60 cm, con hojas integradas por varias hojuelas dentadas, pequeñas flores habitualmente blancas reunidas en la punta de un tallo, y bayas blancas o negras; crece principalmente en los bosques. **TODAS sus partes causan náuseas, vómitos y grave irritación intestinal.**

12 • Belladona (*Atropa bella-donna*), puede alcanzar 1 metro de altura, bifurcada, con hojas ovaladas, flores solitarias, en forma de campana, de color púrpura o verdoso y bayas color negro brillante; crece en zonas bosco-

sas y en matorrales de Eurasia. **TODAS sus partes, especialmente las bayas, son MUY venenosas.**

Resulta muy fácil confundir algunas plantas venenosas con plantas comestibles si no se tiene cuidado al identificarlas. No corra riesgos innecesarios.

La cicuta y la cicuta acuática son las dos plantas venenosas más importantes que debe conocer, ambas se encuentran en Eurasia y el continente americano en muchos terrenos. Ambas son umbelíferas, de las que hay muchas variedades, todas ellas con flores diminutas en densos grupos, como una sombrilla vuelta del revés, y difíciles de distinguir.

Las umbelíferas incluyen algunas plantas comestibles, pero NUNCA coja una a menos que esté seguro de que no se trata de ninguna de estas dos variedades, que pueden ser mortales en cantidades mínimas.

Aprenda a reconocer las siguientes plantas venenosas además de las que hemos ilustrado anteriormente.

- **Ranúnculos** (*Ranunculus*), se producen en una gran variedad, desde pocos centímetros hasta más de un metro de alto, por doquier, incluyendo las zonas árticas. Todas tienen flores satinadas, cerosas y de color amarillo brillante con cinco o más pétalos superpuestos. **EVÍTELAS, producen una grave inflamación del tracto intestinal.**

- **Lupinos** (*Lupinus)*, 30-90 cm de altura, como los de jardín, crecen en claros y lugares cubiertos de hierba. A menudo con pequeñas hojuelas en forma de palma o radiadas como los rayos de una rueda, y escarpias de «flores de guisante»: azul, violeta, ocasionalmente rosa, blanco o amarillo. **Cualquiera de sus partes puede provocar una inflamación fatal del estómago y los intestinos.**

- **Vicias** o **Locas** (*Astalagus* y *Oxytropis*), 15-45 cm de altura, crecen en áreas cubiertas de hierba y en parajes montañosos, usualmente con gran cantidad de pequeñas hojuelas alanceadas en pares opuestos y llamativas escarpias de «flores de guisante»: amarillo-blanquecinas de rosa a lavanda y púrpuras. **Algunas son muy venenosas. EVÍTELAS a todas.**

- **Eléboros falsos** (*Veratrum*), 60 cm —2,6 m, crecen en lugares húmedos y pantanosos, algunas especies en lugares cubiertos de hierba. Las hojas ovaladas se parecen a las del lirio del valle, ramilletes colgantes de flores blanquecinas o verde-amarillentas. **Pueden ser letales.**

- **Beleño** (*Hyoscyamus niger*), de mediana a grande, crece en zonas peladas, a menudo cerca del mar (Europa). Vellos viscosos, hojas ovaladas y dentadas (las superiores sin tallo), hojas cremosas veteadas de púrpura. Olor desagradable. **Mortalmente venenosa.**

Bayas venenosas

- **Canadian Moonseed** (*Menispermum canadense*), trepadora norteamericana parecida a la hiedra con racimos de bayas blandas de color negro. Se la podría confundir con la vid silvestre, pero carece de zarcillos y tiene sólo una semilla en forma de media luna en cada baya.

- **Solanos** (*Solanum*), mediana a grande, desaliñada, espesa, le gustan los lugares cubiertos de malezas, las hojas tienen habitualmente tallos largos y son alanceadas. Las bayas maduran desde el verde al negro, rojo, amarillo o blanco. Las plantas que producen bayas similares, pero comestibles, son habitualmente más compactas y leñosas, sus bayas son más pequeñas y numerosas. Si piensa que puede tratarse de solano, **EVÍTELA.**

- **Enredadera de Virginia** (*Parthenocissus quinquefolia*), trepadora norteamericana parecida a una vid (introducida en Europa). Hojas de largos tallos, en forma de palma, hojuelas dentadas, zarcillos y grupos de pequeñas bayas azules, más pequeñas que las uvas silvestres. **Ninguna planta con bayas azules comestibles tiene forma de vid con zarcillos.**

- **Cambrones** (*Rhamnus*), arbustos, a veces pequeños árboles que crecen en lugares boscosos y cubiertos de matorrales, a veces pantanosos. Las hojas son ovaladas, finamente dentadas; las bayas son negras y de sabor amargo, reunidas a lo largo de los tallos. **Pueden ser violentamente laxantes.**

Existen muchas guías de campo disponibles que le ayudarán a ampliar sus conocimientos sobre las plantas templadas, detallando muchas formas locales.

ÁRBOLES

Los árboles suministran otros alimentos nutritivos, además de frutos y nueces, que pueden ser esenciales para el superviviente, especialmente en áreas donde apenas hay otras plantas disponibles.

El siguiente texto trata sobre árboles de las regiones templadas. Los árboles tropicales, como las palmeras, están incluidos en la sección de plantas tropicales.

Corteza

La delgada corteza interna (cámbium) de ciertos árboles es comestible y alimenticia, pero es mejor comerla en primavera, cuando la savia ha comenzado a fluir. Elija la corteza de la zona inferior del árbol o de las raíces expuestas. Pélela con un cuchillo para descubrir la capa interna. Esta capa es suavemente dulce y puede comerse cruda, pero es más digestible si la hierve, reduciendo así su masa gelatinosa. Luego se puede asar y moler para usarla como harina.

La corteza externa contiene demasiado tanino para ser comestible, pero algunas tienen usos medicinales.

Árboles con mejor corteza interna

► **Olmo norteamericano** (*Ulmus rubra*), de América del Norte, alcanza un máximo de 18 metros de altura. Las ramas son ásperas y las hojas, ásperas, ovaladas y dentadas, son pilosas en su parte interna.

► **Tilo americano** *(Tilia americana*), un limero norteamericano con grandes hojas en forma de corazón y corteza oscura y acanalada que se vuelve suave y gris en las partes superiores.

► **Abedules** (*Betula*), a menudo abundantes en las zonas más frías. Pueden ser identificados por sus largas y delicadas ramas y su corteza brillante y escamosa que a menudo se rompe en placas.

► **Álamos** (*Populus tremula*), árboles de pequeños a medianos que parecen álamos blancos. Tienen hojas redondas en tallos muy largos que vibran al viento.

► **Alerce americano** (*Larix laricina*), se encuentra en la zona fría de América del Norte. Alcanza los 24 metros de altura, en forma ahusada, produce piñas y tiene agujas en penachos a lo largo de sus ramas.

► **Álamos blancos** (*Populus*), tienen hojas triangulares y candelillas prominentes. Crecen en muchas zonas septentrionales.

► **Arces** (*Acer*), crecen profusamente y se les reconoce por sus características hojas lobuladas en tres partes y por sus frutos hendidos en dos.

► **Abetos** (*Picea*), son árboles perennes de los climas fríos. Tienen forma de campanario, producen piñas y tienen agujas rígidas, de cuatro lados, que crecen alrededor de las ramas.

► **Sauces** (*Salix*), son árboles de grandes hojas o arbustos con hojas dentadas, de color más claro en los bordes internos y características candelillas de color amarillo o verde. Hay muchas variedades, incluyendo las árticas.

► **Pinos** (*Pinus*), se trata de árboles perennes que se encuentran en todas partes, con piñas y grupos de largas agujas. Su corteza interna es muy rica en vitamina C.

► **Tsugas o Cicutas** (*Isuga*), son perennes, parecen abetos, con duchas de hojas, agujas planas y piñas cortas y oblongas. No guardan ninguna relación con la planta venenosa del mismo nombre.

NOTA: Además de la corteza interna, los brotes y las yemas de todos estos árboles pueden comerse crudos o cocidos, EXCEPTO los del alerce americano y la tsuga, que son venenosos.

Otros usos de la corteza interna

La corteza interna de algunos árboles es muy fuerte pero flexible. Se le puede cortar fácilmente en tiras para fabricar cuerdas. La corteza del árbol mohoe, por ejemplo, es convertida en faldas de «hierba» por los isleños del Pacífico, tras someterla primero a la acción del vapor en un colgador (ver *Fuego* en ***Campamento artesanal).***

La corteza del abedul se puede quitar del árbol en largas tiras y constituye un material ideal para techar los refugios o para fabricar pequeños recipientes. Los indios norteamericanos revisten sus canoas con ella.

TE DE ABETO

Sumerja las agujas del abeto en agua muy caliente para preparar el té. Recoja sólo las agujas frescas y verdes. La infusión obtenida es muy rica en vitamina C. Esta vitamina puede obtenerse más directamente masticando las agujas tiernas, cuyas puntas verdes y almidonadas son particularmente agradables en primavera. Los abetos crecen en las zonas septentrionales y constituyen una importante fuente alimenticia cuando no se puede encontrar otra forma de vida vegetal.

Gomas y resinas

En algunos árboles, cuando se los corta, la savia que brota sobre la corteza se endurece hasta formar un terrón. Si es soluble en agua se trata de goma; si no es soluble, se trata de resina. Ambas son muy alimenticias, ricas en azúcar y constituyen un valioso elemento de supervivencia. Algunas tienen propiedades medicinales y otras son altamente inflamables y son ideales para encender fuego.

Jarabe de abedul y arce

Perfore el abedul o el alerce del mismo modo que el árbol del caucho. Corte en forma de V en la corteza para recoger la savia azucarada que mana del tronco. Debajo de esta V haga un agujero en el tronco para insertar una hoja como si fuese un cuentagotas para que la savia caiga dentro de un recipiente.

Recoja la savia diariamente y hiérvala. Producirá gran cantidad de vapor, pero se espesará hasta convertirse en una especie de jarabe. Este jarabe proporciona una energía instantánea y merece la pena hacer el esfuerzo.

ÁRBOLES VENENOSOS

Los árboles que presentamos a continuación contienen sustancias irritantes o venenosas. No coma ninguna parte de ellos, excepto las carnosas raíces del nogal americano, que son comestibles.

► **Tejos** (*Taxus*), son árboles o arbustos enmarañados, perennes, con una corteza escamosa, agujas verde oscuro y frutos rojos similares a bayas. Los frutos son particularmente venenosos.

► **Cedros** (*Cedrus*), originarios del Mediterráneo y los Himalayas, los cedros auténticos son grandes árboles perennes y aromáticos con piñas erectas.

► **Castaños de Indias** (*Aesculus*), son altos, con hojas en forma de mano, brotes pegajosos y flores blancas, amarillas o rosadas. No confunda sus nueces venenosas, con cáscaras espinosas, con las del castaño dulce que tiene hojas estrechas y dentadas y vainas de semillas mucho más espinosas.

► **Codeso de los Alpes** (*Laburnum*), son árboles pequeños y muy frondosos con hojas divididas en tres partes y gran cantidad de flores amarillas.

► **Robinia** (*Robinia pseudoacacia*), es un árbol norteamericano, con corteza color gris oscuro, hojuelas ovaladas en pares opuestos, grupos de flores blancas y vainas de semillas parecidas a habichuelas.

► **Laurel de California** o **Mirto de Oregón** (*Umbellularia californica*), es un árbol perenne de tronco corto, originario de América del Norte, de 12 metros de altura, con hojas ovaladas y correosas, grupos de flores amarillas y bayas de color verdoso a púrpura. El follaje es intensamente aromático.

► **Arce** o **Arce de Pensilvania** (*Acer pensylvanicum*), originario de la región nororiental de América del Norte, alcanza los 12 metros de altura, con una corteza ligera, veteada de blanco, hojas ovaladas o alanceadas, de color oliva a marrón en la parte superior, flores de grandes pétalos y de color amarillento verdoso y frutos alados.

► **Nogales** (*Carya*), tienen hojas seccionadas, a menudo en forma de palma, candelillas y, usualmente, nueces redondas. Las nueces de algunas variedades son comestibles, como lo son también la savia y las raíces, pero no las coma hasta que la especie haya sido identificada positivamente.

Ver también plantas tropicales venenosas y venenos de contacto en las ilustraciones a color.

HONGOS

Los hongos constituyen un buen alimento, pero DEBEN ser identificados positivamente para tener la certeza de que se trata de una variedad comestible. No hay lugar para el error. A diferencia de las plantas, en las que puede aplicarse la «prueba de comestibilidad», los hongos deben ser identificados o desechados. Las variedades mortales no tienen un sabor desagradable y los síntomas pueden no aparecer hasta varias horas después de haberlos comido.

Los hongos silvestres constituyen un plato exquisito, si usted sabe cuáles debe elegir. Los hongos están compuestos de multitud de células filamentosas que, en caso de los hongos terrestres, forman una red subterránea de la que sólo la parte reproductiva —lo que llamamos el hongo— aparece sobre la tierra. Esta parte comestible aparece sólo en determinadas épocas del año.

La mayoría de los hongos crece directamente desde la tierra: solos, en anillos, a veces en grupos. Consisten en una taza o sombrero que corona un tallo. La zona oculta presenta láminas de tejido esponjoso que contiene esporas. La forma y el color de este tejido es una importante pista para su identificación. Unos pocos hongos, como las trufas, crecen totalmente bajo tierra, pero es muy difícil encontrarlos. Otros crecen en los costados de árboles y tocones; algunos son conocidos —por su forma— como hongos horquilla; otros crecen en solitario.

Valor alimenticio

Los hongos se incluyen entre la carne y los vegetales en el cuadro alimenticio. Contienen más proteínas que los vegetales y, en algunos casos, más grasa.

Las mejores variedades, *Boletus edulis,* por ejemplo, proporcionan una cantidad similar de calorías por el mismo peso de vegetales. En cuanto a los minerales, los hongos tienen más fósforo que las zanahorias, las coliflores y la espinaca, pero menos calcio. El complejo de vitamina B está presente en pequeñas cantidades en la mayoría de los hongos, la vitamina C está presente ocasionalmente y la vitamina D se encuentra en apreciables cantidades en numerosos hongos. *Cantharellus cibarius* contiene vitamina A.

La gran ventaja de los hongos es su abundancia. En el momento adecuado del año, habitualmente en verano y otoño, puede reunir una cantidad suficiente para preparar una comida.

Preparando los hongos

Rechace las partes sospechosas, descoloridas o agusanadas; límpielos, córtelos en lonjas y hiérvalos. Muchos hongos son amargos y duros y deben cocinarse completamente. Conviene sumergirlos primero en agua fría. Los hongos terrestres tiernos pueden añadirse simplemente a las sopas y otras comidas.

Almacenando hongos

Los hongos tienen un alto contenido de agua y se les puede disecar con facilidad. Recoja todos los que pueda cuando estén disponibles y guárdelos en su alacena. Separe las cabezas de los tallos y colóquelas sobre piedras al sol, con la parte de las membranas hacia arriba. Con la especie *Boletus,* quite primero el tejido esponjoso de debajo de la capucha. Cuando estén completamente secos, guárdelos en recipientes herméticos si fuese posible. Cómalos crudos (empápelos primero en agua para que se hinchen) o añádalos a sopas y cocidos.

IDENTIFICAR LAS AMANITAS

Las amanitas venenosas —y sus especialmente mortales especies, canaleja y angel destructor— pueden ser confundidas con especies comestibles. SIEMPRE SIGA ESTAS REGLAS:

- ► EVITE cualquier hongo que tenga membranas blancas, una volva (un apéndice en forma de copa en la base del tallo) y anillos en el tallo.
- ► EVITE cualquier hongo que esté descompuesto o agusanado
- ► A menos que sea identificado positivamente... DESCÁRTELO.

Diferencias entre hongos *Amanita* y *Agaricus:*

	AMANITA	AGARICUS
ESPORAS	Blancas	Marrón-púrpura
SOMBRERETE Y TALLO	Inalterables	Algunas clases manchan de amarillo
SOMBRERETE	Viscoso con trozos sueltos	Siempre seco, con sólo unas pequeñas escamas
MEMBRANAS MADURAS	Blancas	Gris-rojizo, rosa o chocolate
MEMBRANAS	Parcial o totalmente cubiertas	Descubiertas
OLOR	Patata o rábano	Almendras o mazapán
LOCALIZACIÓN	Nunca en zonas abiertas y cubiertas de hierba	

HONGOS COMESTIBLES

1

2

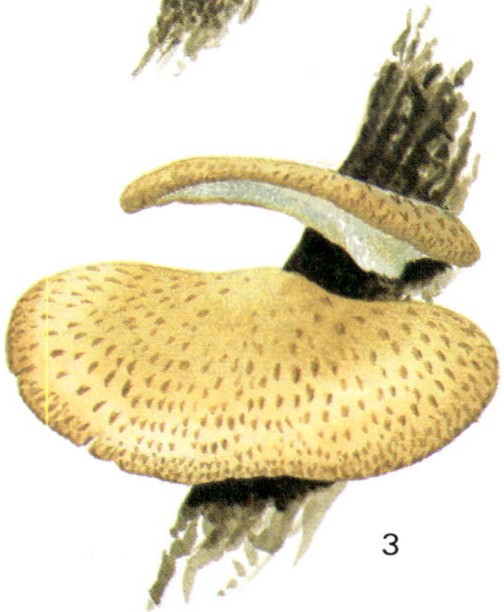

3

4

No existen reglas seguras para la identificación de los hongos, ya sean venenosos o comestibles. Ignore historias tales como que los hongos pelados no son venenosos, o que los de variedades tóxicas cambian de color cuando se los cocina. No es así. Y el hecho de cocinarlos tampoco mata el veneno que puedan contener.

Aprenda a reconocer un pequeño número —los que ilustramos aquí— y quédese con ellos. Aprenda a reconocer también la familia *Amanita*, ya que incluye hongos que pueden matarle. Luego organice sus conocimientos.

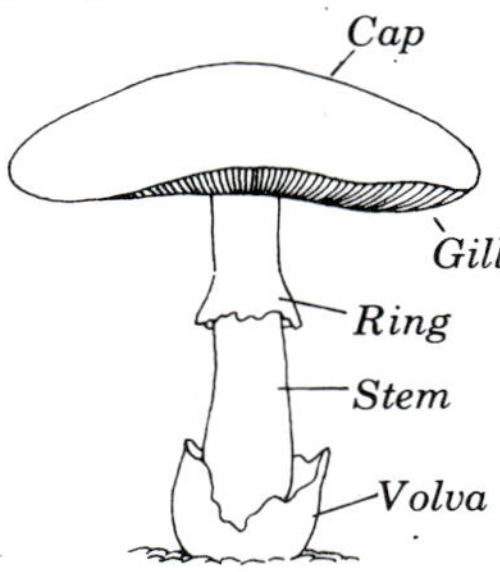

Hongos de árbol

Los hongos de árbol crecen alejados de la tierra, en los costados de los árboles y los tocones. A menudo son grandes y correosos, pero no son peligrosos y sí bastante comunes.

1 • *Fistulina hepática* (Hígado de buey), se encuentra a menudo en los robles. Es rojizo en su parte superior, rosa debajo y de textura áspera, parecido a una gran lengua; su carne roja exuda un jugo color sangre. Duro y amargo; los ejemplares jóvenes son los mejores. Sumérjalos en agua y luego cocínelos completamente. Aparecen en otoño.

2 • *Polyporus sulphureus,* *(Poliforo azufrado),* crece hasta los 30-40 cm de ancho, de color naranja amarillo brillante virando al amarillento-tostado, con carne esponjosa de color amarillo. Crece en árboles frondosos, especialmente robles, y perennes a partir del verano.

3 • *Polyporus squamosus* (Silla de Dríada) crece hasta los 60 cm de ancho, a menudo en grupos, su sombrerete ocre está moteado de escamas oscuras que le asemejan al corcho y tiene una zona oculta de color blanquecino. Crece en los árboles frondosos, especialmente olmos, hayas y sicomoros, desde la primavera hasta el otoño. Elija los ejemplares más jóvenes y cocínelos cuidadosamente.

4 • *Pleurotus ostreatus* (Seta de ostra), crece en grupos, con sombreretes de color gris azulado intenso, en forma de concha y de 6-14 cm de ancho, con membranas blancas y carne blanca de consistencia gomosa. Se desarrollan en árboles frondosos durante la mayor parte del año. Sabrosos; cortar en lonjas y cocinar. También pueden secarse.

5 • *Armillaria mellea* (Hongo de miel o cordón de zapato), tiene sombreretes tostado-amarillentos, moteados de marrón, de 3-15 cm de ancho, membranas blancas posteriormente manchadas de marrón, carne blanca y «raíces» que parecen cordones de zapatos. Crece en árboles frondosos y coníferas y tocones desde la primavera hasta el otoño. Córtelo en trozos y cocínelos.

Hongos terrestres

Los hongos terrestres viven en el suelo. Hay muchas clases, algunas de ellas MUY venenosas.

6 • *Lycoperdon gigantea* (Bejín gigante), se parece a un balón de fútbol, hasta 30 cm de ancho, suave, blanco y correoso, se vuelve amarillo con la edad y puede pesar hasta 9 kg. Crece en lugares boscosos y cubiertos de hierba desde finales del verano hasta el otoño. Escoja los ejemplares jóvenes con carne esponjosa y de color blanco puro. Muy sabrosos; fríalos o hiérvalos a fuego lento.

7 • *Cantharellus cibarius* (Rebozuelo), huele a albaricoque, de color amarillo huevo, en forma de embudo, con membranas pronunciadas y ahorquilladas. Crecen en grupos debajo de los árboles, especialmente hayas, a partir del verano. Muy sabrosos; cocínelos a fuego lento durante diez minutos. **NO confundirlos con *Cortinarius speciosissimus.***

8 • *Craterellus cornucopioides* (Cuerno de la abundancia), tiene forma de cuerno o embudo, con un sombrerete áspero, arrugado, de color marrón oscuro de 3-8 cm de ancho y un tallo suave y ahuecado de color verde.

5

6

7

8

ATENCIÓN

Los hongos constituyen un alimento excelente, pero deberían comerse SÓLO si se los ha identificado sin ninguna duda.

Hongos *Agaricus.* EVITE aquellos que manchen de amarillo cuando se los corta (ver *A. xanthoderma* abajo). **Algunos «botones» jóvenes son difíciles de distinguir y pueden ser confundidos con las mortales amanitas.**

1 • *Agaricus arvensis* (Bola de nieve) se parece al *A. campestris* pero con un sombrerete de 15 cm. Los ejemplares jóvenes tienen membranas color rosa claro, que más tarde se vuelven marrón rosado; en algunos lugares crecen como *A. campestris.* Cómalos crudos o cocidos.

2 • *Agaricus augustus,* tiene un sombrerete escamoso de color marrón claro de 20 cm de ancho, las membranas jóves rosadas se vuelven más tarde oscuras, tallo con anillos; crece en grupos en los claros de los bosques en verano y otoño. Sabroso; huele a anís.

3 • *Agaricus campestris* (Hongo o champiñón de campo) se parece a la variedad que se cultiva, con un sombrerete blanco de 10 cm de ancho, que se torna marrón en los ejemplares más viejos, y membranas rosadas que más tarde se vuelven marrones; crece en otoño en zonas cubiertas de hierba, raramente junto a los árboles. Se pueden comer crudos o cocidos.

4 • *Agaricus sylvestris* (Champiñón anisado), se parece al *A. arvensis* pero se lo encuentra en los bosques, a menudo junto a las coníferas. Comestibles crudos o cocidos.

5 • *Agaricus xanthoderma* (Hongo que mancha de amarillo), se parece a otras especies de *Agaricus,* pero muestra una coloración amarilla cuando se le frota y es intensamente amarillo en la base. Es VENENOSO y huele a ácido carbónico. Crece en verano y otoño en zonas boscosas y cubiertas de hierba. EVÍTELOS.

6 • *Lepiota procera* (Apagador), tiene un sombrerete marrón, posteriormente con escamas más oscuras, de 30 cm de ancho, con membranas blancas cremosas y un tallo delgado con un doble anillo blanco y bandas marrones. Crece junto a árboles frondosos y en claros cubiertos de hierba desde el verano hasta el otoño. Sabe a almendras o nueces de Brasil.

7 • *Coprinus comatus* (Matacandil o Barbuda), tiene un sombrerete cilíndrico con escamas blanquecinas o marrón claro y membranas que comienzan siendo blancas, se vuelven rosadas y, finalmente, se disuelven en un amasijo de tinta. Crece en grupos en áreas abiertas cubiertas de hierba en verano y otoño. Escoja los ejemplares jóvenes cuyas membranas aún tengan un color pálido. **VENENOSOS si se los come con alcohol.**

8 • *Tricholoma nudum* (Pie azul), tiene un sombrerete color azul liláceo, que más tarde se vuelve marrón rojizo y con los bordes ondulados, de 10 cm de ancho, membranas azuladas y un tallo robusto y fibroso también de color azulado. Crece en anillos en zonas boscosas desde el otoño hasta mediados del invierno. Sabroso y de olor dulce. **Produce una reacción alérgica en algunas personas.**

9 • *Boletus edulis* (Calabaza [cat. Cep]), es amarronado, con un sombrerete de 20 cm; el tallo es hinchado y la carne es blanca; crece en los claros de zonas boscosas en otoño. Todos los hongos de esta variedad tienen una capa esponjosa de poros o tubículos en lugar de membranas. En todo el mundo crecen muchas especies comestibles y que secan muy bien. **EVITE cualquiera de estos hongos con esporas de color rosa o rojo a menos que los identifique positivamente. Algunos son venenosos.**

OTROS USOS DE LOS HONGOS

- **Muchos hongos proporcionan una mecha excelente y, una vez encendidos, arderán durante horas.**
- **El hongo suavizador es tan resistente que puede usarse para afilar cuchillos, o cortarse para utilizar los trozos como si fuesen corchos, emplasto para los callos y leña.**
- **El bejín gigante es astringente: restañará y calmará las heridas sangrantes.**
- **Los hongos de los árboles son ricos en tanino y pueden aplicarse sobre las quemaduras.**

HONGOS VENENOSOS

1

2

3

4

ATENCIÓN

Los hongos que reseñamos a continuación se encuentran entre los más venenosos pero hay muchos otros. NO coma ningún hongo que no sea capaz de identificar positivamente como una especie comestible. Algunos hongos Amanita se encuentran entre los más mortíferos de todos. Presentan un cáliz, o volva en la base.

1 • ***Amanita virosa*** (Ángel destructor o Cituta fétida), es completamente blanco, con una gran volva, un tallo escamado y un sombrerete de 12 cm de ancho; crece en verano y otoño en las zonas boscosas. **De olor dulce y nauseabundo y MORTALMENTE venenoso.** Los ejemplares jóvenes pueden parecerse a los hongos *Agaricus,* jóvenes.

2 • ***Amanita phalloides*** (Oronja verde), tiene un sombrerete de color verde oliva de 12 cm de ancho, un tallo más pálido, un gran cáliz y carne y membranas blancas; habitualmente se encuentra en las zonas boscosas, especialmente junto a las hayas o los robles. **La variedad MÁS VENENOSA de todas.**

3 • ***Amanita pantherina*** (Amanita pantera o Falso galipierno), tiene un sombrerete marrón, moteado de blanco de 8 cm, membranas blancas y de 2 a 3 anillos que asemejan ganchos en la base del tallo; crece en las zonas boscosas, especialmente junto a las hayas. **Venenoso, a menudo FATAL.**

4 • ***Amanita muscaria*** (Matamoscas) tiene un característico sombrerete de color rojo con manchas blancas de hasta 22 cm de ancho. Se encuentra en otoño, especialmente en los bosques de pinos y hayas.

5 • ***Entoloma sinnuatum*** (La engañosa), tiene un sombrerete grisblanquecino pálido, profundamente convexo, de 15 cm de ancho, con membranas amarillentas que se vuelven de color rosa salmón y una carne blanca y firme que huele a comida, almendras amargas y rábanos; crece en grupos en las zonas cubiertas de hierba y en los bosques, especialmente con hayas y robles, en verano y otoño. **Venenoso,** puede ser **MORTAL. Se puede confundir con un *Agaricus,*** pero carece de anillo en el tallo.

6 • ***Inocybe patouillardii,*** comienza siendo blanco y luego se vuelve amarillento marrón, con un sombrerete de 7 cm, a menudo dividido en los bordes, y membranas blancas que se vuelven de color marrón-oliváceo; mancha de rojo cuando se frota. Crece en bosques frondosos, especialmente de hayas, en verano y otoño. **Carece de anillo en el tallo, pero cuando es joven se le puede confundir con un *Agaricus.* MORTALMENTE venenoso.**

7 • ***Paxilus involutus*** (Paxilo enrollado), tiene un sólido sombrerete de color marrón amarillento con un borde enrollado, de 12 cm de ancho, membranas marrón amarillentas y un tallo erecto y resistente. Muy común en zonas boscosas, especialmente con hayas. **MORTAL: NO lo confunda con los hongos comestibles de color amarillento como el rebozuelo.**

8 • ***Cortinarius speciosissimus,*** es de color rojizo a marrón tostado, con un sombrerete achatado de 2-8 cm de ancho, y membranas de color marrón óxido; crece en otoño en los bosques de coníferas. No es muy común pero sí muy venenoso. *C. orellanus,* de color más claro, también es venenoso y crece en bosques de árboles frondosos. Los dos tienen olor a rábanos. **No los confunda con el rebozuelo. MORTAL.**

SÍNTOMAS DE ENVENENAMIENTO

Éstos son los más característicos:

Oronja verde/Angel destructor: Los síntomas se desarrollan lentamente, de 8 a 24 horas después de haberlos comido: vómitos, diarrea, sed excesiva, sudor y convulsiones. Recuperación aparente después de un día, luego se produce una recaída y, en el 90 % de los casos, muerte por fallo hepático en 2-10 días. No se conocen antídotos.

Envenenamiento por muscarina: causado por varios hongos. Los efectos varían, las tóxinas atacan el sistema nervioso.

Amanita muscaria produce una grave alteración gastrointestinal, delirio, alucinaciones, temblores incontrolables y convulsiones, seguidas de un sueño comatoso. Habitualmente la víctima se recupera. *Inocybe patouillardii* y sus distintas variedades producen vértigo, ceguera, sudores, baja temperatura, pupilas muy dilatadas, seguido, en los casos más graves, de delirio y muerte.

5

6

7

8

PLANTAS ÁRTICAS Y SEPTENTRIONALES

1

2

3

4

5

Además de estas plantas árticas, fuertes y resistentes, muchas especies de clima templados se desarrollan en verano en las zonas más septentrionales.

1 • Abeto rojo (*Picea rubens*), alcanza los 23 m de altura, con agujas oscuras o amarillo-verdosas alrededor de sus ramas pilosas, una corteza dura y oscura y piñas colgantes; crece en las zonas secas de América del Norte. Los brotes jóvenes son comestibles crudos o cocidos; haga una infusión con las agujas y hierva la corteza interna.

2 • Abeto negro (*Picea mariana*) es más pequeño que el anterior, con agujas más cortas; crece en las zonas húmedas de América del Norte. Numerosos abetos similares crecen en América del Norte y la zona septentrional de Eurasia. Se usan todos como el abeto rojo.

3 • Té labrador (*Ledum groenlandicum*) es un arbusto perenne, fragante, que alcanza los 30-90 cm, con hojas estrechas de bordes enrollados, de color blanquecino o pilosos en la parte inferior, y flores blancas de cinco pétalos; crece en América del Norte. Con las hojas se prepara un té vivificante.

4 • Sauce ártico (*Salix*) son arbustos de la tundra que forman una maraña que alcanza los 30-60 cm, con hojas redondas, brillantes en la parte superior, y candelillas amarillas. Sus brotes, hojas, corteza interna y raíces peladas son comestibles. Sus hojas tienen de 7 a 10 veces más cantidad de vitamina C que una naranja.

5 • Helechos crecen en lugares húmedos en verano en los bosques septentrionales y junto a la tundra. **Coma SÓLO las hojas jóvenes de hasta 15 cm de largo, quíteles los vellos.** Lo mejor es cocinarlos al vapor.

6 • Frambuesos (*Rubus chamaemorus*) raramente alcanzan los 30 cm, parecidos a la Zarza, con hojas en forma de palma, flores blancas y bayas en la punta de la planta, de color rosa y naranja y ámbar cuando maduran. Las bayas se pueden comer crudas.

7 • Frambueso de flores rojas (*Rubus spectabilis*) parece un pequeño frambueso silvestre, sin espinas, con hojas seccionadas en tres partes, flores de color rojo-púrpura y bayas jugosas de color rojo o amarillo, que pueden comerse crudas. Originaria de América del Norte, se la encuentra hoy en algunas partes de Europa.

8 • Gayuba (*Arctostaphylos uva-ursi*) en las regiones árticas es pequeña, leñosa, formando un tapete, con hojas perennes, correosas y en forma de porra, flores blancas o rosadas y grupos de bayas rojas que pueden comerse una vez cocidas.

9 • Musgo de Islandia (*Cetraria islandica*) es un líquen que forma tapetes copetudos, correosos, de color gris verdoso o amarronado de hasta 10 cm de altura, compuesto de muchas ramas en forma de cintas. Sumérjalo en agua durante varias horas y luego hiérvalo bien.

10 • Líquen de los renos (*Cladonia rangiferina*), líquen que crece hasta los 5-10 cm, a menudo en grandes grupos, con tallos huecos, redondos y grisáceos y ramas que parecen astas. Remoje durante varias horas y luego hierva bien.

11 • Callos rocosos (*Umbillicaria*) son líquenes que forman excrecencias redondas, en forma de ampollas y de color grisáceo o amarronado unidas a las rocas por un tallo central; algunas clases son verrugosas y tienen forma de guijarro, otras son suaves. Muy alimenticios; remójelos durante varias horas y luego hiérvalos bien.

Los líquenes son un importante alimento de supervivencia, no solamente en las regiones árticas, aunque posiblemente sean vitales en esas zonas del planeta porque son más nutritivos que otras plantas árticas. Algunos exploradores han sobrevivido durante largos períodos alimentándose solamente de callos rocosos. ¡Pero tenga cuidado! Pueden causar una dolorosa irritación si se los comen crudos porque contienen un ácido amargo. Elimine este ácido dejándolos en remojo durante la noche y luego hirviéndolos completamente. Una posterior cocción les dará una textura crujiente si los prefiere de ese modo.

Si logra cazar un caribú, coma los líquenes fermentados que tiene en el estómago. Se digieren fácilmente y algunos esquimales los consideran como un plato exquisito.

6

7

8

9

10

11

PLANTAS DEL DESIERTO

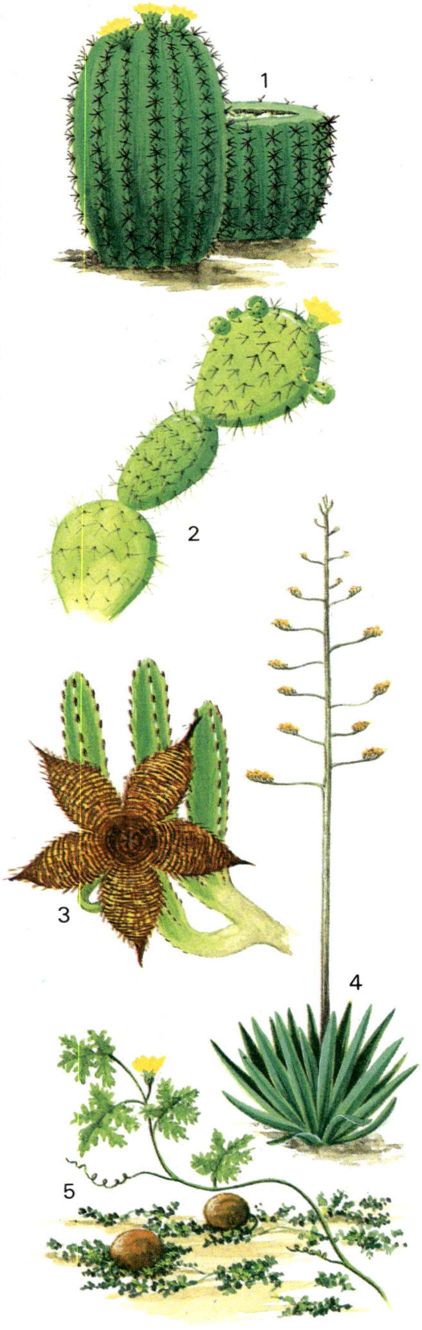

La supervivencia en el desierto depende del agua. Aprenda cuáles son los árboles y cactus que contienen agua antes de considerar las plantas comestibles. No coma si no dispone de agua; el proceso de la digestión no hará más que agotar las reservas del líquido del organismo y acelerar la deshidratación.

1 • Cactus barril (*Ferocactus*) del suroeste de América del Norte, con una altura media de 1-2 metros, conteniendo cerca de 1 litro de savia lechosa comestible, algunas veces amarga. Esta es una excepción a la regla que dice que no debe beberse la savia lechosa. Corte la parte superior del cactus y aplaste la pulpa interna, luego bébala. **Sólo merece la pena en una emergencia.**

2 • Nopal (*Opuntia*) tiene hojas gruesas, unidas, en forma de cojín, flores rojas o amarillas y frutos pulposos en forma de huevo. Los frutos pelados son comestibles crudos; pele y cocine los cojines jóvenes y tiernos; quite las espinas, ase las semillas para hacer harina y perfore los tallos para beber el agua. Originario de América del Norte, se encuentra hoy en muchas zonas áridas. **Muy espinoso, trátelo con mucho cuidado. En África NO lo confunda con el titímalo; a diferencia de esta planta, tienen savia lechosa.**

3 • Flores carroñeras (*Stapelia*) se las encuentra en distintas variedades en el África meridional y tropical. Son plantas grandes, de aspecto singular con tallos cortos y suculentos que se abren en hojas que son como espinas gordas, con características flores en forma de estrella, que pueden estar cubiertas por gruesos vellos ásperos. Las flores maduras tienen un intenso olor a carne putrefacta, una pista inconfundible, aunque no muy agradable, para identificarla. Practique orificios en los tallos para beber el agua.

4 • Mezcal (*Ágave*), tiene una roseta de hojas gruesas, correosas y espinosas con una punta aguda de la que surge un tallo floral muy largo y en forma de columna. Los tallos que no han florecido son comestibles cocidos. Crece en África, Asia, sur de Europa, México y la zona sur de EE.UU., y parte del Caribe. Es común en las áreas tropicales húmedas y en el desierto.

5 • Calabazas silvestres (*Cucurbitaceae*) crecen en los desiertos del Sáhara y de Kalahari hasta la India; se cultivan en otras partes. La planta forma un tapete vegetal, parecido a una enredadera, con frutos en forma de naranjas. Hierva los frutos para hacerlos más comestibles, ase las semillas, cocine las hojas jóvenes. La flor puede comerse cruda, y los tallos y los brotes pueden masticarse para extraerles el agua.

6 • Palmeras datileras (*Phoenix*) crecen en forma silvestre, siempre cerca del agua, desde la India hasta el norte de África; introducidas en otras zonas. Se trata de palmeras altas y delgadas coronadas con un penacho de hojas de hasta 4 metros de largo. Los frutos y la punta de la palmera son comestibles crudos; las hojas jóvenes pueden comerse cocidas. La savia del tronco es rica en azúcar y puede hervirse.

7 • Baobabs (*Adansonia*) son árboles grandes con troncos enormes e hinchados, profundamente acanalados, que se encuentran desde África hasta Australia. El tronco de un árbol maduro puede alcanzar un diámetro de 9 metros. Perfore las raíces para encontrar el agua. Los frutos pulposos, 10-20 cm de largo, y las semillas son comestibles crudos; hierva las hojas tiernas y jóvenes.

8 • Acacias (*Acacia*) crecen abundantemente desde África hasta el norte de Australia. Hay muchas clases diferentes, todas espinosas, de estos árboles de tamaño medio con hojuelas muy pequeñas; sus flores forman habitualmente pequeños capítulos globulares de color blanco, rosa o amarillo, según la especie. Sus raíces pueden ser perforadas para extraerles el agua, las semillas asadas y las hojas jóvenes y los brotes hervidos.

9 • Algarrobo (*Ceratonia siliqua*) crece en tierras áridas alrededor del Mediterráneo y desde el Sáhara a través de Arabia y hasta la India. Es prácticamente el único árbol que hay en Malta. Su altura puede alcanzar los 15 metros. Sus hojas, lustrosas y perennes, aparecen en pares y 2 o 3 en cada tallo. Las pequeñas flores rojas producen vainas de semillas chatas y correosas que contienen una pulpa dulce y nutritiva, que puede comerse cruda, y duras semillas marrones que pueden molerse y cocinarse como gachas.

PLANTAS TROPICALES

1

2

3

4

Las plantas comestibles abundan en las zonas tropicales, pero a menos que ya esté familiarizado con ellas, es mejor comenzar por comer palmeras bambúes y los frutos más comunes.

1 • Palmeras sagú (*Metroxylon*) originarias de las tierras bajas y pantanosas del sureste de Asia; introducidas en otras zonas. De tamaño mediano, hasta 10 metros de altura, de tronco espinoso; hojas largas, delicadas y arqueadas. La pulpa esponjosa y almidonada de la médula interna del tronco provee el sagú o fécula de muy fácil digestión.

2 • Palmera Nipa (*Nifpa fruticans*) crece hasta los 6 metros, con grandes hojas parecidas al helecho, hinchándose y agrupándose en la base para formar el «tronco»; crece en estuarios salinos en el sureste de Asia. Produce una savia azucarada, frutos deliciosos y una punta o «col» comestible.

3 • Bananas o Plátanos (*Musa*) se extienden por todo el trópico: 3-10 metros de altura, con hojas muy grandes, en forma de cintas, habitualmente divididas y de color verde claro. **Los duros frutos del plátano sólo pueden comerse cocidos.** Tienen más almidón pero menos azúcar que los blandos. Coma los brotes, puntas, tallos jóvenes y partes internas de las raíces y también el fruto.

4 • Sagu o palmera de azúcar (*Arenga pinnata*) alcanza los 12-20 metros, con un tronco duro y escamoso coronado por hojas erectas, parecidas al Sagú y partes frutales de color amarillo y parecidas a ramas; crece en forma silvestre en Malasia e Indonesia. Para obtener el azúcar, recoja la savia y hiérvala hasta conseguir un jarabe espeso.

5 • Rota o junco de Indias (*Calamus*) son robustas trepadoras que se enganchan a los árboles con un apéndice en forma de anzuelo que tienen en la nervadura central de las hojas; a menudo comunes en las zonas tropicales del Viejo Mundo. Los tallos expandidos, las semillas y los extremos de crecimiento son comestibles; con las raíces pueden fabricarse cuerdas.

6 • Palmeras Cola de pez (*Caryota*) de 10 metros de altura media, con un tronco liso, anillado y largas hojas arqueadas con muchas hojuelas ovaladas o en forma de cuña. Existen muchas clases similares en las zonas tropicales del Viejo Mundo. Úselas como a la palmera sagú. **NO coma los frutos.**

7 • Palmeras cocoteras (*Cocos nucifera*) crecen en las zonas tropicales húmedas, alcanzando los 30 metros, con grandes grupos de cocos que penden de la base de las hojas. Frutos: con 2 cortezas, la exterior fibrosa y la interior lisa y dura. La punta de crecimiento, la leche y la carne del coco son comestibles. Su rica savia puede hervirse hasta convertirla en azúcar.

Éstas son sólo algunas de las palmeras tropicales. Hay además:

• Palmera Piva (*Guiliema utilis*) de América, tiene un tronco delgado, con bandas alternativas de espinas claras y oscuras. Hierva o ase los frutos amarillos o rojos.

• Palmeras Baccaba o **Patawa** (*Jessenia* y *Oemocarpus*) de Brasil y las Guayanas, tiene un fruto pequeño y de color púrpura de 2 cm de largo. Coma tanto la pulpa como las semillas.

• Palmera Assai (*Euterpe oleraccea*) de la zona tropical de América del Sur, le gustan los lugares pantanosos, especialmente junto a ríos con marejada. Su fruto, comestible, tiene una pulpa blanda y color púrpura.

El extremo de crecimiento, encerrado por una corona de hojas o las bases forradas de los tallos, es comestible en la mayoría de las palmeras; coma cualesquiera que no sean demasiado amargos. El fruto debe EVITARSE si no se le identifica positivamente, especialmente en extremo oriente, ya que algunos contienen cristales que podrían provocar fuertes dolores.

8 • Papaya (*Carica papaya*) es un árbol pequeño, 2-6 metros de altura, con un tronco blando y hueco y grandes frutos, parecidos al melón, de color verde oscuro que se vuelve anaranjado o amarillo cuando madura; crece en zonas húmedas en los trópicos. El fruto es comestible crudo y cura los desarreglos estomacales; las hojas jóvenes, las flores y los tallos pueden comerse hervidos. **Cambie el agua *al menos* una vez. No permita que la savia lechosa de los frutos verdes le alcance en los ojos.**

5

6

7

8

PLANTAS TROPICALES

1 • Árbol de rábano picante (*Moringa oleifera*), crece hasta los 10 metros, con pequeñas hojuelas ovaladas, flores amarillo-blancas y vainas de semillas de 25-30 cm, estrechas, de tres lados y de color marrón; crece en forma silvestre en África oriental y el sur de Asia, pero ahora en otras partes también. Las hojas y los frutos jóvenes son comestibles crudos o cocidos; corte las vainas viejas y cocínelas como si fuesen judías; use la raíz para condimentar como si fuesen verdaderos rábanos. **El jugo exprimido de las hojas y las raíces es bueno para tratar las inflamaciones.**

2 • Mango (*Mangifera indica*) crece en lugares húmedos casi en todas partes, es un árbol perenne de tamaño mediano a grande con grupos de hojas estrechas de color verde oscuro. Sus frutos, ovalados de 7,5-13 cm pasan del verde al anaranjado cuando maduran, se pueden comer crudos y contienen un hueso largo y chato. **Las hojas del mango pueden provocar una reacción alérgica en algunas personas.**

3 • Chirimoya (*Annona squamosa*) es un árbol de 5-6 metros con hojas ovaladas o alanceadas y flores parecidas a la Magnolia. El fruto, aromático, pulposo, en forma de globo y de color verde grisáceo, está formado por varias partes. Originario de los trópicos del Nuevo Mundo, pero ahora introducido en casi todas partes; dos variedades comestibles en América Central y del Sur son Cherimoya. *A. cherimola* y Corazón de Buey *A. reticulata.*

4 • Guanábano (*Annona muricata*) se halla extendido del mismo modo que la anterior, alcanzando una altura de 12 metros, con grandes frutos en forma de aguacate, de color verde, espinosos, correosos y con un peso de hasta 2 kgs. Tienen un sabor refrescante y ácido.

5 • Higos silvestres (*Ficus*) existen en gran variedad en zonas tropicales y subtropicales, unas pocas especies crecen en los desiertos. Son árboles desordenados, con raíces aéreas y hojas perennes y correosas redondas en la base. Sus frutos en forma de pera se pueden comer crudos y crecen directamente de las ramas. **Evite cualesquiera que sean duros o leñosos o que tengan vellos irritantes.**

6 • Árbol del pan (*Artocarpus*) son árboles que alcanzan una altura de 15-20 metros, con grandes hojas profundamente lobuladas, satinadas en la parte superior, savia lechosa y frutos muy grandes de piel verrugosa; ahora se encuentran en la mayoría de las regiones tropicales. Los frutos, ricos en almidón, son comestibles crudos si se les quita la piel y se descartan las partes duras del interior.

7 • Esterculias (*Sterculia*) se las encuentra en América Central y del Sur y zonas tropicales. Son árboles grandes, hasta 30 metros de altura, con raíces trapezoidales y hojas en forma de mano; sus frutos consisten en vainas que contienen semillas negras parecidas a los cacahuetes, que pueden comerse crudas después de quitar los vellos irritantes.

8 • Bael Fruit (*Aegle marmelos*) es un árbol de 2,5-4,5 m, con un denso crecimiento espinoso y frutos redondos, amarillentos o grisáceos de hasta 10 cm de ancho; crece en zonas del Himalaya, India y Birmania. Pariente de los cítricos, sus frutos son comestibles crudos y son muy ricos en vitamina C.

9 • Bignays (*Antidesma*) son arbustos perennes, de 10-13 metros de alto, con brillantes hojas de 15 cm, que crecen en las selvas del sureste asiático. Los frutos, carnosos, con muchas semillas, son parecidos a las grosellas, de aproximadamente 1 cm de ancho, y maduran pasando del verde al blanco, al rojo y finalmente al negro. Se pueden comer crudos, pero es mejor preparar jalea con ellos.

En la jungla primaria tropical, la mayoría de los frutos se encuentran en las copas de los árboles, y no se les puede alcanzar a menos que se suba a los árboles o se derriben desde abajo, aunque en otras regiones sus frutos pueden constituir un valioso alimento. Más accesible es el junco de Indias, parecido a una vid, que puede ser cortado y luego tirado hacia abajo para coger los frutos. Pele la piel exterior en tiras de unos 2 metros y cocínelas a las brasas. La médula interna de algunos frutos es muy sabrosa, aunque ligeramente amarga.

1 • Espinaca de Ceilán (*Basella alba*), es una planta colgante parecida a la vid, con hojas gruesas, circulares a ova-

1

2

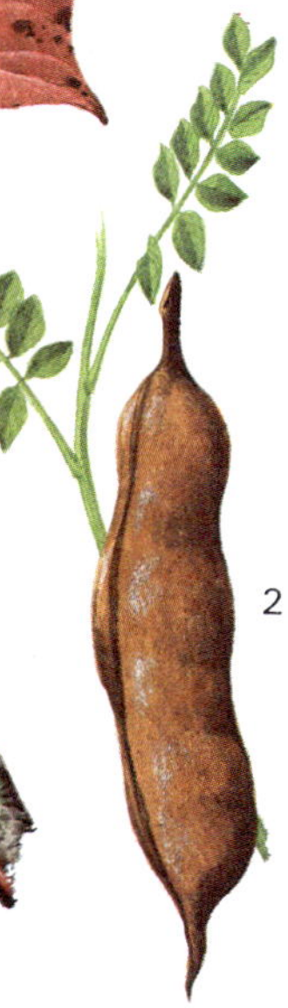

3

4

ladas o en forma de corazón, con colores que varían desde el verdoso al rojo púrpura, y flores carnosas y púrpuras; ahora se la encuentra en la mayoría de las regiones tropicales. Las hojas jóvenes y los tallos son comestibles crudos y muy ricos en vitaminas.

2 • Tamarindo (*Tamarindus indica*) es un árbol densamente ramificado de hasta 25 metros de altura, con hojas perennes formadas por muchas hojuelas, flores de color amarillo pálido veteadas de rojo y vainas de semillas de color marrón. La pulpa de las vainas se puede comer cruda y es muy rica en vitamina C. Las semillas y las hojas jóvenes pueden usarse como hierbas de condimento, y la corteza puede pelarse y masticarse. Hoy se encuentra en muchas zonas.

3 • Judías de Goa (*Psophocarpus*) son plantas trepadoras de las zonas tropicales del Viejo Mundo, con hojas alanceadas, flores azules y vainas de semillas de 20 cm de largo, de cuatro ángulos y escamosas. Hierva ligeramente las vainas jóvenes, saben a judías, las semillas jóvenes saben a habichuelas, o ase las semillas viejas. Las hojas jóvenes, que saben a espinaca, se pueden comer crudas. Las gruesas raíces, más ricas en proteínas que la patata o la mandioca, se pueden comer crudas o bien hervirlas, freírlas, asarlas u hornearlas como si fuesen patatas.

4 • Judías de ñame (*Pachyrrhizus* y *Sphenostylis*) son plantas trepadoras con hojas irregulares, divididas en tres partes y una raíz anudada y en forma de nabo; crece en grandes grupos en la mayoría de las zonas tropicales. Sus tubérculos comestibles son crocantes, dulces, jugosos y saben a nuez. **Las semillas son nocivas crudas y deben hervirse completamente.**

5 • Cacahuete (*Arachis hypogaea*) no es una verdadera nuez y sus frutos maduran bajo tierra. Se trata de una planta pequeña y tupida con pares de hojas ovaladas, flores amarillas y tallos que llevan a las vainas arrugadas. Las «nueces», muy alimenticias, se conservan bien. Ahora introducida en la mayoría de las regiones tropicales y subtropicales.

6 • Melón de Indias o mandioca (*Manihot esculenta*) es una planta fundamental a lo largo de los trópicos, creciendo en suelos con buen drenaje hasta alcanzar los 5 metros de altura, con tallos unidos y hojas de largos tallos divididas en 5-9 briznas. **Los gruesos tubérculos son mortalmente VENENOSOS si se comen crudos y DEBEN cocerse.** Se conservan bien, particularmente cuando se muelen para hacer harina.

7 • Planta Ti es un arbusto que ama la sombra, de 2-5 metros de altura, con verticilos de hojas, lustrosas, correosas y en ocasiones rojizas y, cuando maduran, bayas rojas; actualmente muy extendida en las regiones tropicales, particularmente en las islas del Pacífico. Hierva las raíces carnosas y ricas en almidón.

8 • Taro (*Colocasia*), crece en suelos húmedos en los trópicos, alcanzando una altura de 1,5 metros, con hojas grandes, de tallos largos y en forma de corazón o de arco, que nacen desde las raíces y una flor amarillo naranja. **Los tubérculos saben a patata, pero son peligrosos crudos y DEBEN cocinarse.**

En los bosques tropicales los mejores lugares para buscar estas plantas serán las orillas de ríos y arroyos. En cualquier lugar que el sol pueda penetrar, el suelo de la jungla producirá una masa de vegetación, pero las orillas de los ríos ofrecen a menudo el área más clara, donde las plantas pueden desarrollarse.

Mientras esté trepando los espolones de las montañas, aproveche para echar un vistazo sobre la jungla por debajo de la cúpula de los árboles. Buenas perspectivas se obtienen donde la caída del avión ha producido un claro en la jungla. Las palmeras y otras plantas comestibles reconocibles pueden verse en la bóveda del follaje. Su posición se puede registrar para cortarlas cuando se las necesite. Un árbol proporcionará una cantidad considerable de comida.

Si está débil y su comida escasea, NO gaste energías trepando a un árbol. Se fatigará aún más y siempre hay posibilidades de encontrar algún otro alimento.

No coja más comida de la que necesita. Los alimentos se deterioran rápidamente en condiciones tropicales. Deje el alimento en la planta hasta que lo necesite y entonces cómalo fresco.

5

6

7

8

PLANTAS TROPICALES

1 • Espinaca de agua (*Ipomoea aquatica*) es rastreante acuática, con hojas verde claro y flores blancas; crece siempre junto al agua fresca y dulce, habitualmente como planta flotante, principalmente en el sureste de Asia. Los tallos más viejos son fibrosos, pero los brotes y hojas jóvenes pueden cocerse.

2 • Loto (*Nelumbium nuciferum*) es acuática, con hojas de largos tallos, en forma de campanilla y de color verde azulado que flotan sobre el agua, y flores de color rosa, blanco o amarillo. Las hojas jóvenes y los tallos pelados son comestibles hervidos. Hierva o ase las semillas maduras, quitando primero el embrión amargo, y el rizoma. Crece principalmente en Asia y en algunas partes de África y América del Norte.

3 • Nenúfares (*Nymphaea*) se desarrollan en lagos, ríos y vías de agua en las zonas tropicales de la India, África y América, y también en algunas zonas templadas, con hojas en forma de corazón que flotan sobre la superficie del agua. Tienen grandes tubérculos comestibles ricos en almidón, tallos que pueden cocinarse y semillas amargas, pero nutritivas.

4 • Ñames silvestres (*Dioscorea*) crecen en gran variedad en la selva poco tupida y en los claros en las zonas tropicales y subtropicales. Sus tallos, pareados y parecidos a la enredadera, algunos de ellos contienen tubérculos aéreos comestibles, conducen a uno o más tubérculos grandes y subterráneos. Se conservan bien si se secan previamente. **Algunos Ñames silvestres son venenosos crudos: para mayor seguridad COCÍNELOS siempre; pele los tubérculos, hiérvalos y muélalos.**

5 • Arroz silvestre (*Oryza* y, en América del Norte, *Zizania*), es una hierba gruesa que alcanza los 90-120 cm, muy extendida en los trópicos y muchas zonas templadas. Despaje los granos para quitar las cáscaras duras y pilosas, luego hiérvalos y áselos y muélalos para guardarlos en forma de harina.

6 • Cañas de azúcar (*Saccharum*) se cultivan en todas las zonas tropicales y, ocasionalmente, crecen en forma silvestre. Hierba gruesa, alta, aromática y de tallos gruesos, sus cañas pueden masticarse crudas para extraer su zumo azucarado.

7 • Mijos (*Panicum, Pennisetum* y otras) son cereales tropicales, que se pueden encontrar en estado silvestre en las zonas más secas. Se trata de hierbas de varios metros de alto, con cabezas de granos en forma de salchicha; cada uno de los granos tiene el tamaño de una semilla de mostaza. Muélalos hasta convertirlos en una masa y añádalo al cocido o úselo como gachas.

8 • Bambúes son hierbas gigantes que crecen en la mayoría de las zonas húmedas. Sus brotes jóvenes, de crecimiento rápido y comestibles, se encuentran en la base de la planta; abra el duro revestimiento exterior y cocínelos como si fuesen espárragos. Las semillas de un bambú en flor también son comestibles. Los bambúes tienen muchas aplicaciones como material de construcción, para fabricar techos, y como utensilios para comer, además de ser comestibles. **Tenga cuidado cuando los recoja: algunas plantas están sobrecargadas y pueden romperse o azotarle.**

Además de las plantas ilustradas y enumeradas aquí, hay otras que reconocerá por sus variedades similares de cultivo, como el aguacate (*Peresea americana*) de la zona tropical de América del Sur, donde es el alimento favorito de muchos animales... ¡incluyendo al jaguar!, Christophine (*Sechium edule*, originaria del Brasil, y toda la familia de frutos cítricos, con aproximadamente 60 especies en Indo-Malaya y China, algunas de ellas alcanzando grandes alturas. Pero TENGA CUIDADO. La estricnina tiene frutos que parecen naranjas, pero que son MORTALMENTE VENENOSOS.

En los trópicos encontrará habitualmente numerosas plantas comestibles, pero quédese con aquellas que pueda identificar positivamente y sepa que son inocuas. Si tiene necesidad de comer plantas desconocidas, aplique siempre la prueba de comestibilidad, con cantidades muy pequeñas.

Estas son algunas de las otras muchas plantas comestibles que podría encontrar, todas ellas son muy buenas si se las prepara como sugerimos:

PALMERAS

• **Palmera de la India** o **palmera Borassus** (*Borassus flabellifer*), crece en las zonas más secas del África tropical, el sur de la Indina y Birmania, se parece a la palmera datilera, con hojas similares en forma de abanico. Las partes blandas internas de los huesos de tres partes son comestibles, la savia es una bebida agradable y las partes que florecen producen un jugo azucarado.

• **Palmito de sierra** (*Serenoa repens*), es común en terreno arenoso desde el sur de EE.UU. hasta América Central. Con una altura media de 1-2 m, con grandes grupos de hojas, rígidas y en forma de abanico, flores blancas y frutos negros y oblongos. El extremo de crecimiento (corazón de palma) se puede comer crudo o cocido.

• **Yucas** (*Yucca*), de muchas clases, crecen en terreno arenoso, desde EE.UU. hasta América Central. Perenne, de tallo leñoso, con hojas rígidas en forma de espada que crecen del tallo o en un penacho en la punta. Los pétalos de las flores blancas de seis pétalos y la pulpa madura de los frutos oblongos son comestibles crudos o cocidos.

NUECES

• **Nuez del Brasil** (*Bertholletia excelsa*) se halla muy extendida en el terreno seco de las selvas tropicales de América del Sur, 30-40 metros de altura, con hojas ovaladas, de bordes arrugados y flores amarillas. Las cápsulas, con tapa y en forma de olla, contienen 15-30 nueces comestibles. En la misma zona, las nueces de sapucaya (*Lecythis urnigera*) vienen dentro de las mismas cápsulas y son igualmente sabrosas.

• **Anacardos** (*Anacardium occidentale*), originalmente nativos de la zona noreste de América del Sur, crecen ahora en todas las zonas tropicales, son arbustos o árboles de tamaño mediano con hojas perennes, grandes, ovaladas y correosas y prominentemente veteadas en pares opuestos y flores de color amarillo-púrpura. **Coma SÓLO las nueces, que crecen en el extremo de un tallo frutal en forma de pera, carnoso y de color rojizo. Son nocivas a menos que las pele y las cocine. CUIDADO: el vapor o el humo pueden causar ceguera.**

• **Almendra de la India** (*Terminalia catappa*), se encuentra en zonas tupidas, especialmente costeras, de los trópicos, tiene hojas muy grandes, correosas y en forma de porra. Los árboles maduros crecen hasta los 10 metros, los jóvenes tienen característicos círculos de ramas horizontales. Las nueces, duras y comestibles, encerradas en cáscaras fibrosas y duras de color verde, se desarrollan en grupos en las puntas de las ramas.

• **Nuez de Queensland** (*Macademia ternifolia*) crece en la zona nororiental de Australia en un árbol de aproximadamente 12 metros de altura, con gran cantidad de hojas estrechas y alanceadas. Las nueces, redondas, dentro de cáscaras verdes, crecen en grupos.

FRUTOS

• **Guayabo** (*Psidium guajava*) de América Central y del Sur, ampliamente introducidos en todas partes, son árboles pequeños y deformados, de hasta 10 metros de altura, con una corteza color marrón claro, hojas ovaladas en pares (ligeramente pilosas en la parte inferior), flores blancas y grandes frutos amarillos en forma de manzanas silvestres, con una pulpa llena de semillas y de color púrpura y cremosa. Es comestible crudo o cocido y muy rico en vitamina C.

• **Caquí o Placaminero** (*Diospyros*), se encuentra en las zonas desiertas y en los bosques secos de las zonas de clima cálido del este de Asia y sur de EE.UU., introducido en otras partes; puede alcanzar los 20 metros de altura. Las hojas pequeñas, a veces arrugadas, alanceadas, sirven para preparar un buen té, rico en vitamina C. Los frutos, redondos, de color amarillo a rojizo o púrpura, parecidos al tomate, de 5-7,5 cm, son comestibles crudos o cocidos.

• **Rambután** (*Nephelium lappaceum*) crece en la jungla en el sureste de Asia y alcanza los 20 metros de altura. Tupido, con una corteza marrón oscuro, gran cantidad de pequeñas hojuelas verde oscuro, pequeñas flores verdosas y grupos de pequeños frutos pilosos, de suaves espinas, que se vuelven rojos cuando maduran. La pulpa interna, carnosa y de color blanco —no la semilla— es comestible y muy rica en vitamina C. **Pulasan** (*N. mutabile*) es un árbol más pequeño que crece en las mismas zonas con frutos igualmente espinosos y con una pulpa amarillenta.

• **Durian** (*Durio zibethinus*), árboles de 40 metros, originarios de Malasia y Borneo, ampliamente introducidos en el sureste de Asia, con grandes hojas alanceadas, de color bronce a verde oliva y grandes frutos amarillos y de superficie espinosa. La pulpa, de color crema (no las semillas), tiene olor desagradable, pero es muy sabrosa.

• **Manzana malaya** o **Pomerac** (*Syzygium malaccensis*) alcanza los 15 metros de altura, con hojas lustrosas de color verde, alanceadas, grupos de brillantes flores rosadas y pequeños frutos rojos de 5 cm parecidos a manzanas, que huelen a rosas y pueden comerse crudos. Pomarrosa (*S. aqueum*) es similar, pero con frutos amarillentos o blancos en forma de pera y que saben a albaricoques. Originarios de zonas boscosas y frondosas de Malasia, ampliamente introducida en otras partes.

• **Carambola** (*Averrhoa carambola*) crece en los bosques tropicales de Indonesia. Pequeño, una altura media de 8 metros, con gran cantidad de hojas color verde claro, pequeñas y alanceadas, grupos de pequeñas flores de color blanquecino-rosado y frutos amarillos y acanalados de 7,5-12,5 cm, comestibles crudos, aunque pueden ser ácidos.

• **Mangostán** (*Garcinia mangostana*) del sureste asiático, alcanza los 12 metros de altura, con grandes hojas de color verde oscuro, correosas y dispuestas en pares, grandes flores amarillas y púrpura y frutos redondos, de color púrpura y en forma de tomate, cuyos cinco segmentos de pulpa interna de color blanco son comestibles crudos. Hay varias clases.

• **Fruto de la pasión** o **Granadilla** (*Passiflora edulis*), planta trepadora, originaria de Brasil, introducida en otras zonas, con largos tallos torcidos, hojas trilobuladas, características flores blancas y púrpuras parecidas a zarcillos y frutos en forma de huevos de color púrpura con una pulpa ligeramente ácida y conteniendo muchas semillas. Varias clases de frutos de la pasión comestibles crecen en América tropical.

• **Nanjea** (*Artocarpus heterophyllus*) del sur de la India, se le encuentra hoy ampliamente introducido en el sureste de Asia, es como el árbol del pan. Es un árbol que alcanza los 25 metros de altura, con hojas ovaladas, correosas, de color verde oscuro y grandes frutos verrugosos de hasta 32 kgs de peso, que pueden comerse crudos, pero es mejor cocinarlos; las semillas pueden asarse.

VEGETALES

• **Quimgombó** (*Abelmoschus*) Hay muchas especies de esta hierba tupida. Un grupo de hasta 40 flores amarillas de cinco pétalos produce los «dedos de la dama», que constituyen un buen alimento para quienes tienen problemas estomacales, y pueden comerse crudos. Ase las semillas internas.

• **Patata** (*Solanum tuberosum*) crece en forma silvestre en los Andes, pero CUIDADO con sus frutos en forma de tomate porque son venenosos. El Tomate silvestre tiene un aspecto tan similar que es mejor evitarlo. Cocine siempre los tubérculos de patata.

• **Boniatos** (*Ipomoea*) se encuentran actualmente en muchas partes del mundo, pero son especialmente abundantes en los trópicos, donde se cultivan profusamente. Son plantas desordenadas, rastreras, parecidas a la enredadera, a menudo con hojas en forma de corazón, y a veces, con grandes tubérculos alargados. Estos tubérculos pueden hervirse o asarse. Pueden exudar un jugo lechoso, pero no es venenoso.

• **Judías** (*Phaseolus*) se desarrollan profusamente en numerosas variedades, tantas que escapan al cultivo. Todas son plantas enmarañadas con «flores de judías» de diversos colores y judías en vainas alargadas, como las del tipo doméstico. Sus semillas son muy alimenticias; hiérvalas.

PLANTAS TROPICALES VENENOSAS

La proporción de plantas venenosas en los trópicos no es mayor que en cualquier otra parte del mundo. Tenga cuidado con las que señalamos a continuación, ya que son venenosas para comer o irritantes cuando entran en contacto con la piel.

1 • Mangle blanco (*Avicennia marina*) es delgado, alcanza los 6 metros de altura en manglares y estuarios, desde el África tropical oriental hasta Indonesia y Australasia. Tiene una corteza pálida, muchas raíces en forma de lápices, hojas oblongas y alanceadas, flores amarillas y bayas redondas y blancas. ***La savia provoca ampollas en la piel y puede cegarle si le alcanza en los ojos.***

2 • Almez (*Laportea*) muy extendido en los trópicos, a menudo junto al agua, es una planta pequeña, con hojas arrugadas lanceadas, muy dentadas y escarpias colgantes de flores, como si fuese una ortiga común. Hay muchas clases, incluyendo las templadas. ***La espina es como la de una ortiga, pero mucho peor. Sus semillas son muy venenosas.***

3 • Cowhage (*Mucuna pruriens*), crece en terreno boscoso y con matorrales, es colgante, parecida a una enredadera, con hojuelas ovaladas en grupos de tres, escarpias de flores pilosas color púrpura claro y vainas de semillas pilosas de color marrón. ***El contacto con las vainas y las flores provoca irritación y ceguera si alcanza los ojos.***

4 • Pangi (*Pangium edule*) es un árbol que alcanza los 20 metros de altura en la selva del sureste asiático, principalmente en Malasia, con hojas en forma de corazón dispuestas en espirales, escarpias de flores verdes y grupos de grandes frutos marrones en forma de peras. ***Todas sus partes son venenosas, especialmente los frutos; las semillas contienen ácido prúsico.***

5 • Nuez física (*Jatropha curcas*) es un pequeño arbusto o árbol de zonas boscosas en los trópicos, tiene hojas grandes, lobuladas, parecidas a la vid, pequeñas flores amarillo-verdosas y frutos amarillos del tamaño de una manzana que contienen tres semillas grandes. ***Las semillas tienen un sabor dulce, pero su aceite es altamente purgante, de ahí su nombre, y los restos de las semillas aplastadas son muy venenosos. Sus parientes son igualmente peligrosos.***

6 • Estricnina (*Strychnos nux-vomica*), es un pequeño árbol con hojas ovaladas dispuestas en pares opuestos y frutos parecidos a las naranjas, de color blanco o amarillento rojizo, cuyas semillas, que contienen estricnina, son **MORTALES.** *S. Nux-vomica* se encuentra principalmente en la India, pero otras especies crecen también en los trópicos.

7 • Ricino o **Higuera del infierno** (*Ricinus communis*), se la encuentra en los trópicos en lugares desiertos y cubiertos de matorrales, tiene forma de arbusto, sus hojas están dispuestas como los dedos de una mano, con escarpias de flores amarillas y vainas espinosas de tres semillas. ***Las semillas son altamente purgantes y en ocasiones resultan mortales.***

8 • Duchesnia (*Duchesnia indica*) se parece a una fresa comestible, colgante, con hojas divididas en tres partes, frutos rojos parecidos a las fresas y flores amarillas; crece en zonas desiertas en las partes más cálidas de Asia, introducida en América del Norte. **Sus frutos son muy venenosos y a veces resultan mortales.**

Estas son solamente algunas de las especies tropicales venenosas. Entre otras que debería evitar se encuentran:

- **Árboles renghas** (*Gluta*) crece en partes de la India oriental hasta el sureste asiático, contiene una savia muy irritante; el **Manzano de la playa** o **Manzanillo** (*Hippomane mancinella*) de los trópicos del Nuevo Mundo, es un árbol pequeño con una corteza suave y de color claro y pequeños frutos venenosos parecidos a manzanas, que también tienen una savia venenosa; y el **Jabillo** (*Hua crepitans*), también del Nuevo Mundo, es un árbol grande y espinoso, cuya savia puede provocar irritación o cegar temporalmente; sus frutos segmentados, que parecen calabazas en miniatura, son venenosos.

PLANTAS DE LA COSTA

1

2

3

4

5

Estas plantas crecen y se desarrollan en condiciones salinas pero, en el momento apropiado del año, muchas otras plantas comestibles crecen cerca de la costa.

1 • Armuelle (*Atriplex*), altura media de 90 cm, de tallos pálidos, con hojas alanceadas o triangulares de color verde claro y escarpias de pequeñas flores blancas y verdosas; crece en suelo salino, algunas variedades se desarrollan bien tierra adentro. Cocine las hojas jóvenes.

2 • Remolacha de mar (*Beta vulgaris*) es grande e irregular, con hojas verdes, grandes y correosas de largos tallos, y grupos de pequeñas flores verdes; crece en las costas de Europa. Sus hojas son comestibles crudas o cocidas.

3 • Orugas de mar (*Cakile*), altura media de 30 cm, con hojas carnosas, lobuladas, de color azul verdoso, flores lila o púrpura y cápsulas en forma de huevo. Las hojas picantes y las cápsulas jóvenes pueden comerse crudas o como hierba para condimentar.

4 • Barrilla o **Hinojo del pantano** (*Salicornia*) a menudo muy extendidas en áreas salinas, tienen tallos rechonchos, entrenudos, de color verde amarillento y de 30 cm de alto. Algunas crecen en gran densidad en zonas encharcadas como brotes singulares de 15 cm de altura. Las flores, diminutas, son apenas visibles en la unión de los tallos. **Rock Samphire** *(Crithmum maritimum),* achaparrada y tupida, con grupos de flores amarillas, crece en terrenos pedregosos y también en riscos. Sus tallos gruesos y sin vellos y las hojas carnosas de color gris verdoso que acaban en estrechas hojuelas, son comestibles. Cocinar y chupar las partes carnosas.

5 • Coclearias (*Cochlearia*), 25 cm de altura, con hojas de color verde oscuro, carnosas, en forma de corazón o riñón y pequeñas flores de color blanco o rosa; a menudo crecen profusamente en las costas. Muy amargas, es mejor disolverlas en agua, pero son tan ricas en vitamina C que el superviviente debería comerlas si las encuentra.

6 • Col marina (*Crambe maritima*), tiene forma de col, con gruesas hojas de color gris verdoso, flores blancas de cuatro pétalos y cápsulas globulares; crece en las costas de Europa. Es mejor cocinar las hojas porque son muy duras; los tallos subterráneos pueden ser cortados y hervidos.

7 • Cardo marino (*Eryngium maritimum*), parece un cardo, alcanza los 60 cm de altura, con hojas puntiagudas, veteadas de blanco y de color azul de hielo y un capítulo azul y espigado; crece en las costas septentrionales de Europa. Extraiga las largas raíces, córtelas y hiérvalas.

8 • Mertensia marítima (*Mertensia maritima*), es grande e irregular, forma un tapete vegetal, de color verde azulado y carnosa, con hojas ovaladas y grupos de flores de color rosa y azul púrpura; crece en las costas septentrionales de Europa. Sus hojas son comestibles crudas o cocidas.

9 • Ligustro escocés (*Ligusticum scoticum*), es rechoncho, con olor a apio, de 90 cm de altura, a menudo con tallos de color púrpura, con hojas de color verde brillante y capítulos de diminutas flores blancas; crece en las costas septentrionales de Europa. Las hojas crudas contienen gran cantidad de vitamina C; puede añadir las hojas y los tallos troceados a otras comidas. Otros ligustros similares crecen en otras zonas.

COSTAS TROPICALES

La vegetación de la costa tropical consiste principalmente en palmeras, aunque en las zonas tropicales de Europa pueden encontrarse **Pandánaceas** (*Pandanus*) o Pinos tornillo, llamados así por sus hojas finas y agrupadas en espiral. A menudo se las puede diferenciar por sus numerosas raíces aéreas en la base del tronco. Los frutos, prominentes, globulares, muy segmentados, se pueden conseguir durante todo el año y, en algunas variedades, constituyen un buen alimento.

Ciruelos silvestres (*Spondias*) también pueden encontrarse cerca de la costa, al igual que el **Ciruelo amargo** (*Ximenia caffra*), un árbol pequeño y generalmente espinoso, cuyos frutos amarillos parecidos a las ciruelas tienen una pulpa comestible. Hay numerosas clases diferentes en los trópicos. Entre otras plants se podrían citar el **Fruto de la pasión**, que se encuentra a menudo cerca de la costa en las zonas tropicales de América, y **Verdolagas de la costa** (*Sesuvium*) que crece en cerca de las playas y del agua salada, de las que se puede comer toda la planta.

6

7

8

9

ALGAS MARINAS

La mayoría de las algas marinas se encuentran en aguas poco profundas, fijadas al fondo o a una roca, pero hay algunas que flotan en la superficie en mar abierto. Las algas costeras se encuentran habitualmente estratificadas con formas verdes que crecen en la superficie del agua, formas rojas en aguas poco profundas y marrones en zonas un poco más profundas.

1 • Lechuga marina (*Ulva lactuca*) es de color verde claro, parecida a la lechuga de jardín, y se encuentra en rocas y piedras del Atlántico y del Pacífico, especialmente en las vías de agua que desembocan en el mar. Lávelas y hiérvalas.

2 • Enteromorpha intestinalis es de color verde claro, con frondas como cápsulas y sin ramas, de hasta 50 cm de largo, habitualmente menos. A menudo abunda en rocas y estanques rocosos y también en pantanos salinos, en aguas frías de todo el mundo. Toda la planta es comestible, ya sea fresca o seca y pulverizada. Es mejor recogerla a comienzos de la primavera.

3 • Kelps (*Alaria* y *Laminaria*) tienen un tallo corto y cilíndrico, y frondas delgadas, onduladas, de color verde oliva, a menudo muy largas; crecen en las costas rocosas del Atlántico y del Pacífico. Pueden comerse crudas pero es mejor hervirlas.

4 • Musgo de Irlanda (*Chondrus crispus*) consiste en frondas de color verde oliva, ahorquilladas y lobuladas, de color púrpura, a menudo en densas colonias en las costas del Atlántico. Lávelas y hiérvalas. Una vez frías, el resto se convertirá en gelatina. Las frondas pueden secarse y guardarse; déjelas al sol hasta que se hayan vuelto blancas.

5 • Alga de azúcar (*Laminaria sacarina*) tiene frondas largas, achatadas, de bordes ondulados, de color amarillo marrón, fijadas a las rocas y las piedras; muy comunes en el Atlántico y mar adentro en China y Japón. Las frondas jóvenes pueden comerse crudas pero es mejor cocinarlas. Su sabor es dulce.

6 • Alga marina roja (*Rhodymenia palmata*) tiene frondas de color rojo púrpura, de tallos cortos, lobuladas, en forma de abanico, y se encuentra en el Atlántico y el Mediterráneo. Correosas pero dulces; hiérvalas. Puede secarse y enrollarse para mascar como tabaco.

7 • Ovas (*Porphyria*) tienen frondas finas, irregulares, satinadas, rojas, púrpura o marrones y se encuentran en el Atlántico y el Pacífico. Hiérvalas hasta que se ablanden. Úselas como condimento o combínelas con granos para hacer pasteles. Muy sabrosas.

Las algas marinas, ricas en vitaminas y minerales, constituyen un alimento ideal para la supervivencia. Las que mostramos aquí son comunes y pueden comerse sin problemas.

No hay algas marinas venenosas, pero algunas de ellas contienen ácidos que irritan el aparato digestivo y otras son altamente purgantes. Pruebe sólo pequeñas cantidades si no puede identificarlas positivamente como inocuas. NO coma algas marinas si no dispone de suficiente cantidad de agua. Si puede, lávelas con agua dulce antes de comerlas para quitarles la sal.

Recoja las algas crecidas, firmes y suaves al tacto, no los trozos esparcidos por la playa. Rechace las que tengan mal olor. Algunas de las que contienen ácidos irritantes pueden detectarse si las aplasta entre los dedos y espera durante cinco minutos, luego de lo cual despiden un olor muy desagradable. Todas las algas marinas se descomponen rápidamente fuera del agua. Úselas inmediatamente después de recogidas o séquelas para su uso posterior.

Algas de agua dulce

8 • Nostoc (*Nostoc*) es un alga de agua dulce de América del Norte y Eurasia, que forma glóbulos verdes, redondos, parecidos a jalea, del tamaño de una canica, en los estanques, a partir de la primavera. Séquelas y úselas como espesante. **COMA SÓLO las algas de color verde brillante y de aspecto fresco.**

EVITE TODAS LAS ALGAS AZULVERDOSAS, YA QUE SON VENENOSAS. Se encuentran en agua dulce, no en mares y océanos, flotando en la superficie de un estanque de aguas estancadas. **Se identifican por su color verde azulado y su olor a gas.**

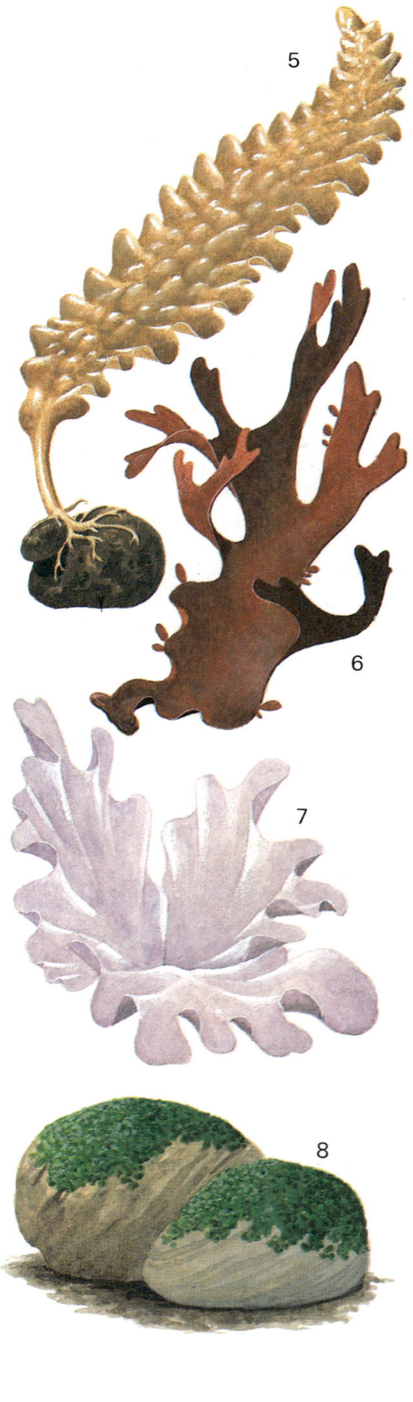

TRAMPAS Y CAPTURAS

Atrapar a la mayoría de presas pequeñas resulta más fácil que cazarlas. Aún cuando usted descubra a un animal pequeño, éste ofrece un blanco reducido y puede ocultarse con facilidad. La captura de un animal requiere menos habilidad y le deja libre para que se dedique a buscar otras fuentes de comida. No obstante, debe estar siempre preparado para aprovechar la oportunidad de coger a un animal si lo descubre descansando.

Existen muchas trampas sofisticadas con mecanismos muy complicados. Se necesita bastante tiempo para construirlas y también exigen esfuerzo físico. El superviviente necesita trampas simples que son fáciles de recordar y fáciles de construir. Sin embargo, como cada animal tiene hábitos diferentes, es esencial disponer de una amplia variedad de tipos de trampas. Si un tipo falla, puede tenderse otro alternativo, es cuestión de ensayo y error.

La propia preservación del superviviente debe prevalecer sobre los principios humanitarios y, desgraciadamente, algunos de los tipos más sencillos de trampa pueden causar un considerable sufrimiento a los animales. Una trampa que puede acabar rápidamente con la vida del animal para la que está destinada, tal vez por estrangulamiento, puede coger a otro animal por uno de sus miembros y provocarle un sufrimiento de varias horas. La comprobación regular de las trampas es fundamental. Dejar sin revisar una zona con trampas supone prolongar el dolor del animal y aumentar el riesgo de que la presa sea devorada por otro animal o bien que logre liberarse; se sabe que hay animales que pueden arrancarse un miembro o causarse otro tipo de mutilación para escapar de una trampa.

Un gran porcentaje de error puede eliminarse estudiando los animales y sus hábitos. Es importante la elección de los cebos y de los lugares donde tender las trampas. Si uno de ellos no funciona, inténtelo con otro. SEA PACIENTE. Conceda tiempo a las trampas. Al principio los animales se mostrarán suspicaces pero, con tiempo, se confiarán y caerán en la trampa.

Incluso cuando usted esté viajando, unas pocas trampas simples, tendidas rápidamente por la noche, pueden resultar productivas, y si se halla acampado de un modo más permanente, podrá tender toda una línea de trampas bien planificadas. Cuantas más trampas coloque, más posibilidades tendrá de culminar con éxito sus intentos.

Establezca la línea de trampas más extensa que pueda en su área. Inspecciónelas al amanecer y al caer la noche. Recoja las presas y vuelva a colocarlas. Repare las trampas cuando sea necesario y mueva aquellas que se hayan mostrado repetidamente infructuosas. Para que sea eficaz, una trampa debe ser extremadamente sensible, de modo que también puede dispararse accidentalmente. Es probable que, por cada éxito, tenga que recoger muchas trampas vacías, pero esto no significa que esté haciendo las cosas equivocadamente. Debe aceptar una proporción de fracasos; los fracasos no son causa de desaliento. Si una trampa no ha funcionado, pero el cebo ha desaparecido, eso indica que el cebo no se hallaba suficientemente sujeto a la trampa o bien que el mecanismo de disparo está muy tenso. Compruebe ambas cosas cuando vuelva a colocar la trampa.

Al hacer sus rondas de manera regular, usted también estará patrullando eficazmente su zona, advirtiendo las numerosas señales de actividad o cambio que contribuirán a aumentar su conocimiento sobre los alrededores. Al mismo tiempo, puede buscar plantas u otros alimentos, o notar qué es lo que hay disponible para una futura recolección.

El cebo en la trampa atraerá a la presa. En una situación de supervivencia la comida puede escasear pero, si usted sabe positivamente que hay animales que puede atrapar, un poco de comida utilizada como cebo puede darle excelentes resultados.

Dónde colocar las trampas

Encuentre las sendas que suele recorrer la presa, que lleva desde la madriguera del animal hasta el lugar donde come o bebe. Busque cualquier obstáculo natural a lo largo del sendero, por donde el animal deba pasar obligadamente: madera seca caída o un lugar donde el sendero pase por debajo de una obstrucción, serán sitios ideales para colocar una trampa.

No coloque la trampa cerca de la madriguera de un animal. Porque es en ese lugar donde el animal descansa y escucha y huele el aire. Si el animal sospecha el peligro, se quedará dentro de la madriguera o bien utilizará una ruta menos obvia y más segura. Tampoco coloque la trampa cerca del lugar donde acude a beber. Allí, también, el animal está alerta y es más probable que note cualquier señal inusual en los alrededores.

Si usted tiende las trampas del lado de los apacentamientos naturales, el animal no se acercará a ellos y escogerá otra ruta. Sin embargo, cuando están asustados, los animales entran en estado de pánico y eligen la ruta más corta a su madriguera. Es en ese lugar donde será efectiva la más obvia y tosca de las trampas. A los conejos se les puede cazar fácilmente asustándoles.

Confección de las trampas

Las trampas y los cepos más simples están hechos de alambre o cordel. Será más fácil mantener un lazo abierto en el aire si usa alambre y el alambre en su equipo de supervivencia es fundamental. Incluso la trampa más sofisticada no necesita más que un cuchillo para construirlo con la madera disponible. La elección de los materiales es importante. Use madera fuerte y flexible. No use madera seca o madera que encuentre en el suelo. El avellano resiste los golpes: es fácil de tallar y conserva su elasticidad y su fuerza.

Tipos de trampas

Los mecanismos de las trampas se sirven de los siguientes principios:

MUTILAR ESTRANGULAR COLGAR ENREDAR

El peso suspendido mutila. El lazo estrangula. Los árboles jóvenes y flexibles pueden hacer que una trampa resulte más eficaz y eleva a la presa en el aire: la presa cuelga. Cuanto más alto sea el árbol, más efectivamente eleva al animal. Una red enreda. Algunas trampas combinan dos o más de estos principios.

REGLAS PARA TRAMPAS

Cuando coloque trampas, siga estas reglas básicas:

1 Evite perturbar el medio ambiente No pise el sendero que usan los animales. Haga todos los preparativos fuera del sendero y no deje ninguna señal que le delate.

2 Oculte su olor Cuando construya o manipule las trampas no deje su olor en ellas. Manipúlelas lo menos posible y use guantes si dispone de ellos. No fabrique una trampa con madera de pino para luego colocarla en un bosque de avellanos. Cada árbol tiene su propio olor, y los animales que usted trata de atrapar tienen el sentido del olfato muy desarrollado, mucho más que el suyo. Aunque le temen al fuego, están familiarizados con el holor del humo y colocar una trampa sobre el humo de un fuego de campamento servirá para enmascarar el olor humano.

3 Camuflaje Oculte con barro las puntas de las ramas recién cortadas. Cubra cualquier cebo en el suelo para confundirlo con el ambiente que le rodea.

4 Hágalas resistentes Un animal atrapado lucha por su vida. En su intento por escapar ejerce una fuerza muy grande. Cualquier debilidad en la trampa quedará evidenciada en ese momento.

LAZOS

Los lazos son las trampas más simples y deben formar parte de cualquier equipo de supervivencia. Están hechos de alambre no ferrico con un nudo corredizo en un extremo y a través del cual pasa el otro extremo del alambre antes de ser fijado a una estaca, piedra o árbol. Un lazo con nudo corredizo que se mueve libremente y que puede atrapar a un animal pequeño por la garganta o a uno más grande alrededor de las patas.

Un lazo puede improvisarse con un cordel, una cuerda o un alambre. Considere la clase de animal que está tratando de atrapar antes de colocar la trampa. Un conejo, por ejemplo, tiende a quedarse quieto a cubierto y a observar. Cuando está seguro reanuda su camino dando pequeños saltos. Si se coloca el lazo a un palmo de una depresión del campo o de un obstáculo, puede coincidir con el salto. Si el lazo se halla junto a una obstrucción, el conejo puede sortearlo.

Un cepo de alambre puede sostenerse sobre el suelo por medio de dos ramitas, que también pueden usarse para mantener suspendido un lazo de alambre abierto.

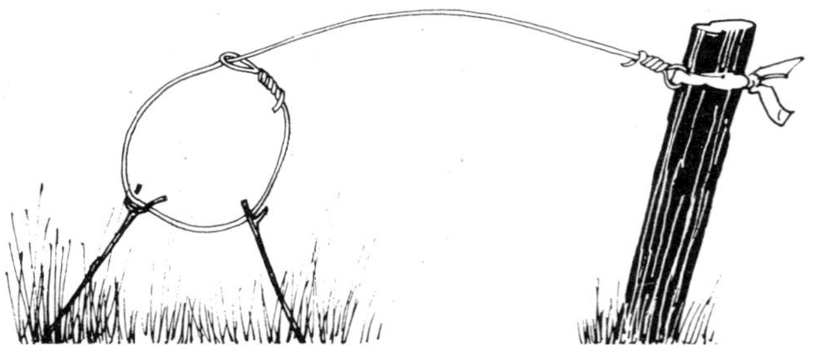

USANDO UN CEPO SIMPLE

Para conejos y animales pequeños. Use su juicio para aumentar las proporciones en función del tamaño de los animales más grandes, como zorros y tejones.

- **El lazo debe tener el ancho de un puño.**
- **Coloque cuatro dedos sobre el suelo y**
- **el ancho de una mano desde un obstáculo natural en el sendero.**
- **Compruebe que se halle firmemente sujeto, con pequeñas ramas que sostengan el lazo en posición si fuese necesario.**

Lazos bajo tensión

Haga que el lazo sea más efectivo usando un árbol joven bajo tensión para que eleve a la presa cuando se dispare. Esto le quita un punto de apoyo al animal mientras lucha por liberarse y ayuda también a mantenerle fuera del alcance de cualquier depredador.

Lazo de muelle

Cuando la presa cae en el lazo, la barra disparadora se suelta y el animal es izado del suelo. Es una buena trampa para animales como los conejos y los zorros, atrapará a animales que vengan desde ambas direcciones y el lugar ideal para tenderla es en el sendero que utiliza la presa, junto a un obstáculo natural formado por un trozo de madera caído o un saliente rocoso.

Haga una muesca en la barra de disparo (a) para asegurarla en la barra vertical (b). Clave esta última en tierra. Asegure el cepo a la barra de disparo y use un cordel unido al tallo flexible para mantener la tensión.

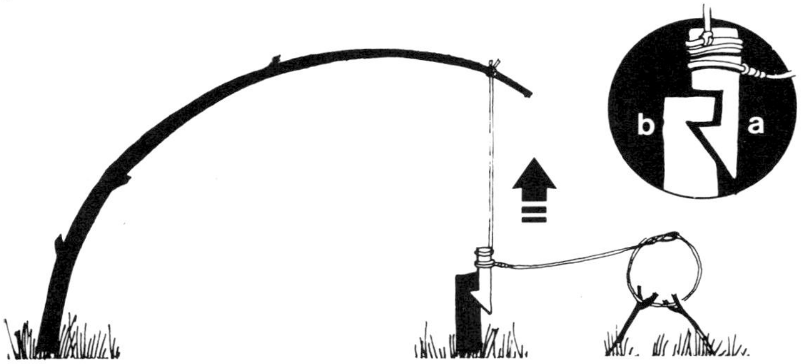

Lazo de muelle con cebo

Es el mismo mecanismo que se aplica en la trampa anterior, pero en este caso la presa es tentada por un sabroso cebo. El lazo se coloca en el suelo y el cebo queda sujeto por encima de él. Cuando la presa coge el cebo, la trampa se dispara.

Es muy útil para animales de tamaño medio, como los zorros, y puede colocarse en una zona abierta para que el cebo llame la atención. Los pequeños claros en los bosques son un buen lugar.

La estaca que sostiene el cebo debería estar sólo ligeramente clavaa en tierra, ya que debe desprenderse junto con el lazo.

Lazo de muelle con cebo para las patas

Los extremos de una horquilla natural de madera, o dos palos unidos por un cordel, son enterrados en el suelo. La rama de un árbol joven inclinada es atado a un fiador y al lazo y luego el fiador es pasado por debajo de la horquilla. Cuando la presa muerde el cebo, que se encuentra en un extremo de una barra separada, la barra se suelta y el fiador sale disparado hacia arriba alzando el lazo (y, con un poco de suerte, el animal también). Es una trampa ideal para ciervos, osos y grandes felinos. Para el ciervo hervíboro, coloque un cebo con sangre o glándulas olorosas, que atraerán su curiosidad.

El extremo superior del fiador presiona contra la horqueta y el extremo inferior no puede soltarse a causa de la barra con el cebo entre él y la horqueta, mientras que la presión que ejerce el fiador la mantiene en posición.

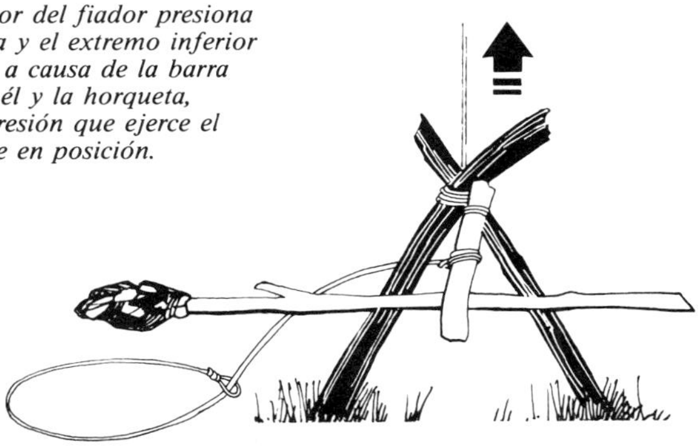

Lazo de muelle en tensión

El empuje contrario ascendente de la estaca fijadora (a), sobre la que descansa el brazo del lazo (b), impide que la varilla pueda soltarse. Cuando la presa queda atrapada, el brazo del lazo se desprende de la estaca fijadora y el sedal se desprende del otro extremo. es muy útil para animales pequeños como los conejos. Colóquela en el sendero que utiliza la presa.

Note como el cordel asegura un extremo del brazo del cepo (b), mientras que el otro descansa sobre la estaca de apoyo (a). Mantenga el cordel cerca del extremo del brazo con el cepo.

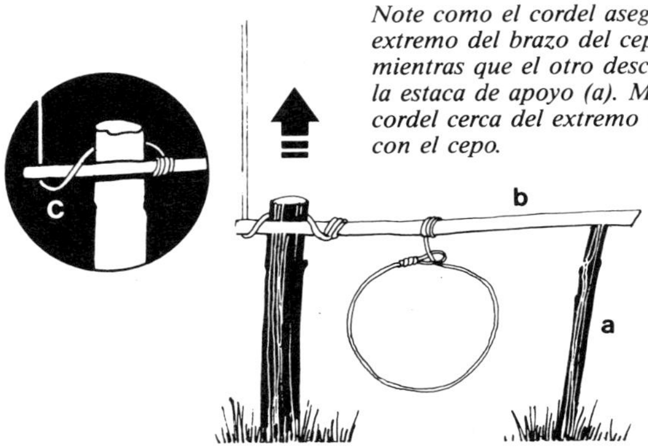

Lazo de muelle trapezoidal

Este lazo puede usarse para cubrir dos senderos en campo abierto. El brazo soporta dos lazos y está sostenido en una muesca por la tensión que ejerce la cuerda.

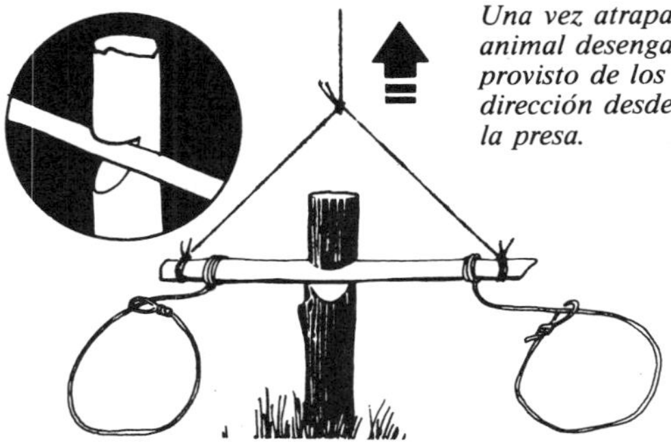

Una vez atrapado, los movimientos del animal desengancharán el brazo provisto de los cepos, sin importar la dirección desde la que se haya acercado la presa.

Lazo de muelle giratorio

Un punto de apoyo redondo sostiene el brazo del lazo en este caso, la cuerda se halla estirada hacia atrás en un ligero ángulo para mantenerlo en su lugar. Es útil para animales como conejos y zorros. Aunque está tensado en una dirección, la barra será liberada por los movimientos que haga el animal para soltarse.

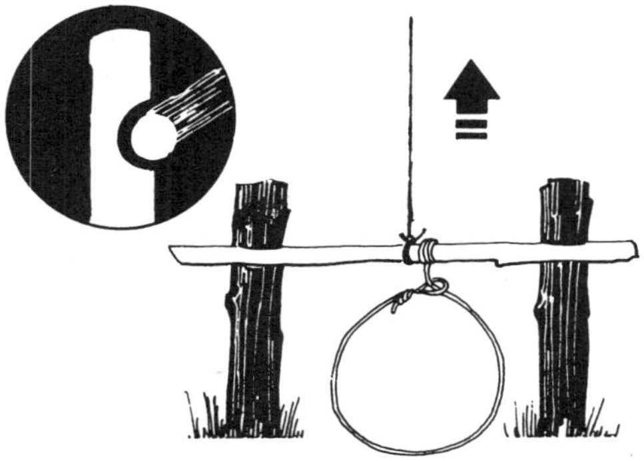

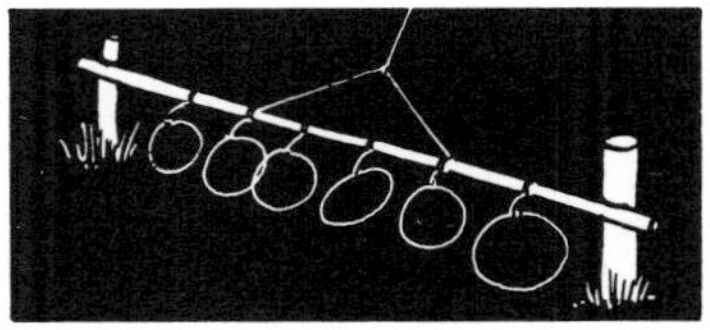

Se puede abarcar una zona amplia empleando varios cepos en una larga barra horizontal. Use esta trampa donde se ensancha el sendero u ofrece distintas alternativas.

Trampa plataforma

El lugar ideal para colocar esta trampa es en una pequeña depresión en el sendero que recorren las presas. Los lazos se instalan en las plataformas a ambos lados. Cuando la plataforma se hunde, el disparador se suelta y el animal queda firmemente cogido por una pata. Es ideal para presas de gran tamaño, como ciervos, osos o grandes felinos. Una plataforma de estacas, corteza dura u otros materiales resistentes, descansa sobre una barra inferior, mientras que la barra superior se fija en dos muescas. Un mecanismo similar (a) al de la trampa plataforma, pero utilizando un lazo más grande y ninguna plataforma, es activada por el desplazamiento del fiador o de la barra inferior para coger a un animal pequeño.

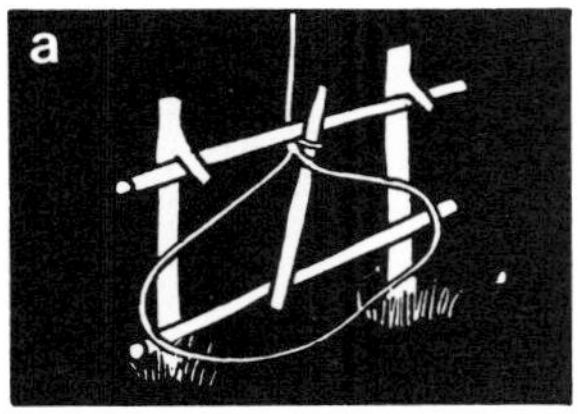

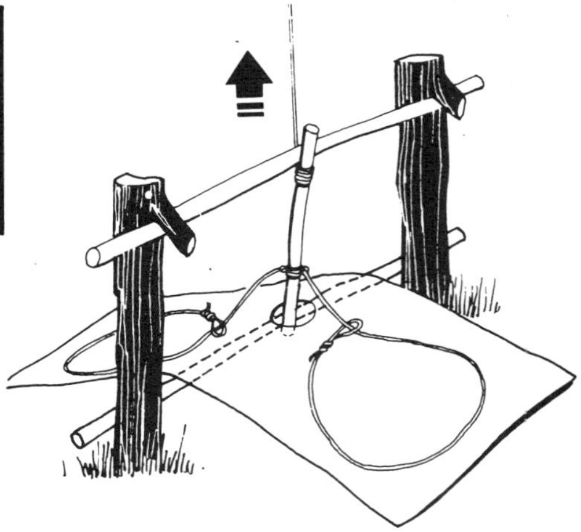

Lazo disparador con cebo escalonado

Dos estacas ahorquilladas sostienen una barra cruzada que engancha con otra estaca que contiene el cebo (unida a un sedal en tensión), que la mantiene en su sitio y sostiene los lazos. Coloque esta trampa en claros para atrapar cerdos y pequeños carnívoros.

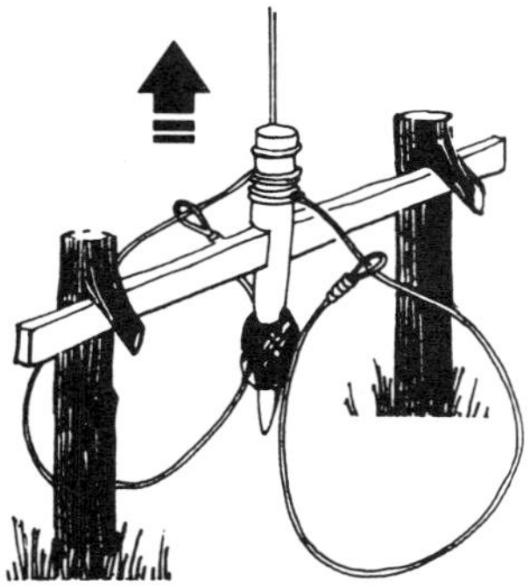

La barra de contención, o al menos una sección de ella, debería contar con una muesca cuadrada para que encajara en ella la muesca de la estaca con el cebo.

Cuatro lazos de doble extremo

Una barra con cebo es colocada en ángulo recto a través de una barra vertical, con las caras cuadradas, y un corto disparador fijado entre ellas para mantener su posición. El disparador está unido a un árbol joven y flexible y el mismo sedal lleva los lazos. Cuando la barra con el cebo es liberada, el disparador se acciona. Cuatro lazos cubrirán eficazmente ambas direcciones de un sendero, o también puede utilizarlos en claros para atrapar pequeños carnívoros.

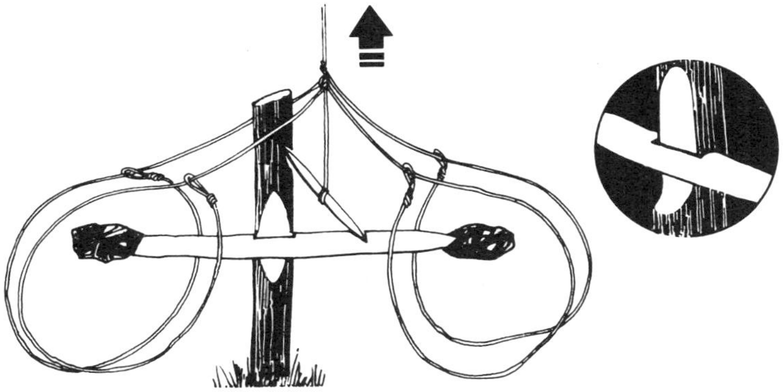

Lazo de doble muelle

Dos arboles jóvenes están mellados para que puedan unirse cuando se los incline sobre el sendero que transitan las presas. Una barra vertical provista del cebo es atada cerca del extremo de uno de los árboles. Se pueden colocar dos lazos en cada uno de los árboles y deberán estar hechos de alambre rígido para que puedan mantener su posición. Es otra trampa muy útil para usar en claros para coger carnívoros pequeños. Cuando muerde el cebo, el animal es alzado en el aire entre ambos árboles.

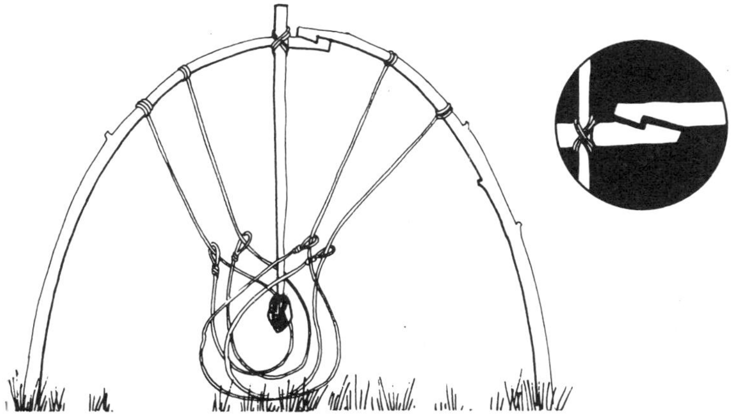

Lazo disparador de cebo y fiador

Una barra con cebo es encajada entre una barra vertical y la parte inferior de un fiador, mientras que la parte superior presiona contra una barra de contención. El principio es el mismo que rige para la trampa plataforma, sólo que en este caso la barra con el cebo reemplaza a la plataforma. El movimiento de la barra con el cebo libera el fiador, que se eleva bajo la tensión de un árabol joven que se halla por encima de él, alzando el lazo.

El cordel tensado y sujeto al tallo inclinado y al extremo del fiador presiona contra la barra transversal. La barra con el cebo mantiene el fiador en posición.

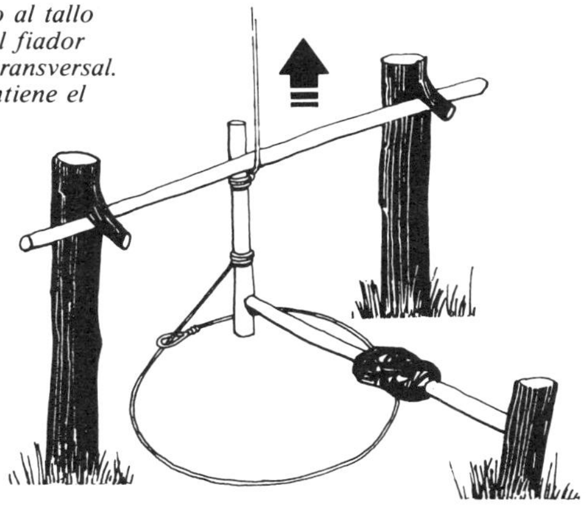

TRAMPAS DE PESOS SUSPENDIDOS

Todas estas trampas funcionan según el principio de que, cuando el animal muerde el cebo, un peso cae sobre él. Son excelentes para cerdos, zorros y tejones. Versiones de mayor tamaño pueden emplearse con animales como los osos.

¡ATENCIÓN

Las versiones más grandes de estas trampas pueden ser extremadamente peligrosas no sólo para los animales que se pretende capturar con ellas sino también para los seres humanos. El fiador se dispara y las trampas tienen alambres de desenganche que pueden soltarse accidentalmente. Incluso en situaciones de supervivencia, asegúrese de que todos conocen exactamente el lugar donde están colocadas. Durante la práctica de los ejercicios de supervivencia, mantenga a la gente alejada de ellas y nunca deje una de esas trampas colocada al finalizar los ejercicios.

Usted no puede colocar una de estas trampas sin contar con ayuda. Mantenga el mecanismo a un costado del sendero, alejado del peso suspendido, ya que su colocación puede suponer un gran riesgo para su integridad. El equilibrio es esencial y es muy poco probable que consiga colocarla correctamente a la primera.

Trampa de peso suspendido con disparador de fiador

Esta trampa emplea el mismo mecanismo que el lazo disparador de cebo y fiador, aunque en este caso la barra que mantiene en posición al fiador presiona hacia arriba un extremo del mismo. Un sedal del fiador pasa por encima de una rama para sotener un grupo de troncos u otro peso sobre el sendero. Desde la barra disparadora parte un cordel (habitualmente una enredadera) que pasa, a nivel del suelo, por debajo del peso suspendido y se ata a un punto firme.

Pase el cordel por debajo de una horquilla (a) de modo que tire de la barra de disparo cuando la trampa sea operada.

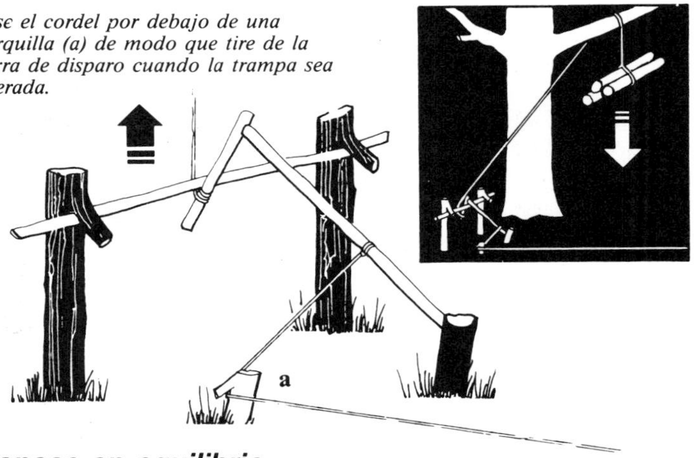

Troncos en equilibrio

Una estaca ahorquillada, con los extremos afilados para que se libere rápidamente y el otro convenientemente provisto de cebo, sostiene un extremo de un travesaño, el otro extremo del cual descansa sobre un punto de apoyo fijo, sostenido en ese punto por el peso de los pesados troncos o de la piedra que descansan sobre la barra. Cuando el animal coge el cebo, la trampa cae sobre él.

Coloque el cebo en ángulo debajo de la trampa.

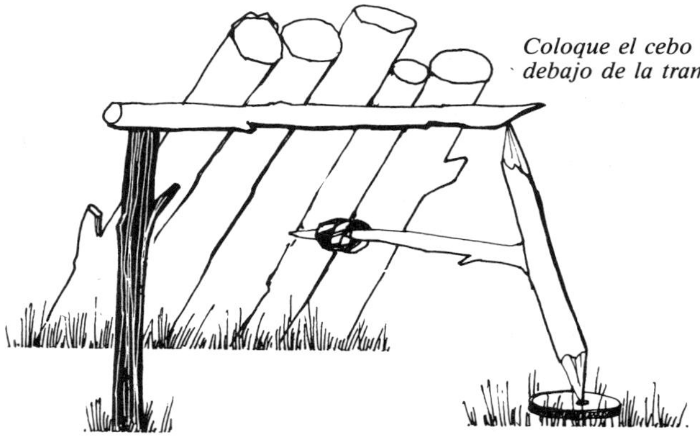

Trampa de disparo de caras cuadradas

Similar a la anterior pero empleando en este caso como soporte una estaca vertical con una muesca. Coloque el travesaño contra la cara inferior de la barra que sostiene el peso.

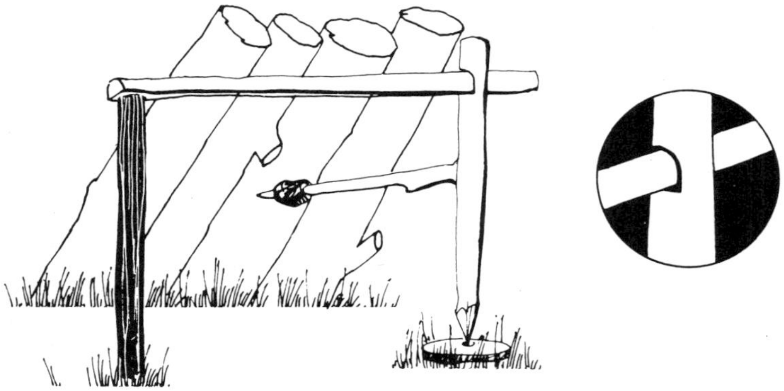

Trampa de peso suspendido con fiador y cebo

Una roca o un grupo de troncos atados son sostenidos por un soporte que está en equilibrio sobre una estaca ahorquillada fija. El otro extremo del soporte es mantenido junto al suelo por un sedal corto unido a un fiador que se envuelve alrededor de la estaca vertical. El fiador es mantenido en su sitio por otra estaca provista del cebo y encajada entre él y el peso suspendido. Al desplazar la estaca con el cebo, toda la trampa cae sobre el animal.

La horquilla se clava primero en tierra.

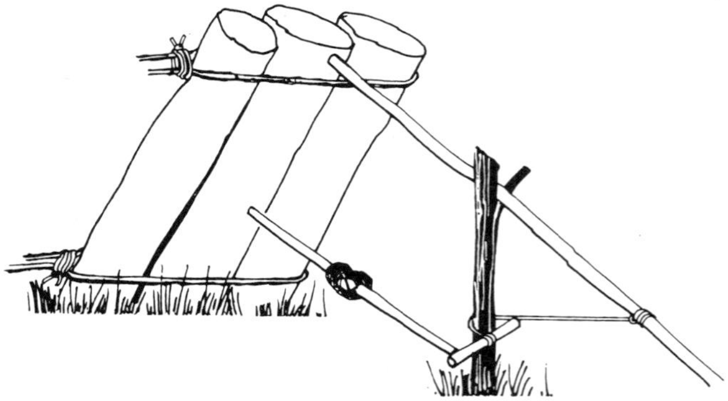

Trampa de peso suspendido

El peso de un tronco u otro peso suspendido sobre el sendero que recorre la presa tira del sedal contra una barra de contención sostenida por cortas estacas aseguradas al tronco del árbol. El sedal continúa en forma de mecanismo de disparo debajo del peso suspendido. Asegúrese de que el sedal es lo suficientemente largo y el punto de fijación lo bastante débil para permitir que el peso llegue al suelo una vez desprendido.

Trampa de peso suspendido en figura de 4

Parece complicada pero, una vez que ha aprendido a montarla, es fácil de recordar y muy efectiva. Puede construirse de cualquier tamaño. Una barra horizontal, con el cebo, es colocada en equilibrio y en ángulos rectos con respecto a otra barra vertical de fijación, que sostiene un peso, colocada sobre el cebo, y que pivota sobre el extremo afilado de la barra vertical.

La barra con el cebo tiene una muesca en la parte superior para encajar el brazo de cierre, con una muesca cuadrada en un lado para que encaje verticalmente. El brazo de cierre está afilado en el extremo inferior para soltarse rápidamente y con una muesca en el centro para que en ella gire la estaca vertical.

TRAMPAS CON PICAS

ATENCIÓN

Estas trampas son especialmente útiles para matar cerdos y ciervos, pero también son extremadamente peligrosas y pueden resultar fatales para los seres humanos. Permanezca SIEMPRE DETRÁS de la pica cuando la esté colocando y asegúrese de que tanto su emplazamiento como el peligro que entraña son conocidos por todos los miembros del grupo. Coloque algunas señales para advertir a otras personas de su presencia. Excepto en una situación de supervivencia, nunca deje montada una de estas trampas y sin supervisarla.

Trampa de lanzas suspendidas

Emplea el mismo mecanismo que la trampa de peso suspendido (izquierda) pero usa piedras para añadir peso y ramas cortas y afiladas. El animal es atravesado por las lanzas además de recibir un fuerte golpe.

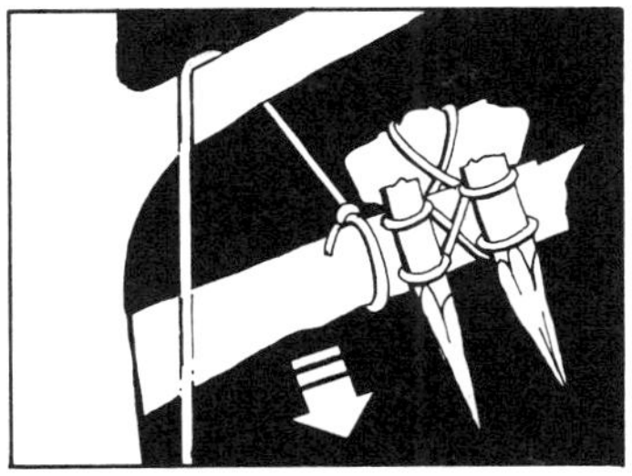

Trampa con picas en tensión

Se trata de una trampa muy peligrosa que matará a la presa. Es muy efectiva contra los cerdos salvajes. Consiste en una estaca provista de una pica y sostenida tensa encima del sendero. Un anillo corredizo hecho con una planta trepadora anudada o con un material blando (no con alambre duro que podría pillar el fiador) unido a un alambre disparador que actúa como mecanismo que libera la trampa.

Un fiador (a) y un sedal corto (unido a una estaca fija vertical) sostiene en tensión la estaca con la pica. Otra varilla pasada a través del anillo es tensada entre el lado más próximo de la estaca con la pica y el lado más alejado de la estaca vertical, asegurándolo todo hasta que el animal tropiece con ella.

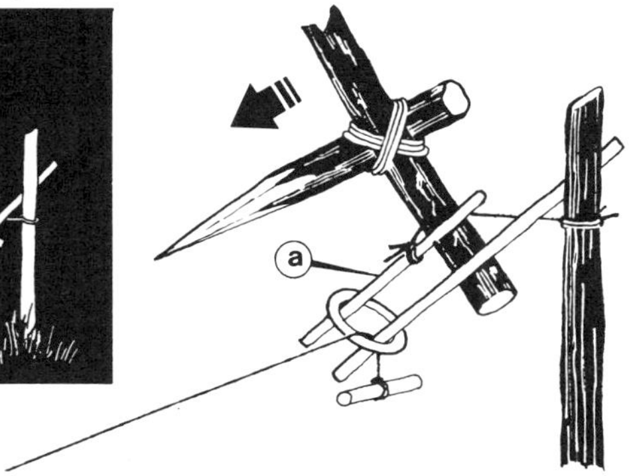

Trampa con picas para cerdos

Similar a la trampa con picas en tensión pero operando de forma horizontal, tiene el extremo desarmado de la estaca flexible asegurada y atada entre cuatro estacas verticales. En el otro extremo, el fiador (fijado por un sedal corto) contiene la estaca flexible mientras el fiador es sostenido contra la barra horizontal por medio de un anillo. El anillo se encuentra en el extremo de un alambre disparador, fijado a un poste en el otro lado del sendero.

Asegúrese de que la pica está bien atada al tallo flexible y no puede ladearse en el momento del impacto en lugar de clavarse en el cuerpo del animal.

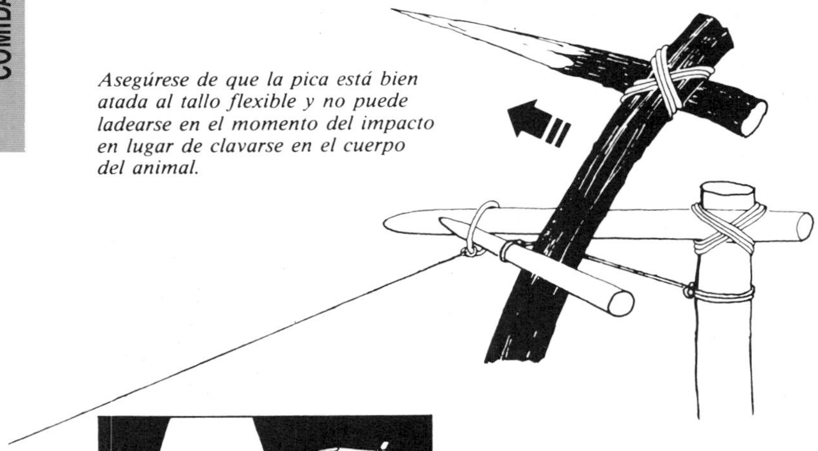

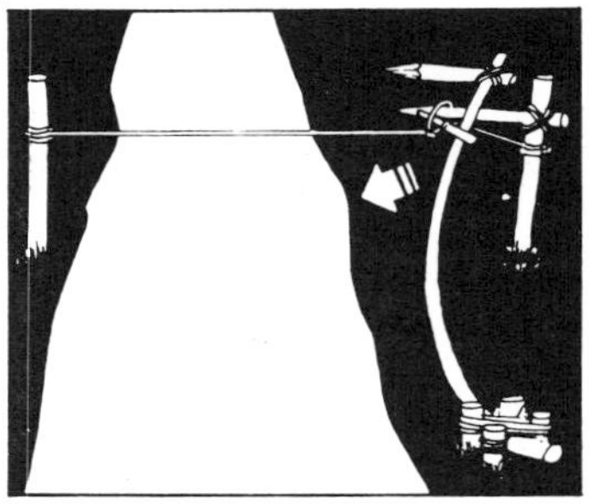

El tallo con la pica es colocado según la altura del animal que se desea matar, o angulado para que alcance esa altura.

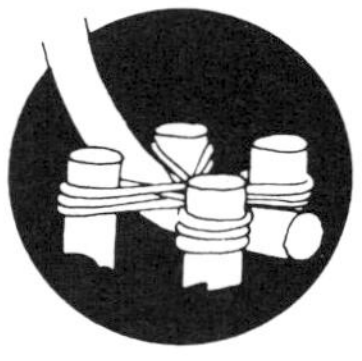

La tensión ejercida sobre la pica exige que las estacas que la sostienen estén bien enterradas en el suelo y que las ataduras también sean firmes y seguras.

RECUERDE

Como estas trampas son tan peligrosas, asegúrese de que la cuerda y las muescas son lo suficientemente fuertes para soportar la tensión. Nunca se acerque a estas trampas salvo por DETRÁS de las picas.

No corra riesgos en lo que concierne a estas trampas.

Trampa con picas y cebo en tensión

El animal coge el cebo suspendido, desplaza el anillo de contención y libera la barra de disparo, permitiendo que la pica salga lanzada hacia arriba. El anillo sostiene el extremo superior de la barra de disparo contra un poste vertical, de modo que retiene la estaca con las picas. El extremo inferior del disparador se halla sujeto por medio de una cuerda. Para aumentar la eficacia de la trampa, use varias picas en la barra.

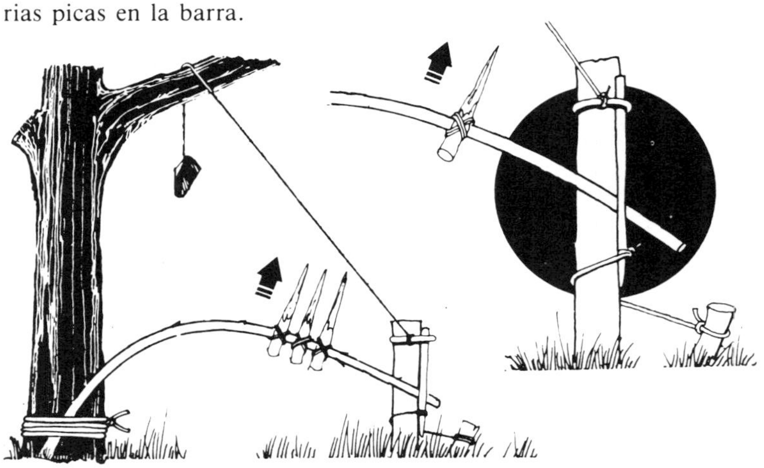

Trampa con picas elevada

Se trata de una buena trampa para monos. Su acción es similar a la que desarrolla la anterior, pero usa una rama y no el cebo como mecanismo disparador. Si el anillo fijador se coloca alrededor del tronco de un árbol en lugar de un poste, asegúrese de que la zona es lisa y suave y el movimiento no se ve obstaculizado.

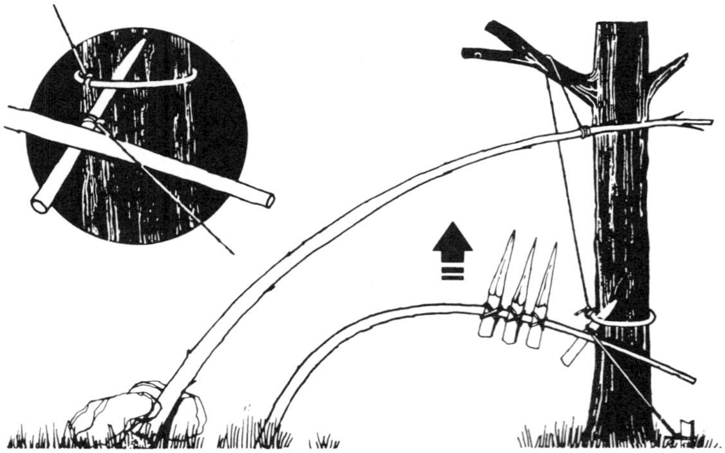

Trampa con arco

ATENCIÓN

Nunca deje sin vigilancia esta trampa en una zona donde la gente pueda tropezar con ella; se trata de un arma potencialmente mortal.

Un simple arco fabricado con madera adecuada (ver *Armas*) es mantenido en tensión y angulado para disparar de forma ligeramente elevada por medio de postes verticales y un fiador provisto de una flecha. La barra de disparo es mantenida en su lugar por medio de un fiador unido a un alambre, que debe tenderse hacia la diana. Mantenga el primer tramo de alambre cerca del mecanismo ya que no tiene sentido que lo accione un animal que se acerque desde detrás del arco. Esta trampa es ideal para animales grandes y peligrosos y puede funcionar con animales que se aproximen hacia la parte frontal de la flecha o desde el lado del alambre disparador. (La presa pasa a través de la flecha cuando éste se dispara). La flecha también puede alcanzar a animales de gran tamaño que pasen por delante del arco.

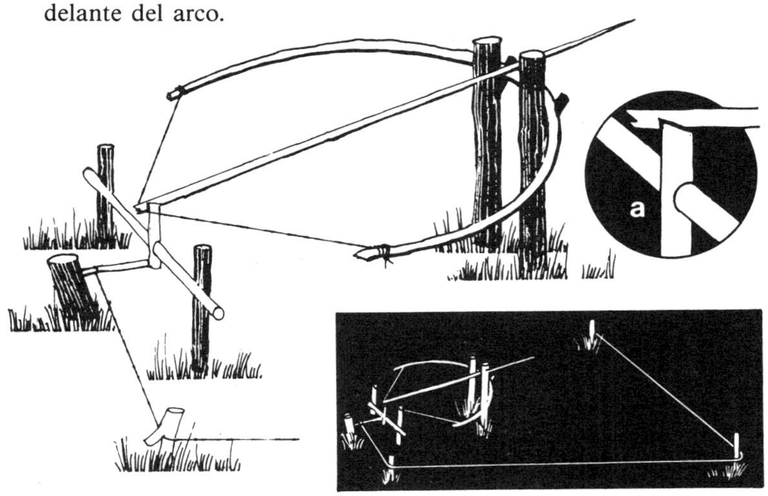

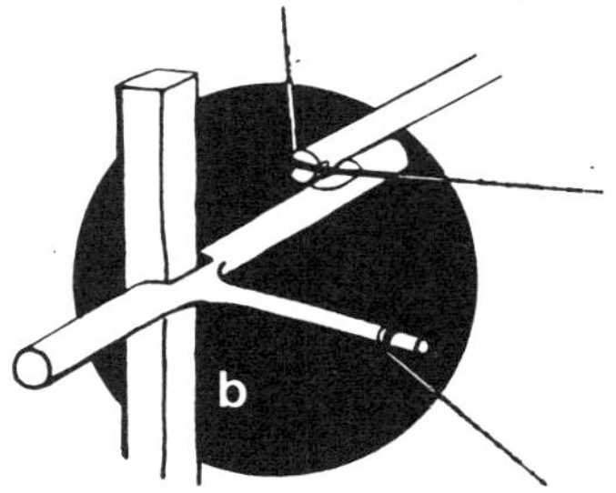

a. *Haga dos muescas en la flecha, para la cuerda y para la barra de disparo. Angule la barra de disparo para que encaje en la muesca de la flecha, asegurando la horizontalidad. Coloque el fiador entre la parte inferior de la barra de disparo y una estaca fija.*
b. *Una alternativa para el mecanismo de disparo: Corte una cara cuadrada en una estaca vertical y haga una muesca cuadrada en el costado de una horquilla para que la sostenga. Haga una muesca en la cara superior de la estaca para que sostenga la cuerda del arco. Una el cordel a la otra punta de la horquilla.*

Lazo con cebo en un hoyo

Practicar hoyos en la tierra perturba el medio y deja una marca permanente. Esto alarmará a algunos animales. En otros, la curiosidad superará a la prudencia y se acercarán a investigar. Si se coloca un cebo en el hoyo, algunos animales se acercarán a él por el olor. Zorros, cerdos, gatos salvajes y tejones escarbarán los pozos de basura y esto puede atraerles. El animal huele el cebo y mete la cabeza en el hoyo. Si la introduce entre las estacas ya no podrá sacarla. Si usa una de sus patas, quedará atrapado por el lazo.

Coloque cuatra estacas afiladas y flexibles en los bordes del hoyo de modo que emerjan por debajo de la superficie en un lugar donde pasen desapercibidos. Disponga un lazo a través de ellas, unido a un poste fuera del hoyo.

TRAMPAS PARA AVES

Redes

Una red fina extendida entre los árboles donde suelen posarse las aves es una de las maneras más sencillas de atraparlas. En lugar de una red, un cordel entrecruzado en los árboles en su ruta de vuelo dañará a los pájaros que pasen por esa zona.

Liga para aves

Coger pájaros con liga es uno de los métodos más antiguos para atrapar aves pequeñas. Hierva hojas oleosas y cualquier grano que contenga algodón en agua y cocínelos a fuego lento hasta obtener una pasta viscosa. Extienda esta mezcla en las ramas u otros lugares antes de que las aves regresen a descansar y se quedarán pegadas cuando se posen.

Lazos suspendidos

Tienda una línea de lazos a través de una corriente a poca altura sobre el agua. Esta trampa funciona mejor cuando se la coloca entre cañas y juncos.

Anzuelos con cebo

Anzuelos de pesca enterrados en frutos u otros alimentos pueden ser una forma muy eficaz de atrapar aves. El anzuelo queda enganchado en la garganta del pájaro.

Palos con lazos corredizos

Ate varios lazos corredizos de 1,25-2,5 cm de diámetro, muy juntos a lo largo de un palo o rama, usando preferiblemente cerda de caballo o cualquier otro material resistente. Coloque el palo en un lugar donde las aves acudan con frecuencia, o bien en un sitio donde aniden, con los lazos corredizos hacia arriba. Los pájaros quedan enredados cuando se posan. No quite el palo cuando un pájaro quede atrapado, ya que atraerá a otros y muy pronto tendrá una buena cantidad.

Trampa en figura 4

Este mecanismo (ver *Trampa de pesos suspendidos en figura 4*) puede ser utilizado con una jaula tipo «cabaña de troncos», hecha de una pirámide de varillas unidas, que está en equilibrio sobre un cebo. Para aves pequeñas puede utilizar un método rápido de construcción de la jaula: coloque todas las varillas en posición y luego tienda otras dos varillas, de la misma longitud de las que están en la parte inferior, en la parte superior y átelas estrechamente a la capa del fondo para que todas permanezcan en su lugar. Los animales de gran tamaño se escaparán rápidamente de esta jaula y, para ellos, cada varilla debe estar atada individualmente.

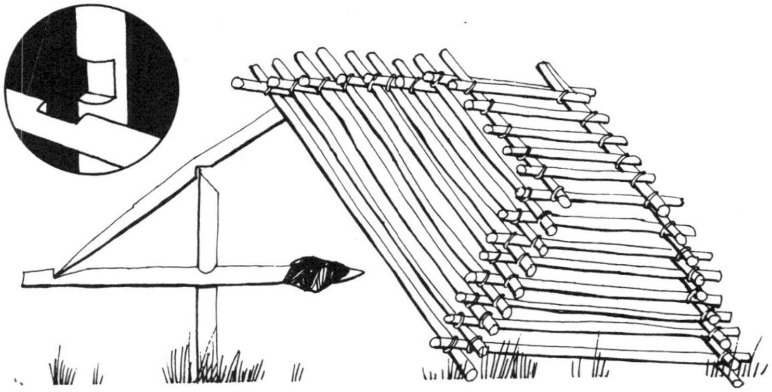

Experimente con diferentes formas de construir la jaula. Es posible que disponga de una caja o lata grande adecuadas que pueden servir para el mismo propósito. También es posible afianzar el borde elevado de la jaula en una sola varilla atada a un largo sedal. Tome el otro extremo del sedal y escóndalo a cierta distancia. Si usted mantiene tenso el cordel, podrá accionar la trampa tan pronto como el pájaro se aventure debajo de la jaula. Esta clase de trampa funciona mejor en zonas donde hay muchos pájaros.

Trampa de red disparadora por fiador

Una red extendida sobre el suelo y con cebo para atraer a las aves y con sedales desde las esquinas hasta un árbol joven y elástico que se encuentra por encima de la trampa. Un sedal en tensión se extiende hasta un mecanismo de fiador (ver trampas anteriores) encajado en una muesca de una barra horizontal y accionado por una barra plana donde se coloca el cebo. Coloque la barra con el cebo por encima del suelo y descansando sólo sobre el extremo inferior del fiador. Este mecanismo de disparo necesita ser extremadamente sensible si se desea que lo accione el peso de un pájaro pequeño.

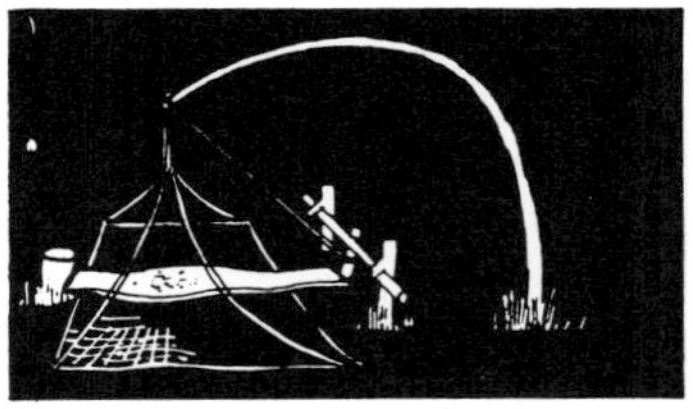

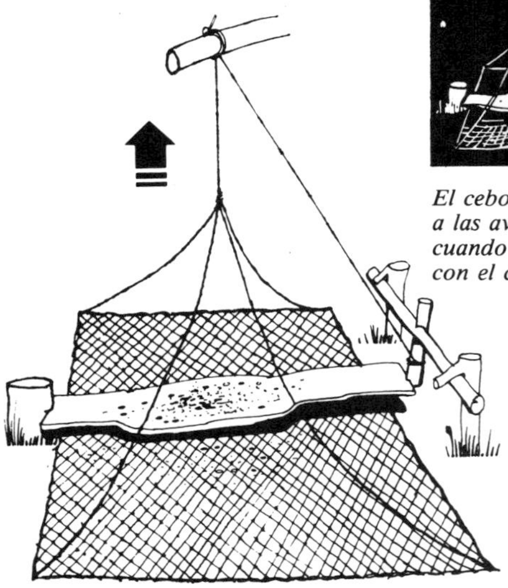

El cebo esparcido en la red atraerá a las aves que quedarán atrapadas cuando una de ellas pise la barra con el cebo.

RECUERDE

Si coloca trampas durante el desarrollo de unos ejercicios, asegúrese de que están claramente señalizadas para que no las accione inadvertidamente otras personas. Las trampas con picas y con pesos suspendidos deben ser controladas para mantener a la gente alejada de ellas porque podrían sufrir lesiones muy graves o incluso la muerte. TODAS las trampas deben desmantelarse cuando el ejercicio ha terminado.

CAZAR

Una profunda observación de todas las señales de vida salvaje y un conocimiento de la clase de animales que está cazando son tan necesarios para el cazador como la capacidad de seguir huellas o una acertada puntería. Hacen que resulte más fácil encontrarse en el lugar adecuado y aprovecharse al máximo del terreno.

Proceda siempre tan silenciosamente como pueda. Muévase lentamente y deténgase regularmente. Cargue el peso del cuerpo en su pie trasero para poder probar el siguiente paso con las puntas del pie antes de transferir el peso. De este modo evitará tropezar y ayudará a reducir la cantidad de ruido que produce al pisar las malezas y al romper las pequeñas ramas. El movimiento rápido o súbito alertará a la presa. Huela el aire y aguarde. Cace contra el viento o, al menos, a través de éste.

El momento ideal para cazar es a primera luz del día, cuando es más probable encontrar más cantidad de piezas. Los animales también salen al atardecer, pero la luz disminuirá rápidamente, de modo que necesita estar seguro del terreno que pisa y conocer el camino de regreso al campamento. En un terreno que conozca bien, esto no será ningún problema, especialmente si el cielo es claro y brillan la luna o las estrellas.

Si caza al atardecer, salga por lo menos una hora antes del crepúsculo para que sus ojos se acostumbren a la disminución de la luz, desarrollando así la visión nocturna; aunque la presa seguramente será capaz de ver mucho mejor que usted.

Cuando cace durante el día, trate de hacerlo subiendo a lo alto del terreno por la mañana y regresando al campamento por la tarde. Las señales dejadas por los animales serán más sencillas de leer mientras asciende por el terreno, porque las que se encuentran en tierra estarán más cerca del nivel del ojo. Las corrientes termales se desarrollan bajo el calor del día y llevan los olores hacia arriba, de modo que al ir colina abajo, el olor de los animales llega a usted antes de que su olfato pueda percibirlo. Después de un día de caza, el descenso le consumirá menos energías que el ascenso y, para entonces, agradecerá una marcha más reposada.

Si usted se está moviendo correctamente, el animal no le verá. Si la presa logra divisarle, permanezca inmóvil. Tal vez sea el primer ser humano que ha visto. Se mostrará más curioso que asustado. Manténgase absolutamente quieto hasta que el animal aparte la vista o continúe comiendo. Evite los animales de gran tamaño, como los osos, a menos que se encuentre realmente desesperado o confíe en realizar un primer disparo mortal... de otro modo puede acabar convirtiéndose en presa en lugar de cazador.

Acérquese lo más que pueda sin revelar su presencia y mantenga una posición estable, apuntando el arma a la zona del animal que proporcione el margen de error más pequeño. Un preciso disparo a la cabeza es muy efectivo, pero arriesgado si usted no se encuentra cerca del animal y éste permanece quieto. Un buen blanco para disparar es la parte posterior del cuarto delantero. Un disparo ajustado a esta zona hará que el animal caiga casi isntantáneamente. Un disparo mal dirigido supondrá una agonía innecesaria para el animal y una larga persecución por parte del cazador.

Si un animal cae al primer disparo, aguarde cinco minutos antes de acercarse a él. Permanezca quieto y observe la presa caída. Si no ha muerto pero está sangrando, la hemorragia le debilitará y, cuando usted se acerque, no podrá atacarle. Si un animal está herido y se aleja, aguarde 15 minutos antes de seguirle. Si le sigue inmediatamente, el animal puede viajar todo el día.

ARMAS

Arco y flecha

El arco y la flecha, las armas improvisadas más efectivas, son fáciles de construir. Lleva muy poco tiempo aprender a utilizarlos con pericia.

Para construir el arco, lo mejor es disponer de una madera bien estacionada, pero tendrá que arreglárselas con lo que encuentre. Si usted piensa permanecer durante varios meses en un lugar, puede apartar la madera para secarla y usarla posteriormente. La tensión tiene corta vida en una madera que no ha sido templada, de modo que construya varios arcos y cámbielos a medida que pierdan su elasticidad.

La madera ideal es la de tejo; todos los viejos arcos largos ingleses estaban hechos con esta madera. Existen cinco clases de tejo distribuídas a través del hemisferio norte, pero no es un árbol muy común. Nogal, enebro, roble, álamo blanco, cedro, palo de hierro, abedul, sauce y pinabete son buenas alternativas.

Elección de la varilla

Para la construcción del arco escoja una varilla flexible. Debe tener aproximadamente unos 120 cm de largo, pero la longitud debe estar siempre en concordancia con las posibilidades del individuo.

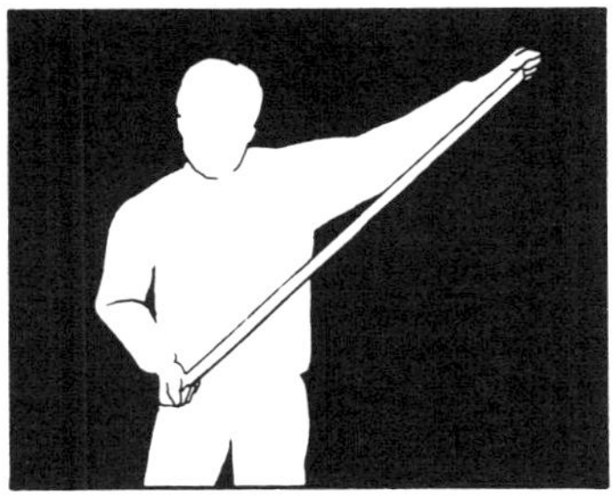

Para determinar la longitud correcta para usted: sostenga un extremo de la estaca a la altura de la cadera con la mano derecha, extienda la mano izquierda hacia el costado y marque el punto donde alcance como la longitud del arco. Esto le proporcionará un arco estándar (el arco largo exige mucha mayor pericia en su uso).

La forma del arco

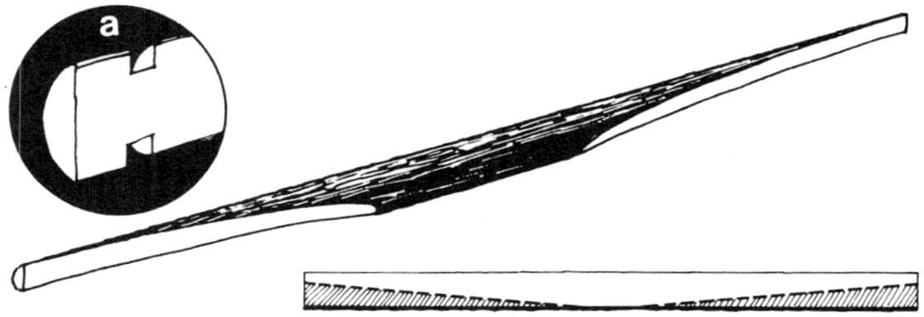

Moldee la varilla de modo que tenga 5 cm de ancho en el centro, ahusándose hasta 1,5 cm en los extremos. Practique muescas en los extremos (a) para que la cuerda se ajuste a 1,25 cm de los mismos. Quite la corteza si lo desea. Cuando el arco ya tiene la forma que usted pretendía, frótelo entero con aceite o grasa animal.

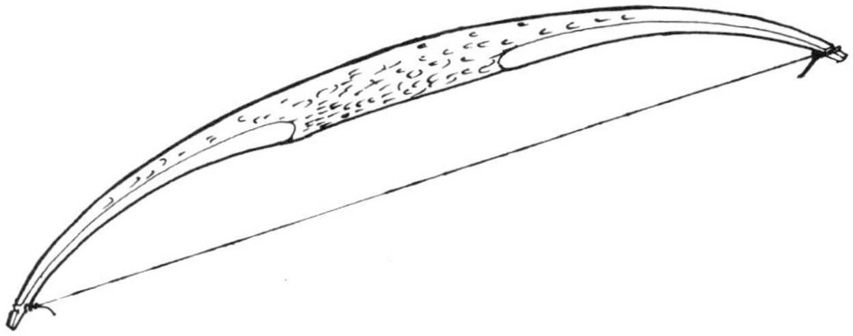

Ajustando la cuerda

Lo mejor es contar con una cuerda de cuero sin curtir, cortada a 3 mm de ancho, pero cualquier cordel, hilo o cuerda fina será suficiente. Los tallos de ortigas viejas proporcionan fibras resistentes que pueden ser trenzadas para disponer de una cuerda segura. Si el arco debe usarse asiduamente, tal vez deba acortar un poco la cuerda, pero cuando tense la cuerda sólo debe tener una ligera tensión, ya que la tensión principal se añade cuando usted lleva la cuerda hacia atrás para disparar la flecha.

Asegure la cuerda al arco con un nudo de vuelta y media y corte en cada extremo. Si la madera no está seca deje libre un extremo de la cuerda cuando no use el arco, para relajar la tensión o puede encontrar que la estaca pierde forma.

Un arco bien construido será más eficaz y más preciso que una varilla simplemente doblada, pero una vez que pierda su elasticidad, no insista con él. Haga otro.

Fabricación de las flechas

Cualquier rama recta servirá para hacer las flechas, pero la madera de abedul es la mejor. Haga flechas de unos 60 cm de largo y de unos 6 mm de ancho. Manténgalas rectas (un trozo de cuerda atada entre dos puntos le proporcionará una línea recta para tener como referencia) y lo más suaves posible. En uno de los extremos practique una muesca de 6 mm de profundidad para encajar la cuerda del arco.

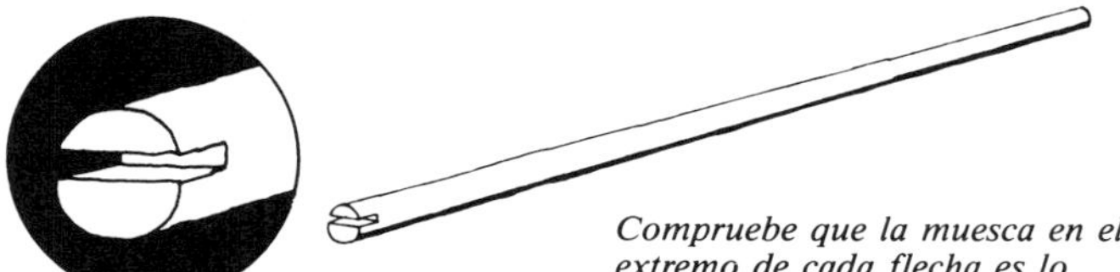

Compruebe que la muesca en el extremo de cada flecha es lo bastante grande para que encaje la cuerda del arco.

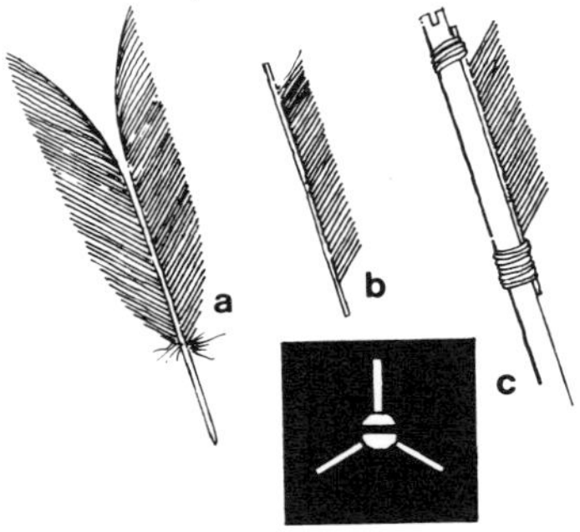

Flechas con timón

Para aumentar la precisión de las flechas, éstas deben tener timón. Las plumas son el mejor timón pero también pueden usarse otros materiales: papel, tela ligera o incluso hojas recortadas para darles forma.

a. *Separe las plumas comenzando desde la punta y hacia el centro del cañón.*
b. *Deje 20 mm de cañón en cada extremo de la pluma para atar la flecha.*
c. *Ate tres timones igualmente espaciadas alrededor de la flecha.*

Cabezas de flecha

Uno de los extremos de la flecha debe estar afilado. La propia flecha puede afilarse y endurecerse al fuego, pero es mejor contar con una punta firme y dura. La lata es excelente y el pedernal puede trabajarse a fin de conseguir una punta de flecha realmente afilada. Con paciencia, incluso el hueso puede convertirse en una buena punta. Abra el extremo de la flecha, inserte la cabeza y asegúrela firmemente. Los tendones son muy buenos para atar; aplíquelos húmedos ya que, cuando se sequen, asegurarán perfectamente la punta a la varilla.

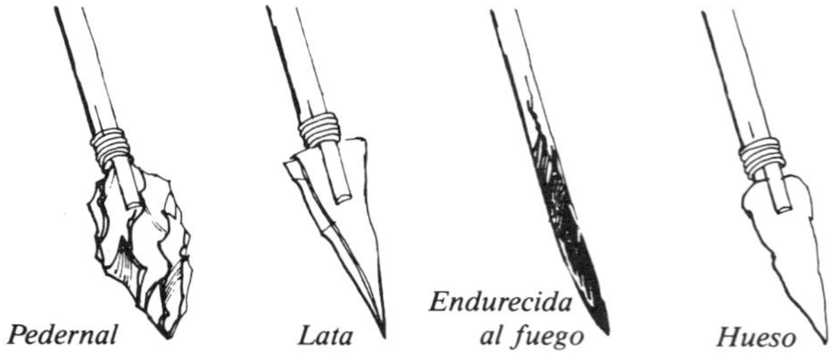

ARMAS DE PEDERNAL

Cabezas de lanzas y flechas, hachas y cuchillos pueden fabricarse astillando pedernal, que es una piedra negra con un brillo metálico opaco, que se encuentra a menudo junto a la greda. Elija un trozo achatado del tamaño y forma aproximados. Con otra piedra dura astille el pedernal hasta que adquiera la forma que usted desea. Trabaje sobre los bordes para conseguir un borde afilado y cortante (vea *Herramientas* en el capítulo titulado *Campamento*).

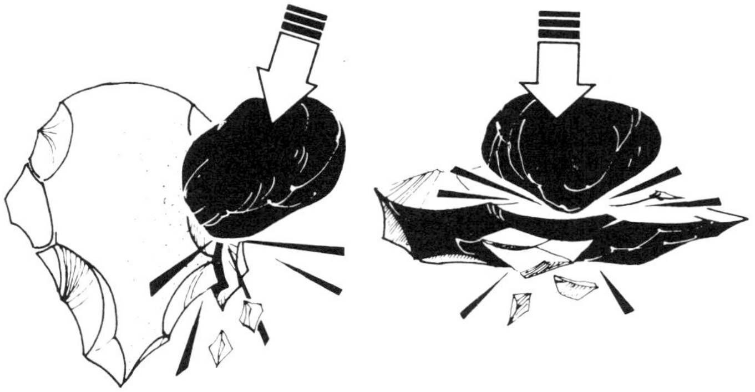

Técnica de arquería

Coloque una flecha en la cuerda del arco y eleve el centro de éste a nivel del ojo. Sostenga el arco justo debajo de la flecha, extendiendo el brazo hacia adelante. Mantenga firme el brazo que sostiene el arco y estire la cuerda suavemente hacia atrás a través de la parte delantera de su cuerpo, con la flecha a nivel del ojo y alineada con el blanco, apuntando a lo largo de la varilla de la flecha. Suelte la cuerda, limítese a dejarla ir, sin agarrarla cuando lo hace.

¡Ahora practique! Para fuego rápido lleve varias flechas en la mano que sostiene el arco.

El arco puede producir quemaduras

Muchos arqueros descubren que el roce de las descargas de las flechas contra la mano y la mejilla puede causar quemaduras por fricción. Un pañuelo o un trozo de tela atados a la cara proteg erán la mejilla sin interferir con el disparo y un guante o un trozo de cuero asegurado entre los dedos protegerán la mano.

Honda y tiro con honda

La honda fue el arma que utilizó David para derrotar al gigante Goliat y puede armarse con simples guijarros. Consiste en un simple saquillo en el medio de una cuerda. El cuero es el mejor material para el saquillo pero también puede hacerlo con cualquier tela resistente y la cuerda puede ser reemplazada por una correa de cuero o bien con fibras vegetales trenzadas.

Técnica de disparo con honda

Seleccione guijarros suaves de unos 2 cm de ancho y tan redondos como sea posible (los guijarros dentados pueden hacer más daño pero no seguirán una trayectoria pareja).

Haga girar la honda por encima de su cabeza describiendo un círculo alineado con el objetivo. Suelte un extremo del cordel y el proyectil saldrá disparado a gran velocidad y, con práctica, directamente hacia el blanco. Probablemente necesitará experimentar con la longitud de la honda hasta conseguir distancia y precisión.

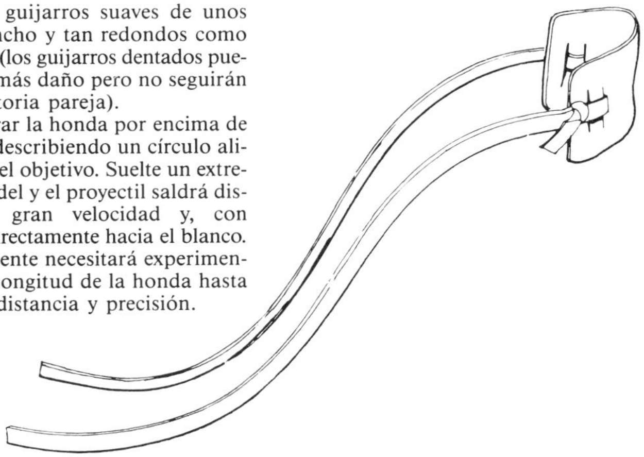

Cuando use la honda o el tirachinas para los pájaros, cargue varios guijarros a la vez.

Tirachinas

El arma clásica de los escolares fue utilizada por los romanos en versiones gigantescas como arma de asedio. Necesita una horquilla fuerte, preferiblemente con algo de flexibilidad —una punta de avellano es excelente— y un trozo de material elástico. Una tira del tubo interior de la rueda de un coche o una bicicleta es ideal (y más fuerte que el elástico que pueda llevar en sus prendas, aunque también puede utilizarse).

Haga un saquillo para el centro del elástico y asegúrelo firmemente en posición del mismo modo que con la honda, asegure los extremos a cada lado de la horquilla y use una piedra como proyectil.

COMIDA

Boleadoras

Es un arma que los esquimales utilizan para cazar aves. Las piedras son envueltas en piel y atadas a los extremos de cuerdas de unos 90 cm de largo, mientras que los otros extremos se atan firmemente entre sí. Sostenga las boleadoras por su extremo unido y hágalas sgirar por encima de la cabeza. Cuando las suelta, vuelan por el aire cubriendo un amplia zona.

Los gauchos de América del Sur utilizan esta misma arma y variaciones de ella pueden emplearse en combate.

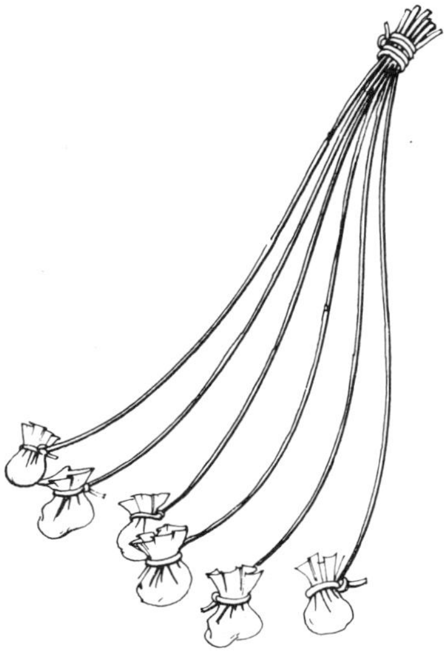

Las boleadoras se envuelven en torno a un ave en vuelo o a las patas de un animal o a su cuello, derribándole y permitiendo que el cazador pueda matarle.

Lanzas

Un palo es una buena ayuda para caminar y, afilando uno de sus extremos, podemos convertirlo en un arma eficaz para lanzar o clavar. Un palo recto de aproximadamente 1,80 m es ideal para una lanza pinchadora. Un palo de 90 cm sirve para fabricar una lanza arrojadiza más manejable. Un tirador puede hacerse con un tronco de madera de aproximadamente la mitad de esa longitud, y sirve para conseguir mayor distancia y precisión.

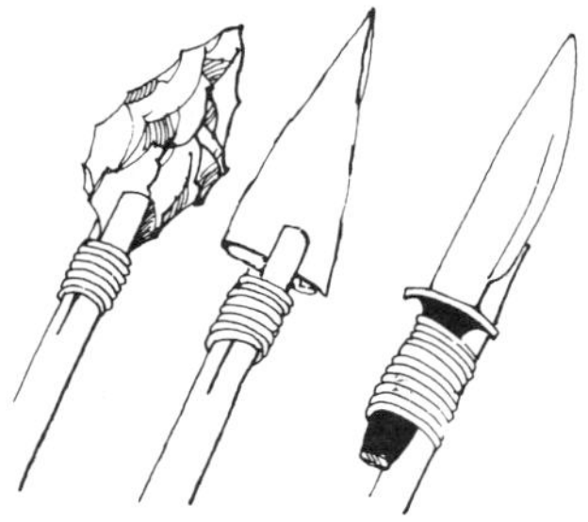

Para que una lanza sea más eficaz añada una punta de pedernal afilada, o un trozo de lata achatada, fijada a un extremo... o ate un cuchillo al extremo del palo. Sin embargo, si sólo dispone de un cuchillo, no lo arriesgue, ya que podría perderlo o romperlo.

Tirador de lanzas

La lanza se apoya en una ranura que discurre a lo largo de la mayor parte de la cara superior del tirador. El extremo de apoyo añade impulso a la lanza.

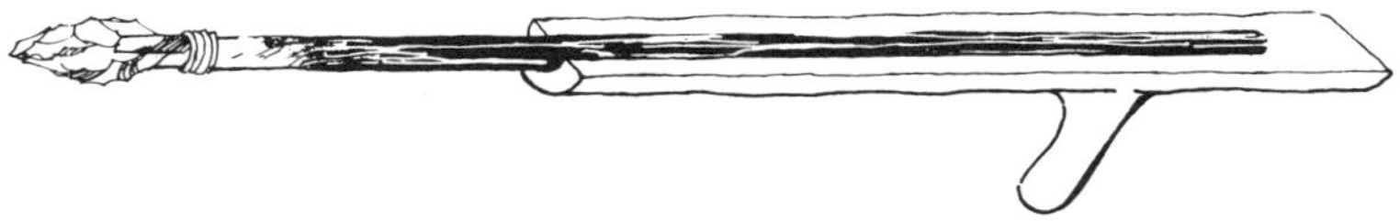

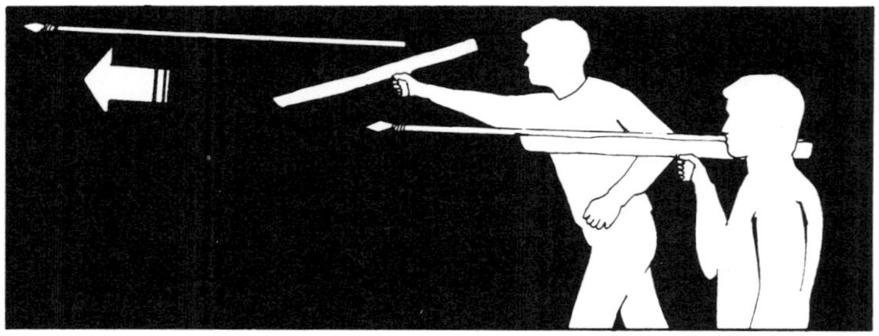

Para construir el tirador elija una rama que tenga al menos el doble de ancho de la lanza y con un tocón que pueda servir como mango. Divida el centro usando un cuchillo como cuña. Practique un delgado canal para calzar la lanza. Asegúrese de que el corte es limpio, dejando una porción sólida como amortiguador. Ensaye para hacer coincidir la longitud del tirador con la de la lanza y para que se adapte a su propio equilibrio.

Sosténgalo a nivel del hombro, apunte la lanza al blanco, llevando el tirador bruscamente hacia adelante y luego hacia abajo. Cuando realiza el movimiento descendente, el extremo de la acanaladura añade más impulso a la lanza.

CAZANDO PÁJAROS

Lazo corredizo

Un lazo sujeto a una larga vara es una manera muy efectiva de coger pájaros de las ramas más bajas del árbol. Compruebe los sitios donde descansan y anidan —recuerde que las deyecciones le ayudarán a guiarle hacia ellos— y, si se encuentran a su alcance, regrese cautelosamente por la noche cuando haya suficiente luz para verles. Deslice el lazo por encima del pájaro y tire de él, ajustándolo y derribando al ave al mismo tiempo.

Acechar a las aves acuáticas

Puede acercarse a ellas introduciéndose en el agua y camuflándose la cabeza con juncos y otra vegetación. Aproxímese muy cautelosamente a la zona donde el ave acuática ha hecho su nido o se la puede ver regularmente. Pero recuerde que las aves (especialmente las de gran tamaño, como los cisnes y gansos) pueden ser feroces cuando se defienden.

Otra técnica empleada en algunas partes del mundo consiste en usar una gran calabaza ahuecada y colocada en la cabeza. En un costado se practican unos orificios para poder respirar y mirar y, con la calabaza apenas a flor de agua, el cazador flota con la corriente entre las aves. Para acostumbar a las aves, se lanzan antes al agua varias calabazas. Habiendo llegado hasta las desprevenidas aves, el cazador las coge desde debajo y las ahoga bajo el agua.

Trampa de hoyo

Encuentre o cave un hoyo de unos 90 cm de profundidad en una zona donde sean comunes las aves que se alimentan de la tierra. Su ancho depende de la clase de aves que está persiguiendo. Extienda granos u otro cebo alrededor del hoyo y un cebo más concentrado en el interior.

Cogiendo primero el cebo que se halla fuera del hoyo, el ave entrará en él para buscar más. Corra hacia ella. Presa del pánico, no podrá desplegar sus alas para escapar de dentro del hoyo.

GAVIOTAS

Se puede atrapar a las gaviotas envolviendo una piedra con comida y arrojándola al aire. La gaviota se traga el cebo junto con la piedra y el cambio de peso hace que el ave caiga a tierra. Obviamente, es una técnica para usar en tierra y no en el mar. Prepárese para atrapar el ave tan pronto como caiga a tierra.

ANIMALES PELIGROSOS

Son pocos los animales que pueden atacar a un superviviente, salvo en caso de autodefensa. La mayoría de ellos concentrarán sus esfuerzos en apartarse de su camino. Hay muy pocas posibilidades de encontrar grandes animales como elefantes, rinocerontes e hipopotamos, o grandes felinos, fuera de las reservas de animales salvajes. No obstante, evite acampar en medio de un sendero frecuentado por animales, o cerca de los lugares donde acuden a beber, ya que puede encontrarse en el camino de una manada de elefantes o enfrentado a un puma curioso.

NO PROVOQUE EL ENCUENTRO. Los osos se dedican con frecuencia a buscar en los cubos de basura de las casas de los bosques septentrionales, y también pueden acercarse a su campamento para encontrar comida fácil. Haga ruido para ahuyentarlos, no trate de cogerlos. No se acerque. Un oso puede matar fácilmente a un hombre y un oso herido es particularmente peligroso. Todos los animales heridos o acorralados son peligrosos. La mayoría de ellos tratará de escapar. Si usted se lo impide, les está obligando a luchar.

A los cocodrilos y caimanes hay que dejarles en paz a menos que sean ejemplares muy pequeños y, aún así, asegúrese de que no hay un cocodrilo más grande detrás de usted! Cualquiera de los animales grandes provistos de cornamenta puede herirle antes de que usted pueda alcanzarle con su arma. Los ciervos son particularmente beligerantes en la época de apareamiento. No sólo los animales con cascos pueden propinar terribles golpes con sus patas, las avestruces también pueden matar del mismo modo.

A los lobos se les oye mucho más que se les ve. Las historias sobre grandes manadas saqueadoras son probablemente exageraciones. Un lobo puede sentir curiosidad y observarle desde la distancia, pero pueden contarse con los dedos de una mano los cazadores que han sido atacados por lobos feroces. Si usted se encuentra malherido y no puede defenderse, los lobos podrían acabar con su vida. Las hienas también cazan en manadas, aunque se trata básicamente de animales cobardes, son muy poderosas y, como carroñeras, se sienten atraídas hacia los sitios de acampada. Lo más probable es que huyan ante su presencia, pero lo mejor es espantarlas antes de intentar cogerlas.

Los grandes simios pueden matar fácilmente a un hombre, pero raramente son agresivos y le harán muchas advertencias para que se aleje de ellos. A los monos pequeños se les encuentra con mayor facilidad y son más peligrosos; sus dientes son muy afilados. Los chimpancés maduros, especialmente, pueden tener muy mal carácter. Limpie cuidadosamente cualquier mordedura de animal. Todas pueden provocar tétano y algunos mamíferos, incluyendo a los murciélagos vampiro, pueden ser portadores de rabia.

Las serpientes no serán una amenaza para usted, a menos que, accidentalmente, entre en contacto con ellas. Sólo tiene que acostumbrarse a su presencia y a llevar vestimenta y equipo para cualquiera de estos visitantes, ya sean reptiles o insectos. Una serpiente o un ciempiés puede meterse ocasionalmente en su cama atraídos por el calor. Se sabe de casos en los que la persona se ha despertado para encontrar a un inesperado visitante alojado en una axila o en lugares aún más íntimos. Trate de recordar que no son animales que atacan. Muévase suavemente para liberarse de ellos.

MANEJANDO LA PIEZA

Los animales heridos y atrapados pueden ser peligrosos. Antes de acercarse a un animal, cerciórese de que está muerto.

Use una lanza o ate su cuchillo a un palo largo y clávelos en sus músculos principales o en el cuello. La pérdida de sangre le debilitará, permitiéndole acercarse más y golpearle en la cabeza.

Si usted tiene un compañero, resulta más fácil transportar a un animal grande atándole firmemente a una rama resistente, que puede llevar sobre sus hombros, pero no debería llevarlo todo el camino hasta el campamento ya que atraería a las moscas y a los animales carroñeros.

Incluso los animales de gran tamaño pueden ser arrastrados a un lugar más apropiado si se los vuelve sobre sus lomos. Si el animal tiene cuernos, córtele la cabeza para facilitar la marcha.

Es preferible matar a los animales cogidos en una trampa. Eso atraerá a los carroñeros y también podrá atraparles. Use las entrañas como cebo para otras trampas. Lleve al campamento sólo aquello que puede transportar sin agotarse. En climas fríos, oculte el resto para regresar más tarde a buscarlo.

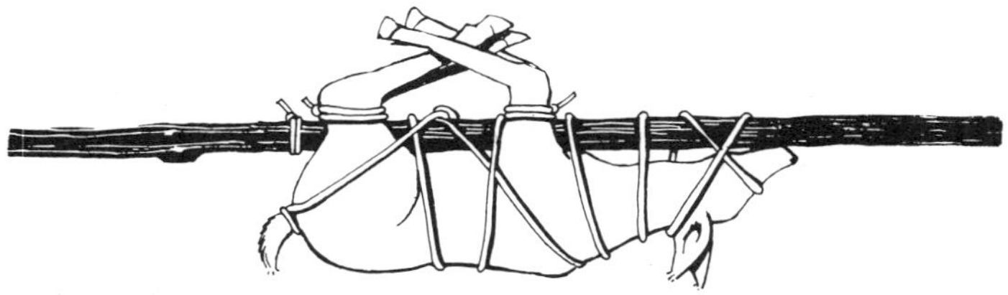

Coloque el palo a lo largo del vientre del animal y use un ballestrinque alrededor de cada par de patas. Ate al animal al palo y acabe con otro ballestrinque alrededor del palo. Si el animal tiene cuernos, átelos de modo que no dificulten la marcha.

En territorios donde haya buitres y otras grandes aves carroñeras, resultará prácticamente imposible proteger la presa cazada, de modo que llévese todo lo que pueda transportar. Lo que deje detrás es muy difícil que se conserve si el clima es cálido.

OCULTAR LA CACERÍA

Cuelgue el animal muerto de una rama, lo bastante alto para que los carroñeros no puedan alcanzarle desde el suelo y tampoco desde el árbol. Un escondrijo en la horquilla de un árbol mantendrá la carne protegida de los carroñeros terrestres, pero será accesible a felinos y otros predadores trepadores.

La sangre es un valioso alimento ya que contiene minerales vitales. Lleve un recipiente para recogerla y transportarla de regreso al campamento. Manténgala cubierta, fría y alejada de las moscas.

ATENCIÓN
Peligros para la salud: animales enfermos

En los carrillos de todos los animales hay glándulas linfáticas (más evidentes en los animales grandes). Si son grandes y descoloridas, es un signo de enfermedad. Cualquier animal que tenga la cabeza deformada o descolorida (como un conejo con síntomas de mixomatosis) debe ser hervido —de ese modo se reduce el riesgo de infección si uno lo come—, pero debe cuidarse la preparación cuando existe el riesgo de contraer una enfermedad. Es fundamental que cualquier herida o llaga que usted tenga en la piel esté bien protegida cuando corte o manipule carne animal, ya que si el animal está enfermo, le contagiará fácilmente a través de la herida.

PREPARANDO LA PIEZA

No debe desperdiciarse ninguna parte de la pieza muerta. Una cuidadosa preparación le proporcionará la máxima cantidad de comida y aprovechará las partes que no pueda comer. Concéntrese en cuatro etapas:

► **Sangría,** que es esencial si queremos conservar la carne, y sin la cual el sabor es muy fuerte.

► **Desollar,** para que la piel o el pellejo puedan utilizarse para refugio y abrigo. (A los cerdos no se les quita la piel porque tienen debajo una buena capa de grasa. A las aves se les quitan las plumas pero no la piel).

► **Destripar,** para quitarle los intestinos y recuperar los menudos.

► **Despiezar,** para producir cortes útiles para cocina según diferentes métodos.

Sangría

No desperdicie sangre. Es muy rica en vitaminas y minerales, incluyendo sal, que de otro modo podría escasear en la dieta del superviviente. La sangre del ganado vacuno es una parte importante de la dieta de muchos pastores africanos. Los caníbales que bebían la sangre de sus enemigos encontraban que mejoraba sensiblemente su visión y la salud en general, y también se curaban los vahídos producidos por falta de vitaminas: la sangre suministraba las vitaminas y los minerales que faltaban en la dieta.

Cualquier animal se desangrará mejor si lo suspende con la cabeza hacia abajo. Ate cuerdas alrededor del corvejón, codo o rodilla (NO del tobillo, ya que la cuerda se deslizará) y sujétela a una rama o bien construya un armazón, colocando un recipiente debajo para recoger la sangre.

Para construir el armazón necesita una estructura fuerte. Entierre los postes en el suelo y átelos firmemente donde se cruzan para formar armazones en A y luego coloque la barra horizontal en la parte superior.

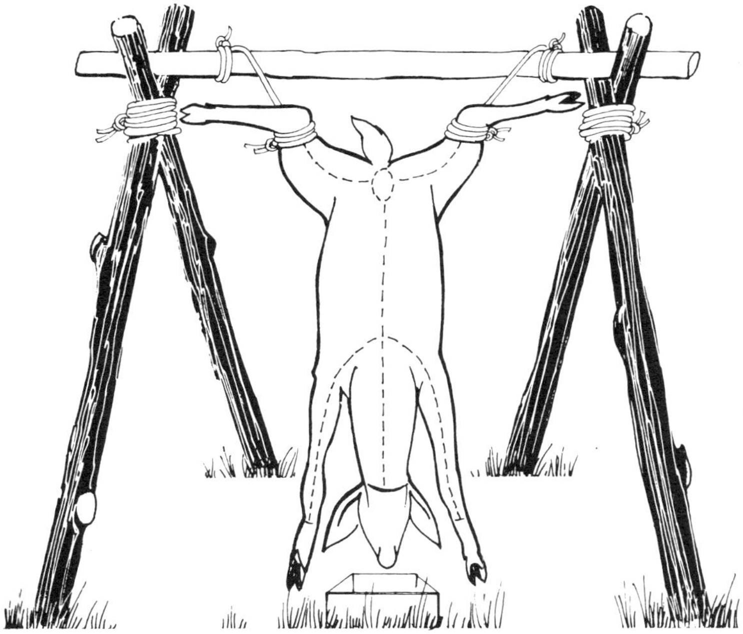

Proceda a desangrar el animal cortando la vena yugular o la arteria carótida en el cuello. Cuando el animal esté suspendido, serán estas venas y arterias las más visibles y prominentes. El corte puede practicarse detrás de las orejas, cortando en línea con las mismas para perforar la vena a ambos lados de la cabeza al mismo tiempo, o un poco más abajo en la V del cuello, antes de que la arteria se divida. A menos que disponga de un cuchillo en forma de estilete, la segunda forma es la mejor. Una alternativa consiste en cortar la garganta de oreja a oreja. Esto presenta el inconveniente de cortar accidentalmente el gaznate y provocar que la comida del estómago baje y contamine la sangre que usted está tratando de recoger, pero si su cuchillo no tiene una punta afilada tal vez sea necesario cortarle la garganta.

Es particularmente importante desangrar completamente a los cerdos. Si queda sangre en sus tejidos, que tienen un elevado contenido de humedad y grasa, acelerará el deterioro de la carne.

Desollar

Es más fácil desollar a un animal cuando la carne está aún caliente, inmediatamente después de haberlo desangrado. Primero quite las glándulas sudoríparas, que podrían impregnar la carne. Algunos ciervos las tienen en sus patas traseras, justo detrás de la rodilla. Felinos y caninos las tienen a ambos lados del ano. Es mejor quitar los testículos de los machos, ya que también podrían contaminar la carne. Antes de intentar quitarle el pellejo, corte firmemente a través de la piel, como se muestra en la línea de puntos de la ilustración principal:

1 Haga un corte circular en torno a las patas traseras, justo por encima de la rodilla. Tenga cuidado de no cortar la cuerda.
2 Corte alrededor de las patas delanteras en el mismo lugar.
3 Corte hacia abajo por el interior de las patas traseras hasta la entrepierna, cortando cuidadosamente un círculo alrededor de los genitales.
4 Extienda el corte descendente a través del centro del cuerpo y hasta el cuello. No corte el estómago ni los órganos digestivos: levante la piel e inserte dos dedos debajo, coloque el cuchillo entre ellos con el borde afilado hacia afuera y llévelo lentamente hacia abajo, cortando hacia afuera del cuerpo. (Ver la ilustración de detalle).
5 Corte hacia abajo el intereior de las patas delanteras.

Ahora quite la piel de las patas traseras. Use el cuchillo lo menos posible. Enrolle la piel hacia afuera, con el pelo dentro, y tire hacia abajo.

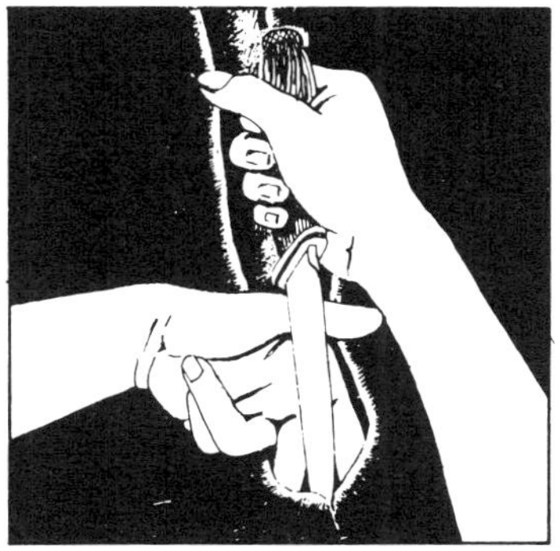

Cortando de este modo, evitará hacer una incisión en la cavidad intestinal. Los dedos levantan la piel a medida que el cuchillo se desliza, con el filo hacia afuera, cortando la carne.

No tenga prisa. No se corte. No dañe la piel. La previsión hará que pueda usar una piel en excelentes condiciones cuando la necesite.

Habiendo despellejado las patas traseras, corte alrededor de la cola (ya ha cortado alrededor del área genital). Tan pronto como pueda meter la mano en la parte posterior del cadáver, use los dedos para separar la carne de la piel. Ahora pele la piel de las patas delanteras. Conseguirá un trozo entero de pellejo. Mientras desliza los pulgares hacia abajo del cuello se tiñen de sangre en el lugar donde la garganta ha sido cortada. Una fuerte torsión de la cabeza servirá para separarla. Corte los tejidos que aún queden.

Trabajando solo

Alzar un animal grande supone un esfuerzo considerable. Si usted se encuentra solo, tal vez se vea obligado a desollar y destripar al animal en el suelo. Para impedir que el cuerpo ruede, corte las patas de los animales con pezuñas y colóquelas debajo de él.

Coloque el cuerpo cabeza abajo en una ladera natural, excave una parte del terreno para colocar un recipiente donde recoger la sangre. Siga el mismo modelo de incisiones en el pellejo y luego desuelle el animal desde un lado de la columna vertebral, extienda el pellejo hacia afuera y luego haga girar al animal sobre él para proceder del mismo modo del otro lado. Esto impide que la carne se ensucie con la tierra.

Desollar animales pequeños

Los conejos y los animales más pequeños pueden desollarse practicando pequeñas incisiones sobre el estómago (con cuidado para no cortar el interior de los órganos). Introduzca los pulgares y tire hacia afuera: la piel saldrá fácilmente. Pele las patas y quite la cabeza.

Si no dispone de un cuchillo para hacer la primera incisión, rompa la parte inferior de una pata y use el borde afilado para cortar la piel.

Destripar

Con el cuerpo aún suspendido, quite los instestinos y conserve los menudillos. Comprima el abdomen lo más alto que pueda y, en el bolsillo de carne que ha formado, practique un corte lo bastante grande para introducir dos dedos. No introduzca el cuchillo en la carne porque corre el riesgo de cortar los órganos internos. Introduzca los dedos y úselos como guía para que el cuchillo corte hacia arriba hacia el ano. Ahora corte hacia abajo del mismo modo, usando la mano para contener los intestinos, que comenzarán a proyectarse hacia afuera (ver ilustración). Corte hasta alcanzar el esternón.

La incisión inicial, practicada en la carne pinchada, sólo necesita acomodar dos dedos. Corte del mismo modo que si estuviese despellejando (ilustración anterior). Primero hacia arriba, luego hacia abajo (el dorso de la mano impide que salgan los intestinos y las vísceras).

Deje que los intestinos se derramen, permitiendo que queden suspendidos para poder examinarlos. Quite los riñones y el hígado.

La cavidad torácica está cubierta con una membrana y se la puede pasar fácilmente por alto en los animales pequeños. Corte a través de esta membrana y quite el corazón, los pulmones y la tráquea.

Asegúrese de que el ano está limpio; tendría que poder ver la luz a través de él (en los animales grandes pase una mano a través de él). Ahora el cuerpo está limpio.

Cortar la carne

Los animales grandes pueden ser descuartizados cuarteando primero el espinazo y luego cortando cada lado entre las costillas diez y once. Los cuartos traseros contendrán los bistecs (nalga y solomillo) y los cortes seleccionados, la carne de los cuartos delanteros es más fibrosa y se necesita cocinarla lentamente para ablandarla.

Los cortes en que se divide el cuerpo de un animal difieren según la clase de animal y las preferencias culinarias.

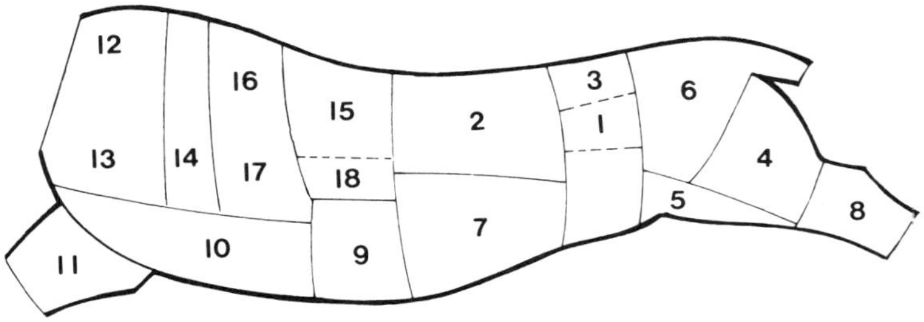

1 Filet o lomo La carne más tierna; sólo un 1 % es filete. Ideal para conservar.

2 Solomillo La siguiente carne más tierna. Las tiras sin grasa pueden conservarse.

3 Nalga Ideal para freir, necesita poca cocción. También puede secarse en tiras.

4 Topside Músculo de la zona superior de la pata. Cocínela lentamente ya que tiende a ser dura. Córtela en cubos para hervirla.

5 Nalga superior Músculo de la parte delantera del muslo. Cocinar igual que la anterior.

6 Silverside Músculo de la zona exterior de los muslos. Buena carne para asar.

7 Flanco trasero Vientre, ideal para guisados y preparar a la cacerola.

8 Pata Dura y fibrosa, cortar en cubos y preparar en guisado.

9 Espaldilla Extensión muscular del vientre. Ideal para guisar. Suele ser dura, de modo que necesita cocinarse largo rato a fuego lento.

10 Pecho Preparar igual que la espaldilla.

11 Espinilla Pata delantera, es mejor cortarla en trozos para guisar.

12 Cuello

13 Clod Ideal para guisar. Contiene menos tejido que la pata. Cocine lentamente.

14 Cuello y paletilla Muy tierna pero habitualmente se la corta para guisarla.

15 Costillar Ideal para asar pero debe cocinarse lentamente.

Colgadura

Los menudillos deben comerse lo más rápidamente posible, pero el resto de la carne es mejor dejarla colgada. En zonas de temperatura templada, deje que el cuerpo del animal cuelgue durnate 2-3 días. En climas cálidos, es mejor conservarla o cocinarla inmediatamente.

Cuando el animal esta muerto, los ácidos que se liberan hacia los músculos ayudan a romper las fibras, haciendo que la carne sea más tierna. Cuanto más tiempo transcurra, más tierna será y más fácil de cortar, con más sabor también, y los parásitos y bacterias nocivos de la carne perecerán. Debe mantener a las moscas alejadas de la carne: si depositan sus huevos en la carne, ésta se echará a perder rápidamente.

MENUDILLOS

□ HÍGADO

Es mejor comer el hígado lo antes posible. Quite la vesícula biliar en el centro. Es muy fuerte y puede ser extraída sin dificultad, pero tenga cuidado ya que la bilis contaminará todo trozo de carne con el que entre en contacto. La enfermedad de cualquier animal se manifestará en el hígado. Evite cualquier hígado que esté moteado o cubierto de manchas blancas. Si sólo está afectada una parte del mismo, córtela y coma el resto.

El hígado es un alimento completo y contiene todos los minerales y vitaminas esenciales. Si se lo come crudo, no pierde ninguno de sus valores alimenticios. Exige poca cocción.

□ ESTÓMAGO (TRIPA)

El estómago (tripa) es un alimento que exige poca digestión, de modo que está indicado para los enfermos o heridos. Quite el contenido del estómago (que constituye un alimento paras débiles ideal), lave la tripa y hiérvalo lentamente con hierbas. El contenido del estómago puede parecer insípido pero puede salvar la vida de una persona herida, ya que el animal ya ha hecho la mayor parte del trabajo de digerirlo. Ligeramente hervido, el contenido del estómago es nutritivo y fácil de digerir.

En algunos países, los cerdos son alimentados sólo con manzanas antes de sacrificarlos. Se los cocina con el estómago aún en su interior. El sutil sabor de las manzanas impregna la carne. El estómago es extraído después de la cocción y su contenido se utiliza como salsa.

□ RIÑONES

Los riñones constituyen una valiosa fuente de nutrición y son ideales para darle sabor a los guisados. Hiérvalos con hierbas. La capa de grasa blanca que los rodea (sebo) es una rica fuente de elementos nutritivos. Quítela para preparar tasajo.

□ BAZO

El bazo es un órgano de gran tamaño en los animales más grandes. Tiene un limitado valor alimenticio y no merece la pena quitarlo en animales pequeños, como los conejos. Es mejor asarlo.

□ PULMONES

Los pulmones se pueden comer sin problemas pero su valor alimenticio es escaso. Cualquier problema respiratorio del animal se evidenciará en sus pulmones. No coma ninguno que presente manchas blancas y negras. Los pulmones sanos son de color rosado, libres de manchas y se pueden comer hervidos. También pueden apartarse para preparar cebos de pesca o de trampas.

□ CORAZÓN

El corazón es un músculo estrechamente apiñado con poco o nada de grasa. Áselo o use su sabor característico para sazonar los guisados.

□ INTESTINOS

El intestino consiste en secciones de tubos y es mejor utilizarlos como piel para las salchichas. Vuélvalos del revés y lávelos cuidadosamente. Luego hiérvalos muy bien. Mezcle la grasa y la carne en proporciones iguales y luego añádales la sangre. Rellene la piel con la mezcla y hiérvala bien. Antes de colocarla en agua hirviendo añada un poco de agua fría para quitar un poco de hervor e impedir que la piel estalle. Se trata de un alimento muy nutritivo que, ahumado, puede conservarse durante mucho tiempo. Los intestinos disecados pueden utilizarse como cuerdas ligeras.

□ MOLLEJAS

Las mollejas son el páncreas o el timo del animal, características en los animales grandes. Mucha gente las considera un plato exquisito y son muy buenas asadas o hervidas.

□ COLA

Pélela y hiérvala para hacer una sopa excelente, ya que está llena de carne y gelatina.

□ PATAS

Las patas son troceadas durante la matanza, pero no deben desperdiciarse, hiérvalas para hacer un buen guisado. Limpie bien los cascos o las pezuñas y quite todo rastro de pelo. Las pezuñas son una fuente de nutritiva gelatina de caldo.

☐ *CABEZA*

En los animales grandes hay una buena cantidad de carne en la cabeza. Los carrillos constituyen un excelente plato. La lengua es muy nutritiva. Hiérvala para que sea más tierna y pélela antes de comerla. El cerebro proveerá una útil solución para curar el pellejo. Todo lo que quede, o toda la cabeza en los animales pequeños, debe hervirse.

☐ *HUESOS*

Todos los huesos deben hervirse para preparar sopa. Son ricos en tuétano, con valiosas vitaminas. Con ellos también pueden fabricarse utensilios.

PREPARANDO ANIMALES SIMILARES A LA OVEJA

Siga estas instrucciones para animales grandes y luego:

1 Córtelos en dos siguiendo la línea de la columna vertebral, manteniéndose exactamente en el centro de la misma.

2 Quite la pata trasera. Trate de cortar a través de los testículos y la unión de las articulaciones.

3 Quite la pata delantera. No hay hueso que cortar, siga la línea de la paletilla.

4 Corte el cuello.

5 Corte la falda (carne suelta que cuelga por debajo de las costillas).

6 Corte entre cada costilla y entre las vértebras. Esto le proporcionará carne picada.

7 El filete, que se encuentra en la región lumbar, es la mejor carne para conservar.

PREPARAR CERDO

No trate de despellejar un cerdo. Primero destrípelo, luego colóquelo sobre las brasas calientes para que pueda quitarle el pelo. El agua caliente ayudará a ablandarlo. Sólo debe estar un punto más caleinte de lo que su mano puede soportar. El agua calentada en exceso dificultará la extracción del pelo. Los cerdos atraen a muchos parásitos: garrapatas, piojos y gusanos; asegúrese de que los elimina al cocinar la carne. Por tanto, la mejor forma de cocinar un cerdo es hervirlo.

Preparando animales pequeños

Siga el mismo procedimiento básico que con los animales grandes; todos deben ser destripados.

Preparando reptiles

Descarte los órganos internos, que pueden contener salmonella. Los reptiles pueden ser cocidos en su piel. Las grandes serpientes pueden trocearse en bistecs y su piel es muy útil. Para preparar una serpiente, corte la cabeza bien abajo, detrás de los sacos de veneno; ábrala desde el ano hasta la garganta, manteniendo la hoja del cuchillo hacia afuera para evitar perforar las entrañas. Suspéndala y quite la piel hacia la còla.

Preparando aves

Las aves se preparan del mismo modo que los animales, aunque habitualmente se las despluma y cocina con la piel, en lugar de desollarlas. Siga los pasos siguientes:

► *Sangría*

Mate las aves estirándoles el cuello, luego córteles la garganta y suspéndalas cabeza abajo para que se desangren. O bien puede matarlas practicando un corte justo debajo de la lengua, cercenando el nervio principal y la arteria principal. El ave muere fácilmente y sangra bien. Manipule lo menos posible a las aves carroñeras ya que son propensas a infecciones, piojos y garrapatas.

► *Desplumar*

Desplumar a un ave es mucho más sencillo inmediatamente después de matarla, mientras aún está caliente. Se puede usar agua caliente para aflojar las plumas, excepto en el caso de aves acuáticas y marinas, porque el agua caliente las fija aún más. Conserve las plumas para las flechas y para aislamiento. Comience por el pecho. Para hacerlo más rápido, puede desollar al ave pero de ese modo desperdiciará mucha carne.

► *Extracción de las entrañas*

Practique una incisión desde el ano hasta la cola. Introduzca la mano y extraiga todas las entrañas. Conserve el corazón y los riñones. Corte la cabeza y las patas.

► *Cocción*

Hierva siempre las aves carroñeras porque pueden ser portadoras de enfermedades. Las aves viejas pueden ablandarse si las hierve, pero puede asar las más jóvenes en un asador o un hornillo.

PECES Y PESCA

Los peces son una valiosa fuente de alimentos, conteniendo proteínas, vitaminas y grasa. Todos los peces de agua dulce son comestibles, pero algunas especies tropicales pueden ser peligrosos: manténgase alejado de anguilas eléctricas, rayas de agua dulce y pirañas de los ríos de América del Sur. Se requiere mucha habilidad para poder atrapar a los peces mediante el método convencional de pesca con caña pero, considerando los hábitos alimenticios de los peces y siguiendo los métodos simples que aquí ofrecemos, puede tener éxito.

Los peces varían en tamaño desde diminutos ejemplares hasta algunos de enorme tamaño, como la perca Nilo de los trópicos. Difieren notablemente en sus hábitos alimenticios y en su dieta. Variedades diferentes se alimentan en momentos diferentes del día y a diferentes niveles en el agua. Algunos se alimentan de otros peces, otros comen gusanos e insectos, pero todos ellos pueden ser atraídos y cogidos con anzuelo si el cebo es adecuado.

Si usted es un experto pescador de caña, puede aplicar su propia pericia, especialmente si dispone de mucho tiempo para ello, pero si está pescando para sobrevivir, las técnicas que emplea el pescador deportivo no son las más útiles. Dos de los métodos más útiles son el nocturno y la red rastrera vertical.

Dónde pescar

Los peces eligen aquellos lugares en el agua donde se encuentran más cómodos y donde puedan encontrar más fácilmente su presa. Esta situación se verá afectada por la temperatura del día.

Si hace calor y el agua es poco profunda, pesque en aguas umbrías y donde hay estanques de aguas profundas. En los lagos, los peces se retiran hacia aguas frías y profundas cuando hace calor.

Si el río está crecido, pesque donde el agua fluya lentamente —en la parte exterior de un recodo—, o en un pequeño arroyo tributario que alimenta al río principal si su flujo es diferente; es muy posible que la inundación no se deba a las lluvias caídas.

A los peces les gusta ocultarse debajo de las orillas, de las rocas y de troncos sumergidos.

Cuándo pescar

Por regla general, deje tendidos los sedales toda la noche y compruébelos justo antes del amanecer. Algunos peces se alimentan por la noche cuando hay luna llena.

Si hay una tormenta inminente, pesque antes de que se desate. La pesca es muy pobre en un río después de una intensa lluvia.

Indicaciones de dónde se alimentan los peces

Cuando los peces están comiendo, una señal de que probablemente muerdan el cebo, saltan fuera del agua, o bien pueden verse pequeños rizos en los lugares donde están atrapando moscas en la superficie. Si hay un banco de peces pequeños, es probable que sean perseguidos por un pez mayor que intenta comérselos.

Refracción de la imagen

El agua refleja la luz de modo que el pez ve en un ángulo diferente las cosas que se encuentran fuera del agua, y probablemente pueda ver más de la orilla de lo que usted supone. Siempre es mejor pescar desde una posición sentada o acuclillada para ofrecer menor visión a los peces. Manténgase apartado del borde. Siempre debe tratar de que su sombra no se proyecte sobre el agua en el lugar donde está pescando.

PESCA CON CAÑA

Pescar con anzuelo y sedal es la manera más popular de hacerlo (aunque otros métodos suelen ser más efectivos) y forma parte de su equipo de supervivencia. Los anzuelos también pueden improvisarse con alambre, alfileres, huesos, madera e incluso espinas.

Los anzuelos grandes servirán para atrapar peces de gran tamaño, pero los peces más pequeños morderán anzuelos de todos los tamaños. Es probable que cerca del extremo del sedal tenga que añadir otro trozo con un peso para mantener el anzuelo sumergido e impedir que el sedal sea arrastrado sobre la superficie del agua, especialmente si se pesca en profundidad. Si se trata de un sedal largo, también necesita contar con un flotador que se hundirá cuando el pez muerda el anzuelo. Una caña no es esencial (puede pescar eficazmente sosteniendo el sedal con la mano) pero con ella resulta más fácil depositar el pez en tierra y lanzar el sedal lejos de la orilla.

Puede improvisar anzuelos con toda clase de material. Aquí (de izquierda a derecha) pueden verse un alfiler, una espina, un grupo de espinas, clavos, hueso y madera utilizados como anzuelos.

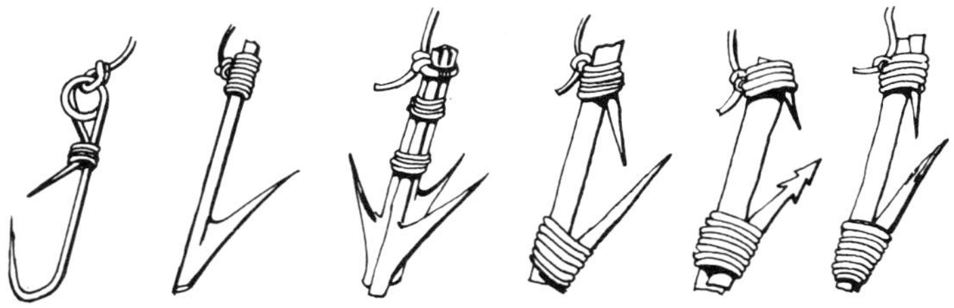

Usando flotadores y pesos

Coloque en el sedal un pequeño objeto flotante, fácilmente visible desde la orilla, y podrá ver cuando haya cogido un pez. Su posición le ayudará a controlar el lugar donde el sedal desciende. Los

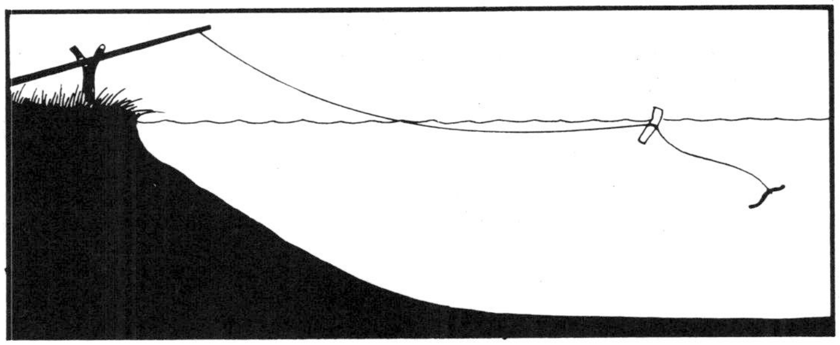

pequeños pesos entre el flotador y el anzuelo impedirán que el sedal se desplace sobre el agua o demasiado cerca de la superficie en una corriente, y dejando el anzuelo en movimiento. En su equipo de supervivencia lleve una pequeña bala de plomo con hendidura. Deslice el sedal a lo largo de la hendidura y aprételo para que enca-

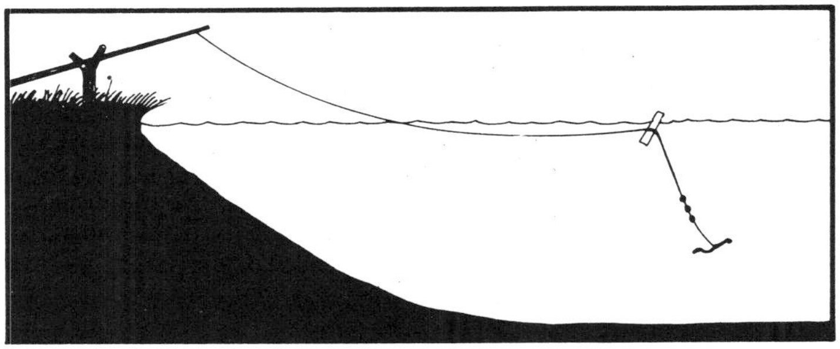

je firmemente. Para conseguir que el anzuelo se hunda a mayor profundidad, ate el sedal a un peso por debajo del anzuelo.

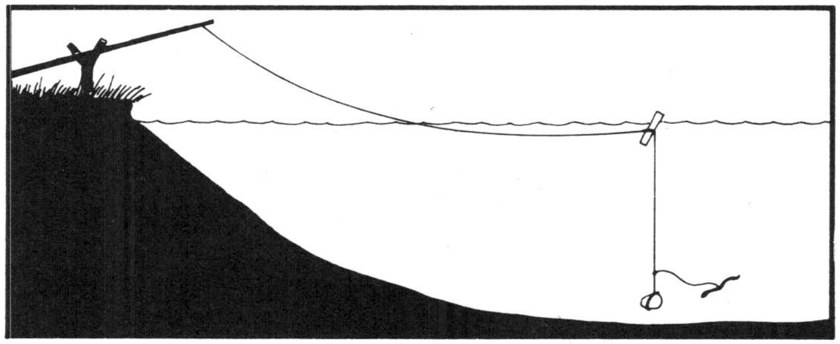

Pescar sin anzuelos

Para pescar con sedal ni siquiera necesita anzuelos. Para atrapar barbos y anguilas ate un bulto pequeño de lombrices a un sedal (a). Estos peces tragan sin morder, de modo que se tragan el cebo con el sedal unido a él. Saque el sedal del agua tan pronto como hayan tragado el cebo.

En lugar de anzuelo, use un pequeño trozo de madera atado al extremo del sedal y manténgalo plano a lo largo de él junto al cebo (b). Cuando el cebo es tragado, la madera se abrirá y bloqueará el esófago del pez (c).

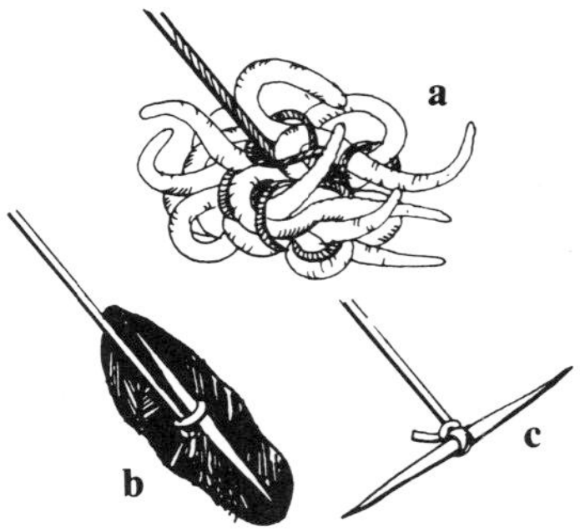

Cebo

Un cebo originario de las aguas del propio pez tiene más posibilidades de ser cogido por éste: bayas que cuelgan sobre el agua, insectos que se crían en el agua y cerca de ella. El pez carroñero cogerá trozos de carne, pescado crudo, hormigas y otros insectos. Una vez que tenga una captura, examine su estómago y deduzca que es lo que come ese pez. Si un cebo no es eficaz, cámbielo por otro.

Cebo terrestre

Un cebo esparcido por el área donde usted desea pescar atraerá a los peces hacia él. Un nido de hormigas o termitas suspendido sobre el río es un método excelente. El pez cogerá los insectos a medida que vayan cayendo al río. Úselos como cebo para el anzuelo y el éxito será completo. Cualquier cebo adecuado, esparcido sobre el agua, puede ser utilizado para atraer a los peces pero es mejor colocar siempre el mismo cebo en el anzuelo.

Anzuelos giratorios

Los peces curiosos atacarán cualquier objeto brillante arrojado al agua: monedas, botones, trozos de lata, hebillas. Fabrique una forma propulsora que pueda atarse a un trozo de alambre y girará con la corriente. Asegure un anzuelo al extremo del eje.

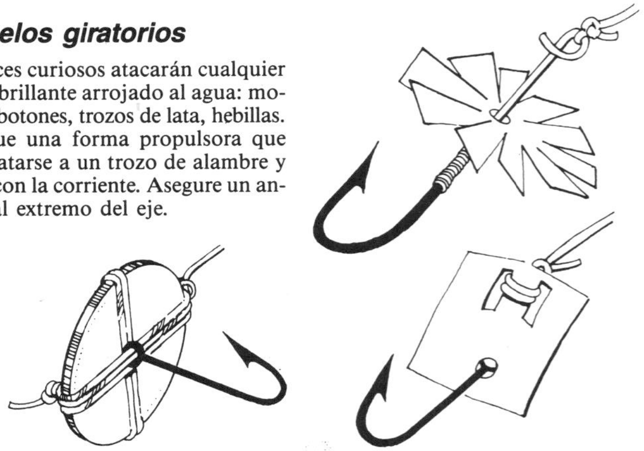

Cebo artificial

Puede fabricarse con tela de colores brillantes, plumas y metal brillante. Trate de que se parezca al cebo real. Unas pocas plumas sujetas a un anzuelo con un sedal puede simular una mosca, o puede tallar un pequeño pez en madera y pintarlo de colores o hacer que brille (si lo hace en pequeños trozos sus movimientos serán más naturales). Trate de hacer que los cebos se muevan en el agua como si fuesen cebos vivos. La madera de avellano tiene una pulpa blanda y se la puede atravesar con facilidad, de modo que puede unir segmentos que se moverán en el agua.

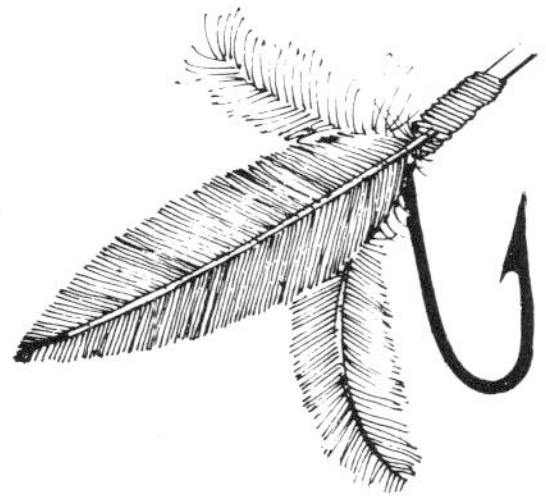

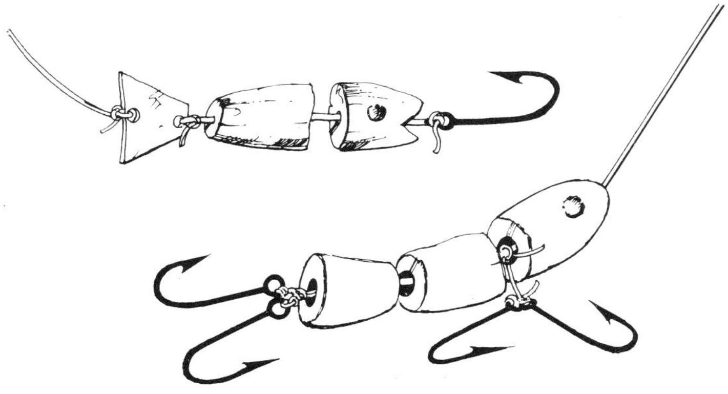

Cebo vivo

Gusanos, larvas, insectos y pequeños peces pueden utilizarse como cebo vivo. Cubra totalmente el anzuelo con el cebo. Puede clavar el anzuelo a través de la parte carnosa de un pez pequeño sin matarle, o a través del cuerpo de un saltamontes. Sus movimientos en el agua atraerán a los peces.

Sedales nocturnos

Coloque un peso en el extremo del sedal y sujete anzuelos a intervalos regulares. Coloque gusanos como cebo. Este tipo de sedal le permite atrapar peces que comen cerca de la superficie, en aguas intermedias y en el fondo. Asegure firmemente el extremo libre en la orilla.

Puede lanzarlo por la noche y recogerlo a la mañana siguiente —úselo también durante el día— pero cambie los gusanos, aún cuando no haya conseguido ninguna captura, porque los gusanos frescos se moverán más y atraerán a los peces.

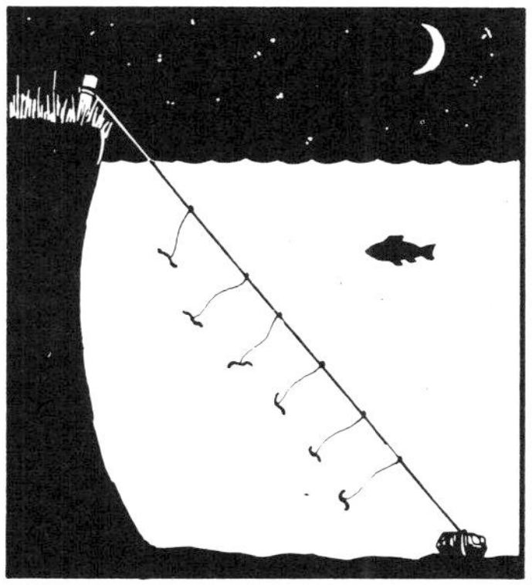

Barca pesquera

Para pescar lejos de la orilla, o más allá de donde alcanza el sedal —en un lago, por ejemplo, donde los peces comen en el centro del mismo— construya una diminuta barca con un timón móvil. Coloque una barra horizontal en la parte superior del timón, a la que puedan atarse dos sedales. Debajo de la barca suspenda los anzuelos con cebo. Deje que la barca flote en el lago.

Si los vientos son favorables podría montar una pequeña vela, pero en este caso necesitaría también una quilla para impedir que se vuelque. Practique unos orificios para fijar unas clavijas que estabilicen la barca (en contacto con el agua las clavijas se expandirán y encajarán perfectamente) y átelas a una piedra plana; una quilla grande podría interferir con el timón.

El movimiento excesivo de la barca indicará que un pez ha mordido el anzuelo.

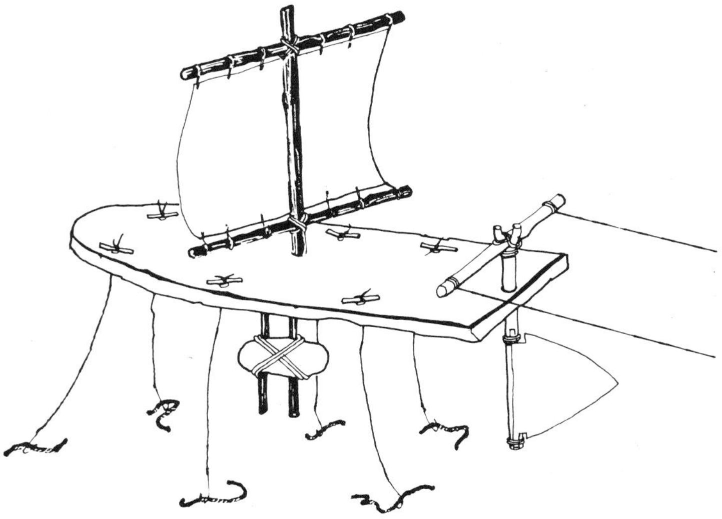

COMIDA

COMIDA

Sacudir de abajo arriba o enganchar

Este es el arte de atrapar un pez por cualquier parte de su cuerpo. Es un buen método para emplear cuando usted puede ver a los peces pero se niegan a coger el cebo. Ate unos cuantos anzuelos a un sedal asegurado a un palo y sumérjalos en el agua. Suspenda un objeto brillante a unos 20 cm del palo y, cuando los peces suban a inspeccionar el objeto, tire bruscamente de los anzuelos para que puedan enganchar a los peces.

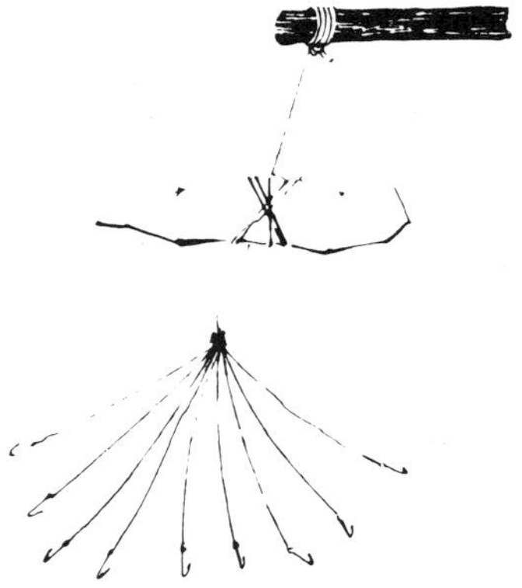

TRAMPAS PARA PECES

Puede construir una gran variedad de trampas, desde las que puede atravesar en la corriente, hasta trampas de botellas para capturar peces pequeños. Las flechas indican la dirección de la corriente.

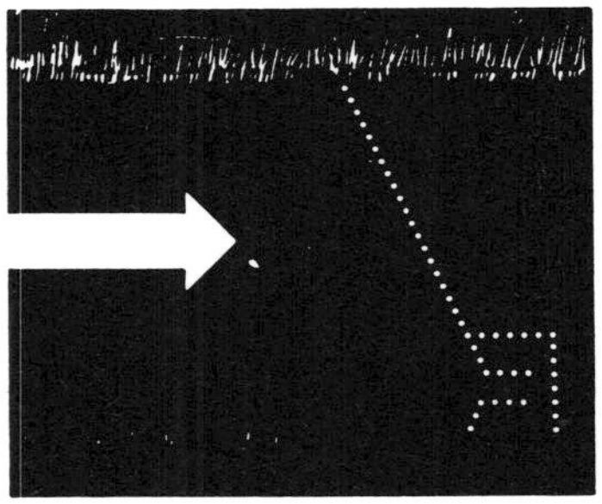

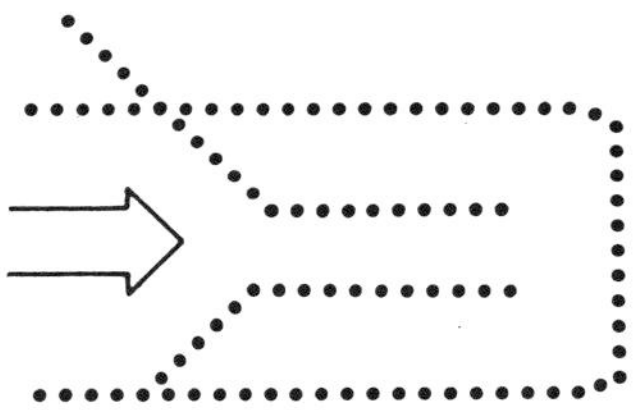

En aguas poco profundas construya un canal de troncos o rocas al que puedan acceder los peces pero no salir de él.

Trampa de botella

Si tiene una botella de plástico puede fabricar una eficaz trampa para peces pequeños cortándola justo por debajo del cuello y luego inviertiendo el cuello dentro de la botella. Los peces entran en ella pero no pueden salir. Coloque un cebo para atraerles.

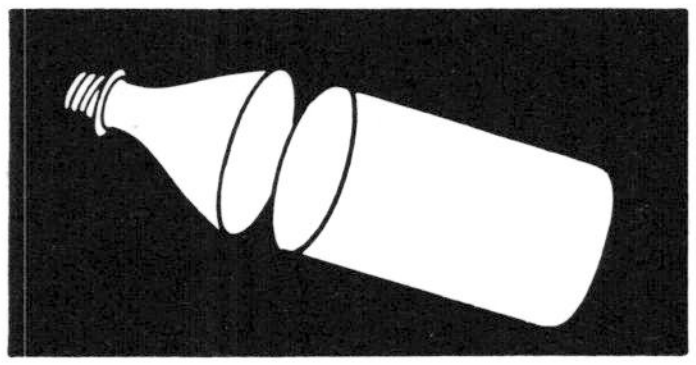

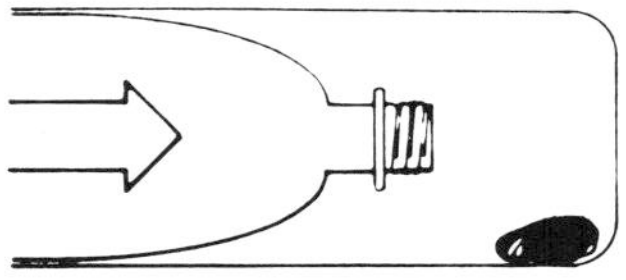

Puede hacer una trampa similar para peces más grandes usando un tronco ahuecado. Coloque un enrejillado en forma de cono en la entrada y bloquee la otra entrada del tronco.

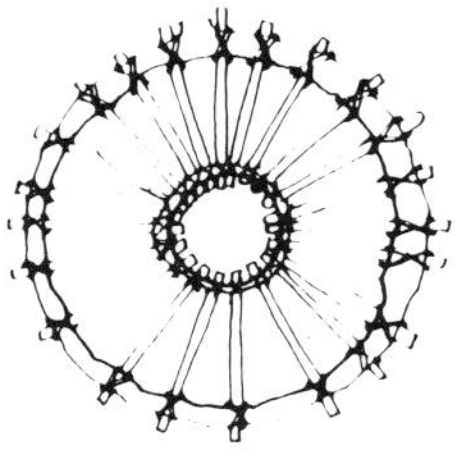

Trampas de mimbre

Use palos de avellano joven u otras ramas flexibles —el bambú se dobla mejor si lo calienta— para construir una trampa en la que los peces pueden entrar pero de la que luego no pueden salir. Una trampa de mimbre permite que la corriente pase a través de ella y, puesto que está construida con materiales naturales, puede parecer un grupo de juncos o desechos que se encuentran en el fondo.

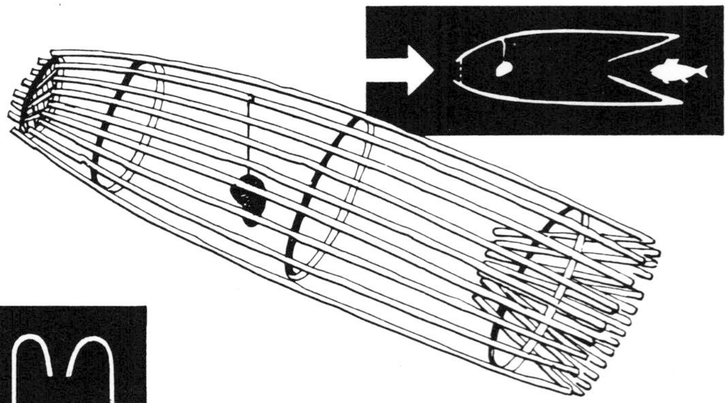

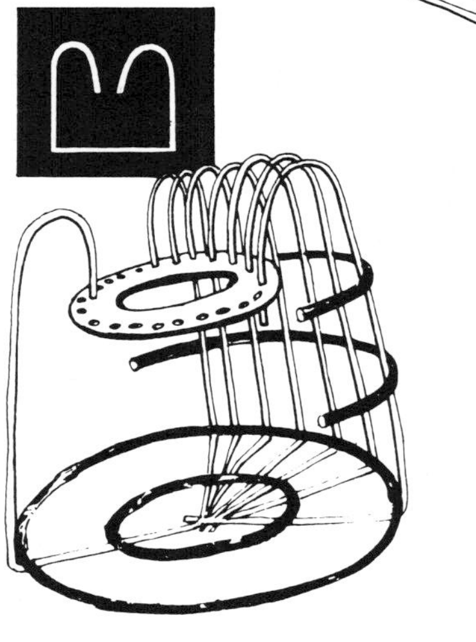

La forma de torpedo se consigue con mimbres entretejidos y colocados en posición. Coloque la abertura contra la corriente.

La abertura de entrada comienza siendo muy amplia, facilitando el acceso de los peces, pero en el interior el ángulo de los mimbres hace que la salida sea muy complicada.

La trampa para langostas utiliza agujeros en un círculo de madera para facilitar su forma, pero puede hacerse sin esta madera. La trampa se coloca en el fondo. El cebo atraerá anguilas, cangrejos de río y criaturas similares.

Lazos para peces

Los peces grandes, como el lucio, que se encuentran junto a las algas pueden atraparse con un lazo. Fije un lazo de sedal al extremo de un palo, o páselo por el interior de una caña de bambú. Páselo por encima del pez, desde la cola, y tire del sedal con fuerza para que el pez quede atrapado.

Saco para anguilas

Ate menudos frescos o un animal muerto dentro de un saco o bolsa de tela (el plástico no sirve) junto con cierta cantidad de vegetación similar a la paja o los helechos. Ate un sedal y un peso al fondo del saco y deje que se hunda. Déjelo toda la noche en el agua y sáquelo a la superficie por la mañana. Si hay anguilas encontrarán la manera de introducirse en el saco para llegar hasta los menudos y aún estarán agitándose en la vegetación cuando deposite el saco en tierra.

Embalsar

Construya una presa a través de una corriente de agua, desviando el flujo hacia un lado, y forme con rocas un pequeño estanque donde quedarán atrapados los peces que naden corriente arriba. Coloque una red debajo del curso de agua al costado de la presa para capturar a los peces que se desvían por ese lugar.

Red rastrera vertical

Fabrique una red de unos cuatro centímetros entre nudo y nudo (ver *Redes* en el capítulo titulado: **Campamento**), coloque flotadores en la parte superior y pesos en el fondo, luego extiéndala a través del río. Los peces que naden hacia ella quedarán atrapados por las agallas. Es una trampa mortal y muy pronto dejará sin peces una extensa área del río, de modo que no debe utilizarla durante mucho tiempo si piensa quedarse en ese lugar (o si no es una situación de supervivencia). Si los extremos de la red están atados a las orillas, tanto en la parte superior como en la inferior, no necesitará flotadores ni pesos.

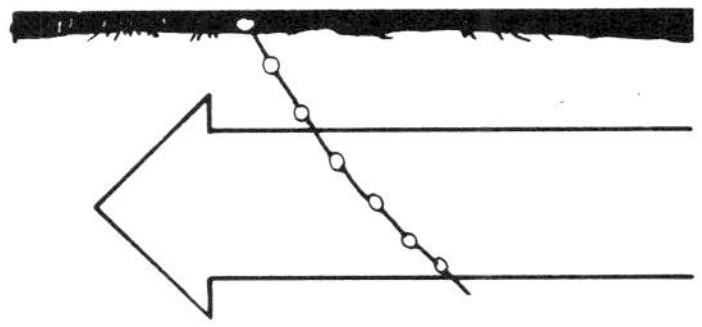

Una red rastrera vertical puede ser sujeta a cada orilla (sostenida por pesos y flotadores (a), o asegurada de forma fija a dos postes. Si se coloca en ángulo con respecto a la corriente (b) hay menos posibilidades de que las maderas flotantes se acumulen contra ella.

OTRAS TÉCNICAS

Si todo lo demás falla, intente los siguientes métodos

Cosquilleo

Se trata de una técnica de viejos cazadores furtivos que exige paciencia pero es efectiva cuando los peces se ocultan debajo de las orillas socavadas en aguas poco profundas. Acuéstese en la orilla e introduzca suavemente las manos en el agua para que se adapten a la temperatura. Manteniéndolas lo más cerca posible del fondo, busque debajo de la orilla, moviendo ligeramente los dedos hasta dar con un pez. Deslice la mano suavemente por el vientre del pez (los peces suelen nadar contra corriente cuando se alimentan) hasta alcanzar las agallas. Entonces cójalo con fuerza y sáquelo del agua.

Atraer y conducir a los peces

Por la noche, una linterna o una tea suspendida encima del agua atraerá a los peces. Entonces pueden tenderse redes alrededor del área iluminada para atrapar peces y matarlos con palos o lanzas. Un espejo u otro objeto brillante colocado en el lecho del río reflejará la luz del sol o de la luna y atraerá a los peces.

PESCA CON ARMA

PELIGRO

Si usted tiene una arma de fuego y gran cantidad de municiones, merece la pena intentar matar a los peces disparándoles, pero NUNCA dispare con el cañón en el agua porque explotará.

El agua sella el extremo del cañón y, en lugar de salir disparado, el proyectil hace que la fuerza de la detonación se proyecte hacia usted. No sólo es peligroso, sino que es potencialmente mortal. Asegúrese muy bien de que el cañón no tiene agua.

Afile una varilla larga para fabricar una lanza, añadiéndole púas para hacerla más efectiva. Si dispone de muchas puntas, como el tridente de Neptuno, cuenta con un margen de error mucho menor ya que cubre un área más extensa. Trate de colocarse encima del pez y asestarle un golpe fulminante.

Asegúrese de no proyectar su sombra sobre el pez que intenta atrapar. Apunte ligeramente debajo del pez para compensar la refracción de su imagen en la superficie.

Si es usted un buen tirador, utilice arco y flecha para cazar a los peces (la flecha de madera flotará y ayudará a sacar a su presa a la superficie, aunque, de todos modos, la mayoría de los peces muertos flotarán sin problemas).

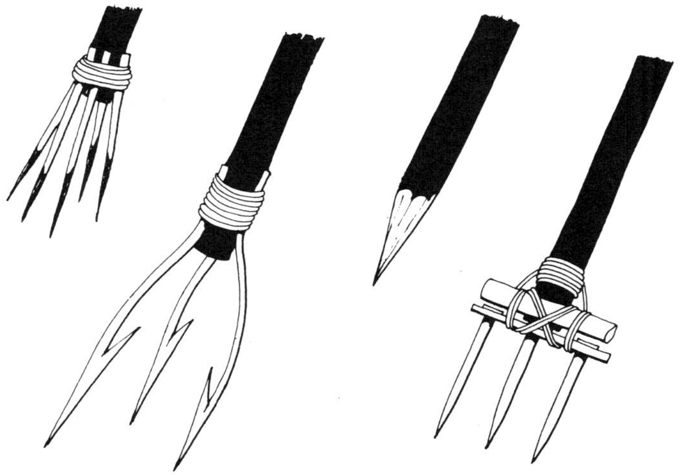

Enlodar

Cuando el agua de un río que ha crecido se retira, deja estanques aislados que suelen estar llenos de peces. Agite el lodo del fondo con un palo o pisoteándolo. Si hay peces, tratarán de alcanzar una zona de aguas más claras. Entonces cójalos.

Explosivos

En el agua pueden usarse explosivos. Matarán a los peces que se hallen más próximos, pero liberando el oxígeno del agua matarán también a los que están más lejos de la superficie.

NARCÓTICOS PARA PECES

En muchos lugares del mundo, los pescadores utilizan plantas locales para envenenar o atontar a los peces para obligarles a salir a la superficie, donde resulta fácil cogerlos. Este método funciona mejor en un estanque profundo, donde un extremo puede ser embalsado para contener a los peces, pero también puede ser efectivo en cualquier curso lento de agua.

Algunas plantas atontan o narcotizan o intoxican a los peces, pero la mayoría tiene el efecto de eliminar el oxígeno del agua, de modo que el pez sale a la superficie en busca de agua más oxigenada. Diversas partes de las plantas se utilizan para este fin, pero, en muchos casos, simplemente se las tritura y se las arroja al agua. Aunque los efectos son catastróficos para el pez, no duran mucho, y el agua vuelve a oxigenarse pronto. La mayoría de estas plantas narcóticas surten efecto más rápidamente en aguas cálidas y se las utiliza sobre todo en los países tropicales.

Si estos métodos se emplean en estanques cerrados, habrá acabado con los peces que habitaban en él y también con una fuente de alimento para el futuro. Cuando se trata de un estanque costero o fluvial, sin embargo, nuevos peces llegarán a él para volver a habitarlo.

Si quemamos caracoles, conchas marinas o corales sobre un fuego muy intenso, producirán liga que puede ser arrojada en aguas encalmadas para envenenar a los peces. Sin embargo, la carne de estos peces podrá comerse sin problemas.

CUIDADO

Los peces muertos que flotan en la superficie —a menos que usted los haya matado— pueden parecer una presa fácil para comer, pero pueden estar enfermos y, si han estado allí durante algún tiempo, no son comestibles.

Cuando son liberados en el agua, estos venenos son tóxicos sólo para los animales de sangre fría, pero esto no significa que sean comestibles. No lo son. Partes de algunas de estas plantas son MUY PELIGROSAS si se las come crudas. Úselas en los peces —no en usted— y luego coma los peces. Se utilizan muchas plantas. Las siguientes son las más efectivas y comunes en sus zonas.

Derris

Derris (a) se encuentran desde el sureste de Asia hasta Australia. Se trata de plantas leñosas y trepadoras, parecidas a enredaderas, habitualmente con pequeñas hojuelas ovaladas dispuestas en pares opuestos, flores y cápsulas de color purpura. *Muela las raíces y arrójelas al agua. Los peces, atontados, saldrán a la superficie.*

Barringtonias

Barringtonia (b) son árboles que crecen en las mismas zonas que Derris, a través de la Polinesia, y a menudo cerca de la costa. *Aplaste las semillas dentro de sus cápsulas en forma de urna y arrójelas al agua.*

Rosas del desierto

Adenium (c) se encuentra en el África tropical y meridional y en algunas zonas de Arabia; se trata de arbustos, a veces pequeños árboles, con hojas gruesas y carnosas. Una de las más efectivas, *A. obesum* (ilustrada), del África oriental, tiene espirales de hojas ovaladas y grupos de flores tubulares de color rosado. *Use los tallos y las raíces aplastados, contienen una savia altamente tóxica.*

Jabonera

Amole Chlorogalum pomeridianum (d) crece en zonas abiertas y secas o tupidas en el oeste de América del Norte. Tiene hojas estrechas, en forma de hierba, y flores blancas en forma de estrella. *Triture la raíz bulbosa y arrójela en los estanques.*

Ruda cabruna

Tephrosia virginiana (e) crece en terreno abierto en América del Norte. Su superficie es ligeramente pilosa, tiene muchas hojuelas estrechas y largas cápsulas achatadas. *Use los tallos triturados o las raíces, que son muy venenosas.*

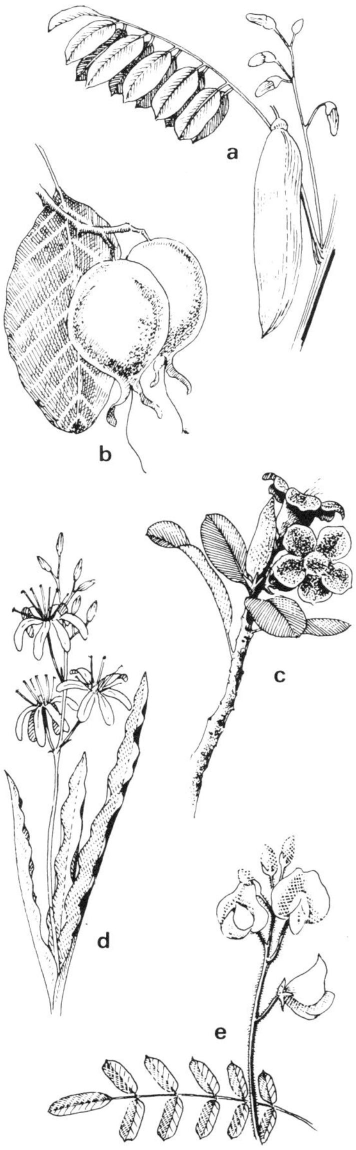

PESCA EN EL ÁRTICO

En los helados mares árticos, los peces constituyen el alimento más accesible. Incluso en los meses de verano, es más seguro pescar a través de un agujero en el hielo que hacerlo desde la orilla de una corriente de agua, ya que podría quebrarse bajo su peso. Las técnicas que deben aplicarse son igualmente efectivas en cualquier lago o río helados donde el hielo es lo bastante grueso para soportar su peso con facilidad, pero no tan sólido que no pueda romperse para llegar hasta el agua y poder pescar.

En primer lugar, necesita llegar hasta el agua, lo que significa practicar un agujero en la capa de hielo. Si dispone de una sierra para hielo, úsela para cortar agujeros limpios que dejen bordes seguros. Si debe romper el hielo a golpes, corre el riesgo de que se fracture hacia la zona donde usted está parado. Realice la operación con mucha prudencia.

Anzuelo y sedal

Coloque el cebo en el anzuelo del modo habitual. Si el sedal es arrastrado por debajo de la superficie helada, tendrá que colocar un peso debajo del anzuelo.

No tiene sentido tratar de demostrar sus habilidades de pescador con caña en un agujero; es mucho mejor disponer de muchos puntos de pesca. A fin de cubrirlos eficazmente, sin embargo, necesitará disponer de una señal sencilla para saber si un pez ha picado. Haga un banderín con un trozo de tela, papel o cartulina, preferiblemente de color brillante para poder verlo fácilmente sobre la nieve y el hielo, y átelo a una varilla ligera. Sujete firmemente esta varilla a otra que se extenderá sobre el diámetro del agujero. Ahora sujete el sedal al extremo inferior del asta del banderín y apoye el banderín en el costado del agujero con el sedal en el centro.

Cuando un pez muerda el anzuelo, la cruz de varillas se elevará sobre el agujero y el banderín se colocará en posición vertical. Mantenga vigilado el banderín para acudir rápidamente a sacar su presa. Un pez que se agita es un bocado fácil para una foca.

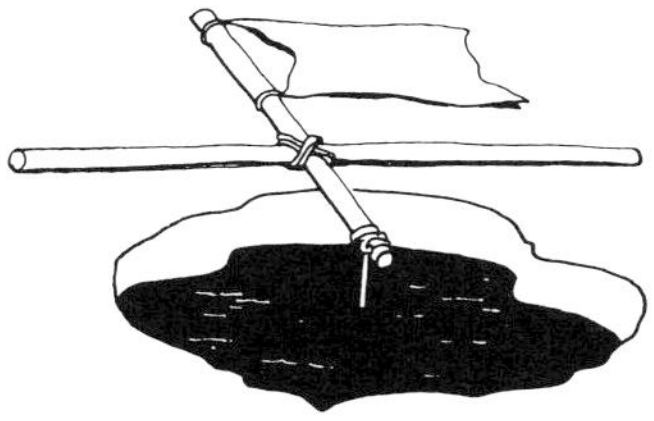

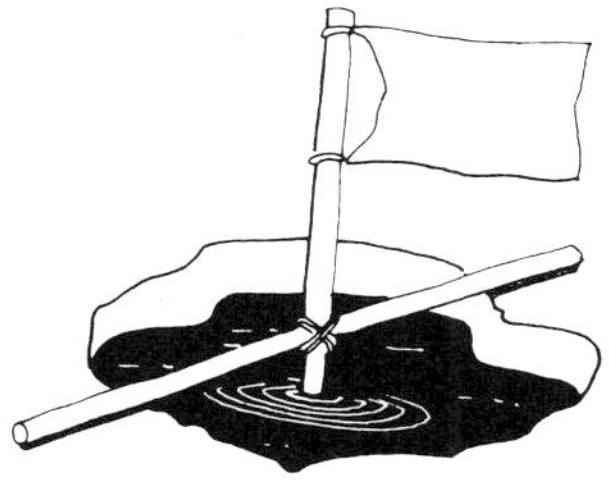

Red en el hielo

Aunque los peces no hibernan, su metabolismo se ralentiza para hacer frente a las bajas temperaturas invernales y, por tanto, comen mucho menos, dificultando su pesca. Las redes, que siempre cuentan con más posibilidades de capturar peces, tienen otra aplicación en la pesca con sedal.

Coloque la red a través del hielo. Una red sujeta a una capa de hielo flotante acabará probablemente helada y pegada al hielo, y puede resultar arriesgado manipularla en esas condiciones. Como alternativa, puede practicar varios orificios en el hielo de unos 40 cm de ancho y separados por el doble de esa distancia. Sujete el borde superior de la red con pequeños trozos de madera a intervalos de 80 cm, y coloque un peso en su parte inferior. El lazo que sujeta la red debe fijarse a un palo; luego introduzca un extremo de la red en el agujero.

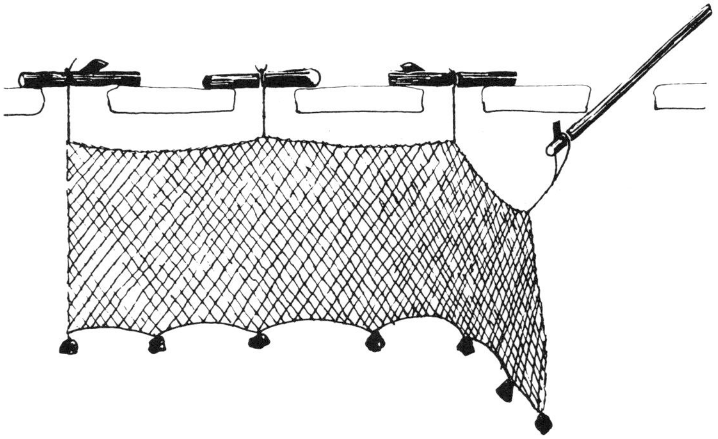

Con un palo provisto de un gancho (que puede improvisar) tiene que alzar la red, pasarla a través del siguiente agujero y asegurarla al trozo de madera, y así sucesivamente hasta que toda la red quede suspendida.

Si el hielo es lo bastante delgado, fije todas las maderas de contención en el palo y haga descender toda la red a través del primer agujero, fijando la primera madera. Luego, sosteniendo cuidadosamente las maderas de contención, introduzca el palo por el siguiente agujero y asegure la siguiente madera. Así sucesivamente hasta que toda la red quede asegurada firmemente.

Para comprobar la red, álcela con el palo.

Si deja la red durante mucho tiempo, en regiones polares, puede encontrarse con que sus capturas ha sido aprovechadas por las focas.

PREPARANDO EL PESCADO

Todos los peces de agua dulce son comestibles. Los que miden menos de 5 cm de largo no necesitan preparación alguna y pueden comerse enteros. Los peces más grandes deben ser destripados. El barbo y las anguilas tienen una piel suave que se quita fácilmente, pero otras variedades deben ser descamados. El barbo tiene un esqueleto cartilaginoso. La mayoría de los otros peces tienen muchas espinas.

Sangría Tan pronto como un pez es capturado, córtele la garganta y deje que se desangre. Quítele las agallas.
Destripar Practique una incisión desde el orificio anal hasta el corte de la garganta. Quite todos los menudos; puede usarlos como cebo para los anzuelos o en un saco para anguilas. Conserve las huevas, que se encuentran a lo largo del costado del pez. Son duras en las hembras y blandas en los machos y muy nutritivas. Esta preparación ayuda a que el pescado se conserve durante más tiempo.

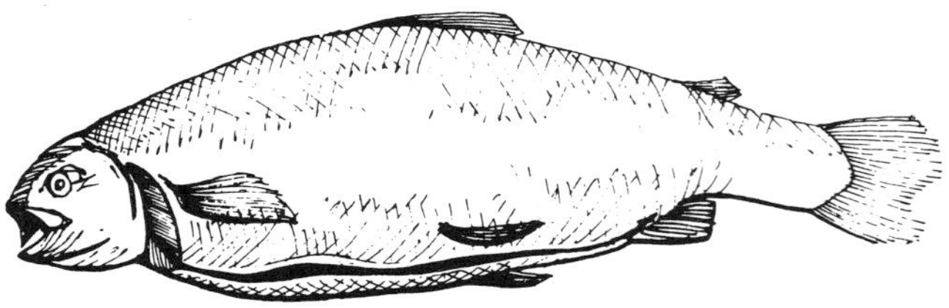

Descamación no es necesaria y el pescado puede cocinarse con las escamas, pero, si tiene tiempo, quíteselas. Deslice el cuchillo desde la cola hasta la cabeza.
Desollar la piel del pescado es alimenticia y debe dejarse, a menos que disponga de mucha comida. Para desollar anguilas y barbos, pase una varilla a través del pescado, fíjela en la parte superior y, habiendo cortado la piel justo debajo de ella, tire de ella hacia la cola.

QUINTA SECCIÓN

CAMPAMENTO

Es fundamental seleccionar el lugar donde acampar y saber como construir un buen refugio. En esta sección se describen varios métodos para la construcción de refugios utilizando materiales disponibles, desde la estructura más simple para protegerse del viento hasta refugios aptos para pasar una larga temporada.

Necesitará hacer fuego y elegir el tipo adecuado para el mismo. Se describen también los fuegos para calefacción y para cocinar. Las indicaciones sobre preparación, cocción y conservación de los alimentos asegurarán que la comida esté segura y no se desperdicie. La organización e higiene del campamento son muy importantes para la salud y la moral del superviviente individual como del grupo.

Los métodos para fabricar utensilios, equipo de campamento, ropa, cuerdas y redes mejorarán las condiciones de supervivencia y las habilidades para hacer nudos tendrán muchas aplicaciones.

CÓMO CONSTRUIR UN REFUGIO

Un refugio es necesario para tener sombra, protegerse contra el viento y la lluvia y mantenerse abrigado. El sueño y un reposo adecuado son fundamentales y el tiempo y esfuerzo que dedique para hacer que su refugio sea un lugar confortable merecerán la pena. Si ha sido víctima de un accidente aéreo o de un vehículo que lo ha dejado tirado, tanto el avión como el vehículo pueden proporcionarle refugio o los materiales para construir uno, pero si hay fuego o amenaza de explosión de los depósitos de combustible, espere hasta que el peligro haya pasado antes de intentar salvar los materiales que necesita.

Si usted es la víctima de un accidente y carece de equipo, se encuentra atrapado por una niebla imprevista o le sorprende la noche en un terreno donde no es seguro continuar la marcha, o si el agotamiento o las heridas le impiden continuar avanzando, tal vez se vea obligado a arreglárselas en un refugio natural para pasar la noche o hasta que pueda resolver la situación. En este caso, virtualmente cualquier lugar que le proteja del viento, la lluvia y el frío será bienvenido. Si el desplazamiento colina abajo le parece peligroso, continuar el camino bordeando su contorno puede ponerle a cubierto del viento. Si no hay ninguna grieta o cueva donde poder refugiarse, use cualquier depresión del terreno. Aumente su altura, si puede, colocando piedras en los bordes, pero asegúrese de que la estructura es estable antes de tenderse a descansar.

Si aún hay luz natural, no está herido y tampoco se encuentra aislado por riscos impracticables u otros obstáculos, es mejor buscar lugares más seguros en los alrededores. Para establecer un campamento más permanente, debería encontrar un lugar seguro con un acceso adecuado a sus necesidades principales.

Dónde acampar

Si se encuentra en terreno elevado y expuesto, descienda hasta buscar un lugar protegido, pero si está en un terreno bajo y húmedo tendrá que ascender para encontrar un sitio seguro y seco. Busque un lugar protegido del viento, en terreno elevado que no corra riesgo de inundarse y que se encuentre a salvo de avalanchas y desprendimientos de piedras.

El aire caliente asciende y el aire frío baja, de modo que el fondo de los valles contendrán a menudo bolsas de aire más frío y, en clima frío, es probable que se produzcan heladas y nieblas húmedas. En zonas que reciben un alto nivel de precipitaciones, las terrazas en las laderas estarán a menudo más húmedas que el terreno escarpado arriba y abajo de ellas, ya que el agua se concentra en ese lugar antes de continuar su descenso.

Idealmente, debería estar cerca del agua, con una nutrida provisión de madera al alcance de la mano. Un campamento muy próximo al agua, sin embargo, puede causarle problemas por los insectos, y el sonido del agua puede ocultar otros sonidos que podrían indicar peligro, o el sonido de las unidades de búsqueda o rescate.

En las orillas de los ríos busque la señal de la crecida: en las regiones montañosas, las corrientes de agua pueden convertirse en torrentes en pocos minutos, alcanzando hasta 5 metros en una hora! Incluso en la llanura, manténgase alejado de los viejos cursos de agua, no importa que se encuentren secos. Las lluvias torrenciales en las montañas cercanas pueden enviar fácilmente torrentes de agua sin advertencia alguna. Elija un terreno que sea razonablemente plano y libre de rocas y asegúrese de que dispone de espacio suficiente para colocar señales y de que podrá ser visto fácilmente por los equipos de rescate.

Compruebe que por encima de su situación no haya nidos de abejas o avispones y tampoco madera muerta en los árboles, ya que podría caer sobre usted debido a una tormenta o a un viento fuerte. Aléjese de los árboles solitarios, ya que atraen los rayos y, en las regiones boscosas, quédese en los bordes, donde pueda ver lo que sucece a su alrededor. No acampe en un sendero transitado por los animales —no querrá tener como visitantes a una manada de ellos o descubrir que su vivac ha quedado arrasado por los animales en su camino hacia su fuente de agua—; manténgase cerca de cualquier huella humana evidente.

LUGARES DESACONSEJABLES PARA ACAMPAR

1 Cimas expuestas al viento (descienda y busque un lugar protegido en la ladera que le proteja del viento).
2 Fondos de valle y profundas depresiones, ya que podrían ser muy húmedos y, especialmente cuando el cielo es claro, hiela por la noche.
3 Terrazas en las laderas de las colinas donde la tierra es muy húmeda.
4 Estribaciones montañosas que descienden hacia el agua, ya que con frecuencia son caminos que utilizan los animales para ir a beber.

TIPOS DE REFUGIO

El tipo de refugio que construya dependerá de las condiciones locales y de los materiales disponibles para construirlo... y del tiempo que espera necesitarlo. Para conseguir una protección inmediata frente a los elementos, construya un refugio temporal mientras levanta otro más permanente. Si decide permanecer en ese lugar y esperar que le rescaten, puede construir un refugio más sólido, en la medida en que se lo permitan el tiempo y sus energías.

Para aquellos que decidan caminar en busca de ayuda, los refugios temporales pueden construirse en cada lugar donde se detengan. Incluso pueden transportarse si son lo bastante ligeros y si se corre el riesgo de no encontrar materiales disponibles en la próxima parada prevista.

Un refugio más permanente será aconsejable para los heridos o enfermos, quienes deben descansar para recuperar fuerzas, o si es necesario esperar hasta que mejore el tiempo antes de intentar la marcha. Aproveche el tiempo para reunir equipo y provisiones.

Refugios apresurados

Si no hay materiales disponibles para construir el refugio, use cualquier protección natural que haya en los alrededores: salientes rocosos, inclinaciones del camino, etcétera, que ayudarán a protegerle del viento y de la lluvia. Levante barreras naturales contra el viento en los refugios de construcción rápida. En llanuras completamente abiertas, siéntese de espaldas al viento y amontone detrás de usted todo el equipo que pueda para protegerse.

Refugios con ramas

Use las ramas que se inclinan hacia el suelo o aquellas que se han partido parcialmente del árbol para conseguir una protección elemental contra el viento, pero asegúrese de que no están tan rotas que puedan caer sobre su cabeza! Entrelace otras ramas más pequeñas para que la protección sea más densa. Las coníferas son ideales para este propósito, ya que requieren menos entrelazamiento para que usted puede protegerse de la lluvia.

Construya un refugio similar atando una rama rota a la base de otra rama en el lugar donde forma una horquilla con el tronco del árbol (a).

Refugio de raíces

Las raíces extendidas y la tierra apilada en la base de un árbol caído forman una buena barrera contra el viento y las tormentas, si se encuentran en un ángulo correcto con respecto al viento. Rellenando los costados entre las raíces hará que el refugio sea más efectivo, y proporcionará un buen cimiento para construir un refugio más elaborado con otros materiales.

Use una depresión natural

Incluso una depresión poco profunda en el terreno proporcionará algo de protección frente al viento y puede reducir sus esfuerzos para construir un refugio. Sin embargo, tome medidas para desviar los cursos de agua que desciendan de la colina, especialmente si es una depresión en la ladera, o puede encontrarse flotando en una piscina.

Construya un techo para protegerse de la lluvia y conservar el calor. Unas pocas ramas fuertes colocadas a través de la depresión pueden sostener un tronco ligero colocado sobre ellas, en el cual pueden fijarse palos y troncos más pequeños para darle declive al techo y facilitar la caída del agua. Consolide la construcción añadiendo pequeñas ramas, hojas o césped.

Troncos caídos

El tronco de un árbol caído es una buena barrera contra el viento si se halla colocado en el ángulo apropiado. Con un pequeño tronco, excave un hoyo en la tierra en el costado protegido del viento.

Un tronco también es un excelente soporte para construir un techo de ramas inclinado.

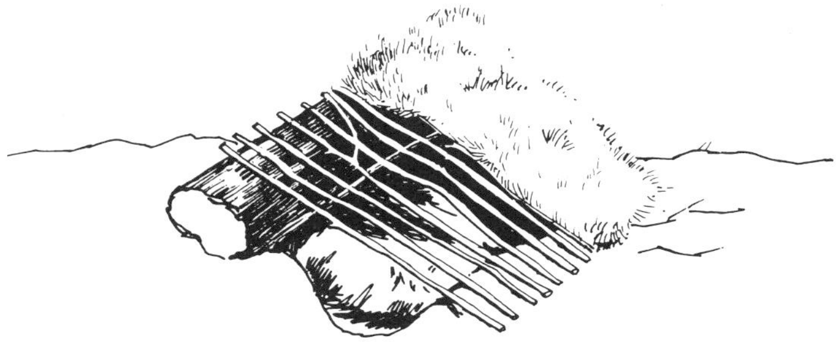

Drenaje y ventilación

Una zanja excavada a los lados del refugio que le protege, ayudará a mantenerlo seco. Los refugios construídos apresuradamente tendrán muchos espacios por donde entre el aire. No trate de sellarlos a todos, la ventilación es esencial.

Barreras de piedra

Un refugio es más confortable si puede sentarse además de acostarse en él, de modo que aumente su altura construyendo una pequeña pared de piedra alrededor del lugar escogido. Rellene los espacios entre las piedras utilizando tierra y follaje (especialmente la capa inferior) mezclados con lodo, y desvíe el agua de la lluvia hacia un costado tal como se muestra en la ilustración inferior.

Refugio de troncos jóvenes

Si encuentra troncos jóvenes en la zona, seleccione dos hileras de los mismos, limpie el terreno entre ellos y una sus extremos superiores hasta formar un armazón de sostén para cubrirlo con una tela. Coloque pesos en el borde inferior de la tela utilizando rocas y leños.

Puede construir un refugio similar con ramas flexibles clavadas en la tierra.

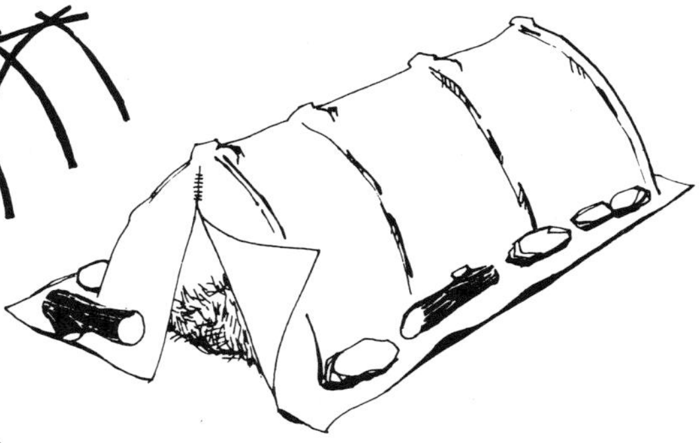

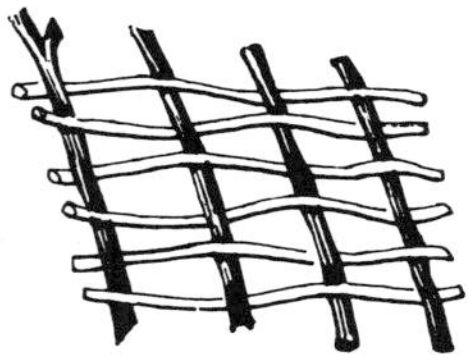

Si no dispone de ninguna tela, use tallos jóvenes y flexibles, entretejalos con pequeñas ramas entre ellos y consolide la techumbre con helechos y terrones de hierba.

Refugio cubierto

Con un poncho impermeable, un trozo de lona o de plástico, puede construir rápida y fácilmente una serie de refugios diferentes que serán suficientes hasta que pueda construir algo más seguro. Haga uso de un refugio natural (a) o construya un refugio triangular con el vértice apuntando hacia el viento (b). Clave los bordes o asegúrelos con estacas. Si es suficientemente larga, doble la cubierta debajo de usted, en sentido descendente para que aleje el agua de la superficie (c). Use hierba seca como lecho. Nunca se acueste en terreno húmedo o mojado.

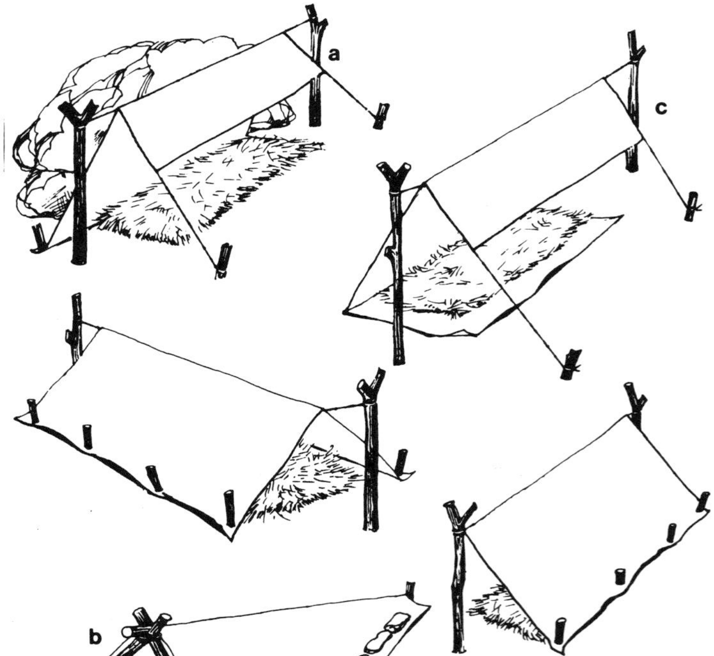

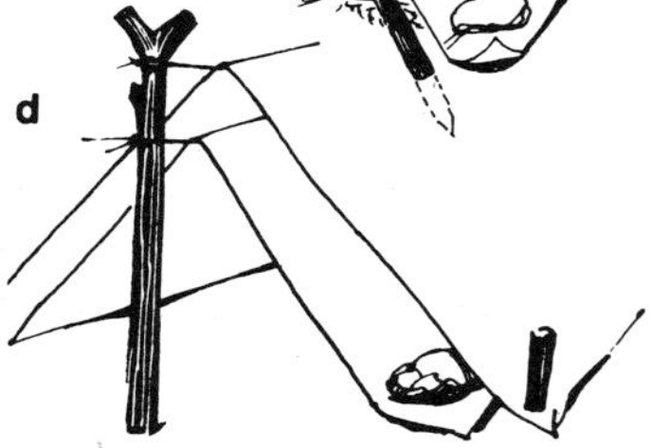

Una tela de tramado unido, aunque no sea impermeable, le protegerá de la lluvia si la coloca en un ángulo empinado. Disponga uno de los refugios dentro de otro (d). La lluia que pueda pasar a través del primero, raramente pasará a través del segundo.

Sea cual sea el tipo de tejido, evite tocarlo por el interior cuando esté lloviendo para evitar que el agua se filtre.

Tiendas indias o Tipis

Más conocido por sus formas norteamericanas, el «tipi» es característico de muchas culturas. El tipo de construcción más rápida tiene tres o más postes angulados de sostén, atados donde se unen formando un cono. Pueden ser atados en tierra y luego levantados antes de cubrirlos con piel, paneles de corteza de haya u otros materiales. Deje una abertura en la parte superior para contar con ventilación.

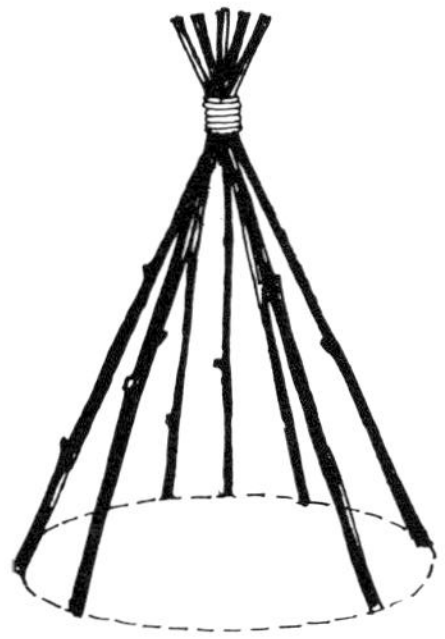

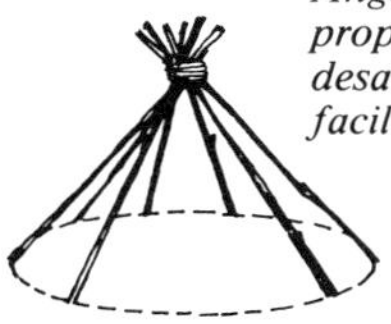

Ángulos más grandes le proporcionarán un área mayor, pero desalojan la lluvia menos facilmente.

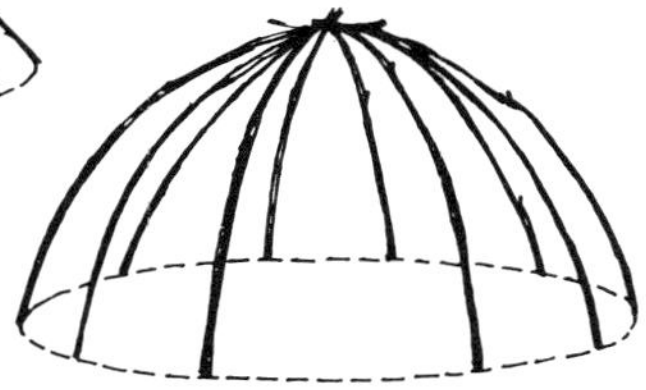

Tipi con el paracaídas

Un paracaídas, suspendido por el centro, es un tipi instantáneo. Fije con estacas el borde inferior.

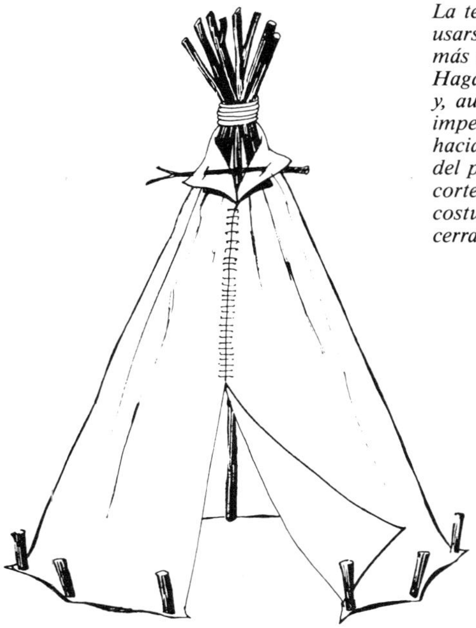

La tela de un paracaídas puede usarse para hacer un tipi, pero es más simple colgarla de un árbol. Haga que los lados sean inclinados y, aunque la tela no sea impermeable, el agua se desviará hacia afuera. Doble un segmento del paracaídas para hacer la puerta, corte la tela a lo largo de una costura y haga un lazo para cerrarla.

Paredes de troncos y pantallas

Es sencillo construir paredes apilando troncos entre otros clavados en la tierra y (si fuese posible) atados en la parte superior. Rellene bien para protegerse de la lluvia y el viento. Son paredes ieales para construir uno de los flancos del refugio, para bloquear una abertura o como refractor del calor detrás de un fuego. Si no dispone de piedras grandes, emplee este método para embalsar una corriente.

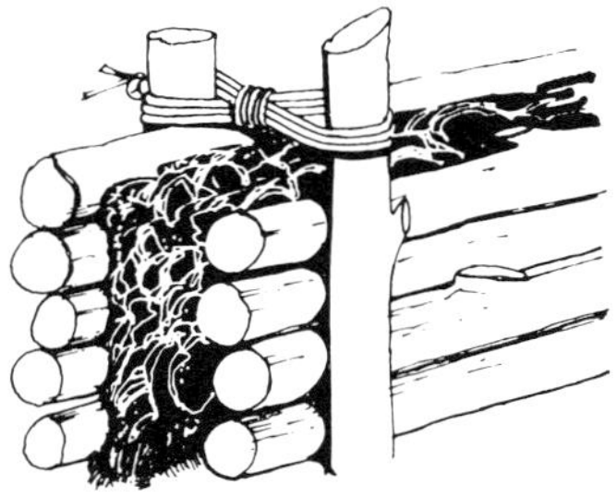

Para hacer una pared de troncos resistente, aumente el espacio entre los troncos verticales, use dos pilas de leños y, mientras construye, llene el espacio entre ellos con tierra.

Cubiertas

Haga cubiertas entretejidas o entrelazadas para techos o paredes utilizando troncos finos y flexibles, tallos de plantas, hierbas y hojas grandes (enteras o, si son lo bastante largas, en tiras para que el entrelazado sea más firme). Primero construya un armazón con materiales menos flexibles, ya sea *in situ* o como un panel separado para añadirlo posteriormente. Entrelace los materiales más flexibles.

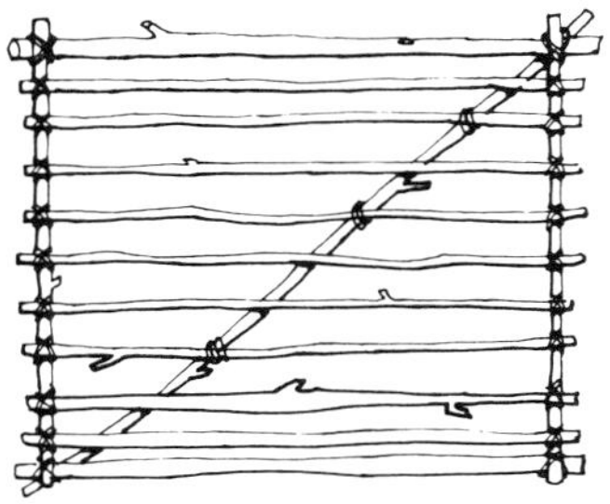

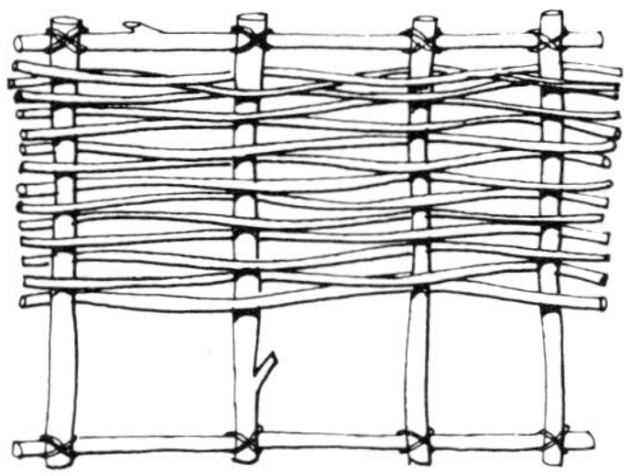

Si no dispone de cuerdas u otras ataduras, clave estacas verticales en el suelo y pase troncos jóvenes y flexibles entre ellas. Rellene con tierra y hierbas.

Si las piezas atravesadas y firmes son escasas, entrelace enredaderas entre las estacas verticales.

Las hojas muy grandes, enlazadas o fijadas con pesos, o enganchadas sobre enredaderas, pueden ser superpuestas como tejas para protegerse de la lluvia.

Las hierbas largas pueden ser amontonadas y tejidas, superponiendo irregularmente los extremos para hacer una urdimbre continua. O use corteza de abedul y quite la corteza con cuidado (a). En un armazón fije pares de cañas o enredaderas trepadoras en pares muy juntos (b). Los extremos superiores de las cortezas están asegurados entre las cañas, mientras que los inferiores se apoyan en las cortezas que están debajo (c).

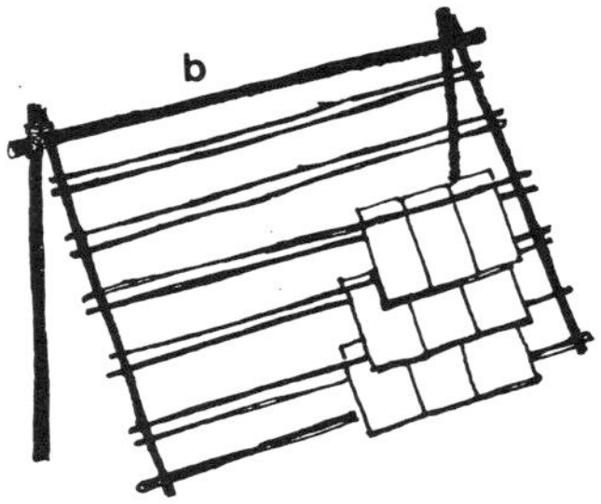

Refugio abierto e inclinado

Si no dispone de nada sólido para colocar un techo inclinado y no está tratando de protegerse de la lluvia o de una ventisca, use paneles de juncos o armazones cubiertos de hierba para protegerse.

Levante una estructura horizontal entre los árboles o sobre soportes simples. En el costado que recibe el viento coloque un panel de juncos tejidos, o ate troncos jóvenes y flexibles a 45 ° para armar un techo. Añada paredes laterales si fuese necesario (a). Coloque el fuego protegido del viento. Añada piezas laterales y —esto es lo fundamental— construya un refractor al otro lado del fuego para asegurarse de que recibe todo el beneficio de su calor.

REFUGIOS TROPICALES

En los bosques tropicales y en las selvas el suelo es húmedo y está lleno de insectos, sanguijuelas y otras criaturas igualmente indeseables. En lugar de acostarse directamente en el suelo, hágalo en un lecho elevado. Conecuentemente, es posible que necesite construir refugios más altos.

A menos que se encuentre a una altitud suficiente como para que las noches sean frías, estará menos preocupado por el viento que por mantenerse razonablemente seco. Una techumbre de hojas de palmera, plátano u otras especies de hojas grandes es lo mejor para su refugio, y con esas hojas también puede levantar las paredes.

«Atap»

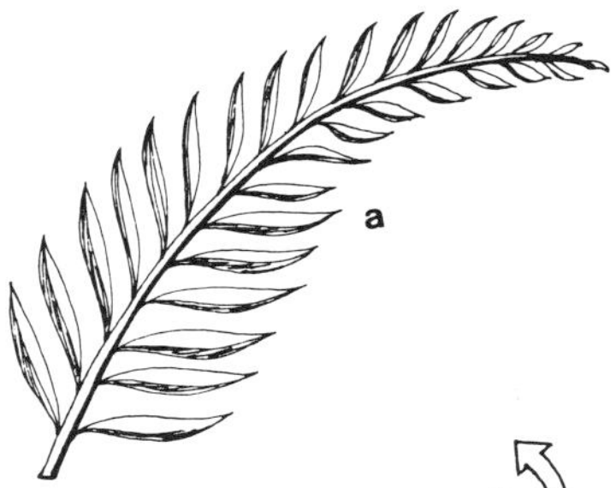

Conocida también como «Enredadera espera un poco», la atap es especialmente útil, a pesar de las púas que tiene en las puntas de sus hojas, que exigen que se las manipule con cuidado. Busque cualquier planta con una estructura similar (a), cuanto más grande mejor. Cuanto más amplias sean sus hojas, mejor también.

Es mejor usar el atap horizontalmente, dividiendo en dos cada hoja desde la punta (b) y luego partiéndola en dos mitades en toda su extensión. No trate de abrirla desde su extremo más grueso o se le romperá la rama.

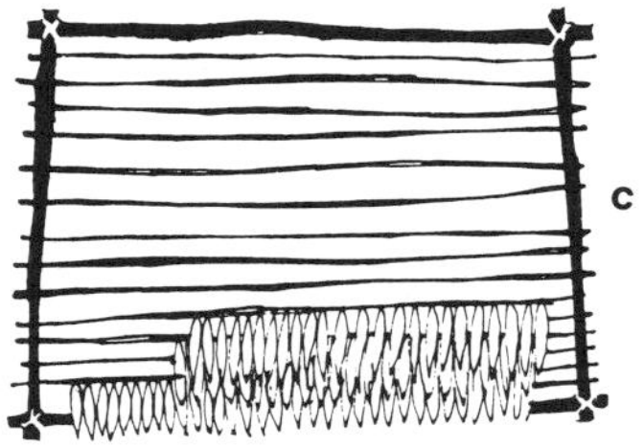

Disponga capas firmes de atap en el armazón que utilizará como techumbre (c). Puede hacerlo denso en las paredes.

El atap tejido puede ser particularmente efectivo para los costados del refugio.

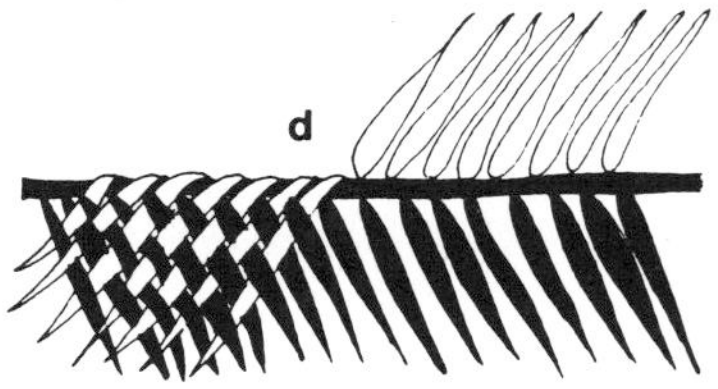

Otro método:
No separe la hoja por la mitad, sino que doble las hojuelas de un lado hacia el opuesto y entretéjalas (d). Probablemente encontrará que este método le resulta más sencillo si trabaja primero en un lado y luego en el otro, pero aún así requiere un poco de práctica.

Las hojas con tres lóbulos *o aquellas cortadas de este modo (e) pueden fijarse en un armazón de techumbre sin que necesiten otro sostén para mantenerse en su sitio (f).*

La espadaña ó anea *y otras grandes hojas pueden entretejerse entre los travesaños (g). Sólo se necesita una pequeña cantidad para armar un refugio rápidamente.*

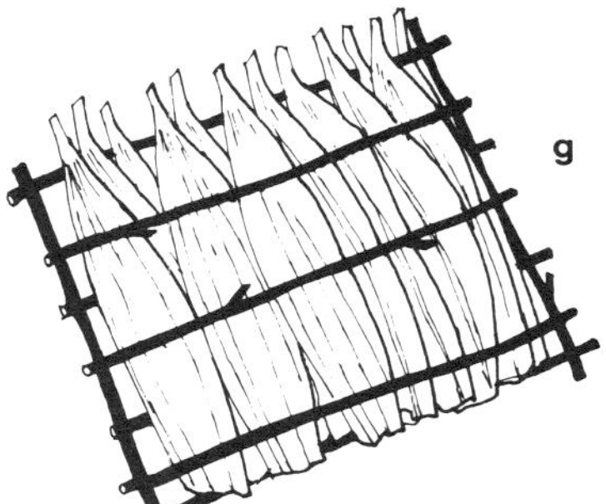

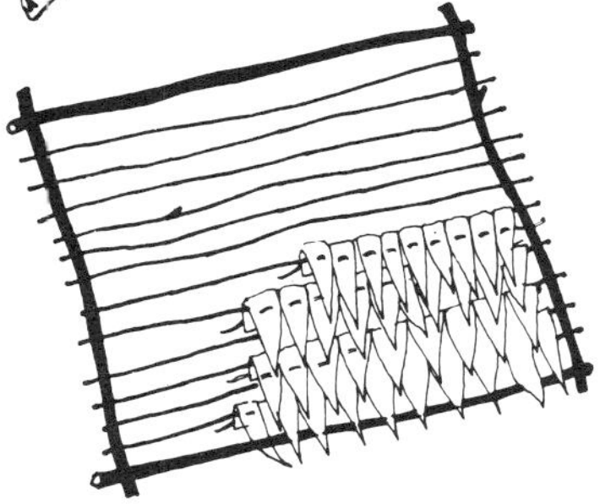

Las hojas grandes *y anchas pueden sujetarse a los travesaños con tallos de enredadera (h).*

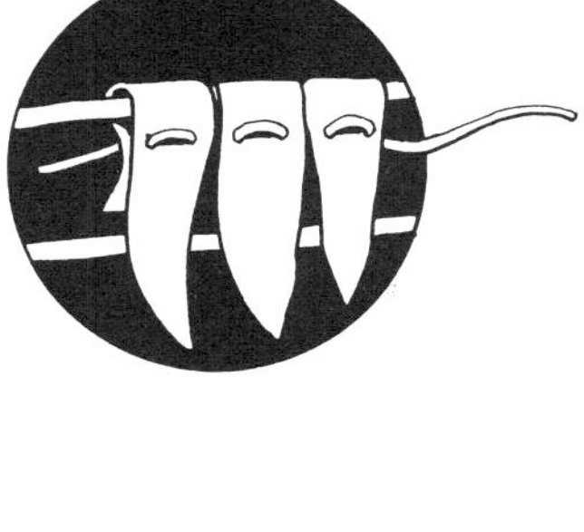

Las hojas de palmera y otras de largos tallos *pueden asegurarse pasando el tallo alrededor del travesaño y por encima de la parte delantera de la hoja, manteniéndose en su lugar por la acción de la siguiente hoja (i).*

BAMBÚ

Esta planta de largos tallos, en realidad una hierba, es un material de construcción muy versátil y puede emplearse para postes de sostén, cubrir el suelo, hacer la techumbre y levantar las paredes.

La forma gigante de bambú —que puede alcanzar hasta 30 m de altura— es una planta asiática que se encuentra en lugares húmedos desde la India hasta la China, tanto en las tierras bajas como en las laderas montañosas, pero también hay variedades nativas de África y Australia, y otras dos que se encuentran en el sur de EEUU.

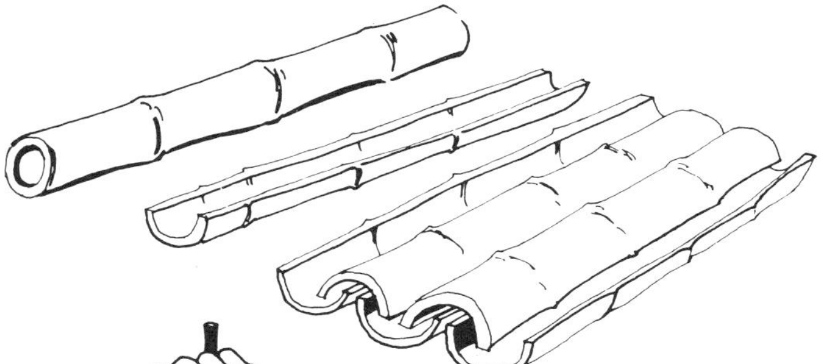

Corte el bambú verticalmente para hacer el techo y un canal para recoger el agua. Los tallos cortados, colocados alternadamente para que se traben mutuamente, forman tejas impermeables.

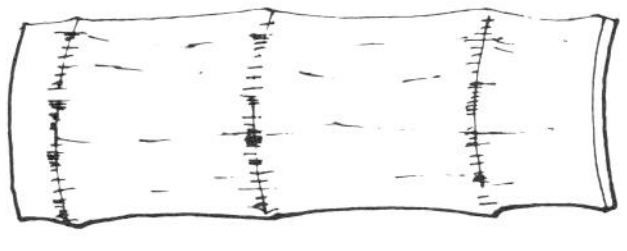

Aplane el bambú cortado para paredes lisas, suelos o estanterias cortándolos verticalmente a más o menos 1,25 cm. de las uniones alrededor de su circunferencia. Ellos pueden entonces ser alisados por fuera.

Las vainas parecidas al papel que se forman en los nudos también pueden usarse para el techo.

ATENCIÓN

Tenga mucho cuidado cuando recoja el bambú. Crece en grupos que forman a menudo una masa enmarañada. Algunos tallos se encuentran bajo tensión y, cuando se los corta, se sacuden con violencia y proyectan una lluvia de astillas.

El bambú partido puede tener el filo de una navaja y povocar graves heridas. La vaina en la parte inferior del tallo tiene pequeñas espinas que causan graves irritaciones cutáneas.

REFUGIO ÁRTICO

En las regiones polares, los refugios serán aquellos que ya le estén aguardando en depresiones y cuevas naturales. Si usted lleva algún tipo de vivac en su equipo de supervivencia, puede erigirlo y aumentar su protección apilando nieve blanda alrededor y encima de él, tanta como soporte el peso. Pero para construir en nieve dura —y, a temperaturas muy bajas, la nieve será sólida— necesita alguna clase de herramienta para cortarla en bloques. Un equipo esencial para las expediciones polares son las sierras para hielo.

Las cuevas de nieve o roca se podrán reconocer fácilmente, pero no son tan obvios los espacios que quedan debajo de las amplias ramas de las coníferas en los bosques septentrionales cuando la nieve ya se ha acumulado alrededor de ellas. Un árbol de tamaño mediano puede tener un espacio justo alrededor del tronco (a) o un árbol más grande tiene cavidades en la nieve debajo de una rama (b). Trate de cavar debajo de cualquier árbol con ramas amplias en el lugar protegido del viento. Incluso con nieve blanda se puede construir una protección contra el viento. Los que dispongan de equipo, pueden cortar bloques de nieve (c). Se trata del refugio mínimo con mínimo esfuerzo.

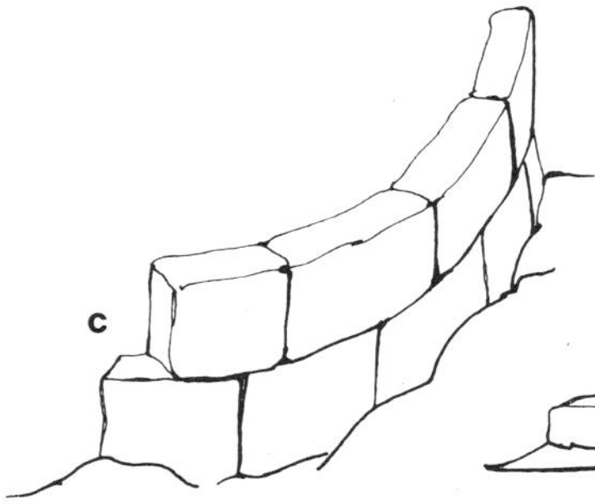

Con nieve blanda también se puede levantar un abrigo contra el viento. Si dispone de equipo, puede cortar la nieve en bloques (c). Es el refugio mínimo con el mínimo esfuerzo.

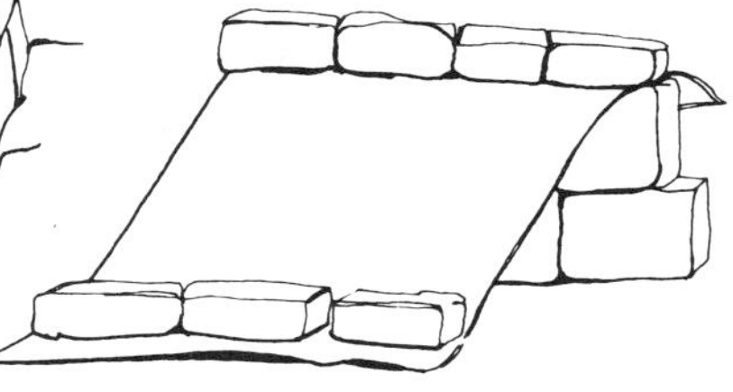

Sujete un poncho o una lona en la parte superior con otra hilera de bloques, y afirme el extremo con nuevos bloques. Use más bloques para cerrar los lados.

CONSTRUYENDO EN LA NIEVE

Para cortar bloques compactos en la nieve se necesita una sierra, un cuchillo, una pala o un machete. La nieve ideal es la que soporta el peso de un hombre sin que se ejerza demasiada presión sobre ella, pero que sea lo suficientemente blanda para permitir cortarla.

Corte bloques de aproximadamente 45×50 cm y de 10 a 20 cm de grosor. Ésta será una medida fácil de manipular, lo bastante gruesa para proporcionar un buen aislamiento y, sin embargo, permitir una penetración máxima de los rayos solares.

Trinchera de nieve

Este es un refugio mucho más rápido de construir que intentar hacerlo en la nieve y sobre el nivel del suelo, pero sólo tiene capacidad para una persona y su uso también es limitado: cuando está viajando o mientras construye un refugio de mayor tamaño.

Marque una zona del tamaño de un saco de dormir (incluyendo el apoyo de la cabeza) y corte bloques del ancho de la trinchera. Cave hasta una profundidad de al menos 60 cm. A lo largo de la parte superior de los costados de la trinchera corte un reborde de unos 15 cm de ancho y de la misma profundidad.

Apoye los ladrillos de nieve a cada lado del reborde e inclínelos unos contra otros para formar un techo (a).

Coloque el equipo debajo de su saco de dormir para no estar en contacto directo con la nieve.

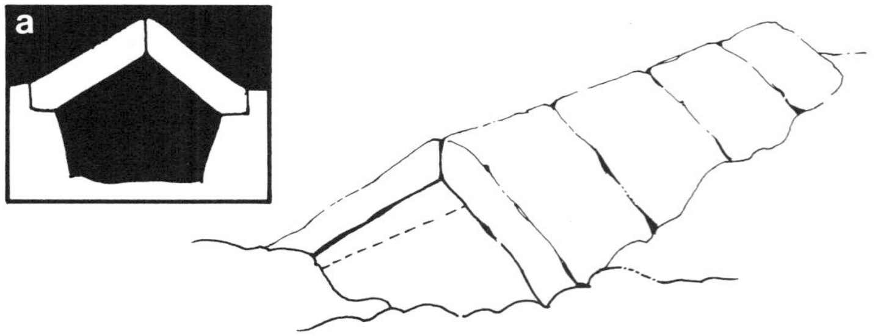

Bloquee el lado expuesto al viento con otro bloque de hielo o amontone nieve contra él. En el otro extremo (protegido del viento) coloque como puerta un bloque móvil (b) o bien cave una entrada al iglú (c). Llene con nieve cualquier grieta. Es mejor construir el iglú en la ligera pendiente, el aire frío se concentrará en la entrada, dejando que el aire caliente ocupe el espacio destinado a dormir.

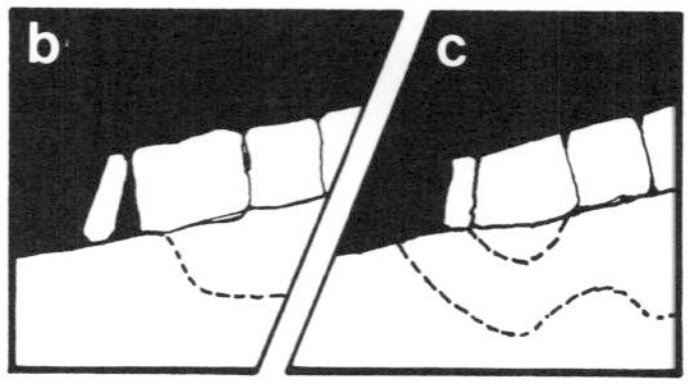

Cueva de nieve

Cave en una zona de nieve dura y firme para construir un refugio confortable. Aproveche el hecho de que el aire caliente asciende mientras que el aire frío baja. Cree tres niveles en el interior de la cueva: haga un fuego en el nivel superior, duerma en el centro y deje vacío en nivel inferior, donde se concentrará el frío. Practique un agujero en el techo para que pueda salir el humo y otro para asegurarse una adecuada ventilación.

Use un bloque de nieve a modo de puerta y fíjela ligeramente y POR DENTRO, para que no se congele. Si eso ocurriese, un bloque en el interior es mucho mś fácil de descongelar.

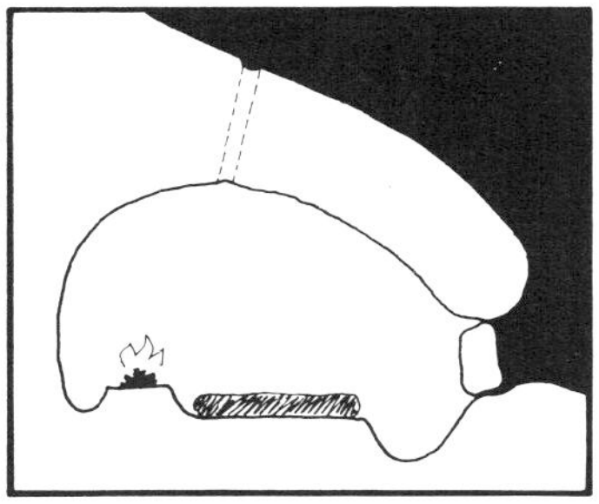

Pula la superficie interior para evitar las filtraciones y construya un canal alrededor del perímetro interno para mantener el agua alejada de usted y de su equipo.

Casa de nieve (iglú)

Un iglú requiere tiempo para construirlo pero tiene siglos de uso, según lo demuestra la experiencia de los esquimales. Construya primero el refugio principal, luego excave una entrada o construya un túnel de acceso para arrastrarse a través de él. Asegúrese de que la entrada no está orientada hacia el viento. Puede inclinar el túnel o construir una protección contra el viento.

Dibuje en el suelo un círculo de unos 4 m de diámetro y apisónelo para consolidarlo mientras procede con el resto de la construcción. Corte y disponga un círculo de bloques en el perímetro. Prepárese para hacer el túnel (a), dejando un espacio para la entrada (b). Coloque otra capa de bloques en la parte superior, pero como cuando pone ladrillos, centre nuevos bloques sobre la unión vertical previa.

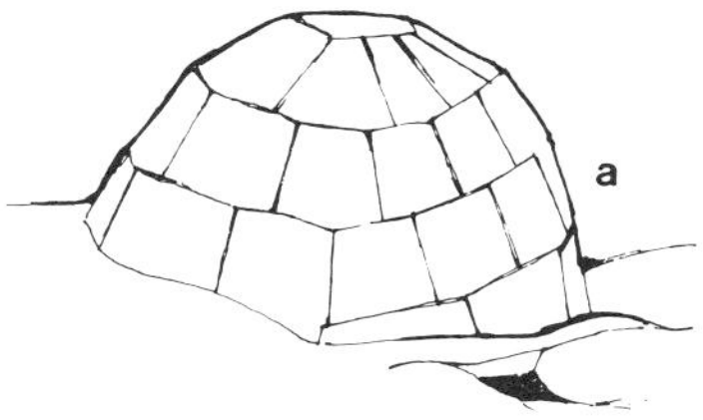

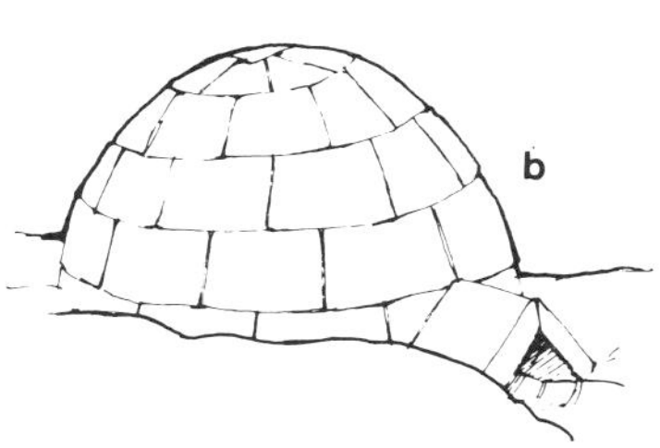

Coloque nuevas capas de bloques pero disponga cada uno de ellos (apoyando sólo la mitad) en la capa inferior para que el iglú adquiera forma de cúpula. Mientras tanto vaya dando forma de arco a la entrada. Selle la parte superior con un bloque plano. Practique orificios de ventilación cerca de la parte superior y del suelo (no en el costado de donde sopla el viento y tampoco tan bajo que la nieve se acumule rápidamente y lo bloquee). Rellene con nieve cualquier otro orificio. Alise todo el interior para eliminar cualquier zona de filtración. Esto hará que la condensación recorra la pared en lugar de gotear desde ella.

Iglú (método espiral)

Coloque la primera capa de bloques y luego dispóngalos en forma espiral. No tiene necesidad de volar (apoyando solo la mitad) los bloques si angula hacia abajo la espiral inicial y también hacia el interior, y dispone las caras superior e inferior de las capas siguientes para que se inclinen hacia el interior. Los últimos bloques del centro pueden necesitar algún punto de apoyo mientras los coloca en posición.

Cortar la primera capa en forma de espiral para facilitar el proceso. El borde superior debe estar ligeramente angulado hacia abajo y hacia el centro.

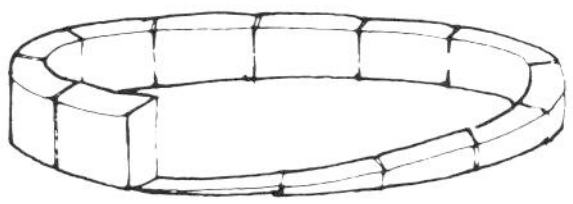

El último bloque debe cortarse de modo que encaje, a menos que el espacio sea lo bastante pequeño y quede como ventilación del iglú, pero este último bloque ayuda a sostener la estructura y evitar su derrumbamiento.

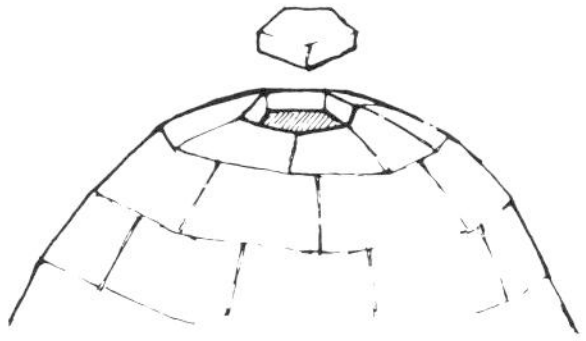

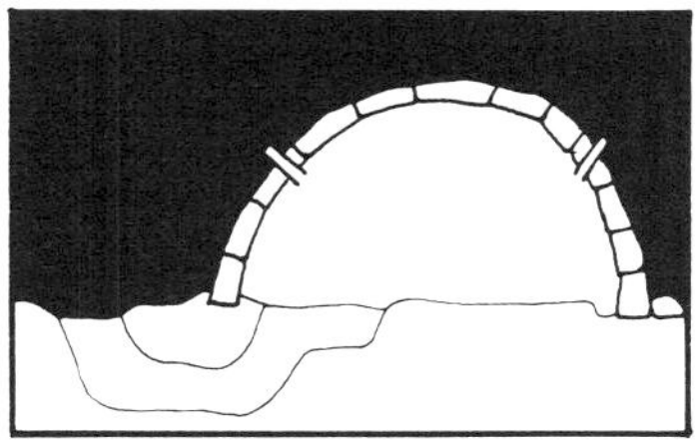

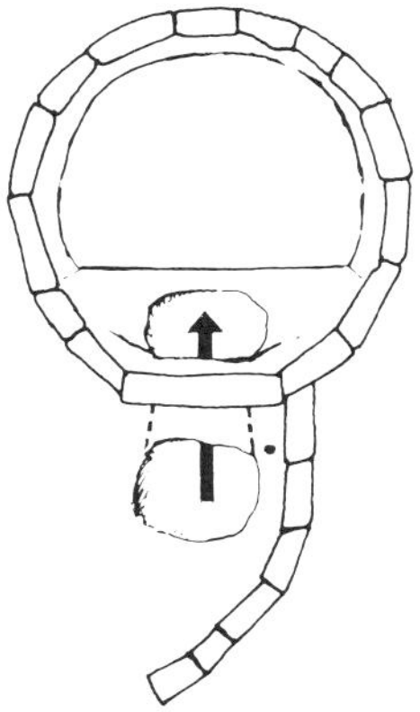

Dentro del iglú

Construya un nivel para dormir más alto que el suelo (o cave mientras construye el iglú) para crear un nivel inferior más frío que puede usarse como almacén.

Corte una entrada en las capas inferiores de bloques o excave un túnel debajo de ellos. El agujero central puede utilizarse como entrada si está demasiado agotado para completar la estructura.

CONSTRUYENDO UN REFUGIO

El tipo de refugio que usted construya dependerá de: los materiales disponibles, las herramientas disponibles y de qué se está protegiendo (VIENTO, FRÍO, NIEVE, LLUVIA, INSECTOS, etcétera).

¿Cuánto tiempo piensa permanecer en ese lugar? Las cuevas en la nieve y las cavidades naturales son ideales si está viajando y no necesita una estructura permanente.

El tamaño dependerá del número de personas que integren el grupo.

Tómese su tiempo para levantar una estructura complicada y descanse con frecuencia. El exceso de ejercicio que produce sudor debe evitarse.

Todos los refugios DEBEN estar adecuadamene ventilados para impedir el envenenamiento por monóxido de carbono y permitir que la humedad se evapore. Se necesitan dos orificios: uno cerca de la entrada y otro en la parte superior. En los refugios de nieve, estos orificios deben ser examinados regularmente para asegurarse de que no han sido bloqueados por el hielo o la nieve.

Quite regularmente la nieve que se haya acumulado en la entrada del túnel para que éste no quede bloqueado.

Cuanto más pequeño sea el refugio, más cálido será su interior, pero, puesto que no será posible calentarlo muchos grados por encima del punto de congelación, necesitará un poco de tiempo para adaptarse a él.

Casa de nieve paracaídas

Se trata de una estructura muy útil si se encuentra sin recursos en un mar helado donde puede resultar difícil encontrar suficiente cantidad de nieve para construir un iglú (o varios) para un grupo numeroso. Busque nieve o adecuados bloques de hielo en los bordes del hielo.

Disponga un círculo y levante una pared circular de bloques de nieve de un metro de alto. Deje un espacio para la entrada si se encuentra sobre hielo, ya que no podrá excavar un túnel de entrada. Cave una zona más profunda en el suelo para que allí se acumule el aire frío.

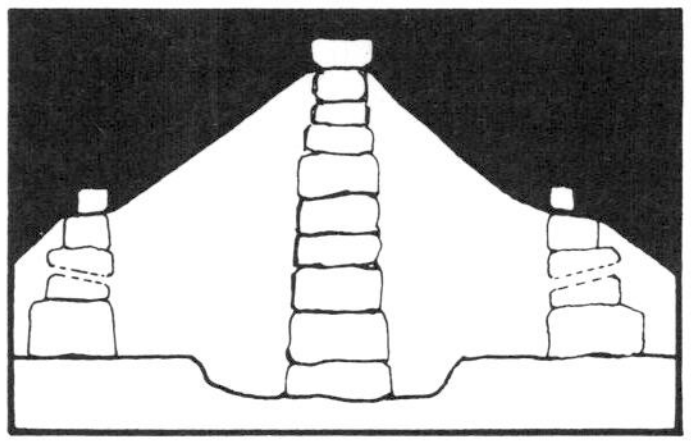

Construya una columna central de aproximadamente 1-1,5 metros que sea más alta que la pared. Coloque el paracaídas sobre ella y la pared, asegurándolo con otra línea de bloques sobre la pared.

RECUERDE

La estructura de este techo en paracaídas es una trampa de nieve, que podría convertirse en un peso peligroso suspendido sobre su cabeza. Despeje regularmente el exceso de nieve.

Si requiere disponer de un pequeño fuego en el interior, asegúrese de que la ventilación es adecuada. Coloque el fuego en la plataforma exterior, donde no afecte la cúpula, y tampoco la columna central.

Asegure las cuerdas del paracaídas con más bloques de hielo o nieve o haga un agujero en el hielo y pase la cuerda a través del bloque para asegurar el anclaje.

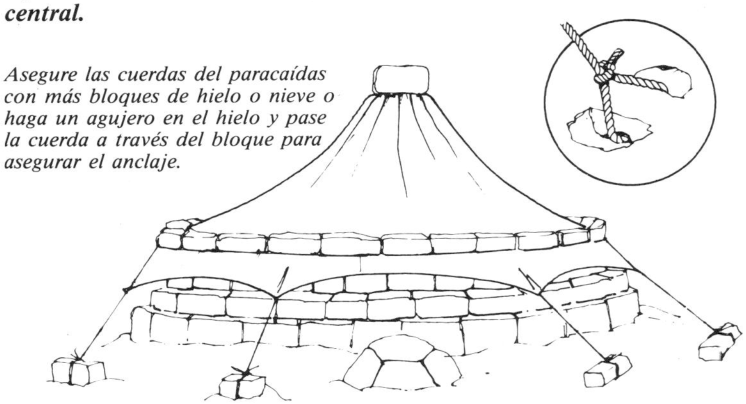

VIVIR EN UNA CASA DE NIEVE

Cuando el tiempo sea desapacible asegúrese de que cuenta con una buena provisión de leña, o combustible líquido, dentro del refugio.

No lleve nieve blanda al interior del refugio, sacuda las botas y la ropa antes de entrar.

Señale claramente la entrada para poder encontrarla con facilidad.

Mantenga las herramientas en el interior; tal vez deba cavar con ellas para poder salir.

Las goteras en el iglú pueden evitarse colocando un trozo de nieve en la grieta.

Haga sus necesidades en el interior del refugio; es una práctica habitual en estas condiciones y conserva el calor del cuerpo. Use bolsas de plástico, latas de raciones u otros recipientes y vacíelos cuando sea posible. Trate de disciplinar a sus intestinos para que trabajen por la mañana, justo antes de abandonar el refugio, y luego elimine los excrementos junto con otras basuras acumuladas.

Cuando sean varias las personas que ocupan el refugio, debe organizarse un sistema rotativo de tareas. Es importante que alguien se ocupe siempre del fuego. Otros pueden inspeccionar los agujeros de ventilación, buscar combustible, cazar cuando sea posible, preparar la comida, etcétera.

Recuerde que cuando la tempertura es muy baja, necesita más comida.

No importa cuán baja sea la temperatura exterior; en el interior de una casa de nieve bien construída nunca descenderá por debajo de los —10 °C. Una simple vela encendida elevará la temperatura unos 4 °C. La forma tradicional que tienen los esquimales de calentar su iglú es una mecha en un recipiente con grasa. En un refugio grande con un fuego de leña la temperatura es muy agradable. Un quemador de aceite o huesos con grasa son alternativas cuando no hay madera.

REFUGIO A LARGO PLAZO

Si usted decide que cualquier búsqueda ha sido abandonada y que es imposible buscar una salida a su situación que le acerque a la civilización, ya sea por la distancia, la época del año, falta de equipo o deficiente forma física, querrá disponer de un refugio permanente lo más confortable posible. Un lugar donde podrá instalarse de forma segura hasta que, eventualmente, pueda atraer a las partidas de rescate o equiparse para afrontar el viaje con sus propios recursos.

En una región de clima frío, querrá estar abrigado y cómodo. En una zona de clima cálido, de otra parte, querrá aprovecharse de cualquier brisa disponible. Su refugio necesitará protegerse de las estaciones cambiantes y de las temperaturas nocturnas, que pueden variar notablemente de las diurnas.

Cuevas

Las cuevas constituyen los refugios más inmediatos. Incluso una cueva poco profunda (conocidas habitualmente como refugios de roca) ofrece un excelente refugio temporal, y una cueva más grande puede ser un excelente hogar permanente. En muchas partes del mundo, la gente sigue viviendo en ellas, a veces con todos los adelantos modernos! Las cuevas situadas sobre un valle se conservarán secas aunque el agua se filtre en ellas en algunas partes del techo. Son impermeables y exigen pocos esfuerzos de construcción, habitualmente sólo una pequeña barrera para cerrar la entrada. Construya esta barrera con rocas, troncos, juncos, vegetación o casi cualquier material.

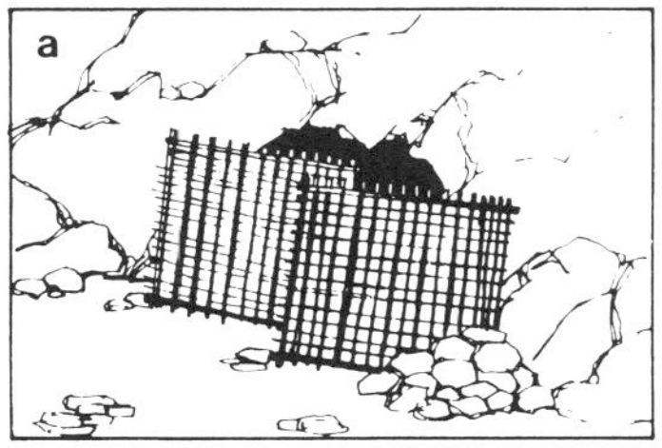

Si la cueva mira hacia el viento, construya dos empalizadas desde ambos lados, una de ellas ligeramente detrás de la otra, superponiéndolas para permitir el acceso a la cueva (a).

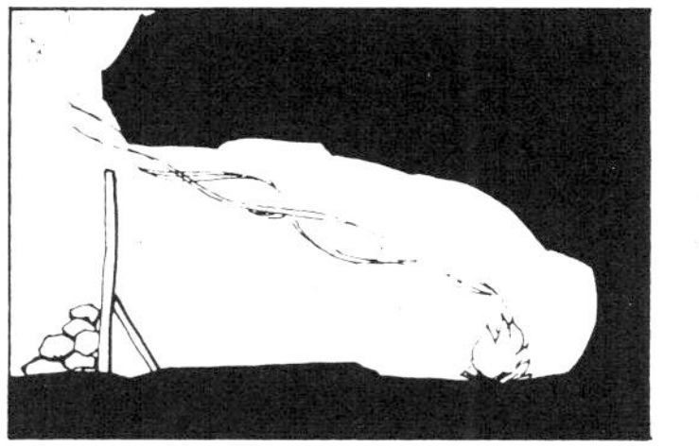

Encienda el fuego en la parte posterior de la cueva. El humo ascenderá hacia el techo, dejando el aire libre de humo a nivel del suelo. El humo que desprende un fuego encendido junto a la entrada no saldrá hacia el exterior sino que se dirigirá hacia el interior de la cueva. Si cierra la entrada de la cueva asegúrese de dejar una grieta para que el humo pueda escapar.

Las cuevas pueden ser frías, y pueden encontrarse habitadas por animales salvajes, de modo que entre en ellas con prudencia. Para contar con aislamiento en el suelo puede disponer plantas secas y ramas de pino. Un buen fuego hará que los animales que la ocupen salgan de ella. Déjeles una ruta para que escapen.

A veces, una cueva dispondrá de su propia fuente de agua fresca, especialmente si se adentra en la ladera de un colina o montaña, ya sea por un manantial subterráneo o por el agua que se filtra desde el techo.

ATENCIÓN

Compruebe si hay posibilidad de que se produzca un desprendimiento de piedras en el interior de la cueva o en el exterior. Tal vez se encuentre desesperado por tener un refugio, pero será mucho peor si queda atrapado o herido por un desprendimiento de rocas.

Estructuras ligeras

Siga los métodos descritos para la estructura inclinada. Puede extenderla con una techumbre menos angulada y una pared frontal, o bien puede construir paredes verticales y un techo sobre ellas con profundos aleros para disponer de sombra extra y para asegurarse de que la lluvia caiga fuera de la cabaña.

Si tiene bambúes u otro material fuerte y resistente para construir un armazón sólido, eleve el suelo de su refugio si se encuentra en clima tropical, reduciendo el acceso de las criaturas terrestres.

En climas calurosos, necesitará hacer un techo sólido para protegerse de las lluvias torrenciales y del intenso sol, pero si se proyecta sobre las paredes, puede dejarlas como celosías abiertas para permitir el paso del aire. Las hierbas y el barro sellarán las grietas y todo tipo de material formará una barrera si se lo entreteje entre las piezas del techo, sean ramas o cuerdas. En climas con lluvias torrenciales, use hojas o corteza a modo de tejas en el techo.

Construyendo con juncos

Cuando no haya disponibles árboles ni bambúes, los juncos u otros tallos fuertes pueden ser atados en grupos para formar pilares estructurales, un método empleado por los árabes de las marismas

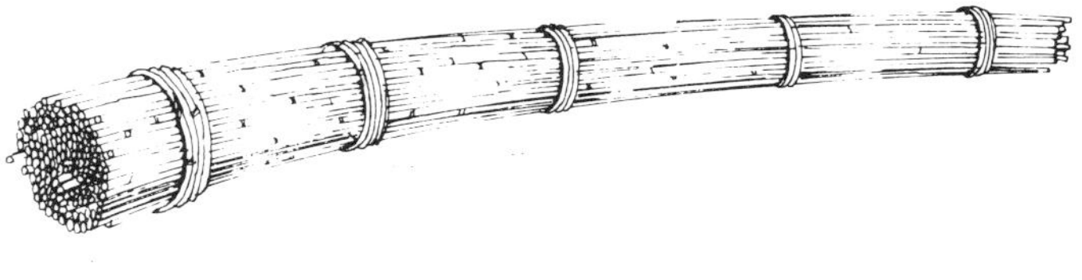

de Irak. Ate los juncos en grandes grupos, comenzando y terminando con un ballestrinque (ver capítulo: *Nudos*). Elija los juncos más largos y asegúrese de que sus extremos están espaciados a lo largo del haz para que no produzcan un punto débil al no venir todos juntos. La base debe ser un extremo plano, el otro debe ser afilado. Prepare más haces de juncos, más finos y largos si es posible. Servirán para asegurar los lados de su refugio.

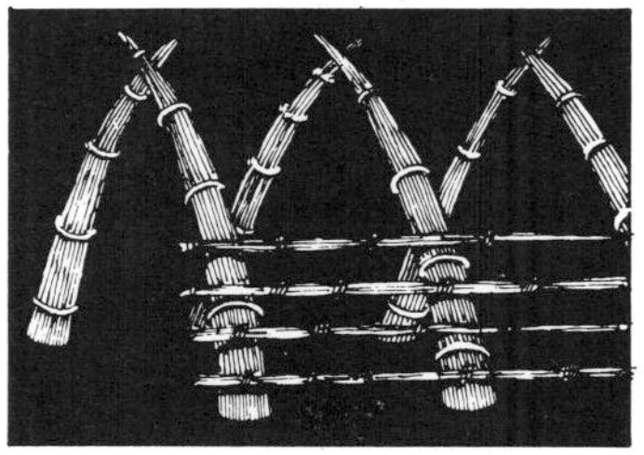

Disponga gruesas columnas de juncos en los costados de su refugio. Entierre los extremos más gruesos y una las columnas un poco más arriba atando haces más finos entre ellas y de forma horizontal.

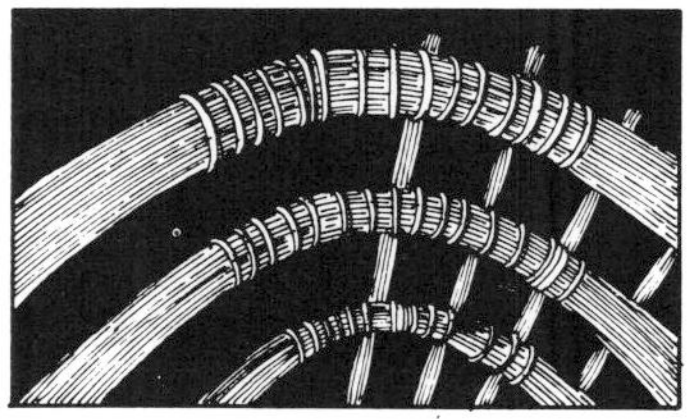

Incline las puntas de las columnas, superponiendo unas con otras y atándolas juntas. Añada más haces para unir los lados de las columnas y páselos por encima de los arcos.

Entreteja un grupo de juncos en el marco, usando juncos más finos hasta conseguir un buen refugio, o bien entreteja paneles de hojas y juncos separados para unirlo a aquél.

Casa de terrones de hierba

Los refugios de hierbas son una alternativa a las cabañas de troncos cuando la madera escasea o no se dispone de herramientas para cortarla. Corte terrones de hierba de 45×15 cm. y construya con ellas como si fuesen ladrillos, solapándolas hasta forman un trabazón. Incline los costados para darle declive al techo y, para sostenerlo, deberá encontrar palos de madera u otro material resistente. Cuanto mayor sea la inclinación, mejor será repelida la lluvia, la longitud de los palos determinará el tamaño de la estructura. Coloque también terrones en el techo o cúbralo con hierbas.

A menos que disponga de una gran cantidad de terrones, mantenga la estructura baja, lo bastante grande como para sentarse en el suelo, pero no para ponerse de pie. Un lado debe estar abierto y de frente al fuego.

Corte los terrones de hierba siguiendo un modelo para dejar señales de auxilio al tiempo que recoge material para la construcción del refugio.

Si se trata de un refugio más pequeño, puede utilizar los terrones de hierba para construir una estructura de colmena o de iglú.

Si dispone de tiempo y recursos, puede construir una cabaña de grandes dimensiones. Necesitará alguna clase de madera para el armazón de la puerta (a) y para los palos del techo. Construya un hogar y chimenea internos, pero si usa hierba tenga cuidado de que no se incendie. Revista el interior del hogar y la chimenea con arcilla.

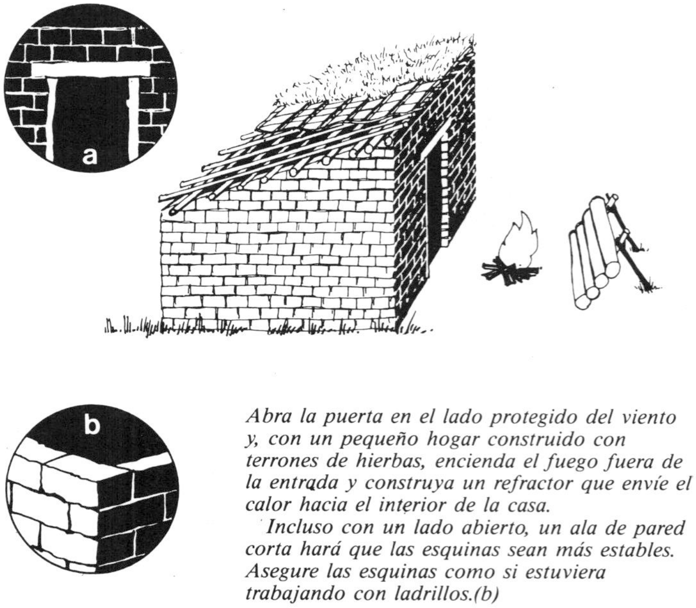

Abra la puerta en el lado protegido del viento y, con un pequeño hogar construido con terrones de hierbas, encienda el fuego fuera de la entrada y construya un refractor que envíe el calor hacia el interior de la casa.

Incluso con un lado abierto, un ala de pared corta hará que las esquinas sean más estables. Asegure las esquinas como si estuviera trabajando con ladrillos.(b)

Cabaña de troncos

Construya la cabaña del tamaño que requiera la cantidad de gente que se alojará en ella. Siempre puede agrandarla o añadirle una habitación extra más tarde. El tamaño de los troncos disponibles determinará la longitud de las paredes. Un cuadrado o un rectángulo será resistente y más fácil de techar: 2,5 metros cuadrados es una medida razonable. Puede que tenga suerte y pueda utilizar árboles caídos, en cuyo caso podría unir un grupo de troncos formando un armazón y rellenando los espacios entre ellos, pero es mucho mejor unir las esquinas para que encajen firmemente unas en otras. No acabe los extremos que sobresalen. Son la fuerza que sostiene la estructura.

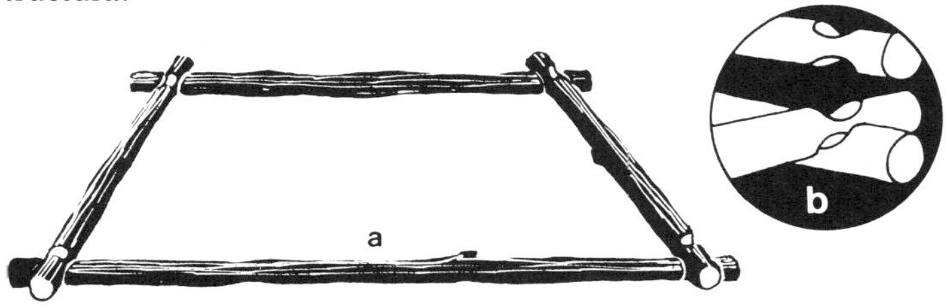

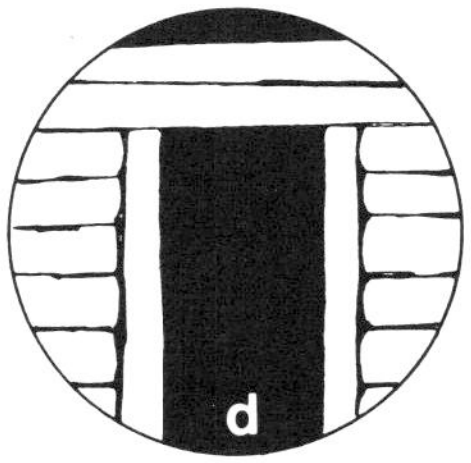

Coloque en el suelo la primera fila de troncos con la forma de su cabaña (a). Haga muestas en las puntas para que encajen unos sobre otros (b) y corte otros troncos para que encajen encima de ellos.

Como los leños tienden a ahusarse, colóquelos alternadamente punta con base para evitar la inestabilidad (c).

Una vez que la estructura del suelo se halla estabilizada, deje un espacio para la entrada, protegida del viento. Para colocar a ambos lados de la entrada puede usar secciones cortadas de los troncos. Cuadre los bordes y encaje el armazón de la puerta (d). No se moleste en hacer ventanas, la puerta será suficiente ventilación.

Haga muescas en los troncos para que encajen en las vigas transversales o átelos a ellas.

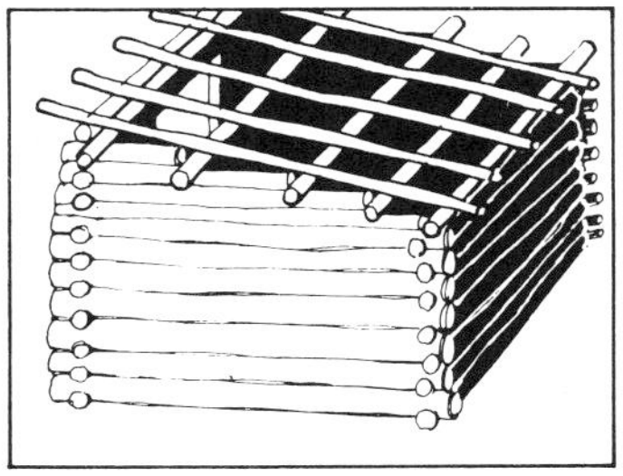

Construya la parte delantera más alta que la trasera para que el techo sea inclinado. El último tronco delantero y trasero deben sobresalir más allá de las paredes laterales. Estas sostendrán el techo. A través de la cabaña, de uno a otro lado, haga una muesca en una de las vigas transversales para mantener en su lugar los troncos cortos. Coloque una techumbre de troncos que se extienda más allá de las paredes.

Elija un lugar plano para su cabaña, o nivele un área ligeramente más grande. Cave en la ladera de una colina si es necesario, ya que los cimientos para las paredes deben estar nivelados.

La sierra flexible en su equipo de supervivencia podrá cortar troncos de suficiente tamaño, y si es usted un superviviente de un naufragio o un avión estrellado habrá un hacha contra incendio a bordo.

No hay necesidad de hacer una puerta enseguida. Cuelgue un trozo de manta para contener el viento, o construya un panel de juncos para cubrir ese espacio hasta que se sienta equipado para construir una puerta permanente. No se preocupe tampoco por las ventanas, la entrada le proporcionará suficiente ventilación.

El relleno entre los leños, hágalo con barro y astillas de madera, o si hay grandes grietas, coloque troncos jóvenes y flexibles antes de aplicar el barro. Mézclelo con hierba y musgo, y use una varilla con punta para apisonarla entre los leños. Cubra el techo con troncos jóvenes y flexibles antes de añadir una capa de lodo y hierbas.

En lugar de un techo completo de troncos enteros, podría utilizar materiales más ligeros y lodo sobre un armazón de madera. La corteza de los troncos es una excelente cubierta para la parte superior si se la dispone como si fuesen tejas. Estos trozos de corteza pueden ser asegurados con pequeñas ramas flexibles mientras el barro aún está blando.

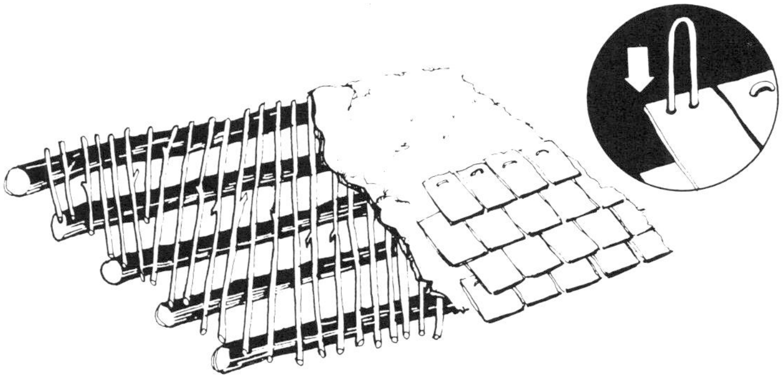

Si no hay riesgo de que se acumule el agua (en cuyo caso sería conveniente construir el piso más tarde) excave dentro de la choza para conseguir la tierra necesaria para hacer el relleno de barro y, al mismo tiempo, aumentará la altura interior.

Si deja un agujero en algún lugar del techo para que pueda salir el humo, puede encender fuego dentro de la cabaña. Pero no lo deje desatendido, apáguelo antes de arriesgarse a que se le queme la cabaña.

Si dispone de piedras, podría construir un hogar y una chimenea con ellas. Retendrá más calor si es una estructura central. Coloque las piedras lo más cerca posibles unas de otras y use piedras pequeñas y barro para rellenar los espacios.

FUEGO

El fuego puede marcar la diferencia entre vivir y morir. No sólo servirá para cocer los alimentos, sino que su calor ahorrará las calorías que se queman para producir calor corporal. Puede secar ropa y hacer más confortable un lugar. Puede ahuyentar a los animales peligrosos, mientras que su humo mantiene controlado a los insectos. Puede usarse para calentar metal para hacer herramientas, para afilar palos y para cocer arcilla. Aproveche todos los beneficios del fuego: puede hacer todas estas cosas al mismo tiempo.

Merece la pena recordar el **Triángulo del fuego.** Sus tres lados representan AIRE, CALOR y COMBUSTIBLE. Si se quita cualquiera de sus lados, el triángulo y el fuego se apaga.

Cuando encienda un fuego, debe asegurar siempre una ventilación adecuada, con suficiente combustible y una fuente de calor para que este combustible pueda arder. Para producir llamas, esta temperatura debe ser mantenida para que el aire y el combustible reaccionen perfectamente. Cuanto más oxígeno se introduzca, más intenso será el fuego: aprovechando el viento, o produciendo una corriente de aire, el fuego es alimentado hasta alcanzar una elevada temperatura y quemar rápidamente el combustible. Al reducir la ventilación, el fuego arde menos intensamente y los rescoldos se mantienen, necesitando menos combustible.

Si estos principios son comprendidos, se pueden evitar los fuegos que producen mucho humo. El humo es el resultado de una combustión incompleta; con cuidado, el humo puede ser virtualmente eliminado.

APRENDA A ENCENDER FUEGO

El fuego es fundamental para la supervivencia. Provee calor, protección, un medio de señalización, hierve el agua y cocina y conserva los alimentos. Debe aprender a encender un fuego en cualquier lugar y bajo cualquier condición. No es suficiente conocer todos los métodos, debe ser un experto en ellos.

Preparación

En primer lugar asegúrese de que dispone de suficiente cantidad de MECHA, LEÑA y COMBUSTIBLE. Luego prepare un hogar para poder controlar el fuego mientras está ardiendo. Si no se lo controla, el fuego puede provocar verdaderos desastres.

El hogar

El hogar debe prepararse cuidadosamente. Elija un lugar protegido, especialmente cuando soplan vientos fuertes. Excepto para hacer señales (ver capítulo: *Rescate*), o excepcionalmente para calentar un refugio temporal o uno practicado en la nieve, nunca encienda un fuego en la base de un árbol o un tocón. Quite las hojas, las ramas pequeñas, el musgo y las hierbas secas de un círculo de unos 2 metros de diámetro y rastrille toda la superficie hasta disponer de un área de tierra desnuda.

Si el suelo está húmedo o cubierto de nieve, el fuego debe encenderse en una plataforma. Construya la plataforma con una base de leños verdes cubierta con una capa de tierra o de piedras. Si la tierra es pantanosa o la nieve es profunda, se necesita una plataforma elevada, conocida como templo del fuego.

Templo del fuego

Este hogar consiste en una plataforma elevada, construída con madera verde. Cuatro palos verticales sostienen palos cruzados en sus horquillas. A través de ellos coloque una capa de leños verdes y cúbralos con tierra. Encienda el fuego sobre esta superficie. Un palo atravesado sobre las horquillas superiores puede utilizarse para sostener ollas.

En condiciones de viento

Si hay vientos particularmente intensos, cave una pequeña trinchera y haga el fuego en su interior.

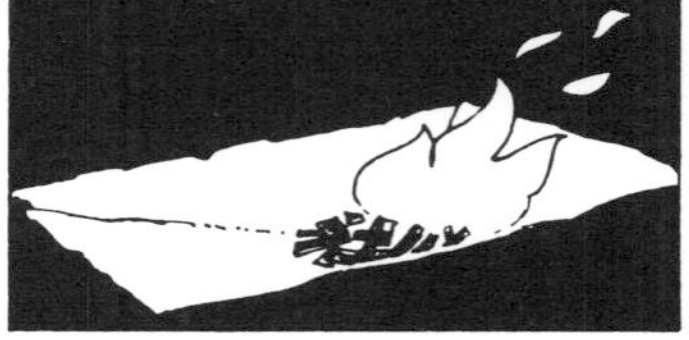

Otro buen método cuando sopla el viento: haga un círculo con piedras alrededor del fuego para conservar el calor y ahorrar leña. Use las piedras para apoyar los utensilios de cocina. Su calor, como el que desprende el fuego, mantendrá las cosas calientes y puede usar las piedras como calientacamas.

ATENCIÓN

Evite colocar piedras húmedas o porosas cerca del fuego, especialmente aquellas piedras que han estado sumergidas en el agua, ya que pueden explotar al calentarse. Evite las rocas blandas y la pizarra, y pruebe otras golpeándolas entre sí. No use ninguna que se parta, suene a hueco o esté escamosa. Si contienen humedad pueden expandirse más rápidamente y explotar, produciendo peligrosos fragmentos voladores que podrían arrancarle un ojo si se encuentra cerca del fuego.

Yesca

Yesca es cualquier clase de material que necesita un mínimo de calor para encenderse. La buena yesca sólo necesita una chispa para encenderse.

Corteza de abedul, hierbas secas, astillas de madera, pájaros muertos, papel encerado y copos de algodón de la ropa pueden utilizarse como yesca. Y también las piñas pulverizadas, agujas de pino y la corteza interna de los cedros. Los hongos secos también son una yesca excelente, si están bien molidos, y el algodón o el lino chamuscados también se encuentran entre los materiales más idóneos para actuar como yesca. Donde los insectos como las avispas de la madera ha estado taladrando los árboles, el fino polvo que producen es una buena yesca, y también pueden utilizarse pájaros molidos y deyecciones de murciélago. El interior de los nidos de los pájaros está revestido habitualmente de plumas caídas y encienden con facilidad; también pueden utilizarse los nidos de los ratones de campos secos.

Cualquier yesca que emplee, DEBE ESTAR SECA. Es una buena idea llevar yesca con usted dentro de un recipiente hermético e impermeable. Manténgase siempre atento para recoger materiales que puedan servirle de yesca.

Leña

La leña es la madera utilizada para hacer llama de la yesca, para que puedan quemarse materiales más grandes y menos combustibles.

La mejor leña consiste en pequeñas ramas secas, y las maderas más blandas son las más adecuadas porque arden rápidamente. Aquellas maderas que contienen resina queman instantáneamente y hacen de la lumbre una cosa segura. El inconveniente de las maderas blandas es que tienden a producir chispas y queman con mucha rapidez. Es posible que necesite una gran cantidad para mantener encendido el combustible principal y se consumen rápidamente si son ellas el combustible.

No recoja leña directamente de la tierra, ya que casi siempre se encuentra húmeda. Cójala de la madera seca de pie. Si la parte exterior está húmeda, pélela hasta alcanzar el centro seco.

Fabrique astillas para el fuego

Pele las astillas con tajos poco profundos para «emplumarlas». Preparar la yesca de este modo para que encienda más rápidamente.

COMBUSTIBLE

Use madera seca de los árboles para mantener el fuego encendido. Una vez encendido, puede utilizar madera más verde o secar madera húmeda.

Como regla general, cuanto más pesada sea la madera, más calor dará, y esto se aplica tanto a la madera seca como a la verde. La mezcla de madera verde y seca produce un fuego duradero, que es especialmente útil por la noche.

Maderas duras —nogal, haya o roble, por ejemplo— queman bien, producen mucho calor y duran mucho tiempo como carbones calientes. Mantienen el fuego ardiendo durante toda la noche.

Maderas blandas tienden a arder con demasiada rapidez y producen chispas. Las peores productoras de chispas son las maderas de cedro, aliso, pinabete, abeto, pino, castaño y sauce.

Recuerde que la madera húmeda es, a veces, ventajosa, ya que produce humo que mantienen alejados a moscas, jejenes y mosquitos, y arden durante más tiempo, de modo que conservan el fuego.

Seque la madera apoyándola sobre dos soportes encima del fuego, pero no tan cerca de él que puedan encenderse. Coloque leños verdes formando un ángulo junto al fuego, cerrándose en dirección contraria al viento para acelerar la combustión de un fuego pequeño mientras los leños se secan.

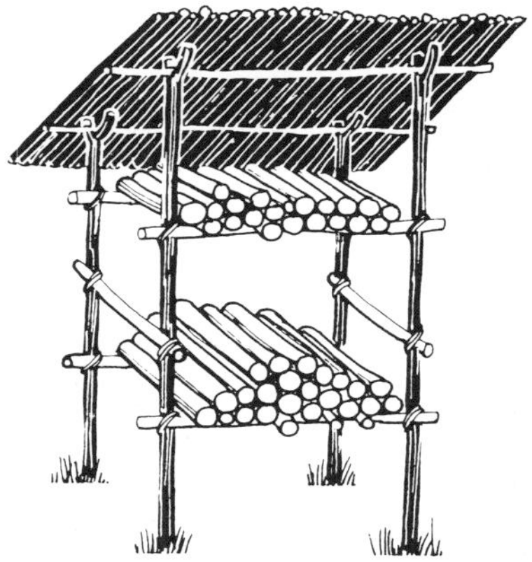

Apoye los troncos sobre una barra que sostiene un cazo para que se sequen junto al fuego.
Construya un cobertizo de madera; fundamental cuando el clima es húmedo. Levántelo cerca del fuego para que ayude a secar los leños, pero cuide que no los alcance una chispa. Construya dos tarimas y use los leños de una mientras se secan los que están en la otra.

AHORRE ENERGÍA

No gaste energía cortando los troncos; pártalos golpeándolos contra una roca (a).

Si ese método no funciona, colóquelos sobre el fuego, dejando que se quemen en el centro (b), o, si no son tan largos, quémelos por el extremo.

Es absolutamente necesario partir los troncos para mantener vivo el fuego, aunque no es necesario tener un hacha. Incluso un cuchillo pequeño colocado en el extremo de un leño y golpeado con una roca puede partirlo (c). Una vez hecho el corte, encaje una cuña en la abertura y deslícela hacia abajo para completar la división. **Pero si cuenta sólo con un cuchillo no corra el riesgo de romperlo.**

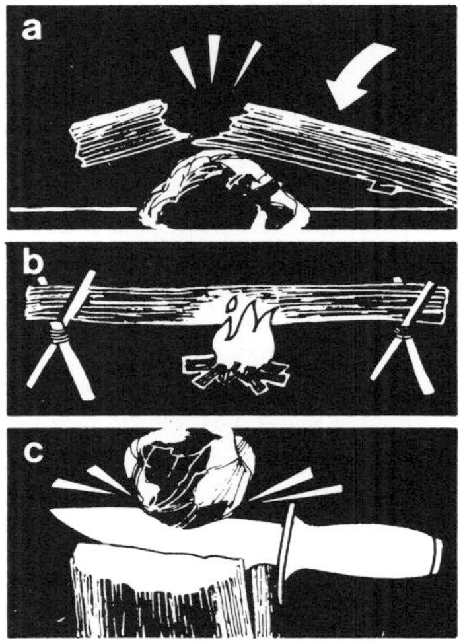

Encender el fuego

Los troncos se queman longitudinalmente. Cuando no se necesita producir un fuego intenso, pueden ser retirados dejando rescoldos y ceniza para cocinar en el centro.

Para avivar el fuego, una los troncos y muy pronto volverán a producir llamas.

Este tipo de fuego se utiliza principalmente para conservar el combustible, pero también para ahorrar madera.

Otros combustibles

En las zonas donde la madera es escasa o inexistente, se pueden encontrar otros materiales combustibles.

Excrementos de animales

Son un combustible excelente: los exploradores del Lejano Oeste usaban excrementos de búfalo para encender sus fuegos. Seque completamente los excrementos para que el fuego no produzca humo. Puede mezclarlos con hierba, musgo y hojas.

Turba

La turba se encuentra con frecuencia en los páramos con buen drenaje. Se percibe como una superficie blanda y porosa bajo los pies y puede encontrarse en los bordes de los salientes rocosos, con aspecto negro y fibroso. Se puede cortar fácilmente con un cuchillo. La turba necesita buena ventilación para arder.

Los panes de turba se secan rápidamente si se los apila dejando espacios para que circule el aire.

Carbón

El carbón se encuentra a veces en la superficie; en la tundra septentrional hay extensos depósitos de carbón.

Pizarras

Las pizarras son a menudo ricas en aceite y arden rápidamente. Algunas arenas también contienen aceite, queman produciendo un espeso humo aceitoso que constituye una buena señal de fuego y produce mucho calor.

Aceites

Si ha tenido una avería mecánica y los depósitos están intactos, puede quemar gasolina, líquido anticongelante, líquido para frenos y otros fluidos combustibles. Incluso el repelente para insectos es inflamable. El líquido anticongelante es un excelente iniciador para encender aceites más pesados. Con un poco de permanganato de potasio (de su estuche de supervivencia) puede encenderlo en pocos segundos.

En las regiones muy frías, extraiga aceite del depósito antes de que se congele. Si no dispone de ningún recipiente para recogerlo, déjelo gotear en el suelo y luego úselo en estado sólido.

Neumáticos, tapizados, objetos de goma y gran parte de los restos de un accidente pueden ser quemados. Empape en aceite los materiales menos inflamables antes de encenderlos.

Mezcle la gasolina con arena y quémela en un recipiente como si fuese un hornillo, o cave un hoyo y haga un fogón.

Queme el aceite mezclándolo con gasolina o líquido anticongelante. No haga fuego directamente en un líquido inflamable; fabrique una mecha y encienda el fuego con ella. Lo mismo se aplica con el repelente para insectos.

Grasas animales

Estas grasas también pueden ser utilizadas con una mecha en una lata adecuadamente ventilada para fabricar un hornillo. Los huesos pueden añadir volumen cuando la grasa está siendo quemada (a veces el único combustible que puede encontrarse en las regiones polares).

Inicie el fuego con yesca o una vela y luego coloque algunos huesos sobre él para sostener la grasa. Al principio use sólo una pequeña cantidad de grasa. A menos que tenga mucha cantidad, quemar grasa significa sacrificar un alimento nutritivo, pero la grasa de foca se echa a perder rápidamente y es un buen combustible.

HERVIR ACEITE Y AGUA

Esta mezcla representa uno de los fuegos más calientes. Haga un pequeño orificio en la base de una lata para cada líquido e inserte un pequeño trozo de madera para controlar el flujo (a). El aceite y el agua discurren por una corteza acanalada hacia un plato de metal. Sacando del orificio el trozo de madera aumenta el flujo, encajándolo más en el orificio, lo reduce. Deje caer 2-3 gotas de agua por 1 de aceite.

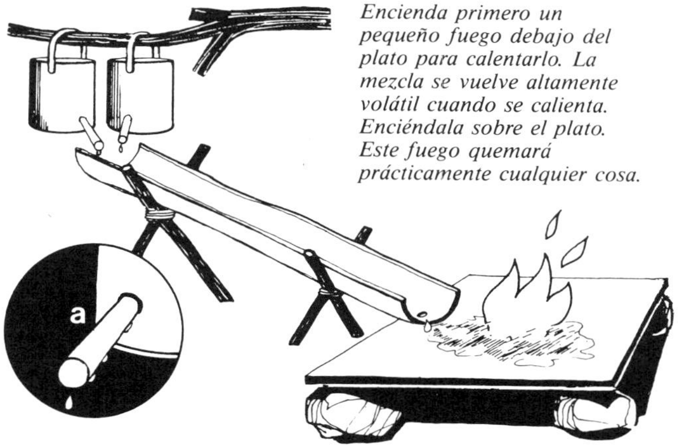

Encienda primero un pequeño fuego debajo del plato para calentarlo. La mezcla se vuelve altamente volátil cuando se calienta. Enciéndala sobre el plato. Este fuego quemará prácticamente cualquier cosa.

LUMBRE

Forme un lecho de yesca y arme una especie de armazón triangular de leña alrededor de ella. Si sopla un viento muy fuerte, incline la leña contra un tronco que proteja del viento. Encienda la yesca. Una vez que la leña ha encendido, añada palos más largos. O coja un haz de ramas secas, de un grosor no superior al de una cerilla, enciéndalo y colóquelo en el armazón de leña.

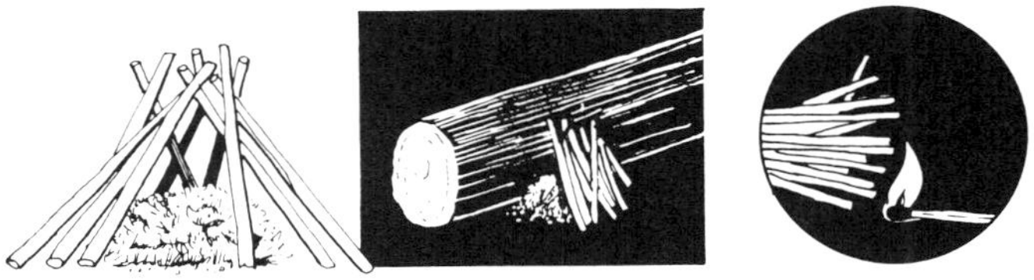

CERILLAS

Las cerillas son la forma más sencilla de encender un fuego. Lleve con usted cerillas que «encienden en cualquier superficie» y tantas como le sea posible. Guárdelas en recipientes impermeables, de modo que no puedan frotarse entre ellas y provocar accidentalmente un fuego. Si impermeabiliza las propias cerillas, matará dos pájaros de un tiro.

Algunas personas cortan todas sus cerillas por la mitad, y hay quien afirma que cada cerilla puede ser dividida en seis trozos. Pero NO se arriesgue a desperdiciarlas, una que funcione es más útil que seis que no lo hacen!

Para encender las cerillas partidas, frote la cabeza contra la superficie de encendido, presionando con el dedo. Si se quema, esté preparado para enfriar el dedo con agua fría, nieve o incluso «escupiendo en él y soplando».

Cerillas húmedas

Si su pelo está seco y no es demasiado graso enrolle la cerilla con él. La electricidad secará la cerilla.

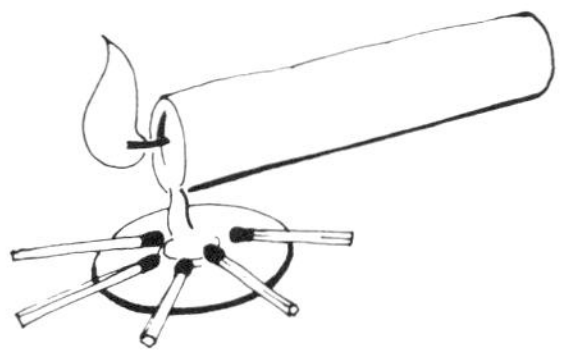

Impermeabilice las cerillas revistiéndolas con cera derretida. Quite la cera cuando quiera encenderlas.

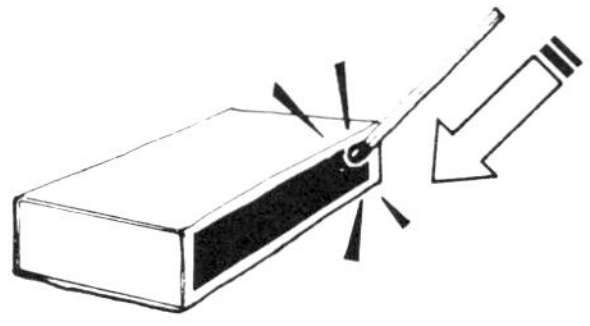

Encienda una cerilla húmeda frotándola en sentido oblicuo en lugar de deslizar la cabeza a lo largo de la banda.

RECUERDE

Cada vez que encienda una cerilla, haga lo propio con una vela. Con ella, a su vez, puede encender muchas otras cosas, ahorrándose así el uso de otras cerillas. Colóquela dentro del armazón de leña para iniciar el fuego y quítela tan pronto como haya encendido la yesca. Sólo se ha quemado una pequeña cantidad y hasta la vela más pequeña durará mucho tiempo.

No importa cuantos encendedores o iniciadores de fuego lleve en su equipo, incluya también todas las cerillas que pueda. Las llamadas cerillas eternas pueden usarse una y otra vez pero, tarde o temprano, también se vuelven inservibles. De modo que lleve también cerillas comunes. Compruebe que clase de ellas es mejor considerando el peso y el lugar que ocupan.

Usar lentes de aumento

La luz del sol, enfocada a través de una lente de aumento o una lupa, puede producir suficiente calor para encender la yesca. Los incendios accidentales suelen producirse por la acción de los rayos del sol a través de botellas rotas y en una zona de pastos u hojas secas. La lupa que lleva en su estuche de supervivencia, un telescopio o la lente de una cámara pueden servir para el mismo propósito.

Proteja la yesca del viento. Enfoque los rayos del sol de modo que forme un punto de luz brillante y diminuto. No lo mueva. Sóplelo suavemente cuando comience a arder.

Pólvora de los proyectiles

Si lleva armas puede utilizar la pólvora de un proyectil para ayudar a encender la yesca.

Abra el proyectil y deje caer la pólvora en la yesca antes de usar su pedernal (a), o extraiga sólo la mitad de la pólvora y rellene el casquillo con un trozo de tela (b). Cargue el proyectil en el arma y dispare normalmente contra el suelo. El trozo de tela arderá sin llama. Colóquela en la yesca junto con la pólvora restante. Muy pronto tendrá un buen fuego ardiendo.

Pedernal y acero

El pedernal es una piedra que puede encontrarse en muchos lugares del mundo. Si se la frota vigorosamente con un trozo de acero, producirá chispas calientes que encenderán la yesca seca. Una hoja serrada puede producir más chispas que un cuchillo ordinario y debería llevarla con su equipo de supervivencia. Un trozo de magnesio con pedernal en un costado es un artilugio aún más útil, ya que el magnesio arde vivamente.

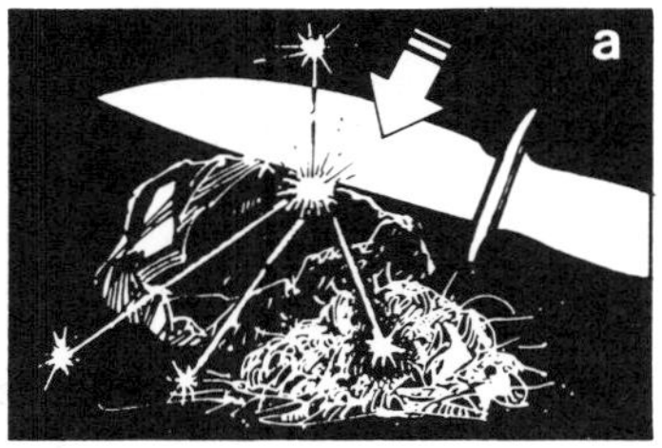

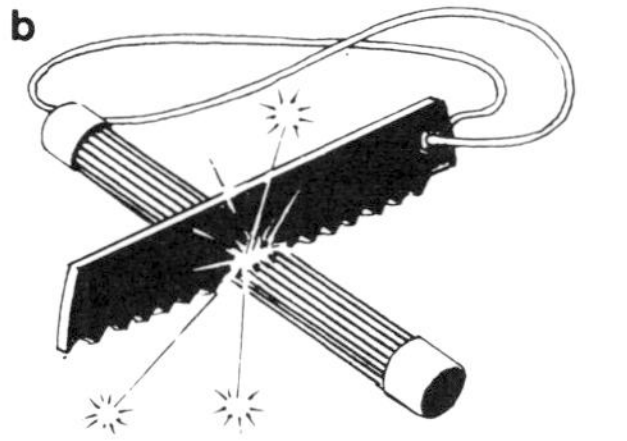

Golpee la hoja contra el pedernal (a), o pase la sierra a través de la superficie acanalada del pedernal (b), cerca de la yesca para que las chispas caigan sobre ella.

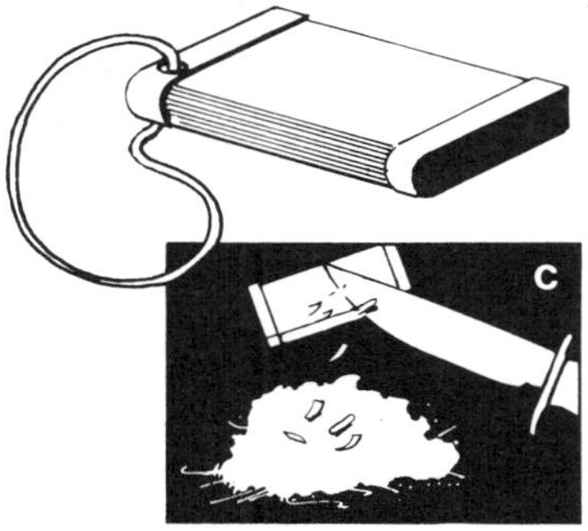

Haga caer sobre la yesca partículas de magnesio (c) y luego use la sierra para producir las chispas.

Lumbre de batería

Una chispa de una batería de coche puede encender su fuego, y las pilas de una linterna y de la radio pueden tener potencia suficiente. Necesita dos trozos de alambre que se conectan simplemente a los terminales de la batería. Si no puede encontrar alambre, puede hacerlo con un par de llaves de tuercas u otros utensilios metálicos. A menos que disponga de trozos largos de alambre, quite la batería del vehículo antes de encender el fuego.

Acerque lentamente los extremos pelados de los dos trozos de alambre. Justo antes de que se toquen, una chispa saltará entre ellos. Debe hacer que la chispa caiga en la yesca.
La mejor yesca en estos casos es un trozo de paño con un poco de gasolina, ya que el vapor de la gasolina se enciende con la chispa.

Fuego de arco

Una técnica muy simple para hacer fuego, pero que exige mucha práctica. La fricción de un eje de madera dura rotando sobre una madera blanda en la base produce primero una yesca de fino polvo de madera y luego calor. Balsa, pino y bambú son maderas blandas típicamente aprovechables; roble, fresno y haya son maderas duras. Ambas deben estar secas.

Practique una pequeña depresión en el extremo más próximo de la madera blanda y corte una cavidad debajo de ella para colocar la yesca. El eje debe ser uniforme. Fabrique el arco con una rama elástica, como bambú o avellano, y la cuerda con piel, cordel o un cordón de zapato. Necesita también un trozo de piedra o madera ahuecada o un pequeño pote para estabilizar el extremo del eje y ejercer presión hacia abajo.

Enrolle una vez la cuerda del arco alrededor del eje. Coloque el eje en la depresión, sostenga la pieza estabilizada sobre su extremo y presione ligeramente hacia abajo mientras la otra mano mueve el arco hacia atrás y hacia adelante. Esto hace girar el eje. Aumente la velocidad cuando el eje comienza a taladrar la madera blanda. Cuando comienza a penetrar en ella, aplique más presión y haga girar el arco vigorosamente.

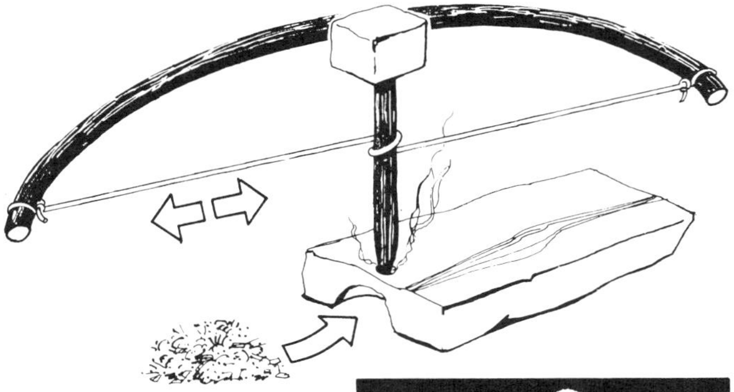

Siga haciendo girar el arco hasta que ya no pueda continuar. Si tiene éxito, la punta, brillando como la de un cigarrillo, caerá sobre la yesca que, soplada suavemente, arderá hasta hacer llama. Debe mantener el eje vertical y firme.

Ayuda si se arrodilla con un pie sobre la base de madera y sostiene el arco con esa pierna, mientras hace girar el arco con la otra mano. Haga que los movimientos del arco sean parejos.

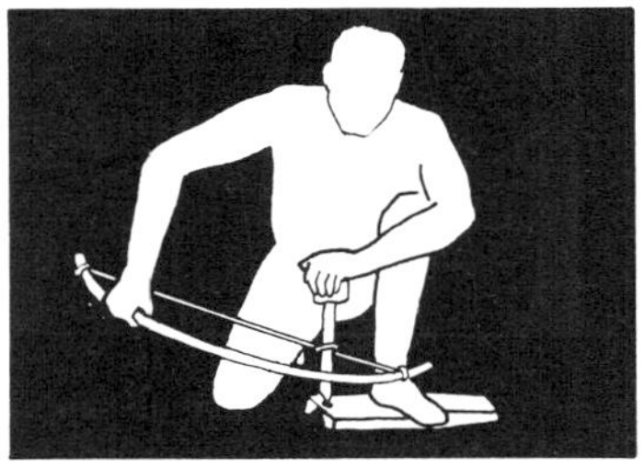

Se aconseja también hacer una muesca en forma de V, como se muestra en la base de madera del método manual.

Variante manual (del método anterior)

Esta variante del fuego con arco es particularmente útil en territorios secos, con bajo índice de humedad y poca lluvia, convirtiendo todo en «yesca» seca.

En una base de madera dura haga una muesca en forma de V que recoja la yesca. Practique una pequeña depresión cerca de ella. Use como eje un tallo hueco de madera más blanda con un núcleo de médula blanda.

Haga girar el eje entre las manos, llevándolas hacia abajo con cada impulso para apretar el eje contra la depresión practicada en la base.

Cuando la fricción enciende la punta del eje, sople suavemente para que encienda también la yesca. Un poco de arena aumenta la fricción y acelera el calentamiento de la yesca.

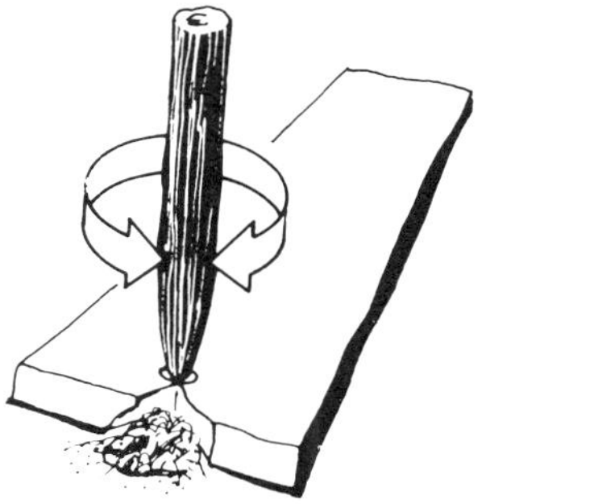

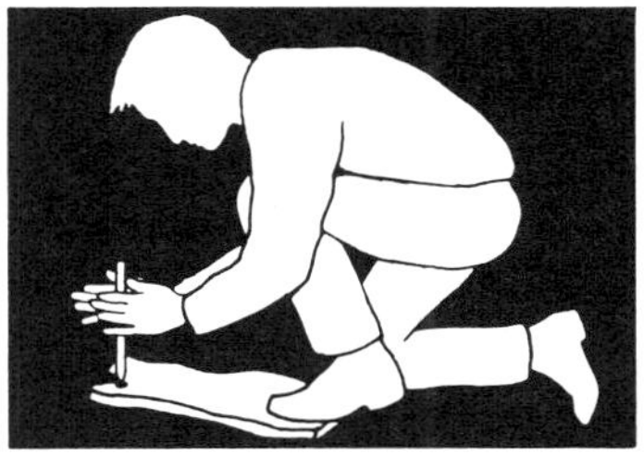

Una cavidad debajo del eje, como se muestra en el método de fuego de arco, también es muy recomendable.

Cepillo ranurador para hacer fuego

Este método de encendido también funciona por fricción. Practique una acanaladura en un trozo de madera blanda y luego «cepille» la punta de una estaca de madera dura arriba y abajo. Primero obtendrá yesca y, finalmente, la fricción acabará por encenderla.

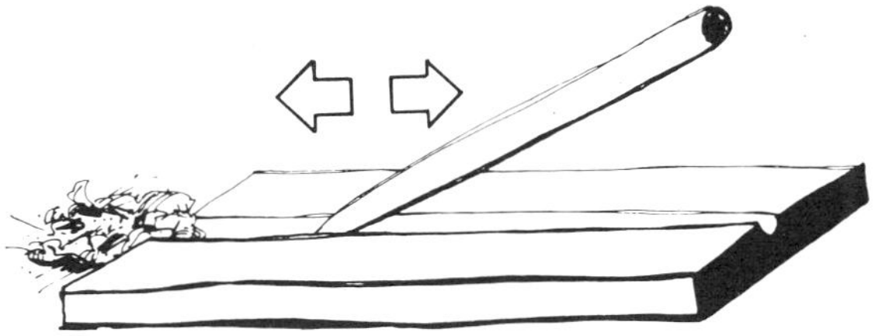

Fuego con productos químicos

No es probable que la maleta de un superviviente incluya un juego completo de productos químicos, pero hay algunos muy comunes que, si están disponibles, pueden utilizarse para producir la combustión. Las consecuentes mezclas pueden encenderse moliéndolas entre piedras o colocándolas debajo del punto de fricción en cualquiera de los tipos de fuego por fricción descritos previamente. Mézclelos cuidadosamente, evitando el contacto con cualquier objeto metálico. Todos son susceptibles de humedecerse con facilidad y deben conservarse secos.

ATENCIÓN

Maneje con cuidado estos productos químicos, especialmente el cloruro de sodio, ya que se enciende por percusión, de modo que evite agitarlo o que gotee. Han habido casos de herbicidas derramados sobre la tierra que se han encendido al pisarlos!

Clorato de potasio y azúcar en una mezcla de 3:1 por volumen es una combinación terriblemente incendiaria que también puede encenderse dejando caer unas gotas de ácido sulfúrico sobre la mezcla.

Permanganato de potasio y azúcar mezclados 9:1 es menos sensible y la temperatura es un factor crítico en el tiempo que necesita para encenderse. Si se añade glicerina, también encenderá.

Clorato de sodio y azúcar en una mezcla de 3:1.

- El ácido sulfúrico se encuentra en las baterías de los coches.
- El clorato de potasio se encuentra en algunas tabletas para la garganta; su contenido puede figurar en el envase. Trate de triturar una de ellas y ver si da resultado.
- El permanganato de potasio está incluido en su estuche de supervivencia.
- La glicerina es uno de los elementos que constituyen el líquido anticongelante.
- El clorato de sodio es un herbicida.

TIPOS DE FUEGO

Independientemente de lo rápido que desee encender un fuego, lleva tiempo elegir el mejor lugar y el mejor tipo de fuego, mientras reúne combustible y prepara la yesca.

Fuegos para dar calor

Con un sólo fuego en el exterior, solamente las superficies que dan a él se calientan. Con dos fuegos, puede sentarse entre ellos, pero necesitará mucho combustible y, no importa de qué lado sople el viento, lo más probable es que lo envuelva el humo. Prepare un fuego y use un refractor.

Un buen refractor, cercano al fuego, no sólo proyecta el calor hacia usted, sino que ayuda también a que el humo ascienda, llevado por las corrientes de aire caliente, en lugar de ir hacia sus ojos. Use un refractor para dirigir el calor hacia la zona donde duerme.

Las personas sin experiencia, suelen hacer el fuego contra una roca o un tocón; no lo haga, encienda el fuego apartado de ellos y siéntese en medio, de modo que la roca refleje el calor y caliente su espalda. Añada un refractor.

Si no dispone de un refractor natural, construya uno; y otro detrás del fuego para que refleje la mayor cantidad posible de calor hacia usted.

Fuego en cueva de serpiente

Se trata de un fuego protegido que produce una buena corriente de aire y quema casi cualquier cosa una vez encendido. En la ladera de un terraplén de tierra firme excave una cueva de unos 45 cm de profundidad. Desde la parte superior de la cueva clave una estaca fina para construir una delgada chimenea, quitando la tierra que cae debajo. Haga el fuego en la pequeña cueva.

Este fuego es muy útil para quemar desperdicios y para ahumar carne y pescado. Cuando sople el viento, es mejor hacer el fuego en una cueva de serpiente cuya entrada esté protegida.

Fuegos para cocinar

Estos fuegos para cocinar son también muy buenos para dar calor.

Horno del Yukón

Este fuego, una vez encendido, quemará prácticamente cualquier cosa. Supone muchos esfuerzos construirlo, pero merece la pena porque toda la estructura desprende mucho calor y la parte superior puede utilizarse para cocinar.

Cave un hoyo circular de unos 24 cm de profundidad con un canal en un costado que conduce hasta el agujero. Coloque piedras alrededor del borde exterior del hoyo principal y construya una chimenea que se incline ligeramente hacia dentro. Deje que el último tramo vuelva a inclinarse hacia el exterior otra vez. Selle con tierra todos los espacios entre las piedras. El fuego está protegido y la chimenea crea una buena corriente de aire.

Encienda primero el fuego en el canal. Luego empújelo hacia la chimenea. La leña se deja caer luego desde la parte superior de la chimenea y la combustión se controla abriendo y cerrando esa parte superior. Este fuego produce muy pocas cenizas y arderá durante mucho tiempo antes de que necesite limpiar el lugar.

Fuego de trinchera

Este fuego se halla protegido de los vientos fuertes ya que está por debajo del nivel del suelo. Cave una trinchera de aproximadamente 30×90 cm y unos 30 cm de profundidad, además de la profundidad que le proporciona una capa de rocas con la que revestirá el fondo del hoyo. Encienda el fuego sobre las piedras. Aún cuando el fuego se haya apagado, las piedras permanecerán calientes y serán una parrilla excelente.

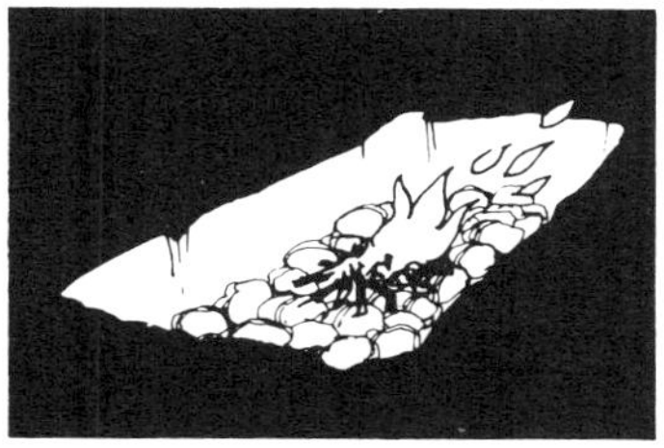

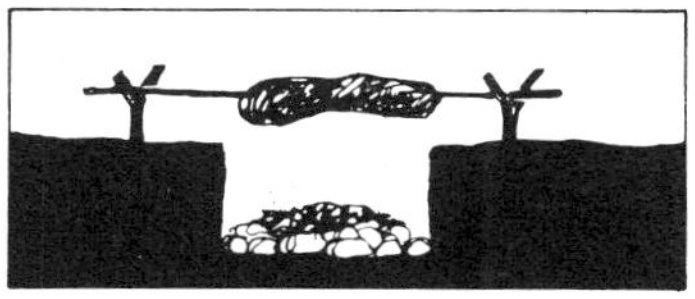

Una varilla colocada encima de las brasas es excelente para asar la carne.

Hornillo de vagabundos

Este hornillo proporciona una fuente de calor para varias personas congregadas a su alrededor y la parte superior puede utilizarse para cocinar. Para construirlo necesita un tonel de aceite de unos cinco litros.

Haga orificios en la base y alrededor de la base del tambor para que pueda entrar el aire. Corte un trozo del costado, a unos 5 cm de la base para avivar el fuego.

Haga agujeros también en la parte superior si sólo usará el tambor para calentarse, pero hágalos también en el borde para que el humo no salga por arriba.

Coloque el tambor sobre un anillo de piedras para que haya suficiente aire debajo.

COMBUSTIÓN ESPONTÁNEA

A veces, el fuego se desata de forma espontánea en una pila compacta de heno húmedo. También puede producirse en algodón empapado en aceite de linaza, siempre que el ambiente sea caluroso y seco, pero la temperatura puede ser crítica. Puede estallar en llamas al cabo de un par de horas o no encenderse en absoluto. No es una forma fiable de encendido pero sí un riesgo que no debe descartarse.

COCINAR

Cuando la comida es calentada pierde su valor nutritivo —cuanto mayor sea el calor, mayor será también esa pérdida—, de modo que ningún alimento debería ser cocido más de lo necesario para que sea sabroso, a menos que sea sospechoso y deba cocinarse cuidadosamente para matar a los gérmenes y parásitos o para neutralizar posibles venenos.

Hervir los vegetales destruye su vitamina C y la carne asada pierde su capa importante de grasa, pero estamos acostumbrados a comer los alimentos cocidos y una comida caliente es insuperable para levantar la moral. Se necesitaría una gran disciplina para comer crudos algunos alimentos que usted anteriormente nunca consideró como tales, pero una rana, gusanos o ratas no saben tan mal una vez cocidos.

La cocción no sólo vuelve más apetecibles muchos alimentos para probarlos, mirarlos y olerlos, sino que ablanda las fibras musculares en la carne, hace que las proteínas sean más digestibles y —lo que es más importante— destruye los parásitos y bacterias que puedan estar presentes.

Si el suelo es frondoso, es más probable que los alimentos animales tengan parásitos. Los cerdos, especialmente, portan gusanos y parásitos. El hervor los destruirá, aunque a costa de la pérdida de su valor nutritivo. Algunos alimentos jamás deben comerse crudos —ortigas y otras plantas, por ejemplo— sino que siempre deben cocinarse para neutralizar las sustancias nocivas que contienen.

Su situación particular determinará si debe o no cocinarlos. Si no puede soportar la idea de comer algo crudo, o si la comida es abundante pero limitada en su variedad, cocine los alimentos para que sean más sabrosos. Supere el aburrimiento variando las instrucciones de cocción.

Los métodos de cocción dependerán de los alimentos disponibles y de las facilidades de que disponga o pueda crear. El tipo de fuego a emplear, los utensilios y los métodos de cocción deben coincidir.

La cocción requiere un fuego lento. Use la llama de un fuego para hervir agua, luego deje que las llamas mueran y use las brasas y las cenizas calientes para cocinar.

RECUERDE

NUNCA deje el fuego desatendido mientras cocina... no puede arriesgarse a arruinar la comida.

Una vez que haya encendido el fuego, SIEMPRE tenga algo hirviendo sobre él —a menos que el agua sea escasa— ya que el agua caliente siempre es útil: las bebidas calientes siempre son estimulantes y encontrará multitud de aplicaciones para ella, desde esterilizar heridas hasta facilitar el desplume de las aves.

NO se limite a colocar un recipiente en equilibrio sobre el fuego, ya que si se vuelca puede apagarlo, además de perderse su contenido. Apoye las vasijas sobre rocas firmes o suspéndalas sobre el fuego.

Hervir

Cocinar en agua hirviendo requiere un recipiente. Las latas y las cajas metálicas son ideales para ello. Fabrique un asa para ellas, cuélguelas sobre el fuego o use tenazas para ponerlas y quitarlas del fuego (ver *Utensilios útiles*). Los orificios en las latas pueden repararse colocando en ellos pequeños tarugos de madera que, cuando se humedezcan, se expandirán y detendrán la filtración. Si no dispone de recipientes de metal, un trozo grueso de bambú sirve para contener líquidos. Los recipientes pueden construirse también con corteza, pero tenga cuidado de que no hierva en seco.

Para cocinar en el tallo de un bambú, colóquelo en ángulo sobre el fuego, sosteniénhdolo en una horquilla clavada en tierra.

Aunque el hervor destruye algunos elementos nutritivos, se conservan los jugos naturales y se retiene toda la grasa... ***siempre que usted beba todo el líquido*** **además de comer la sustancia sólida restante. Cada vez que usted prescinde del agua utilizada para cocinar pierde valiosos elementos nutritivos, aunque deberá eliminar el agua si está hirviendo sustancias tóxicas. El hervor hará que pueda comer las raíces duras y correosas y la carne de animales viejos. Matará a los gusanos y a las larvas e incluso puede volver comestible la carne que se ha echado a perder.**

Si logra ahuyentar a un animal de la presa que ha cazado, puede aprovechar la carne de ésta cortándola e hirviéndola durante al menos 30 minutos. Si está desesperado por comer, cualquier animal muerto que aún no se ha descompuesto, puede ser peligroso si elige las grandes zonas musculares. Corte esas partes en porciones de 2,5 cm y luego hiérvalas durante media hora. Coma sólo una pequeña cantidad, luego espere 30 minutos para comprobar sus efectos; la mayoría de las toxinas afectan al aparato digestivo en ese tiempo. Si no siente ningún efecto desagradable, puede continuar comiendo.

Los vegetales parcialmente hervidos que intente cocinar por otros medios acelerarán los tiempos de cocción.

Para hervir agua cuando no disponga de recipientes ignífugos vea el método Hangi en la página 146.

Asar

La carne asada se cocina en su propia grasa. El método más simple consiste en atravesar la carne con una varilla fina y hacerla girar sobre los rescoldos calientes de un fuego o junto a un fuego ardiendo. La rotación continua de la carne hace que la grasa cubra toda la superficie a medida que se derrite. Esta forma de cocción hace que el alimento sea muy sabroso, pero tiene dos desventajas.

Una valiosa cantidad de grasa se pierde a menos que se coloque un recipiente debajo de la carne que se está asando. Cubra regularmente la carne con esta grasa del recipiente.

Si asa la carne con un fuego demasiado intenso, quemará la parte exterior dejando crudo el interior y vivas a las bacterias. Es preferible asar la carne lentamente y si la cocción continúa después de que la capa exterior ha sido cortada, la parte interior de la carne puede continuar cocinádose.

El fuego debe estar colocado ligeramente a un costado de la comida para permitir recoger la grasa en un recipiente.

Parrilla

La parrilla es un método de cocción ideal para cocinar gran cantidad de alimentos pero necesita un sostén —como un entramado de alambre— que descanse sobre piedras y encima de las brasas calientes. Debería utilizarse sólo cuando la comida es abundante, ya que se pierde casi toda la grasa de la carne. Las piedras calientes que se encuentran junto a la parrilla pueden utilizarse como superficies para cocinar o bien los alimentos pueden atravesarse con varillas y hacerlos pender encima del fuego.

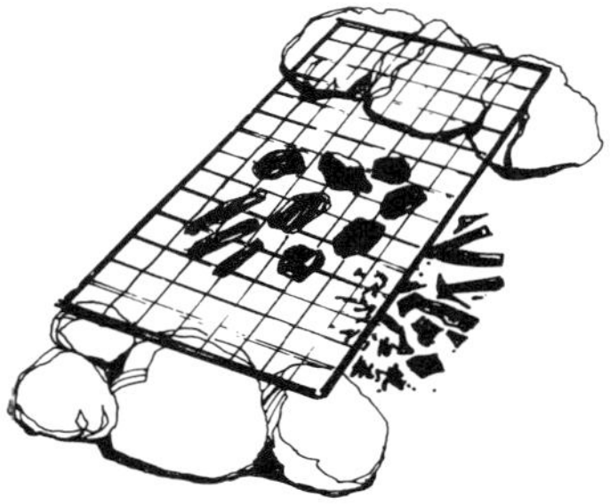

Si no dispone de una parrilla de alambre, fabrique una con ramas muy verdes o apoye una varilla larga sobre una horqueta para poder sostener alimentos sobre el fuego. Coloque los alimentos alrededor de la varilla. También puede asar carne y vegetales clavados en una varilla colocada sobre las brasas y apoyada en dos horquillas colocadas a ambos lados del fuego.

Hornear

Se necesita un horno para hornear los alimentos, pero si dispone de tiempo y de los materiales necesarios, es una buena manera de cocinar. La carne debería ser cocinada en un plato y bañada con la grasa que se va fundiendo con el calor. Es ideal para la carne fibrosa y dura. Cocinada largo tiempo a fuego lento la carne acaba por ablandarse. Es un método muy indicado también para los vegetales.

Si la carne se coloca en un recipiente que contenga un poco de agua para cocinarse dentro del horno, es una forma de dorarla.

Horno con una caja de metal

Una gran lata de alimentos o una caja metálica con una tapa con bisagras es un excelente horno improvisado. Los supervivientes del ejército encontraron ideal una caja de municiones vacía. Si la tapa tiene bisagras y una agarradera que pueda utilizarse como asa, puede instalarla para abrir el horno hacia el costado. probablemente será más fácil, sobretodo si no tiene un lugar de donde asirlo o si carece de bisagras, abrirlo hacia abajo. Si coloca una roca u otro soporte en el frente, para apoyarlo, dispondrá de un útil estante. Siempre puede mantenerlo cerrado si no tiene asa, ya que no deseará tener una cerradura hermética, que podría crear en el interior una presión muy peligrosa. Si no dispone de ninguna lata o caja metálica, puede hacer una cúpula de arcilla, como si fuese un horno de los indios «Taandori». Para calentarlo encienda un fuego en su interior y quítelo antes de cocinar. Deje un apequeña abertura que puede sellarse con facilidad mientras está horneando el alimento.

Coloque la lata sobre piedras para poder encender fuego debajo de ella. Coloque rocas y tierra —o, mejor, arcilla— atrás y a los costados y sobre la lata, pero dejando un espacio detrás para que el calor y el humo puedan moverse por ese lugar. Use un palo para hacer una chimenea desde arriba hasta el espacio en la parte de atrás.

Cocinar al vapor

El vapor no cuece excesivamente los alimentos, de modo que preserva sus valores alimenticios. Es un método excelente para cocinar pescados y vegetales verdes. Las hojas frescas y jóvenes necesitan muy poca cocción. La comida debe estar suspendida sobre el vapor que desprende el agua hirviendo.

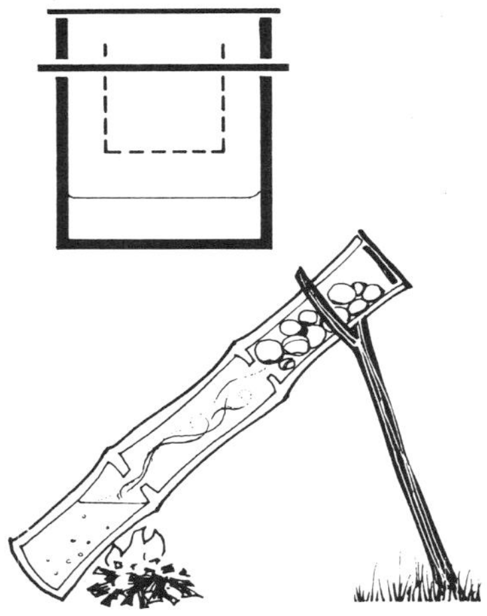

Fabrique un simple vaporario haciendo agujeros en una lata y suspendiéndola en el interior de otra más grande, o poniendo algo en el fondo de una lata grande para mantener a la lata interior sobre el nivel del agua. Cubra la lata exterior de modo que el vapor no se disipe, pero no tan firmemente que quede sellada y la presión la haga estallar.

Las secciones compartimentadas del bambú también constituyen un excelente vaporario. Practique un orificio comparativamente pequeño entre las secciones, pero lo bastante grande para que pase el agua y llene la sección del fondo. Haga una tapa (no hermética) para la parte superior. El agua hirviendo en la sección más baja prolducirá vapor que cocinará los alimentos colocados en la parte superior.

Freir

Freir es una excelente forma de variar la dieta, si dispone de grasa y de un recipiente donde freirla. Cualquier hoja metálica que pueda curvarse servirá para este propósito. En algunas zonas, puede encontrar hojas de gran tamaño que contienen suficiente aceite como para no secarse antes de que la fritura esté preparada; las hojas de plátanos son excelentes superficies para freir huevos sobre ellas. Pruebe primero las hojas para no desperdiciar sus valores alimenticios y, si usa alguna, fría sólo sobre las brasas y no sobre las llamas.

Cocinando en arcilla

Envolver los alimentos en arcilla es un método que no requiere utensilios y ofrece una sabrosa alternativa aún cuando usted disponga de ellos. Después de cubrir la comida con una bola de arcilla, se coloca sobre las brasas de un fuego. El calor se propaga a través de la arcilla que protege la comida, impidiendo que se queme o se chamusque.

Los animales deben ser limpiados y destripados, pero es la única preparación que necesitan. Cuando se retira la arcilla, las púas del erizo o las escamas de los peces queden fijadas en ella. Con los pájaros pequeños, la arcilla los despluma por usted, pero las plumas sirven de aislamiento y pueden impedir que un ave de gran tamaño se cocine adecuadamente. Cocinar de este modo las raíces vegetales servirá para quitarles la piel, restándole un importante valor nutritivo.

Método Hangi

Esta es otra forma de cocinar sin utensilios. Al igual que la merienda campestre de EEUU y los métodos tradicionales de los Maoríes y de los habitantes del Pacífico sur, implica el calentamiento de piedras. Se necesita leña, troncos y piedras o rocas redondas del tamaño de un puño. **No use piedras blandas, porosas o escamosas, porque podrían explotar al calentarse.**

Excave un hoyo ovalado con bordes redondeados y de 45-60 cm de profundidad, y coloque leña en el fondo. Coloque troncos a través del hoyo, otra pila de troncos en ángulos rectos a los primeros, separándolos con piedras. Continúe así hasta tener cuatro o cinco pisos de troncos y con piedras en la parte superior.

Cuando se enciende la leña, los troncos comienzan a quemarse, calentando las piedras instaladas sobre ellos hasta que, finalmente, todo cae dentro del foso. Quite las brasas y la ceniza. Ahora coloque la comida sobre las piedras calientes, la carne en el centro y los vegetales hacia el borde exterior. Debe haber un espacio entre la comida y la tierra. Coloque troncos delgados y flexibles a través del foso y disponga encima de ellos arpillera, hojas, etcétera, cubriéndolo todo con la tierra que ha excavado para contener el fuego. Ahora el foso actúa como una olla a presión. Después de 1 1/2 horas quite la cubierta y su comida estará lista.

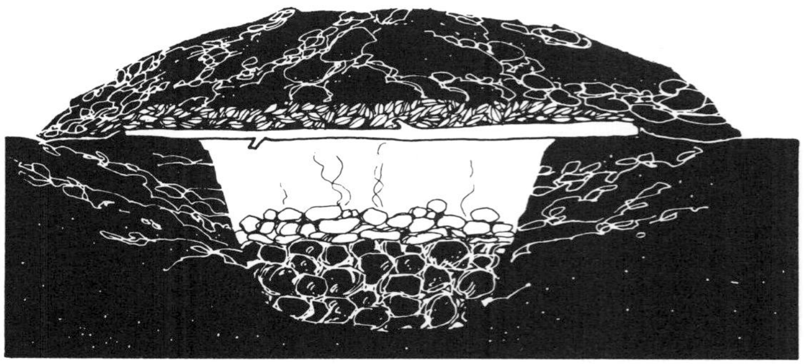

HERVIR AGUA EN UN HANGI

Si usted no tiene un recipiente idóneo para hervir agua, puede utilizar el hangi. Cualquiera que sea el recipiente donde haya juntado el agua, siempre que no se derrita (y esto descarta al plástico pero incluye otras clases de telas impermeables), puede ser atado de modo que el agua no se filtre y colocado en el hangi. El agua tardará 1 1/2 horas en hervir pero la tela no se quemará.

UTENSILIOS ÚTILES

Tenacillas

Escoja dos ramas, ambas con una curva natural, y átelas juntas de modo que queden abiertas en los extremos libres como si tuviesen un muelle. O use un trozo de madera ahusado entre ellas y debajo de la atadura para mantenerlas separadas. Tendrá mejor empuñadura si una de ellas tiene un extremo ahorquillado. Úselas para coger ollas, rocas calientes y troncos.

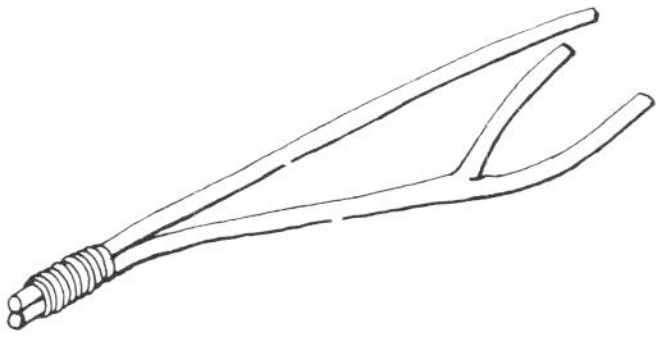

Varilla para olla

Para tener un acceso más variable al fuego que una simple varilla sobre él (a), clave una horquilla resistente en la tierra cerca del fuego. Apoye sobre ella una varilla mucho más larga con un extremo sobre el fuego. Clave el otro extremo en la tierra e impida que pueda salirse cubriéndolo con rocas pesadas. Haga una muesca cerca de la punta para poder colgar las ollas y que no se deslicen o, mejor aún, ate un gancho resistente.

Dos o tres varillas podrían inclinarse sobre el fuego a distintas alturas, con carne o vegetales unidos a ellas.

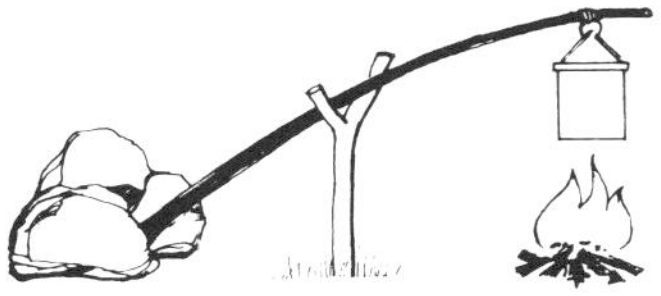

Soporte oscilante

Puede hacerse con dos varillas en forma de horquilla y otra recta clavada en tierra. Ate ambas ramas de modo que las horquillas encajen en direcciones opuestas en el poste vertical. La acción de ménsula mantendrá a olgura en que lo ha colocado, y una tensión hacia los costados apartará la olla del fuego con un movimiento oscilante. Con un poste vertical más largo también podría controlar la altura.

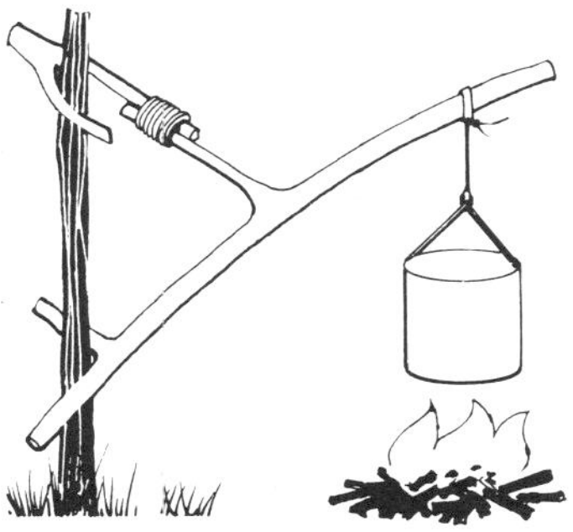

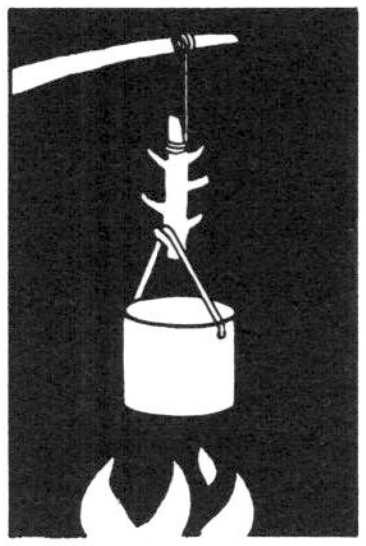

Gancho variable para ollas

Puesto que la distancia entre el fuego y la comida afectará el tiempo de cocción, fabrique este artilugio colgante para poder controlar ese tiempo.

Corte un trozo fuerte de madera provisto de varias ramas y corte estas últimas hasta los 10-12 cm. Quite la corteza, ya que podría ocultar una rama podrida.

Taza de bambú

Corte una sección de bambú justo por debajo de una unión natural y luego córtela por debajo de la unión superior. Pula los bordes para no lastimarse los labios.

Cuchara

Comience con un trozo de madera chato y luego dibuje la forma de una cuchara con la punta del cuchillo. Trabaje con cuidado y no se apresure para no cometer errores. Nunca corte hacia usted o su mano.

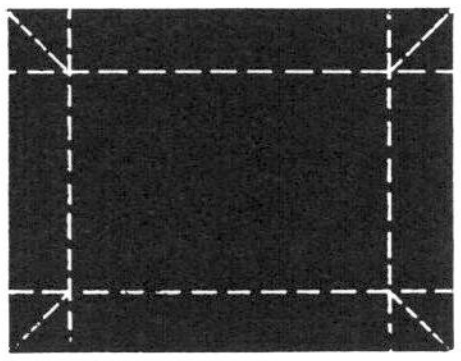

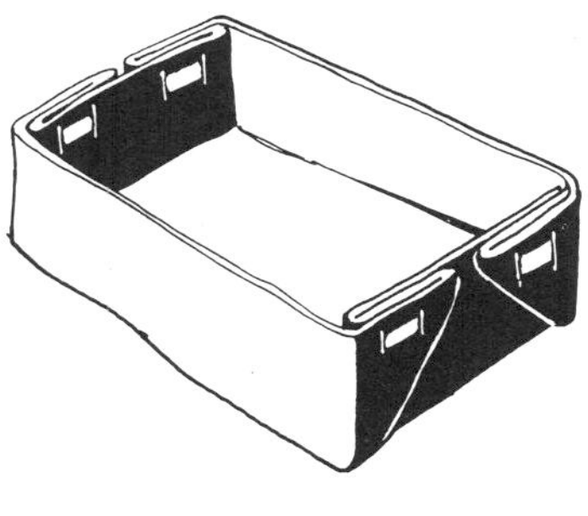

Recipientes de corteza de abedul

Use la capa interna de la corteza de abedul para fabricar cajas de almacenamiento o cacharros temporales para cocinar, que también pueden usarse para hervir agua. Cósalos o átelos —cerca de la parte superior— para evitar que se abran. Una alternativa es unir los bordes con palillos hendidos, aunque el contenido se puede volcar si el recipiente se desenrrolla súbitamente.

Fabrique otro recipiente, pero con una base más grande, y tendrá una tapa para colocar sobre el primero.

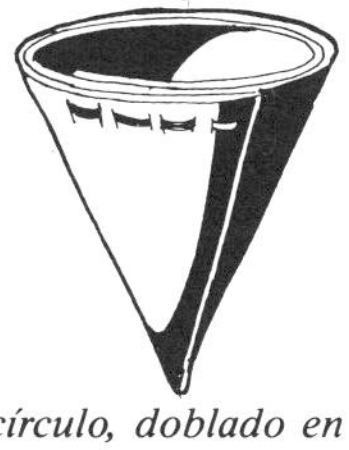

Un círculo, doblado en cuartos, formará una taza en forma de cono, o un recipiente para hervir agua si se lo suspende sobre el fuego.

CONSERVAR LOS ALIMENTOS

Si la comida no abunda o es probable que se halle limitada por temporada, es importante asegurar que las reservas estén protegidas.

Los microorganismos, como los musgos, que echan a perder los alimentos, se desarrollan en ambientes calurosos y húmedos. El deterioro puede retrasarse manteniendo los alimentos en lugares frescos, como cuevas o junto al agua, pero se trata sólo de una media a corto plazo. Debe emprenderse una acción más positiva para asegurar una conservación a largo plazo. Los principales métodos son secado, ahumado, adobo y salado. Las conservas azucaradas no se mantendrán durante mucho tiempo a menos puedan sellarlas al vacío, pero se conservarán durante más tiempo que como frutos blandos, y el alcohol es un excelente conservante si dispone de las facilidades para fabricarlo.

RECUERDE

Cuando ha dedicado tiempo y esfuerzo a la conservación de alimentos, particularmente en zonas donde la comida escasea, dedique el mismo esfuerzo para almacenarla.

No lo haga en un lugar expuesto al sol, ni cerca de una fuente de calor excesivo o de humedad, y tampoco donde los animales carroñeros pudieran comerlos.

Envuélvalos en materiales impermeables y herméticos o guárdelos en recipientes (como cajas de corteza de abedul) con una buena tapa. Coloque etiquetas si almacena diferentes clases de alimentos y sepárelos para evitar que se mezclen los sabores.

Inspecciónelos ocasionalmente para comprobar que no hay problemas.

Secado

Tanto el viento como el sol pueden secar los alimentos pero, en la mayoría de los climas, es más fácil forzar el secado sobre un fuego. La pérdida de humedad reduce el tamaño y el peso, concentrando su valor alimenticio. Muchos musgos pueden crecer cuando apenas hay un 16 % de humedad, pero son muy pocos los que pueden hacerlo en alimentos con un 5 % o menos, y estos alimentos también serán menos vulnerables a los gusanos.

Cerdo, gansos, aves marinas y otros animales de carne grasosa son los más difíciles de conservar. Es mejor cortar la mayor parte de la grasa y salar la carne. La sal es buen agente desecador. Cuelgue la carne en un lugar fresco y ventilado.

Secado con humo

El ahumado deshidrata la carne y la envuelve en una capa protectora, como si barnizara su superficie. El interior está seco, de modo que no hay condensación, y el exterior está sellado contra las bacterias. El ahumado puede realizarse mejor en un ahumadero o en un tipi para ahumar.

Tipi para ahumar

Cave tres estacas en tierra formando un triángulo y asegure las puntas juntas. Construya una plataforma entre ellas y encienda un fuego debajo.

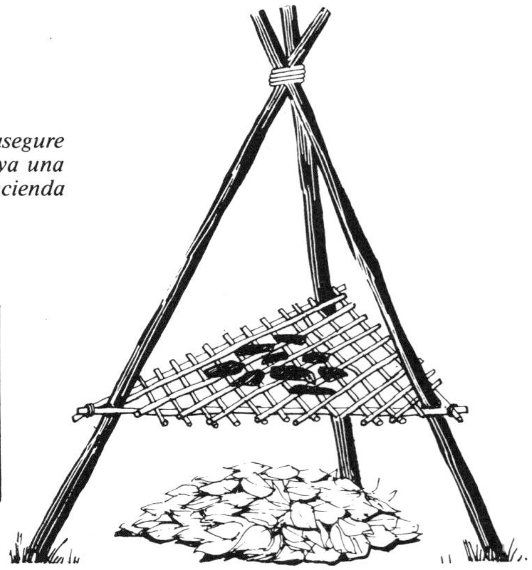

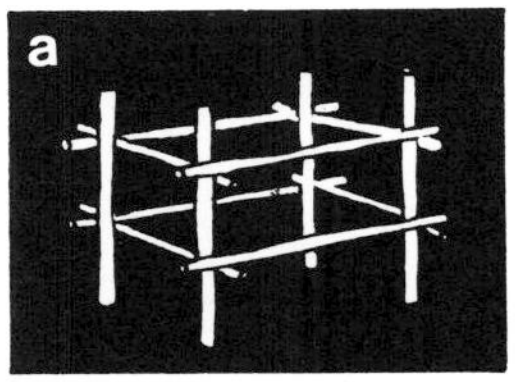

Ahumadero

Como una alternativa al tipi levante una estructura cuadrada de estacas verticales (a) con piezas cruzadas que sustenten una plataforma de ahumado, con el fuego debajo, y usada exactamente del mismo modo que el tepee.

En ambos casos la carne debe ser cortada en tiras delgadas y libres de grasa, mientras que los peces deben ser destripados y cortados en filetes. Las tiras de carne pueden tener cualquier longitud, pero sólo de 2,5 cm de ancho y 6 mm de grosor.

Encienda un buen fuego para producir una pila de brasas calientes. Tenga preparada una pila de hojas verdes. Las hojas de los árboles de madera dura son excelentes, especialmente las del roble, pero evite las de acebo y otras hojas tóxicas, y también las hojas de conífera porque tienden a ser resinosas y pueden producir llamas. No use hierbas. Algunas hojas darán a la carne un sabor muy especial; las hojas de pimiento son especiales en este aspecto.

Asegúrese de que no quedan llamas en el fuego y apile las hojas sobre las brasas. Cubra toda la estructura con una tela para que no se escape el humo. Si no dispone de un material adecuado, tenga preparados ramas y panes de turba para cubrir rápidamente toda la estructura. El ahumadero debe permanecer cubierto durante 18 horas, asegurándose de que escape poco o nada de humo.

Si las brasas de un tipi producen llamas, existe el riesgo de que toda la estructura prenda fuego. Esto puede evitarse haciendo el fuego en una cámara cavada en una ladera (ver el capítulo: *Fuego en una cueva de serpientes* en ***Fuego***) con el tipi levantado sobre la chimenea. Esto también hace posible que el fuego pueda dirigirse, asegurando un suministro más abundante de humo, que será más frío que el producido por un fuego encendido justo debajo de la estructura. Los alimentos se secarán lentamente y quedarán protegidos por el humo sin ser cocidos.

Cecina o método de Biltong

Se trata de un método para secar la carne al sol. *En África se le denomina «Biltong, o también Jerky, y los indios de América del Norte lo denominan «Charqui»* es un nombre africano, conocido también como cecina. No se conserva tan bien como la carne ahumada y sólo debe intentarse cuando no hay posibilidad de ahumarla.

Corte tiras de carne como si fuese a ahumarlas y cuélguelas al sol. Asegúrese de que están fuera del alcance de los animales y a unos 2-3 metros del suelo.

La carne necesita dos semanas para secar. Debe permanecer en lugar seco, protegida de la lluvia y humedad, vigilando que no esté al alcance de moscas que pudieran depositar sus huevos en ella.

Secando pescado

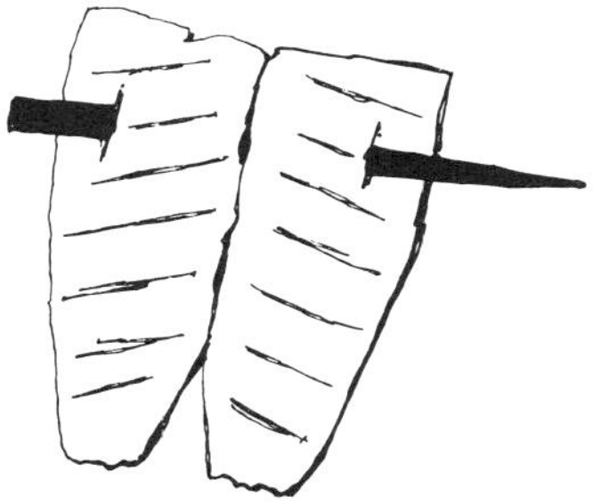

Conserve el pescado con el método biltong. Córtele la cabeza y la cola y destrípelo. Ábralo por la mitad. Quítele la espina dorsal y extiéndalo sobre rocas calentadas por el sol. Haga cortes en la carne interna para acelerar el secado.

Los peces pequeños, de menos de 7,5 cm de largo, no necesitan ser destripados.

Los peces también pueden ser ahumados. Deben ser abiertos, pero resultará más fácil colgarlos si están limpios y destripados y sin quitarles la espina dorsal, la cabeza y la cola. Cuélguelos de un costado de la cabeza.

Cecina engrasada

Se trata de un alimento concentrado muy nutritivo conseguido mediante el método de biltong, excelente para aprovisionarse con él si decide emprender la marcha para salvarse. Contiene todos los minerales esenciales y vitaminas, excepto la vitamina C.

Necesita cantidades iguales, por peso, de cecina y grasa derretida. Corte la carne en tiras y macháquela. Derrita la grasa del animal a fuego lento, sin permitir que hierva. Vierta la grasa sobre la cecina machacada y mézclelos bien.

Cuando la mezcla se haya enfriado, consérvela en una bolsa impermeable. Se mantendrá durante largo tiempo, especialmente en regiones con clima frío.

Adobo y salado

El ácido cítrico que se obtiene de limas y limones silvestres puede utilizarse para adobar carne y pescados. Diluya dos partes de zumo de lima o limón por una de agua, mezcle bien y empape la carne durante al menos 12 horas. Luego coloque la carne en un recipiente cubierto y preferiblemente hermético, y con suficiente líquido para cubrir toda la carne. Los vegetales con alto contenido de agua son difíciles de conservar. El adobo es el mejor método para ellos. Alternativamente, si la sal es más fácil de conseguir que los cítricos, pueden ser hervidos y luego conservados en salmuera (agua con sal). El hervor mata a las bacterias y la salmuera mantiene a las bacterias vivas lejos de la carne.

La manera habitual de asegurarse de que una solución de salmuera es suficientemente fuerte, consiste en añadir sal hasta que una patata flote en la solución. En lugar de una patata, puede tratar con una fruta pequeña o una raíz vegetal que no flotan en agua dulce (prescinda de las manzanas, ya que flotan en ella). Otro método de usar sal consiste en apisonar gruesas capas de sal y vegetales, como judías y guisantes, quitando completamente la sal cuando decida comerlos.

Nueces y cereales

Se conservan razonablemente bien siempre que no se humedezcan. Colóquelos encima de rocas calentadas por el fuego, volviéndolas a menudo hasta que estén completamente secos. Luego deben conservarse en recipientes a prueba de humedad.

Frutos, hongos y líquenes

Los frutos y las bayas pueden ser desecados enteros o cortados en trozos y secados por el sol, el humo o el calor. Los hongos también se secan rápidamente, especialmente la especie Boletus. Los frutos pueden comerse secos habitualmente. Los hongos pueden añadirse a sopas y guisados o sumegidos en agua durante varias horas para que recuperen parte de su textura si se desea utilizarlos de otro modo.

Para almacenar líquenes, sumérjalos en agua durante toda la noche, hiérvalos bien y deje que se sequen. Muélalos hasta formar un polvo y luego hiérvalos nuevamente hasta conseguir un jarabe espeso, que puede conservarse en un recipiente sellado y utilizarse para darle cuerpo a otros alimentos.

CONSEJOS PARA COCINAR

□ *CARNE*

Es mejor cortar la carne en pequeños trozos y hervirlos. El cerdo es especialmente sospechoso en zonas de clima cálido; el cerdo salvaje se halla habitualmente infestado de gusanos en el hígado. El venado también es proclive a albergar gusanos.

Coloque la carne excesivamente dura en un recipiente con ácido de frutas cítricas durante 24 horas. Este adobo ayuda a ablandarla. Hiérvala y cocínela a fuego lento hasta que se ablande.

□ *MENUDILLOS*

Examine cuidadosamente el hígado. Si está firme, no tiene olor y tampoco manchas y bultos duros, puede comerse. Primero hiérvalo, y luego puede freirlo si lo desea. El corazón es mejor cocerlo dejándolo medio crudo y sin sazonar y luego asarlo. Con el cerebro (si no se lo utiliza para conservar el pellejo) se puede hacer un guisado excelente. Desolle la cabeza y hiérvala, manteniéndola a fuego lento durante 90 minutos. Quite toda la carne el cráneo, incluyendo ojos, lengua y orejas.

□ *SANGRE*

Déjela en el recipiente donde la ha recolectado, pero manténgala cubierta. Un líquido claro aflora a la superficie. Cuando esta separación parece haberse completado, proceda a secarla. Seque el residuo junto al fuego hasta formar un pan firme. Úsela para enriquecer sopas y guisados.

□ *SALCHICHAS*

Limpie completamente los intestinos, invirtiéndoles del revés para lavarlos. Rellénelos con una mezcla de mitad carne/mitad grasa, con suficiente sangre para mezclarlas bien. Ate los extremos y hiérvalos. Una vez cocidas pueden conservarse ahumándolas en un tipi o ahumadero y colocándolas sobre la chimenea.

□ *PESCADOS*

Habitualmente están libres de gérmenes si son de agua dulce. Los peces requieren poca cocción y es mejor prepararlos a fuego lento o envueltos en hojas y colocados sobre brasas calientes. Las hojas de álsine y mata espinosa son buenas para este método. Evite las hojas tóxicas.

□ *AVES*

Hierva las aves carroñeras. Los cuervos, loros y mirlos viejos son muy duros y es mejor hervirlos. Los ejemplares jóvenes pueden ser asados con hierbas y frutas.

□ *REPTILES*

Es mejor destriparlos y luego cocerlos en su piel, que es dura y correosa. Colóquelos en brasas calientes y hágalos girar continuamente. Cuando la piel se abre, la carne puede quitarse y hervirse. Unas pocas serpientes tienen secreciones venenosas en la piel y otras pueden tener glándulas venenosas en la cabeza, de modo que córtesela antes de cocinarla. Si no está seguro de si son inofensivas, tenga cuidado al manipularlas.

Despelleje a las ranas antes de cocinarlas, ya que muchas de ellas tienen la piel venenosa. Áselas sujetas a un palo.

□ *TORTUGAS*

Hierva las tortugas hasta que desprendan el caparazón. Corte la carne y cocínela hasta que se ablande.

□ *CARNE DE TIBURÓN*

Tiene mal sabor a menos que se la cocine correctamente. Córtela en pequeños trozos y sumérjalos en agua dulce durante toda la noche. Hiérvalos en agua, cambiándola varias veces, para que elimine el sabor a amoníaco.

□ *MARISCOS*

Cangrejos, langostas y gambas, langostinos, camarones, etcétera, son más seguros si se les hierve, ya que pueden contener organismos nocivos. Todos los mariscos se echan a perder rápidamente y deben cocinarse lo antes posible. Sumérjalos en agua salada hirviendo y hiérvalos durante diez minutos.

Si está seguro de que se trata de mariscos frescos, una forma de preparar mejillones, almejas y criaturas similares es asarlos sobre piedras calientes. Cave un hoyo en la arena y encienda un fuego a los costados con piedras encima. Cuando las piedras están calientes colóquelas dentro del hoyo, disponga los mariscos sobre ellas y cúbralos con algas o hierbas húmedas y luego una capa de arena de unos 10 cm. El hoyo desprenderá gran cantidad de calor que cocinará los mariscos.

□ *INSECTOS Y GUSANOS*

Es mejor hervirlos. Cocínelos y desmenúcelos en una lata.

Son más aceptables secados sobre piedras calientes y luego machacados hasta formar un polvo con el cual enriquecer sopas y guisados.

□ *HUEVOS*

Hervirlos es la mejor manera de cocinarlos, pero si no dispone de ningún recipiente, áselos después de haber practicado un pequeño orificio en uno de sus extremos. Colóquelos sobre brasas calientes para que se asen lentamente. La cocción lenta reduce el riesgo de que se rompan. Recuerde que las hojas de plátano, que contienen mucho aceite, suponen una excelente sartén. Colóquelas sobre brasas calientes y parta el huevo sobre la hoja. Si un huevo hervido contiene un embrión de pollo, quite el embrión y áselo.

□ *VEGETALES VERDES*

Lávelos en agua dulce y hiérvalos el tiempo suficiente para que se ablanden; pueden ser muchas veces y fácilmente recocidos. Las plantas tiernas pueden ser cocidas al vapor si está seguro de que son comestibles. Añádalas al guisado después de que la carne esté cocida y tierna. Coma en ensalada y crudos los vegetales verdes frescos.

□ *RAÍCES*

Algunas son tóxicas, pero las toxinas son destruidas por el calor. Cocine siempre las raíces; al hervirlas ablandará las que son más duras. Las raíces asadas son muy sabrosas, pero hiérvalas primero. Trate de hervirlas durante cinco minutos y luego colóquelas en un hoyo excavado debajo del fuego, cúbralas con cenizas y brasas y déjelas hasta que se hayan ablandado.

□ *LÍQUENES Y MUSGOS*

Déjelos sumergidos en agua dulce durante toda la noche. Añádalos a los guisados.

□ *SAGÚ*

El auténtico sagú proviene de la palmera del mismo nombre, pero las palmeras buri, azucarera, cola de pescado y, en los trópicos, el palmito pueden utilizarse del mismo modo. La palmera sagú media produce unos 275 kgs de sagú, cantidad suficiente para alimentar a una persona durante un año.

Corte la palmera por la base del tronco, quite las hojas de la punta justo por debajo de la línea de floración. Divida en secciones el tronco. Córtelo longitudinalmente, un trabajo muy duro, ya que la corteza exterior tiene un grosor de 5 cm y es dura como el bambú. Usando cada sección como un mortero, aplaste la médula hasta formar una pasta, luego amásela en un recipiente con agua (el tronco del árbol servirá para ello) y fíltrela a través de un trozo de tela. Una pasta almidonada se precipitará en el agua. Enrolle esta pasta formando pelotas pegajosas y luego cocínelas.

□ *SAVIA*

La savia de palmera se extrae de sus zonas de floración, no del tronco. Elija un tronco grueso que tenga un capullo (en la base de la corona del tronco). Golpéelo con un palo para estimular el flujo de savia, luego corte el capullo. Un jugo dulce surgirá del extremo del tallo, 1,5 litros por día. Golpee y corte diariamente para estimular la salida de la savia. Bébala cruda o hiérvala y luego enfríela para formar terrones de azúcar casi pura. Las palmeras azucareras, nipa, cocoteras y buri pueden usarse de este modo.

La extracción de savia resinosa se aborda bajo el título de *Árboles* en el capítulo ***Comida.***

□ *GRANOS Y SEMILLAS*

Los granos se hallan encerrados en una vaina. Séquelas completamente para permitir que el grano las parta. Desgránelos con un mayal, palo o roca o, si el grano es muy maleable, frótelo entre sus manos. Colóquelos en un recipiente chato y, ocasionalmente, láncelos al aire para que las cáscaras vuelen y caigan abajo la semilla más pesada.

Pinole (harina de maíz tostado)

Tueste las vainas con semillas sobre piedras calientes junto al fuego. El calor cocinará y secará las semillas sin asarlas. Este pinole se conservará perfectamente. Cómalo frío o recalentado. Añádalo a los guisados o coloque un puñado en un poco de agua caliente: es muy sabroso y nutritivo. Seco no se digiere bien, pero le llenará el estómago. Es mejor pulverizarlo hasta formar una especie de harina.

□ *HARINA*

Moler harina sin disponer de un moledor adecuado es un trabajo muy duro, pero puede hacerse golpeando con una piedra suave sobre una superficie dura. Busque una piedra grande con una depresión en el medio para colocar el grano. Use un movimiento circular como si estuviera utilizando un mortero.

Otra forma de moler harina es ahuecar un tubo de madera dura y pasar repetidamente una varilla fina aplastando el grano en su interior.

Mezcle la harina con un poco de agua y amásela hasta formar una pasta. Cocínela en un horno o córtela en finas tiras, envuélvalas alrededor de una varilla pelada y verde y cocínelas sobre brasas calientes. Otro método consiste en convertir la pasta en pequeñas pelotas del tamaño de un puño, aplastarlas y luego colocar en el centro pequeños guijarros y envolverlos con la pasta. Mójese los dedos antes de coger los guijarros para no quemarse, o use palillos o tenazas (ver *Utensilios útiles*) para cogerlos.

La harina no tiene por qué hacerse necesariamente con granos de cereal. Use los capullos (Zantedeschia aethiopica-calla palustris) de la espadaña o hierva y pulverice raíces peladas, de la *cala* silvestre por ejemplo, o cortezas comestibles. Las que pueden comerse crudas pueden ser sumergidas en agua y aplastadas con un palo o una piedra para que liberen el almidón. Quite las fibras, deje que el almidón se asiente, luego vierta el agua y tendrá su harina.

ORGANIZANDO EL CAMPAMENTO

En muchas situaciones de supervivencia siempre hay alguien en una posición de responsabilidad que dirigirá la organización del campamento y dirigirá el desarrollo de los planes de supervivencia. Si entre un grupo de supervivientes no existe una estructura de mando establecida, debería establecerse un comité organizador y nombrarse o elegirse a los individuos con responsabilidades particulares, tal vez sobre una base rotativa si se trata de un grupo muy numeroso y el rescate no se produce rápidamente. La experiencia debe ser combinada y deben tomarse medidas inmediatas para descubrir que habilidades individuales pueden contribuir a mejorar la situación.

Un sistema de rotación es esencial para tareas cotidianas como recoger leña y agua, buscar comida, cocinar, excavar letrinas y mantenimiento, y también para la caza y la colocación de trampas.

En un grupo de supervivientes puede haber toda clase de personas de edades y experiencias diferentes. Los supervivientes tendrán diferentes habilidades y disfrutarán cumpliendo con diferentes tareas. Todo el que esté en buenas condiciones físicas debería encargarse de las tareas más pesadas, a menos que sus habilidades sean tan necesarias que sería negativo desaprovecharlas, pero las personas deben hacer aquello para lo que están dotadas, y ser estimuladas para desarrollar cometidos para las que muestren aptitudes.

No sólo deberían todos cumplir con su parte del trabajo sino que el hecho de mantenerse ocupado elimina el aburrimiento y mantiene alta la moral del grupo. Cualquiera que esté herido o enfermo debe encargarse de las tareas más ligeras hasta que se haya recuperado. En un grupo es fundamental que siempre haya alguien en el campamento, y debe ser capaz de operar las señales de aviso en caso de que aparezca un avión de rescate. Si el grupo es numeroso NO deben aventurarse fuera del campamento si no lo hacen en parejas.

Excepto en el desierto, donde la mayor parte del día se dedicará a protegerse del sol y las primeras y últimas horas del día serán las de mayor actividad, las horas del día deben estar totalmente ocupadas. El anochecer, sin embargo, puede ser muy aburrido si no se ocupa cazando. Una reunión en torno al fuego del campamento ayudará a establecer un modelo y proporcionará una sensación de disciplina y normalidad. También dará una oportunidad para hablar de los acontecimientos del día, para planear las tareas del día siguiente y para discutir nuevas estrategias.

La música puede servir para levantar la moral. Si no hay instrumentos, se pueden improvisar fácilmente unos de percusión o flautas de Pan, y todos pueden cantar.

Canciones, bailes, charadas, juegos y relatos de historias y cuentos tienen su lugar en estas situaciones y algunos pueden tener talento para crear entretenimientos más elaborados. Para la recreación privada, cualquier libro es muy valioso y pueden construirse también tableros para jugar a damas o al ajedrez, usando piedras como fichas o tallando piezas simples.

Incluso el superviviente solitario necesita orden y disciplina. Una rutina regular levantará la moral y debe tomarse exactamente el mismo cuidado para asegurar que el campamento esté siempre bien ordenado. Al principio, puede haber tantas cosas para hacer que el superviviente se sentirá demasiado cansado para pensar en el esparcimiento, pero el aburrimiento es incluso más peligroso para una persona sola y deben establecerse objetivos cada día, ya sean de naturaleza práctica o bien para entretenimiento.

HIGIENE DEL CAMPAMENTO

Mantenerse en buen estado de salud es un factor importante de la supervivencia, de modo que debe practicarse una higiene estricta, no sólo personalmente sino en la planificación y dirección del campamento. El basurero y las letrinas deben estar alejados del campamento para reducir la amenaza de las moscas y, puesto que la mayoría de las enfermedades comunes en una situación de supervivencia tienen su origen en el agua, debe evitarse cuidadosamente la contaminación del agua potable. Los restos de comida y otras basuras deben quemarse en el fuego si es posible.

Disposición del campamento

Escoja los lugares para todas las actividades del campamento de modo que no interfieran entre ellas o contaminen las zonas de vivienda y cocina. Si está acampado junto a un río o una corriente de agua, fije lugares específicos para las actividades y manténgalos.

Las letrinas deberían cavarse colina abajo y lejos del suministro de agua para que no exista ninguna posibilidad de contaminación.

Áreas de actividades

Establezca un lugar determinado de recogida del agua potable asegúrese de que nadie lave ropa, utensilios o cacharros por encima de ese lugar en la corriente de agua. Río abajo, elija un punto para la higiene personal y el lavado de ropa y, más abajo aún, otro punto destinado al lavado de los utensilios de cocina.

Las letrinas y los basureros deben estar alejados del campamento —y preferiblemente a favor del viento— pero no tan alejados que resulten incómodos y la gente se sienta tentada a ir a otro lugar más próximo. Si fuese necesario, haga un sendero que conduzca hasta ellos.

RECUERDE

NUNCA orine o defeque en (o cerca) del lugar de recogida del agua potable.

Letrinas y basureros

Es importante construir letrinas adecuadas, aún cuando sólo se trate de un superviviente. Tratándose de un grupo, la construcción de letrinas para cada sexo hará que hombres y mujeres se sientan más cómodos, disponiendo de mayor intimidad. La basura, después de comprobar que efectivamente no contiene nada que pueda utilizarse, debería ser quemada, y lo que no pueda quemarse, debería enterrarse.

Aunque tenga desinfectante, NO lo use en la letrina. La cal o los desinfectantes matan las bacterias útiles que descomponen los excrementos y entonces comenzarán a OLER! Después de defecar, cubra las heces con tierra. Añada pequeñas cantidades de agua para ayudar al desarrollo de las bacterias.

Cubra las letrinas para mantener alejadas a las moscas y recuerde reemplazarla, o las moscas que han caminado sobre las heces puedan hacerlo sobre sus alimentos y comenzar un ciclo de infecciones.

Si, después de un tiempo, una letrina comienza a oler, excave otra. Rellene la letrina antigua. Construya un nuevo asiento y queme las cubiertas y las maderas viejas.

Letrina en una trinchera profunda

Cave una trinchera de 1,25 m de profundidad por 45 cm de ancho. Coloque troncos o rocas en los bordes para tener un asiento alto y cómodo. Coloque leños atravesados para dejar sólo un hoyo en uso (o varios si el grupo es numeroso y la letrina es común). Vierta cenizas sobre los troncos para sellarlos y para ahuyentar a las moscas.

Fabrique una tapa con un trozo de madera más pequeño para cubrir la abertura (a) o use una roca grande y plana o una hoja grande cargada con piedras. Recuerde siempre cambiarla.

Orinal

Cave un hoyo de unos 60 cm de profundidad. Llénelo hasta las tres cuartas partes con piedras y luego cubra todo con tierra, con un cono de corteza clavado en ella como si fuese un embudo. Colóquelo lo bastante cerca del campamento como para que la gente se moleste en utilizarlo.

Incinerador

Si los desperdicios son demasiados para quemarlos con el fuego del campamento, encienda otro fuego en la zona de las letrinas. Si dispone de una lata de grandes dimensiones, úsela como incinerador. Entierre todos los desperdicios que no se hayan quemado.

DISCIPLINA EN EL CAMPAMENTO

- No prepare la presa en el campamento: sangría, destripamiento y despellejamiento deben hacerse junto a la trampa. Eso atrae a los animales hacia la trampa —y no hacia el campamento— que es donde usted las quiere.
- Mantenga los alimentos protegidos y elevados del suelo. Si los conserva en los árboles, asegúrese de que están a salvo de los merodeadores.
- Vuelva a colocar las tapas en las botellas de agua y en los recipientes inmediatamente después de haberlos usado.
- Guarde la ropa y el equipo dentro del refugio. No los deje donde puedan humedecerse o quemarse.
- Tenga un lugar para todo y mantenga las cosas limpias y ordenadas; un árbol para los utensilios de cocina —cuélguelos en las ramas, un lugar para jarros y cucharas— y cuide que todo esté elevado del suelo. Asegure una caja a modo de armario en el tronco de un árbol.
- Nunca deje el fuego sin vigilancia.

Jabón

Lavar con jabón elimina los aceites naturales, dejando la piel menos impermeable y más proclive a sufrir el ataque de los gérmenes. En situaciones de supervivencia es un error lavarse con jabón demasiado a menudo. Sin embargo, el jabón es el antiséptico utilizado más comúnmente, mejor que muchos otros, como el yodo, que destruye no sólo a los gérmenes sino también los tejidos del cuerpo. Es ideal para lavarse las manos antes de administrar primeros auxilios a una herida.

Fabricación del jabón

Se necesitan dos ingredientes —un aceite y un álcali— para fabricar jabón. El aceite puede ser una grasa animal (incluyendo la de pescado) o vegetal, pero no mineral. El álcali puede producirse quemando madera o algas para disponer de cenizas.

MÉTODO: Lave las cenizas con agua. Cuele las cenizas y hiérvalas con el aceite. Mantenga a fuego lento hasta que el exceso de líquido se haya evaporado y deje que se enfríe. Este jabón limpiará la piel pero no es antiséptico. Para volverlo antiséptico, añada resina de pino o raíz de rábano.

Necesitará experimentar para conseguir una mezcla equilibrada. Comience con mayor cantidad de aceite que álcali porque en exceso de este último secará la piel, dejándola inflamada.

HERRAMIENTAS

Antes de que los seres humanos descubriesen los metales, y aprendiesen a trabajarlos, las herramientas se hacían de piedra, especialmente pedernal, obsidiana o feldespato, cuarzo y otras piedras lisas, hueso y otros objetos naturales. Las piedras pueden ser martillos muy eficaces, solas o unidas a un mango que pueda asegurarse firmemente. Las piedras cristalinas pueden ser astilladas (cortadas y limpiadas) para dotarlas de un borde afilado; otras clases de piedra, como la pizarra, también puede afilarse como si fuese un cuchillo, aunque quizá no sean lo bastante fuertes para usarlas como herramientas de percusión.

El mejor comienzo para un instrumento de piedra es contar con un canto rodado partido, tal vez del lecho de un río, o partido por el golpe de otra piedra produciendo una cara plana. El golpe debería asestarse a un ángulo inferior a 90 ° o el impacto será absorbido por el interior de la piedra. Una vez que tenemos el canto rodado partido, se pueden partir otras capas de la piedra. Pueden quitarse las escamas del borde de la cara plana golpeándolo con otra piedra. El trabajo delicado puede hacerse golpeando y presionando con una herramienta más ligera, como el cuerno de un venado. Si se consigue una cara plana, con las astillas pueden conseguirse cuchillas finas.

La fabricación de instrumentos de piedra no es una habilidad que pueda adquirirse inmediatamente y deberá ser muy perseverante.

Los huesos también pueden utilizarse como herramientas; las cornamentas y los cuernos pueden convertirse en utensilios muy útiles para cavar, y también en martillos y formones. También pueden cortarse con herramientas de piedra o molidos con piedras pesadas. usted puede aventajar a los fabricantes de herramientas prehistóricos, cuyas habilidades está copiando, si dispone de un cuchillo u otro instrumento de metal para ayudarse a tallar el hueso.

Algunas maderas, como la del árbol Mulga de Australia, usado por los aborígenes para fabricar sus lanzas, son lo bastane duras para fabricar afiladas puntas para cazar y cortar.

Herramientas de piedra

Una técnica para fabricar una cabeza de hacha:
Primero la piedra es partida y los bordes parcialmente tallados (a), luego se crea una plataforma en un costado (b), desde la cual pueden practicarse una serie de cortes verticales (c).

Entonces puede conseguirse la forma final. Golpee con piedras blandas y vaya quitando los trozos pequeños con un trozo de cuerno o madera dura.

Puede necesitar mucha paciencia para dominar esta técnica, pero incluso los trozos pequeños pueden usarse como descarnadores, para cortar y como cabezas de flechas.

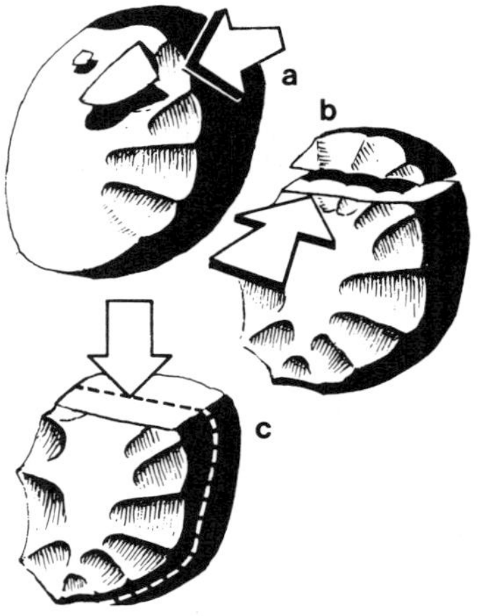

Herramientas de hueso

Una paletilla proporciona una buena forma para fabricar una sierra (a).

Primero debe partirse por la mitad, y luego practicarse una línea de dientes en el borde con un cuchillo.

También puede fabricarse un pequeño descarnador (b) con el borde afilado.

Las costillas son buenos huesos para hacer puntas (c).

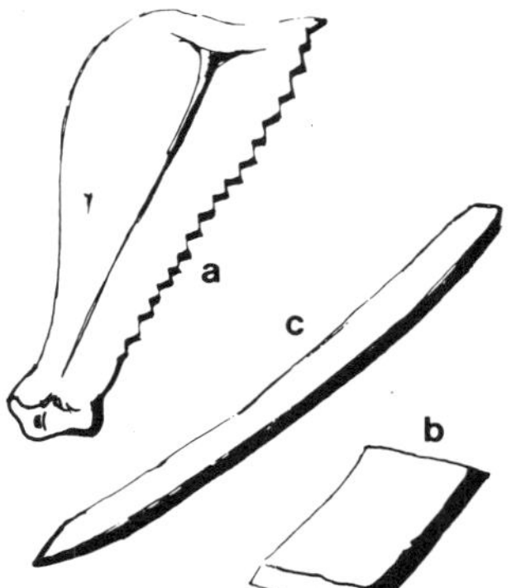

Aguja de hueso

Escoja un hueso de tamaño adecuado o un trozo de hueso y ahúselo hasta que tenga una punta afilada. Con un trozo de alambre calentado practique un orificio en el otro extremo; si carece de alambre, use un cuchillo o un trozo de pedernal. NO caliente el cuchillo en el fuego.

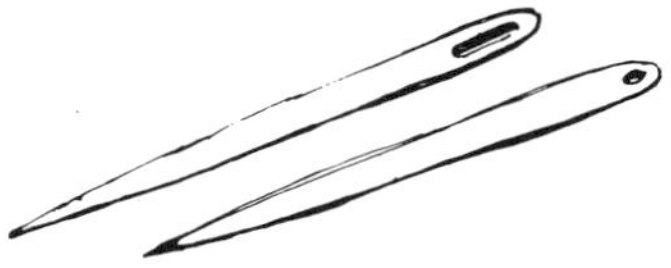

HACHAS

Un hacha cortafuegos es parte del equipo de cualquier avión o embarcación, pero una cabeza de hacha, para ser fijada en cualquier mango improvisado, es una pieza complementaria muy útil. Una cabeza de hacha ideal es la que pesa entre 500 y 750 grs. Use su cuchillo para moldear un mango cuando lo necesite.

Mango de hacha

Cualquier trozo de madera dura y recta es útil para este propósito. Las mejores maderas son las de fresno y nogal. En los trópicos, son excelentes las aletas de los árboles: ligeramente curvas, de vetas rectas y fáciles de trabajar.

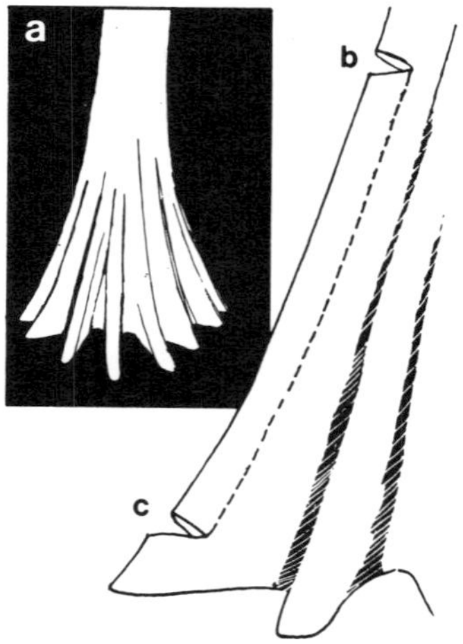

Haga dos muescas en la aleta de un tronco, espaciadas según se desee la longitud del mango (desde b hasta c).

Golpee a lo largo de la aleta cerca de las muescas hasta que se desprenda el trozo deseado.

Fijando la cabeza del hacha

Talle el mango con un extremo cortado para encajarlo en la cabeza del hacha, practicando una muesca en ese extremo. Haga una cuña para encajar el corte.

Con la cabeza del hacha en su lugar, encaje el extremo y luego introduzca el hacha en agua durante toda la noche para que la cabeza quede bien sujeta al mango.

Siempre compruebe la firmeza de la cabeza de un hacha antes de usarla.

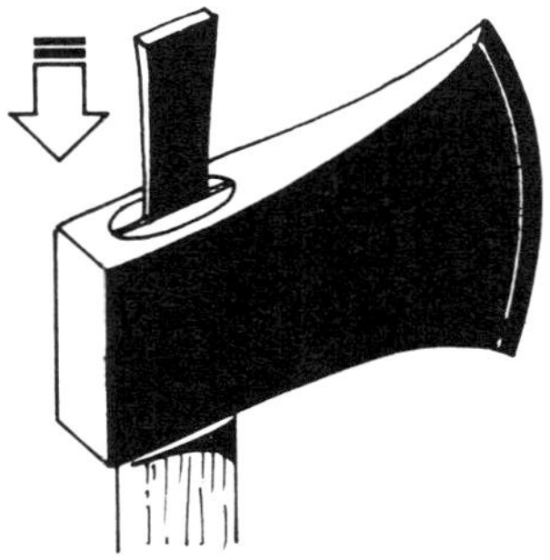

Fijando una cabeza de piedra

Escoja un mango de madera dura. Ate un cordel a unos 23 cm de uno de los extremos. Abra el extremo por la mitad hasta la altura del cordel (use el cuchillo y una cuña o el trozo de pedernal que destinará a cabeza del hacha). Inserte el pedernal y ate el extremo para asegurarla.

Esta cabeza servirá para romper la madera pero no para cortarla.

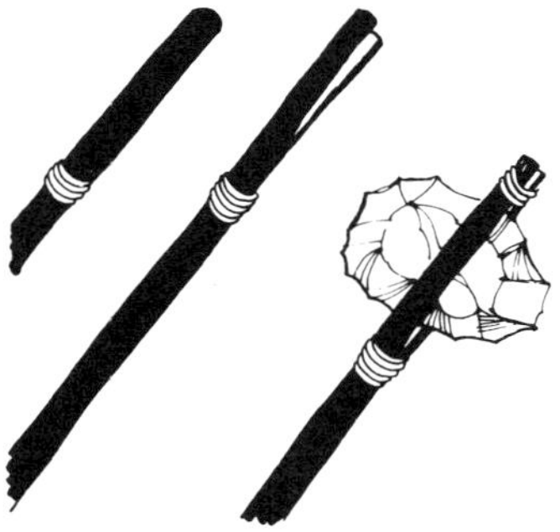

Afilando el hacha

Un hacha con un filo roto no es más que un martillo ineficaz, de modo que manténgala afilada y ahorrará muchas energías. Una lima es lo mejor para eliminar la rebaba, y una piedra de afilar servirá para darle un buen filo. Una lima es una herrameinta unidireccional: funciona cuando se la empuja y no cuando se tira de ella.

Asegure la cabeza del hacha entre un leño y un tocón (a). Trate siempre de afilar hacia ADENTRO del borde afilado para evitar las rebabas.

Use primero la piedra de afilar para quitar la rebaba y las asperezas (b). Luego acabe con una piedra más suave, describiendo movimientos circulares. No arrastre la piedra hacia afuera del borde afilado. Empújela HACIA la hoja.

Vuelva el hacha del revés. Repita el proceso con movimientos circulares en dirección contraria.

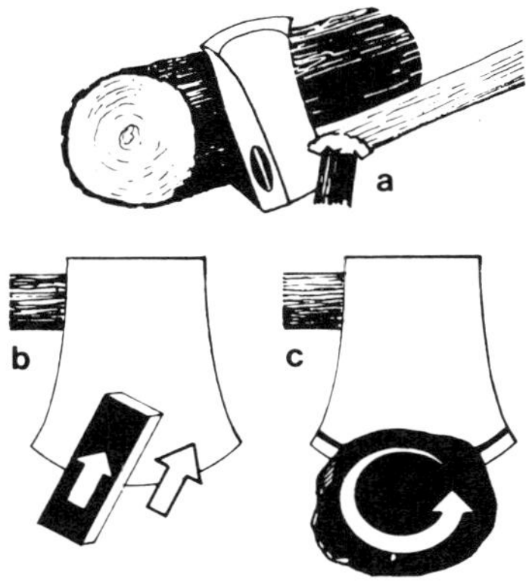

Usar un hacha

La mayoría de las personas tienen su forma natural de coger y mover el hacha. Use el hacha de un modo que le resulte cómodo, moviéndola en un arco que sea natural, con una empuñadura firme y SIEMPRE alejada de su cuerpo, manos y piernas. Asegúrese de que, si falla el golpe al árbol o cualquier otro punto, el hacha no le golpeará a usted y tampoco a otra persona. NUNCA arroje un hacha contra el suelo. Colóquela dentro de una funda o bien clave la hoja en un tronco.

Derribar árboles

Compruebe por encima de su cabeza si hay ramas muertes, ya que podrían caer y lastimarle, o nidos de avispones. Quite las ramas o las enredaderas que pudieran desviar sus golpes. Si las raíces o el tronco se extienden en la base del árbol a nivel de la tierra, construya una plataforma para alcanzar una zona del tronco que sea más delgada y, de este modo, reducir el esfuerzo al cortarlo. Asegúrese de que la plataforma sea estable y de que pueda saltar rápidamente de ella si el árbol cae en la dirección equivocada!

Trabaje a una altura cómoda y trate de cortar hacia abajo, en un ángulo de 45 °, aunque ocasionalmente se necesita un corte horizontal para limpiar el corte.

Corte desde ambos lados del árbol, primero golpeando en un ángulo de 45 ° y otro un poco más bajo en el otro lado. EN EL LADO HACIA DONDE DESEA QUE EL ÁRBOL CAIGA (a). No corte más allá de la mitad del tronco antes de comenzar otro corte.

Es especialmente importante si dos personas trabajan desde lados opuestos del árbol. Un tronco inclinado o un árbol con la mayor parte de sus ramas hacia un lado caerá en la dirección de su peso y la localicación de los cortes no le afectará.

Un ritmo de golpes constante y regular cortará más eficazmente que golpes más poderosos. Si ejerce demasiada presión en la parte posterior del hacha, afectará la puntería y se cansará rápidamente. Deje que el peso del hacha haga el trabajo.

Alternando el ángulo de corte impedirá que el hacha se atasque. Un ángulo demasiado pronunciado hará que el hacha resbale sobre el tronco (a). El golpe recto será ineficaz o trabará la hoja (b). Apunte en un ángulo de 45 ° antes de golpar (c).

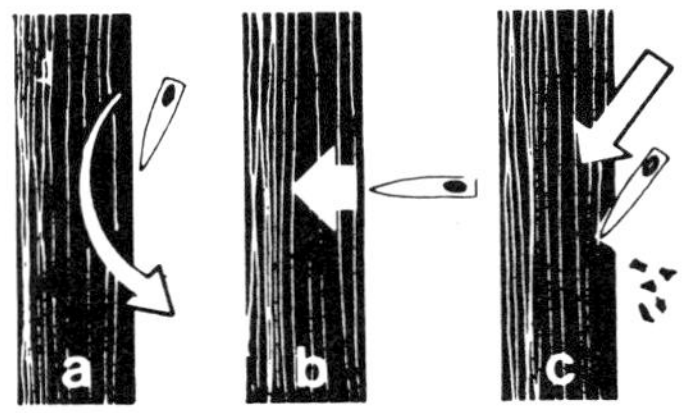

Para quitar las ramas

Corte las ramas desde el lado exterior de la horquilla (a) y no desde el interior (b).

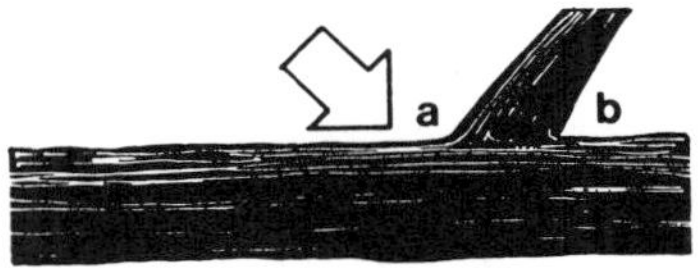

Partiendo troncos

Colóquese detrás de un tronco grande con los pies bien separados. Golpee con el hacha en el lado del tronco alejado de usted (a).

NO corte hacia abajo (b).

Para partir un tronco más pequeño, colóquelo en ángulo sobre otro tronco (c). NO APOYE EL PIE SOBRE ÉL.

Alternativamente, encaje el tronco pequeño en el filo del hacha y golpee ambos contra un tronco más grande (d). (No debe intentarse, por seguridad, con un tronco demasiado pequeño).

Si tiene dificultades, parta los troncos grandes con una cuña y una piedra (e). NO SOSTENGA EL TROZO DE MADERA CON LA MANO Y TRATE DE PARTIRLO CON EL HACHA.

Mangos rotos

El uso de un hacha requiere práctica y, mientras gana experiencia en su manejo, a menudo los mangos se rompen, habitualmente porque la cabeza falla el blanco y es el mango el que absorbe toda la fuerza del impacto (a). Para quitar un mango roto, la manera más sencilla es colocarlo en el fuego, enterrando la mayor parte del metal en la tierra para evitar que pierda temple: un solo filo (b), doble filo (c).

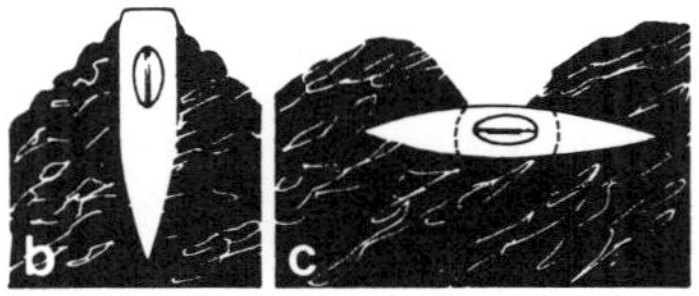

Usando una sierra flexible

Use siempre una sierra flexible de modo que el corte se abra (a) en lugar de cerrarse sobre la sierra (b), haciendo que se trabe.

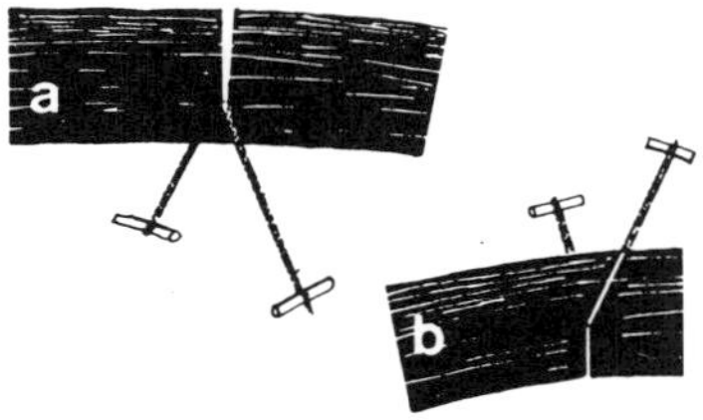

En todo momento mantenga el alambre tenso (c) tirando de él en línea recta, nunca de forma angulada (d).

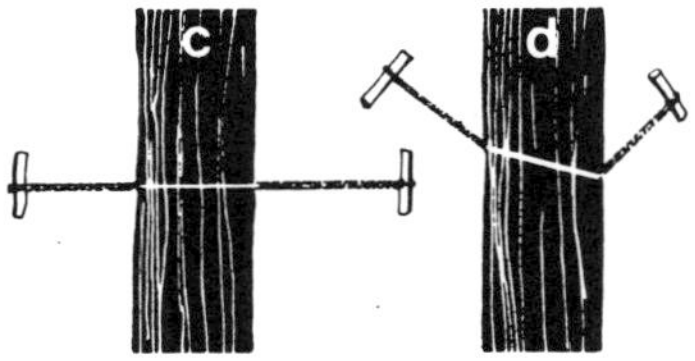

Con dos personas, el ritmo debe mantenerse cuidadosamente. Si se produce una enroscadura en la sierra (e) ésta puede romperse.

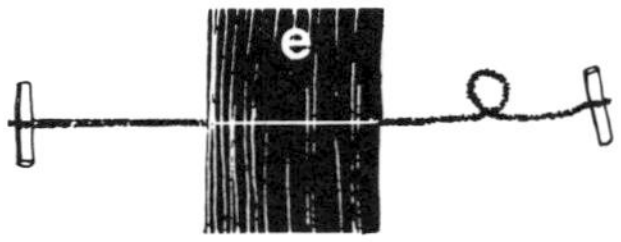

Habitualmente a una persona sola le resulta más fácil cortar un tronco haciendo presión hacia arriba (f). Sostenga el tronco sobre una piedra para levantarlo del suelo.

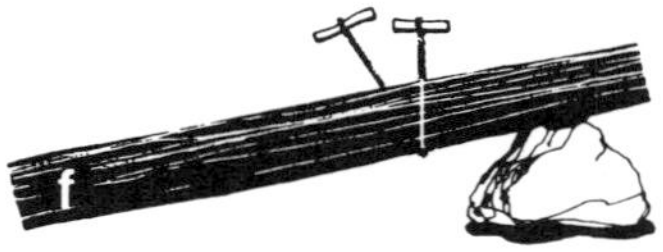

Alternativamente, para quitar una rama, corte hacia abajo por encima de su cabeza (g). **Esto puede entrañar peligro.**

Las ramas muy altas pueden cortarse añadiendo cuerdas a los fiadores de la sierra para darle más extensión. **Es un método peligroso.** *No pierda de vista la rama y prepárese para saltar a un lado.*

CAMAS

El sueño es el gran regenerador de energías y una cama cómoda puede conseguirse con poco esfuerzo. Siempre debe utilizarse alguna clase de lecho para evitar acostarse directamente sobre un suelo mojado o húmedo. En climas tropicales, siempre es mejor elevar la cama en el aire, no sólo para evitar el contacto con la tierra húmeda sino también para facilitar la corriente de aire debajo del lecho. En climas fríos, cuando no se ha levantado un refugio permanente, elija combustible que mantenga el fuego encendido durante toda la noche y construya una pantalla que refracte el calor hacia el lugar escogido para dormir.

Cuando el suelo está seco, o cuando usted duerma en un refugio, las piedras calentadas al fuego (pero recuerde las advertencias en el capítulo*Fuego*) y luego enterradas debajo de una capa fina de tierra en el lugar escogido para dormir mantendrá el calor durante casi toda la noche.

Camas con estructura en A

Una estructura en A representa una construcción muy fuerte y le mantendrá apartado del suelo. Clave en el suelo dos pares de postes, formando un ángulo, dejando una distancia ligeramente superior a su altura entre ambas partes. Ate las partes superiores de los pares. Si el suelo es muy duro, necesitará estacas que crucen los pies de ambas estructuras y entre las mismas.

Cama tubo

Esta forma, muy sencilla, depende de un tubo de material resistente, enlazados o atados. Un saco de plástico duro de grandes dimensiones es útil para este propósito, no así un plástico fino. Una tela realmente fuerte puede servir, pero habitualmente conformará una cama bastante estrecha.

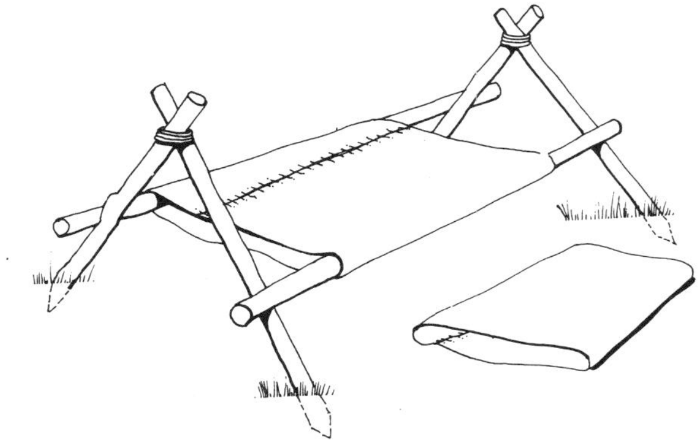

No se arriesgue a hacer una cama de estas características si la tela no es resistente porque podría ceder bajo su peso.

Construya soportes en forma de estructura en A y elija dos postes rectos, cada uno ligeramente más largo que la distancia entre las estructuras, y páselos a través del tubo de plástico o tela. Colóqueles sobre las estructuras para que apoyen sobre los lados, haciendo que el tubo impida que se hundan.

Cama de ramas

En una zona de coníferas, disponga sus ramas de forma alternada para fabricar un lecho confortable y, además, su fragancia le asegurará un sueño muy agradable.

Cama escalera

Fabrique soportes en forma de A y seleccione troncos como en el caso de la cama tubo, pero necesitará también numerosos troncos transversales, cuya cantidad dependerá del tamaño de la persona y de la clase de ropa de cama que habrá de utilizarse. Los troncos finos y flexibles serán más cómodos que las ramas y los troncos duros, siempre que sean fuertes.

Ate el extremo de los «peldaños» a las estructuras en A, proyectando hacia afuera cada lado. Las estructuras deben ser de madera dura y estar bien aseguradas. Fije la escalera sobre las estructuras y átela. Cubra con helechos, hojas o hierbas para que sea más mullida.

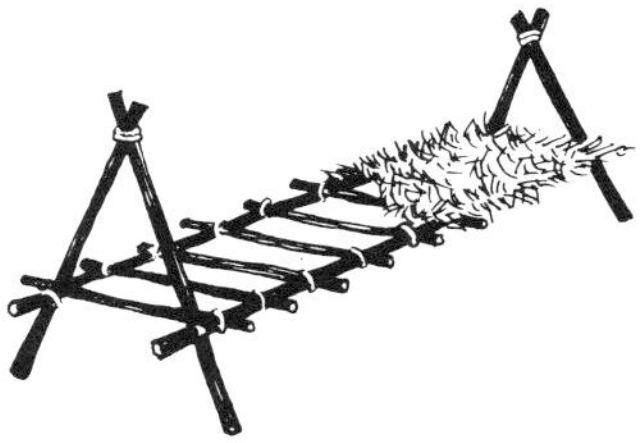

Hamacas

Se requiere muy poca práctica para dormir en una hamaca; en una hamaca hecha con cuerdas, debe elevar los costados para que se curven sobre su cuerpo.

Hamaca de paracaídas

Es posible hacer una hamaca con un paracaídas. Las líneas de cordaje discurren a lo largo de la tela hasta el ápice. Corte cinco paneles como se muestra en la ilustración, pero no corte las líneas de cordaje superiores.

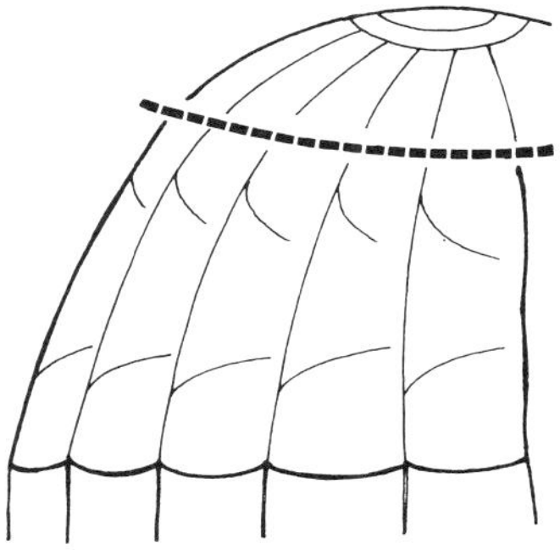

Doble los paneles como se muestra en la ilustración (a) y aplástelos.

Una las tres líneas de cordaje en una esquina y átelas, cerca de la tela, con un nudo simple (b).

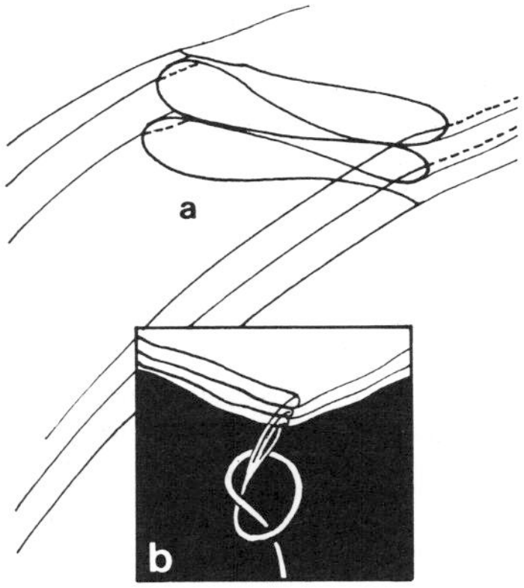

Luego una los tres cordeles (c) (Ver Nudos*).*

Inserte barras espaciadoras, con una muesca en cada extremo (d) para sostener los cordeles y asegure la hamaca a dos árboles o postes.

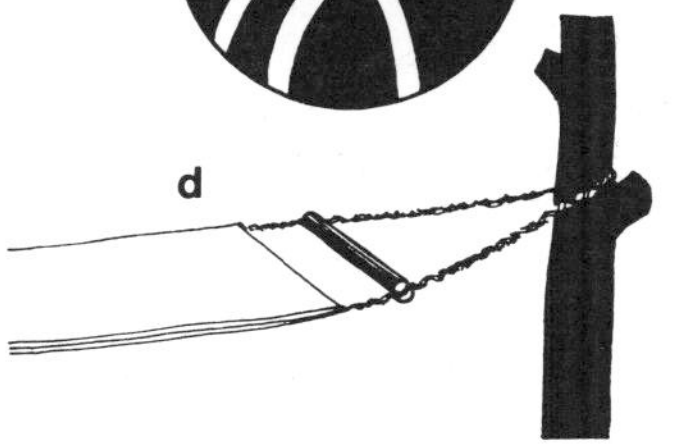

Si tiende una cuerda por encima de la hamaca (e) podría colocar un poncho o una sábana para armar un refugio rápido. Si lo hace, asegúrese de que un extremo de la hamaca está asegurado con un nudo que se puede deshacer rápidamente (ver Nudos). Podría necesitar salir de la hamaca en una emergencia.

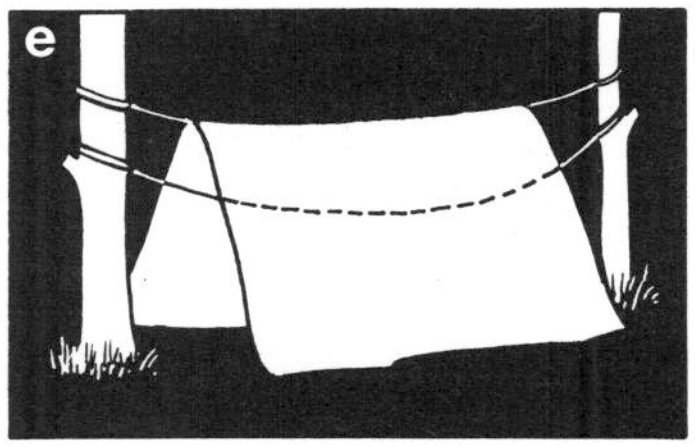

Si dispone de otro trozo de cuerda, o puede usar el cordaje que no ha utilizado del paracaídas, puede asegurar las dos cuerdas de la hamaca a un lazo fijo (f) como una bolina (ver Nudos). Experimente con diferentes formas de colgar la hamaca, hasta encontrar la más estable y cómoda.

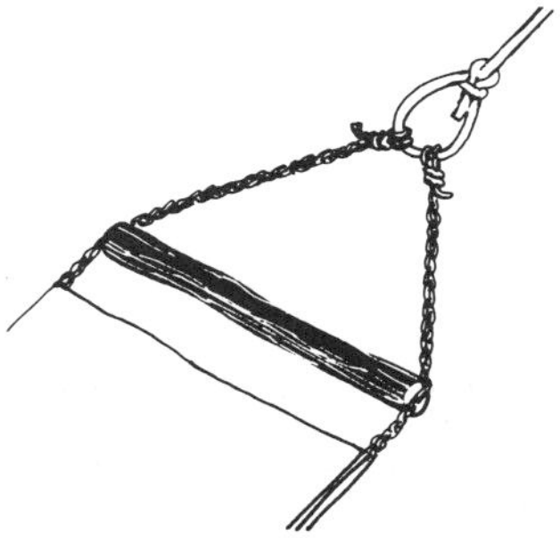

Asientos

Nunca se siente sobre un suelo húmedo. Use algo, aunque sea un tronco. Si no hay ningún asiento disponible, ate dos estructuras en A y apoye en las horquillas un tronco grueso.

Fabrique un simple armazón cuadrado con varillas cruzadas que unan las patas hechas con trozos de madera. Para el asiento: entreteja tallos de enredadera o cosa un trozo de lona o plástico con tirillas de cuero. Si este método no diese resultado, trate de colocar un trozo de madera o de metal plano, o troncos delgados y flexibles atados al armazón y entretejidos.

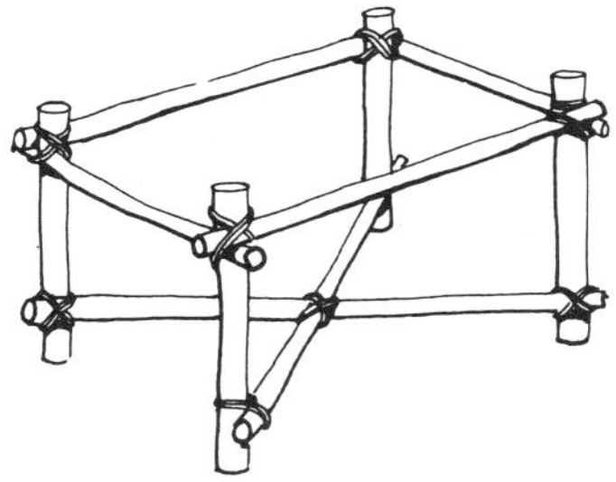

Escalera

Disponiendo de una escalera, le resultará más fácil recolectar alimentos, tender trampas y desarrollar múltiples tareas. Esta escalera es fácil de construir uniendo pequeños troncos a dos postes verticales. Los peldaños no se deslizarán porque los postes están colocados de forma angulada y no paralelos

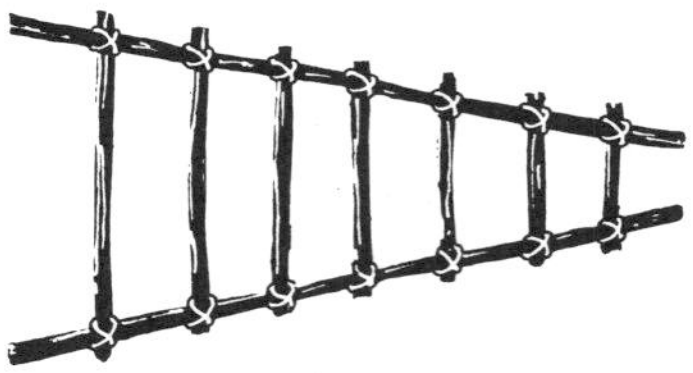

Narria

Para acarrear leña o la presa que acaba de cazar, o para transportar otras cargas, una narria será perfecta si el terreno es liso; en terreno ondulado y accidentado no resultará tan efectiva. Seleccione dos troncos largos y una a ellos varios troncos más cortos como si fuese una escalera. Añada otros puntales para que sea más segura.

Coloque la carga sobre las «cuchillas» como si fuese un trineo. Si transporta cargas durante una distancia corta, una los extremos de las cuchillas en una sola empuñadura (a). Para un trineo más grande, deje libre ambos extremos o bien añada unas cintas de cuero o de tela para arrastrar la narria con ellas (B).

(Para transportar equipo y trineos ver **En marcha**).

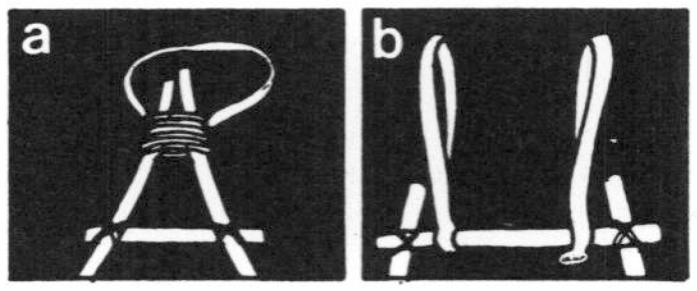

Pieles y pelos

Todos los animales suministran pieles. Su condición dependerá del cuidado con que se despellejen, de la forma en que se ha matado el animal (que podría haber dañado la piel), la edad del animal y el momento del año (la temporada de celo, la muda de piel y el cambio de estación pueden afectar la cantidad y el color del pelo en muchas especies). Los defectos comunes deben atribuirse a parásitos, enfermedad, malnutrición y cicatrices producto de heridas de lucha.

Serpientes, lagartos, cocodrilos y otros reptiles suministran pieles excelentes. Y también grandes aves como las avestruces. Algunos mamíferos acuáticos, las focas y sus especies afines, tienen un pelo excelente, al igual que los mamíferos terrestres, y tanto ballenas como delfines poseen un pellejo muy duro. Los tiburones también tienen pellejo, en lugar de escamas como la mayoría de los otros peces. Las aves pueden ser despellajadas con las plumas unidas a la piel, utilizándolas para hacer ropa de abrigo y mantas para la cama. La piel es una fuente de comida y, en momentos de grave escasez, puede comerse, incluso después de haber sido conservada y usada para confeccionar prendas de abrigo, pero es muy dura y lleva mucho tiempo digerirla. Han habido casos de personas que sobrevivieron por haberse comido las botas, aunque debe señalarse que, en dichos casos, disponían de gran cantidad de agua.

La piel y los pellejos están compuestos de agua y proteínas y se descomponen rápidamente si no están tratadas especialmente para preservarlas. La forma en que son tratadas dependerá de si usted quiere conservar el pelo o la piel, pero las etapas iniciales serán las mismas en ambos casos. Para fabricar mocasines, refugios, cordones, correas, bolsas para el agua o canoas, el pelo se quita; pero si quiere prendas de abrigo, ropa de cama o un trozo de piel que le sirva de aislamiento para el suelo, no debe quitar el pelo.

Las pieles adecuadamente preparadas serán flexibles pero resistentes, y soportarán las rasgaduras, abrasiones, deformaciones y estiramientos. Son cómodas de usar, proporcionan un buen aislamiento térmico, a la vez que pemiten el paso del aire y la evaporación de la transpiración.

Limpiar la piel

Limpie y seque la piel fácilmente extendiéndola sobre un armazón de troncos. No haga los orificios para las tirillas demasiado cerca del borde. Quite la grasa y la carne raspando la piel, usando el borde de un hueso, pedernal u otra piedra, o incluso madera. Tenga cuidado de no cortar la piel. Quite todo vestigio de carne. Hormigas y otros insectos pueden ayudarle si extiende la piel en el suelo. Pero tenga cuidado de que no se coman también la piel!

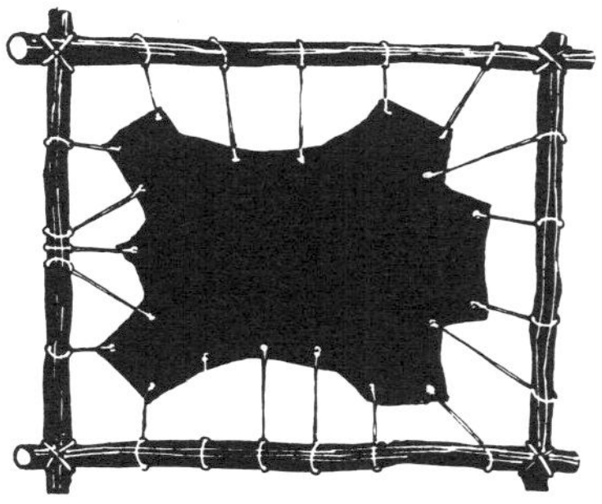

Curar las pieles

Extienda las pieles lo más tensas posible y déjelas al sol para que se sequen. Debe eliminarse toda la humedad para que no se pudran. Frotar sal o cenizas de madera sobre pieles acelerará el proceso.

No deje que la piel se humedezca, ni siquiera ligeramente, hasta que el proceso se haya completado. No la deje donde pueda quedar expuesta a la lluvia o corra el riesgo de ser alcanzada por el rocío.

Manténgala absolutamente seca. Si no hay sol, o muy poco, acelere el secado sobre un fuego, pero mantenga la piel alejada de las llamas y use solamente el calor y el humo (que ayudará a su conservación). Manténgala alejada del vapor que produzcan los recipientes donde se cocinan los alimentos.

Fabricación de cuero

Después de limpiarla, coloque la piel en agua y sumérjala con ayuda de unas piedras. Déjela hasta que el pelo pueda arrancarse, habitualmente después de 2-3 días.

Haga una mezcla de grasa y sesos del animal, cocinada a fuego lento hasta que adquiera una forma consistente.

Frote la piel por ambos lados, quitando el pelo y el grano. Manténgala húmeda. Trabaje en posición sentada con la piel encima de sus rodillas. Manipúlela continuamente.

Extienda la mezcla sobre la parte interna y aún húmeda de la piel, extiendiéndola y manipulándola mientras lo hace.

Seque la piel en el humo, manteniéndola alejada de las llamas. El humo forma una reacción con la mezcla que usted ha frotado sobre la piel, volviéndola más flexible.

Cordones y cuerdas

El pellejo es uno de los mejores materiales para hacer cordones y tiras para atar cosas.

Corte tirillas de piel en forma longitudinal.

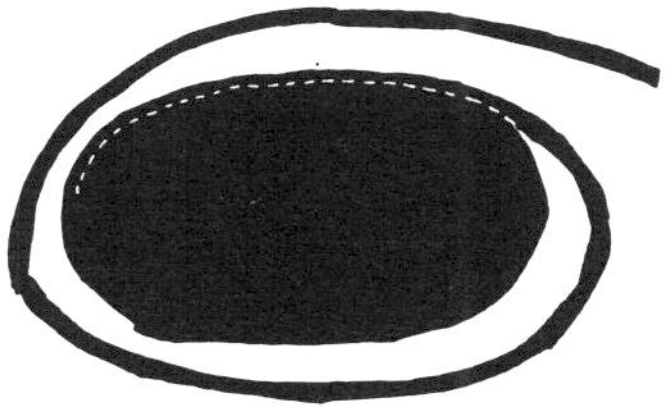

Para obtener una tirilla más larga corte la piel en espiral, manteniendo el mismo grosor para que no tenga puntos débiles.

Tendones como hilo

Los tendones de la corva y los tendones principales de las patas —especialmente de los animales más grandes— pueden secarse y usarse como hilo para coser pieles y usarlas para hacer ropa y fabricar refugios. Reconózcalos por su aspecto fuerte, blanco y similar a un cordel.

También puede utilizarlos para fabricar cuerdas de arcos y cuerdas cortas. Son excelentes para atar puntas de flechas. Cuando están húmedos son pringosos y, cuando se secan, se endurecen totalmente.

Vejiga

La función normal de la vejiga es contener agua, así que, naturalmente, la vejiga de un animal grande puede usarse para transportar agua, del mismo modo que su estómago. Ate los extremos abiertos para sellarla.

ROPA

Cuando no se haya vestido adecuadamente para la situación, puede improvisar o complementar su vestimenta de muchas maneras. El tejido de fibras sólo podrá emplearse en situaciones a largo plazo y, al principio, las pieles no serán disponibles. Toallas, mantas, cojines, cubiertas de los asientos, cortinas, telas salvadas del accidente... con un poco de iniciativa cualquier tela puede utilizarse para ropa, lechos o refugio.

Mejore el aislamiento y aumente sus propiedades caloríferas añadiendo capas. Use un calcetín sobre otro y haga un relleno entre ambos con hierba seca o musgo. Hierba, papel, plumas, pelo animal, etc., pueden servir de relleno entre las diversas capas de ropa; los periódicos proporcionan un aislamiento excelente.

Impermeabilización

Use sacos y sábanas de plástico para improvisar impermeables o corte largos trozos de corteza de abedul. Descarte la corteza externa e inserte la parte interna y más blanda debajo de la prenda exterior. Servirá para protegerle de la lluvia. También pueden utilizarse otras cortezas pero la de abedul es la mejor.

Para una situación más prolongada, mejore la cualidad impermeabilizante frotando grasa animal o el sebo sobre sus prendas. NO aplique este procedimiento en situaciones de frío intenso, donde la reducción del aislamiento sería una pérdida demasiado grande y la lluvia raramente una amenaza.

Calzado

Nunca menosprecie el terreno duro debajo de sus pies. Trepar por las rocas destruirá rápidamente un par de elegantes zapatos de paseo. Las sandalias y los tacones altos se romperán rápidamente en esa clase de terreno.

- Fabrique suelas para sus zapatos con trozos de neumático, practique orificios alrededor de los bordes para pasar los cordones, o para atar polainas.
- Varias capas de protección son mejores que una para los pies. Átelas con cordones o use una forma triangular. Doble una punta sobre los dedos con ranuras delanteras. Traiga las otras puntas desde detrás del tobillo, a través de las ranuras, y átelas alrededor del tobillo.
- Los mocasiones pueden cortarse de un sólo trozo de cuero, de unos 8 cm más grande que la planta de su pie. Pase los cordones por los orificios de los bordes, y entreteja otro a lo largo del pie para hacer un calzado más seguro. Alternativamente, con más tiempo y paciencia, pueden fabricarse mocasines más tradicionales de una suela de piel más gruesa, tiras laterales y una superior. Mida su pie primero.

Gafas protectoras

Para protegerse del resplandor en el mar y la nieve o en el desierto, corte una tira de material, papel, corteza —pero no metal— para colocarla sobre los ojos (o sobre toda la cara en regiones muy frías). A menudo, los esquimales fabrican gafas de madera. Practique delgadas ranuras para poder ver. Añada una protección extra oscureciendo los párpados inferiores con carbón.

Aguja e hilo

El ágave produce fibras para hacer cuerdas y esterillas que son demasiado ásperas para hacer ropa, pero el extremo de la hoja es casi siempre un punto duro que puede extraerse con una fibra unida a él. Es una perfecta aguja con el hilo ya enhebrado!

Consejos para la ropa

- Ate largas tiras o fibras vegetales alrededor de la cintura o del cuello para que cuelgue como si fuese una falda o una capa.
- Corte un agujero en una manta o alfombra para pasar la cabeza por él como si fuese un poncho. Átelo a la cintura con cordones.
- Es fácil coser o unir con cordones las pieles pequeñas. El pelo del interior proporcionará un aislamiento mayor pero, en las prendas exteriores, la parte sebada repele mejor la nieve.

CUERDAS Y CORDELES

Las cuerdas y los cordeles tienen miles de usos, desde asegurar las uniones de una construcción hasta fabricar mechas para velas, para bajar por la escarpada pared de un risco hasta la fabricación de lazos y redes. Los materiales tradicionales para la fabricación de cuerdas incluyen cáñamo, fibra de la corteza del coco, cáñamo de Manila (del ábaca), henequén y sisal (ambos de variedades del ágave). Una cuerda puede fabricarse de cualquier material fibroso y flexible que produzca hebras de suficiente longitud y fuerza. La mayoría de las cuerdas modernas se hacen con nilón y otras fibras sintéticas. Éstas tienen la ventaja de ser fuertes, ligeras, resistentes al agua, a los insectos y a la putrefacción. Sin embargo, las cuerdas de nilón no deberían ser una elección automática a la hora de escoger el equipo.

El nilón tiene el inconveniente de que puede derretirse sometido al calor, y la fricción siempre produce calor. También es resbaladizo cuando se moja. Mientras que su resistencia a la tracción es buena, el nilón también tiende a romperse si la tensión es excesiva sobre un borde afilado.

Tipos de cuerda

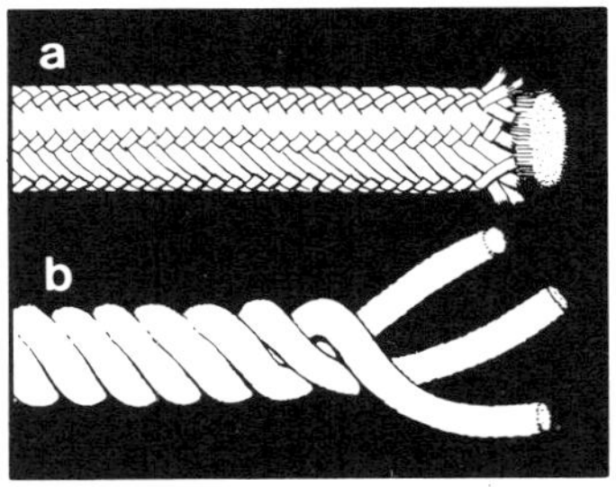

El tipo Kerhmantel (a) encierra un núcleo central de fibras dentro de una vaina exterior. Es fácil de manejar, excepto cuando está mojada o helada, pero no es tan fuerte como un cable. Puede deshilacharse si se corta. La clásica cuerda de tres cabos (b) tiene tres haces de fibras trenzadas. Si uno se corta, los restantes pueden mantenerse.

Elección de la cuerda

Adapte el tipo, el grosor y la longitud de la cuerda que lleva a las exigencias que espera encontrar. El nilón tendrá ventajas indudables en climas muy húmedos y cuando el peso es crítico, pero recuerde sus inconvenientes. Un grosor de 7 mm o inferior a éste, resultan difíciles de manejar.

Se recomienda habitualmente una cuerda de 9-10 mm para ataduras, lanzamientos y montañismo. Puede utilizarse para hacer cuerdas de seguridad y para escalar, siempre que se empleen las técnicas adecuadas: no es lo bastante gruesa para sostener a un montañista por el pie. Una cuerda de 30-40 m de longitud es lo máximo que puede llevarse sin que la carga resulte incómoda.

La cuerda para escalar debe ser elástica —para absorber parte del impacto— para no someter a una tensión excesiva a la persona que cae. Compruebe que la cuerda cuente con la aprobación de los cuerpos de montañismo autorizado o responda al Modelo Británico 3184 (para cuerdas de tres cabos).

Cuidado de la cuerda

La cuerda debería ser protegida de una innecesaria exposición a la humedad o al intenso sol y (en el caso de las fibras naturales) del ataque de roedores e insectos.

Si la cuerda se humedece, no trate de secarla delante del fuego. No la arrastre innecesariamente y tampoco la deje en el suelo. La suciedad puede penetrar en ella y las partículas de suciedad afectan a las fibras desde el interior de la cuerda. Si las condiciones climatológicas permiten el secado, merece la pena tratar de lavar una cuerda sucia con agua dulce.

Trate de reservar la cuerda para la tarea para la que ha sido destinada —no use una cuerda de escalar como cuerda para la colada o para ligaduras si puede evitarlo— aunque en un situación de supervivencia es probable que deba utilizar la misma cuerda para diversos propósitos.

La unión de las fibras del extremo de la cuerda impedirá que se deshilache (ver en páginas siguientes). Para evitar que una cuerda se enrede, guárdela y transpórtela en forma de rollo o madeja. Será más fácil manipularla y extraerla cuando la necesite.

Una cuerda es una pieza muy valiosa de su equipo. Tal vez deba confiar su vida a una de ellas. Haga todo lo posible por conservarla en perfectas condiciones.

Rollo simple

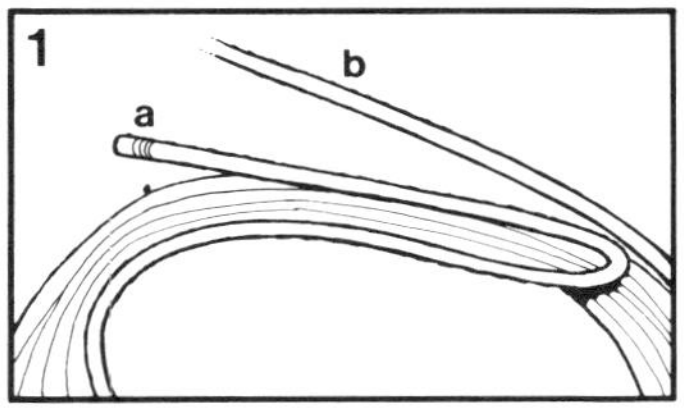

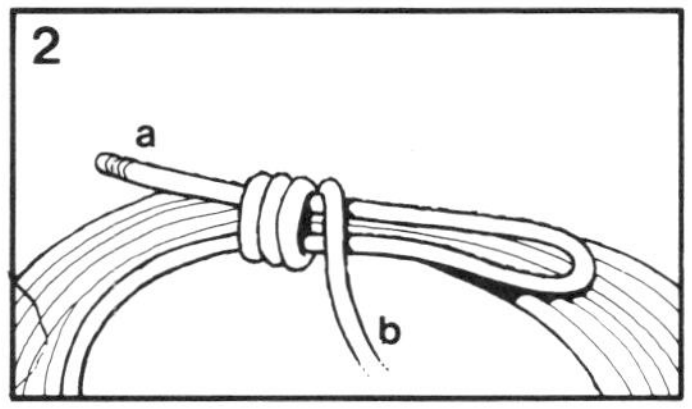

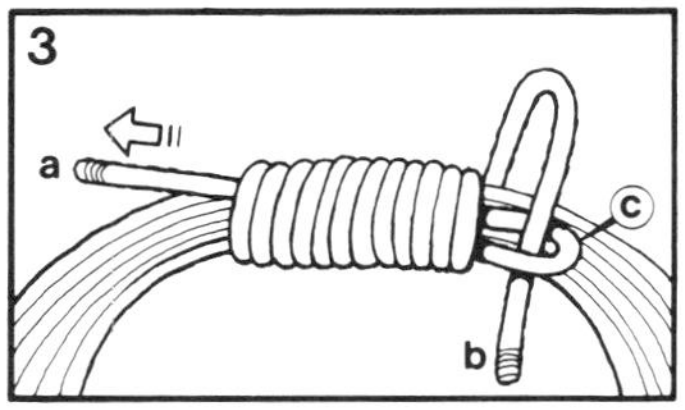

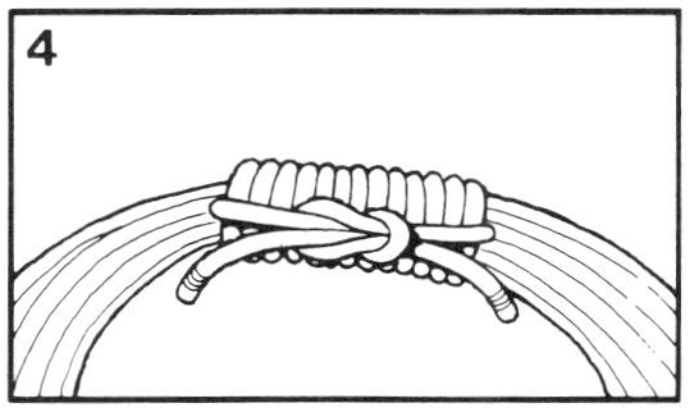

Haga un rollo de cuerda de 35-45 cm de diámetro, manteniendo cada círculo de cuerda junto al siguiente sin enrollarla ni enredarla. Deje un trozo de cuerda libre en cada extremo listo para ser atado (1).

Doble uno de los extremos (a) hacia atrás a lo largo del bucle y envuélvalo con el otro extremo (b) (2).

Pase el extremo «envuelto» a través del lazo (c) y tire de él (a) para asegurarlo (3).

Ate con un nudo cruzado (4).

Para cuerdas más largas

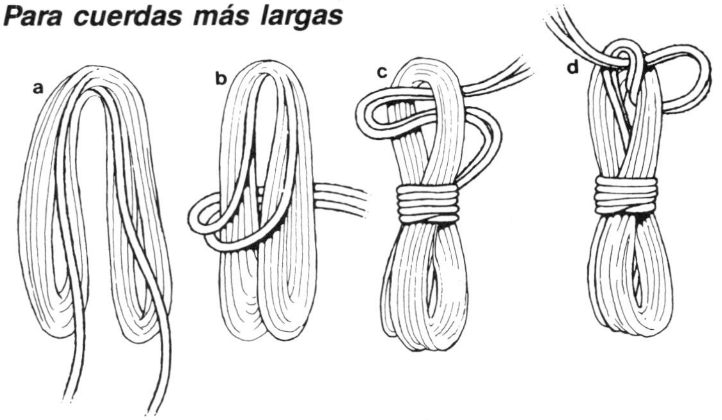

Si desea llevar una cuerda más larga en el hombro o suspendida del cinturón o de la mochila, forme una madeja.

Haga una lazada con la cuerda sobre su brazo, dejándola pender unos 35-60 cm. Deje los extremos libres (a). Coja ambos extremos juntos y envuélvalos varias veces en la madeja (b). Haga un lazo y llévelo a través de la parte superior de la madeja (c) y, finalmente, pase los extremos a través de este lazo (d).

Ahora ate la madeja a su mochila con un nudo cruzado.

Arrojar una cuerda

Es más fácil arrojar una cuerda enrollada que intentar lanzar un extremo suelto —ya sea que la lance hacia arriba o hacia un lateral— y ayuda a deshacer el rollo sin que se enrede. En el extremo que lanza debe haber un gran nudo o un peso. ¡Asegúrese de que mantiene sujeto el otro extremo!

Piense en el punto de sujeción y en lo que pasará cuando el otro extremo de la cuerda llegue a su destino. Si, por ejemplo, lanza una cuerda salvavidas a una balsa que se agita sobre el agua, ¿piensa usted ser arrastrado también al agua? Asegure el otro extremo de la cuerda a un árbol u otro objeto pesado. Siempre debe lanzar la cuerda salvavidas a una buena distancia para que la persona que la recibe tenga buenas posibilidades de coger alguna parte de ella, aún cuando no alcance el extremo.

Enrolle la mitad de la cuerda en los dedos y la palma de la mano derecha, luego levante el dedo índice y enrrolle el resto sólo en los otros dedos. Pase el segundo rollo hacia la mano izquierda.

Cuando lance la cuerda, suelte el rollo de cuerda de la mano derecha un segundo antes que el de la izquierda. Asegure el extremo si cree que habrá un tirón súbito y su posición es precaria.

Para un lanzamiento largo

Ate un buen proyectil al extremo de la cuerda (a). Enrolle la cuerda en el suelo o haga un lazo flojo en torno a la otra mano, para que se desenrolle libremente cuando lance el proyectil.

No se arriesgue a perder el extremo de la cuerda que tiene en la mano. Átelo a un buen punto de apoyo, una roca pesada, por ejemplo. Use una piedra de anclaje (ver más adelante).

Si arroja una cuerda con un peso por encima de una rama, apártese de su trayectoria ya que volverá al punto de partida!

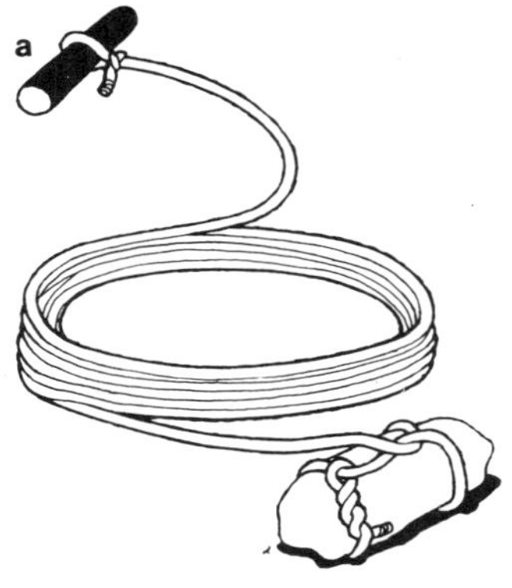

FABRICAR CUERDAS

Enredaderas, hierbas, juncos, cortezas, palmeras y pelos de animal pueden ser utilizados en la fabricación de cuerdas. Los tendones de las patas de los animales también sirven para hacer buenos cordeles, pero tienden a endurecerse mucho al secarse (muy útiles para atar cabezas de flechas y lanzas).

Los tallos de las ortigas representan cuerdas de primera clase y los de madreselva pueden ser trenzados para hacer ataduras ligeras. Cuanto más fuerte sea la fibra, más fuerte será la cuerda. Algunas fibras rígidas pueden flexibilizarse calentándolas o sometiéndolas a la acción del vapor.

Mientras que las enredaderas flexibles y los tallos de otras plantas de gran tamaño pueden usarse con frecuencia, para usos posteriores, cuidado, pues suelen volverse quebradizos al secarse. Una cuerda fabricada con fibras vegetales trenzadas o entretejidas será más duradera.

Fibras utilizables

● **ORTIGAS** (*Urtica dioica*) son una excelente fuente de fibras pero necesitan una preparación previa.

Escoja las plantas más viejas disponibles y las que posean tallos más largos. Sumérjalas en agua durante 24 horas, luego extiéndalas en el suelo y aplástelas con una piedra. Esto hará que se abra la superficie exterior, dejando expuesto el centro fibroso de la planta. Carde y peine para eliminar la pulpa. Cuelgue y deje secar.

Cuando la planta ya esté seca, quite la capa exterior. Corte las fibras en largas tiras. Entretéjalas o tréncelas para hacer una cuerda fuerte y resistente.

● **PALMERAS** proporcionan una buena fibra. Pueden usarse las hojas, los troncos y los tallos. La cáscara del coco se usa comercialmente para fabricar cuerdas y esteras.

● **ADELFA** (*Appocynam cannaninum*), sus tallos también suministran una fibra excelente con la que resulta fácil trabajar.

● **CORTEZAS**, especialmente la corteza del sauce produce una fibra muy buena. La corteza interna muerta de los árboles caídos y las ramas no deberían desperdiciarse. Pero si el árbol lleva caído demasiado tiempo, quizá se haya podrido, de modo que examínelo para comprobar su fuerza.

● **RAÍCES** Las raíces de superficie de muchos árboles constituyen un buen material para hacer ligaduras. Aquellas que discurren justo por debajo, o incluso por encima de la superficie, son a menudo flexibles y fuertes. Las raíces del abeto son muy fuertes. Los indios de América del Norte las utilizaban para coser la corteza de abedul al construir sus canoas.

● **HOJAS** Las plantas pertenecientes a la familia de los Lirios, especialmente áloe, tienen hojas muy fibrosas. Compruébelo rasgando una de ellas. Si se separa en capas filamentosas, puede suministrar fibras para la fabricación de cuerdas. Remójelas para quitarles la pulpa.

● **JUNCOS, MIMBRES Y HIERBAS** deberían usarse cuando aún están verdes. Escoja los especímenes más largos que pueda encontrar.

● **TENDONES DE ANIMALES** son muy útiles para atar cosas. Deben usarse húmedos.

PARTIENDO CAÑAS

Bambú, ratán y otros tipos de cañas, enredaderas y cortezas pueden partirse para fabricar cuerdas. Si intenta arrancar fibras delgadas, se quedará sin nada. Para evitar este problema, tire de la parte gruesa para separarla de la fina. De este modo ahorrará tiempo y energía.

PROBANDO LAS FIBRAS

Ate dos trozos usando un medio nudo. Trate de separarlos haciendo fuerza en sentido contrario. Si se rompe, la fibra es demasiado frágil. Si es demasiado blanda se abrirá. La fibra útil «morderá» y se mantendrá unida.

Cuerda trenzada

Un método sencillo para los menos experimentados consiste en trenzar hebras. Si une tres hebras finas, pueden volver a unirse para hacer una cuerda más fuerte y gruesa. Si estira las hebras a medida que las trenza, escalone los lugares donde incorpora nuevas fibras.

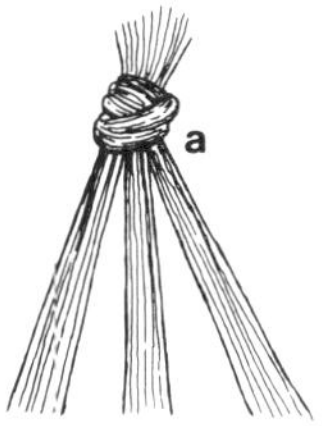

Coja un haz de fibras, ate los extremos, asegúrelas firmemente y divídalas en tres grupos separados (a). Lleve el haz de la izquierda hacia el centro (b), luego el derecho sobre éste (c). Ahora lleve hacia el centro (d) lo que es ahora el haz izquierdo y continúe así (e-f). Siga trenzando los haces y manténgalos tan tensos y parejos como pueda.

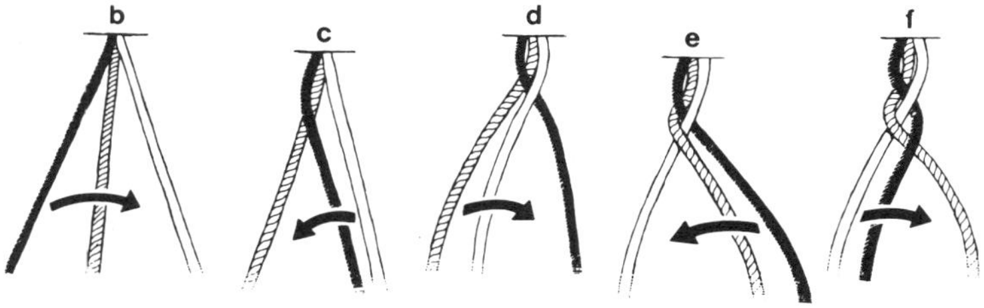

Retorcer una cuerda

Enrolle las fibras (en el sentido de las agujas del reloj como se muestra aquí, aunque lo importante es mantener la misma dirección). Incorpore nuevas fibras a medida que avanza de modo que sus extremos estén escalonados.

Cuando haya producido tres segmentos de fibras, fíjelos en un extremo y continúe enrollándolas hasta que estén bien tensas. Si ata previamente un pequeño trozo de madera a cada extremo facilitará la operación.

Ahora una las tres fibras y enróllelas en sentido inverso a las agujas del reloj, o sea en dirección opuesta.

Continúe añadiendo fibras y enróllelas hasta que haya conseguido la cantidad que su cuerda necesita. Necesitará asegurar toda una sección en una varilla acanalada para mantenerla tensa mientras trabaja. Líe la cuerda alrededor del tronco de un árbol para acortar el trozo en el que está trabajando.

Para fabricar una cuerda más gruesa repita el proceso con tres «cuerdas» que ya haya fabricado o una tres cuerdas simples.

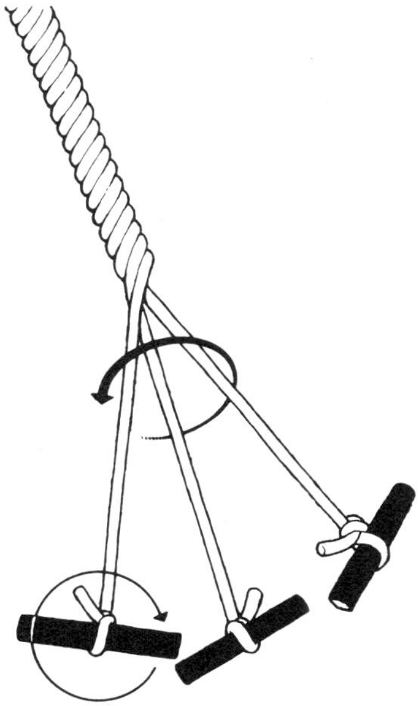

RECUERDE

Cuando haga una cuerda trate de mantener el grosor de los haces en toda su longitud. Las cuerdas acostumbran a romperse por los haces más delgados.

Asegurar las cuerdas

El extremo de una cuerda debe asegurarse de alguna manera para que no se deshilache. Para impedir que las fibras se suelten, ate la cuerda con cordel.

Una buena ligadura DEBE ser apretada para que sea efectiva. Si tiene poca tensión, se aflojará y se caerá. Es muy difícil hacer una buena ligadura con cordel grueso y, si es fino, puede deslizarse. La experiencia le permitirá adaptar el grosor del cordel a la tarea que está realizando.

Use esta técnica para añadir una empuñadura cómoda a los mangos de hachas o parangs o, más gruesa, para reemplazar el mango de un cuchillo.

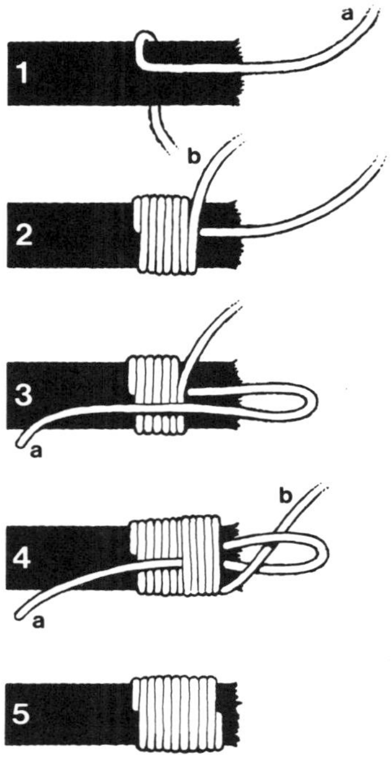

1 Disponga un trozo de cordel a lo largo del costado de la cuerda, dejando que el extremo (a) se proyecte un palmo más allá del extremo de la cuerda.

2 Enrolle el cordel alrededor de la cuerda, trabajando hacia el extremo y cubriendo gradualmente el trozo que ha apoyado contra él.

3 Ahora haga un lazo con el extremo suelto del cordel y vuélvalo hacia el tramo cubierto con el cordel.

4 Siga cubriendo la cuerda con el cordel hasta casi alcanzar el extremo de la misma.

5 Ahora pase el extremo (b) a través del lazo y tire con fuerza del extremo corto. Recorte los extremos.

NUDOS

Hay un nudo para cada trabajo y es importante seleccionar el más adecuado para la tarea que está realizando. Nunca se sabe cuando podemos necesitar un nudo, de modo que aprenda sus usos y cómo hacer cada uno de ellos, lo suficientemente bien para hacerlos en la oscuridad y bajo cualquier clase de condiciones. Aprenda también a desatarlos; peor que un nudo que se desata, es un nudo que NO puede desatarse en un momento crucial.

En las instrucciones siguientes sobre nudos individuales, el extremo de la cuerda o cordel usado para hacer el nudo es denominado el «extremo vivo» para diferenciarlo del otro extremo de la cuerda, o «parte inactiva».

Nudo cruzado

Llamado también nudo llano o derecho, es quizá el nudo más conocido de todos. Se lo utiliza para atar una cuerda del mismo grosor y sostendrá el peso incluso bajo tensión, aunque puede ser desatado con facilidad.

NO es fiable en cuerdas de diámetros diferentes, y tampoco debería ser utilizado con cuerdas de nilón, ya que se deslizaría.

Estos nudos pueden atarse en otros materiales y es un buen nudo para primeros auxilios. Permanecerá aplastado contra el cuerpo del paciente.

Pase el extremo DERECHO sobre el IZQUIERDO (a) y luego por debajo de éste (b).

Luego pase el IZQUIERDO sobre el DERECHO (c) y por debajo de éste (d).

Compruebe que ambos lazos se deslicen uno sobre el otro. Si los ha cruzado incorrectamente, tendrá un nudo de rizos que no se sostendrá y es difícil de desatar si se lo somete a tensión.

Ajuste tirando de ambos lados, o sólo de los extremos vivos, pero asegúrese de que se tensan correctamente (e).

Para que sea doblemente seguro, acabe el nudo haciendo una vuelta mordida con los extremos vivos a cada lado del nudo (f).

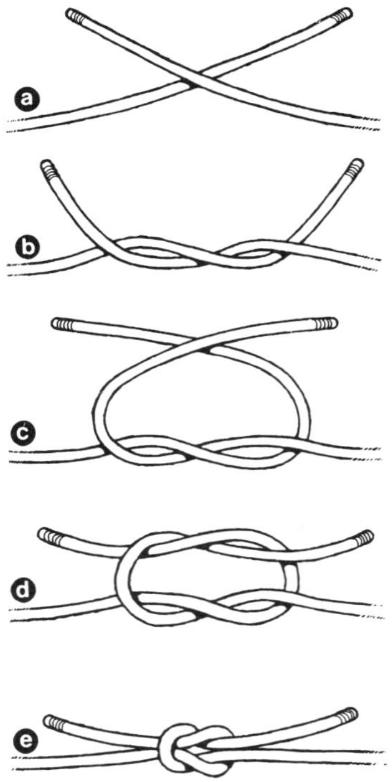

NUDOS SIMPLES

Estos son algunos de los nudos más simples. Se hacen con facilidad y su estudio le ayudará a comprender algunos de los nudos más complicados que se muestran a continuación.

Nudo simple

El más simple de todos los nudos. Haga un lazo y pase el extremo vivo a través de él. No tiene utilidad por sí mismo, excepto para cerrar el extremo de una cuerda, pero forma parte de muchos otros nudos.

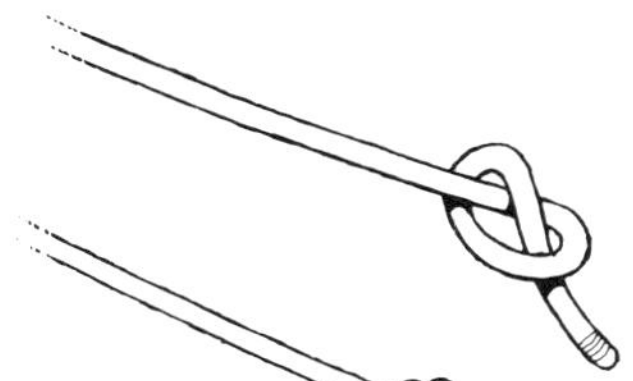

Lazo simple

Un nudo de rápida ejecución para enlazar un objeto fijo en tierra. El lazo es fijo y no puede ser tensado, de modo que el objeto debe apuntar en dirección contraria a la tensión. Doble el extremo de la cuerda y haga un nudo simple con el lazo.

Figura de ocho

Cierra el extremo de una cuerda más efectivamente que el nudo simple. Haga un lazo. Lleve el extremo vivo primero hacia atrás, luego alrededor, de la parte inicial. Páselo hacia adelante a través del lazo.

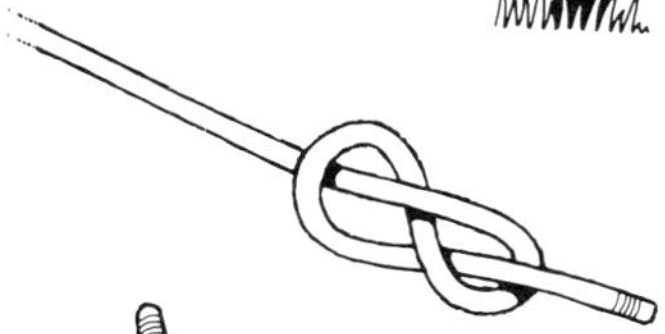

Lazo en figura de ocho

Es más seguro que el medio lazo y se hace de la misma forma que el anterior, pero con la cuerda doblada, usando el lazo como el extremo vivo. Puede utilizarse en un clavo de anclaje para asegurar un cabo.

Figura de ocho trenzada

Un excelente nudo de amarre cuando el extremo superior de un saliente está fuera de alcance. Haga una figura de ocho floja en la cuerda. Pase el extremo vivo alrededor del punto de apoyo y vuelva a pasarlo alrededor de la figura de ocho, siguiendo exactamente el mismo camino.

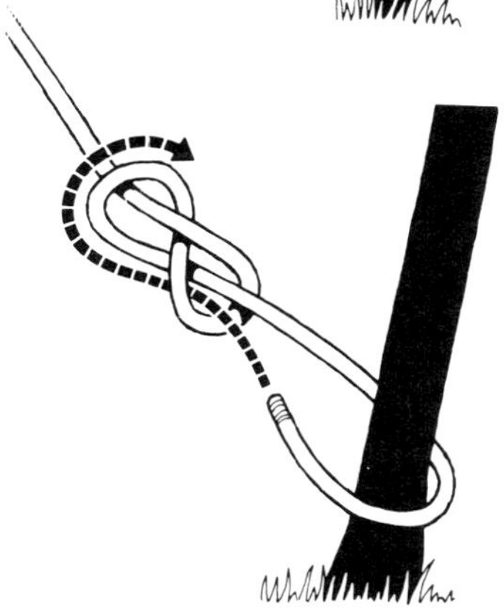

UNIENDO CUERDAS

Nudo de tejedor

Usado para unir cuerdas del mismo o diferente grosor. Puede ser más eficaz que el nudo cruzado con aquellas del mismo grosor. Es ideal para unir materiales diferentes, especialmente cuerdas húmedas o heladas.

Fácil de atar, se utiliza poca sección de cuerda y fácil de desatar si no ha sido sometido a tensión. Nunca resbala si está hecho correctamente y si la tensión no es variable.

1 Haga un lazo en una cuerda. Coja el extremo vivo de la otra (a) y llévelo por detrás del lazo hacia el frente, donde pasa sobre sí misma y luego es asegurada a través del lazo.

2 Apriete y afloje para darle forma cuando el peso aumente.

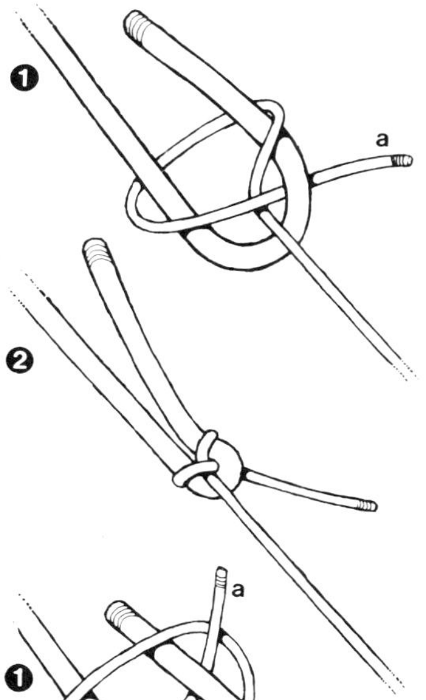

Doble nudo de tejedor

Un nudo aún más seguro que el anterior. Es muy útil con cuerdas mojadas, especialmente si sus grosores son diferentes, pero supone una unión fuerte en cuerdas de igual grosor también. Es útil cuando la tensión no es constante y un nudo de tejedor podría deslizarse. **Si no están bien apretados, estos nudos pueden aflojarse. NO los aplique a materiales suaves, como el sedal para pescar.**

1 Haga un lazo en la cuerda más gruesa. Pase el extremo vivo de la cuerda más fina (a) a través del lazo, por debajo del extremo vivo más grueso y luego hacia adelante por la parte exterior del lazo y nuevamente alrededor de éste. Traiga nuevamente el extremo vivo de la cuerda más fina entre ella y la parte exterior del lazo grueso.

2 Lleve el extremo vivo de la cuerda más fina completamente alrededor del lazo otra vez y a través del mismo lugar por fuera del lazo grueso.

3 Ténselo y dele forma.

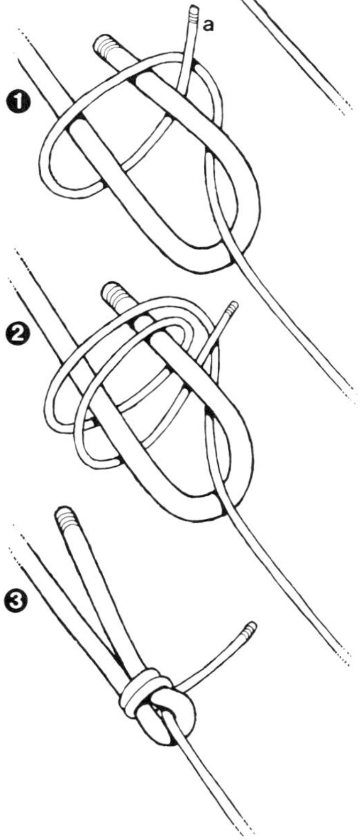

Nudo de pescador

Un nudo muy apropiado para unir materiales flexibles, como enredaderas o alambre. Es bueno para cordeles mojados o resbaladizos, y especialmente para unir cuerda de tripa para pescar; primero debe mojar la tripa para volverla elástica. Es un nudo muy seguro y se mantendrá bien en cordeles finos aunque es muy difícil de deshacer. Úselo cuando no confíe en el nudo cruzado o en el nudo de tejedor. NO es aconsejable en cuerdas gruesas o cordeles de nilón.

1 Coloque las cuerdas juntas y con los extremos en direcciones opuestas. Lleve el extremo vivo de una cuerda alrededor de la otra y haga un medio nudo simple.

2 Repita la operación con el extremo vivo de la otra cuerda.

3 Ajuste parcialmente los nudos y deslícelos uno hacia el otro. Aflójelos para que se unan y luego vuelva a ajustarlos.

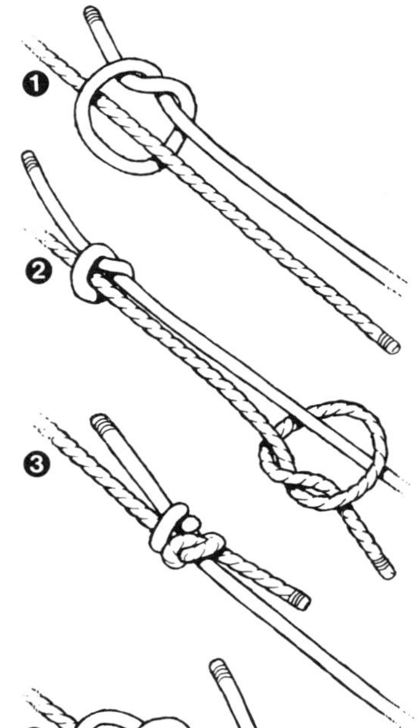

Nudo doble de pescador

Se trata de una versión más fuerte que la anterior. NO debería utilizarse en sedales de pesca, cuerdas de nilón o cuerdas pesadas.

1 Pase el extremo vivo de una cuerda alrededor de la otra, y luego alrededor de ambas.

2 Lleve el extremo vivo hacia atrás a través de los dos lazos que acaba de hacer.

3 Repita la operación con el extremo de la otra cuerda.

4 Una los dos nudos y ajústelos. Aplique gradualmente la presión.

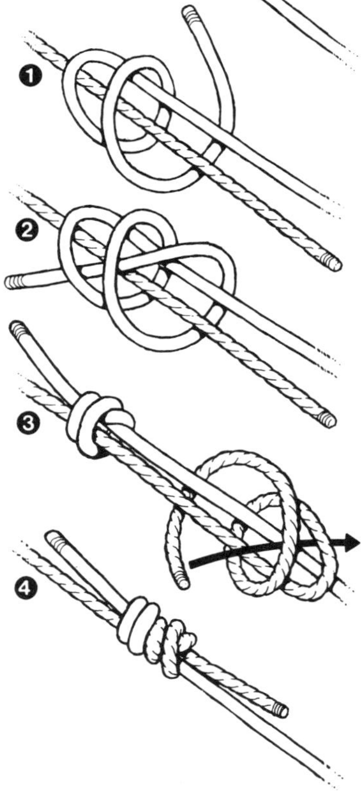

Nudo cinta

Un nudo muy útil para unir materiales planos, como cuero o correas de tejido, cintas y posiblemente incluso para unir sábanas u otras telas cuando se improvisa una cuerda de evasión. ¡Experimente!

1 Haga un medio nudo en el extremo de una «cinta». No lo ajuste.

2 Pase la otra cinta a través del nudo de modo que siga exactamente la misma forma del primer nudo.

3 Los extremos vivos deben estar alejados del nudo para que no se deslicen cuando lo ajuste.

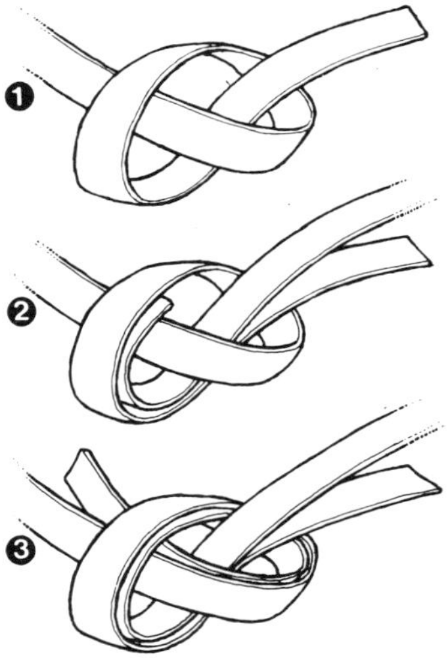

LAZOS

Bolina

Este nudo de rápida realización forma un lazo que no se tensará ni aflojará con el peso. Se utiliza en el extremo de una cuerda salvavidas o toda vez que se necesite un lazo fijo.

1 Haga un pequeño lazo en una cuerda.

2 Pase el extremo vivo a través del lazo, alrededor de la parte inactiva y nuevamente a través del lazo.

3 Tire del extremo vivo para ajustar el nudo y darle forma. Termine con una vuelta mordida.

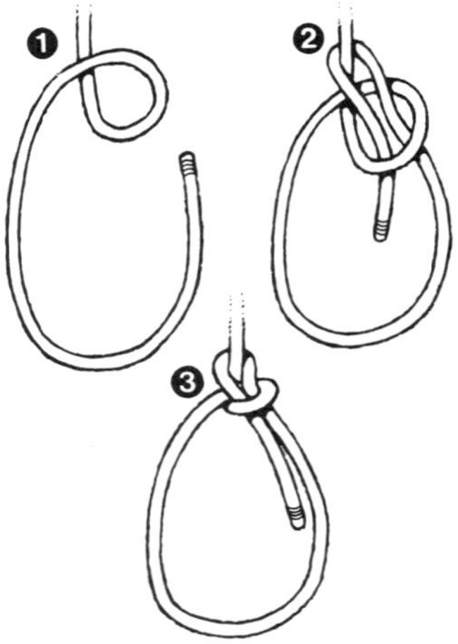

Bolina corrediza

Se usa en cualquier situación que exija un lazo que se tense rápidamente. Haga una pequeña bolina y pase el extremo más largo de la cuerda a través del lazo.

Nunca ate una bolina corrediza alrededor de la cintura, especialmente cuando esté escalando. Actúa como el lazo corredizo del verdugo y podría matarle.

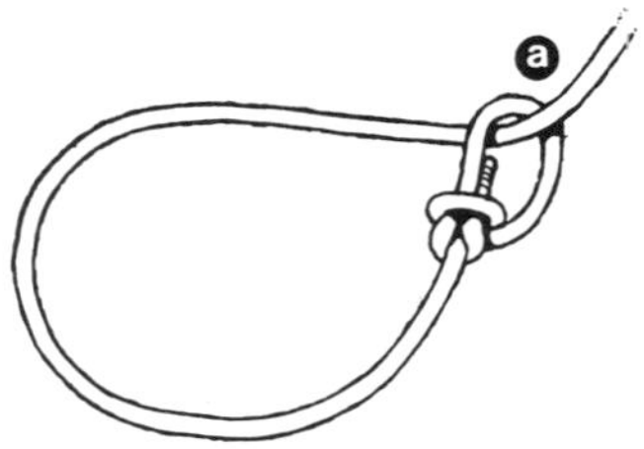

Bolina triple

Otra bolina, hecha con un cordel doble. Forme un lazo, pase el extremo vivo doblado a través del lazo, por detrás de la parte inactiva y nuevamente a través del lazo. Esto produce tres lazos que pueden ser utilizados para acarrear equipo, o como cabestrillo para sentarse o arnés para izar con un lazo alrededor de cada muslo y el otro en torno al pecho.

Se necesita cierta práctica para acertar con las proporciones, de modo que aprenda a hacer la triple bolina ANTES de tener que usarla.

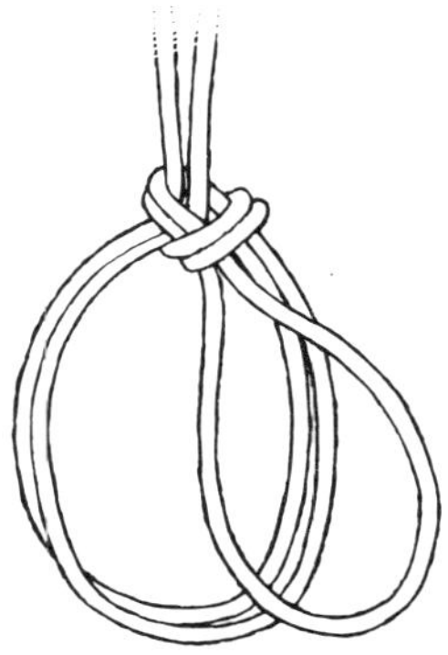

Bolina enlazada

Es muy útil para sostener o para izar a cualquier persona desde una grieta u otro lugar desde el cual no pueda salir escalando. Haga esta bolina con un cordel doble, realizando dos lazos que no se tensarán ni se atascarán. Forme una especie de asiento colgante, con un lazo alrededor de las nalgas y el otro alrededor de la parte superior del cuerpo. Al igual que sucede con la triple bolina, practique este lazo ANTES de tener que usarlo.

Encontrará muchos usos para los lazos dobles fijos. Los pintores de casas y de barcos sostienen sus plataformas colgantes con un nudo de estas características en cada extremo. Si la plataforma tiene un poste proyectándose en cada esquina, los lazos pueden deslizarse por ellos. Haga muescas en los postes para que las cuerdas no se salgan.

1 Usando la cuerda doble, forme un lazo y pase el extremo vivo a través de él.

2 Lleve hacia abajo este extremo (a) y por encima del doble lazo mayor ahora formado. Aflójelo hasta detrás de la parte inactiva (c). Tire del doble lazo mayor para ajustarlo (d).

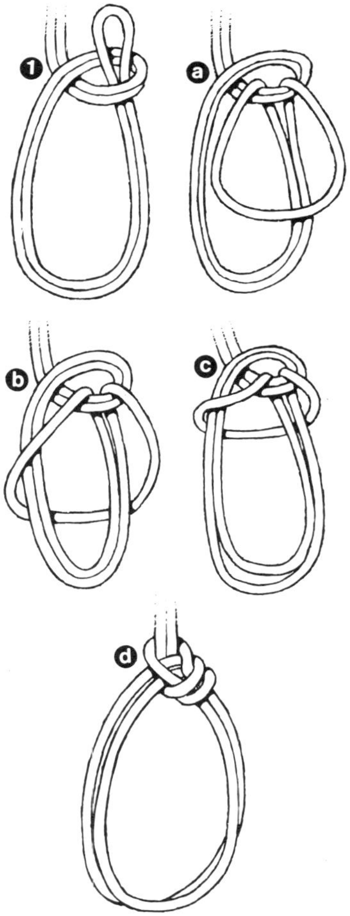

Enganche de arnés

Conocido también como nudo de mariposa o de artillería, se trata de un lazo antideslizante. Posee la ventaja de que puede practicarse en cualquier tramo de la cuerda, pues no requiere acceso a uno de sus extremos. Se pueden hacer varios lazos en una cuerda para enganchar a dos personas y poder transportarlas o para levantar un peso. Es también una buena manera de preparar una cuerda para escalar. Los dedos de los pies y las muñecas pueden colocarse dentro de los lazos para sostener el peso de modo de poder descansar cuando esté fatigado.

1 Haga un lazo en la cuerda, pero mire bien el dibujo.

2 Permita que el lado izquierdo de la cuerda cruce por encima del lazo.

3 Cruce el lazo.

4 Páselo por encima de la parte izquierda de la cuerda y a través de la parte superior del lazo original.

5 Tire suavemente para darle forma al nudo, ajústelo y verifique su funcionamiento.

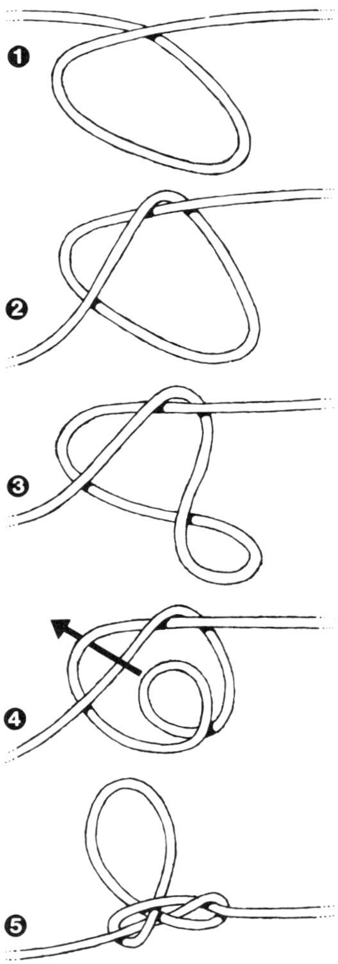

Diferentes maneras de hacer este nudo pueden encontrarse en 3, donde el lazo no está cruzado. La tensión final del lazo no parece verse afectada por este cruce, y tampoco si el giro debe ajustarse al usarse.

ESCALERAS

Una escalera puede fabricarse haciendo tantos lazos tipo enganche de arnés en una cuerda como puntos de apoyo necesite para manos y pies. También puede hacerse con peldaños, utilizando troncos o trozos de madera.

Use dos cuerdas o una cuerda larga, doblada, con lazadas colocadas a ambos lados para hacer una escalera de cuerda. Pase palos a través de los lazos y ajústelos para asegurarlos en su lugar. Permita que los peldaños se proyecten fuera de las cuerdas para mayor seguridad y compruebe su resistencia.

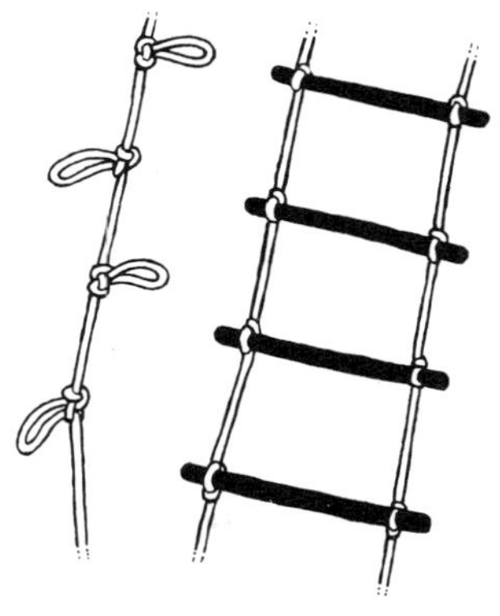

Escalera de nudos

Una serie de medio nudos atados a intervalos a lo largo de una cuerda suave hará que el ascenso resulte más sencillo. Hay una forma muy rápida de hacer esta escalera, una vez que haya adquirido práctica.

1 *Dejando un extremo razonablemente largo, haga una vuelta mordida cerca del extremo de un leño o rama corta.*

2 *Continúe haciendo vueltas mordidas flojas a lo largo del leño, cuyo diámetro fijará el espacio que separa a los nudos.*

3 *Pase el extremo nuevamente a través de todos los lazos y luego quítelos a todos por el extremo del leño.*

4 *Cuando cada trozo de cuerda sale por el centro de la vuelta mordida, se enlaza con el otro extremo y ajusta cada uno de los nudos.*

Si conoce la longitud de la cuerda, puede calcular la cantidad de nudos que necesita. Con una vuelta mordida por cada nudo, elija un leño cuyo grosor permita el número exigido de vueltas y, por tanto, de nudos.

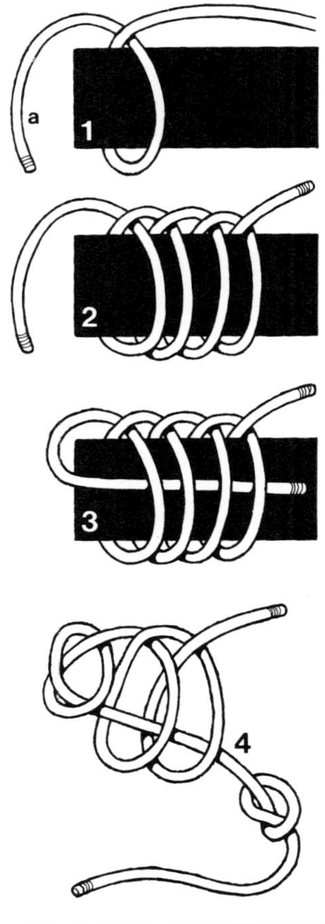

Lazo honda

Éste es otro nudo que forma un lazo corredizo, aunque permite disponer de un lazo circular para lanzar.

Puede encontrar varios usos para este lazo pero, en una situación de supervivencia, si sólo dispone de un tramo de cuerda, no sería prudente dedicar tiempo y energía tratando de atrapar animales de este modo. Requiere mucha práctica. Cuando realmente necesita la cuerda, puede encontrarla gastada y dañada a causa de sus esfuerzos por enlazar a sus presas. Sin embargo, merece la pena intentar hacer uno de estos lazos para experimentar con él, de modo que pueda utilizarlo cuando la ocasión lo requiera.

a *Comience con un medio nudo.*

b *Forme un lazo un poco más abajo de la cuerda.*

c *Doble la cuerda en una vuelta entre el lazo y el nudo.*

d *Pase la vuelta a través del lazo.*

e *Ajuste el lazo alrededor de la vuelta.*

f *Pase el extremo largo de la cuerda a través del nuevo ojo formado por la vuelta.*

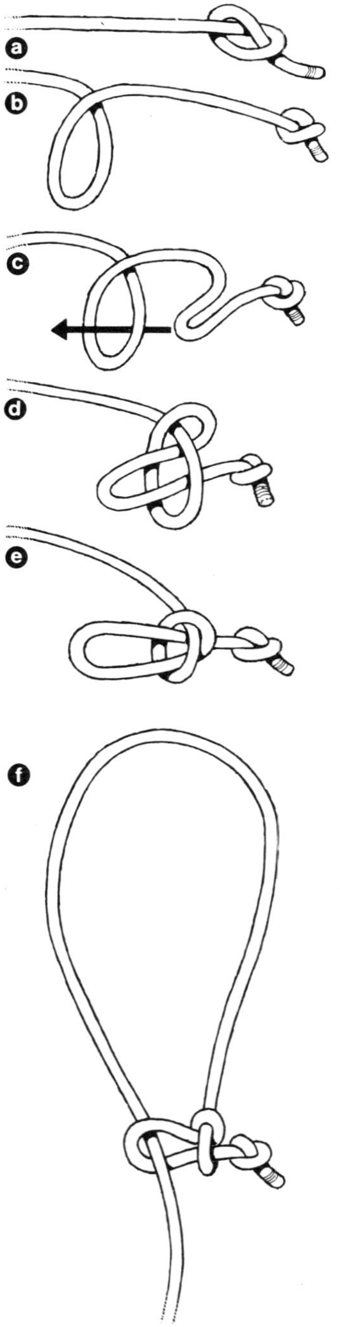

Antes de intentar el uso de un lazo con un animal, considere la fuerza de éste comparada con la de usted. Un animal grande puede —y casi seguramente lo hará— huir a la carrera. Si usted no está sosteniendo firmemente la cuerda, puede arrancarla de sus manos y, de este modo, quedarse sin cuerda y sin comida. Si la cuerda se halla sujeta a usted, entonces es USTED quien puede ser arrastrado y herido de consideración. ¿Puede encontrar un punto de apoyo firme que soporte el esfuerzo? Una vuelta de la cuerda alrededor del tronco de un árbol o de una roca puede servir para soportar la tensión que ejerce el animal.

LIGADURAS

Se trata de nudos utilizados para asegurar cuerdas a postes, barras y palos.

Vuelta redonda y 2 medias-ligaduras

Es la mejor manera de asegurar una cuerda a un poste. Puede soportar la fuerza que se ejerza desde cualquier dirección.
Lleve la cuerda alrededor de la parte posterior del palo y pásela una vez más. Traiga el extremo vivo por encima y debajo de la parte inactiva y a través del lazo que se ha formado. Ajústelo y repita la vuelta mordida para que el nudo sea seguro.

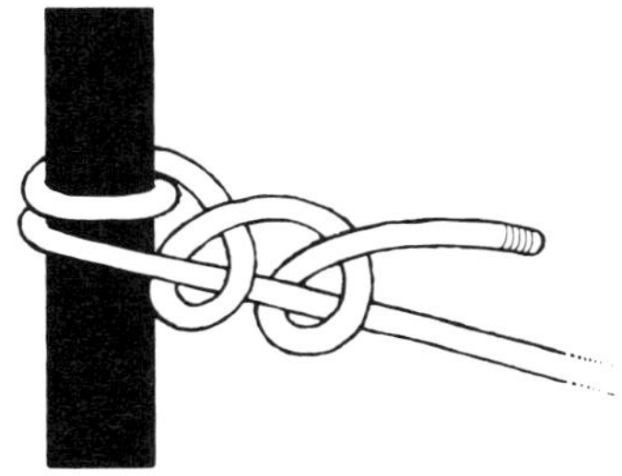

Ligadura de tensión ó ballestrinque

Se trata de una fijación efectiva cuando el peso es perpendicular a la horizontal. No es tan bueno cuando la tensión se ejerce desde un ángulo o cuando es variable, ya que podría aflojarlo.

1 *Pase el extremo vivo por encima y alrededor de la barra.*

2 *Páselo por delante de sí mismo y alrededor de la barra otra vez.*

3 *Lleve el extremo vivo hacia arriba y por debajo de sí mismo, moviéndolo en dirección opuesta al extremo que será activo.*

4 *Ciérrelo y ajústelo.*

Es posible hacer un ballestrinque en lazos en una cuerda y colocar todo el nudo ya hecho en un mástil, si tiene acceso al extremo del mismo. Muchas personas expertas en la fabricación de nudos acostumbran a hacerlo. Haga un ballestrinque flojo y deslícelo fuera del mástil. Deje la cuerda en el suelo y copie las lazadas formadas por la cuerda. Deslice la cuerda por el mástil y ajústela.

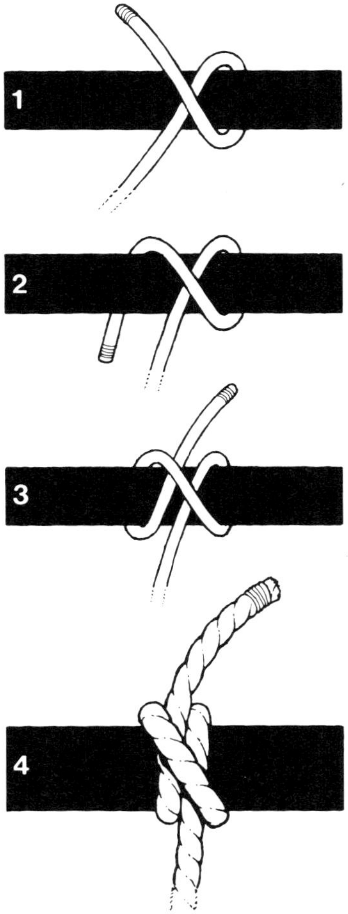

Ligadura de arrastre

Este nudo se usa principalmente como nudo inicial para ligaduras, pero también puede utilizarse para izar y para arrastrar o remolcar grandes pesos.

1 *Pase el extremo vivo alrededor de la barra y flojamente en torno al extremo que será activo.*

2 *Llévelo hacia adelante y asegúrelo debajo de la cuerda que envuelve la barra. Tréncelo tantas veces como sea necesario para que quede firmemente asegurado. Ajuste el nudo tirando suavemente del extremo que será activo hasta que consiga una fuerte sujeción.*

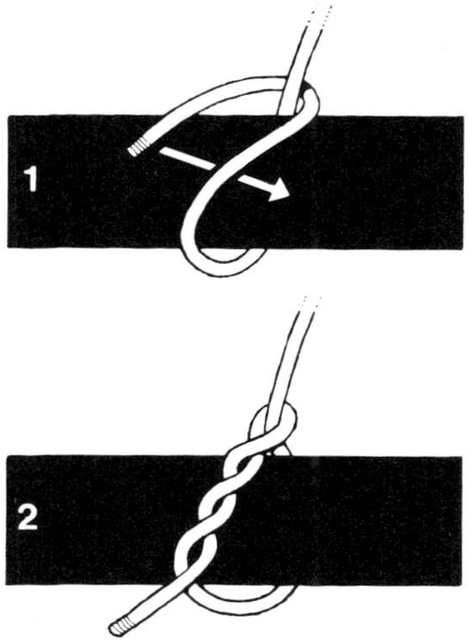

Ligadura de anclaje

Se lo utiliza para asegurar una cuerda a una piedra que sirve de ancla. Puede usarse para asegurar un ancla real en el agua o para sujetar un extremo de una cuerda lanzada.

Haga una vuelta de braza alrededor de un extremo de la roca o peso y ajuste la cuerda. Lleve la cuerda a lo largo del peso y haga una vuelta mordida.

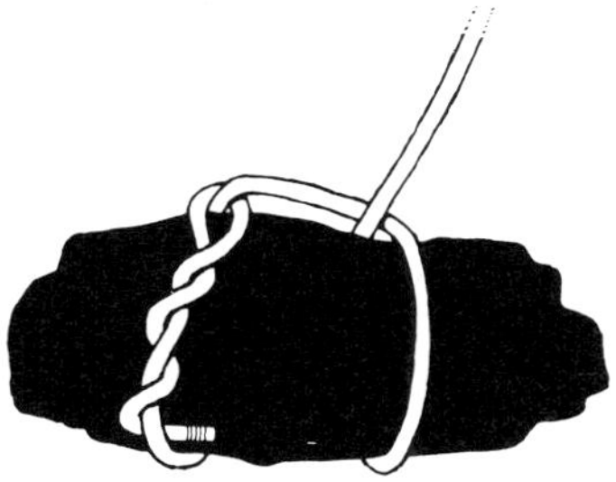

Nudo pasador

Se trata de un nudo instantáneo pero temporal para asegurar un cabo de amarre a un poste, o para arrastrarlo sobre la parte superior de una estaca o palo verticales. Es especialmente útil para asegurar ataduras. Incorporando temporalmente un palo corto y grueso al cabo es posible obtener un punto de apoyo extra en el cabo para ejercer un tirón más firme.

1 *Haga un lazo en la cuerda; estudie el dibujo cuidadosamente.*

2 *Traiga un lado del lazo hacia el extremo inactivo.*

3 *Coloque el lazo sobre el poste, que pasará entre el lazo extendido y la parte inactiva. Tire del extremo vivo para ajustarlo.*

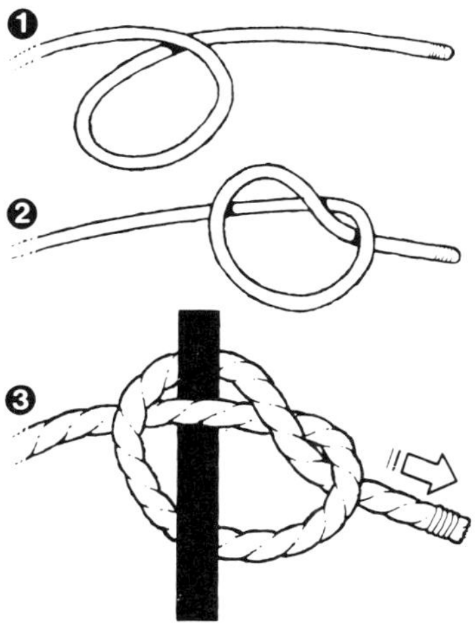

Nudo de desate rápido

Conocido también como ligadura del hombre de la autopista, ligadura del ladrón y nudo del ladrón. Es un nudo seguro pero se soltará rápidamente tirando con fuerza del extremo vivo. Aconsejable para puntos de anclaje mientras está trabajando o para situaciones que requerirán una pronta liberación de la cuerda.

1 *Haga un lazo alrededor de un poste.*

2 *Traiga un lazo desde el extremo inactivo a través del primer lazo.*

3 *Haga un nuevo lazo con el extremo vivo y pase el extremo doblado a través del segundo lazo.*

4 **Para soltarlo** *tire bruscamente del extremo vivo.*

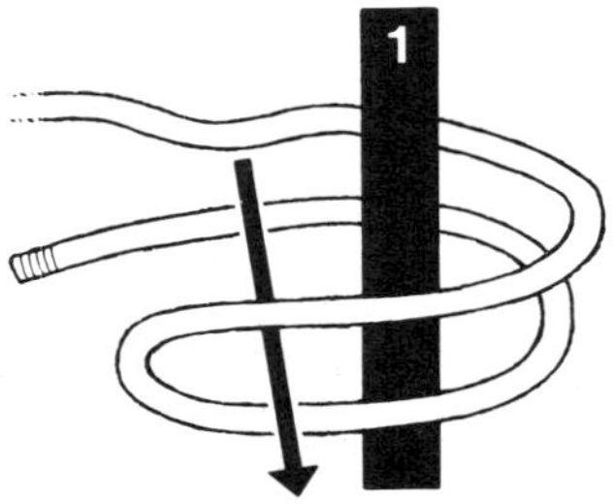

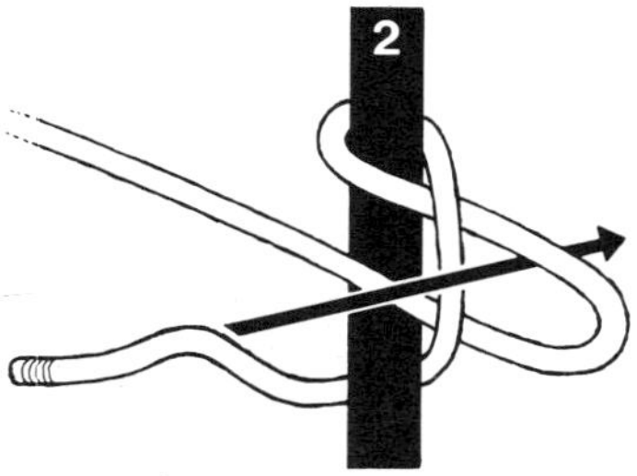

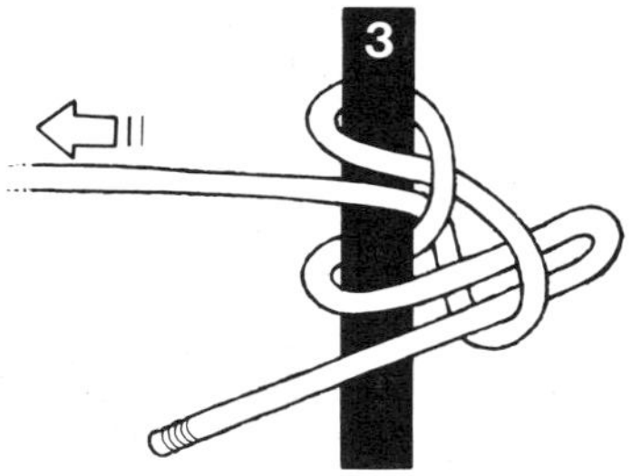

ACORTAMIENTO DE LA CUERDA

Nudo margarita

Doble la cuerda en tres. Forme vueltas mordidas en las secciones exteriores y deslícelas sobre las vueltas adyacentes. O, en lugar de vueltas mordidas, cuando se forme un lazo en la parte inactiva, pase una vuelta a través de él y deslícelo sobre la vuelta en la cuerda. Ajústelo a medida que aumenta la tensión.

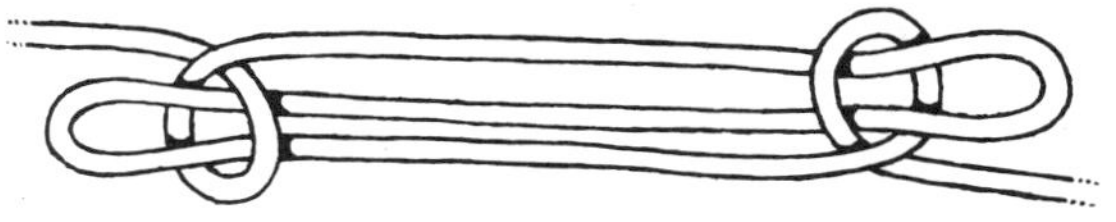

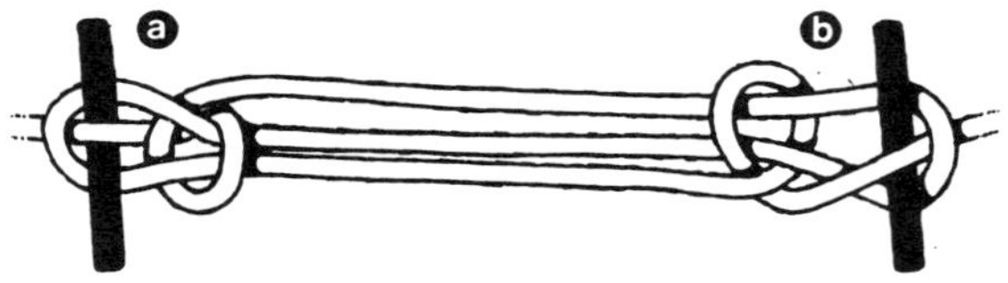

Haga un nudo margarita más seguro pasando un palo a través de la vuelta y por detrás de la parte inactiva (a). O, si tiene acceso al extremo de la cuerda, páselo a través del lazo (b). Un palo hará que sea más seguro.

Nunca corte innecesariamente una cuerda, ya que nunca se sabe cuando podrá necesitarla en toda su longitud. Una cuerda anudada tiene sólo la mitad de fuerza que una continua. Use el nudo margarita para acortarla o para excluir un trozo dañado o debilitado.

ASEGURANDO CARGAS

Nudo wakos de transporte

Un nudo fundamental para asegurar una carga alta en una embarcación o para asegurar una techumbre. Se consigue un punto de apoyo máximo tirando de la cuerda con toda la fuerza y asegurando finalmente la cuerda con dos medias ligaduras. Si se afloja, repita el proceso. Este nudo puede usarse también para lanzar una cuerda a través de un río o precipicio y que necesita ajustarse ocasionalmente.

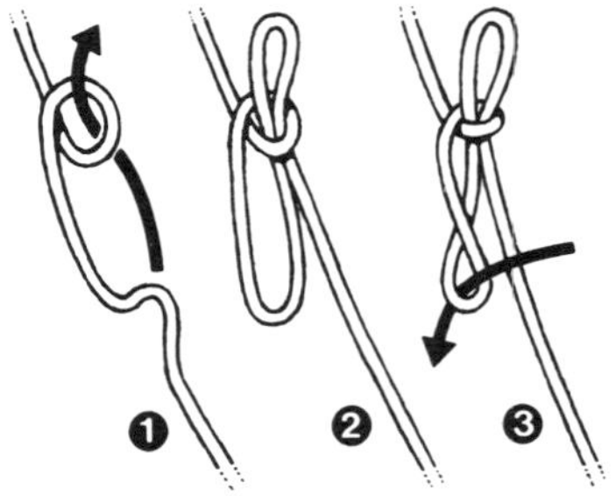

1 *Haga un lazo en la cuerda. Haga una vuelta más abajo, hacia el extremo de la cuerda.*

2 *Pase la vuelta a través del lazo.*

3 *Haga un ocho en el nuevo lazo inferior. Pase el extremo de la cuerda alrededor del punto de seguridad y a través del ocho.*

4 *Tire del extremo para ajustarlo.*

5 *Con el extremo haga dos vueltas mordidas alrededor de las cuerdas inferiores para asegurarlas. Deshágalas para adaptarlas y vuelta a ajustarlas.*

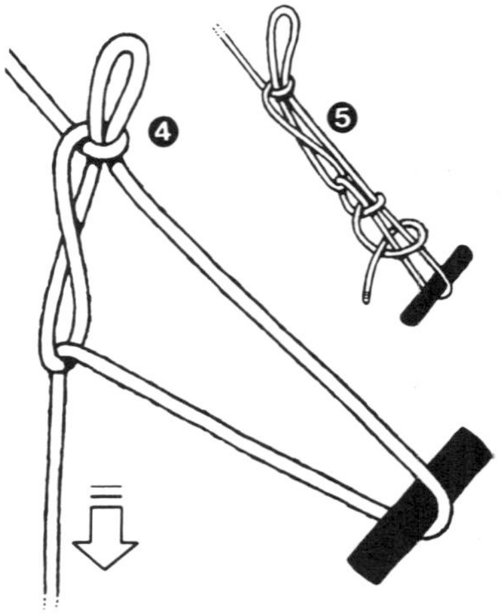

Nudo Prusik

Es un nudo que forma un lazo corredizo y que es especialmente útil cuando se lo asegura a una cuerda para escalar. No se aflojará bajo tensión sino que se deslizará a lo largo de la cuerda cuando la tensión ceda. Es útil también para cuerdas que necesitan volver a tensarse ocasionalmente, como los contravientos de una tienda.

Un par de estos nudos a lo largo de una cuerda proporciona puntos de apoyo para manos y pies para escalar o para balancearse. Se deslizan por la cuerda principal a medida que usted se mueve.

1 *Pase una vuelta alrededor de la cuerda principal y los extremos a través de ella. Manténgala floja.*

2 *Pase los extremos nuevamente a través del lazo. No permita que se superpongan.*

3 *Esto da la apariencia de cuatro vueltas en la cuerda principal (a). A veces los montañeros dan otra vuelta con los extremos y los pasan a través del lazo para que parezcan seis vueltas en la cuerda principal. (b)*

4 *El nudo prusik puede hacerse usando un lazo empalmado fijo, en cuyo caso pase la vuelta sobre la cuerda principal y nuevamente a través de sí misma y repita la operación.*

5 *Para usar como cuerda de tensión añádala a lo largo del cabo de retén y asegure los extremos (a) a un punto seguro.*

Nota: Cuando la use para escalar, o desplazarse a lo largo de una cuerda, un lazo empalmado es más seguro (como en 4). Si no dispone de uno, una los extremos una vez que haya hecho el nudo. Compruebe las uniones rigurosamente antes de confiar en ellos.

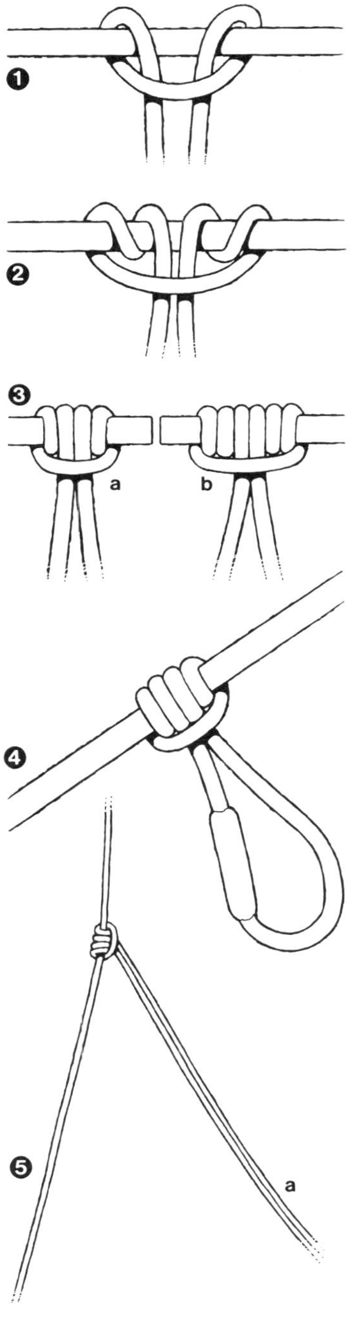

ATADURAS

Los métodos para unir postes, troncos, palos, etcétera, difieren según sea la posición de los mismos. Aprenda bien estas técnicas. Serán fundamentales para la construcción de refugios, balsas y otras estructuras.

Atadura rectangular

Se usa para unir postes que se cruzan. Muy efectiva cuando lo hacen en ángulos rectos.

1 *Haga una vuelta de braza llevando la cuerda alternativamente por arriba y debajo de ambas barras en un circuito completo antes de asegurarla. Luego lleve la cuerda por arriba y debajo de ambas barras en dirección contraria a las agujas del reloj.*

2 *Después de haber hecho tres o cuatro circuitos, describa una vuelta completa alrededor de uno de los palos y describa el circuito en dirección contraria.*

3 *Complete los circuitos con una vuelta mordida alrededor de uno de los palos y asegúrela con un ballestrinque en ángulo recto.*

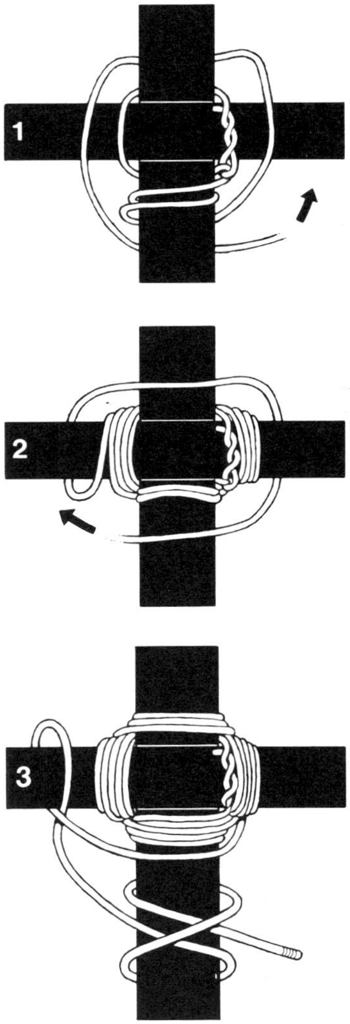

Atadura redonda

Se usa para unir postes a lo largo de cada uno de ellos o para extender la longitud de un poste.

Comience con un ballestrinque alrededor de ambos palos (a), luego ate la soga alrededor de ellos. Acabe con un ballestrinque en el otro extremo (b). Introduzca una cuña debajo de las ataduras para que sean realmente efectivas. Si los palos son verticales, coloque la cuña hacia abajo.

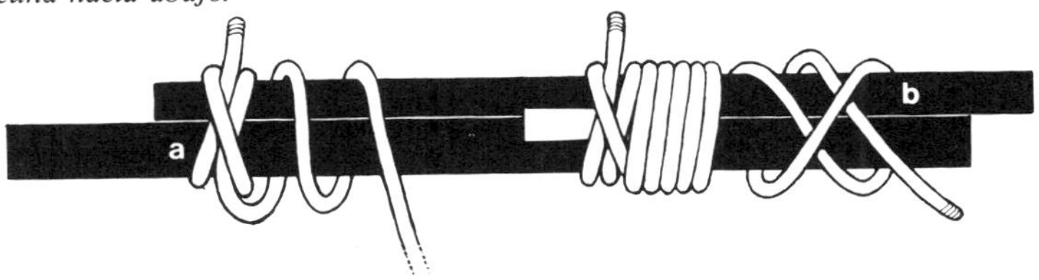

Atadura diagonal

Es una alternativa a la atadura rectangular y más efectiva cuando los postes no se cruzan en ángulo recto o, especialmente, cuando los postes se hallan bajo tensión y deben unirse para poder ser atados.

1 *Comience con una vuelta de braza alrededor de ambos palos, colocada diagonalmente.*

2 *Asegure ambos palos con unas pocas vueltas de cuerda sobre la vuelta de braza, luego haga una vuelta completa por debajo del palo inferior.*

3 *Asegure a través de la otra diagonal, luego vuelva a traer la cuerda sobre uno de los palos y haga dos o tres circuitos de los palos sobre el palo superior y por debajo del inferior.*

4 *Acabe con un ballestrinque sobre uno de los palos.*

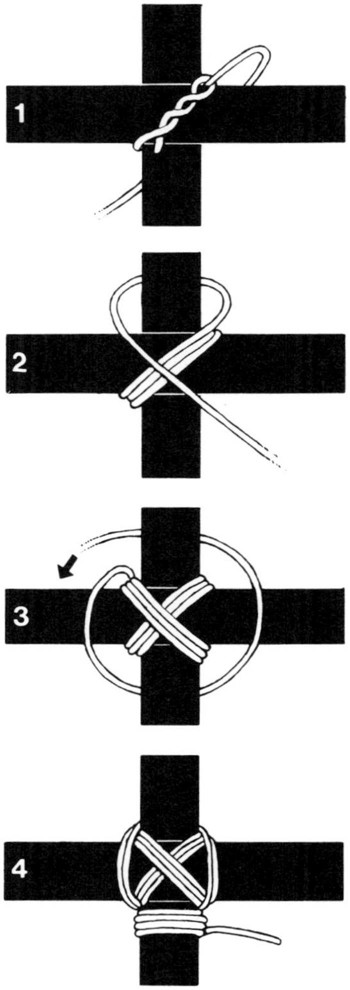

Atadura de tijera

Para unir los extremos de dos postes en un ángulo, cuando se está construyendo una estructura en A, por ejemplo.

Comience con un ballestrinque (a) alrededor de uno de los palos. Pase la cuerda alrededor de ambos palos, con una atadura floja. Traiga la cuerda entre los palos y asegúrelos un par de veces alrededor de la atadura. Acabe con un ballestrinque alrededor del otro palo (b). Ajuste abriendo los palos (c).

Un método similar puede utilizarse alrededor de tres postes para hacer un trípode. Pase la cuerda varias veces alrededor de los tres postes y asegurándola en ambos espacios entre ellos. Los pies de las estructuras en A y de los trípodes deben estar fijados al suelo para que no se abran.

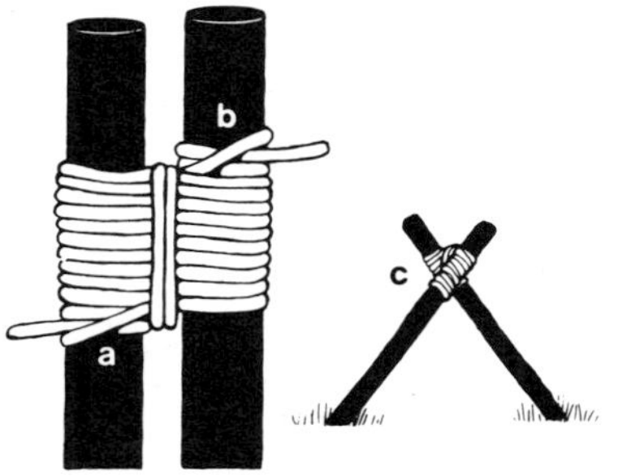

FABRICACIÓN DE REDES

Las redes pueden hacerse mediante nudos a lo largo de trozos de cuerda previamente cortados o bien «tejiéndola» hebra a hebra. No sólo son útiles para la pesca. Una red rastrera vertical también puede colgarse entre los árboles para atrapar pájaros y una red en forma de bolsa puede colocarse sobre las madrigueras de los animales. Use las mismas técnicas que ha usado para la fabricación de hamacas.

Red rastrera vertical

Puede hacerla con hilos de paracaídas o con cordel grueso. El cordel de paracaídas consiste en un hilo fino interior rodeado por capa externa. Extraiga el cordel fino del interior y córtelo en trozos iguales y manejables. Su longitud determinará la profundidad de la red, que será aproximadamene de 3/8 de la longitud del cordel.

Decida la amplitud que desea para la red y coloque dos postes a esa distancia. Ate un trozo de cordel de paracaídas entre ambos. Corte un trozo de madera de unos 3-5 cm de ancho. Use esta madera para espaciar los hilos verticales de la red.

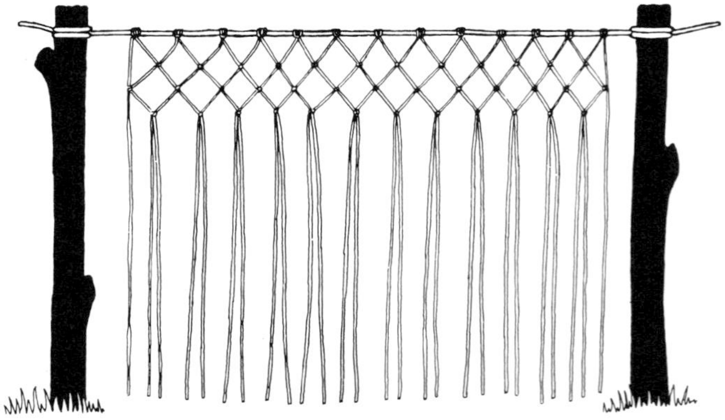

Nudo prusik

Medio nudo

Doble cada tramo de cordel y use el lazo para hacer un nudo prusik sobre el cordel superior, repitiéndolo a lo largo de su extensión. Separe los nudos para colocarlos a igual distancia usando su regla de medir.

Para la primera línea, trabaje de izquierda a derecha; ignore el primer cordel y coja el segundo del par. Sosténgalo con el primer cordel del siguiente par y átelos juntos con un medio nudo. Coja el cordel restante con el primero del siguiente par y átelos. Continúe a lo largo de la cuerda usando su regla de medir para controlar la distancia entre los mismos.

Proceda con la siguiente línea del mismo modo pero, esta vez, incluya los cordeles exteriores para producir una línea de rombos. Continúe hasta llegar al final de la cuerda.

Para acabar en la parte inferior, extienda otra cuerda más gruesa atravesada entre los puntos de apoyo y ate todos los cordeles finos en pares alrededor de ellos. Lleve cada par alrededor de ella por dos veces. Separe los pares y átelos alrededor del par.

Complete la red asegurando la parte superior e inferior a cada esquina de la red para que no se suelte de las mismas. Cualquier sobrante puede usarse para asegurar la red a los soportes y a diversos pesos para mantenerla en posición cuando se la use.

«Tejiendo» la red

Un método conveniente para sedales de pesca de nilón o cualquier otro cordel fino. Necesita contar con un cordel horizontal colocado entre dos postes, una regla de medir y una «aguja».

Fabrique la «aguja» (a) de unos 15 cm de largo por 2,5 cm de ancho de madera dura o bambú. Practique una muesca en cada extremo y enrolle el cordel completamente en la aguja. La aguja debe ser suave y el cordel va desenrrollándose gradualmente a medida que usted hace la red.

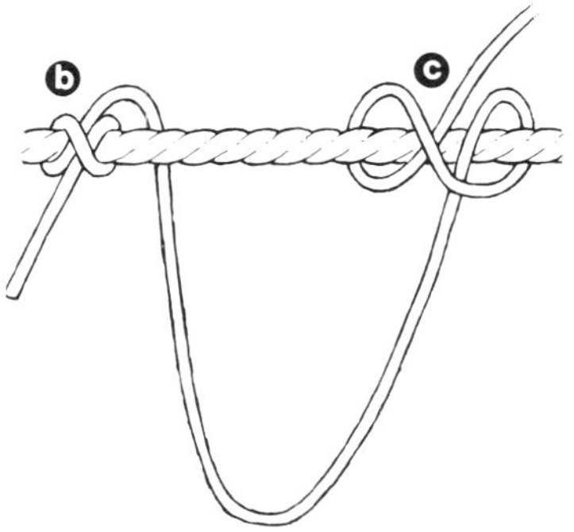

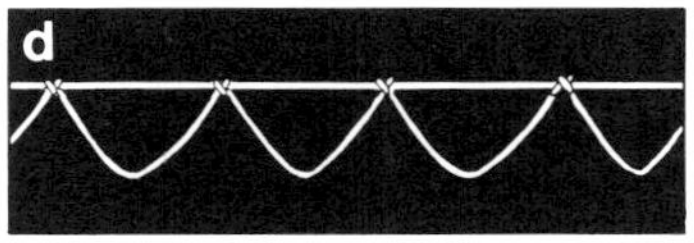

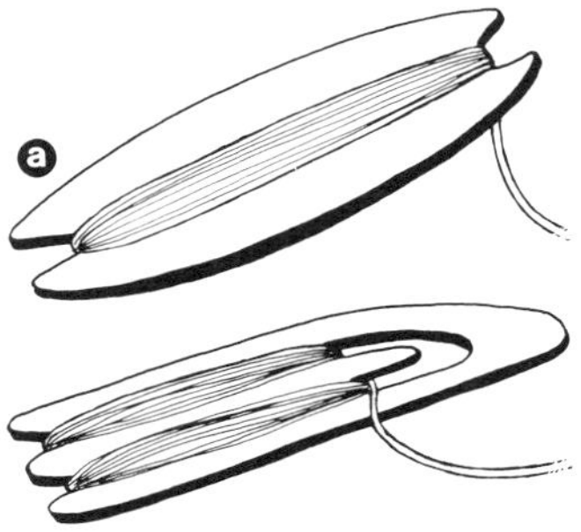

Para hacer la red, ate una cuerda superior entre dos postes y la distancia que usted desee. Comience por hacer un ballestrinque con cordel más fino (b). Lleve la aguja por detrás de la cuerda superior y pásela hacia adelante para hacer otro ballestrinque (c). Repita la operación a lo largo de la cuerda, espaciando los nudos con su regla de medir (d). Cuando la cuerda superior esté completa, diríjase al otro lado de los postes (más fácil que trabajar hacia atrás) y haga la siguiente línea. Cada nuevo lazo debe ser lo bastante grande para formar un cuadrado (medio cuadrado en cada borde exterior). Lleve la aguja a través del lazo de la línea superior desde detrás, alrededor de la parte posterior del lazo y luego a través del lazo que ha formado (e). Ajuste la profundidad con su regla de medir antes de ajustarla (f).

Asegure nuevamente los costados y proceda en sentido contrario para hacer la siguiente línea y continúe hasta que la red tenga la longitud requerida.

Ate la última línea con otro cordel grueso usando el mismo nudo pero manteniendo la línea recta y sin nudos. Deje un poco de cuerda libre en ambos extremos. Ate los extremos en las esquinas superiores y la red estará lista.

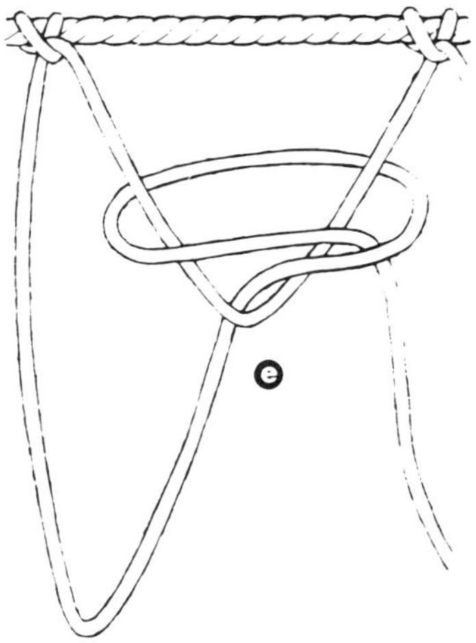

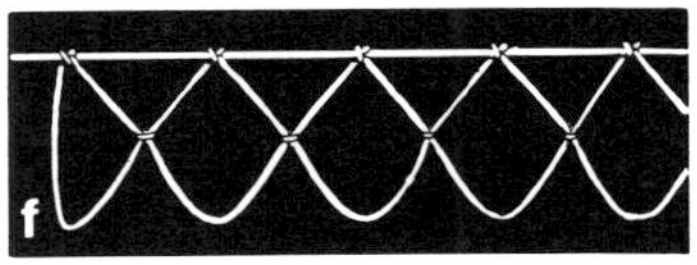

Hamaca de red

Haga una red de unos 75 cm de ancho y de un largo superior a su altura. Use cordel resistente o cuerda para las líneas superiores e inferiores, un cordel doble sería una buena idea, ya que los extremos son los que soportarán todo el peso de su cuerpo. Asegúrese de que esos extremos son lo bastante largos para que la hamaca pueda colgar de ellos.

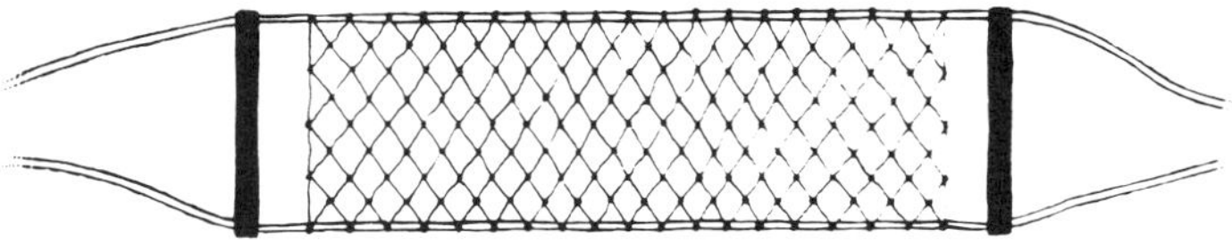

Corte dos palos para mantener la hamaca «abierta». Haga muescas en los extremos y coloque las cuerdas en esas muescas (a). Para simplificar la suspensión de la hamaca, podría atar cada par de extremos de cuerda a un lazo fijo como una bolina. Luego fije un extremo con un nudo de vuelta redonda y corte, el otro con un nudo que se desata rápidamente, en caso de que deba abandonar la hamaca a toda prisa.

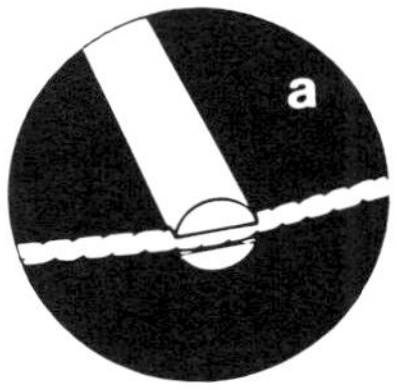

NUDOS DE PESCA

Anzuelo en cuerda de tripa

Nudo turle *Moje la tripa. Pásela por el ojo del anzuelo. Haga un medio lazo y pase una vuelta a través de él (a) para formar un simple nudo corredizo (b).*

Pase el anzuelo a través del nudo corredizo (c) y ajústelo.

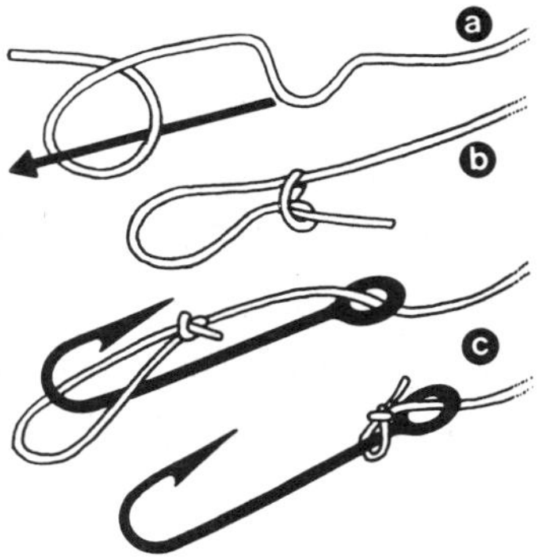

Anzuelo con nilón #1

Lazo mestizo *Pase el extremo por el ojo del anzuelo. Envuélvalo cuatro veces alrededor de la parte inactiva. Pase el extremo vivo a través del lazo formado junto al anzuelo (d).*

Ajústelo muy cerca del extremo (e).

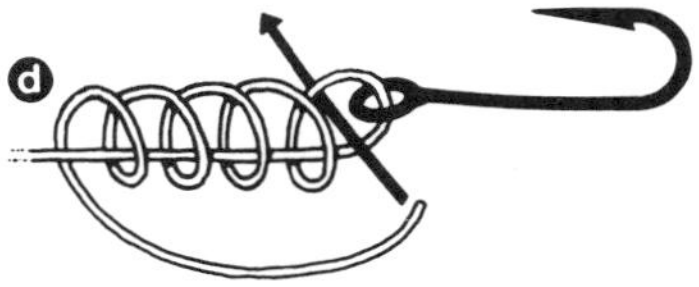

Anzuelo con nilón #2

Nudo turl de dos vueltas *Enhebre el anzuelo. Pase el extremo vivo alrededor de la parte inactiva para formar un lazo y luego páselo a través de él. Doble dos veces el extremo vivo y dos veces alrededor del costado del lazo. Sostenga el lazo y tire de las partes dobladas. Pase el anzuelo a través del lazo (f).*

Tire de la parte inactiva para ajustar el lazo al anzuelo (g).

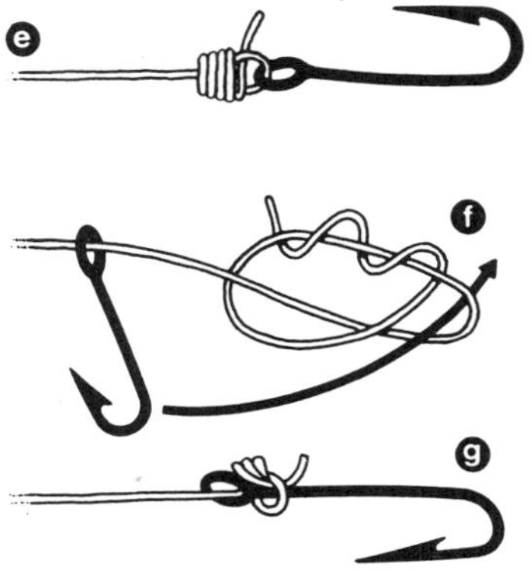

Nudos apretados

Para asegurar anzuelos improvisados a cuerda de tripa o cordel.

Con un ojo: *Enhebre la tripa. Pase el cordel dos veces alrededor del anzuelo y traiga el extremo vivo hacia arriba a través de las vueltas (h). Ajústelo y compruebe su resistencia.*

Sin ojo: *Haga un lazo alrededor de la parte inferior del anzuelo. Haga dos vueltas mordidas desde el extremo superior hacia abajo y pase el extremo vivo a través del lazo inferior (i). Tire de la parte inactiva para ajustarlo.*

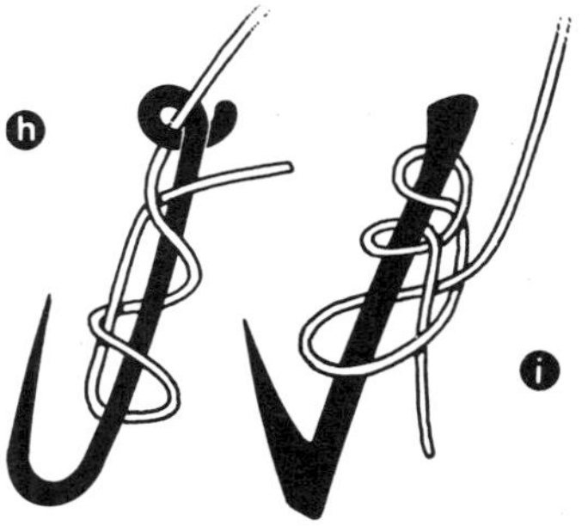

Lazo en nilón #1

Medio lazo doble *Doble el cordel para hacer una vuelta. Ate un medio nudo en ella (a). Vuelva a doblar el extremo (b). Tire con fuerza (c) y cierre el extremo.*

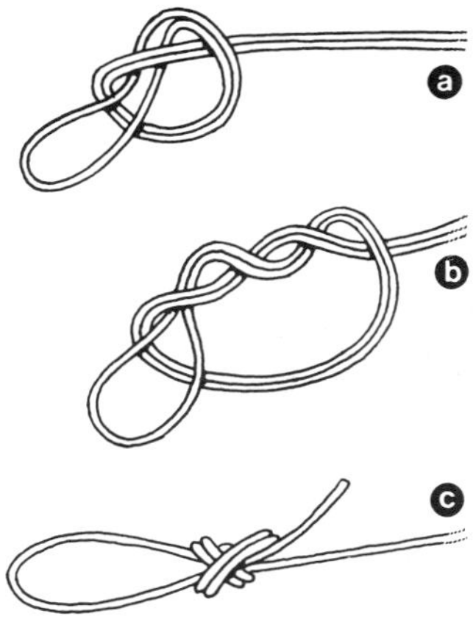

Lazo en nilón #2

Vuelta de sangre *Forme una vuelta. Haga girar el extremo alrededor de la parte inactiva (d). Pase nuevamente el extremo por el nuevo lazo (e). Tire con fuerza y cierre el extremo.*

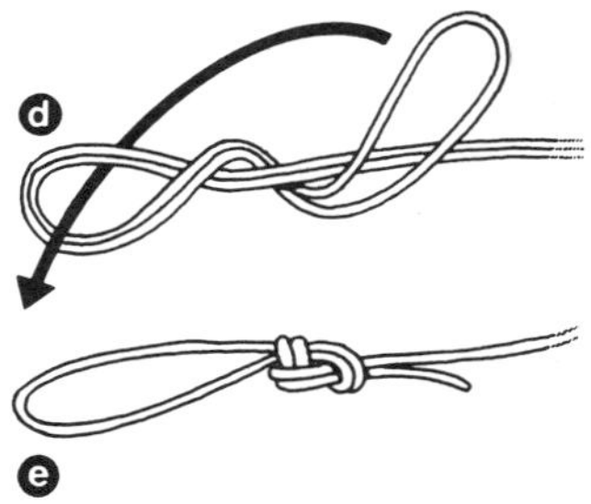

Lazos de unión

Pueden usarse en sedal de nilón pero funcionarán con diferentes materiales resistentes. Para la cuerda de tripa se aconseja el nudo de pescador, que probablemente no resistiría la tensión de este método.

Con extremos libres: *Pase cada sedal a través del otro lazo (f) y tire con fuerza (g).*

Con un sólo extremo libre: *Haga un lazo en el sedal. Coja el extremo vivo del otro sedal y páselo a través del lazo, alrededor de él y nuevamente por dentro y luego átelo con cualquiera de los nudos para anzuelos en el nilón.*

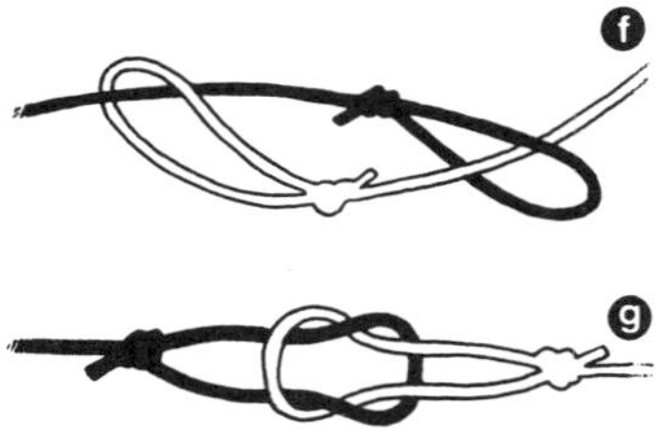

Unir nilón

Nudos mestizos de tres giros: *Coloque los extremos juntos y enrrolle uno alrededor del otro tres veces. Traiga el extremo vivo y páselo a través del espacio donde se cruzan los dos cordeles sobre el otro cordel y por debajo de su propio extremo inactivo (h). Haga lo mismo en la dirección opuesta con el otro cordel. Los extremos vivos acaban apuntando en direcciones opuestas (i). Ajústelos.*

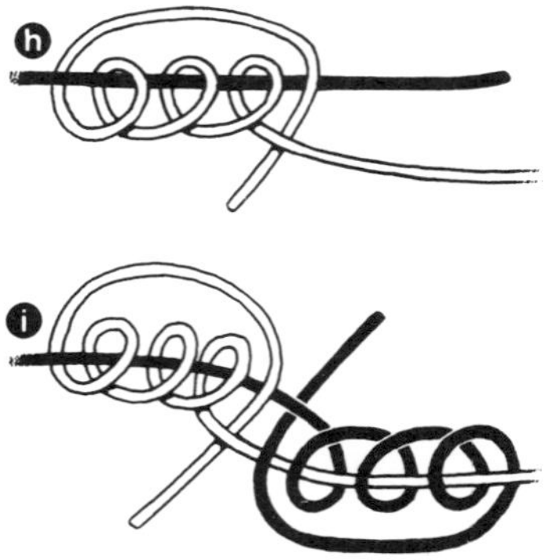

SEXTA SECCIÓN

LEYENDO LAS SEÑALES

Ser capaz de leer y hacer un mapa es solamente el principio de ser capaz de encontrar el camino para salir de una situación comprometida. Debe aprender a interpretar las señales que encuentra en la tierra y en el aire.

Si no dispone de una brújula, hay muchas maneras de fabricar una. El sol y las estrellas suministran una orientación fiable, y hay varios métodos para encontrar la dirección en ambos hemisferios.

La capacidad para anticipar las variaciones climáticas también puede ser fundamental en territorio desconocido, y unas sencillas guías para la predicción e interpretación de los modelos de nubes dotan al superviviente de una capacidad suplementaria.

LEYENDO LAS SEÑALES

Antes de embarcarse en cualquier expedición, deberá aprender todo lo que pueda sobre el terreno que transitará, equiparse con mapas, si los hay, y estudiar las rutas que seguirá en su viaje. Memorice las características del terreno, la dirección en que fluyen los ríos, las tierras altas, los rasgos prominentes, los principales vientos, las pautas climatológicas que puede esperar y cualesquiera de los peligros conocidos, compruebe la fase de la luna y las horas de la primera y última luz del día. Todos estos son elementos fundamentales si usted se encuentra en dificultades. En caso de accidente, puede encontrarse inmovilizado en un territorio absolutamente desconocido y con la imperiosa necesidad de descubrirlo todo sobre su situación sin ayuda de nadie.

Al elegir el lugar para el campamento, busque una fuente de agua y trata de encontrar otros elementos imprescindibles para la supervivencia, deberá interpretar las señales del terreno que le rodea —la otra ladera de una colina puede ofrecer condiciones radicalmente diferentes— y si decide ponerse en marcha deberá interpretar tanto las características geográficas generales como el terreno específico por el que transita.

MAPAS

Elija cuidadosamente los mapas, asegurándose de que están hechos a una escala que le será útil y que le proporcionen una buena información. Un mapa a gran escala que muestre cada construcción y sendero no le servirá de nada si usted piensa conducir a lo largo de miles de kilómetros por una autopista. Todo se mostrará en gran detalle pero sólo una mínima fracción del viaje aparecerá en una hoja y deberá llenar el vehículo de mapas y cambiar de uno a otro cada pocos kilómetros. De otra parte, pocos mapas de carreteras le proporcionarán detalles sobre la naturaleza del terreno o le mostrarán rasgos que pudieran ayudar a un caminante a elegir su ruta. Los navegantes deben ir equipados con cartas precisas para poder mantenerse en aguas seguras. La superficie debajo del mar puede ser variada como lo es sobre el agua. Los pilotos necesitarán conocer los obstáculos en las alturas y qué turbulencias se producen en las proximidades de las montañas y que indican la conveniencia de volar a mayor altitud. Desde el aire, el modelo de la tierra puede mostrarse claramente, pero sus perfiles aparecerán achatados; sin poder interpretarlo, un mapa tiene poca aplicación.

Mapas y terreno

La altura no puede ser reproducida en hojas de papel, de modo que las altitudes se registran a intervalos regulares —habitualmente cada 50 pies o 10 metros según la escala utilizada— y cada punto a esta altura está unido por una línea: la línea de nivel. En la mayoría de los casos, estas líneas se unen hasta formar una curva cerrada una especie de óvalo irregular con protuberancias aquí y allá. Si se detienen bruscamente ante otra línea, eso significa que hay un súbito cambio de altitud, un risco o una pendiente muy pronunciada.

La única línea de nivel que se puede ver en la naturaleza es la del nivel del mar a lo largo de la costa (e incluso esa línea no es demasiado exacta, ya que se ve alterada por las variaciones de las mareas) pero usted puede imaginarse las líneas de nivel como los bordes de discos planos colocados equidistantes unos de otros. Si usted arroja un paño sobre ellos, les unirá adoptando la forma de una colina u otro rasgo del terreno. Sin embargo, usted no tiene un registro exacto de lo que sucede entre esas líneas de nivel y no habrá necesariamente una ladera regular uniéndolas. Podría haber salientes de roca, depresiones del terreno, cualquier variación topográfica dentro de esos 10 metros o 50 pies. Desde las posiciones relativas de una altitud determinada a otra, usted puede adivinar bastante bien qué clase de superficie tendrá el terreno, aunque no puede estar seguro de ello. Por tanto, puede haber rasgos que, debido a que caen dentro de las líneas de nivel, no aparecerán en su mapa.

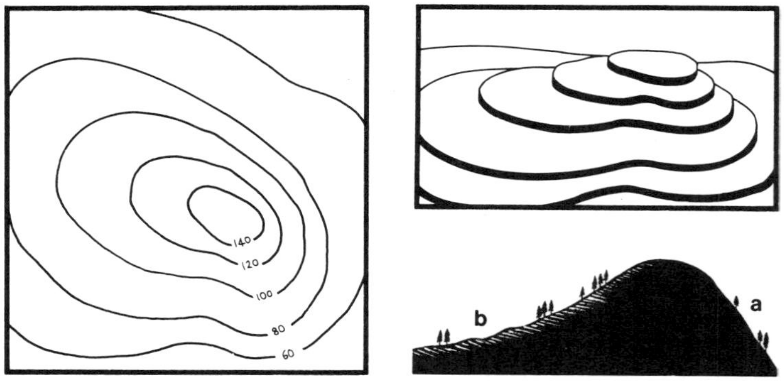

Las líneas del nivel en el mapa representan una serie de puntos colocados a la misma altura sobre el nivel del mar y no registran lo que sucede entre ellos. Cuando las líneas se hallan estrechamente agrupadas el cambio en la altitud es más rápido (a). Invesamente, espacios más grandes entre las líneas de nivel indican alturas más suaves (b).

Interpretación de los mapas

Recuerde que los intervalos entre las líneas de nivel son las distancias entre los puntos horizontales en la misma altitud teórica, no la distancia real en la inclinación del terreno. Se miden en unidades que muestran posiciones relativas y no están señaladas a escala como el trazado horizontal.

Es un error bastante común pensar que un grupo de líneas de nivel indica una elevación del terreno comparable a la distancia señalada entre ellas, pero la escala del mapa de un excursionista típico es de 1: 50.000 y 10 metros en esa escala será de 0,2 mm. Las líneas de nivel separadas por 5 mm en la superficie del mapa estarían a distancias horizontales de 250 metros y el gradiente sería de 1 en 25.

Escala

Antes de que pueda empezar a usar un mapa debe entender su escala. Esto puede mostrarse por una barra de escala marcada en millas o kilómetros según la medida en que se exhiben en el mapa o pueden presentarse como una relación: 1: 50.000 significa que cada medida en el mapa representa una distancia 50.000 veces mayor sobre el terreno.

Clave

Habitualmente habrá una clave para interpretar los símbolos utilizados en el mapa para representar características naturales o hechas por el hombre: ríos, carreteras, construcciones, tipos de bosque o pantanos, tipos de costa. Lo que se muestra, y cómo se lo muestra, variará enormemente. Si no hay ninguna clave en el mapa individual o en su cubierta, asegúrese de averiguar qué significan esos símbolos en esa serie de mapas. Algunos serán absolutamente evidentes: si el mapa es en color, los ríos seguramente estarán marcados de azul, mientras que los pantanos estarán señalados por estilizadas crestas de color rojo.

No todos los rasgos pueden señalarse a una escala exacta. Los caminos y senderos tendrán probablemente anchos estándar para coincidir con la clase de huella que representan en lugar de tener medidas exactas, y las corrientes y los ríos tendrán medidas igualmente estandarizadas. Los mapas del British Ordenance Survey (OS), por ejemplo, muestran las vías de agua con una línea azul, que aumenta gradualmente su grosor hasta representar un ancho de 8 m de la corriente, donde se utiliza una línea doble, proporcionándole inmediatamente la información de que hay un río que presentará dificultades para cruzarlo. En todos los mapas hay estándares similares. Una vez que haya dominado la forma en que se presenta la información, los mapas le serán muy útiles.

Cuadrículas

Los mapas, casi siempre, llevan unas cuadrículas que los dividen. Estas cuadrículas se basan en grados de latitud y longitud o bien en una cuadrícula especial desarrollada por los expertos que hicieron el mapa. La ventaja de estas cuadrículas especiales es que habitualmente están diseñadas para formar cuadrados basados en las mediciones del terreno y que pueden ayudarle a establecer las distancias correctas rápidamente. En los mapas del OS británico, por ejemplo, las líneas de las cuadrículas están separadas por 1 km y la diagonal a través de ellas es de 1 ½ km. Si usted quiere encontrar, o informar, una posición, ésta puede ser descrita por una coordenada formada por las líneas de referencia a partir de dos lados del mapa. Para cualquiera que use un mapa con la misma cuadrícula, este proceso localizará inmediatamente la «caja» en la que aparece. La división del cuadrado a ojo en otras décimas partes señala la ubicación exacta. Esto proporciona una manera sencilla de decirle a las partidas de rescate cual es su localización o de fijar un punto de encuentro.

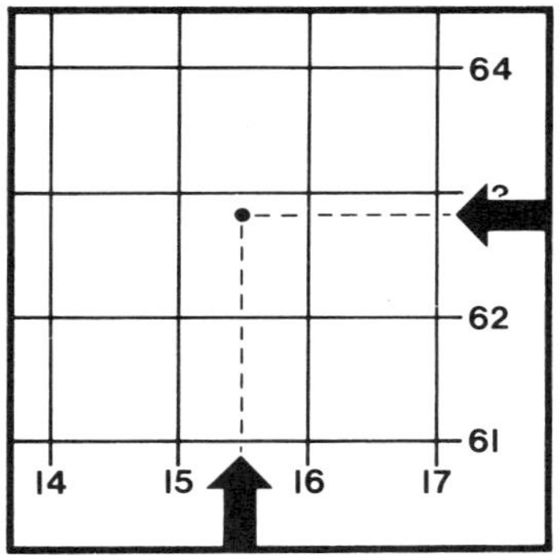

La situación señalada con un punto puede ser descrita como 15,5 × 62,8 usando las coordenadas desde los costados de la cuadrícula. Este sistema requiere que los cuadrados sean mentalmente divididos en décimas partes de cada dirección. La «referencia en el mapa» se expresa normalmente con seis dígitos: 155628. Códigos con letras deberían tener explicación.

El norte en los mapas

A menos que haya líneas de longitud, las líneas de las cuadrículas en un mapa no indican el norte y el sur, aunque se aproximen a ellos. Recuerde que una brújula señala el norte magnético y no el norte real, y la diferencia entre ambos varía según el lugar donde usted se encuentra en el mundo porque el norte magnético cambia lentamente de posición. Para hacer mediciones precisas necesita conocer estas variaciones, pero con una idea aproximada de la orientación le ayudará a adaptar su mapa al terreno circundante.

Si usted dispone de una brújula ajustable e información acerca de su desviación y de la desviación de su mapa respecto del verdadero norte, puede hacer coincidir cuidadosamente todos esos detalles de modo que, incluso en condiciones de escasa visibilidad o donde los accidentes del terreno estén más allá de su horizonte, usted puede conseguir una buena orientación para seguir su camino.

Muchos mapas indican la desviación o la dirección del norte magnético. Si ello no fuese así, puede encontrarlo por la estrella polar o utilizando el método de observación para apuntar hacia el norte. Use la cruz del sur del mismo modo en el hemisferio sur para establecer la posición del sur (ambos se ilustran más adelante).

Variación magnética local

Para encontrar la variación magnética local, cuando no esté registrada en el mapa, apunte la brújula hacia la estrella polar. Observe la diferencia entre la manecilla y el norte indicado.

Alineando la brújula con las líneas de la cuadrícula en el mapa, usted puede descubrir su variación, en caso de que la haya. Si luego se decide a orientarse por los cálculos magnéticos, debe recordar que tiene que compensar la variación.

La capacidad para leer los mapas debería ser tenida por cualquier persona que planeara una expedición y es particularmente importante en terreno montañoso. Pueden conseguirse brújulas montadas con calibradores, escalas e indicadores de la dirección que facilitan enormemente la orientación. Compruebe todos estos datos y haga que se los expliquen.

En una situación de supervivencia probablemente deberá arreglárselas sin contar con un instrumento tan sofisticado. Si no es capaz de establecer correcciones adecuadas, verifique continuamente su posición por los accidentes del terreno.

Gradientes

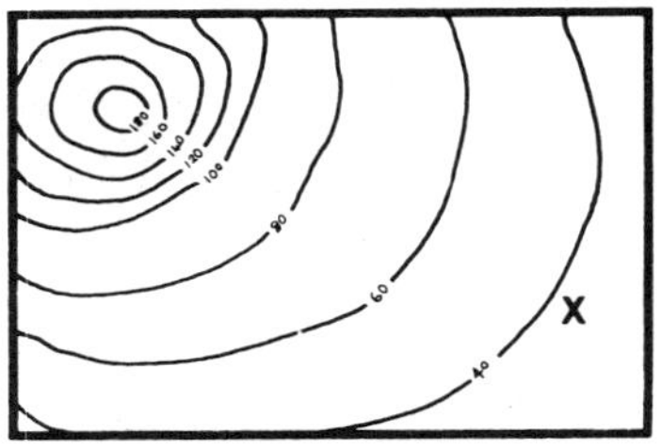

Una ladera cóncava (a) (donde usted puede ver la cima desde el fondo) tiene las líneas más altas muy juntas.

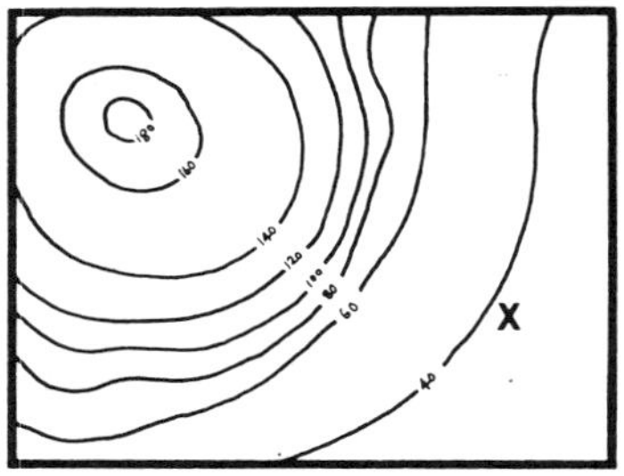

Una ladera convexa (b) (donde usted no puede ver la cima desde el fondo) tiene las líneas inferiores muy juntas.

Midiendo las distancias

Las distancias en línea recta pueden medirse utilizando cualquier borde recto y haciéndolo coincidir con la barra de escala o multiplicándolas por las proporciones de la escala en el mapa. Las rutas quebradas auxiliares pueden seguirse con un trozo de cordel que luego puede extenderse. Los gradientes pueden establecer una diferenia apreciable en las distancias y deben ser calculados: un gradiente de 45°, por ejemplo, añadirá otros 8,2 metros a una distancia horizontal en el mapa de 200 metros.

Sus propios mapas

El superviviente tal vez no sea lo bastante afortunado para disponer de un mapa y, por tanto, debería trazar uno. Con un mapa, usted siempre será capaz de encontrar el camino de regreso al campamento, algo esencial si ha salido a buscar ayuda para los enfermos, los niños o los supervivientes ancianos que han quedado atrás.

Si no le resulta posible calcular exactamente las distintas alturas del terreno, puede idear su propio sistema para indicar las curvas del nivel.

Busque el punto más ventajoso y observe el terreno a su alrededor. Si sube a un árbol tendrá una visión mejor. Observe la dirección de las colinas, cuente todas las que alcanza a divisar. Entre cada colina probablemente haya un río o una corriente de agua, pero no puede estar seguro de ello ya que habrá mucho «terreno muerto» que no puede ver. Haga un mapa general con zonas en blanco y luego rellénelas a medida que obtenga más información desde otros puntos elevados y de su exploración del terreno.

Señale cualquier dato de interés en su mapa: cursos de agua, salientes rocosos, árboles aislados, accidentes del terreno con formas extrañas que pueden utilizarse como puntos de referencia, zonas de vegetación diferente. Puede trazar posiciones para sus trampas, las madrigueras de los animales, buenos lugares para buscar alimentos y combustible o encontrar piedras útiles para hacer herramientas. Será mucho más sencillo para usted y sus compañeros que confiar en su memoria o en descripciones vagas.

ENCONTRAR LA DIRECCIÓN

La relación de la tierra con el resto del sistema solar o la posición de las estrellas en el cielo ayudan a localizar cualquier punto en su superficie. Su rotación alrededor de su eje produce los cambios de luz a oscuridad y su orbitación en torno al sol produce las estaciones, porque la tierra se encuentra inclinada en ángulo con respecto al sol y primero el norte y luego el sur se acercan al astro rey, siendo el punto más próximo recorriendo desde el trópico de Cáncer (23,5 °N) hasta el trópico de Capricornio (23,5 °S), está el sol sobre Cáncer el 22 de junio y sobre Capricornio el 22 de diciembre. Pasa sobre el Ecuador el 21 de marzo y el 21 de septiembre.

El sol sale por el este y se oculta por el oeste, pero no EXACTAMENTE por el este y el oeste. Existe también cierta variación estacional. En el hemisferio norte, cuando se halla en su punto más alto en el cielo el sol estará proa al sur; en el hemisferio sur este punto al mediodía señalará al norte. El hemisferio estará indicado por la forma en que se mueven las sombras: en el sentido de las agujas del reloj en el norte y en sentido inverso a ellas en el sur. Las sombras pueden ser una guía tanto de la dirección como del momento del día.

MÉTODO 1 DEL PALO DE SOMBRA

Coloque un palo vertical en una zona de terreno llano. Observe donde cae la sombra y marque la punta con un guijarro o una varilla corta (a). Espere al menos 15 minutos y marque la nueva punta de la sombra. (b). Una estos dos puntos y obtendrá la dirección este-oeste, siendo el oeste la primera marca. La dirección norte-sur se encontrará en ángulo recto a esta línea. Este método funciona en cualquier momento del día cuando haya sol y en cualquier latitud. Úselo para comprobar distintos lugares a medida que viaje.

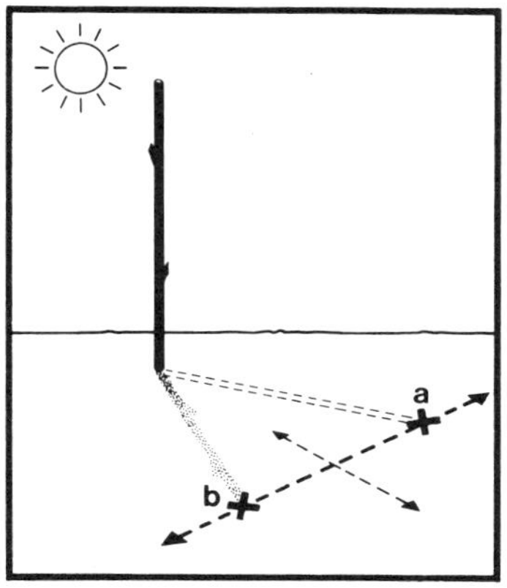

MÉTODO 2 DEL PALO DE SOMBRA

Es otro método, más preciso, si dispone de tiempo, y se trata de marcar la primera punta de sombra por la mañana. Trace un arco con radio igual a longitud del palo, coloque el palo en el centro. Cuando se aproxime el mediodía, la sombra se arrugará y se moverá. Por la tarde, cuando la sombra vuelve a alargarse, marque el punto EXACTO donde toca el arco. Una los dos puntos para señalar el este y el oeste; el oeste es la marca matinal.

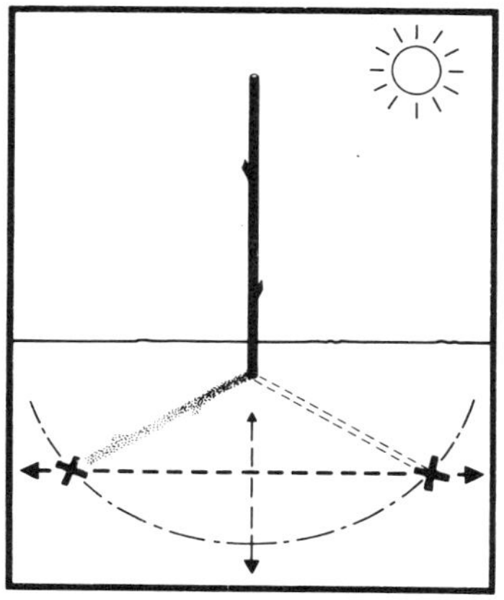

La dirección por el reloj

Un reloj común con dos manecillas puede utilizarse para encontrar la dirección, siempre que marque la hora local (sin variación por el ahorro de luz estival e ignorando las zonas horarias convencionales que no señalan el tiempo real). Cuando más cerca del Ecuador se encuentre menos preciso será el método, ya que con el sol prácticamente encima de su cabeza, resulta complicado determinar su dirección.

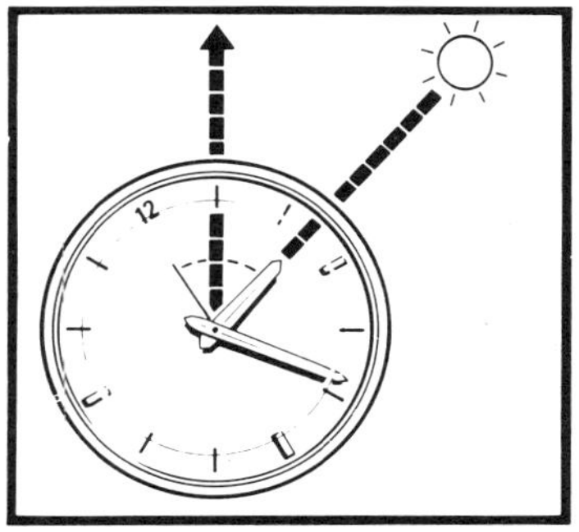

Hemisferio norte *Sostenga el reloj horizontalmente. Apunte hacia el sol la manecilla más corta. Divida en dos el ángulo entre la manecilla mayor y las 12 para obtener la línea norte-sur.*

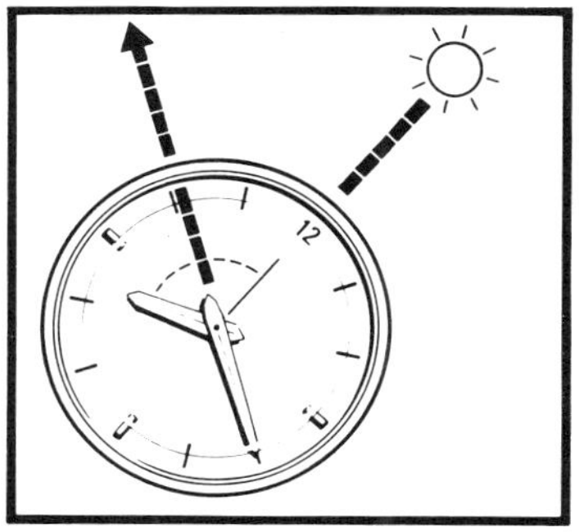

Hemisferio sur *Sostenga el reloj horizontalmente. Apunte las 12 hacia el sol. Un punto intermedio entre las 12 y la manecilla menor le dará la línea norte-sur.*

Brújulas improvisadas

Un pequeño trozo de metal ferroso —una aguja de coser es ideal— frotada repetidas veces contra un trozo de seda EN UNA SOLA DIRECCIÓN se volverá magnética y puede suspenderse para que señale el norte. El magnetismo no será muy fuerte y necesitará frotarse a menudo.

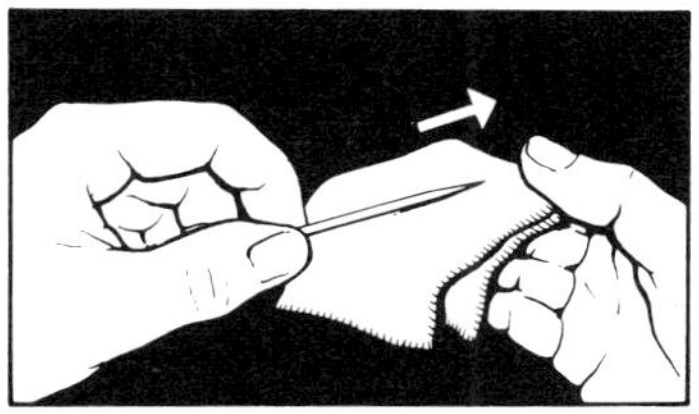

El empleo de un imán, si usted tiene uno, será mucho más eficaz que la seda; frote el metal suavemente desde uno a otro extremo y EN UNA SOLA DIRECCIÓN.

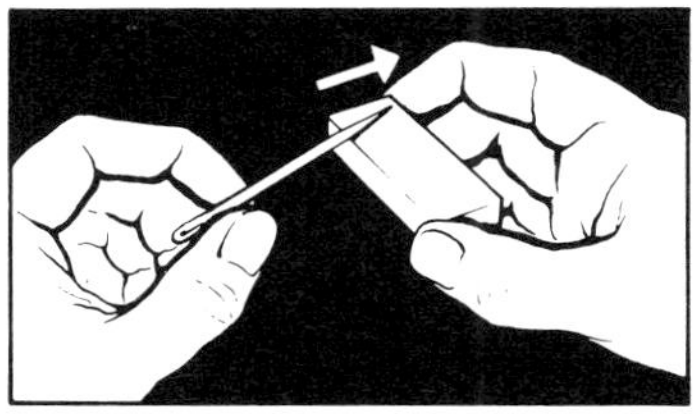

Suspenda la aguja en el lazo de un cordel, para que no afecte a su equilibrio. Debe evitarse cualquier nudo o enroscadura que tenga el cordel.

Aguja flotante

Una aguja suspendida será más fácil de manejar si usted está moviéndose, pero si está en el campamento o ha hecho un alto en la marcha, un método más efectivo consiste en colocar una aguja sobre un trozo de papel, corteza o hierba y hacerla flotar en el agua.

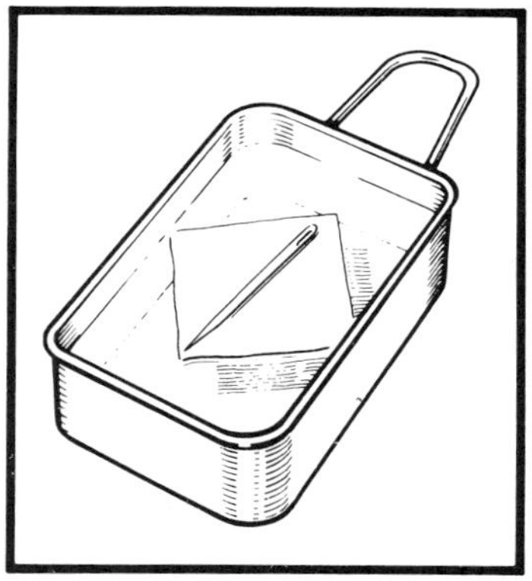

Usar la electricidad

Si dispone de una fuente de electricidad de dos voltios o más (una pequeña batería seca, por ejemplo) la corriente puede utilizarse para magnetizar el metal. Necesitará también un pequeño trozo de alambre, preferiblemente aislado.

Pase el alambre en forma de espiral alrededor de la «aguja». Si no está aislado, envuelva primero la aguja con unas capas de papel o un trozo de cartón. Una los extremos del alambre a los terminales de la batería durante cinco minutos.

Brújula de cuchilla de afeitar

Una cuchilla de afeitar también puede utilizarse como brújula de aguja porque está hecha de dos metales unidos. Se la puede magnetizar simplemente frotándola contra la palma de la mano CON CUIDADO. Luego suspéndela.

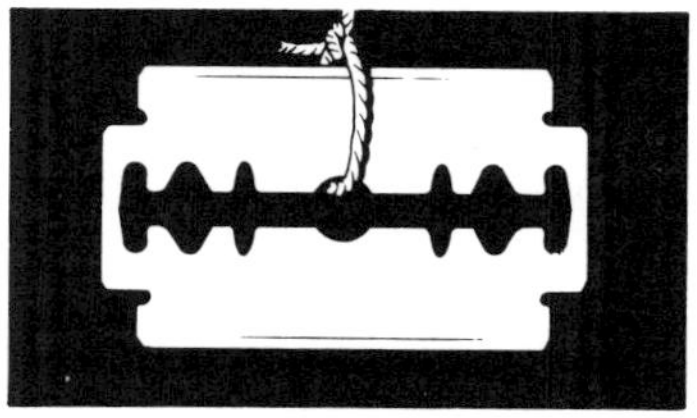

Use otros métodos para establecer qué dirección es el norte y luego identifique qué extremo de su nueva brújula de aguja es cual y marque uno de ellos. Recargue el magnetismo de su brújula de vez en cuando, y siempre compruebe su lectura con la posición del sol. Puede obtener una lectura errónea si se encuentra cerca de gran cantidad de metal ferroso.

Plantas indicadoras

Incluso careciendo de brújula o sin el sol que le indique la dirección, puede obtener una referencia del norte y el sur a partir de las plantas. Estas tienden a crecer hacia el sol, de modo que sus flores y crecimiento más abundante se orientarán hacia el sur en el hemisferio norte, y hacia el norte en el hemisferio sur.

En los troncos de los árboles, el musgo tenderá a ser más verde y más abundante también en ese lado (en el otro lado del tronco será amarillento o marrón). Los árboles con corteza granulada también exhibirán un grano más apretado en el lado del tronco que mira al norte.

Si los árboles han caído o han sido derribados, el tipo de los anillos en el tocón indica también la dirección: hay menor crecimiento en el sector que mira hacia el Ecuador, de modo que allí los anillos están más espaciados.

Incluso hay especies de plantas conocidas por su orientación norte-sur:

Planta del Polo Norte *que crece en Suráfrica, se inclina hacia el norte para aprovechar los rayos del sol.*

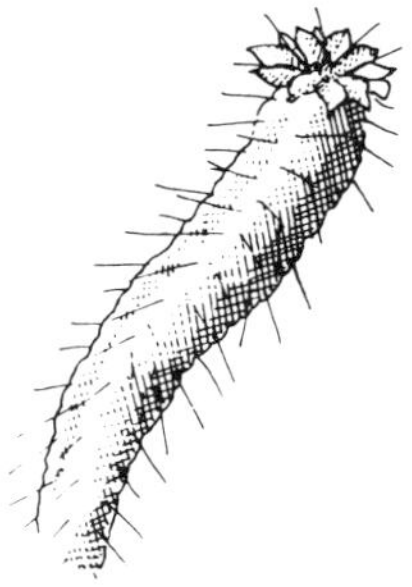

Planta brújula *de América del Norte, dirige sus hojas alineadas en dirección norte-sur. Su perfil desde el este o el oeste es diferente al del norte o sur.*

La dirección del viento

Si se conoce la dirección del viento principal, puede aprovecharse para mantener la dirección de la marcha. En todo el mundo hay modelos consistentes, pero no son siempre los mismos durante todo el año.

Allí donde un viento fuerte sopla siempre en la misma dirección, plantas y árboles pueden estar inclinados en una dirección, clara señal de la orientación del viento, pero las plantas no son la única indicación de la dirección del viento: aves e insectos construirán normalmente sus nidos en la zona protegida de cualquier lugar, y las arañas no pueden tejer sus redes en el viento. Las dunas de nieve y de arena también se forman según el viento dominante, que sopla desde el exterior de las grandes montañas centrales.

Haciendo uso de la luna

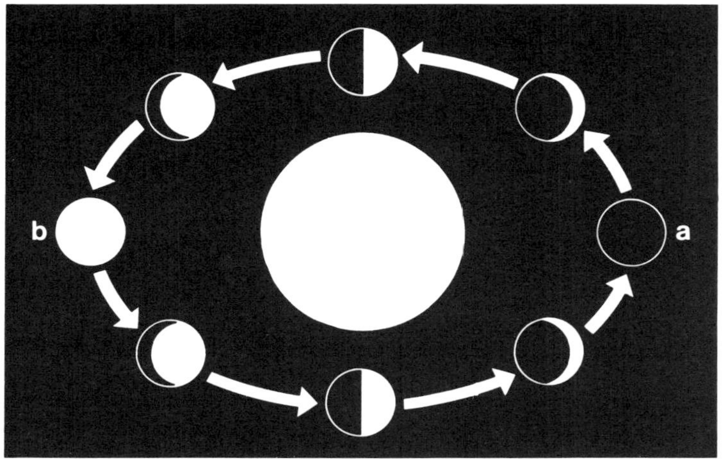

La luna carece de luz propia, y refleja la del sol. Como gira alrededor de la tierra cada 28 días, la forma de la luz reflejada varía según su posición en el cielo. Cuando la luna se encuentra en el mismo lado de la tierra que el sol no hay ninguna luz visible —o sea «luna nueva» (a)— y entonces refleja luz desde su aparente lado derecho, desde una zona crecientemente amplia a medida que «crece». La luna llena se encuentra en el lado opuesto de la tierra con respecto al sol (b) y luego «mengua», reduciéndose el área de reflexión a una estrecha astilla en el lado izquierdo aparente. Este fenómeno puede utilizarse para identificar la dirección.

Si la luna sale ANTES de que el sol se oculte, el lado iluminado se encontrará en el oeste. Si la luna sale DESPUÉS de medianoche, el lado iluminado estará en el este. Esto puede parecer obvio, pero significa que usted tiene la luna como una aproximada referencia este-oeste durante la noche.

Dirección señalada por las estrellas

Las estrellas permanecen en la misma relación entre ellas y pasan sobre los mismos lugares de la tierra todas las noches. Su paso por el horizonte comienza cuatro minutos antes cada noche, con una diferencia de dos horas por mes. Si estudia una estrella a una determinada posición y en un determinado momento del anochecer y luego comprueba su posición a la noche siguiente a la misma hora, descubrirá que se ha movido un grado en dirección opuesta a las agujas del reloj en el hemisferio norte y en dirección contraria en el hemisferio sur. Saliendo por el este, las estrellas alcanzan su cénit y permanecen en el horizonte occidental a la misma distancia de su cénit mientras ascienden.

Las estrellas han sido estudiadas durante miles de años, y los grupos o constelaciones en las que aparecen ante nuestros ojos fueron bautizados en la antigüedad con nombres de animales y figuras mitológicas sugeridos por sus formas.

En el hemisferio norte hay grupos de estrellas que permanecen visibles toda la noche, girando en torno a la única estrella que parece inmóvil, la estrella polar (una valiosa ayuda para la navegación, porque está situada casi sobre el norte polar). En el hemisferio sur, la estrella polar no es visible y no existe ninguna estrella meridional de brillo y estabilidad comparables, por lo que en este hemisferio se recurre a una constelación llamada Cruz del Sur para encontrar el rumbo, de una forma que explicaremos más adelante.

El cielo septentrional

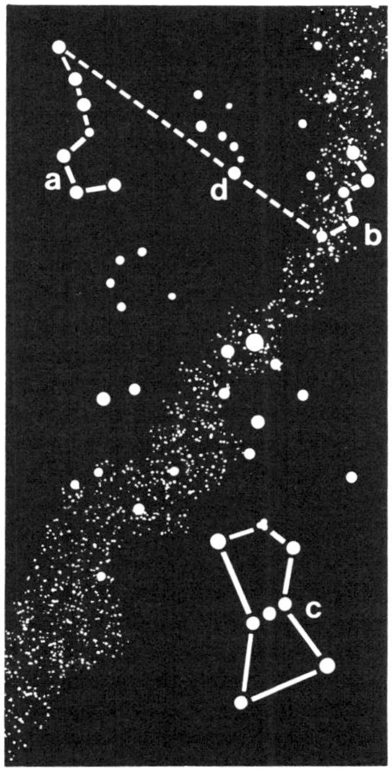

Las principales constelaciones que deben aprenderse son la del Carro, conocida también como Osa Mayor (a), Casiopea (b) y Orión (c), las cuales, como todas las estrellas del cielo septentrional, parecen girar alrededor de la estrella polar (d), pero las dos primeras son grupos que no se ocultan.

Estas constelaciones aparecen en diferentes momentos según latitud y Orion resulta más útil para orientarse si usted se encuentra cerca del Ecuador.

Cada una de ellas puede utilizarse de alguna manera para comprobar la posición de la estrella polar, pero una vez que haya aprendido a reconocerla tal vez no necesite hacer esta verificación.

Se puede trazar una línea uniendo Casiopea y el Carro (Osa Mayor) a través de la estrella polar. Advertirá que las dos estrellas más bajas de la Osa Mayor (como se muestra aquí) casi señalan hacia la estrella polar. Le ayudará a encontrar estas constelaciones si mira a lo largo de la Vía Láctea, que se extiende justo atravesando el cielo y apareciendo como una banda brumosa de millones de estrellas.

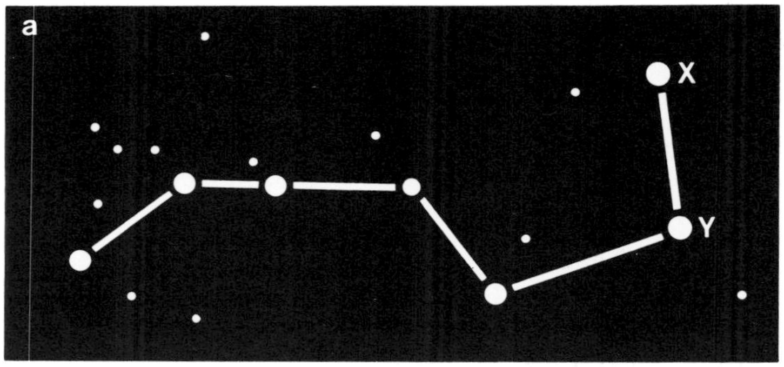

El Carro (la Osa Mayor) (a) es la figura central de una enorme constelación llamada Osa Mayor *(Ursa Major).* Gira en torno a la estrella polar. Las dos estrellas, Dubhe (x) y Merak (y) señalan, más allá de Dubhe, casi exactamente hacia la estrella polar, que se encuentra a una distancia cuatro veces superior a la que separa a ambas.

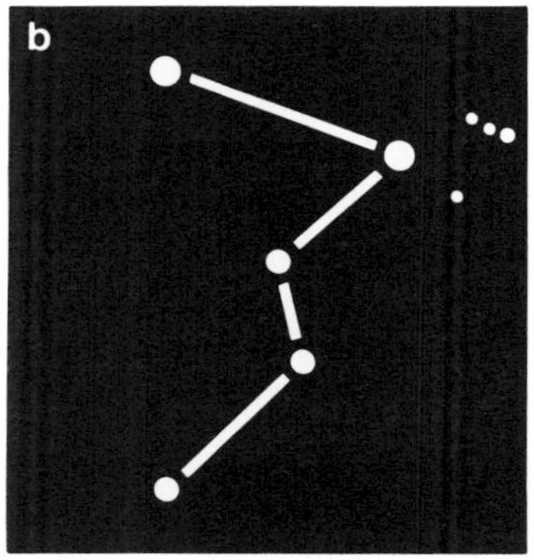

Casiopea (b) tiene forma de W y gira también alrededor de la estrella polar. Se encuentra en el lado opuesto de la estrella polar y a la misma distancia aparente del Carro (Osa Mayor).

En una noche clara se puede observar esta constelación extendida sobre la Vía Láctea. Es útil encontrar esta constelación como guía para localizar la estrella polar, si el Carro se halla oscurecido por alguna razón. La estrella central apunta casi directamente hacia ella.

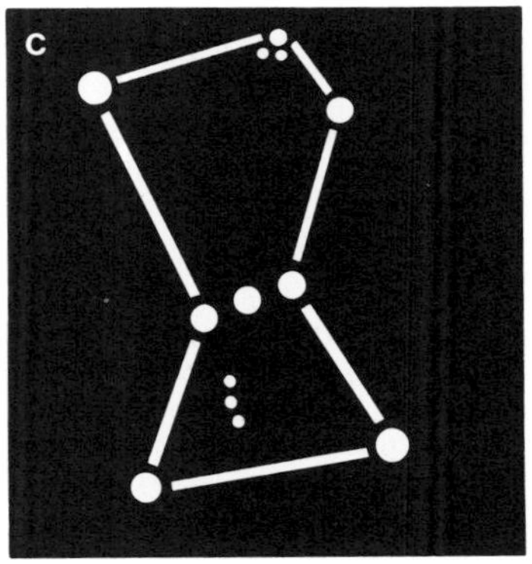

Orion (c) se encuentra sobre el Ecuador y puede verse desde ambos hemisferios. Sale por un lado, orientada hacia el este, independientemente de la latitud del observador. Mintaka (a) está directamente sobre el Ecuador. Orion aparece más alejada de la estrella polar que las constelaciones anteriores. Es fácil de identificar por las tres estrellas que forman su cinturón y las estrellas más pequeñas que forman la espada.

Otras estrellas que salen y se ocultan también pueden utilizarse para determinar la dirección. Clave dos estacas en el suelo, una más corta que la otra, de modo que pueda ver a lo largo de ellas (o use las mirillas de un rifle sujeto en una posición fija). Mirando a lo largo de ellas hacia cualquier estrella —excepto la polar— parecerá que se mueve. Del movimiento aparente de la estrella puede deducir la dirección hacia la que se dirige.

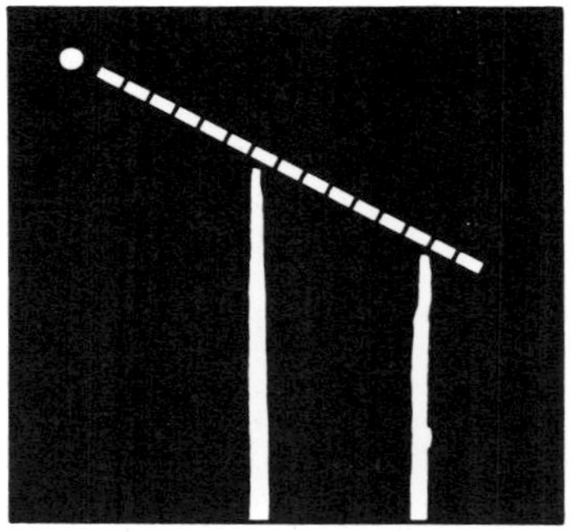

Saliendo aparentemente: mira al **este**
Ocultándose aparentemente: mira al **oeste**
Curvándose directamente hacia la *derecha:* mira al **sur**
Curvándose directamente hacia la *izquierda:* mira al **norte**

Estas son sólo direcciones aproximadas, pero le servirán para la navegación. En el hemisferio sur deberá invertirlas.

Leyendo el cielo meridional

No hay ninguna estrella cerca del polo sur lo bastante brillante para ser reconocida fácilmente. En cambio se recurre a una prominente constelación para determinar el sur: la Cruz del Sur (Crux), una constelación compuesta por cinco estrellas que pueden distinguirse de otros dos grupos de forma cruzada por su tamaño —son más pequeñas— y sus dos estrellas indicadoras.

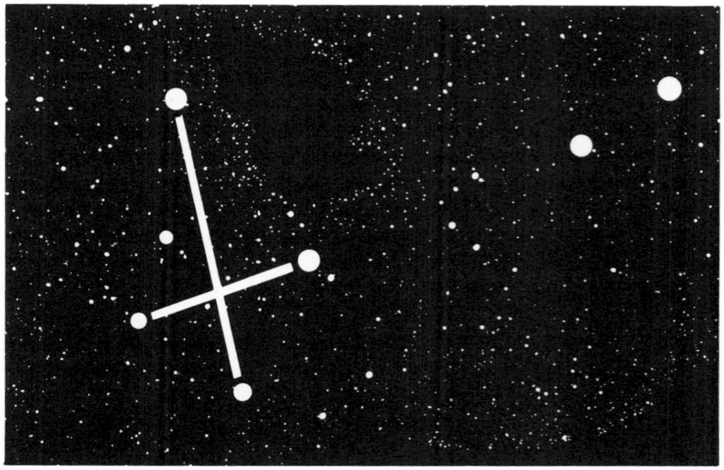

Encontrar la Cruz del Sur

Una forma de encontrar la Cruz del Sur consiste en mirar a lo largo de la Vía Láctea, esa franja de millones de estrellas remotas que se pueden ver abarcando el cielo en las noches claras. En la mitad de esa franja estrellada hay una zona oscura donde una nube de polvo delinea la brillante estrella que tiene detrás, conocida como Saco de Carbón. A un lado se encuentra la Cruz del Sur y, al otro, las dos estrellas brillantes e indicadoras.

Encontrar el sur

Para encontrar el sur proyecte una línea imaginaria a lo largo de la cruz y cuatro veces y media más larga; luego déjela caer verticalmente hacia el horizonte. Fije, si puede, una marca prominente en el horizonte o clave dos estacas en el suelo para poder recordar la posición cada día.

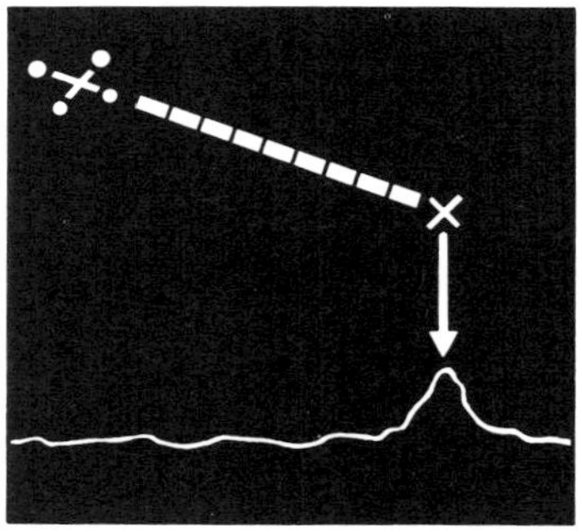

SEÑALES DEL TIEMPO

El tiempo atmosférico es mucho más puntual que el clima. Aunque es posible generalizar sobre el tiempo que puede esperarse en diferentes zonas del mundo, y en algunos territorios el tiempo es muy estable, la geografía de un área pequeña puede hacer que difiera considerablemente de la contigua.

Los cambios del tiempo se producen parcialmente por los amplios movimientos del viento y del agua en todo el globo terrestre y, en parte, por diferencias localizadas de temperatura y presión del aire que causan los movimientos del aire. Estos movimientos producen vientos y lluvia.

En general, el aire se mueve desde áreas de alta presión hacia zonas de bajas presiones, haciendo que el aire caliente se expanda y ascienda, mientras que el aire más frío se mueve debajo. El aire caliente eleva la humedad pero, a gran altitud, o cuando alguna otra causa hace que la temperatura descienda, la humedad comienza a condensarse en forma de nube y, finalmente, se precipita en forma de lluvia. El ejemplo más obvio se produce en las montañas, donde las corrientes de aire suben y la lluvia cae en las laderas. En algunos lugares, se pierde tanta agua que en el extremo más alejado de la montaña existe un territorio de «sombra de lluvia» seco. Sin embargo, eso no significa necesariamente que si, desde el territorio seco, usted asciende y cruza la montaña se encontrará con una zona bien irrigada. Una zona montañosa puede continuar durante algunos kilómetros antes de alcanzar la zona de grandes precipitaciones, o tal vez algún accidente físico anterior puede haber hecho que las nubes perdieran la mayor parte de la lluvia que contenían.

Áreas costeras

En las áreas costeras, ya sea que se trate de un océano, o un mar interior o un lago, habrá una clase de viento que invertirá su dirección de día o de noche. El agua absorbe y pierde calor menos rápidamente que la tierra y, por tanto, tiende a ser más fría que la tierra durante el día y más caliente por la noche. La diferencia de temperatura afecta al aire y durante el día la brisa sopla habitualmente desde el mar hacia la tierra, mientras que por la noche el viento cambia de dirección y sopla en sentido inverso.

Cuando una isla se encuentra próxima a una gran masa de tierra, estos tipos de viento pueden ser cubiertos por un movimiento de aire más amplio, pero un tipo muy regular de cambio día-noche en la dirección del viento sugiere una gran masa de agua en la dirección desde la cual sopla el viento diurno.

Vientos

Los vientos pueden transportar olores con ellos, suministrando información sobre el lugar desde el cual soplan. Incluso para la nariz sin entrenamiento, el olor del mar será perfectamente reconocible, y para el superviviente de una naufragio los olores de la vegetación indicarán la dirección a la que se encuentra la tierra. Sin embargo, no confíe enteramente en su olfato, use otra evidencia para confirmar estos mensajes.

Allí donde los vientos tienden a mantener su dirección pueden ser una ayuda para mantener un curso, pero también deberían hacerse otras comprobaciones regulares para mantener la dirección.

Estudie la dirección del viento y el tiempo que le acompaña. tome nota de ello. Dependiendo siempre de las condiciones barométricas, el viento que sople desde una determinada dirección traerá probablemente una clase de tiempo similar. Es una guía para la predicción del tiempo.

Si el viento es fuerte y seco, el tiempo permanecerá constante hasta que el viento cese o cambie, luego tal vez llueva.

Si hay niebla habrá condensación pero no lluvia, pero si un viento aleja la niebla puede volver a llover.

En un día bueno, un notable incremento en la fuerza del viento indica un cambio en el tiempo. (*Ver también Huracanes y Tornados en* **Desastres**).

NUBES

Observe la forma en que cambian las nubes, porque las nubes son las señales del tiempo más fiables.

Las nubes están formadas de masas de vapor de agua que se vuelven visibles cuando se condensan al enfriarse. Si este enfriamiento continúa, las gotas aumentan su tamaño hasta que, demasiado pesadas para permanecer flotando en el aire, se precipitan en forma de lluvia. Cuando su temperatura se eleva suficientemente se evaporan y la nube se dispersa.

Existen diez tipos principales de formación de nubes. Cada tipo aparece a una latitud correspondiente. Las mismas formas se producen a altitudes más bajas en las regiones polares.

Cuanto más altas son las nubes, mejor es el tiempo.

Las pequeñas nubes negras que se mueven detrás de una banda de un estrato oscuro suelen producir lluvias.

Las nubes que penden sobre las tierras altas indican lluvia, a menudo se desplazan por el mediodía.

Nubes cirrocúmulos son masas pequeñas y redondas, parecidas a arena rizada y a las que a menudo se llama ''cielo aborregado''. Normalmente presagian tiempo apacible, suelen seguir a una tormenta y disiparse, dejando tras ellas un brillante cielo azul. *5-8 km.*

Nubes altocúmulos anuncian buen tiempo, similares a las anteriores pero a mayor escala, más gruesas, no tan blancas y con sombras interiores. Suelen aparecer después de una tormenta, se desplazan a una altura de *1,5-6 km.*

Nubes cúmolonimbo son bajas y tormentosas. De aspecto oscuro y amenazador pueden alzarse hasta los 6.000 metros con la punta aplanándose hacia afuera por lo que a menudo se llama punta de yunque. Es una nube que produce granizo, fuertes vientos, truenos y relámpagos. Los falsos cirros aparecen arriba, los falsos nimboestratus debajo. *1,5-10 km.*

Nubes cúmulo son muy fáciles de reconocer: blancas y plumosas, parecidas a la coliflor. Habitualmente significan buen tiempo cuando están muy separadas pero si se vuelven muy grandes y desarrollan muchas cabezas, son capaces de producir chubascos súbitos y torrenciales.

Los cúmulos en el mar y en el cielo sin otras nubes son a menudo señal de tierra debajo de ellas. *2,5 km y menos.*

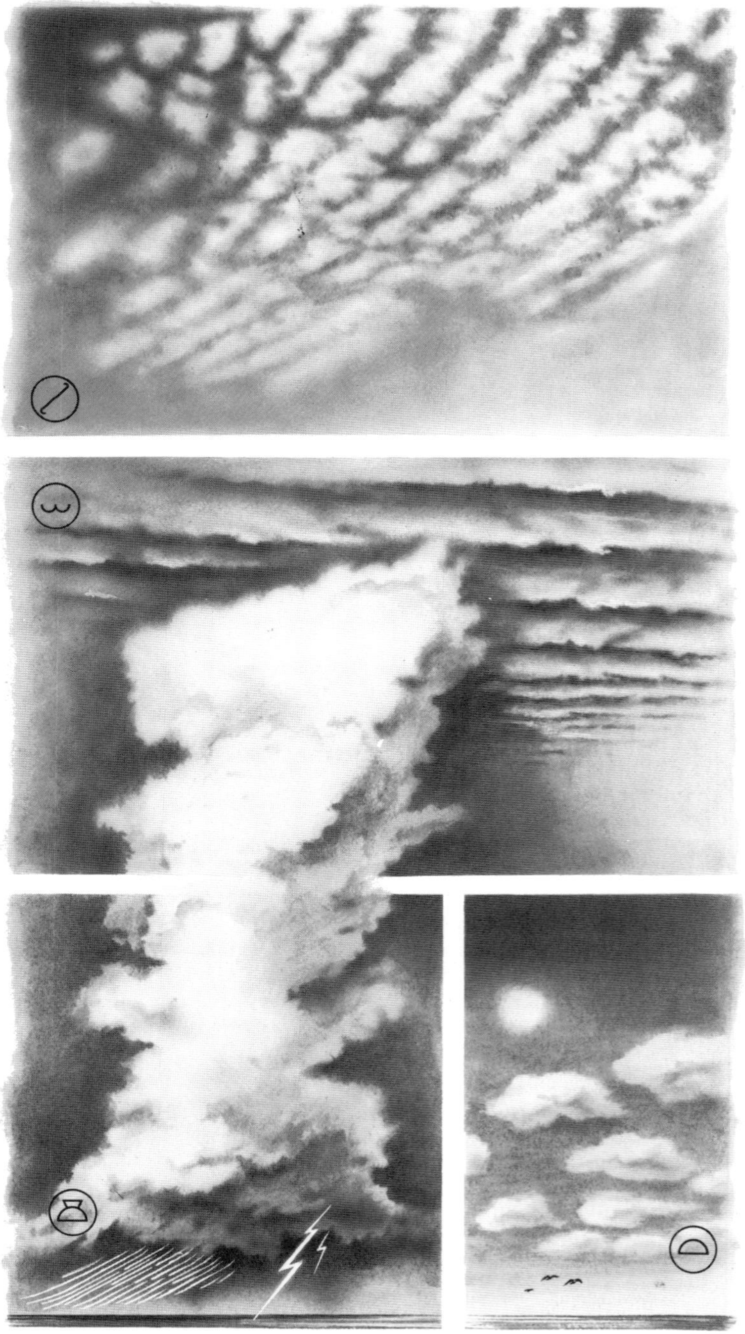

Nubes cirros son altas y espigadas, formadas por cristales de hielo que les dan una apariencia blanca. A menudo se las llama "colas de caballo" y se las observa cuando el tiempo es bueno. *5-9 km.*

Nubes cirroestratus están formadas por partículas de hielo y parecen venas blancas. Son las únicas nubes que producen un halo alrededor del sol o la luna. Si crecen significa buen tiempo, si su tamaño se reduce significa lluvia.

Si el cielo está cubierto de cirros y el cielo por encima de ella se oscurece y la formación cambia a cirroestratos es una clara señal de que se avecina lluvia o nieve. *5-9 km.*

Nubes altoestratus forman un velo grisáceo a través del cual el sol o la luna pueden aparecer como discos acuosos. Si se avecina tiempo húmedo, el disco desaparecerá y la nube se ensanchará y oscurecerá hasta que comience a llover. *2,5-6 km.*

Nubes nimboestratus forman mantas bajas y oscuras y desprenden brillo. Significan lluvia o nieve cuatro o cinco horas después y, habitualmente, la lluvia se prolonga durante varias horas. *1,5-5 km.*

Nubes estratocúmulos forman una masa baja, abultada y giratoria, que habitualmente cubre todo el cielo, aunque son lo bastante delgadas como para que el sol pueda filtrarse a través de ellas. Se pueden producir ligeros chubascos pero suelen disiparse por la tarde y dejar un cielo claro por la noche. *Por debajo de 2,5 km.*

Nubes estratos son las más bajas y forman una capa uniforme, como si hubiese niebla en el aire; a menudo se las describe como niebla de las colinas cuando aparecen. No son nubes normales de lluvia pero pueden producir una llovizna. Cuando se forman densamente por la noche y cubren el cielo matinal les seguirá un buen día. *Menos de 2,5 km.*

"PREDICCIONES"

Ser sorprendido por el mal tiempo puede resultar fatal para la supervivencia. Hay un momento para ponerse en marcha y otro momento para protegerse. Teniendo en cuenta determinadas señales, las predicciones del tiempo a corto plazo pueden ayudar a tomar la decisión más acertada.

Antes de decidirse por alguna actividad concreta, observe el tiempo y los cambios que pueden producirse. Aprenda a observar todos los cambios de viento y presión y lleve un registro del tiempo y de las condiciones que lo preceden y como evolucionan.

Animales indicadores

Los animales tienen una gran sensibilidad a la presión atmosférica y ello les ayuda a anticipar el tiempo en uno o dos días.

Las aves que comen insectos, como las golondrinas, se alimentan a gran altura cuando el tiempo es bueno y más abajo cuando se avecina una tormenta.

La actividad inusual de los conejos durante el día, o el hecho de que las ardillas lleven a su nidos más alimentos de los habituales, pueden ser un preludio de mal tiempo.

La naturaleza, sin embargo, no se dedica a hacer predicciones a largo plazo. La acumulación de nueces por parte de las ardillas son una señal de su industriosidad, no de la intensidad del inminente invierno. La profundidad de la madriguera de un oso no tiene relación con la rigurosidad del invierno sino con las condiciones del suelo. Una cosecha particularmente abundante de bayas es el resultado de un mal tiempo previo pues el árbol produce una cantidad superior de frutos para dar a la especie más posibilidades de sobrevivir.

Pistas del fuego

Si el humo del fuego de campamento se eleva sin alteraciones, ello significa que el tiempo es bueno y permanecerá de ese modo. Si comienza a girar, o baja bruscamente después de haber ascendido un corto trecho, indica la proximidad de una tormenta o un chubasco.

Los mangos de madera de las herramientas se ajustan cuando se avecina un tiempo tormentoso. La sal refleja el aumento de humedad en el aire y no desliza.

"Sentirlo en los huesos"

La gente que tiene el pelo rizado siente que su cabellera se apelmaza y se enreda cuando se avecina mal tiempo y lo mismo sucede con el pelo de los animales. Cualquiera que padezca reumatismo, callos o molestias similares puede decir cuando se avecina tiempo húmedo ya que sus molestias se agravan.

Sonido y olor

Cuando se avecina tiempo húmedo, los sonidos tienden a desplazarse a una distancia mayor de la habitual y los ruidos remotos parecen más claros, ya que la atmósfera cargada de humedad actúa como amplificador. Recuerde que el sonido siempre viaja mejor sobre el agua.

El olor de los árboles y las plantas se vuelve más diferenciado antes de que llegue la lluvia ya que la vegetación se abre para recibir el agua.

Señales en el cielo

"Cielo rojo por la noche, alegría del pastor, cielo rojo por la mañana, preocupación del pastor" es uno de los refranes más antiguos referidos al tiempo. Y ello se debe a que el sol rojo, o un cielo rojizo en el crepúsculo, indica que la atmósfera contiene muy poca humedad y es poco probable que se produzcan lluvia o nieve en las siguientes dos horas, pero igualmente un cielo rojo por la mañana es una clara señal de que se avecina una tormenta.

Una mañana gris es habitualmente el inicio de un día seco. El color apagado es el resultado de la presencia de aire seco encima de la calima formada por la colección de rocío en las partículas de polvo suspendidas en la parte baja de la atmósfera.

Un cielo gris al atardecer indica lluvia, ya que las partículas de polvo se hallan tan cargadas de humedad que muy pronto caerán en forma de lluvia.

La neblina que se alza de un valle a primera hora de la mañana es una señal segura de tiempo bonacible. En terreno escarpado, si la niebla no se ha levantado hacia el mediodía, permanecerá durante todo el día y probablemente volverá a llover al anochecer.

Un cielo nocturno claro es señal de tiempo bueno y estable. A finales del verano también puede anunciar heladas: por la noche las nubes aislan la superficie de la tierra contra la pérdida de calor. Sin ellas, las heladas son más probables. El aire frío, que es pesado, llena las depresiones del terreno: evite acampar en ellas.

Un cielo claro una noche, seguido de otro con pocas estrellas visibles, indica un cambio en el tiempo.

Una *corona,* un círculo coloreado alrededor del sol o la luna, puede utilizarse para pronosticar acertadamente el tiempo. Un anillo alargado es señal de buen tiempo, ya que dicho círculo indica que la humedad en la atmósfera se está evaporando y el día o la noche serán claros.

Una corona arrugada alrededor del sol o de la luna es señal de lluvia.

Una luz verde parpadeando en el sol de la tarde indica buen tiempo durante al menos 24 horas. Un arco iris a última hora de la tarde es también una señal de buen tiempo.

S É P T I M A   S E C C I Ó N

EN MARCHA

Si usted ha elegido un curso y planificado una ruta, debe ser capaz de mantener la dirección, de adaptar su marcha al tipo de terreno y a la naturaleza del grupo de supervivientes, y de explotar aquellas técnicas que faciliten la marcha. Esta sección aborda aquellas habilidades necesarias cuando se ha decidido emprender la marcha. Debe leerse conjuntamente con las técnicas descritas anteriormente en **Clima y terreno.**

Un cuidadoso reconocimiento puede ser necesario para elegir aquellas rutas más sencillas, que pueden no ser las más rápidas o evidentes. Los grupos deben organizarse para favorecer a los menos capacitados o deben tomarse las precauciones necesarias para transportarlos.

Las vías de agua pueden ofrecer las rutas más sencillas para viajar, si su navegación es fácil y se puede construir una balsa. También pueden presentar formidables obstáculos si se interponen en el camino que usted ha decidido seguir. Los ríos pueden ser peligrosos. Debe aprender a calcular los riesgos que suponen y elegir los mejores lugares y métodos para cruzarlos, si su cruce es inevitable.

EN MARCHA

Cuando emprenda una batida de caza o trate de regresar a la civilización, necesitará disponer de conocimientos y habilidades para atravesar el terreno y para navegar, ya sea para asegurar su regreso al campamento o para mantener la ruta elegida. Aún cuando no disponga de un mapa, su propio reconocimiento habrá establecido su terreno inmediato. Adivinar lo que se encuentra más allá es mucho más problemático, se debe prever sin ayuda.

En una corta incursión tome nota del terreno a medida que avanza para estar seguro de poder encontrar el camino de regreso al campamento. En distancias cortas los accidentes del terreno serán su guía y también puede dejar señales en su camino, pero cuando la distancia sea mayor o emprenda el regreso a la civilización necesitará todas las ayudas posibles.

La decisión de ponerse en marcha

Excepto cuando los peligros locales o la necesidad de encontrar agua y alimentos le obliguen a alejarse del lugar del accidente para hacer el campamento, lo mejor es permanecer en ese lugar aguardando el rescate. Si hay personas heridas y la provisión de agua y alimentos es limitada, es razonable enviar un grupo para que encuentre ayuda mientras los demás se quedan al cuidado de los enfermos. Los miembros del grupo que se encuentran en mejores condiciones serán los elegidos para iniciar la marcha en busca de ayuda, a menos que entre ellos haya un médico, en cuyo caso deberá quedarse con los heridos.

¿Pero qué sucede si no vienen a rescatarles? Los recursos locales pueden agotarse: cada día hay que alejarse más del campamento para recoger leña, la caza ha desaparecido de los inmediaciones, plantas, hongos, frutos y nueces son cada vez más difíciles de hallar o exigen largas caminatas lejos del campamento. En condiciones de supervivencia existe también un riesgo incrementado de enfermedades a causa de permancer demasiado tiempo en el mismo lugar. Incluso con el cuidado sanitario más estricto, las posibilidades de enfermedad aumentan gradualmente.

Todas estas circunstancias le presionarán para ponerse en marcha. Ya sea que se trate de un traslado a otro territorio o el comienzo de una marcha de regreso a la civilización, se presentarán muchos de los mismos problemas y, puesto que hay muy pocas situaciones tan envidiables como para que el superviviente prefiera su nueva vida a la vieja— sería razonable planificar cualquier movimiento como la primera etapa del viaje. Las excepciones serán aquellas producidas por la presencia de personas enfermas que se están recuperando, o porque se necesiten mejores recursos para atravesar un territorio desconocido. El traslado a un campamento más confortable, en una zona más acogedora supondrá mejores posibilidades de recuperación para las personas heridas o enfermas y la posibilidad de organizar el equipo y el excedente necesarios para el viaje final.

La decisión de la dirección a tomar se verá influida por toda la información que haya sido capaz de reunir, por el estado físico y la resistencia de los miembros del grupo y por la naturaleza del terreno. Recuerde siempre que la ruta más próxima puede no ser la más fácil de transitar.

Si dispone de un mapa o tiene una idea clara sobre su situación, intente llegar al poblado conocido más próximo. Si no tiene idea del lugar donde se encuentra, el mejor curso a seguir son las vías de agua CORRIENTE ABAJO, ya que definen claramente una ruta y habitualmente conducen a lugares poblados.

Si usted simplemente está cambiando la posición de su campamento, no tiene sentido trasladarse sólo a un kilómero de distancia, ya que muy pronto tendrá los mismos problemas que le decidieron a abandonar el campamento anterior. La zona no será totalmente pura. Viaje durante dos o tres días para encontrar combustible, flora y fauna que no hayan sido alterados.

Aunque espere encontrar los mismos recursos, siempre que esté transitando por el mismo terreno, recuerde que ha estado cazando y buscando alimentos con la experiencia que supone saber donde se encuentran esos recursos y con suministros conocidos de agua y combustible. Deberá encontrar sus necesidades básicas en un nuevo territorio y cuando entra en un territorio diferente, la disponibilidad de los mismos puede cambiar drásticamente, para mejor o peor.

Preparativos

Antes de abandonar definitivamente el campamento deje señales que demuestren claramente que usted ha estado en ese lugar y que se ha marchado (ver *Señalización* en *Rescate*). Deje un mensaje incluyendo una lista de quienes se encuentran en el grupo y detalles de sus intenciones. Marque el terreno a medida que avanza para que la partida de rescate que encuentre el campamento original también sea capaz de seguirle.

Reúna una buena cantidad de alimentos conservados, fabrique también botellas de agua y grandes recipientes si piensa atravesar un territorio sin agua, camillas u otros medios de transporte para los enfermos, los muy mayores o los pequeños. Asegúrese de que todos tienen buen calzado y ropa adecuada y fabrique mochilas para transportar equipo y suministros. Tal vez pueda disponer de alguna forma de transporte: un trineo o una balsa. Lleve con usted material para la construcción de un refugio: tela, lona, ponchos, incluso palos si es probable que escaseen en el territorio que piensa atravesar. Un refugio que pueda volver a ser levantado rápidamente, ahorra energías para otras necesidades más urgentes. Naturalmente, llevará un equipo de señales, ya que puede encontrar una oportunidad de establecer ese contacto vital que atraiga a las partidas de rescate.

Estudie los cambios del tiempo cuidadosamente para elegir el mejor momento para viajar.

Mochila Hudson Bay

Una manera cómoda y fácilmente improvisada de llevar el equipo, necesita un material fuerte y preferiblemente impermeable de unos 90 cm cuadrados, dos pequeñas piedras y cordel o tirillas largas para poder sujetar la mochila alrededor del cuerpo.

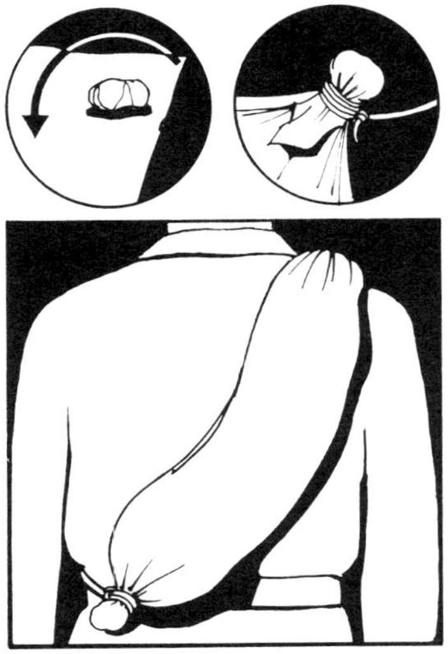

Coloque piedras en esquinas opuestas diagonalmente. Doble los extremos de la tela sobre las piedras. Ate el cordel debajo de las piedras, asegurándolas en posición. Las piedras, a su vez, impiden que el cordel se afloje. Coloque la tela en el suelo y enrolle sus cosas apretadamente. Colóquela alrededor de su cuerpo, ya sea a través de la espalda o alrededor de la cintura.

Armazón de mochila para la espalda

Haga un armazón de escalera para asegurar a su espalda, con una proyección en ángulo recto en la parte inferior, asegurada con varillas laterales. Añada cintas para los hombros y un lazo para la cintura. use este armazón para sostener un saco, un bulto con suministros o equipo atados en su lugar.

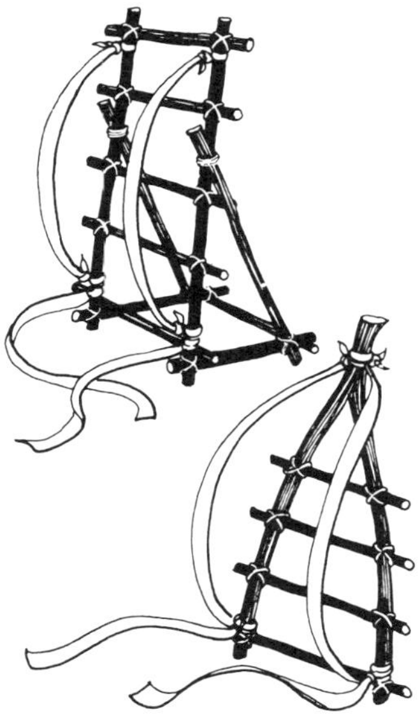

Armazón horqueta

Un soporte más rápido, pero menos eficaz, hecho con un tronco bifurcado y palos cruzados a los que puede sujetarse el equipaje.

Saco infantil

Lleve a los bebés y a los niños pequeños al estilo indio, en la espalda o en el pecho. Ate las esquinas inferiores de un rectángulo de tela alrededor de la cintura, introduzca al niño y asegure las esquinas superiores alrededores de su cuello. Acolche las tiras del cuello para atenuar la presión y evitar las rozaduras.

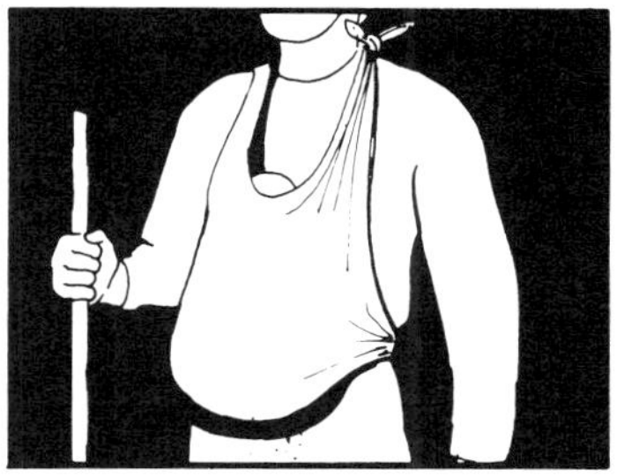

Transportar gente

Llevar a alguien a cuestas es impracticable en distancias largas y las camillas son difíciles de manejar. Siente a los niños pequeños en un armazón de mochila para la espalda o fabrique sillas sobre palos para que sean transportadas por varias personas. Si está solo, intente hacer un trineo o una narria india (ver *Amueblando el campamento* en **Campamento**). El equipo puede transportarse del mismo modo.

Hacer un trineo

Los trineos son especialmente útiles sobre nieve y hielo, donde se deslizarán más suavemente, pero también pueden usarse sobre terreno llano. La forma de los patines delanteros es fundamental, especialmente para la nieve. Puede utilizar puertas y capotas de un avión o vehículo accidentados para su construcción. Ate cuerdas a los patines delanteros con una bolina y a las personas que se encargan de tirar del trineo: lo ideal es contar con dos personas adelante y dos atrás como frenos en las zonas con pendiente. Compruebe su funcionamiento antes de emplearlo en un viaje largo.

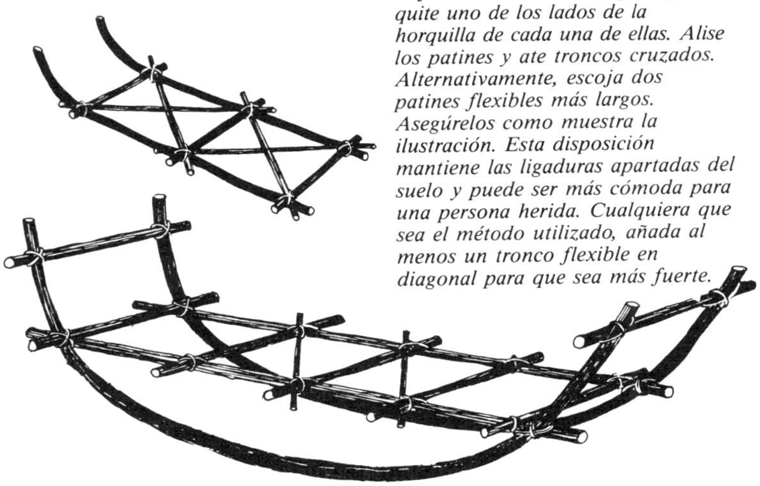

Elija dos ramas con horquilla y quite uno de los lados de la horquilla de cada una de ellas. Alise los patines y ate troncos cruzados. Alternativamente, escoja dos patines flexibles más largos. Asegúrelos como muestra la ilustración. Esta disposición mantiene las ligaduras apartadas del suelo y puede ser más cómoda para una persona herida. Cualquiera que sea el método utilizado, añada al menos un tronco flexible en diagonal para que sea más fuerte.

PLANIFICACIÓN

Si se encuentra en terreno muy alto, sobre una gran llanura, puede trazar una ruta con alguna precisión. En la mayoría de las situaciones, la visibilidad estará limitada y deberá adivinar que es lo que hay detrás de la siguiente montaña y que es lo que ocupa el terreno «muerto» que hay delante. Incluso cuando pueda ver el terreno que hay delante, es difícil ver los detalles. Lo que parece una ladera sencilla puede resultar una barrera cuando usted se aproxime a ella. Si dispone de ellos, use los prismáticos para estudiar cualquier ruta potencial.

Para tener una panorámica más amplia puede subir a un árbol, pero manténgase pegado al tronco y compruebe la resistencia de las ramas antes de apoyarse en ellas. NO es momento de arriesgarse a tener una caída.

Siguiendo los ríos

Seguir una vía de agua, no importa lo pequeña que sea, ofrece una ruta hacia la civilización y un sistema de apoyo vital en el camino. La mayoría de los ríos conducen finalmente al mar o grandes lagos interiores. Aparte de las raras excepciones en que los ríos desaparecen súbitamente bajo tierra, ofrecen rutas claramente definidas a seguir. En ocasiones, en sus cursos superiores, pueden cortar a través de gargantas y puede resultar imposible o desaconsejable seguir una ruta a lo largo de sus orillas, que pueden ser empinadas, rocosas y rebaladizas. En esos casos diríjase a terreno elevado y siga el curso general de la corriente.

En un terreno más elevado el río resulta más fácil de seguir y puede haber senderos de animales que usted también puede utilizar. En condiciones tropicales, es probable que la vegetación sea más tupida junto al río, ya que la luz puede llegar a tierra y las orillas pueden representar un obstáculo difícil de superar. Si el río es muy ancho merece la pena considerar la posibilidad de construir una balsa. Aún cuando no haya bambú disponible, que es un material ideal para ello, es probable que encuentre árboles caídos.

Cuando, en terreno llano, un río describe amplios meandros, el interior de estas vueltas puede ser pantanoso y proclive a las inundaciones. Puede reconocer ese terreno mojado por su vegetación pródiga y sus plantas parecidas a juncos. Evite las zonas pantanosas y corte a través de la vuelta del río.

Mantener la dirección

Habiendo decidido la dirección a seguir, trate de mantenerla. Elija un rasgo prominente a distancia y diríjase a él. El viaje a través de la jungla dificulta la orientación y una brújula se convierte en un objeto valiosísimo.

Si se encuentra en un territorio sin rasgos visibles, pero en un grupo de tres o más personas, pueden separarse para avanzar cubriendo un amplio terreno y mirando hacia atrás a intervalos. Si se siguen las huellas del que va adelante, aquellos que le sigan a usted estarán directamente detrás unos de otros. Si el grupo se mueve siempre en relevos —uno adelante para luego descansar y esperar que le superen los que viene detrás— se mantendrá la línea recta. Si está solo puede tratar de mantener esa línea recta mirando hacia sus propias huellas si éstas son visibles, como lo serán si camina sobre arena o nieve. Mejor aún, puede clavar varillas o apilar piedras alineadas unas con otras para verificar que no se está desviando de su ruta.

Si puede, bordee las salientes rocosas y zonas de vegetación densa y, una vez en terreno elevado, manténgase en él hasta estar seguro de que ha encontrado el mejor camino para bajar y seguir avanzando en la dirección prevista.

MOVIÉNDOSE EN GRUPOS

Muévase siempre de un modo organizado, en algún tipo de formación, y no como un grupo disperso. De este modo resultará más fácil comprobar que ningún miembro del grupo ha quedado rezagado y asegurarse de que cualquiera que esté en dificultades contará con ayuda. Antes de iniciar la marcha, conviene reunirse para discutir la ruta, los obstáculos que pueden encontrarse y cualquier procedimiento especial.

Dividir las responsabilidades

La persona número uno se convierte en explorador, responsable de elegir la mejor ruta, evitar las trampas, las rocas sueltas, etc., y encontrar la mejor ruta para descender por una ladera.

La persona dos es responsable de asegurarse de que el explorador, quien estará preocupado bordeando obstáculos, mantiene la dirección general prevista. Los demás les relevarán regularmente, ya que la tarea del explorador, especialmente, es agotadora.

El resto del grupo debería mantener los ojos bien abiertos para descubrir plantas, bayas y frutos comestibles y todos deberían ser responsables de, al menos, otra persona para asegurarse de que nadie se despeña. Un recuento de los miembros del grupo y la comprobación del estado físico de cada uno es particularmente importante después de cruzar un río o de superar una zona de terreno especialmente peligrosa. Alguien debería encargarse de comprobar el equipo a intervalos regulares.

Siempre se debe viajar al menos en parejas y ser especialmente cuidadoso cuando el tiempo es malo. Si han de caminar por la noche, hay que tener cuidado de no separarse. Habitualmente es la persona que encabeza la que se separa de los demás, ya que la gente suele preocuparse más por vigilar que nadie se quede rezagado. El explorador sube a un obstáculo, la segunda persona ve al explorador luchando con el obstáculo y luego ve una ruta más fácil y el resto del grupo le sigue, quedando descolgado el explorador. Es en estos momentos cuando se comprueba la importancia que tiene el hecho de que TODOS conozcan la ruta propuesta y los rasgos prominentes del terreno. Si el grupo se separa o se produce una emergencia, todos sabrán donde reagruparse.

La disponibilidad de agua, combustible y plantas puede ser una señal de lo que hay disponible en emplazamientos similares más adelante. Hay que estar siempre atento para descubrir aquellos lugares que ofrecen buen refugio, pues si el tiempo empeora súbitamente se puede volver atrás para protegerse en ellos.

PASO Y AVANCE

- Un grupo numeroso puede enviar una avanzadilla con la responsabilidad de limpiar la ruta y establecer el campamento para pasar la noche, dispuesto para los menos capacitados o los heridos. Un sendero expedito hará que sea más fácil el transporte del equipo y el traslado de los más débiles. Los enfermos y heridos deben contar con personas en buena condición física que les acompañen en casos que encuentren dificultades en el camino.
- Asegúrese de que la persona que abre la marcha no vaya demasiado rápido para los que vienen detrás. Después de superar un obstáculo, espere hasta que todos estén reunidos para continuar la marcha.
- Es mejor tratar de mantener un paso regular; un movimiento relajado y pendular fatiga menos las piernas que un paso vivo o flexionando las rodillas. Mover los brazos al compás de la marcha también ayuda, y no deben meterse las manos en los bolsillos, especialmente cuando asciende o desciende por una ladera.
- Descanse con frecuencia (ya se trate de un grupo o de una persona sola). Pare, siéntese y compruebe como se encuentran los demás. Ajuste las cargas que sean incómodas. Descanse durante 10 minutos cada 30-45 minutos de marcha, dependiendo del terreno y de la condición de los miembros del grupo.
- En terreno escarpado el paso debe acortarse, en terreno llano alargarse. durante los descensos, evite excederse en el paso para no fatigarse.
- En terreno escarpado o resbaladizo las cuerdas pueden suministrar un punto de apoyo para poder salvar tramos especialmente difíciles (además de aplicar otras técnicas de montañismo). Las cuerdas serán muy valiosas en las laderas cubiertas de guijarros y piedras y en laderas heladas.
- También puede utilizar una cuerda con nudos prusik para que los niños y los ancianos puedan atarse a una cuerda fija para estar más seguros (ver *Nudos* en **Campamento**).
- Al calcular la distancia que ha cubierto estime 3 km por hora, pero colina arriba reduzca en un tercio.

MARCHA NOCTURNA

Atravesar un territorio desconocido por la noche es muy peligroso, pero puede ser necesario en una emergencia, o existen circunstancias —en el desierto, por ejemplo— que resultará más cómodo hacerlo por la noche.

La noche nunca es completamente oscura y no se pierde por completo la visión exterior, incluso en el caso del ser humano. Sin embargo, porque es difícil ver las cosas claramente, es fácil desorientarse, lo cual produce la sensación de estar perdido. Una brújula es una gran ayuda para mantener la dirección y disipar esos temores. Siempre está más oscuro entre los árboles que a campo abierto, de modo que trate de mantenerse en esa zona, si puede hacerlo.

Cuando mire un objeto por la noche, lo mejor es mirar hacia uno de sus costados y no directamente hacia él. Resulta difícil distinguir algo en una masa central oscura, pero los contornos se perciben con más claridad y, con poca luz, los objetos situados en los bordes de su visión se ven a menudo más claramente.

Una vez que los ojos se han acostumbrado a la oscuridad, cada vez se ven más cosas cuando se adquiere la «visión nocturna». A los ojos les lleva 30-40 minutos acostumbrarse a la oscuridad. Una vez que ello se ha conseguido, los ojos deben protegerse de la luz brillante o esta visión nocturna se verá afectada durante bastante tiempo. Si existe una razón inevitable para usar una luz, cubra uno de los ojos para que al menos pueda conservar la visión nocturna en él. Si, por ejemplo, necesita consultar un mapa, un filtro rojo sobre la luz de una linterna le ayudará a conservar la visión nocturna.

Los oídos son buenos sensores en la oscuridad; el sonido de un río, por ejemplo, es un buen dato para calcular la velocidad a la que fluye. La vegetación puede olerse en la oscuridad y los olores familiares pueden ayudar a la identificación.

En la oscuridad camine LENTAMENTE y tantee cada paso antes de apoyar todo el peso del cuerpo hacia adelante. Si desciende una ladera arrastre los pies.

VIAJANDO POR TIERRAS ALTAS

En terreno montañoso y escarpado es mejor mantenerse en el terreno elevado ya que el movimiento resulta más fácil. Los ríos pueden correr por gargantas profundas y presentar rápidos, cascadas y rocas resbaladizas que son difíciles de salvar a pie. Podría acabar pasando demasiado tiempo en el agua, malo para su salud.

Use los espolones de la montaña para ascender desde el valle y llegar al terreno elevado. Si se encuentra muy expuesto, es posible que deba regresar al valle para refugiarse por la noche y para encontrar agua, pero podrá recorrer una distancia mayor utilizando los espolones.

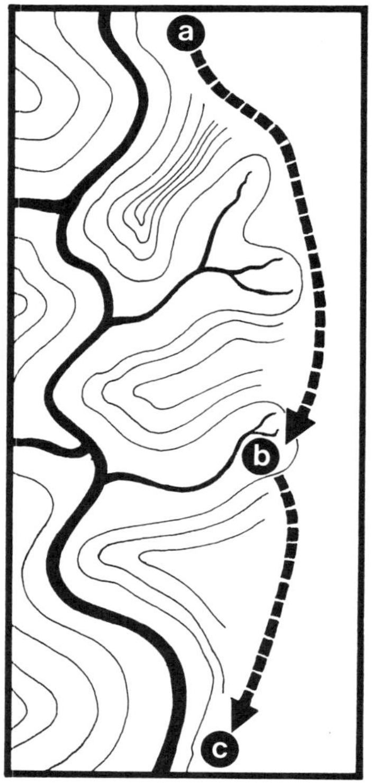

No tiene sentido seguir el curso de un río cuando serpentea en profundos valles a través de un territorio escarpado. Ascendiendo desde el valle en **A** *y siguiendo la montaña, se evitan los ascensos y descensos pronunciados y agotadores.*

Por la noche, se hace un alto en **B** *bajando hacia la primera fuente de agua disponible. Esto podría proporcionar refugio también, que puede no encontrarse en un cima expuesta.*
Recuerde la luz menguante y sus propias energías debilitadas. Busque un refugio antes de que ambas se agoten. No baje hasta el fondo del valle si puede encontrar agua y refugio por el camino. No sólo ahorrará energías, también estará más abrigado. En el fondo de los valles suele haber bolsas de aire frío. Si tiene agua y refugio, permanezca en terreno elevado.

Luego la ruta sigue hacia la cima antes de bajar hacia el valle que se abre debajo para seguir nuevamente la vía de agua en **C**. *Siga la punta de un espolón para descender hacia el valle cuando un río es muy extenso y el valle se ensancha.*

Laderas pronunciadas

En territorio montañoso y en colinas de gran altura, puede encontarse con hielo y nieve, e incluso sin ellos dicho territorio puede ser peligroso debido a las piedras flojas, las laderas pronunciadas y las grietas que deberá superar.

Atraviese las laderas pronunciadas en zigzag y, mientras cambia de dirección, siempre inicie el movimiento con el pie adelantado. Esto evita tener que cruzar las piernas una sobre la otra, lo cual le haría perder el equilibrio. También debe juntar las rodillas después de cada paso, descansando de este modo los músculos.

Al descender, mantenga las rodillas dobladas. Trate de bajar en línea recta y, si está ganando demasiada velocidad, siéntese. Evite las piedras sueltas pero, si tiene que salvar superficies inestables clave los talones e inclínese hacia atrás mientras desciende. Al ascender, pruebe cada punto de apoyo con los pies, antes de descansar todo el peso del cuerpo. No pise piedras o troncos en las laderas empinadas, ya que podrían soltarse.

Con práctica es posible saltar sobre las zonas de piedras flojas —clave los talones y déjese deslizar— siempre que no haya bruscos descensos más adelante. Mantenga los pies separados y deslícese por la ladera. A medida que aumente la velocidad, las piedras y la tierra se amontonarán junto a sus pies haciendo que pierda el control. Salte y vuelva a comenzar. Si la ladera es excesivamente pronunciada, abandone este método. La respuesta es el «rapel» (ver *Montañas* en **Clima y terreno**).

VIAJAR POR LA SELVA

En la selva frondosa tal vez deba abrirse camino si no hay otra forma de atravesarla. Corte los tallos lo más bajo posible y por ambos lados para que caigan fuera del sendero que está haciendo y no en él. Evite dejar puntas ya que pueden ser mortales si alguien cae sobre ellas. Las hierbas altas y las plantas trepadoras pueden ser cortadas y pisadas sin problemas.

La vegetación de la selva parece estar cubierta de púas y espinas. Ta vez deba dar un rodeo o volver atrás en los lugares donde la vegetación parece rodearle. Apretar el paso sólo empeora las cosas. Esos tipos de palmeras trepadoras, atap y ratán, que en Malaya se conocen como *nanti sikit* —«aguarda un momento»— y con nombre similares en otros lugares, tienen espinas como anzuelos en el extremo de sus hojas. Cuando quede atrapado en una de ellas, debe retroceder para desengancharse. No trate de zafarse de una de estas palmeras ya que podría quedarse desnudo y con la ropa hecha jirones. ¡Pronto comprendería el significado de su nombre! No obstante, tiene muchas aplicaciones y el ratán es una de las mejores enredaderas de agua de la selva.

Lleve los pies protegidos contra las espinas, las serpientes, garrapatas y pulgas de aguas. Deténgase regularmente para quitarse los parásitos de encima. Las garrapatas ignoradas durante más de una hora causarán infecciones.

VÍAS DE AGUA

Si un río es lo bastante ancho para poder navegarlo, será más fácil flotar en él que caminar por sus orillas. El superviviente podría experimentar construyendo canoas —quemando la parte central de un tronco para hacer una cavidad o bien cubriendo un armazón de sauce con pieles o corteza de abedul, o copiar embarcaciones de junco similares a las que hacían en el antiguo Egipto y la Mesopotamia, que hoy aún se encuentran en el lago Titicaca, en el Perú.

Todos ellos son difíciles de hacer lo suficientemente bien como para soportar un viaje por agua, e incluso entre los pueblos para quienes se trata de una técnica tradicional, es un trabajo hecho por especialistas.

BALSAS

Para el superviviente será más práctico construir una balsa, que no zozobrará tan rápidamente aún cuando su estructura no sea perfecta. Todos los botes y las balsas deben probarse en agua seguras y próximas al campamento antes de emprender un viaje.

En terreno selvático, especialmente, puede encontrar que el río, junto al que ha levantado su campamento, ha aumentado su caudal debido a las lluvias estacionales, haciendo que una balsa sea una solución viable. En la selva puede encontrar también mucha madera, ya sea bambúes (que son ideales) o árboles abundantes en ramas. Si debe cortar madera, elija los árboles inclinados ya que son los que caerán más fácilmente. Con los árboles caídos hace tiempo, la punta del tronco es habitualmente la mejor parte para usar como canoa.

Puede usar bidones de petróleo u otros objetos flotantes para sustentar la balsa y, si no dispone de madera fuerte y resistente, puede utilizar una hoja encerada u otro material impermeable como una versión de transporte humano del bote descrito más adelante para llevar el equipo a través de un río.

Nunca corra riesgo con una balsa precaria en el agua. En los ríos de montaña suele haber rápidos que sólo una estructura sólida podrá resistir. En los tramos rectos de un río ancho tendrá que nadar un buen trecho hasta la orilla si la balsa se rompe debajo de sus pies.

Viajar en balsa

Ate todo su equipo en la balsa o en la cuerda salvavidas, asegurándose que nada pende sobre los bordes, ya que podría atascarse en aguas poco profundas.

Todo el mundo a bordo debería tener una bolina alrededor de la cintura y asegurada a la cuerda salvavidas o a la balsa.

Las cuerdas salvavidas deben ser lo bastante largas para permitir los movimientos, pero no tanto que se arrastren por el agua. En

Balsa de Bambú

Una sola capa de bambúes no soportará su peso a menos que sea muy larga, de modo que fabrique un modelo de dos capas.

Corte los bambúes más gruesos en trozos de 3 metros de largo. Haga agujeros cerca de los extremos. Pase varillas a través de los agujeros para conectar las cañas. Ate cada caña a cada una de las varillas con cordel, ratán u otros tallos de enredadera. Haga una segunda cubierta para colocar sobre la primera y asegúrelas.

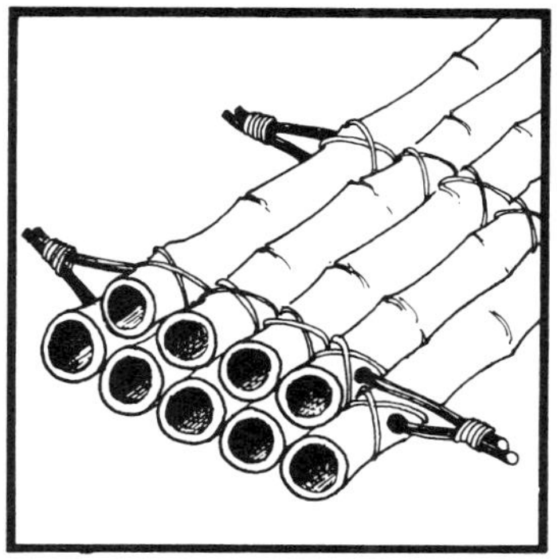

Balsa de troncos unidos

Es la balsa más rápida de construir. Necesita troncos para la plataforma y cuatro palos gruesos con cierta flexibilidad que abarquen todo el ancho de ella.
Coloque dos de estos palos en el suelo y los troncos sobre ellos. Coloque los otros dos palos encima de la plataformas. Ate firmemente los cuatro palos en uno de sus extremos. Luego, con la ayuda de una fuerte presión sobre los otros dos extremos para unirlos, átelos de modo que los troncos queden asegurados entre los palos flexibles. Unas muescas en los extremos de los palos harán que las cuerdas no resbalen.

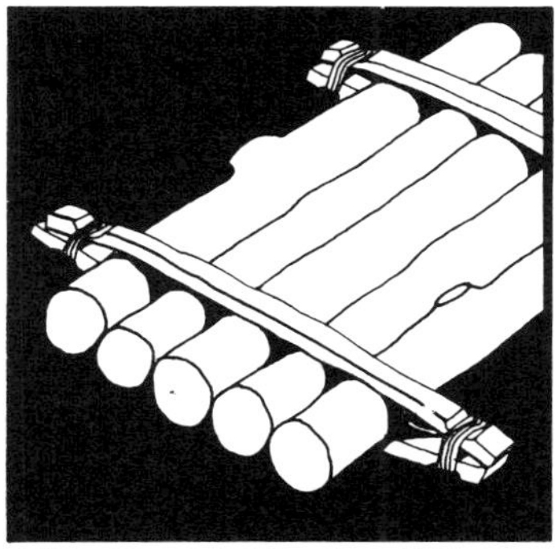

Timón

Para guiar una balsa haga un timón de paleta y móntelo sobre una estructura en A cerca de uno de los extremos de la balsa. Asegure la estructura con cuerdas a las esquinas de la balsa y ate el timón para que no se suelte. El timón también puede utilizarse como remo para impulsar la balsa. Tal vez deba hacer unas muescas en la balsa para encajar la base de la estructura. Las cuerdas podrían atarse a los troncos cruzados.

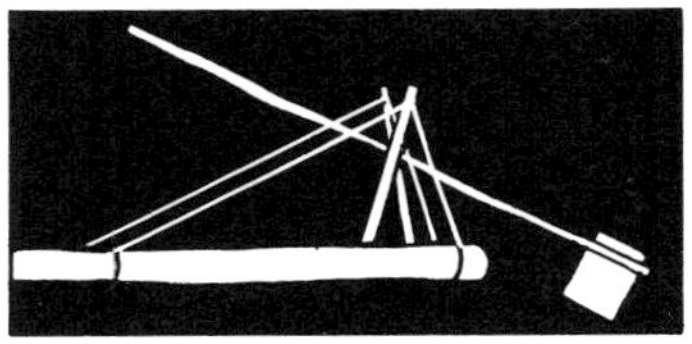

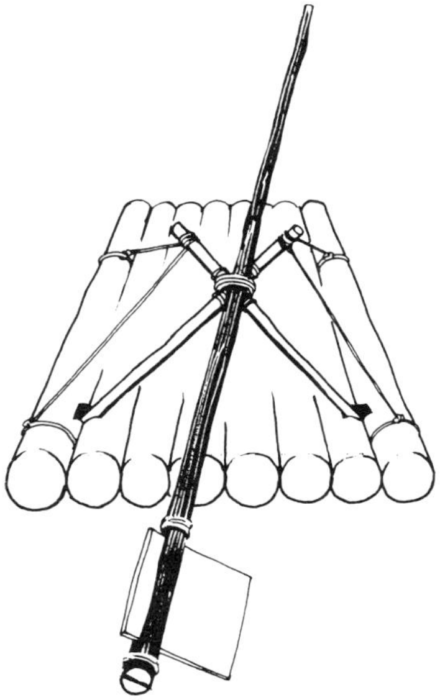

ríos encajonados y con rápidos y cascadas peligrosos es mejor no atarse a la balsa. Si pierde el control de la balsa y ésta se dirige hacia aguas peligrosas lo mejor será orientarla hacia la orilla.

En aguas poco profundas, la mejor manera de controlar una balsa es como si fuese una batea de fondo plano, pero preferiblemente con dos palos largos, con una persona colocada en la esquina delantera de la balsa y otra en la esquina diagonal trasera.

Si el grupo superviviente es numeroso, se necesitarán varias balsas. Los que estén en mejor condición física deben viajar en la primera, sin llevar equipo ni provisiones. Ellos se encargarán de avisar a los demás de los puntos peligrosos que haya en el río. Si deben abandonar la balsa, no se perderá ningún elemento valioso del equipo.

Las cascadas y los rápidos pueden ser oídos antes de llegar a ellos y, a menudo, su presencia se advierte por una neblina húmeda que se eleva en el aire. Si no está seguro sobre la navegabilidad del trecho que hay más adelante, diríjase a la orilla e investigue a pie desde ella.

Si llega a una zona difícil o peligrosa del río, descargue la balsa y continúe el viaje por la orilla llevando todo el equipo hasta superar las aguas peligrosas. Habiendo apostado a alguien corriente abajo donde el río vuelve a ser navegable y seguro, para que recupere la balsa, desate la balsa y deje que navegue hasta llegar a aguas tranquilas. Tal vez necesite alguna reparación, pero USTED y el equipo no habrán sufrido ningún daño.

RECUERDE

NUNCA viaje en balsa por la noche. Al caer la noche, asegure la balsa de modo de encontrarla en el mismo lugar por la mañana— y haga un refugio temporal en terreno elevado y alejado del río.

MARISMAS Y PANTANOS

Si no puede evitar cruzar un pantano, hágalo saltando de una zona de turba a otra. Si ve que se hude en una ciénaga, »nade» estilo braza hacia tierra firme, no trate de saltar. Extendiendo el cuerpo sobre la superficie repartirá el peso del mismo.

Use la misma técnica en arenas movedizas.

CRUZANDO RÍOS

Las cabeceras de un río serpentean estrechas y sus aguas fluirán velozmente. Aunque las orillas pueden ser pronunciadas y rocosas, siempre puede encontrarse un lugar para cruzarlo. Donde el agua sea poco profunda, puede vadearlo, pero siempre compruebe la profundidad utilizando un palo largo. Puede encontrar rocas sobre las que pisar o bien colocarlas a modo de puente en corrientes pequeñas.

Algunos miembros del grupo tal vez puedan cruzar el río sin problemas, pero ello no servirá de nada si los demás no pueden hacerlo. Un resbalón en una piedra es una manera sencilla de romperse un tobillo.

El estuario de un río es ancho, con fuerte corrientes, y está sujeto a la acción de las mareas, que pueden influir sobre los ríos a muchos kilómetros de sus desembocaduras. Evite el cruce por ese lugar a menos que esté equipado con un bote o una balsa, regrese corriente arriba hasta encontrar un lugar menos peligroso.

En cualquier zona ancha del río, y especialmente cuando ya se encuentre cerca del mar, no se aventure en él precipitadamente, aunque tenga o haya visto botes o balsas en el lado opuesto que preten-

ESTUDIE EL AGUA

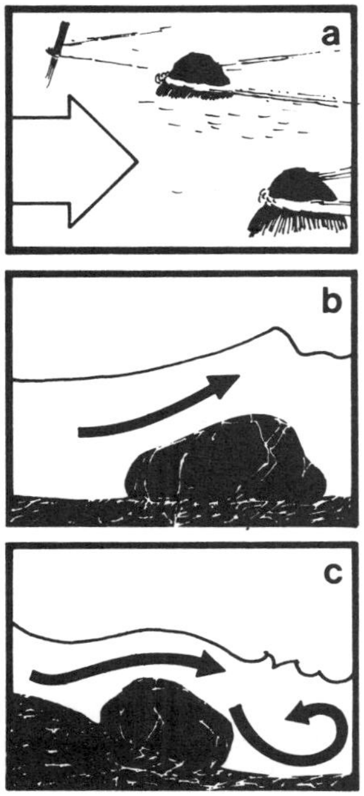

El movimiento de la superficie de un río o corriente de agua puede decirle muchas cosas de lo que sucede debajo. el flujo principal de la corriente es habitualmente evidente por la forma que toma el agua alrededor de cualquier roca o objeto que sobresale de la superficie (a), una V que se agranda corriente abajo.

Las olas que parecen permanecer en una posición sobre la superficie (b) delatan habitualmente la presencia de una piedra grande en el fondo que proyecta el agua hacia arriba.

Un obstáculo próximo a la superficie creará un pequeño remolino corriente abajo donde la superficie del agua parece oponerse a la dirección de la corriente principal. Si una piedra grande coincide con una pendiente pronunciada en el fondo (c) estos remolinos pueden producir una poderosa corriente opuesta que arrastran el nadador hacia el fondo. Son MUY peligrosas.

de alcanzar; considere primero cómo le va a afectar la corriente en su travesía y téngalo en cuenta.

ATENCIÓN
EL AGUA HELADA ES MORTAL

No trate de nadar o vadear a través de una corriente cuando el agua está excesivamente fría, ya que podría resultar mortal. Haga una balsa de algún tipo. Vadee la corriente si se moja sólo los pies, y séquelos vigorosamente una vez que alcance la orilla opuesta.

Vadear el río

Incluso los ríos muy anchos pueden ser comparativamente poco profundos y fáciles de vadear, aunque nunca debe menospreciar ninguna corriente de agua. Corte una rama y cójala a modo de bastón para apoyarse y cruce de frente a la corriente para evitar ser arrastrado por ésta. Enrolle sus pantalones para que ofrezcan menos superficie a la corriente, o si se mojan de cualquier manera, quíteselos para tenerlos secos cuando alcance la otra orilla. No se quite las botas, ya que estará mejor con ellas que con los pies desnudos. Desate la cuerda que sujeta la mochila para poder desprenderse de ella en caso de caer al agua. Pero no la suelte. Casi seguramente flotará y le ayudará a ponerse nuevamente de pie.

Gire ligeramente en ángulo con la espalda orientada hacia la orilla que desea alcanzar y la corriente le llevará en esa dirección. **No avance dando pasos sino que arrastre los pies hacia el costado, usando el palo para comprobar la profundidad y probando cada punto de apoyo con los pies.**

Cruzando en grupo

Si un grupo de personas está vadeando una corriente, deben alinearse detrás del más fuerte, quien cruzará del modo descrito más arriba. El resto se cogerá por la cintura del que va delante y se moverá paso a paso ofreciendo menos resistencia a la corriente.

Alternativamente, un grupo puede unirse por los brazos lateralmente y sostenerse de un palo o una cuerda para mantener la línea. Deben cruzar de frente a la orilla y moviéndose hacia adelante. Solamente un costado de la primera persona se opone a la corriente y el grupo da estabilidad a todos ellos.

ATENCIÓN

Cuidado con las ramas sumergidas. Podría enredarse en ellas y perder el equilibrio o dislocarse una pierna. Cuando uno se deja llevar por la corriente no advierte su fuerza, pero si le empuja hacia un obstáculo puede quedar firmemente sujeto.

Cruzando con cuerdas

Si dispone de una cuerda, puede vadear una corriente con mayor seguridad, pero necesitará una cuerda tres veces más larga que el ancho de la corriente y debe haber, al menos, tres personas en el grupo. Dos de ellas controlarán en todo momento la cuerda para mantenerla fuera del agua y tirar del que cruza hacia la orilla si se presentan dificultades.

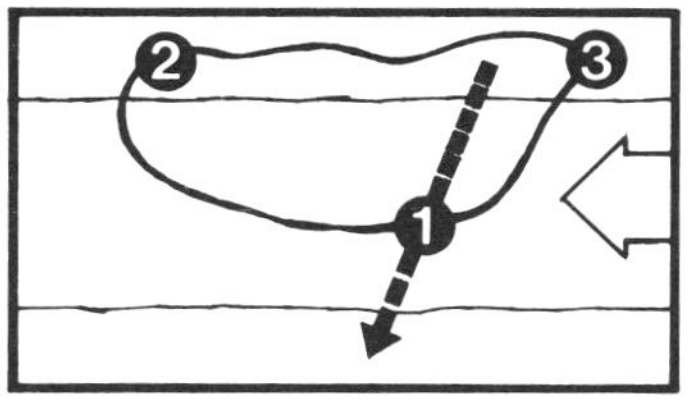

La persona que cruza está asegurada a la cuerda por la cintura. La persona más fuerte cruza primero. Las otras dos no están atadas, van soltando cuerda gradualmente e impidiendo que el que cruza sea arrastrado.

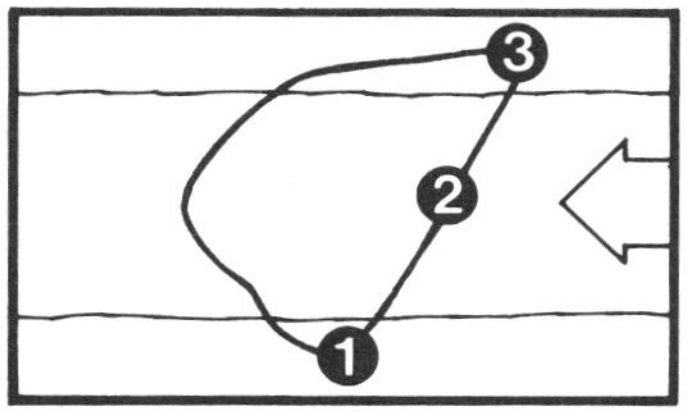

Cuando llega a la otra orilla, **1** *se desata y* **2** *procede a sujetarse con la cuerda.* **2** *cruza controlado por los otros. Cualquier número de personas puede cruzar de este modo.*

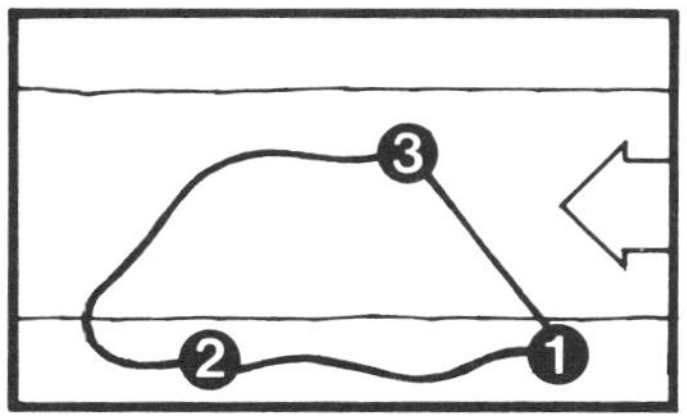

Cuando **2** *ha llegado a la orilla,* **3** *se ata con la cuerda y cruza.* **1** *soporta la mayor parte de la tensión, pero* **2** *está preparado en caso de que haya problemas.*

LOS RÍOS SON PELIGROSOS

Nunca entre en el agua a menos que no haya otra manera de cruzar y elija cuidadosamente el lugar del cruce.

- **Evite las orillas altas que son difíciles de escalar para salir del agua.**
- **Evite los obstáculos en el agua.**
- **La corriente tiende a ser más rápida en la zona exterior de los recodos, junto a las orillas, que estarán socavadas, haciendo imposible el alcanzarlas para salir.**
- **Busque una zona uniforme en el lecho del río; el fondo de guijarro es el mejor para vadear un río.**

Cruzar a nado

Si no sabe nadar NO lo intente, confíe en los otros para poder cruzar con ayuda de algún flotador. Incluso los nadadores más fuertes deben utilizar flotadores cuando cruzan un río y, para los que no saben nadar, es una ayuda esencial. Reducirán el gasto de energía y conservarán secos el equipo y la ropa. No nade con la ropa puesta. Una vez que se haya mojado no le protegerá del frío. Seca representará una vestimenta cálida para ponerse después de haber cruzado.

Asegúrese siempre de haber encontrado un lugar en la otra orilla donde podrá salir del agua. Si no hay playas necesitará puntos de apoyo para sostenerse e impulsarse hacia la orilla, pero evite las ramas que flotan en el agua porque podría quedar enredado en ellas. Entre en el agua corriente arriba para que sea el agua la que le ayude a llegar al lugar previsto. Es mejor permanecer un poco más en el agua que separarse del lugar elegido.

Compruebe la fuerza de la corriente observando los troncos flotantes y estudie la superficie del agua buscando obstáculos ocultos y remolinos.

Si encuentra algas en el agua nade estilo libre para atravesar esa zona. Una vez que un nadador fuerte ha abierto camino, los otros podrán iniciar el cruce en el canal hecho por aquel.

Flotadores

Latas de combustible, botellas de plástico, troncos, cualquier cosa que flote puede usarse para cruzar una corriente de agua. Si tiene un saco impermeable guarde en su interior la ropa y sus pertenencias, deje aire en su interior y átelo para usarlo como flotador. Aférrese a él y mueva las piernas para impulsarse.

- Si no tiene un saco, pero sí una sábana impermeable, apile ramas y paja en su interior para formar bolsillos de aire y luego coloque su ropa y equipo encima antes de atarla formando un zurrón.
- No trate de sentarse sobre estos fardos o apoyar su peso sobre ellos.
- Si se trata de un grupo, deben separarse en pequeños grupos de cuatro. Cada grupo debería atar sus sacos juntos y usarlos como apoyo para los heridos o para quien no sepa nadar.
- Si no dispone de material impermeable, fabrique una pequeña balsa o un bote para meter sus cosas dentro. Si sus pertenencias son muy pesadas haga que la balsa tenga dos cubiertas superpuestas, de modo que la inferior se hunda en el agua y la superior mantenga sus cosas secas.

CONSTRUCCIÓN DE UN BOTE DE MIMBRE Y CUERO

Es un verdadero arte construir uno de estos tradicionales botes y se necesita confianza para usarlo. Siga el método descrito más abajo, haga un remo y pruebe el método en aguas tranquilas y poco profundas para ver cómo se comporta. Antes de comenzar, asegúrese de que dispone de una cubierta impermeable para él, para lo cual puede utilizar una sábana encerada, un poncho o piel de animal. Las grasas animales y la resina de los árboles son buenas para impermeabilizar.

Corte tallos jóvenes y flexibles de 2 metros de largo; el avellano y el sauce son ideales. Clave en tierra los extremos de uno de ellos para formar un arco y luego añada otros atravesados hasta formar una cúpula a intervalos de 25 cm.

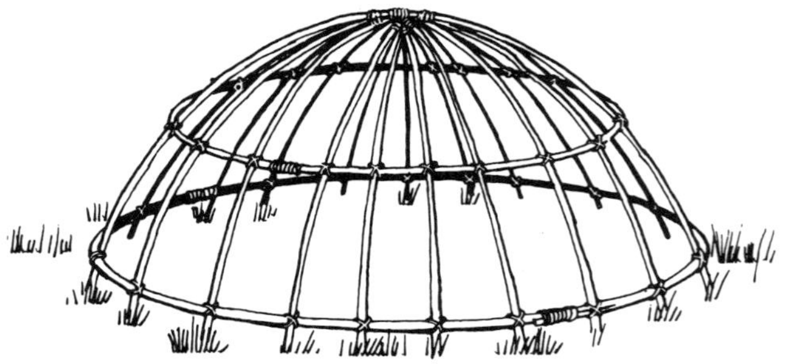

Cubra la estructura con polietileno, tela encerada, un poncho o pieles de animales cosidas o unidas alrededor del borde superior. Obviamente, no perfore la tela debajo de la línea de flotación. Para ahorrar madera pesada puede construir un remo con un lazo formado por uno de los tallos flexibles y cubierto con material impermeabilizado.

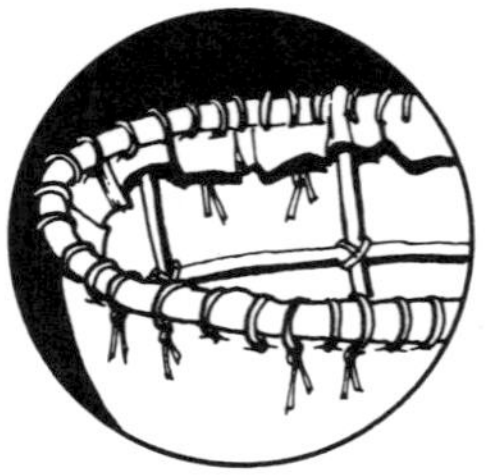

OCTAVA SECCIÓN

SALUD

Cuando no se dispone de ayuda médica profesional, los supervivientes deben realizar tareas médicas que, normalmente, deberían estar a cargo de personas con un entrenamiento especial.

Los procedimientos de primeros auxilios tradicionales están destinados a abordar problemas menores y a mantener estabilizada a una persona herida hasta que pueda recibir un tratamiento por parte de expertos. Sin embargo, si no hay posibilidades de contar con ayuda exterior a tiempo para salvar una vida, a veces el superviviente debe tomar medidas drásticas. Algunos de los consejos ofrecidos en esta sección SOLO están referidos a esas circunstancias.

En el tratamiento de enfermedades y trastornos físicos, la experiencia de siglos con tratamientos de hierbas y remedios naturales puede aplicarse positivamente, cuando no hay drogas disponibles o para ahorrar la provisión de las mismas en función de casos más graves. Las medicinas a base de hierbas presentadas aquí utilizan sólo métodos simples de extracción y preparación.

Nota: Cada vez que en esta sección 8.ª se utilicen las siglas R.A. éstas significan: Respiración Artificial.

PRIORIDADES EN PRIMEROS AUXILIOS
PROCEDIMIENTOS:

1: Alejar del peligro ■ *1a Respiración/inconsciente*
2: Respiración y pulso ■ 2a Ahogo y bloqueo
2b: Ahogo: casos especiales ■ *2c Acción drástica* ■
2d Impedir la asfixia ■
2e: No respira/no hay pulso
3: Respiración artificial ■ *3a RA con herida facial* ■
3b RA boca abajo
4: ¿Late el corazón? ■ *4a Compresión cardíaca* ■
4b: RA con compresión
5: Hemorragias peligrosas ■ *5a: Hemorragia arterial* ■
5b: Hemorragia menor ■ *5c: Hemorragia interna*
6: Heridas y vendajes ■ *6a: Suturando las heridas* ■
6b: Tratamiento abierto
7: Quemaduras
8: Fracturas ■ *8a: Inmovilización*
9: Luxaciones/dislocamientos
10: Shock ■ *11: Vendaje* ■ *Dolencias menores*
13: Calmantes
14: Mover al herido ■ *14a: Levantarlo sin ayuda* ■
14b: Método del bombero ■ *14c: Levantarlo con una honda* ■
14d: Asientos con 2 personas
15: Parto de emergencia
16: Mordeduras ■ 17: Envenamiento general
18: Desórdenes generales ■ *19: Enfermedades*
20: Enfermedades de clima cálido ■ *20a: Dolencias*
21: Peligros en clima frío

MEDICINA NATURAL

Preparados de plantas ■ *Remedios de hierbas* ■
Plantas medicinales

SERES PELIGROSOS

SERPIENTES VENENOSAS

PECES Y SERES MARINOS PELIGROSOS

PRIMEROS AUXILIOS

Mantener la salud es fundamental para el superviviente. No corra ningún riesgo innecesario que pueda provocarle heridas. Tienda a una dieta equilibrada y variada y asegúrese de descansar lo suficiente.

En las etapas iniciales de la situación de supervivencia ninguna de estas cosas será posible, pero una vez que haya establecido el campamento, y haya encontrado fuentes de agua y alimentos, un enfoque disciplinado le permitirá conservar las energías y los recursos indispensables. Lejos de la gente usted no está expuesto a contraer enfermedades contagiosas, a menos que ya las padezca. Aunque algunas enfermedades tienen su origen en el agua o los insectos, algunas precauciones razonables —especialmente hervir el agua y cocinar adecuadamente los alimentos— le protegerán de muchas infecciones.

Las condiciones climatológicas extremas tienen sus propios peligros y el conocimiento de los síntomas le ayudará a tratarse a usted mismo y a los demás. La inexperiencia o la mala suerte pueden llevar a sufrir lesiones, no importa lo prudente que usted sea, y el conocimiento de los primeros auxilios prácticos —improvisando cuando no se dispone de equipo médico— es una habilidad esencial para la supervivencia. En situaciones de accidente esa capacidad de improvisación puede ser la primera clave para la supervivencia de los implicados, cuando una acción inmediata es esencial. Cualquier expedición debería contar al menos con una persona que tuviese conocimientos médicos, pero TODOS deberían saber cómo hacer frente a heridas, trastornos y enfermedades básicas.

PRIORIDADES

En un accidente que implique a muchas personas heridas, debe saber a qué pacientes atender primero. Cuando una persona sufre heridas múltiples, la respiración, la frecuencia cardíaca y las hemorragias deben tener prioridad. Examine las heridas y proceda en la siguiente secuencia:

- ► ***Restituya y mantenga la respiración/el latido cardíaco***
- ► ***Contenga la hemorragia***
- ► ***Proteja las heridas y quemaduras***
- ► ***Inmobilice las fracturas***
- ► ***Trate el shock***

NOTA: antes de acercarse a la víctima de un accidente, compruebe que no haya peligro para usted y protéjase. Cuídese de los cables eléctricos, tuberías de gas, caída de escombros, estructuras peligrosas o ruinas. Haga un primer examen sin mover al paciente pero, si el peligro persiste, usted y el paciente deben trasladarse a un lugar más seguro.

I SALIR DEL PELIGRO

En primer lugar evite cualquier otro peligro para usted o para la persona afectada llevándola a un lugar seguro, lejos de un vehículo en llamas o de un edificio incendiado. En caso de accidente de circulación, detenga el tráfico. En casos de electrocución, corte la corriente. Si no puede hacerlo, pise material seco y no conductor y aleje al accidentado de la fuente eléctrica con un palo o varilla no conductores ANTES de tocarle. Si hay gas o vapores venenosos, cierre la fuente de origen y traslade al afectado para que respire aire puro.

Siempre existe el riesgo al mover a personas con heridas desconocidas, pero si la amenaza persiste, deben ser trasladados para evitar males mayores. **Las personas con lesiones en la columna vertebral corren un gran riesgo si se las mueve,** ya que puede resultar dañada la médula. La única manera segura de mover a estos heridos es con el concurso de varias personas (ver 8 *fractura de la columna vertebral*).

Víctimas inconscientes

Si una persona está inconsciente, **primero compruebe que respira** y comience a practicarle la respiración artificial inmediatamente si fuese necesario. **Busque hemorragias externas** tratando de establecer la causa de la pérdida de conocimiento.

1a ► RESPIRA PERO ESTÁ INCONSCIENTE

Si el paciente respira, y no parece sufrir ninguna lesión en columna compruebe que no tiene ninguna obstrucción en la boca, trate cualquier hemorragia intensa y colóquele en posición de recuperación. Si yace sobre la espalda deberá hacerle girar suavemente sobre uno de sus lados, consiguiéndolo más fácilmente si se le coge por la cadera. Esto produce una posición estable de modo que cualquier líquido o vómito provenientes del estómago o la nariz no entrará en los pulmones y la lengua no bloqueará el paso del aire.

! ADVERTENCIA

No coloque en posición de recuperación a una persona con una posible herida en la columna vertebral. Use una vía respiratoria artificial (Ver 4b) para mantener su respiración y vea la forma de administrar el método boca a boca.

¡COMPRUEBE LA RESPIRACIÓN Y LOS LATIDOS DEL CORAZÓN!

Posición de recuperación

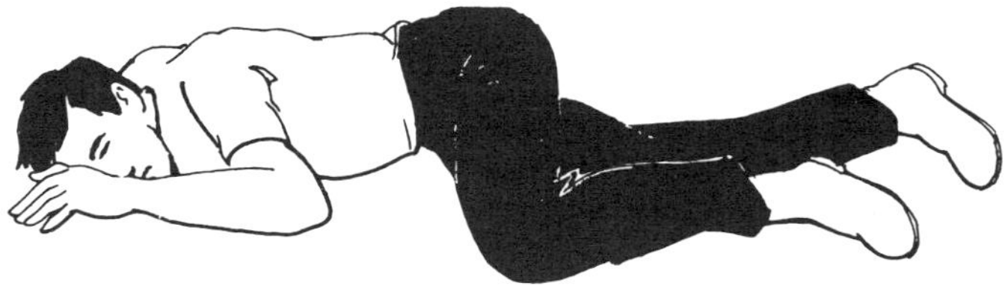

Mueva el brazo y la pierna de un lado del cuerpo hacia afuera para impedir que el herido se apoye sobre el estómago; el codo y la rodilla deben estar flexionados. Vuelva la cabeza en la misma dirección. Coloque el otro brazo a lo largo del otro lado del paciente.

Permita que la otra pierna se doble ligeramente.

Tire de la mandíbula hacia afuera para comprobar que la lengua se encuentra en la parte delantera de la boca y no bloqueando el paso del aire. Afloje las prendas ajustadas.

2 RESPIRACIÓN Y PULSO

La respiración normal es silenciosa y tranquila. La respiración ruidosa, espuma alrededor de la nariz y de los labios y color azulado alrededor de los labios son todas señales de respiración dificultosa u obstruida. **Compruebe regularmente** la respiración escuchando atentamente junto a la nariz y la boca. Quite cualquier obstrucción y, si no hay respiración, practique la respiración artificial (*Ver* **3**). **Compruebe el pulso en el cuello o la muñeca (*Ver* 4).**

Paro respiratorio

ESTA TERRIBLE EMERGENCIA PUEDE ESTAR CAUSADA POR:

- ► Bloqueo de las vías respiratorias superiores debido a heridas en rostro y cuello o a cuerpos extraños (*Ver* **2a**)
- ► Ahogamientos o shock eléctrico (*Ver* **2e**)
- ► Asfixia *(Ver* **2a)**
- ► Inflamación y espasmo de las vías respiratorias provocados por la inhalación de humo, gases o llamas (*Ver* **2d**)
- ► Falta de oxígeno (*Ver* **2d**)
- ► Compresión del pecho (*Ver* **2d**)

2a ► AHOGO Y BLOQUEOS

Si el paciente ha dejado de respirar, quite inmediatamente cualquier obstrucción en las vías respiratorias y practíquele la respiración artificial.

Limpie la vía respiratoria de cualquier materia extraña: hierba, vómito, dientes postizos o comida. Meta un dedo en la boca y asegúrese de que la lengua no se ha retraído obstruyendo el paso del aire.

Si parece que alguien se está ahogando pero puede respirar y toser, su propia tos es más efectiva que su ayuda. A veces puede ayudar un fuerte golpe en la espalda. **Si la víctima no puede hablar** aplique la maniobra Heimlich con los adultos, pero intente otros métodos en casos especiales (*Ver* **2b).**

Maniobra de Heimlich

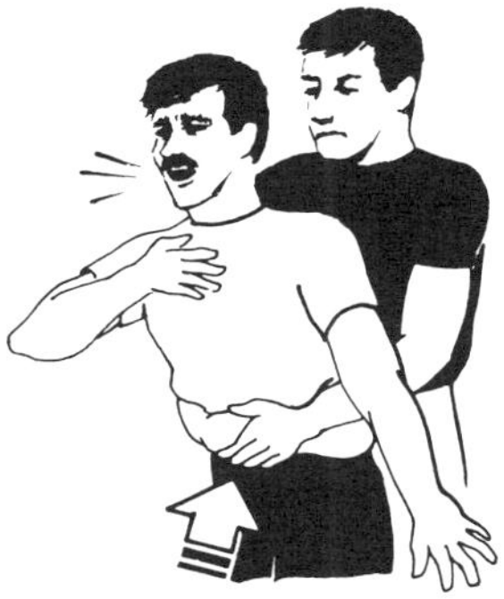

Colóquese o arrodíllese detrás de la víctima, rodeándole con los brazos. Apoye una mano sobre la otra, con el pulgar presionando entre la cintura y la parte inferior de las costillas. Aplique la presión y apriete hacia arriba cuatro veces.

SI ESTO NO DIERA RESULTADO
Propine cuatro golpes secos entre los omóplatos para aflojar el objeto y cuatro «abrazos» más. Pare cuando la víctima comience a respirar o a toser con fuerza.

REPITA el procedimiento si no tiene éxito al principio. **¡NO SE RINDA! Prepárese para practicarle la respiración artificial (*Ver* 3)** si logra eliminar la obstrucción pero la víctima no respira. Apoye a un paciente **inconsciente** sobre la espalda, con las rodillas separadas, usted coloque sus manos, una sobre la otra, con la parte carnosa descansando sobre el ombligo, y presione contra el centro de la caja torácica. Si el bloqueo no desaparece, haga girar rápidamente a la persona sobre uno de sus lados y golpee cuatro veces entre los omóplatos. Repita tantas veces como sea necesario.

AUTOAYUDA

Si está solo, aplique el método Heilich apoyándose contra algún objeto duro, como un terraplén, un árbol caído (o una silla si se halla en una situación doméstica).

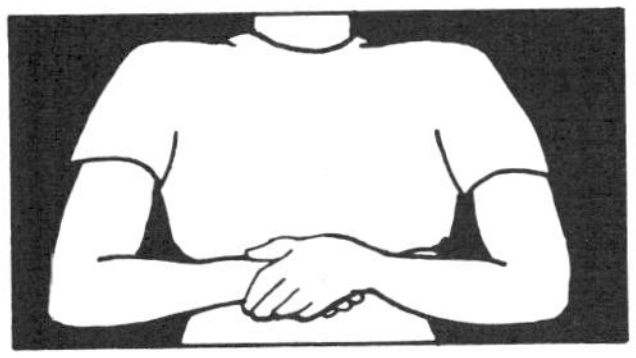

2b ► AHOGO: Casos especiales

► *BEBÉS*

Coloque el bebé boca abajo sobre su antebrazo con la cabeza más abajo que el pecho. Use la palma de la mano libre para golpearle cuatro veces entre los omóplatos.

Coloque la mano libre en la nuca del bebé y vuélvalo. Use las puntas de los dedos para presionar cuatro veces, rápida y firmemente, en el centro del pecho. REPITA. **Prepárese para practicarle el boca a boca (y nariz)** si deja de respirar (*Ver* **3**).

► *NIÑOS*

En el caso de niños pequeños, colóquelos boca abajo y propíneles cuatro golpes rápidos entre los omóplatos usando la palma de la mano. Con niños mayores colóquelos sobre las rodillas, o inclínelos hacia delante desde una posición sentada, sosteniendo el pecho con una mano mientras les golpea con la otra. Alternativamente, aplique la maniobra Heimlich usando dos dedos de cada mano en lugar de las manos completas. **Si no respira,** *Ver* **3**.

► *EMBARAZO U OBESIDAD*

La maniobra de Heimlich sobre el abdomen es imposible de practicar. En estos casos, coloque los puños presionando en el centro del esternón y siga un procedimiento similar. **Si no respira**, *Ver* **3**.

2c ► ACCIÓN DRÁSTICA

En la rara ocasión que los repetidos intentos con la **maniobra de Heimlich no logran desatascar la obstrucción** se necesita una acción drástica: un corte en la garganta del paciente justo por debajo de la obstrucción. También se aplica en casos donde una herida en la mandíbula impide que el paciente pueda respirar, y **es una técnica que sólo se aplica en situaciones de vida o muerte**. Se trata de una intervención arriesgada para los que no estén entrenados en ella, pero merece la pena intentarla para salvar la vida en casos en los que la víctima moriría inevitablemente si no se intenta. No se producen hemorragias importantes si aplica la **técnica cricotiroidea**, de corte más arriba que en la traqueotomía (donde el corte se práctica debajo de la nuez).

PREPARACIÓN

Necesita una hoja afilada, un escalpelo o una navaja, no un cuchillo grande, y un tubo hueco (un bolígrafo, un trozo de cañería LIMPIA de combustible o del líquido de frenos de un vehículo, tubos de la mochila, una pequeña jeringa o incluso el tallo hueco de una planta pueden servir para este propósito). Todos estos elementos deben estar esterilizados si se dispone de agua hirviendo o de fuego, pero no pierda tiempo tratando de conseguirlos.
ADVERTENCIA: la contaminación con gasolina o aceite de un vehículo sucio podría causar quimioneumonía.

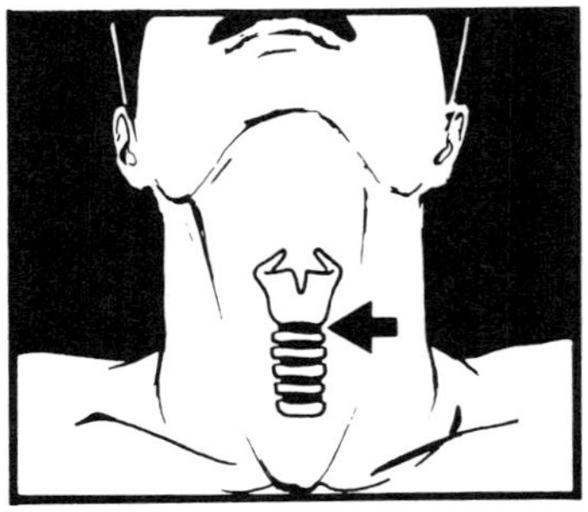

1 *Coloque a la víctima de espaldas, con los hombros levantados, la cabeza hacia atrás y el cuello recto.*

2 *Pase un dedo por debajo de la nuez, la proyección ósea en la parte frontal del cuello (más prominente en los hombres que en las mujeres) y encuentre otra pequeña proyección justo debajo de ella. Entre ambas encontrará una zona central.*

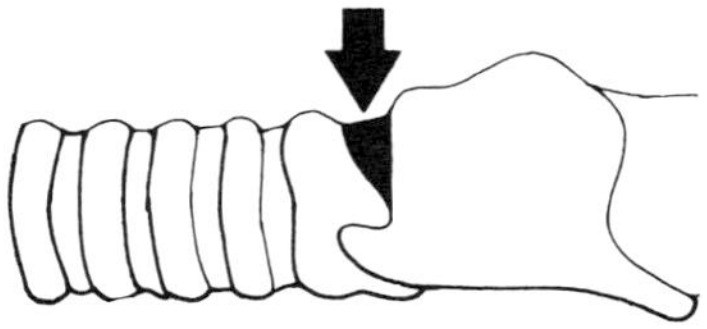

3 *Practique una incisión en ese punto, exactamente en la mitad. La incisión debe ser pequeña pero profunda —de aproximadamente 1-2 cm— y calcule la distancia en la hoja antes de cortar. Sentirá que la hoja se mueve más fácilmente mientras corta la tráquea. NO profundice más.*

ALTERNATIVA: Para hacer la incisión, perfore con una aguja de diámetro ancho, lo cual causará una hemorragia menor (y es considerada preferible por los médicos). Existe un equipo especial para esta intervención y debería ser incluido en el equipo de primeros auxilios.

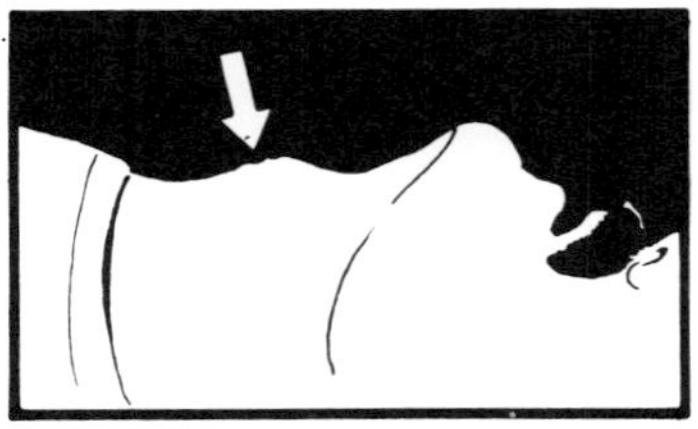

4 *Gire la hoja hacia los costados para abrir el corte.*

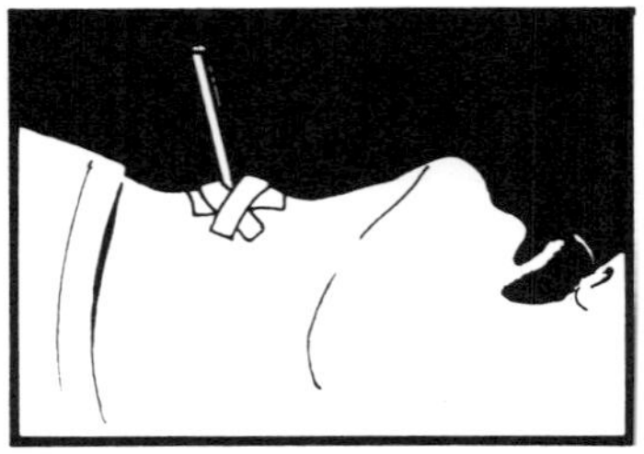

5 *Inserte el tubo en la incisión y empújelo hacia abajo para mantener el corte abierto y permitir que el aire llegue a los pulmones. Una vez en su lugar, asegúrelo firmemente con cinta adhesiva o una venda para mantenerlo vertical e impedir que se caiga.*

Una vez que la vía respiratoria está limpia, ya sea natural o artificialmente, si el paciente sigue sin respirar, debe aplicarse la respiración artificial (*Ver* 3).

2d ► IMPEDIR LA ASFIXIA

► *PRESIÓN*

Cualquier compresión del tórax puede provocar asfixia. Un montañista que cae al vacío y queda sujeto por la cuerda alrededor del pecho tendrá graves dificultades para respirar. Pase una cuerda a través de un lazo (bolina o enganche de arnés, ver *Nudos* en **Campamento**) para sostenerle y aliviar la presión.

Una avalancha de nieve, o una caída de tierra, puede ejercer presión sobre el pecho y dificultar la respiración. Si puede, adopte una posición de cuclillas, con los brazos doblados y los codos apretados al cuerpo para proteger el pecho.

Si una persona se encuentra atrapada entre los restos de un accidente con el pecho aprisionado, y el peso no puede ser apartado, use una palanca para levantarlo y asegúrelo firmemente.

► *HUMO Y GAS*

Para impedir que el humo llegue a los pulmones, coloque sobre la nariz y la boca un material de tramado fino para filtrarlo. El humo puede verse y siempre hay una posibilidad de evitarlo. Los gases, en cambio, no pueden verse y la seguridad se consigue sólo disponiendo de aire puro en una zona superior a la que se encuentran los gases, o bien con un respirador. Los afectados deben tener aire puro.

► *FALTA DE OXÍGENO*

El oxígeno puede agotarse en un refugio que carece de ventilación o se bloquea por la nieve o los escombros. Es un peligro que se presenta especialmente en los iglús cuando los agujeros de ventilación quedan obstruidos. Si hay un hornillo o un fuego encendidos, no sólo se agota el oxígeno, sino que se produce monóxido de carbono, lo cual es mucho peor. Los afectados deben disponer de aire puro.

► *ENVENENAMIENTO POR MONÓXIDO DE CARBONO*

Este gas es MORTAL en espacios cerrados, pero sus ocupantes raramente advierten su presencia. Los síntomas de envenenamiento por monóxido de carbono se parecen a aquellos de una sobredosis alcohólica: la memoria y el juicio se ven afectados, aumenta la confianza y no se hace caso del peligro.

Siempre debe asegurarse de contar con una buena ventilación, especialmente cuando use hornillos. Ajuste cualquier utensilio encendido con una llama amarilla. Encienda una vela dentro del refugio. Si la llama se vuelve alargada y elevada —o, en casos extremos, sale disparada hacia el techo— existe una gran falta de oxígeno y la ventilación es urgente. Los afectados deben disponer de aire puro.

2e ► SIN RESPIRACIÓN NI PULSO

► *AHOGO POR INMERSIÓN*

Síntomas: también se puede producir por fluidos que bloquean la garganta, pero generalmente la víctima se encontrará en el agua o tendrá el rostro sumergido en un líquido. El rostro, especialmente los labios y las orejas, lívidos y congestionados. Posiblemente una fina espuma en la boca y la nariz, es la espuma que está bloqueando el paso del aire.

No intente extraer el líquido de los pulmones, porque no puede hacerlo. Comience la respiración artificial (Ver 3) lo antes osible. Si la persona se encuentra aún en el agua, sostenga el cuerpo flotante y comience la reanimación boca a boca después de quitar rápidamente algas, dientes postizos o cualquier otra obstrucción de la boca. En tierra también puede aplicarse el método Holger Nielsen.

► *ELECTROCUCIÓN*

Síntomas: habitualmente la causa será obvia. La electrocución puede detener el corazón y los espasmos musculares pueden arrojar a la víctima a cierta distancia. Las quemaduras eléctricas serán mucho más profundas de lo que su apariencia señala.

Nunca toque a la víctima hasta tanto haya sido cortada la corriente o se interrumpa el contacto. Si la causa es un aparato eléctrico, puede interrumpirse el contacto tirando del cable de conexión en cualquier parte del circuito. Pero tenga cuidado con cualquier líquido que pudiera conducir la corriente —las víctimas pueden orinarse. Aplique RA y trate la parada cardíaca (Ver **3** *y* **4***) si fuese necesario antes de tratar las quemaduras (Ver* **7***). NO CORRA RIESGOS.*

► *RAYOS*

Síntomas: es otra forma de electrocución. La víctima queda atontada y cae al suelo sin conocimiento. La ropa puede prender fuego y la persona sufrir graves quemaduras eléctricas que serán más profundas si se llevan relojes, joyas, collares u otros objetos metálicos.

Aplique respiración arficial (Ver **3***) si fuese necesario y trate las heridas. Tal vez la reanimación deba prolongarse durante bastante tiempo. La recuperación total suele tardar.*

► *ENVENENAMIENTO*

Síntomas: los venenos que llegan a los pulmones o afectan al sistema nervioso pueden provocar asfixia *(Ver* **17** *Envenenamiento).*

► *ATAQUE CARDÍACO*

Síntomas: dolor agudo en el pecho, insuficiencia respiratoria, el paciente se siente mareado, —es posible que caiga al suelo víctima de un colapso— y, a menudo, ansioso. Transpiración espesa, pulso irregular, labios o piel azulados.

Si falla la respiración, aplique RA (Ver **3***) y masaje cardíaco externo si se detiene el pulso.*

3 RESPIRACIÓN ARTIFICIAL (RA)

Boca a boca («El beso de la vida»)

Es el método más rápido y efectivo. Comience a aplicarlo tan pronto como la vía respiratoria haya quedado despejada. La recuperación normal es rápida, excepto en casos de electrocución, intoxicación por drogas y envenenamiento por monóxido de carbono. En estos casos, los nervios y músculos están paralizados o el monóxido de carbono ha desplazado al oxígeno en el torrente sanguíneo. **Prepárese para aplicarlo durante mucho tiempo.**

Si el rostro está herido, o se sospecha que hay envenenamiento o quemaduras químicas, aplique el método Silvester (*Ver* **3a**).

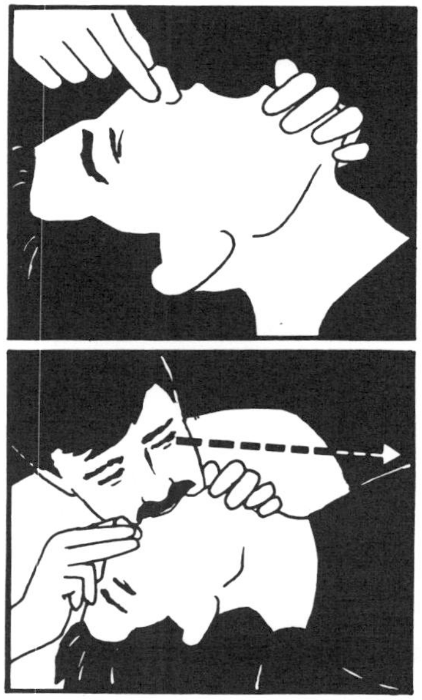

Con el paciente apoyado sobre la espalda, mantenga la mandíbula bien abierta, inclinando la cabeza hacia atrás (impidiendo la retracción de la lengua y el bloqueo de la vía respiratoria). Mantenga la nariz cerrada con la otra mano. Comprueba que la boca y la tráquea no estén obstruidas. Coloque su boca sobre la de la víctima y espire. Observe si el pecho se eleva cuando usted sopla aire hacia los pulmones de la víctima. (Si el pecho no se eleva, colóquelo de costado y golpéele entre los omóplatos para liberar la vía respiratoria). Aparte la boca. Inspire profundamente mientras comprueba que el pecho se deprime automáticamente. Debería sentir u oír que el aire vuelve a los pulmones.

REPITA, tan rápido como pueda para las primeras seis inflaciones, luego 12 por minuto hasta que se restablezca la respiración.

Para un niño: *No sople. Espire normalmente, o muy ligeramente en el caso de un bebé. Insufle primero cuatro veces lo más rápidamente que pueda. Si sopla violentamente en la boca de un bebé podría dañarle los pulmones.*

Boca a nariz: Aplique este método si no puede colocar sus labios sobre la boca de la víctima, manteniéndola cerrada. En el caso de los bebés, cubra los labios y la nariz con su boca.

¡NO SE DETENGA!

En cualquier forma de reanimación, los primeros cinco minutos son probablemente los más críticos pero, si no se reanuda la respiración, mantenga la respiración artifical durante al menos una hora. En un grupo, debe hacerse por turnos. COMPRUEBE los latidos del corazón.

3a ► RA: Con heridas faciales

Método Silvester

Recomendado cuando el envenenamiento o heridas en el rostro impiden la reanimación boca a boca, especialmente cuando el paciente pueda necesitar compresión cardíaca (que puede ser administrada por el mismo socorrista).

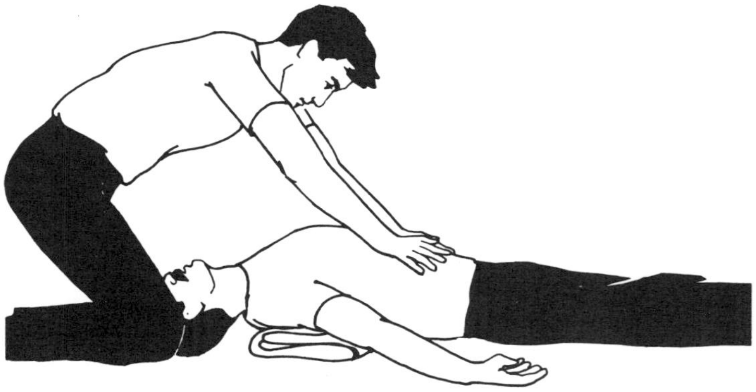

Con el paciente de espaldas, levante los hombros con un cojín o una manta doblada. Arrodíllese a horcajadas delante de la cabeza del paciente. Coloque las manos planas sobre las costillas inferiores e inclínese hacia adelante para presionar firmemente hacia abajo.

Levante los brazos del paciente hacia arriba y hacia afuera lo máximo posible.

REPITA rítmicamente unas 12 veces por minuto en el caso de los adultos. Si no se percibe ninguna mejoría, coloque al paciente de costado y propínele un fuerte golpe entre los hombros para liberar cualquier posible obstrucción antes de reanudar el ciclo.

¡NO SE RINDA! Las técnicas de reanimación han salvado las vidas de personas víctimas de inmersión, hipotermia y electrocución después de transcurridas tres horas sin respiración espontánea.

3b ► RA: BOCA ABAJO

Método Holger Nielson

Es una técnica recomendada para reanimar a una persona que se ha ahogado por inmersión si el boca a boca no es viable, o si la víctima no puede ser colocada de espaldas. La víctima yace boca abajo, los líquidos pueden fluir libremente desde la boca y no provocar ahogos.

Coloque a la víctima con la cabeza girada hacia un lado, los brazos doblados, la frente descansando en el reverso de las manos. Afloje las prendas ceñidas y asegúrese de que la lengua no está retraída, la boca está libre de cualquier material u objeto, etc.

Colóquese delante del paciente, arrodillado junto a su cabeza, colocando ambas manos sobre los omóplatos, con los pulgares unidos y los dedos abiertos. Aplique este método contando hasta ocho.

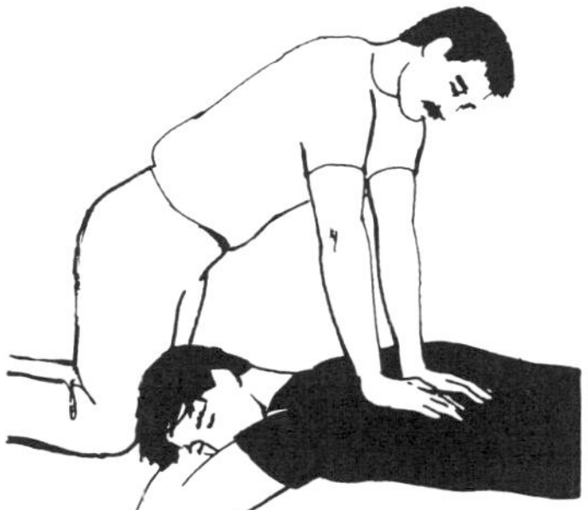

1-2-3 Inclínese hacia adelante con los brazos rectos, aplicando una presión suave, pareja y creciente. (Aproximadamente 2 segundos).
4 Inclínese hacia atrás, deslizando las manos para coger los brazos del paciente (1/2-1 segundo).

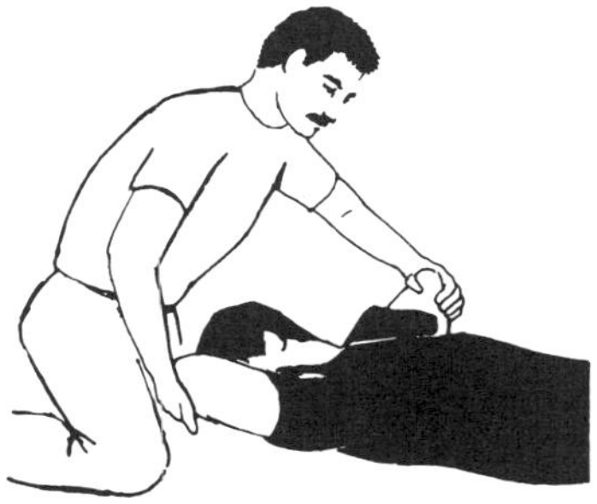

5-6-7 *Levante los brazos del paciente suavemente inclinándose más hacia atrás (2 segundos). Evite elevar el tronco del paciente o mover demasiado su cabeza.*
8 Baje los brazos del paciente hasta que se apoyen en el suelo y deslice las manos hacia su posición inicial (1/2-1 segundos).

REPITA
12 veces por minuto

NOTA: si los brazos del paciente están heridos, coloque una prenda doblada debajo de la frente y levántele por debajo de las axilas. No es un método viable si las costillas o los hombros están gravemente heridos.

TRAS EL RESTABLECIMIENTO DE LA RESPIRACIÓN: Coloque al paciente en la posición de recuperación después de cualquier forma de reanimación, pero no en el caso de lesión de la espina dorsal.

4 ¿LATE EL CORAZÓN?

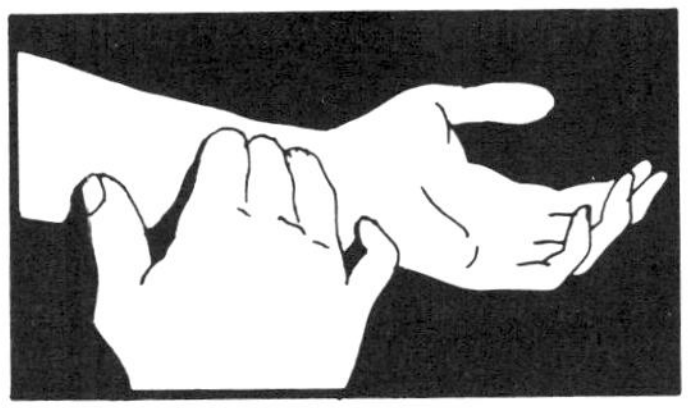

Tomar el pulso en la muñeca
Apoye ligeramente los dedos en la muñeca, sobre la arteria radial, a aproximadamente 1 cm del final del dedo pulgar en el extremo inferior del antebrazo.

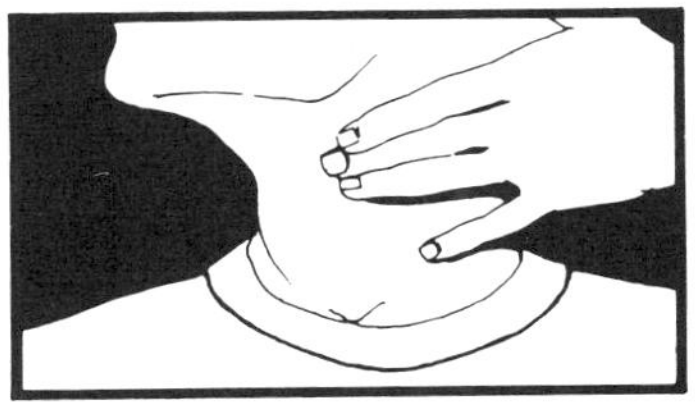

Tomar el pulso en el cuello
Gire la cabeza hacia un lado. Deslice los dedos desde la nuez hacia el costado hasta encontrar una ranura. También pueden utilizarse otros puntos de contacto.

Pulso normal

En un adulto relajado es de 60 a 80 pulsaciones por minuto (promedio 72); en los niños es mucho más alto, 90-140 por minuto. La excitación aumenta estos índices.

No pierda un tiempo precioso, cuente los latidos en 30 segundos y multiplíquelos por dos. Use un reloj de pulsera con segundero para calcular adecuadamente el tiempo y apunte el resultado.

SI NO HAY PULSO

Si no puede sentir el pulso y las pupilas están más dilatadas de lo normal, comience la compresión cardíaca mientras continúa con la RA. Los métodos boca a boca y de Silvester permiten realizar las dos actividades al mismo tiempo (4b).

4a ► COMPRESIÓN CARDÍACA

Independientemente del método de reanimación empleado, **si no hay pulso y después de 10-12 intentos respiratorios** no hay ninguna mejoría en la condición del paciente, inicie la compresión cardíaca (masaje cardíaco externo).

¡NO HAY TIEMPO QUE PERDER!
Primero coloque a la víctima sobre una superficie firme —dejándole descansar sobre el terreno, boca arriba. Usando el borde de la mano **golpee firmemente en la parte inferior del esternón** (el hueso central entre las costillas). El impacto puede hacer que el corazón reanude su actividad. **Si continúa sin pulso,** inicie la compresión. Arrodíllese junto al paciente. Coloque una mano sobre la mitad inferior del esternón, el hueso central entre las costillas. Asegúrese de que

no es el extremo del esternón y tampoco la zona debajo de éste. Coloque la palma de la mano sobre este punto. El resto de la mano debe estar APARTADO del tórax. Manteniendo los brazos extendidos, inclínese hacia adelante y presione 6-8 veces después de cada inflación pulmonar.

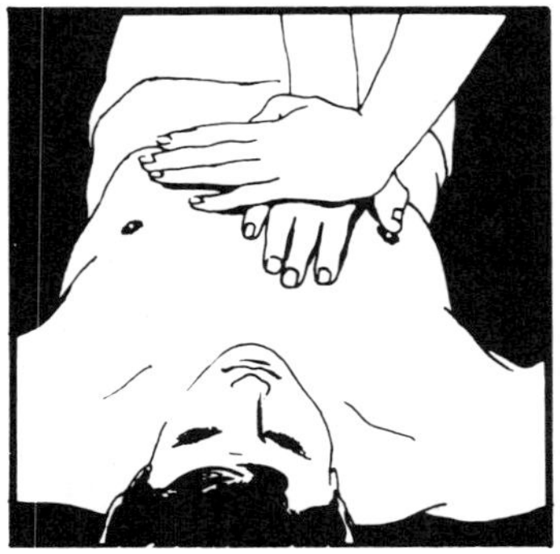

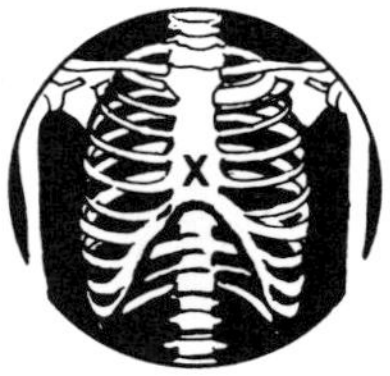

En los adultos, presione unos 4 cm. Repita al menos 60 veces por minuto. Presione suavemente y con firmeza. Una presión variable o brusca apodría provocar nuevas lesiones.

Bebés y niños pequeños necesitan menos presión y más impulsos. Una ligera presión con dos dedos es suficiente a una proporción de 100 veces por minuto. Para niños mayores, hasta 10 años, use la palma de la mano y presione 80-90 veces por minuto.

Compruebe si hay dilatación de las pupilas y pulso en la arteria del cuello, lo cual sería señal de éxito en sus esfuerzos.
AÚN PODRÍA NECESITARSE LA RESPIRACIÓN ARTIFICIAL.

4b ► RA: CON COMPRESIÓN

Si está solo: Use los métodos de reanimación Silverster (3a) o boca a boca (3), con un modelo sostenido de 15 masajes cardíacos seguidos de dos rápidas inflaciones pulmonares.

Si los socorristas son dos: Practique cinco masajes cardíacos seguidos de una inflación pulmonar, Repita. El socorrista que se encargue de las inflaciones debería comprobar también el pulso y la dilatación de las pupilas.

Una vez que se ha recuperado la respiración espontánea, debe ser mantenida. Coloque al paciente en la posición de recuperación (EXCEPTO cuando haya lesiones de cuello o columna vertebral), lo cual reduce el riesgo de ahogarse a causa de los líquidos que pueden ascender hacia la boca. Compruebe el estado del paciente regularmente.

Si puede, use una VIA RESPIRATORIA ARTIFICIAL para mantener un buen flujo de aire en los pacientes inconscientes.

EQUIPO RECOMENDADO

Vía de aire artificial

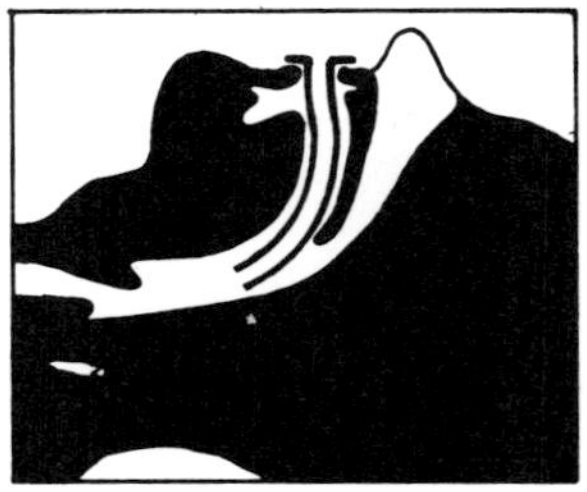

Antes de usarla examine la vía respiratoria del paciente y la artificial.

Inserte la vía artificial hasta 1/3 de su longitud, con el extremo apuntando al paladar, luego hágala girar 180° para que apunte hacia la garganta.

Una vez que está en su lugar, el paciente debe ser capaz de respirar. La acumulación de mucosidad le obligará a toser. Elimine la mucosidad con un extractor.

Extractor de mucosidad

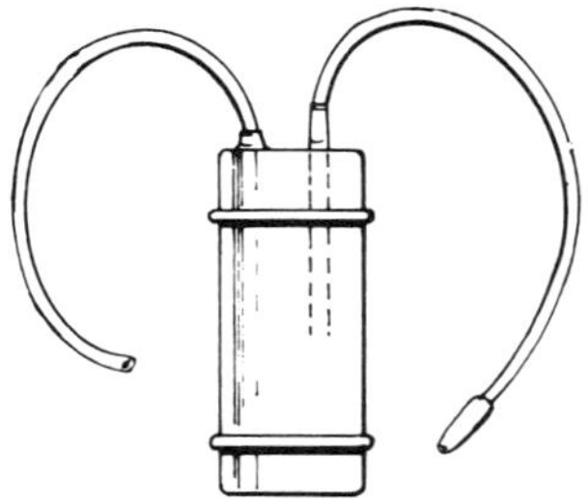

Coloque la vía respiratoria artificial y su válvula permitirá que la mucosidad sea absorbida hacia el exterior sin riesgo de que el paciente la trague. ¡Es probable que se haya utilizado uno de estos aparatos cuando usted nació! Si carece de uno, puede usar cualquier tubo o paja (preferiblemente esterilizados), tratando de NO tragar usted la mucosidad.

5 HEMORRAGIAS PELIGROSAS

Una persona, por término medio, tiene hasta 6,25 litros de sangre circulando por su cuerpo. La pérdida de 0,5 l provoca una ligera debilidad, 1 litro provoca un desmayo, con un aumento de la frecuencia del pulso y la respiración, y la pérdida de 1 ½ litro causa un colapso. Más de 2,24 l puede incluso provocar la muerte. **Deben tomarse medidas inmediatas para detener la pérdida de sangre.** Sin embargo, una vez que una hemorragia pequeña ha sido detenida, el volumen sanguíneo es restaurado con fluidos provenientes de los tejidos, y la ligera anemia resultante no es importante. Los fluidos corporales deben recuperarse ingiriendo agua, para que el equilibrio sea restablecido.

La hemorragia de venas y vasos capilares puede detenerse presionando el punto sangrante, con o sin vendaje, y una hemorragia arterial menor también puede controlarse mediante presión local. Las heridas en las extremidades deben elevarse por encima del corazón, sin dejar de aplicar presión en la herida.

Puede usar cualquier cosa para detener el flujo de sangre —la mano, un pañuelo, una blusa— pero **emplee el material más limpio**

posible y aplíquelo rápida y firmemente. El material no estéril puede provocar infecciones pero, si una persona se está desangrando irremisiblemente, no hay tiempo para preocuparse por esos detalles. La muerte es algo seguro a causa de una hemorragia grave.

Mantenga una presión continua y firme durante 5-10 minutos y logrará detener la hemorragia. Resista la tentación de levantar la mano y echar un vistazo. Si la sangre se escurre a traves de la cubierta que haya colocado, reemplácela por otra.

Las vendas de algodón absorbente (conocidas en el ejército como vendaje de proyectil) son ideales para detener una hemorragia. Incluya algunas en su equipo de primeros auxilios.

Asegure con un vendaje y luego con otro superpuesto para mantener la presión sobre la herida.

PRIORIDADES

La sangre transporta oxígeno, vital para la vida. Cuando a una hemorragia se une la parada respiratoria, trate a ambas simultáneamente. Haga que el pacientes repire y pare la hemorragia.

5a ► HEMORRAGIA ARTERIAL

Es la hemorragia más grave que puede producirse y la rapidez es fundamental para detenerla. La hemorragia de una arteria se produce en surtidores rápidos y poderosos, a ritmo con el pulso. Puede ser controlada temporalmente comprimiendo la arteria en el lugar donde se cruza con un hueso, contra ese hueso, en puntos de presión.

Puntos de presión

Estos son los lugares donde las arterias discurren cerca de la superficie y sobre un hueso, de modo que pueden ser presionadas contra éste, deteniendo el flujo de sangre. Cada uno es eficaz para hemorragias producidas en áreas específicas. **Observe la herida. Si el flujo de sangre no se reduce inmediatamente, mueva los dedos hasta lograrlo.**

- ► **Sien o cuero cabelludo:** *Delante de o encima de la oreja (a)*
- ► **Rostro debajo de los ojos:** *Costado de la mandíbula (b)*
- ► **Hombro o parte superior del brazo:** *Encima de la clavícula (c)*
- ► **Codo:** *Lado de abajo de la parte superior del brazo (d)*
- ► **Parte inferior del brazo:** *Curva del codo (e)*
- ► **Mano:** *Zona frontal de la muñeca (f)*
- ► **Muslo:** *A mitad de camino entre la ingle y la parte superior del muslo (g)*
- ► **Pantorrilla:** *Detrás de la rodilla (h)*
- ► **Pie:** *Delante del tobillo (i)*

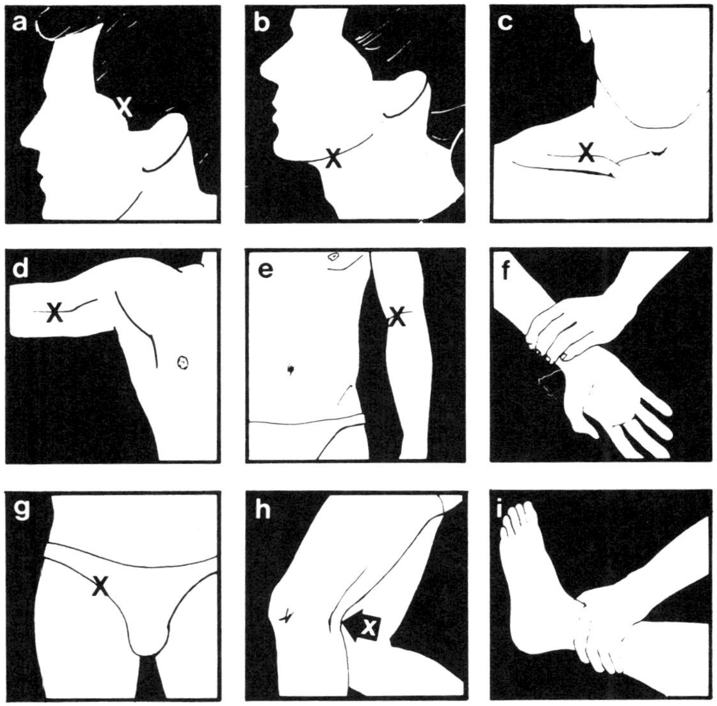

ATAR LAS ARTERIAS

En el caso de heridas graves a las que no pueda aplicarse la presión de un vendaje por resultar insuficiente, o porque el acceso es restringido o en el caso de un miembro parcialmente amputado, busque la arteria que sangra y obstrúyala.

Es una operación peligrosa para la persona inexperta, ya que las arterias suelen estar acompañadas de nervios e incluirlos también a éstos en una grapa o nudo podría provocar una lesión permanente, como puede ser la pérdida de función de un miembro.

Aplique un torniquete temporal para controlar la hemorragia, pero quizá se vea obligado a dejar salir la sangre para encontrar la arteria responsable.

Esterilice un trozo de cordel, dedal o hilo fino hirviéndolos o mojándolos en alcohol. El contenido de un frasco de perfume eliminará a las bacterias. **La higiene es fundamental.** Hierva todas las vendas. Frote las manos en agua hervida y use jabón si tiene.

Limpie la herida con el agua estéril (hervida) y explore suavemente la zona con un dedo limpio para localizar la arteria dañada. Proceda a obstruirla firmemente con el hilo esterilizado. Éste es el único momento en que se toca la herida abierta.

Si la arteria está completamente cortada, sus extremos pueden retraerse y dificultar su localización. Si está seguro de que el vaso capilar se encuentra en un trozo de tejido, entonces toda la zona puede ser suturada usando una aguja larga.

Afloje con cuidado el torniquete lo antes posible para comprobar si su trabajo ha sido efectivo. Asegúrese de que no hay más que un vaso capilar sangrante. Si descubre otra hemorragia, ajuste inmediatamente el torniquete y vuelva a intentarlo. Otros vasos más pequeños suministrarán sangre suficiente para mantener con vida el miembro herido.

No deje el torniquete colocado.

TORNIQUETES

Hay solamente dos lugares donde puede colocarse un torniquete: en la parte superior del brazo, justo debajo de la axila, y alrededor de la zona superior del muslo. Use preferiblemente un trozo de tela de al menos 5 cm de ancho. Si tiene que usar un material más fino (alambre o cordel) DEBE aplicarlo sobre un trozo de tela doblada para reducir las molestias y evitar el daño a los nervios y a la piel.

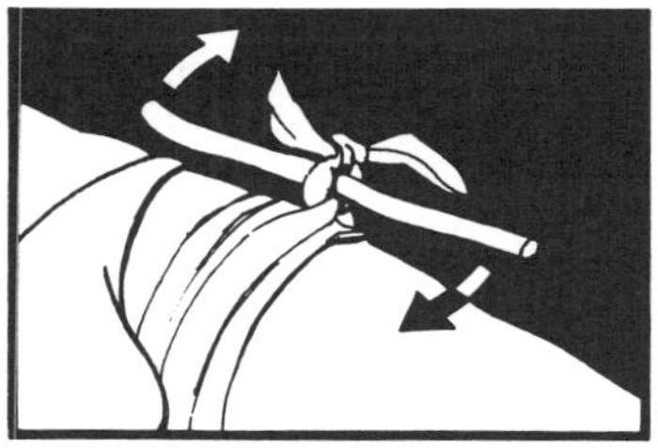

Envuelva el miembro herido y ate con un nudo simple. Coloque una pequeña varilla u objeto similar sobre el nudo y ate un nudo doble sobre ella. Haga girar la varilla, ajustando la tela hasta que la hemorragia cese.

El torniquete debe ser lo bastante ajustado para detener el flujo de sangre pero aflójelo frecuentemente, de modo que después de aplicarlo TRABAJE DEPRISA.

Quítelo COMPLETAMENTE cuando haya acabado.

ADVERTENCIA

Un torniquete interrumpe el flujo de sangre y si se deja demasiado tiempo puede provocar lesiones graves, incluso la pérdida del mismo miembro herido.

► ***Use el torniquete SOLO en un miembro herido. NUNCA en la cabeza, el cuello o el torso.***

► ***NUNCA cubra un torniquete. Si debe dejar un torniquete desatendido, escriba TK y la hora en que ha sido aplicado en la frente de la víctima con lápiz para labios o rotuladores.***

COMPROBAR LA CIRCULACIÓN

Después de vendar un miembro herido, compruebe frecuentemente que los dedos no presenten un color azulado, estén fríos o insensibles. Si fuese así, afloje las vendas. Si no lo hace, el miembro herido PUEDE GANGRENARSE, provocando quizá la necesidad de amputar.

Por la misma razón NO use un torniquete (excepto cuando ligue arterias). Primero trate la presión directa. Luego use puntos de presión, manteniendo la presión directa sobre la herida. Si la herida afecta a una extremidad, manténgala elevada todo el tiempo.

EQUIPO RECOMENDADO

Hemóstato

Este instrumento, como un par de alicates que pueden trabarse, puede sujetar el vaso sanguíneo, deteniendo el flujo de sangre y facilitar su ligadura. Los hemóstatos tienen muchas aplicaciones y merece la pena incluirlos en el botiquín de primeros auxilios. Son ideales para sostener la aguja mientras se cose —incluso la piel más gruesa puede ser cosida. ***EVITE coger los nervios***

5b ►HEMORRAGIAS MENORES

Hemorragia venosa

La hemorragia producida en una vena es menos dramática que la que afecta a una arteria. La sangre más oscura de una vena fluye más lentamente. Hay tiempo para seleccionar el vendaje más adecuado. Si la sangre que mana de una herida profunda hace difícil de localizar el punto exacto de una hemorragia, use un tampón grande y aplique presión sobre una amplia zona. Después de 10 minutos probablemente podrá asegurar el tampón en su lugar. Para ello puede usar tiras cortadas de una prenda de vestir, lo más anchas posible, para que no lesionen la carne del herido.

Hemorragia capilar

Los vasos capilares son vasos sanguíneos muy finos que dejarán de sangrar por sí solos. No pierda el tiempo en una hemorragia capilar, nunca es grave. Concéntrese primero en otras zonas fundamentales y proceda a vendar más tarde la zona donde se ha producido la hemorragia capilar.

5c ► HEMORRAGIAS INTERNAS

Esta grave situación es común después de haber recibido un golpe violento en el cuerpo, cuando hay huesos rotos, se ha recibido un balazo o sufrido heridas de profunda penetración. Al principio puede haber poca evidencia de heridas internas, tal vez sólo un ligero ardor debajo de la piel. El paciente se sentirá mareado, inquieto y débil, y estará pálido, con la piel fría y húmeda al tacto y el pulso será débil pero rápido.

Las hemorragias en los tejidos se producen en todas las fracturas y las magulladuras, y un muslo fracturado puede tener como consecuencia la pérdida de gran cantidad de sangre en el lugar donde se ha producido la fractura.

SÍNTOMAS

Los siguientes síntomas de hemorragia interna, que también ofrecen una indicación de la fuente de la hemorragia, incluyen:

- De los riñones o la vejiga: orina de color rojo o vino
- Del intestino delgado: la sangre parcialmente digerida da a las heces un aspecto oscuro y alquitranado
- Del estómago: vómito de sangre. Si es de color rojo intenso la hemorragia es reciente. Si tiene color marrón café, la hemorragia lleva cierto tiempo en el estómago.
- De los pulmones: tos con presencia de sangre, frecuentemente como un espumarajo rojo.

TRATAMIENTO

Coloque al paciente acostado y con las piernas levantadas, para que al corazón le resulte más fácil bombear sangre a la cabeza. Mantenga al paciente moderadamente abrigado, pero no en exceso, ya que ello haría que la sangre fluyera hacia la piel. Las hemorragias internas graves pueden producirse en órganos como riñón, hígado o bazo si han sido dañados. El único tratamiento posible es el cuidado en un hospital o centro sanitario. Debe procederse a una evacuación rápida del herido.

HEMORRAGIA NASAL

Trátela sentando al paciente con la cabeza echada ligeramente hacia adelante y pellizque la parte blanda de la nariz durante cinco minutos. Aliente al paciente para que respire a través de la boca. No debe aspirar por la nariz. Afloje cualquier prenda ceñida.

6 HERIDAS Y VENDAJES

Las heridas abiertas son siempre un peligro porque existe el riesgo de una infección bacteriana. La más importante de estas bacterias es el *Tetanus bacillus,* que provoca tétanos. La inmunización contra el tétano es una sabia precaución para todo el mundo, y fundamental para los que inician expediciones y los aventureros.

Las heridas causadas por vidrio, metal o quemaduras son habitualmente heridas limpias. Todos los cuerpos extraños deben ser extraídos. Este proceso se deja en manos de médicos entrenados para ello, pero en una situación de supervivencia debe hacerse de inmediato. Las pinzas y los hemóstatos esterilizados son las mejores herramientas para este trabajo. Una herida que ha estado en contacto con la tierra o con ropa sucia DEBE ser limpiada y toda la carne muerta debe QUITARSE.

Corte y separe la ropa del lugar de la herida, limpie alrededor y vierta agua sobre las heridas para lavar toda la suciedad. Limpie la herida desde el centro hacia afuera, NO limpie desde fuera hacia el interior. Inmovilice la herida en una posición cómoda.

El vendaje debe cambiarse si se moja, si emite un olor desagradable o si el dolor en la herida aumenta y origina punzadas, lo cual indica la presencia de una infección.

La infección local puede ser tratada con agua caliente y salada, o aplicando emplastos. Los emplastos extraen el pus que acompaña a la infección y ayudan a reducir la hinchazón. Cualquier cosa que pueda aplastarse sirve como emplasto: arroz, patatas, raíces, corteza deshilachada y semillas. También puede usarse arcilla. Hiérvalo y envuélvalo en un trozo de paño. Aplique en la zona infectada tan caliente como pueda tolerarse, aunque no debe arriesgarse a sufrir una quemadura. El cuerpo humano tiene una tremenda capacidad para resistir las infecciones si recibe el reposo y la alimentación adecuados.

La aplicación de calor también ayuda a la cicatrización de la herida. Una piedra caliente envuelta en paño puede utilizarse para este propósito.

EL JABÓN ES ANTISÉPTICO

El jabón es un excelente antiséptico y muy bueno para lavar heridas. Use agua hervida para lavarse las manos antes de limpiar una herida. Lave la herida con agua hervida y, si no tiene, use orina. La orina es un fluido estéril y no provocará infecciones. También tiene el efecto positivo del ácido úrico que ayuda a limpiar la herida.

6a ► SUTURANDO LAS HERIDAS

Las heridas menores pueden cerrarse suturándolas, si no hay médicos que puedan hacerlo. (Los hemóstatos también son útiles para esto). Se recomiendan cuando una herida limpia causada por un cuchillo necesita cerrarse y para heridas faciales que dificulten la respiración o la ingestión de alimentos.

Primero limpie completamente la herida, luego suture a través de ella, o use suturas mariposa (de su equipo de supervivencia) que pueden aplicarse sin contar con una habilidad especial. Algunas tribus utilizan la hormiga Fuego para este trabajo, haciendo que muerdan la herida y luego arrancándoles la cabeza para que las mandíbulas mantengan la herida unida.

Suturas

Con una aguja esterilizada y cordel de tripa haga suturas individuales, comenzando a través del punto medio de la herida.
Una los bordes y ate el cordel o hilo, y luego continúe hacia afuera.

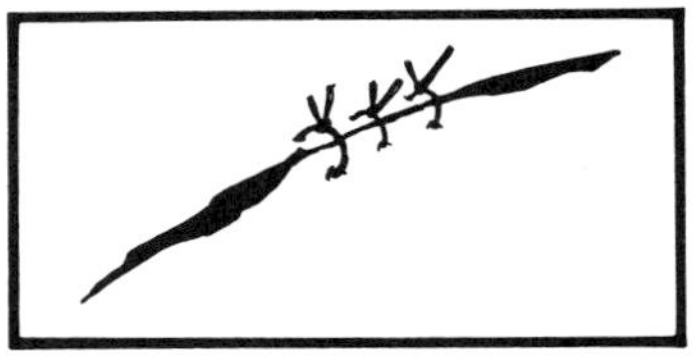

Suturas adhesivas

Use suturas mariposa o corte tiritas en forma de mariposa. Una los bordes de la herida. Aplique la tirita en un costado de la herida, ciérrela lo máximo posible y presione el otro extremo de la tirita.

Si la herida se infecta —roja, inflamada, tensa— quite algunas o todas las suturas y deje salir el pus. Deje que la herida drene.

6b ► TRATAMIENTO ABIERTO

El «tratamiento abierto» —cubrir con un vendaje pero sin suturas— es la única manera segura de abordar las heridas de supervivencia, aparte de las ya mencionadas. Si no puede limpiar completamente la herida, debe dejarla abierta para que cicatrice desde el interior. Formará un tejido resistente a la infección, reconocible por su aspecto granuloso húmedo y de color rojo, que es una señal saludable en cualquier herida.

A pesar de las precauciones que puedan tomarse, siempre habrá algún grado de infección. Las heridas profundas deben drenarse y, ocasionalmente, puede resultar beneficioso abrir un absceso (acumulación de pus) e insertar un vendaje esterilizado o una cinta de tela. Deje un trozo colgando, preferiblemente con un imperdible en el extremo. Deje drenar la herida durante algunos días. Si la herida debe volver a abrirse, esterilice la hoja del escalpelo o cuchillo para impedir la presencia de nuevas bacterias. El vendaje mantiene las heridas cubiertas, pero permite su drenaje mientras se cicatriza desde el interior. Reduzca el vendaje a medida que la cicatrización avanza, hasta que se pueda quitar por completo y cubrir con una venda más ligera.

► *HERIDAS EN EL PECHO*

Uno de los mayores peligros de una herida en el pecho, es si la cavidad torácica se perfora, el aire absorbido por la herida cuando el paciente respira. Esto puede provocar un colapso en los pulmones. Coloque la palma de la mano sobre estas heridas absorbentes para impedir la entrada de aire. Acueste al herido, con la cabeza y los hombros apoyados e inclinados hacia la herida. Tapone con una venda grande, floja y preferiblemente húmeda, o cúbrala con una película plástica u hoja de aluminio (preferiblemente revestida con petrolato). Si no hay órganos que sobresalen por la herida, véndela firmemente.

► *HERIDAS ABDOMINALES*

Son heridas graves debido al peligro de daño a los órganos internos y de hemorragias internas. No deben administrarse sólidos ni líquidos al herido. La sed puede aliviarse usando un trozo de paño mojado para humedecer los labios y la lengua del paciente. Si los intestinos sobresalen por la herida, deben cubrirse y mantenerse mojados. No trate de volver a colocarlos en su lugar. (Eso dificultaría la tarea del cirujano después del rescate). Si no hubiere órganos que salgan por la herida véndela con fuerza.

► *HERIDAS EN LA CABEZA*

Las heridas en la cabeza suponen la posibilidad de daño y heridas cerebrales que pueden dificultar la respiración y la ingestión de alimentos. Asegúrese de que las vías respiratorias están libres y que la lengua no se ha retraído hacia la garganta. Quite cualquier diente postizo o roto. Controle la hemorragia. El herido consciente puede ser sentado, pero el herido inconsciente debe ser colocado en la posición de recuperación, siempre que no haya heridas en el cuello o en la columna vertebral. *(Ver* **8a** Fractura de cráneo).

► *AMPUTACIÓN*

Si una persona queda atrapada por un brazo o una pierna entre los restos de un vehículo en llamas, o situación similar, debe recurrirse a una acción drástica para solucionar la situación. Tal vez se vea obligado a cambiar un miembro por la vida si, por ejemplo, la persona corre el riesgo de quemarse hasta morir.

El tiempo es un factor crítico si está trabajando bajo presión con creciente riesgo para usted y el herido, por causa del fuego u otro peligro inminente. Pero, aún así, debe tener mucho cuidado. Si un miembro queda atrapado, corte en un lugar lo más próximo posible a la herida, lo cual probablemente signifique cortar a través del hueso. Se necesita una sierra de alguna clase. La sierra flexible que lleva en su equipo de supervivencia servirá para este trabajo. Si no dispone de ninguna sierra, o la amputación se debe a la gangrena, corte en la articulación más cercana.

Primero aplique un torniquete y esté preparado para obstruir las arterias a medida que aparezcan, o use hemóstatos si dispone de ellos.

Practique una incisión en la piel y el tejido subyacente. Permita que la piel se retraiga y luego corte los músculos. También se retraerán, dejando expuestos el hueso o la articulación. Corte con la sierra a través del hueso o de la articulación. Obstruya las arterias, si aún no lo ha hecho, pero deje el muñón abierto para que pueda drenar la herida. Aplique un vendaje ligero para proteger el muñón.

► *AMPUTACIÓN TRAUMÁTICA*

Si un miembro ha sido arrancado a causa de un accidente la hemorragia es ligera. El músculo dañado en la pared de la arteria sufre un espasmo y cierra la misma. Podrá examinar la herida y obstruir todas las arterias expuestas.

USO DE ANTISÉPTICOS

Si dispone de antisépticos, úselos para los cortes y erosiones. NO los use en las heridas profundas. Provocan un mayor daño en los tejidos. Limpie el área afectada con antiséptico, pero lave la herida con agua hervida.

7 QUEMADURAS

Las quemaduras, que son heridas comunes en accidentes de aviación, provocan un intenso dolor y una gran pérdida de fluidos. Las víctimas son MUY susceptibles al shock y las infecciones .

El área de piel afectada puede utilizarse para estimar las posibilidades. Las quemaduras que se extienden un 50 % o más del cuerpo son habitualmente mortales, si no se dispone inmediatamente de cuidados médicos especializados. Aquí presentamos una guía aproximada de las áreas afectadas:

Cabeza = 9 %
Brazos = 9 % cada uno
Torso delantero = 18 %
Torso trasero = 18 %
Área genital = 1 %
Parte delantera de las piernas = 9 % cada una
Parte trasera de las piernas = 9 % cada una

Extinción de ropa ardiendo

Es fundamental extinguir la ropa ardiendo sin agitar las llamas. La mayoría de las personas echarán a correr instintivamente del lugar del peligro pero, al hacerlo, el viento alimenta las llamas. **Arroje a la víctima al suelo y hágala rodar,** cubriéndola si es posible con una manta, un poncho o un saco de dormir. Si fuese necesario haga rodar usted a la víctima (en estos momentos es cuando uno comprende quienes son sus verdaderos amigos!). Quite a la víctima las ropas chamuscadas y otras prendas ceñidas, joyas, etc., que pueden ajustarse aún más si el cuerpo se hincha. Es importante quitar inmediatamente las prendas quemadas, porque retienen el calor y pueden ser más calientes que las propias llamas.

Reduzca la temperatura

Moje los tejidos quemados para enfriarlos. Idealmente, sumerja al herido en agua fría durante al menos 10 minutos. No piense en ningún momento en usar absolutamente nada para mitigar las heridas. No debe aplicar antisépticos, mantequilla, grasa, manteca de cerdo, loción de calamina, vaselina ni nada por el estilo. ¡Resista el impulso! El enfriamiento debería continuar hasta que no produzca más alivio del dolor y cuando la retirada del herido del agua no aumente el dolor.

Después del enfriamiento inicial no intervenga en las heridas excepto para aplicar vendas, tan estériles y limpias como pueda conseguirlas, para impedir la infección. Aplique el vendaje entre los dedos quemados para impedir que se adhieran unos a otros.
Más tarde, cortezas de maderas duras, como roble o abedul, que contienen tanino, pueden hervirse en agua. Cuando el agua se haya enfriado puede aplicarse a las zonas afectadas para aliviar el dolor en la carne quemada.

Administre líquidos

Deben administrarse líquidos para compensar la pérdida sufrida. Haga que el herido beba pequeños sorbos de bebidas frías. Si es posible, añada 1/2 cucharaditas de sal —o, incluso mejor, un poco de bicarbonato de sódico— disuelta en el agua. Si no tiene sal, haga que el herido beba unos sorbos de sangre animal hervida.

TIPOS DE QUEMADURAS

Las quemaduras profundas se presentan chamuscadas o blancas en su aspecto, posiblemente con huesos o músculos visibles. Por un piadoso acto de la naturaleza, estas quemaduras son indoloras, ya que las terminaciones nerviosas han sido destruidas. Las quemaduras superficiales son muy dolorosas y, si cubren una zona amplia, la pérdida de líquido puede provocar un shock incluso más grave que si se tratara de una quemadura profunda. La piel se ampollará, pero estas ampollas NUNCA deben perforarse deliberadamente. **Si hay quemaduras en el rostro y el cuello, asegúrese de que las vías respiratorias están libres.**

► *ESCALDADURAS*

Las escaldaduras son quemaduras húmedas causadas por líquidos calientes, ya sea agua, vapor, aceite o incluso un emplasto, y deben tratarse como si fuesen quemaduras secas.

► *QUEMADURAS EN BOCA Y GARGANTA*

Causadas por la inhalación de llamas o gases calientes, bebida accidental de un recipiente muy caliente, o tragar líquidos muy calientes o sustancias químicas corrosivas. Suministre pequeños sorbos de agua fría para enfriar la zona afectada. La inflamación de la garganta puede afectar la respiración y tal vez deba practicarse RA.

► *QUEMADURAS OCULARES*

Las salpicaudras de grasa o de sustancias químicas corrosivas pueden quemar el globo ocular. Mantenga los párpados abiertos y vierta gran cantidad de agua para lavar las sustancias químicas. Incline la cabeza para que las sustancias químicas no entren en la boca o en el otro ojo si no ha sido afectado.

► *QUEMADURAS QUÍMICAS*

Use gran cantidad de agua para diluir y lavar las sustancias químicas. Quite la ropa que pueda retener sustancias corrosivas. No trate de neutralizar ácido con álcali o viceversa, ya que la interacción química producirá más calor. Continúe tratando como si fuese una quemadura por calor.

► *QUEMADURAS ELÉCTRICAS Y POR RAYOS*

Compruebe la respiración. Trátelas como a las quemaduras por calor. No corra riesgos si persiste la corriente eléctrica en el cuerpo. (*Ver* **1**).

QUEMADURAS Y SHOCK

Todas las quemaduras, excepto las superficiales y eléctricas, provocarán probablemente un shock, dependiendo su gravedad de la cantidad de plasma perdido. El lavado con agua fría en el caso de quemaduras extensas podría aumentar el shock, pero esa medida debe sopesarse con la posibilidad de reducir radicalmente el daño a los tejidos. Continúe enfriando durante 10 minutos.

8 FRACTURAS

Los accidentes pueden producir luxaciones y hematomas, brazos y piernas rotos y fracturas de compresión en la espalda. Los huesos rotos deben examinarse inmediatamente, antes de que la inflamación complique su localización. Mire siempre antes de tocar y mover a la persona herida. Sin embargo, trate la asfixia y las hemorragias primero y no trate de reducir una fractura en una emergencia cuando hay otras personas con heridas más urgentes que tratar. Inmovilice a la persona antes de moverla y termine el tratamiento más tarde.

Hay dos tipos de fracturas: abiertas y cerradas. En una fractura abierta el hueso puede perforar la piel o puede existir una herida que conduzca a una fractura. En estas fracturas, la infección puede tener acceso directo al hueso y deben tratarse muy cuidadosamente. Si el miembro se halla seriamente dislocado por la fractura debe ser colocado en su situio antes de entablillarlo. Este proceso será muy doloroso. Si el paciente está inconsciente, proceda inmediatamente.

Las fracturas que no penetran en la piel y tampoco están expuestas al aire se conocen como fracturas cerradas.

SÍNTOMAS

- ► Dolor, habitualmente intenso, agravado por intentos de mover la parte afectada.
- ► Sensibilidad, incluso bajo la presión más ligera.
- ► Inflamación (causada por pérdida de sangre en los tejidos), mostrando más tarde decoloración o hematoma.
- ► Deformidad: acortamiento aparente del miembro, irregularidad ya sea visible o al tacto, movimiento anormal, miembros flojos y temblorosos —compare un área sospechosa con el lado opuesto y no afectado.
- ► Un sonido chirriante cuando los miembros son movidos (NO mueva los miembros deliberadamente para comprobar la existencia de una fractura).

Compare el miembro afectado con el otro sano.

REDUCCIÓN

Si se espera atención médica, inmovilice las fracturas cerradas y deje que se las trate profesionalmente, pero —si no se espera ayuda médica— «reduzca» las fracturas lo antes posible después de la herida, antes de que se produzca un doloroso espasmo muscular.

Aplique tracción (empujar lenta y firmemente, no tire del miembro) hasta que los bordes dominantes del hueso fracturado queden en su lugar. Compare esta alineación con el otro miembro. Luego entablille e inmovilice, manteniendo la tracción para asegurarse de que el hueso no vuelve a salir de su sitio. En este momento se necesitará entablillar el brazo o la pierna, y para ello se puede utilizar toda clase de materiales: bastones de esquiar, ramas, mástiles de barco, partes del naufragio, maderas flotantes, rollos de periódicos, etc.

NOTA: Separe de la piel todo material duro colocando en medio algo blando —el musgo es útil para este fin— o se producirán llagas por la presión.

8a ► INMOVILIZACIÓN

Inmovilice toda la longitud del miembro afectado. Use cabestrillos para sujetar los brazos fracturados doblados. Si no dispone de ninguna tabla, o para aumentar la inmovilidad, sujete con vendas el miembro herido al miembro sano o al cuerpo. Inserte relleno en cualquier cavidad natural para mantener al miembro fracturado en posición. Asegure firmemente arriba y abajo de la fractura y por debajo de la articulación más próxima. Ate con cualquier material blando que tenga. Haga todos los nudos del mismo lado, teniendo fácil acceso a ellos, y use nudos cruzados o lazos cruzados.
COMPRUEBE PERIÓDICAMENTE LA CIRCULACIÓN.

Material para cabestrillos

Los vendajes triangulares son excelentes para hacer un cabestrillo (Ver 11 *Vendajes*), pero los cabestrillos también pueden improvisarse con trozos de ropa, cinturones, etc., tal como se muestra en estas ilustraciones. No ate el cabestrillo directamente sobre la herida o permita que los nudos presionen el miembro fracturado.
COMPRUEBE LA CIRCULACIÓN.

► Fractura del brazo por debajo del codo
► Fractura de la mano o los dedos

Coloque el cabestrillo (en este caso una camiseta de mangas largas) entre el brazo y el cuerpo. Inmovilice desde el codo hasta la zona media de los dedos con un entablillado rellenado. Lleve una manga de la camiseta por detrás de la cabeza y átela a la otra manga en el lado opuesto de la herida. Anude debajo del codo para evitar que se deslice.

El brazo queda elevado para evitar que se hinche demasiado.

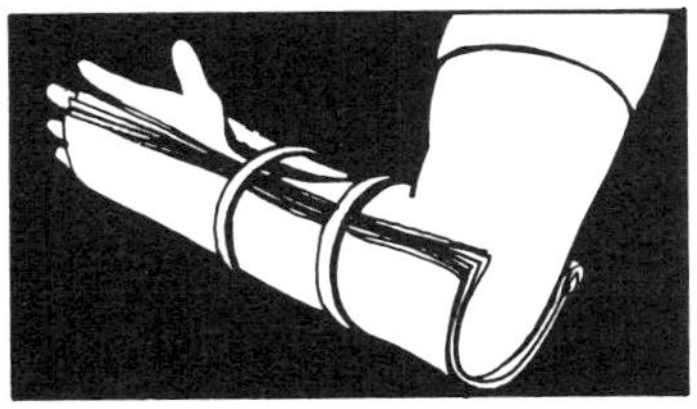

► Fractura en el codo

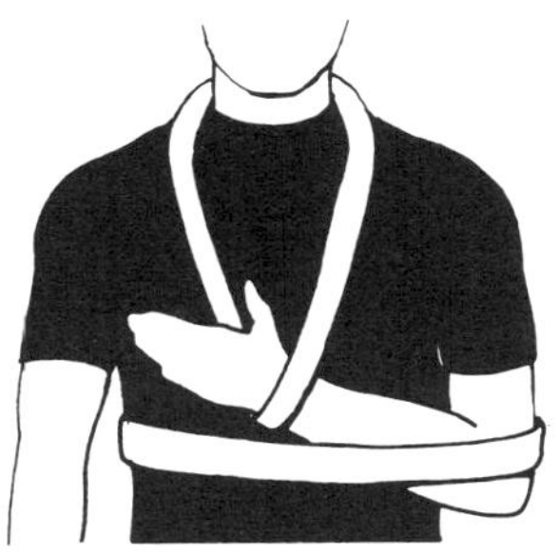

Si el codo está doblado: *apóyelo en un cabestrillo fino. Enlace a través del brazo y el pecho para impedir el movimiento. Compruebe el pulso para asegurarse de que no ha cogido una arteria. Si no hay pulso trate de extender ligeramente el brazo. Si no hay pulso, se necesita ayuda médica urgente.*

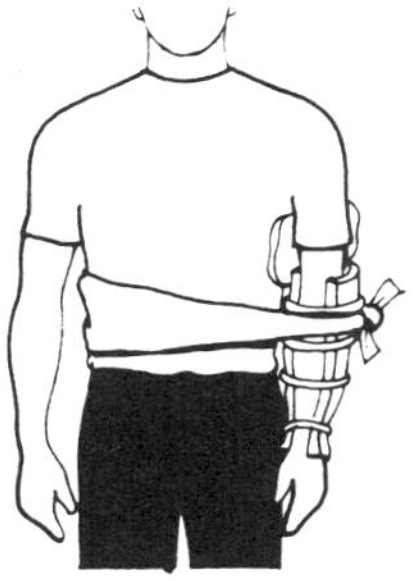

Si el codo está extendido: *no lo doble. Coloque algo blando en la axila y sujete el brazo al cuerpo o coloque tablillas acolchadas a cada lado del brazo.*

► Fractura de la parte superior del brazo

Coloque algo blando en la axila. Coloque el entablillado desde el hombro hasta el codo por la parte exterior del brazo.

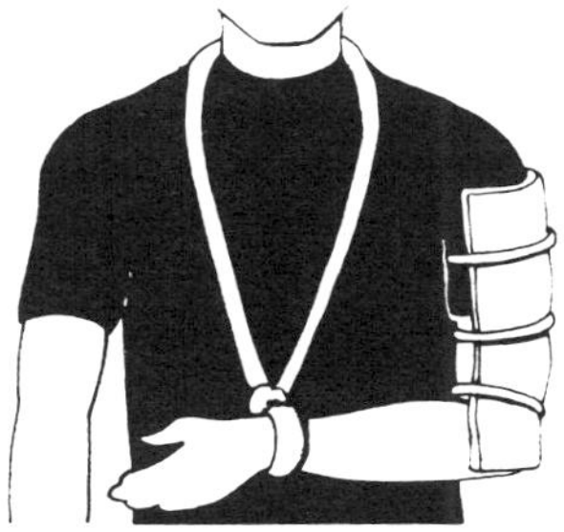

► Fractura del omóplato
► Fractura de clavícula

Haga un cabestrillo para aligerar el peso de la zona afectada. Inmovilice con un vendaje de todo el brazo y el cuerpo.

> **PRECAUCIÓN**
>
> ***COMPRUEBE periódicamente que la circulación no se vea afectada. Los dedos azulados o cenicientos son claras señales de peligro que indican que los vendajes están muy ajustados.***

Para cualquier fractura del muslo o la pantorrilla, debe aplicarse un vendaje en ocho, uniendo los tobillos y los pies de cada pierna. Esto controla la rotación e impide el acortamiento.

► *Fractura de la cadera o parte superior de la pierna*

Coloque un entablillado en la parte interna de la pierna y otro desde el tobillo hasta la axila. Use un palo para empujar las ataduras debajo de las cavidades de la pierna herida.

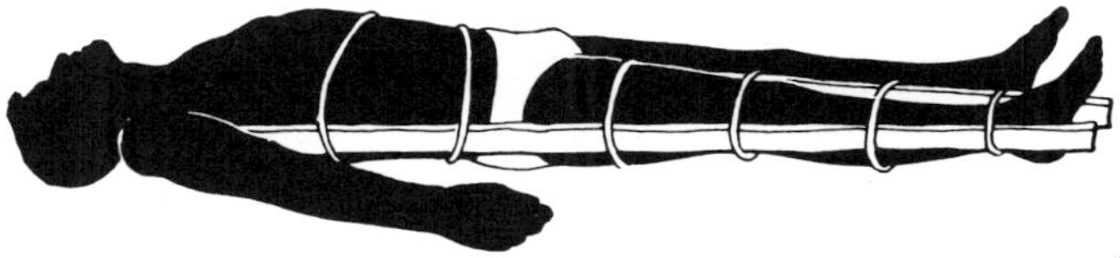

Si no dispone de tablillas, coloque algo blando entre las piernas (una manta doblada es ideal) y átelo a la pierna sana.

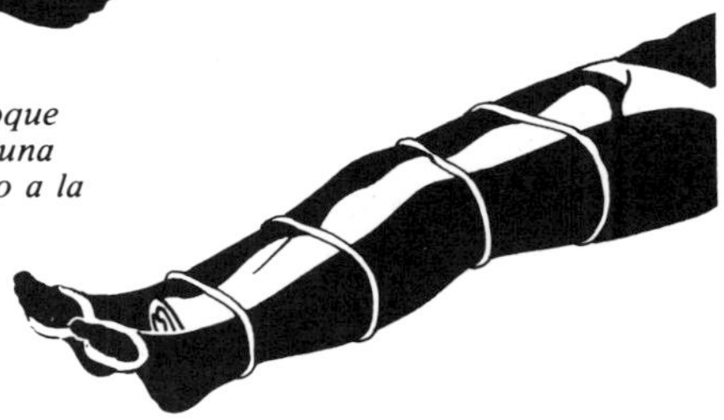

► *Fractura de rodilla*

Si la pierna está extendida: *coloque la tablilla debajo de la pierna. Aplique compresas frías sobre la rodilla (hielo si fuese posible).*

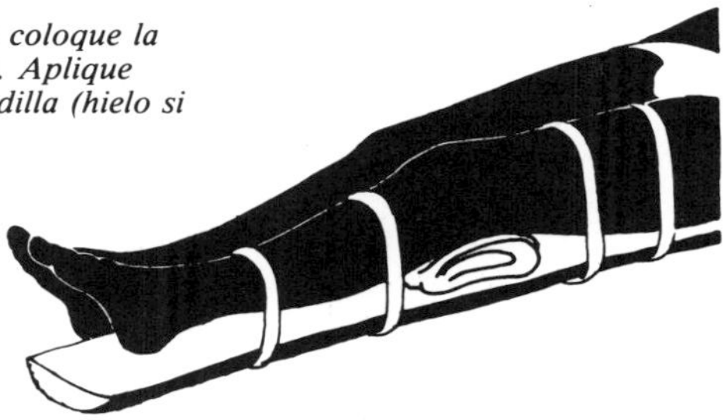

Si la pierna está doblada y no puede extenderla: *ponga las piernas juntas, coloque la manta entre las pantorrillas y los muslos y sujételas en esos lugares.*

Ésta es sólo una medida temporal hasta que llegue la ayuda médica. Si no hay posibilidad de conseguir esta ayuda, la pierna debe mantenerse lo más extendida posible.

► *Fractura en la zona inferior de la pierna*

Entablille desde encima de la rodilla hasta debajo del tobillo, o coloque algo blando entre las piernas y átelas juntas (ver Fractura de cadera).

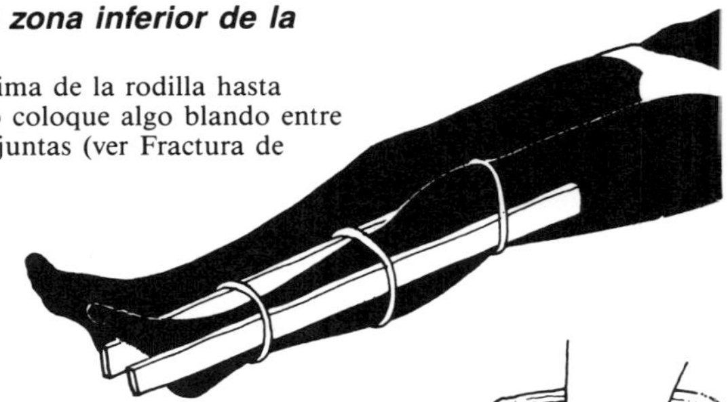

► *Fractura de tobillo o pie*

No es usual entablillar esta zona. Eleve el pie para reducir la hinchazón. Inmovilice con un cojín o una manta doblada alrededor del tobillo y debajo del pie, atada dos veces en el tobillo y una vez por debajo del pie. **Alternativa***: si no hay herida, deje puestos el zapato o la bota para conservar la estabilidad. NO permita que el herido apoye el pie.*

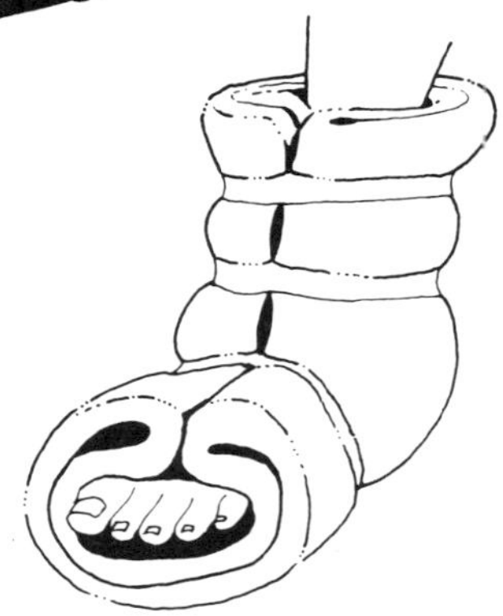

► *Fractura de pelvis*

Los síntomas incluyen el dolor en la ingle o la pared inferior del abdomen. Coloque algo blando entre los muslos. Ate las piernas a la altura de las rodillas y los tobillos. Coloque cojines debajo de las piernas dobladas y ate al hérido a un soporte plano (puerta, mesa, camilla) por los hombros, la cintura y los tobillos.

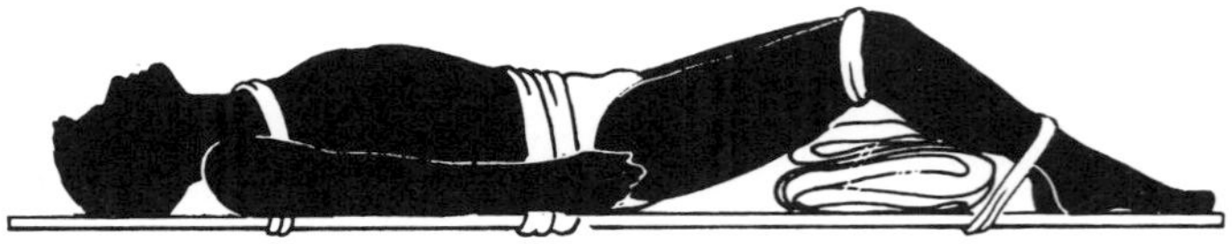

O

Coloque algo blando entre las piernas. Vende alrededor de los pies, los tobillos, las rodillas y dos vendajes superpuestos sobre la pelvis.

► *Fractura de cráneo*

Sangre o líquido color pajizo manando de las orejas o la nariz puede indicar una fractura de cráneo. Coloque al herido en la posición de recuperación, con el costado por el que mana sangre o líquido hacia abajo. Permita que el fluido salga, ya que el vendaje o la obturación puede causar una presión grave en el cerebro.

Vigile atentamente la respiración del herido. Inmovilícelo completamene y manténgalo cómodo.

► *Fractura de la columna vertebral*

Debe sospecharse siempre cuando un herido se queja de dolor en la espalda o el cuello, con posible pérdida de sensación en los miembros inferiores. Compruebe la «sensación» tocando ligeramente el miembro. Pídale que mueva los dedos de manos y pies. **Adviértale que debe permanecer inmóvil**. Si se espera contar con ayuda médica y la zona es segura, inmovilice al herido colocando objetos blandos pero sólidos, como equipajes o rocas cubiertas con materiales blandos, para impedir el movimiento de la cabeza o el cuerpo.

► *Fractura del cuello*

Si se sospecha que el cuello está fracturado, es FUNDAMENTAL inmovilizarlo con un collar cervical, o colocar un saco de tierra o algo similar contra cada lado del cuello para impedir el movimiento.

Collar cervical

Hágalo con periódicos enrollados, una toalla doblada, la estera de un coche, etc. Doble con un ancho de 10-14 cm, la distancia entre el esternón y la mandíbula. Doble los bordes para que el collar sea más estrecho detrás que delante. Asegúrelo con un cinturón o una corbata.

Mientras los hombros y la pelvis del paciente están firmemente sujetos, coloque objetos de material blando entre muslos, rodillas y tobillos. Ate los tobillos y los pies juntos con un vendaje en ocho. Aplique amplios vendajes alrededor de rodillas y muslos. Mantenga al herido completamente inmovilizado y desee que el rescate no se demore.

9 LUXACIONES-DISLOCACIONES

LUXACIONES

Una luxación se produce en una articulación y es la consecuencia del desgarro o torcedura violenta de los tejidos conectados con esta articulación. Los síntomas son dolor, hinchazón y la posterior aparición de contusiones. **Si existe alguna duda entre si se trata de una luxación o una fractura, trátela como si fuese esta última.**

Es mejor ejercitar las luxaciones a través de una amplia variedad de movimientos, pero NO las someta a una tensión excesiva, lo cual produciría un daño permanente. Trate las luxaciones con agua fría para reducir la inflamación. Sujete con un vendaje, pero no debe constreñir la zona afectada. Eleve el miembro dañado y haga que el paciente descanse.

Si sufre una luxación de tobillo y debe continuar andando, no quite la bota. Si lo hace, la inflamación hará que no pueda volver a ponérsela. Puestas, las botas actúan como un entablillado.

DISLOCACIONES

Las dislocaciones son habitualmente causadas por una caída, un golpe o una tensión súbita aplicada a una articulación que se abre ante el esfuerzo. Se produce dolor y una evidente deformidad, a menudo con un extremo del hueso claramente perceptible debajo de la piel. No hay sonido chirriante, ya que los extremos de los huesos no suelen estar dañados. Los espasmos musculares «fijan» el hueso en posición, haciendo que su recolocación sea extremadamente dolorosa. Los hombros son especialmente proclives a la dislocación.

► *Hombro dislocado*

Quítese un zapato y coloque el pie en la axila del herido. Tire del brazo. Un método alternativo, pero más arriesgado, consiste en flexionar el codo en ángulo recto y usarlo como palanca. Sostenga el brazo con un cabestrillo e inmovilice con un vendaje a través del pecho y déjelo descansar.

► *Dedo dislocado*

Vuelva a colocarlo en su lugar tirando del dedo y luego soltándolo suavemente para que el hueso se sitúe nuevamente en su sitio. Si alguien puede sostener la muñeca del herido, será mejor para la operación.

Inténtelo suavemente y sólo con el pulgar. Si no da resultado con el pulgar, no insista o podría causar más daño.

► *Mandíbula dislocada*

Coloque un trozo de paño debajo de la dentadura inferior a ambos lados. Con la cabeza del paciente apoyada sobre un lugar firme, presione hacia abajo con sus pulgares, haciendo girar simultáneamente el costado dislocado de la mandíbula hacia atrás y hacia arriba con sus dedos. Debería hacer un chasquido al volver a su lugar. Coloque el vendaje alrededor de la cabeza y debajo de la mandíbula y manténgala sujeta durante dos semanas. Alimente con comidas blandas.

10 SHOCK

El shock puede matar. Su prevención y tratamiento deben constituir un objetivo fundamental de los primeros auxilios.

Los signos de cualquier tipo de shock son:

- Estado de colapso
- Extrema palidez
- Piel fría y sudorosa
- Pulso rápido pero débil
- Excitación y temor

Sistema nervioso: Este shock inicial produce una aguda disminución de la frecuencia cardíaca con descenso de la presión sanguínea. En casos de heridas graves, el corazón puede detenerse. Las principales causas son el dolor y la excesiva estimulación nerviosa.

Shock por pérdida de sangre: Un shock retardado puede producirse desde pocos minutos a varias horas después de haber sufrido una herida. La causa es una pérdida de sangre, quemaduras, heridas abdominales y una pérdida considerable y continua de fluido debido a vómitos o diarrea. El envenenamiento de la sangre a causa de las heridas y la infección produce otro tipo de shock.

TRATAMIENTO

Coloque al superviviente en una posición horizontal y con las piernas levantadas. Afloje cualquier prenda ceñida alrededor del cuello, tórax o abdomen. Haga que la persona descanse y tranquilícela.

NO le haga beber líquido. Mantenga la temperatura del cuerpo pero no añada calor, ya que el calentamiento de la superficie del cuerpo alejará la sangre de los órganos internos que más la necesitan.

Su actitud y sus acciones son muy importantes en el tratamiento del shock. Si usted parece tranquilo y controlando la situación, el paciente se sentirá protegido y responderá. Quédese con él o ella si puede, nunca deje sola a una víctima de un shock. Sostenerle la mano es un gesto tranquilizador y que proporciona seguridad y un paño mojado en la frente ayuda en estos momentos.

Permanezca alerta para aplicar la reanimación boca a boca y la compresión cardíaca si la respiración o el pulso del paciente se detienen. Trate todas las heridas y alivie el dolor con drogas si dispone de ellas. El shock puede prolongarse durante bastante tiempo, NO lo mueva si no es necesario y haga que repose.

11 VENDAJE

► *Vendaje triangular*

Un vendaje triangular, con sus extremos cortos no superiores a un metro, es muy versátil. Puede usarlo para cabestrillos o doblado para confeccionar una amplia variedad de vendajes y soportes.

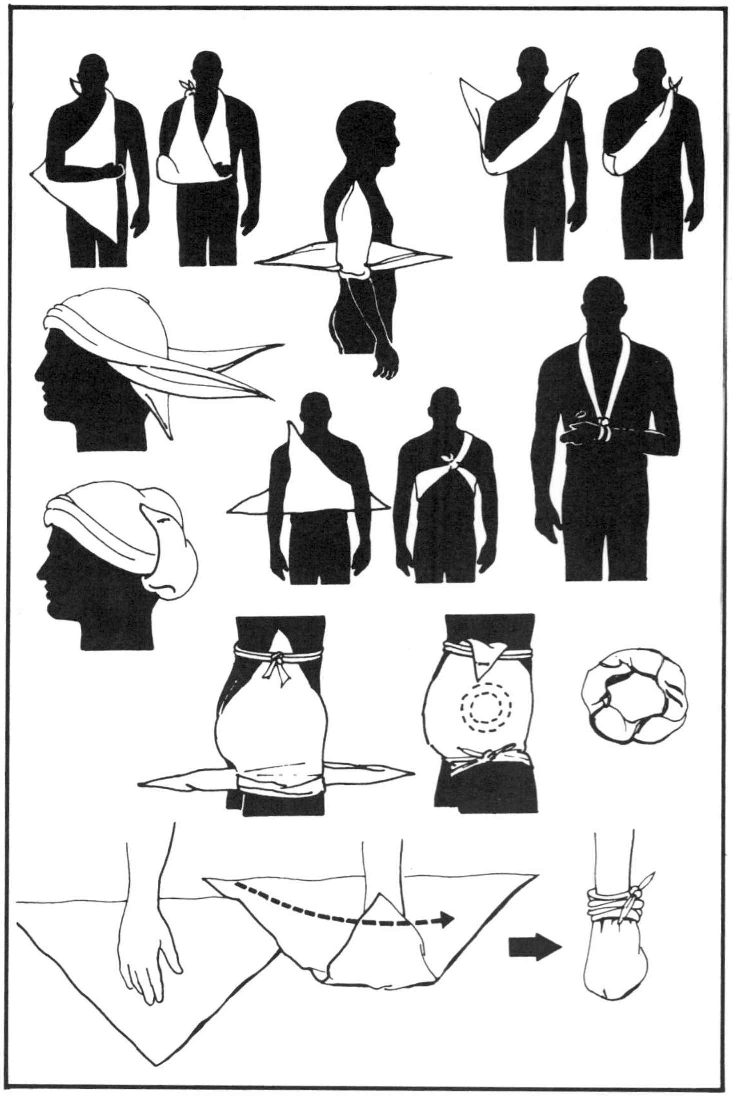

► *Vendajes improvisados y enrollados*

Los vendajes enrollados son habitualmente de gasa de trama abierta, pero los de material de crepé (que se estira) son más fáciles de aplicar, menos propensos a flojarse y ejercen una presión más pareja. Las cintas adhesivas pueden ser muy útiles para fijar pequeños vendajes en zonas que no permiten vendajes más grandes. Algunas personas son alérgicas a ellas, en cuyo caso use la cinta adhesiva para fijar los vendajes entre sí.

Toda clase de materiales, especialmente ropa, puede utilizarse para improvisar vendajes y soportes, **pero nunca deben ejercer más presión de la que se necesita y tampoco cortar la piel.**

► *Apósitos*

Los apósitos consisten en un trozo de algodón cubierto con gasa y sujeto por un vendaje o una cinta adhesiva en una envoltura esterilizada. Aplique el apósito sin tocarlo. Improvíselos con el material más limpio que pueda conseguir. No use el algodón directamente sobre una herida abierta. Se adherirá a la superficie. Cambie los apósitos cuando se humedezcan, huelan o la herida rezuma, lo cual indica infección.

VENDAJE SIMPLE

Los vendajes deben aplicarse lo bastante firmes para que no se deslicen, pero NO tan ajustados que puedan causar dolor o interrumpir la circulación sanguínea. Incluso en los vendajes improvisados encontrará que resulta más fácil aplicarlos si comienza por enrollarlo. Desenrollar la venda a medida que la aplica le ayudará a mantener el vendaje continuo y uniforme.

Comience siempre el vendaje atando uno de sus extremos para fijarlo bien a la zona que habrá de proteger. Cada vuelta debe cubrir a la anterior en sus dos terceras partes, con los bordes paralelos. Introduzca los extremos del vendaje debajo de la última capa y asegure con un imperdible o una cinta adhesiva, o divida el extremo para atar ambas partes con un nudo cruzado lejos de la herida.

► **Mano:** Comience por la muñeca. Lleve la venda hacia la parte posterior de la mano, alrededor de los dedos (justo debajo de las uñas), a través de la palma y alrededor de la muñeca. Repita hasta que la mano esté cubierta y el vendaje firme.

► **Pie:** Comience por el tobillo para impedir que se deslice. Siga la misma técnica aplicada en el vendaje de la mano.

► **Antebrazo o pantorrilla:** Comience en el punto más bajo. Continúe hacia arriba.

► **Codo o rodilla:** Comience con una vuelta alrededor de la articulación y luego, alternativamente, por encima y debajo de ella.

► **Parte superior del brazo o pierna:** Aplique una espiral en forma de ocho. Si el vendaje comienza por encima de la rodilla o el codo, continúe hacia arriba.

RECUERDE

► ***No una los vendajes con nudos. Si necesita utilizar tiras separadas, fije una nueva sobre la ya aplicada para asegurarla en posición.***
► ***Ate siempre un nudo final sobre la zona o miembro sanos para que el herido no esté incómodo.***
► ***Use nudos cruzados que son fáciles de desatar. Trate de mantener los nudos o las ataduras en la parte exterior, de modo que sean fácilmente accesibles para quitar o cambiar los apósitos.***
► ***Compruebe regularmente que los vendajes no están demasiado ajustados. Busque cualquier señal de color azulado en las extremidades, que indicaría una circulación sanguínea restringida.***
► ***Pase las vendas por debajo de un herido aprovechando las depresiones naturales del cuerpo: cuello, cintura, entrepierna, rodillas.***

12 DOLENCIAS MENORES

En una situación de supervivencia, incluso una dolencia menor NO debe ser ignorada. Los pequeños problemas se agravan si no se tratan adecuadamente. Cualquier cosa que ejerza presión sobre el cuerpo le impedirá afrontar otros problemas y tensiones.

NO ceda a la tentación de cortar los granos y callos de las plantas de los pies. Se arriesga a abrir una vía de acceso a las infecciones que podrían ser peores que el grano.

► *Ampollas*

Son habitualmente un problema de los pies, aunque las manos no acostumbradas a las herramientas y tareas de supervivencia también pueden ampollarse. Reduzca este riesgo usando guantes o vendas en las manos. Elija mangos de herramientas y zapatos que se adapten perfectamente. Unas botas que no calcen bien pueden desollarle la planta de los pies. Amóldelas sumergiéndolas en agua y frotándolas con aceite para que sean más flexibles.

Una de las causas principales de la aparición de ampollas son los calcetines que se caen y se arrugan dentro de la bota. Es un problema frecuente después de haber vadeado una corriente de agua. Súbaselos y, si es necesario, átelos a la parte superior de la bota. Es preferible usar dos pares de calcetines, uno interior de nilón junto a la piel y un par exterior de algodón. Esto impide que se deslicen hacia abajo.

Tratamiento: Lave la zona afectada. Esterilice una aguja. Perfore la ampolla cerca del borde. Presione con suavidad para extraer el líquido. Cubra con un trozo de paño y fíjelo con una cinta adhesiva.

► *Objetos en el ojo*

Primero examine el globo ocultar y el párpado inferior, tirando de él hacia abajo para ver la superficie interna (pídale al paciente que mire hacia arriba). Quite cualquier cuerpo extraño con el extremo humedecido de un paño.

Si no alcanza a ver nada en esa zona del ojo, y el problema se encuentra debajo del párpado superior, tal vez pueda quitarlo cerrando con fuerza el párpado superior sobre las pestañas inferiores para que éstas se encarguen de «barrer» el objeto extraño. Si esto no da resultado, coja las pestañas superiores entre el índice y el pulgar y tire del párpado hacia arriba. Si lo hace a otra persona, es mejor colocar una cerilla o un pequeño palillo sobre el párpado y enrollarlo. Haga que el paciente mire hacia abajo. Examine el ojo y el borde interno del párpado. Quite el objeto extraño con el extremo humedecido de un paño, un pincel limpio o incluso una pluma. Si practica esta operación en su propio ojo, hágalo delante de un espejo en lugar de trabajar al tacto.

► *Dolor de oídos*

A menos que la causa sea una infección, el dolor se debe habitualmente a la presión de la cera sobre el tímpano, pero puede ser insoportable. Caliente unas gotas de cualquier aceite disponible, viértalas en el oído afectado y tapone con un trozo de algodón. El calor mitigará el color y el aceite ablandará el tapón de cera.

► *Dolor de dientes y pérdida de dientes*

El dolor es consecuencia habitualmente de una caries en un diente o de la caída de un empaste, dejando el nervio al descubierto, y es un problema que puede solucionarse en una situación de supervivencia.

Trátelo cubriendo la cavidad expuesta y el dolor remitirá. La resina de pino o árbol similar servirá para este propósito. Haga un corte en el tronco y la resina no tardará en fluir. Empape un pequeño trozo de algodón y úselo para taponar el orificio.

Si pierde un diente a causa de un accidente, coloque un pequeño esparadrapo en el orificio y aplique presión mordiendo para detener la hemorragia.

Cuide su dentadura. Use plantas y maderas blandas para cepillar los dientes. Como hilo dental puede utilizar la tela del paracaídas cortada en delgadas fibras.

13 CALMANTES

Morfina

La morfina es el calmante estándar que se incluye en el equipo de primeros auxilios de aviones, barcos y efectivos militares. Es un calmante poderoso, administrado habitualmente de forma inyectable, excelente para tratar a heridos que sufren mucho dolor y reduce el efecto del shock, pero **tiene varios efectos secundarios.**

Reduce la respiración, e incluso puede paralizarla. Produce náusea y, por tanto, NO debe administrarse en aquellos casos donde el paciente ya esté afectado por ella.

La morfina viene en ampollas que contienen 10-15 mg. La aguja está incorporada y puede autoinyectarse. Para la inyección, elija el músculo más largo. Si se autoadministra, la mejor zona es el cuadrante superior del muslo. Si la inyecta a otra persona, el cuadrante superior externo de las nalgas.

USE LA MORFINA PARA:

- ► Fracturas
- ► Amputaciones
- ► Quemaduras graves
- ► Herida abdominal a causa de una perforación por objeto afilado

NO ADMINISTRE MORFINA A:

- ► Personas con dificultades respiratorias, heridas en la cabeza y el pecho.
- ► Personas mordidas por serpientes (el veneno de la serpiente afecta al aparato respiratorio)
- ► Niños o mujeres embarazadas
- ► Heridos que han perdido mucha cantidad de sangre
- ► Heridos por contusión con posibilidad de daños internos.

¡PELIGRO! LA MORFINA PUEDE SER LETAL

Una sobredosis de morfina es mortal. NO repita la dosis antes de las tres horas. Una vez que el paciente ha sido inyectado, apunte la hora y la dosis, preferiblemente en la frente del paciente, y fije en el cuello de la camisa o blusa el frasco vacío.

Tabletas temgésicas

Son una alternativa a la morfina. Su efecto es más lento pero pueden administrarse cuando no es posible usar morfina, en las heridas abdominales, por ejemplo. Se colocan debajo de la lengua y no deben masticarse ni tragarse. Una tableta para dolor moderado, 2 cuando el dolor es fuerte, no más de 4 veces al día. Pueden producir alucinaciones y somnolencia. NO administrar a niños y mujeres embarazadas.

Drogas para dolores leves

Aspirina y Paracetamol son las mejores drogas para aliviar los dolores generales. La aspirina ayudará a controlar la fiebre en los estados gripales. No deben tomar aspirina las personas propensas a las indigestiones, las que padecen úlcera, etc., ya que pueden provocar irritación y hemorragia estomacal.

14 MOVER AL HERIDO

Cualquier persona con heridas en la columna vertebral o las extremidades inferiores debe ser transportada en una camilla si eso fuese posible.

Una camilla puede improvisarse pasando dos palos a través de trozos de arpilleta, bolsas de plástico grueso o ropa: jerseis, chaquetas con botones, camisas, etc. O con mantas dobladas alrededor de un palo y luego envueltas y enrolladas en otro. O con puertas y tableros de mesa. Si no dispone de palos, enrolle los costados de un manta y use estos rollos para tener un buen punto de apoyo para el traslado del herido. Siempre pruebe antes la camilla improvisada con una persona sana y luego con el herido.

ALEJAR DEL PELIGRO

Es probable que se vea obligado a mover a una persona con daños en la columna vertebral si ello es necesario para alejarla de un peligro aún mayor. Si los que pueden ayudar son tres o cuatro, haga rodar al herido hasta colocarle en una camilla. No doble su cuerpo ni lo haga girar. Una persona debería encargarse de mantener la estabilidad de cabeza y cuello. Otra debe sostenerla por los hombros. Si no se dispone de una camilla o una tabla, haga que el herido ruede hasta una manta o abrigo. Sostenga el torso y la cabeza aunque las piernas pendan de la improvisada camilla.

Si está sólo, no intente hacer girar al herido. Tire de sus hombros si está boca abajo, de los tobillos si está boca arriba, en la dirección en que yace el cuerpo. Si el terreno es escarpado o se encuentra sobre unos peldaños, cójale por detrás, tirando desde los hombros y haciendo que apoye la cabeza en sus antebrazos.

Cargar una camilla

Si el paciente se halla sobre la manta, o puede ser colocado encima de ella haciéndolo girar en el suelo, los bordes de la manta pueden enrollarse para tener mejor apoyo. Los métodos para levantar una manta dependen del número de personas que habrán de transportar la improvisada camilla. Cuando la levanta junto con otros, deben sincronizarse primero todos los movimientos.

Con 4 personas

Tres levantan del mismo lado, **C** *sostiene la cabeza y los hombres.* **D** *entrelaza sus dedos con las manos de* **B** *y* **C** *para ayudar a levantar.* **A, B, C** *sostienen mientras* **D** *coloca la camilla en posición.* **D** *ayuda a bajar al herido.*

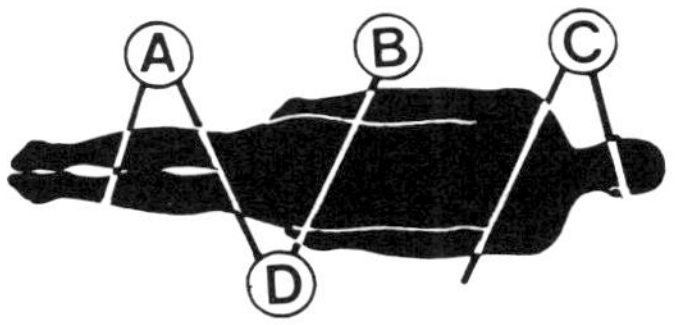

Con 3 personas

Coloque la camilla en la cabeza del paciente. **C** *levanta por las rodillas.* **A** *se coloca de frente a* **B**, *entrelazando los dedos debajo de los hombros y las caderas. Mueva al herido desde los pies de la camilla hasta colocarle sobre ella.*

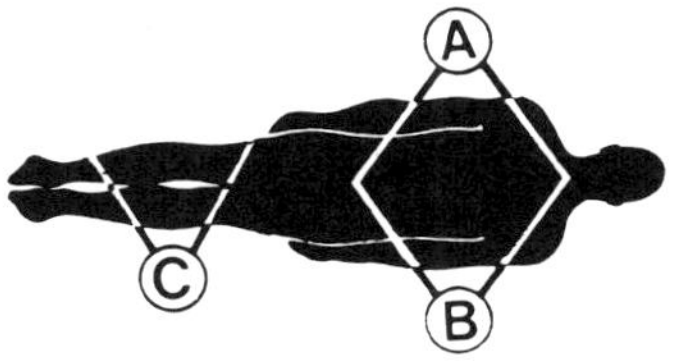

Con 2 personas

Ambos se colocan a horcajadas sobre el herido. **B** *une sus brazos por debajo de los hombros.* **A** *lo levanta con una mano debajo de los muslos y la otra por debajo de las rodillas. Ambos se mueven hacia adelante sobre la camilla. Use está técnica en espacios estrechos, aún cuando se disponga de más ayuda.*

14a ► LEVANTARLO SIN AYUDA

Si dispone de ayuda, NO trate de mover a un herido solo. Si no hay más alternativa, aplique el método que sea mejor para el peso y el estado del herido, y la distancia que deberá transportarlo. No elija un método que no pueda soportar. Dejar caer al herido no sólo puede provocarle lesiones más graves, sino que reducirá la confianza que el herido tiene en usted. Si el herido es demasiado pesado para levantarle, arrástrele sobre una manta o un abrigo.

► *Cuna*

Adecuada para niños pequeños o personas muy ligeras. Levántelas con un brazo por debajo de las rodillas y el otro alrededor de los hombros. Con algunas personas será más fácil sostenerlas en una posición sentada.

► *Muleta*

Coloque el brazo sano del herido alrededor de su cuello de usted. Coloque su brazo alrededor de la cintura del herido. Sosténgale también por la cadera.

► *A cuestas*

Agáchese mientras el herido coloca sus brazos alrededor de su cuello. Levante las piernas a ambos lados de su cuerpo. El herido debe estar consciente y sus heridas deben permitirle mantenerse aferrado a sus hombros o alrededor de su cuello.

14b ► MÉTODO DEL BOMBERO

No es un método aconsejable con un herido muy pesado. La persona que esté consciente puede ayudar a colocarse en una posición erguida. Si está en una silla, deje que se incline hacia adelante sobre sus hombros. Por otra parte, este método se aplica también a los heridos inconscientes.

Si el herido está inconsciente: *Colóquele boca abajo. Arrodíllese delante de su cabeza. Deslice las manos por debajo de sus hombros.*

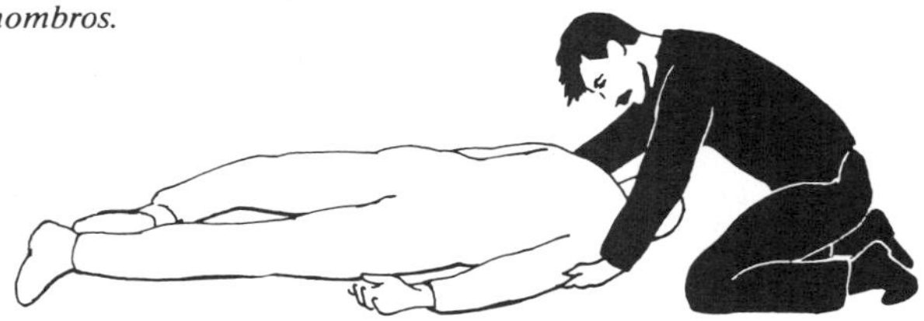

Levántele por debajo de las axilas hasta colocarle en posición arrodillada y luego erguida. Levante el brazo derecho del herido (con su mano izquierda).

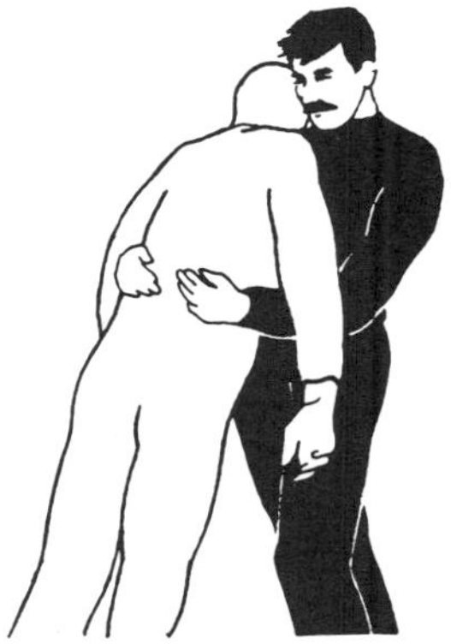

Alternativamente: *Con el herido de espaldas, levántele desde detrás. Colóquese a horcajadas delante del herido. Levántele por debajo de las axilas hasta una posición arrodillada. Luego arrástrele para que extienda las piernas. Maniobre hacia adelante para ponerle de pie y sosténgale por las axilas. Levante el brazo derecho del herido y muévase rápidamente por debajo, suelte el brazo y acabe el movimiento de frente a él sin dejar de sostenerle. Levante su brazo derecho con su mano izquierda.*

HERIDO CONSCIENTE: Comience en este punto

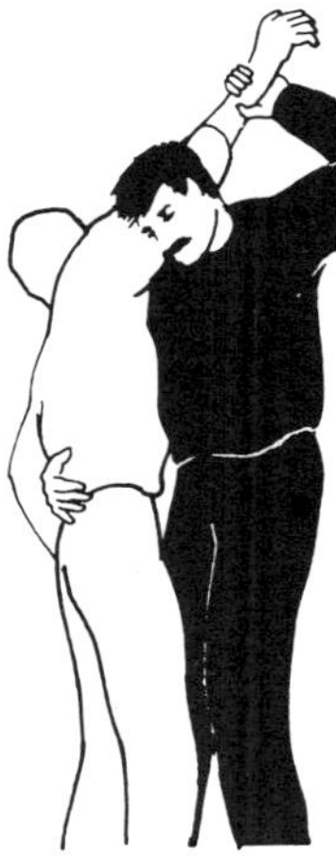

Inclínese para colocar su cabeza debajo del brazo del herido (levantándole simultáneamente sobre su cabeza). Inclínese más, colocando su hombro derecho a nivel del abdomen del herido.

Puede apoyarse en su rodilla derecha si lo desea. Permita que el peso se desplace a través de los hombros y la espalda. Coloque su brazo derecho entre o alrededor de las piernas.

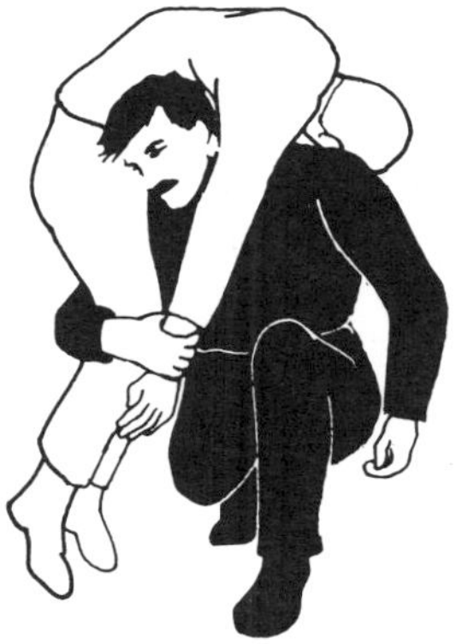

Traslade la muñeca derecha del herido a su mano derecha y levántele, soportando el peso sobre su hombro derecho. Apoye la mano izquierda sobre la rodilla izquierda para ayudarse a tomar impulso.

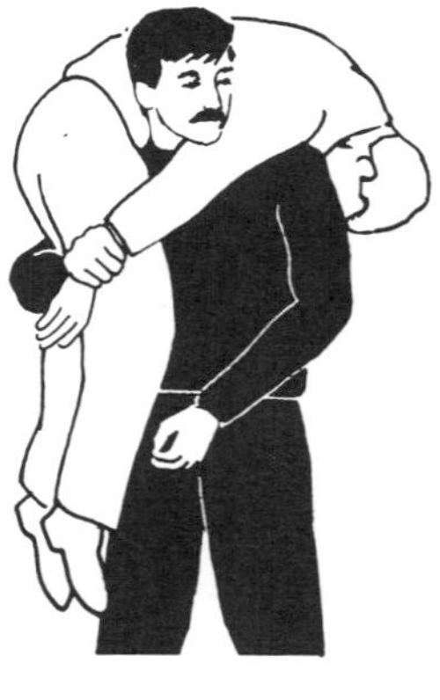

Es una posición relativamente cómoda en la que el peso se reparte a través de su espalda. Pero la cabeza del herido cuelga hacia abajo, lo cual no es bueno para las heridas craneales o faciales.

14c ▸ LEVANTARLO CON UNA HONDA

Otro método para levantar a una persona inconsciente y la mejor manera de transportarlo a gran distancia si usted está solo. Se necesita una honda lo suficientemente gruesa para no cortar la piel del herido y lo suficientemente larga para pasarla por encima de sus hombros y dos veces a través de la espalda de la víctima. Dos vendajes triangulares, la correa de un rifle, cinturones anchos o correas de equipaje de lona o cuero pueden utilizarse para este fin. Si usa una cuerda, debe estar acolchada para que no produzca rozaduras.

Haga una onda

Forme una honda con un lazo continuo y colóquela debajo de los muslos y la parte inferior de la espalda del herido.

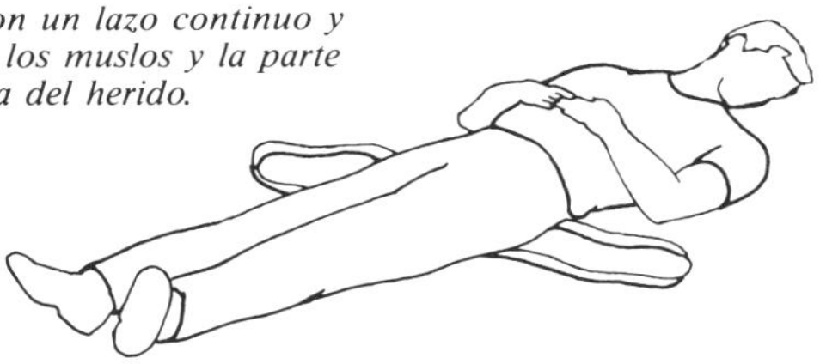

Colóquese entre las piernas del herido

Introduzca los brazos entre los lazos. Ajuste ligeramente la honda. Coja una mano del herido y aferre el pantalón o la pierna al costado del cuerpo del herido. Aléjese de ese costado girando de modo que el herido quede sobre su espalda.

Ajuste la honda

Para que el cuerpo del herido esté cómodo sobre su espalda.

Apóyese en una rodilla

El cinturón levantará al herido sobre su espalda. Si el cinturón está flojo o el herido no se siente seguro, vuelva a la posición anterior y ajuste las correas. Use una mano en la rodilla levantada para tomar impulso.

Traslado del herido

Ahora lleva el peso, sobre su espalda. Puede sostener al herido por las muñecas para repartir el peso pero debería ser capaz de avanzar con las dos manos libres.

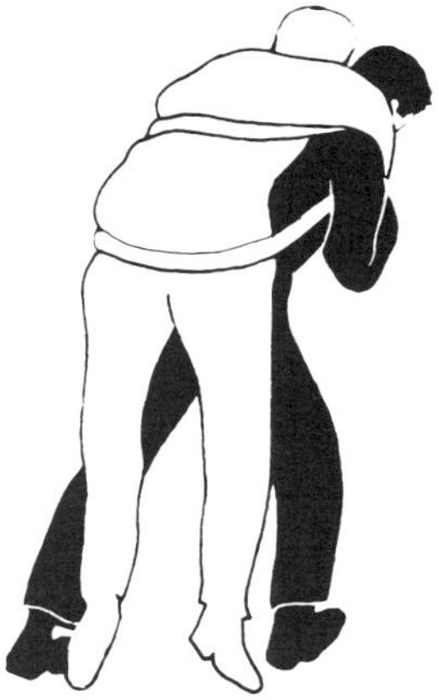

14d ▸ ASIENTOS CON DOS PERSONAS

Si el herido puede usar sus brazos, colocados alrededor de los hombros de los porteadores, dos personas pueden hacer un asiento de cuatro manos. Deben cogerse como se indica: la mano derecha en la muñeca izquierda, y la mano izquierda en la derecha de la otra persona.

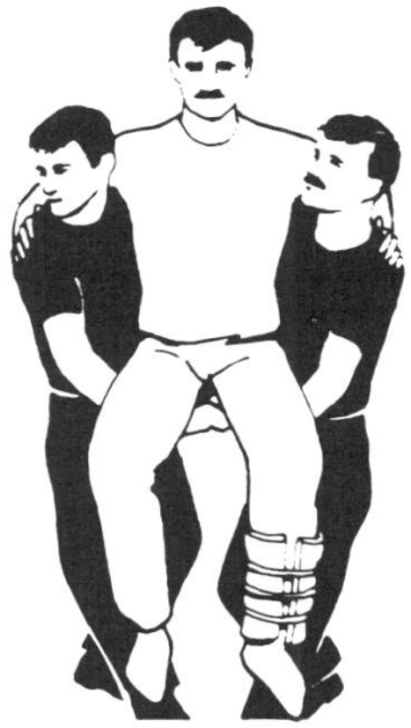

Los heridos que no pueden usar sus brazos pueden ser levantados por los compañeros inclinándole hacia los lados y cogiéndole por detrás de la espalda del herido, aferrándose a la ropa si es posible. La mano adelantada se desliza por debajo de los muslos y se une en una empuñadura de gancho.

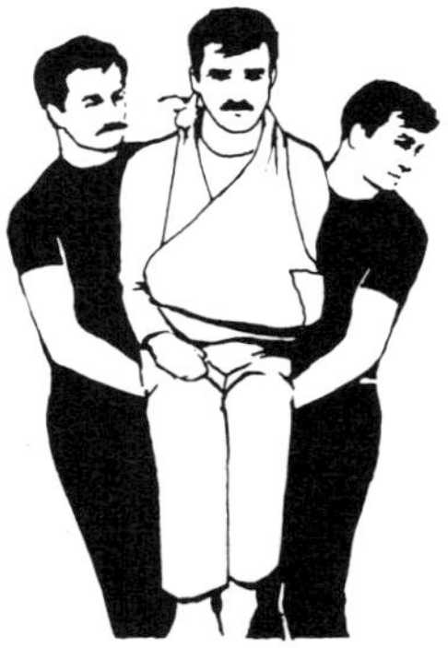

15 PARTO DE EMERGENCIA

La tensión de una situación de emergencia suele precipitar el parto. Los síntomas incluyen dolor en la zona inferior de la espalda, contracciones regulares, secreción de moco sanguinolento y, en ocasiones, «rotura de aguas».

Esterilice unas tijeras o un cuchillo y tres cordeles de 20 cm de largo. Prepare una superficie limpia y cómoda para la madre. Tenga a mano mucha agua caliente. Los ayudantes deben lavarse cuidadosamente las manos y no debe participar nadie que esté constipado o padezca alguna infección o tenga llagas en las manos.

PRIMERA ETAPA DEL PARTO

El útero se contrae a intervalos de 10-20 minutos. Aumenta la secreción de moco sanguinolento. Dolores espasmódicos con una duración de un minuto se vuelven más frecuentes. Esta etapa puede durar varias horas.

SEGUNDA ETAPA

Medio litro o más de agua fluye violentamente al romper aguas. La madre debe yacer sobre la espalda. Durante las contracciones debe levantar las rodillas hacia el abdomen y cogérselas con ambas manos, inclinando la cabeza hacia ellas y conteniendo la respiración. Debe descansar entre contracciones.

Cuando aparece una protuberancia, eso significa que el alumbramiento está próximo. La madre debe adoptar una posición de parto. **Ya sea:** Apoyada sobre el costado con las rodillas levantadas y las nalgas cerca del borde de la cama, mesa, etc. **O**: en cuclillas (que a menudo es una posición más recomendable si la madre se siente fuerte).

ALUMBRAMIENTO

La madre NO debe contener la respiración y TAMPOCO inclinarse durante las contracciones. Debe hacer aspiraciones cortas con la boca abierta. Los jadeos ayudan a que el niño surja lenta y suavemente. Si la madre mueve los intestinos durante el alumbramiento, limpie todo rápidamente.

- La cabeza del bebé es lo primero que emerge, pero no siempre
- Corte cualquier membrana que cubra el rostro del bebé
- Si el cordón umbilical está rodeando el cuello del bebé, hágalo pasar por encima de la cabeza o del hombro
- Sostenga la cabeza sobre las palmas de las manos. Cuando aparezcan los hombros, sostenga el cuerpo por las axilas y levántelo hacia el abdomen de la madre. **Esté preparado porque el bebé será resbaladizo.**
- Asegurándose de que el cordón no sufra ninguna tensión, coloque al bebé junto a las piernas de la madre (o, si ella está acostada sobre la espalda y no sobre uno de sus lados, entre ellas) con la cabeza más abajo que el cuerpo.
- **Si la cabeza del bebé no es lo que primero aparece y el alumbramiento se demora más de treinta minutos, tire muy suavemente después de que aparezcan los hombros.**

DESPUÉS DEL ALUMBRAMIENTO

Pase un trozo de tela alrededor de los tobillos del bebé. Pase uno o dos dedos por debajo de la tela para sostener al bebé, con la cabeza colgando hacia abajo para permitir la salida de los líquidos por la boca y la nariz. Mantenga la cabeza ligeramente hacia atrás y la boca abierta. Limpie cualquier resto de sangre o moco. Cuando el bebé comience a llorar, déjelo junto al pecho de la madre.

Si no llora ni muestra ningún signo de respiración dos minutos después de haber nacido, comience muy suavemente la reanimación boca a boca

Ahora es mejor que la madre descanse de espaldas, con las piernas abiertas, para expulsar la placenta, habitualmente 10 minutos más tarde. Después de haber expulsado la placenta, o después de que el cordón haya dejado de latir, la sangre debería fluir fuera del cordón y dentro del bebé, por lo que el cordón pasa de color blanco a color azul.

Ate con fuerza el cordón con un trozo de hilo esterilizado a unos 15 cm de distancia del ombligo del bebé. Luego ate el cordón a unos 20 cm. Asegúrese de que el primer nudo es realmente seguro o el bebé puede perder sangre. Con tijeras o un cuchillo esterilizado corte el cordón entre ambas ligaduras. Coloque un esparadrapo esterilizado sobre el extremo del corte. Déjelo durante 10 minutos y luego compruebe que no ha habido pérdida de sangre. Ate otro hilo a unos 10 cm del bebé.

Lave a la madre, hágale beber una bebida caliente y aconséjele que duerma.

16 MORDEDURAS

► Mordeduras de mamíferos

Las mordeduras de animales son especialmente peligrosas debido a las infecciones que pueden provocar las bacterias que anidan en las fauces del animal. La rabia, la más grave, es casi siempre mortal si ha logrado desarrollarse lo suficiente para provocar los síntomas de creciente irritabilidad, rechazo de la luz, hidrofobia (violenta aversión al agua) y parálisis. En condiciones de supervivencia, y careciendo de vacuna, no hay forma de tratar la rabia. Hay que tomar precauciones para que la víctima no contagie la enfermedad al resto del grupo. Felinos, caninos, monos y muchos otros animales pueden transmitir la rabia, incluso hay una forma de rabia transmitida por los murciélagos.

Si algún animal le muerde en una situación de supervivencia, aún cuando la herida cicatrice y todo parezca normal, DEBE informar de la mordedura cuando le rescaten. Un médico debe examinarle de inmediato.

Cualquier mordedura puede provocar también tétano. La vacuna antitetánica es una medida prudente para cualquier persona y la vacuna antirrábica para aquellas personas que vayan a viajar por zonas donde existe este peligro.

Deben lavarse cuidadosamente todas las mordeduras de animales, frotando durante cinco minutos para eliminar cualquier vestigio de saliva para evitar las infecciones. Luego proceda a vendar la herida.

► Mordeduras de serpiente

Pocas mordeduras de serpiente son mortales si se dispone de antídotos para el veneno. La víctima trasladada a un hospital dentro de las dos horas de haber sido mordida puede ser tratada a tiempo, siempre que se conozca la serpiente que la ha atacado para que pueda prepararse el suero antiofídico adequado. En condiciones de supervivencia es poco probable que pueda conseguirle el antídoto para el veneno y la víctima quizá no tenga tanta suerte, pero, afortunadamente, sólo una pequeña proporción de serpientes es venenosa.

Los colmillos que segregan el veneno de muchas serpientes se encuentran en la parte frontal de la mandíbula superior y dejan marcas características y en forma de puntos además de un tipo de la mordedura (las mordeduras de las serpientes de Coral americanas pueden pasar desapercibidas).

Las serpientes no venenosas también pueden infligir una mordedura terrible. Si no está seguro de si una serpiente era o no venenosa, trátela siempre como si fuera venenosa (aunque puede calmar al herido diciéndole que la serpiente no era venenosa).

TRATAMIENTO: El objetivo es impedir que el veneno se extienda por todo el cuerpo. Tranquilice a la víctima. Haga que se relaje, descansando con la zona herida por debajo del corazón. Elimine cualquier rastro de veneno de la superficie de la piel, con jabón si es posible. Aplique un vendaje restrictivo —NO un torniquete— encima de la mordedura. Por ejemplo, si la víctima ha sido mordida en el tobillo, comience a vendar desde la rodilla. Este vendaje impide que la toxina se extienda rápidamente hasta ser absorbida por el sitema linfático.

Coloque la zona herida en agua fría, una corriente por ejemplo. Si tiene hielo, úselo para mantener la herida lo más fría posible.

El herido necesitará tratamiento para el shock y también puede necesitar respiración artificial. Controle la respiración.

Nunca corte la herida producida por una mordedura o intente chupar el veneno para extraerlo.

► Animales peligrosos y venenosos

Para identificación y detalles sobre los SINTOMAS, ver las ilustraciones en color de *Animales venenosos y peligrosos.*

► Mordeduras de arañas

Las mordeduras de arañas deben ser tratadas como las de serpiente. Una compresa fría (como un emplasto, pero frío; hielo envuelto en un trozo de paño es lo ideal) ayuda a mitigar el dolor.

► Aguijones

Los escorpiones pueden inyectar un veneno muy potente. Abejas, avispas y avispones pueden provocar reacciones graves en las personas que reciben su aguijón. Muchos aguijones son muy peligrosos, ya que la cantidad de toxinas y la inflamación que producen pueden afectar la respiración.

Los aguijones de abeja permanecen clavados en la piel y deben quitarse cuidadosamente. No pellizque el extremo del aguijón porque inyectará más veneno en el cuerpo. Ayúdese con una aguja para extraerlo. NO pinche con la punta de la aguja.

El tratamiento a seguir es el mismo que se aplica en las mordeduras de serpientes.

► Pulgas, garrapatas, mosquitos

La mayoría de las mordeduras de insectos pequeños son un fastidio más que un peligro, pero algunos pueden provocar enfermedades. Ver *Enfermedades en climas cálidos* (en esta sección) y *Regiones tropicales* en ***Clima y terreno.***

17 ENVENENAMIENTO GENERAL

La manera más rápida de eliminar un veneno que ha sido ingerido es el vómito, pero esto es PELIGROSO en el caso de la ingestión de sustancias químicas corrosivas y de sustancias oleosas que pueden producir un mayor daño cuando vuelven a pasar por el aparato digestivo. En aquellos casos en que se sospeche un envenenamiento por alguna planta, vomite colocándose un dedo en la garganta.

En situaciones domésticas y de supervivencia, es probable que se hayan utilizado recipientes de alimentos y bebidas para guardar sustancias toxicas (a pesar de que en Gran Bretaña es ilegal hacerlo). Siempre examínelos cuidadosamente para comprobar que contienen lo que dice la etiqueta y cuide especialmente que los niños con hambre o sed no tengan acceso a botes o recipientes de galletas en donde hay, en realidad, combustible o sustancias blanqueadoras.

Un antídoto «universal» eficaz, que ayuda también a absorber un líquido venenoso puede prepararse con té (ácido tánico) y carbón —con una parte igual de leche de magnesia si se dispone de ella— o use sólo carbón. El objetivo es absorber el veneno para eliminarlo luego junto con el carbón.

► *Venenos de contacto*

Algunas plantas, como el zumaque venenoso y el árbol de las pulgas, pueden provocar una considerable irritación en la piel. Algunas personas parecen estar inmunes a ella, pero esta inmunidad no es necesariamente permanente. Algunas pueden experimentar reacciones alérgicas suaves o extremas cuando tocan otras plantas. Toda la zona de piel que ha estado en contacto con la planta debe ser lavada completamente con agua y jabón. Es muy importante lavar y quitarse la ropa contaminada porque una vez que el aceite irritante se encuentra en ella puede extenderse a otras partes del cuerpo.

Puede usarse alcohol para neutralizar cualquier rastro de aceite que haya quedado en la ropa o la piel.

Los casos graves pueden necesitar un tratamiento anti-shock.

! ADVERTENCIA

Si la manipulación de una planta le ha provocado una reacción grave, NO SE LLEVE LA MANO A LA CARA —ESPECIALMENTE A LA BOCA Y LOS OJOS— O A LOS GENITALES hasta que se haya lavado. Estas sensibles partes del cuerpo pueden reaccionar con inflamaciones y sarpullidos que pueden dificultar la respiración o provocar bloqueos urinarios.

► *Venenos químicos*

Los venenos químicos deben ser diluídos sobre la piel con mucha agua. Si la piel ha resultado dañada, trátela como si se tratase de una quemadura (ver también *quemaduras*).

ATENCIÓN: Algunas sustancias químicas pueden agravar su efecto cuando entran en contacto con el agua sobre la piel. DEBE conocer las propiedades de las sustancias químicas a las que ha sido expuesto y el procedimiento adecuado a aplicar en caso de accidente.

18 DESÓRDENES GENERALES

Deben esperarse trastornos como el estreñimiento y la diarrea debido al impacto que el superviviente ha sufrido en todo el sistema. Las dificultades para defecar u orinar no son raras en situaciones de naufragio. El tener que comer alimentos nuevos e inicialmente desagradables puede provocar náuseas.

Los pequeños trastornos digestivos son relativamente insignificantes en condiciones de supervivencia, pero no deberían ignorarse aquellos síntomas que sugieren una situación más seria.

La falta de comida supondrá un gran esfuerzo para el cuerpo y la tensión puede provocar jaquecas y otros desórdenes. Las mujeres pueden descubrir que la menstruación se interrumpe en situaciones de gran estrés.

Sin embargo, si la comida es adecuada en cantidad, el mejor tratamiento para los problemas digestivos es ayunar durante un día y descansar, aunque en climas cálidos debe ingerir líquidos.

► *Fiebres*

Trate los síntomas con reposo y aspirina y busque la causa de la fiebre.

► *Neumonía*

Caracterizada por un rápido aumento de la temperatura, a menudo con dolor de pecho, esputos mezclados con sangre, jaqueca, debilidad y, más tarde, delirio. La neumonía tiene muchas causas, comúnmente una bacteria que ataca los lóbulos pulmonares. Si se carece de antibióticos no se puede hacer otra cosa que cuidar bien del enfermo.

Aliente al paciente para que camine y para que haga ejercicios respiratorios. Manténgale abrigado y haga que beba frecuentes sorbos de agua caliente. Permanezca junto al enfermo todo lo que pueda y confórtele verbalmente.

19 ENFERMEDADES

Hay tres causas principales para las enfermedades infecciosas: bacterias, virus y ricketsia. Luego están los problemas provocados por grandes parásitos, como los gusanos internos, escabies y las larvas tropicales del moscardón y la diminuta nigua.

Entre las enfermedades provocadas por las bacterias se encuentran disentería, cólera, tuberculosis y difteria. Los virus causan el resfriado común, gripe, sarampión y poliomielitis. La ricketsia, gérmenes que no son bacterias ni virus, provocan tifus, fiebre fluvial japonesa y fiebre de las Montañas Rocosas.

La mayoría de las enfermedades infecciosas comunes que son familiares a todo el mundo desde la infancia responderán a una atención cuidadosa. Se «cogen» de otra persona. A menos que ya sean portadas por el grupo (o por seres humanos con los que pueda entrar en contacto), ni éstas ni las enfermedades contagiosas y de transmisión sexual es factible que aparezcan. Algunos parásitos humanos, como el ácaro de la sarna que provoca el escabies, no pueden vivir durante mucho tiempo fuera del cuerpo humano, de modo que también serán un problema sólo si ya los llevaba algún miembro del grupo.

ESCORBUTO

Es una enfermedad producida por una deficiencia de vitamina C y era un verdadero azote para los antiguos marinos en los viajes largos. El superviviente que tenga acceso a frutas y vegetales frescos no corre ningún riesgo de contraerla. El superviviente en el mar o el desierto es probable que sucumba al hambre y la sed antes de que este problema sea una amenaza para él. Entre sus síntomas se incluyen encías sangrantes, dientes flojos, propensión a las heridas y fatiga.

Este problema puede derivarse de una dieta basada exclusivamente en la caza y la pesca, especialmente en las regiones polares, y si usted no dispone de tabletas vitamínicas. Siempre busque una dieta equilibrada para evitar ésta y otras enfermedades carenciales.

PRECAUCIONES

Las enfermedades a las que estará expuesto el superviviente, especialmente en países tropicales, son las transmitidas por el agua o por insectos o alimentos animales.

Puesto que los síntomas de las enfermedades tropicales son menos familiares para la mayoría de los supervivientes, se hablará de los más comunes para que se los pueda reconocer. Si no hay drogas disponibles, el tratamiento de la enfermedad será cuestión fundamentalmente de tratar los síntomas y hacer que el enfermo se sienta lo más cómodo posible. Pueden prepararse algunos remedios a partir de fuentes naturales.

Sin embargo, la prevención es mejor que el tratamiento. Entre las medidas que deben adoptarse para evitar las enfermedades se incluye toda la inmunización disponible antes de iniciar el viaje (especialmente cuando el destino son las regiones tropicales) y luego dispensar una atención meticulosa a los siguientes procedimientos preventivos:

- Purificación del agua para beber
- Lavarse las manos cuando prepare o coma los alimentos
- Lavar y pelar la fruta
- Esterilizar los utensilios utilizados para comer
- Cubrir el cuerpo para reducir el riesgo de mordeduras de insectos
- Lavar la ropa y ahumarla si contiene piojos
- Lavar el cuerpo (pero evite tragar agua posiblemente contaminada cuando se lave o nade)
- Enterrar los excrementos
- Proteger el agua y los alimentos de las moscas y los gusanos

CUIDADOS/AISLAMIENTO

Cuando se produce una enfermedad infecciosa es importante aislarla. El contacto con otros miembros del grupo debe reducirse al mínimo. Todos los utensilios utilizados por el paciente deben ser hervidos. Heridas y llagas deben cubrirse cuidadosamente para que no queden expuestas a las infecciones. Las manos deben lavarse escrupulosamente después de haber tocado al paciente.

Evite ser alcanzado por la mucosidad expulsada por el paciente cuando tose o estornuda, ya que puede transmitir gérmenes. Cuide especialmente que los excrementos del paciente sean eliminados sin riesgo de infección para quien los manipula y enterrados donde no puedan provocar infecciones.

ENFERMEDADES PROPAGADAS POR EL AGUA
ENFERMEDADES EXCREMENTALES

La regla más simple para prevenir estas enfermedades es HERVIR TODA EL AGUA. No debe siquiera lavarse los dientes o mojar su boca cuando se baña con agua que podría estar contaminada. Cubra los cortes y las heridas y evite permanecer innecesariamente dentro del agua en zonas donde podría correr riesgos. Adopte rígidos hábitos de higiene, especialmente con respecto a la preparación de la comida y a los utensilios para cocinar y comer.

ENFERMEDADES MUNDIALES

Las siguientes son enfermedades que se encuentran en todo el mundo. Algunas de ellas que se producen principalmente en climas cálidos son abordadas más adelante. *Ver tambien las advertencias contra animales portadores de parásitos y envenenamiento por los alimentos, como la salmonella,* en **Comida.**

► *Leptospirosis*

Transmitida por rodeodores y agua infectada, esta enfermedad provoca una forma grave de ictericia. Puede entrar a través de una herida o llaga o al beber agua contaminada.
Síntomas: *aspecto ictérico, letargia y alta temperatura*
Tratamiento: *penicilina y tetracilina en dosis recomendadas por el médico.*

► *Hepatitis infecciosa*

Es transmitida por las heces y la orina de personas infectadas y, consecuentemente, a través del agua y rasguños o heridas.
Síntomas: *náuseas, pérdida de apetito y dolor abdominal, la piel suele ponerse amarillenta.*
Tratamiento: *reposo y muchos cuidados son el único tratamiento.*

► *Poliomielitis*

Se transmite habitualmente a través de un virus que contamina el agua potable. Produce parálisis. Hay una vacuna disponible.
Tratamiento: *compresas calientas sobre los músculos y muchos cuidados.*

► *Disentería bacilar*

Transmitida por moscas, agua contaminada y contacto con heces humanas que contienen este bacilo.
Principales síntomas: *heces con sangre y moco y fiebre súbita. Debido a la elevada temperatura y al sudor se corre el peligro de deshidratarse.*
Tratamiento: antibióticos junto con mucho líquido y reposo.

► *Fiebre entérica (fiebre tifoidea)*

Causada por el bacilo de la salmonella
Síntomas: *similares a los de la disentería, acompañados de jaquecas, dolores abdominales, fiebre, pérdida de apetito y dolores en las extremidades. El paciente puede sufrir delirios.*
Tratamiento: *antibióticos. La inoculación con la vacuna ATB proporciona una protección casi total.*

► *Cólera*

Considerada a veces como una enfermedad tropical, es un peligro en todas partes donde las condiciones sanitarias sean deficientes y, en una época, fue el azote de Londres. Es un riesgo especialmente después de una inundación, terremoto o erupción volcánica, cuando deben tomarse medidas drásticas para mantener la higiene.
Síntomas: *vómitos, pérdida del pulso en la muñeca, piel fría y húmeda y calambres musculares.*
Protección: *puede obtenerse mediante la inoculación regular con vacuna contra el cólera.*

20 ENFERMEDADES DE CLIMA CÁLIDO

Además de las enfermedades descritas anteriormente, las siguientes son características de climas cálidos y tropicales, aunque pueden aparecer en cualquier parte si hay quien las transmita.

ENFERMEDADES PROPAGADAS POR EL AGUA

► *Esquistosomiasis*

Es una enfermedad del intestino o la vejiga, causada por un gusano o parásito microscópico, que pasa parte de su ciclo vital en un caracol de agua y parte en el hígado humano. Es endémica en zonas de África, Arabia, China, Japón y América del Sur. Entra en el organismo humano al beber agua contaminada o a través de una hérida.
Principales síntomas: *irritación del tracto urinario*
Puede tratarse: *con Niridazole en dosis adecuadas*

► *Lombrices intestinales*

Es otro parásito que puede entrar en el organismo humano al beber agua contaminada o por la piel, habitualmente a través de los pies. Las larvas viajan por el torrente sanguíneo hacia los pulmones, donde pueden causar neumonía, son expulsadas con la tos y vueltas a tragar, convirtiéndose en gusanos de 1,25 cm de largo en el intestino, provocando *anemia y una letargia generalizada.* Son muy comunes en muchos países de clima cálido, incluyendo la zona meridional de EE.UU. ¡No se quite las botas!
Puede tratarse: *con Alcapar y Mintazol en dosis adecuadas. El extracto de helecho es un poderoso purgante contra estos parásitos.*

► *Disentería amíbica*

Transmitida a través del agua contaminada y de los alimentos sin cocinar, esta forma de disentería se encuentra en las zonas tropicales y subtropicales, aunque suele encontrarse también en el Mediterráneo.
Síntomas: *no provoca fiebre necesariamente, pero el enfermo se sentirá cansado y apático. Las heces pueden ser sólidas, pero su olor es muy desagradable y contiene sangre y mucosidad parecida a jalea roja.*
Tratamiento: *administre líquidos, máximo reposo y dosificación adecuada de Flagyl.*

ENFERMEDADES PROPAGADAS POR INSECTOS

Dengue, malaria y fiebre amarilla se transmiten por la picadura del mosquito. Un tratamiento preventivo con tabletas, antes de exponerse al insecto, puede protegerle de la malaria. No hay defensa contra las otras enfermedades, excepto mantener la piel cubierta con mangas largas y pantalones, especialmente por la noche, durmiendo bajo un mosquitero si fuese posible y utilizando repelentes de insectos. NO aumente el riesgo acampando cerca de aguas estancadas y pantanos.

► *Malaria*

Es una enfermedad no restringida a las zonas tropicales, aunque sí es probablemente la primera enfermedad tropical que debe preocuparnos. Puede producirse en cualquier parte donde se encuentre el mosquito anofeles y en otro tiempo fue endémica de zonas pantanosas del sur de Italia y otras partes de Europa. Se transmite a través de la saliva del mosquito hembra.
Produce: *fiebre intermitente. Aunque suda, el enfermo siente intensos escalofríos y tiembla violentamente. Hay cuatro tipos de infección. Una produce fiebre casi continua, acompañada de delirio o coma. Dos tipos producen fiebre cada 48 horas y el cuarto tipo, fiebre cada 72 horas.*

La quinina es el tratamiento tradicional, pero actualmente pueden aplicarse también paludrine, cloroquina, dapryn y otras drogas antimalaria. Esta protección puede comenzar ingiriendo tabletas antes de visitar la zona afectada por la enfermedad. Las tabletas deben seguir tomándose incluso después de haber abandonado la zona. Siga cuidadosamente las instrucciones de cada medicamento.

► *Dengue (fiebre rompehuesos)*

La fiebre del dengue dura aproximadamente una semana, con *jaquecas, dolores en las articulaciones y sarpullido.* A diferencia de la malaria, un ataque de este virus suele inmunizar a la persona. El tipo de mosquito portador del dengue puede picar tanto de día como de noche. No hay ninguna droga para tratar esta enfermedad.

► *Fiebre amarilla (vómito negro)*

Común en África y América del Sur, la fiebre amarilla produce primero *jaquecas, dolores en las extremidades y fiebre. La boca está inflamada, el vómito puede contener sangre y los ojos están inyectados en sangre. Después de tres o cuatro días la fiebre remite, pero persiste el estreñimiento el dolor en los riñones y la micción se reduce gradualmente. Aumentan los vómitos y la piel adquiere una coloración amarillenta antes de que el paciente se recupere.*
Tratamiento: reposo y cuidados.

► *Fiebre del mosquito simúlido*

Es una enfermedad común principalmente en las llanuras subtropicales y en el Mediterráneo. Un pequeño mosquito pica, especialmente en los tobillos, muñecas o cuello, produce un *picor* usualmente agravado por rascarse y que puede causar llagas que constituyen una vía de acceso para otras infecciones. *Jaquecas, ojos inyectados en sangre y síntomas similares a los de la gripe* también pueden presentarse. La fiebre suele durar tres días antes de remitir.
Tratamiento: reposo y líquidos.

► *Fiebre fluvial japonesa (enfermedad de Tsutsugamushi)*

Conocida también como fiebre de la garrapata, y extendida a través del este de Asia y Australasia, es transmitida por garrapatas cuyas larvas viven en los roedores. Las garrapatas transmiten la enfermedad a través de la mordedura, habitualmente en la ingle o el cuello. La mordedura suele pasar desapercibida, pero se desarrollará una úlcera en la zona afectada. *Jaquecas agudas, temblores y fiebre* se presentan a los 10 días.

La enfermedad es similar a otras formas de tifus, con aparición de un sarpullido después de una semana y es tratada de la misma forma. La infección es más probable en zonas de vegetación densa y seca. Evite esos lugares, duerma a unos 30 cm del suelo y use repelente de insectos para evitar la enfermedad.

► *Tifus*

Hay dos formas de tifus. El tifus epidémico es transmitido por los piojos. El tifús endémico o murino es transmitido por la pulga de las ratas. Ambas son enfermedades asociadas a la suciedad, las condiciones de hacinamiento y, principalmente, consecuencia de desastres naturales más que de situaciones de supervivencia en lugares remotos.
Síntomas: *ambas formas producen jaquecas, náuseas y, después de 4 días, un sarpullido que se extiende desde las axilas al pecho, abdomen y muslos. Las víctimas pueden recuperarse después de 12 días, o caer en delirio, el coma o la muerte.*
Tratamiento: *antibióticos. También puede conseguirse una vacuna.*

► Fiebre de las Montañas Rocosas

Conocida en Brasil también con el nombre de fiebre de San Pablo, es otro tipo de tifus, transmitida por ácaros. Como su nombre sugiere, también se la encuentra en la zona occidental de EE.UU. **Síntomas** y **tratamiento** son los mismos que los del tifus, pero el sarpullido tiende a ser más severo en muñecas y tobillos.

Los pequeños parásitos que se ocultan debajo de la piel, como las larvas cerdosas y en forma de lágrima del moscardón, o las diminutas niguas, que producen rojeces cuando se alojan en la piel, deben eliminarse antes de que puedan abrir nuevas vías de acceso a las infecciones.

20a ► DOLENCIAS

SARPULLIDO CAUSADO POR EL CALOR

La erupción miliar, o sarpullido de calor, se produce cuando una persona se expone a condiciones muy calurosas sin una adecuada aclimatación. Profusa sudoración, junto al roce de la ropa, puede provocar bloqueo de las glándulas sudoríparas y una incómoda irritación cutánea. El ejercicio violento puede precipitar esta erupción, que se ve agravada por las quemaduras del sol y el eczema. Los bebés son muy vulnerables a ella.

El exceso de sudor no se evapora con suficiente rapidez, las glándulas quedan obstruidas y se pierde el efecto refrigerante de la transpiración. Beber más líquido, especialmente bebidas calientes, puede producir mayor sudoración y empeorar la situación. Quítese la ropa, lave el cuerpo con agua fresca y vístase con prendas secas.

► Calambres

Son habitualmente la primera advertencia del agotamiento por calor y se localizan en los músculos que soportan la mayor parte del trabajo: brazos, piernas y abdomen. Se debe a la falta de sal en el cuerpo (consecuencia de una sudoración excesiva, especialmente si no se ha ingerido sal).
Síntomas: *respiración poco profunda, vómitos, somnolencia.*
Tratamiento; *lleve al paciente a la sombra. Reposo. Beber agua con un poco de sal diluida.*

► Agotamiento por calor

La exposición a alta temperatura y humedad, con pérdida de líquidos corporales por la excesiva sudoración, produce agotamiento por calor. Puede producirse sin que la exposición al sol sea directa, si uno se encuentra yaciendo sobre suelo caliente y con esacasa aireación.
Síntomas: *palidez, piel fría pero transpirada, pulso débil. Acompañado de somnolencia, debilidad y, quizá, calambres. El paciente pude perder el conocimiento o comenzar a delirar.*
Tratamiento: *el mismo que para los calambres.*

► Golpe de calor

La consecuencia más grave de una excesiva exposición al sol o de un exceso de ejercicios.
Síntomas: *piel caliente y seca, rostro enrojecido y enfebrecido, pero la transpiración cesa. La temperatura se eleva, el pulso se acelera y es más violento. Fuertes jaquecas, a menudo acompañadas de vómitos. Puede perderse el conocimiento.*
Tratamiento: *repose a la sombra, con la cabeza y los hombros ligeramente levantados. Quítese las prendas exteriores. Enfríe el cuerpo humedeciendo la ropa interior con agua TIBIA (el agua fría hará que se eleve la temperatura) y abaníquele. NO sumerja el cuerpo en agua fría, salpíquelo. Luego acueste al paciente en una depresión húmeda con mucha ventilación. Cuando recobre el conocimiento, haga que beba agua. Cuando la temperatura sea normal, cambie la ropa y manténgalo abrigado para impedir los escalofríos.*

La inmersión inmediata en agua fría es muy peligrosa pero, en casos extremos, cuando el riesgo de muerte o daño cerebral sea superior al de shock por inmersión, puede aplicarse DESPUES de que el enfriamiento inicial comience a surtir efecto. Sumerja lentamente el cuerpo en el agua, los pies primero, frotando las extremidades para aumentar el riego sanguíneo y ayudar a dispersar el calor del cuerpo. Retire al paciente tan pronto como la temperatura descienda y esté preparado para cubrirle si la temperatura desciende bruscamente. Tal vez deba enfriarle y cubrirle varias veces antes de que la temperatura se estabilice.

► Quemadura de sol

La quemadura de sol, con formación de ampollas y no sólo bronceado, es un verdadero peligro, especialmente en pieles pálidas y sensibles. Si resultan afectadas más de dos terceras partes del cuerpo, puede ser fatal.
Tratamiento: *evite más exposiciones, quédese en la sombra. Tome calmantes. Cubra con vendas todas las ampollas, pero NO las perfore.*

► Ojos irritados

Los ojos irritados pueden deberse al resplandor —especialmente en el mar y en el desierto y en zonas cubiertas por la nieve (ver *Ceguera de nieve más adelante)*— o a una excesiva exposición al sol o a partículas de polvo.
Tratamiento: *descanse a la sombra, cubriendo los ojos después de haberlos lavado para eliminar cuerpos extraños con agua tibia. Use una máscara y oscurezca los párpados inferiores para evitar el resplandor.*

DESHIDRATACIÓN

La deshidratación es más evidente a medida que el cuerpo pierde mayor cantidad de líquido. El agua constituye el 75 % del peso corporal, o sea unos 50 litros en el ser humano medio. **La supervivencia es improbable si se pierde más de una quinta parte de este agua.**

1-5 % de pérdida de líquido: sed, ligera incomodidad, falta de apetito, piel encendida, impaciencia, somnolencia, náuseas.

6-10 % de pérdida de líquido: somnolencia, jaqueca, respiración trabajosa, ausencia de saliva, lenguaje confuso, incapacidad para andar.

11-20 % de pérdida de líquido: delirio, lengua inflamada, incapacidad de tragar, visión borrosa, piel entumecida y arrugada.

En las etapas finales: se produce una grave debilidad muscular y la capacidad mental se ve afectada; debe hacer sus planes cuando aún puede pensar con claridad y aferrarse a ellos.

21 PELIGROS EN CLIMA FRÍO

Las bajas temperaturas no sólo son peligrosas para la salud en las regiones polares. Una prolongada exposición al frío es peligrosa en cualquier parte. Tome precauciones contra todas estas condiciones.

► *Hipotermia*

Es el nombre técnico que se da a un estado en el que el cuerpo no puede generar calor con la misma rapidez con que lo pierde y la temperatura desciende por debajo de los niveles normales. Está provocada por la exposición al viento, la lluvia y las bajas temperaturas y también por:

- Agotamiento
- Vestimenta inadecuada
- Refugio inadecuado
- Alimentación inadecuada
- Falta de conocimientos y preparación

Las condiciones que agravan la hipotermia son exactamente iguales a las que tienen lugar en las regiones polares, aunque pueden producirse en cualquier parte con bajas temperaturas, especialmente como resultado de vientos helados. Es un problema común de cualquier temporada de fríos intensos, especialmente entre las personas ancianas y con pocos recursos. Es mortal y debe tratarse tan pronto como se detecta.

Prevenga la hipotermia protegiéndose cuando las condiciones meteorológicas son malas y manteniéndose seco. Evite el exceso de ejercicio y, si se trata de un grupo, recurran al «sistema de compañeros», juntando los cuerpos para darse calor mutuamente. Todos los miembros del grupo deben cuidarse mutuamente para reconocer los síntomas a tiempo.

Si una persona sufre los efectos de la hipotermia, otros miembros del grupo pueden comenzar a sufrirlos.

Signos y síntomas: *conducta irracional, tipificada por súbitos ataques de energía seguidos de apatía. Disminución de la capacidad de respuesta a preguntas e instrucciones. Temblores súbitos e incontrolados. Pérdida de coordinación, tropiezos y caídas. Jaquecas, visión borrosa y dolor abdominal. Colapso, estupor o pérdida de conocimiento.*

Factores agravantes: Ropa empapada con vientos fuertes. Baja temperatura de aire acompañada de vientos fuertes. Inmersión en el agua. Cualquier herida que inmovilice y reduzca la capacidad de generar calor. Ansiedad y estrés mental. Delgadez inusual.

Tratamiento: *impida cualquier pérdida complementaria de calor. Protéjase del viento y el tiempo. Reemplace la ropa mojada por ropa seca. NO se desnude por completo, quítese las prendas una a una y vaya reemplazándolas por prendas secas. Aísle al paciente del suelo y suminístrele calor (otros cuerpos, piedras calientes). Administre líquidos calientes y alimentos azucarados, pero sólo si no ha perdido el conocimiento.*

En casos de hipotermia avanzada el cuerpo pierde la capacidad de generar calor. Sin embargo, debe ser alentado desde el interior, porque el calentamiento rápido desde el exterior llevará sangre fría hacia todo el cuerpo, agravando aún más la situación. *Aplique calor en los siguientes lugares: boca del estómago, región lumbar, axilas, nuca, muñecas, entre los muslos.* Son todos lugares en los que la sangre se encuentra cerca de la superficie y llevará el calor a todo el cuerpo.

No aplique ni suministre alcohol, porque abre los vasos sanguíneos en la superficie de la piel y hace que el cuerpo pierda calor más rápidamente.

El paciente NO está curado cuando su temperatura alcanza valores normales. Las reservas del cuerpo deben ser aumentadas hasta que se recupere la capacidad normal del organismo para generar calor interno.

Una manta de material de aluminio reflejará calor y será de gran ayuda en regiones donde la temperatura es inferior a 0°.

PÉRDIDA DE CALOR: REGLAS GENERALES

Si el calor se pierde rápidamente: caliéntese rápidamente.
Si el calor se pierde lentamente: caliéntese lentamente

► *Congelación*

La congelación se produce cuando la piel y la carne se hielan, cuando su temperatura se reduce a —1° C. Afecta a todas las partes del cuerpo expuestas y a las zonas corporales más alejadas del corazón y que, por tanto, tienen una circulación menos intensa: pies y manos, nariz, orejas y rostro. Puede ser ligera o profunda según el grado de exposición.

Los primeros signos de congelación son a menudo una picazón debida a que la piel se hiela. Luego zonas de apariencia cerosa en la piel que comienzan a perder la sensibilidad. Más tarde, estas zonas se endurecen y producen considerable dolor, inflamación, enrojecimiento y ampollas antes de que se muera y se caiga en el estadio final.

Observe atentamente a sus compañeros y a usted mismo para detectar inmediatamente cualquier signo de congelación. Actúe de inmediato cuando la piel adquiera esa consistencia cerosa. Haga ejercicios con los músculos de la cara para protegerse.

● **Congelación cutánea localizada:** afecta sólo a la piel. Para tratarla coloque la zona afectada en un lugar cálido. Coloque las manos debajo de las axilas o entre los muslos. Apoye los pies contra el estómago de un compañero (¡tal vez no sigáis siendo amigos durante mucho tiempo!). Deshelar las partes congeladas puede ser muy doloroso.

● **Congelación profunda:** es un problema mucho más grave. Proteja la zona afectada de otras agresiones. NO frote con nieve. NO la exponga al fuego. El mejor tratamiento consiste en deshelar gradualmente la zona afectada con agua caliente a una temperatura de 28° C, una temperatura que su codo pueda soportar sin dificultad. Si el agua está demasiado caliente, enfríela antes de aplicarla a las zonas afectadas.

● **Congelación avanzada:** puede producir ampollas que pueden infectarse y ulcerarse. Los tejidos se vuelven grises, mueren y, finalmente, se caen. NO perfore las ampollas y NUNCA frote las zonas afectadas. El dolor intenso es un signo evidente de que la zona ha sido calentada demasiado deprisa. Use sólo el «calor animal».

► *Ceguera de nieve*

Una forma temporal de ceguera provocada por la elevada intensidad y concentración de los rayos solares, que se reflejan sobre la superficie cubierta de nieve o hielo (y también en los cristales de hielo que hay en las nubes). Se produce con mayor frecuencia cuando el sol está alto, pero también cuando no hay luz directa del sol, durante un período de brillante oscuridad en las regiones polares y alpinas.

Síntomas: *primero los ojos se vuelven sensibles al resplandor y luego comienza el parpadeo y el estrabismo. La visión adquiere una tonalidad rosada, volviéndose rojiza. Si no se los examina en ese momento, los ojos comienzan a sentirse como si tuviesen arena.*
Tratamiento; *refúgiese en un lugar oscuro y vende sus ojos. El calor aumenta el dolor, de modo que coloque un vendaje humedecido en la frente. Esta condición se corrige sola. Impida una nueva exposición usando gafas oscuras y ennegreciendo la zona debajo de los ojos con un trozo de carbón para reducir el efecto del resplandor (ver* ***Clima y terreno****).*

► *Envenamiento con monóxido de carbono*

Un riesgo que es consecuencia de una combustión incompleta en una zona mal ventilada, que puede ser el resultado de unos esfuerzos excesivos por impedir las corrientes de aire. Todas las formas de fuego y hornillos son la causa de este monóxido de carbono si se usan en espacios reducidos sin adecuada ventilación. El monóxido de carbono que se acumula es incoloro e inodoro, de modo que resulta muy difícil detectarlo. Puede producir *ligera jaqueca, somnolencia, mareos, náuseas* o incluso vómitos, pero estos signos pueden pasar desapercibidos y llegarse a la *pérdida de conocimiento* sin advertencia previa. Es mortal si no se descubre a tiempo.
Tratamiento: *Es muy simple, y la prevención más simple aún: VENTILAR. NO existe tratamiento si usted está solo, de modo que asegúrese de que de las condiciones que lo provocan no llegan a desarrollarse. Lleve al paciente a una zona con aire fresco y aliéntele para que respire regularmente. Si está inconsciente, y no respira, aplique reanimación artificial. Mantenga al paciente abrigado y ventile el refugio contaminado.*

► *Pie de trinchera*

Se produce cuando los pies permanecen durante mucho tiempo sumergidos en el agua, o están húmedos o fríos durante mucho tiempo. Las botas ceñidas aceleran este proceso. Se trata de un problema muy grave y su aparición se ve estimulada por el agotamiento, el frío y la falta de alimentos o agua y de sueño.

Impida que se desarrolle el pie de trinchera manteniendo los pies secos. Use botas adecuadas, haga ejercicios con las piernas y los dedos de los pies e inspeccione los pies regularmente.
Síntomas: *los pies se sienten como si tuviese alfileres clavados en ellos. El entumecimiento es progresivo y los pies sufren agudos ataques de dolor. Al examinarlos, aparecen de color púrpura, inflamados y con ampollas.*
Tratamiento: *seque los pies, pero no frote o dañe las ampollas. Eleve los pies y cúbralos para mantenerlos calientes, pero improvise una especie de jaula para que soporte el peso de las prendas que use para dar calor. NO use calor artificial. No los masaje. La cura consiste en el reposo y el calor natural.*

MEDICINA NATURAL

Los remedios naturales pueden aplicarse a muchas enfermedades si usted sabe dónde buscarlos. A lo largo de miles de años, drogas y tratamientos han hecho uso de toda clase de hierbas, plantas y sustancias naturales, y muchas de las drogas que aún hoy se utilizan en medicina se derivan de fuentes naturales. No todas las medicinas tradicionales son aprobadas por los médicos modernos, algunas estaban basadas más en una asociación de la planta que en sus propiedades medicinales, si bien un color y un aspecto extraños suelen ser indicativos. Las plantas como la pimpinela escarlata y la bardana, utilizadas para limpiar la sangre, son fundamentalmente rojas; las plantas que tratan la ictericia, incluyendo agrimonia, vellosilla y amargón, son amarillas. En ocasiones, un nombre nos recuerda el antiguo uso médico de una planta: pulmonaria, por ejemplo, o eufrasia*.

* En inglés *eyebright,* ojo brillante (N. del T.).

Duros en el cuidado

Los supervivientes enfermos necesitan de sus cuidados y atención, pero también hay que mantenerles ocupados y optimistas. Si se permite que un hombre con neumonía permanezca acurrucado en un rincón del refugio, probablemente morirá. Póngale de pie y haga que se ocupe de tareas menores. Haga que beba mucho líquido y oblíguele a comer. No deje que se acueste. Los enfermos de hepatitis deben ser obligados a comer. No puede permitir que la fuerza o la moral se resquebrajen.

No sólo las plantas pueden substituir sus provisiones médicas, o suplementar sus reservas. La orina puede usarse como antiséptico para lavar heridas. Si el paciente se muestra reacio, aplique la orina de él o ella. Si está muy enfermo, no le importará de quién es la orina. También se han utilizado gusanos para limpiar heridas. En los países tropicales una herida abierta se infesta rápidamente de ellos, pero también la mantienen abierta y limpia hasta que se pueda administrar un tratamiento mejor. Cuide de que no se coman los tejidos sanos.

El fuego ha sido usado durante siglos para cauterizar heridas. Es un método que exige una gran fortaleza por parte del paciente, pero, si puede soportarlo, y usted dispone de municiones, un poco de pólvora, colocada alrededor de una herida y encendida puede prevenir la gangrena. Algunas personas creen que la mejor manera de cerrar un muñón después de una amputación es cauterizar (como se solía hacer con los criminales a los que se les cortaban las manos), pero el shock de esta operación sumado al shock de la amputación matará a algunas personas.

Drogas modernas

Muchas drogas modernas, como cocaína, morfina y digitalina, proceden directamente de las plantas, pero su extracción NO es directa. A menudo hay venenos en esas plantas que podrían ser MUY PELIGROSOS si se utilizaran esas plantas en un tratamiento. Lo que sigue es una lista de plantas y los usos médicos que el superviviente puede hacer de ellas en preparados simples. Aunque muchas drogas modernas se extraen de plantas tropicales, y los medicamentos indígenas tienen muchos ingredientes vegetales, la mayoría de esas plantas se encuentran en regiones templadas, porque han sido las mejor documentadas y las que ofrecen una mayor posibilidad de ser reconocidas.

Preparados de plantas

Olvide todas las plantas venenosas y asegúrese de que ha identificado positivamente la planta escogida. Por regla general, las plantas son más potentes cuando están florecidas. Recuerde que partes diferentes de una planta pueden tener diferentes aplicaciones.

Habitualmente las infusiones se preparan con las hojas o las flores, y las raíces sirven para hacer extractos. Los métodos se describen más adelante. Divida la cantidad obtenida en tres dosis para tomar por día. Siempre prepare infusiones, extractos y emplastos frescos, justo antes de usarlos. Nunca los conserve por más de 12 horas.

Las plantas varían en potencia según sea la época en que son recogidas. No piense que obtendrá mejores resultados administrando dosis más elevadas, no sólo no lo conseguirá, sino que puede perjudicarle.

No espere milagros de la noche a la mañana. Permita que el tratamiento disponga de tiempo para actuar.

Hacer una infusión

Corte y pulverice la hierba de modo que pueda obtener más fácilmente sus jugos y aceites. Necesita un puñado de hierbas para medio litro de agua. Vierta agua hirviendo sobre las hierbas. Deje reposar y enfriar. No hay necesidad de colar la infusión ya que las hierbas se depositarán en el fondo.

Si no puede hervir agua, use la mitad de la cantidad de agua fría y coloque el recipiente al sol. Si no hay sol ni agua, trate de chupar o masticar las hojas, extrayendo la mayor cantidad posible de jugo, y luego escupa la pulpa.

Hacer un extracto

Es habitualmente una preparación que se hace con raíces. Corte, pele y aplaste la raíz. Sumerja en agua durante al menos media hora. Hierva, mantenga a fuego lento hasta que el líquido se reduzca en una tercera parte.

Hacer un emplasto

Aplaste raíces, hojas y todas las hierbas y prepare una mezcla. Si es demasiado seca, añada agua. Aplique en la zona afectada y cubra con una hoja grande, sujetándola en posición. Los emplastos pueden aplicarse a las articulaciones doloridas, esguinces y llagas con pus.

Jugo exprimido

Reduzca el tallo y las hojas de la planta a una pasta jugosa, aplastándolos con las manos, piedras o palos. Exprima el jugo sólo sobre la herida y extienda la pulpa alrededor de la zona infectada. Mantenga en su lugar con una hoja grande bien asegurada.

Entablillados

Las raíces de consuelda y, en menor medida, las de sello de Salomón, son tan ricas en almidón que se endurecen cuando han sido hervidas y reducidas. Deje enfriar ligeramente y coloque el emplasto alrededor de una articulación o extremidad heridas. Es excelente para asegurar compresas.

REMEDIOS

■ DETENER HEMORRAGIAS

Geranio: *jugo exprimido*
Bejín gigante: *como emplasto*
Vincapervinca: *jugo de las hojas exprimido*
Llantén: *hojas machacadas como emplasto*
Sanícula: *jugo exprimido*
Geranio: *jugo de las hojas exprimido*
Vulneraria: *jugo exprimido*

■ LIMPIAR SARPULLIDOS/ LLAGAS/HERIDAS

NOTA: Use estas plantas externamente para limpiar la piel o, cuando sea indicado, como emplasto. Aplique dos o tres veces por día.

Bardana: *extracto de raíz, raíz cruda aplastada y sal para mordeduras animales*
Camomila: *infusión de flores como emplasto*
Alsine: *jugo de hojas exprimido*
Presera: *infusión con toda la planta excepto las raíces*
Consuelda: *extracto de raíces como emplasto*
Ortigas: *infusión de flores y brotes*
Romaza: *hojas trituradas*
Saúco: *jugo de hojas exprimido*
Olmo: *infusión de la corteza*
Marrubio: *infusión con toda la planta excepto las raíces*
Malva: *extracto de hojas y flores como emplasto*
Altea: *extracto de raíz; infusión de hojas y flores; como emplasto*
Roble: *extracto de corteza*
Sanícula: *infusión con toda la planta, excepto las raíces*
Coclearia: *hojas trituradas*
Bolsa de pastor: *infusión con toda la planta, excepto las raíces; como emplasto*
Argentina: *infusión con toda la planta, excepto las raíces*
Sello de Salomón: *extracto de raíces como emplasto*
Hierba de San Juan: *infusión de flores y brotes*
Acedera: *hojas trituradas*
Tanaceto: *hojas trituradas*
Berro: *jugo exprimido*
Vulneraria: *infusión con toda la planta, excepto las raíces*
Milenrama: *infusión con toda la planta, excepto las raíces*

■ ANTISÉPTICAS

NOTA: Estas plantas pueden usarse externa e internamente. Son particularmente útiles en heridas infectadas.

Ajo: *jugo exprimido*
Malva: *infusión de hojas y flores*
Malvavisco: *extracto de raíz; infusión de flores y hojas*
Rábano picante *extracto de raíz*
Tomillo: *infusión de hojas y flores*

■ DOLORES/DOLENCIAS/ HEMATOMAS/RIGIDEZ

Nota: Usar externamente cuando se aconseje médicamente

Melisa: *infusión de hojas*
Abedul: *infusión de hojas*
Borraja: *infusión de toda la planta, excepto las raíces*
Bardana: *extraco de raíz*
Camomila: *el jugo exprimido de las flores aplicado a la zona inflamada*
Alsine: *infusión de toda la planta, excepto las raíces*
Consuelda: *extracto de raíz aplicado a la zona inflamada*
Arándano rojo: *infusión de hojas y frutos*
Romaza: *hojas trituradas aplicadas a los hematomas*
Geranio: *infusión de toda la planta, excepto las raíces, aplicada a la zona inflamada*
Olmo: *infusión de la corteza*
Escrofularia: *extracto de toda la planta, excepto las raíces; usar externamente en contusiones y hematomas*
Ajo: *jugo exprimido aplicado en la zona inflamada*
Marrubio: *jugo exprimido de las hojas para el dolor de oídos*
Álamo: *infusión de brotes de hoja*
Sello de Salomón: *extracto de raíz; uso externo*
Acedera: *hojas trituradas aplicada a los hematomas*
Hierba de San Juan: *infusión de flores y brotes aplicadas a los hematomas*
Tanaceto: *hojas trituradas aplicadas a los hematomas*
Sauce: *extracto de corteza*

■ FIEBRES

NOTA: Estas plantas estimularán la transpiración para cortar la fiebre

Camomila: *infusión de hojas y flores*
Saúco: *infusión de flores y frutos*
Olmo: *extracto de corteza*
Matricaria: *infusión de toda la planta, excepto las raíces*
Limero agrario: *infusión de flores*

■ CONSTIPADOS/ DOLOR DE GARGANTA/ MOLESTIAS RESPIRATORIAS

Agrimonia: *infusión de toda la planta, excepto las raíces*
Angélica: *extracto de raíz*
Arándano: *infusión de hojas y frutos*
Bistorta: *infusión de toda la planta, excepto las raíces*
Borraja: *infusión de toda la planta, excepto las raíces*
Bardana: *extracto de raíz*
Camomila: *infusión de la flor; aplique haciendo gárgaras*
Fárfara: *infusión de hojas y flores*
Consuelda: *infusión de toda la planta*
Verbasco: *infusión de toda la planta, excepto las raíces, extracto de raíz para hacer gárgaras*
Marrubio: *infusión de toda la planta, excepto raíces*
Rábano picante: *raíz cruda*
Limero agrio: *infusión de flores*
Pulmonaria: *infusión de toda la planta, excepto la raíz*
Malva: *infusión de flores y hojas*
Malvavisco: *extracto de raíz; infusión de hojas y flores*
Menta: *infusión de toda la planta, excepto las raíces*
Clavel silvestre: *infusión de toda la planta; gárgaras*
Ortiga: *infusión de hojas*
Roble: *extracto de corteza; gárgaras*
Llantén: *infusión de hojas y tallos*
Álamo: *infusión de brotes de hoja*
Rosas: *extracto de escaramujos*
Sanícula: *infusión de toda la planta, excepto las raíces*
Hierba de San Lorenzo: *infusión de toda la planta, excepto las raíces; gárgaras*
Hierba de San Juan: *infusión de flores y brotes*
Tomillo: *infusión de flores y hojas*
Sauce: *extracto de corteza*
Milenrama: *infusión de toda la planta, excepto las raíces; úselo como inhalante*

■ ASENTAR EL ESTÓMAGO

Melisa: *infusión de hojas*
Arándano: *extracto del fruto*
Helecho: *infusión de hojas*
Zarza: *infusión de hojas*
Amargón: *extracto de toda la planta*

Rábano picante: *infusión de la raíz*
Menta: *infusión de toda la planta, excepto las raíces, con carbón triturado*
Sello de Salomón: *extracto de la raíz*
Sanícula: *infusión de la raíz*
Milenrama: *infusión de hojas y flores*

■ DIARREA

NOTA: Tomar dos o tres veces por día hasta que remitan los síntomas

Arándano: *extracto del fruto*
Bistorta: *infusión de toda la planta, excepto las raíces*
Zarza: *infusión de hojas o extracto del fruto*
Arándano rojo: *extracto del fruto*
Olmo: *infusión de la corteza*
Pimpinela: *infusión de hojas y brotes*
Avellano: *infusión de hojas*
Malvavisco: *infusión de hojas y flores; extracto de la raíz*
Menta: *infusión de toda la planta, excepto las raíces*
Roble: *extracto de la corteza*
Plátano: *infusión de hojas y tallo*
Vincapervinca: *infusión de hojas; NO debe usarse durante períodos prolongados*
Argentina: *infusión de toda la planta, excepto las raíces*

■ ESTREÑIMIENTO

Agrimonia: *infusión de toda la planta, excepto las raíces*
Bérber: *jugo del fruto exprimido*
Presera común: *infusión de toda la planta, excepto las raíces*
Gramma *(Elymus): extracto de la raíz*
Amargón: *extracto de toda la planta*
Saúco: *jugo del fruto exprimido*
Matricaria: *infusión de hojas y flores*
Serbal: *jugo del fruto exprimido*
Rosa: *extracto de escaramujos*
Nogal: *extracto de corteza*

■ HEMORROIDES

NOTA: Aplicar externamente, dos o tres veces por día

Arándano: *jugo del fruto exprimido*
Camomila: *infusión de hojas y flores*
Olmo: *Extracto de corteza*
LlanténPlátano: *jugo exprimido*
Álamo: *extracto de brotes de hoja*
Argentina: *infusión de toda la planta, excepto las raíces*
Sello de Salomón: *extracto de la raíz*

■ EXPULSIÓN DE GUSANOS

Helecho: *infusión de raíces*
Matricaria: *extracto de hojas y flores*
Escrofularia: *infusión de toda la planta, excepto las raíces*
Tanaceto: *infusión de hojas y flores; use esporádicamente en pequeñas cantidades*

RECUERDE ESPECIALMENTE:

Para las **jaquecas**: las hojas y la corteza del sauce contienen salicina, un componente para la aspirina.
Para **cicatrizar**: exprima todo el jugo de las hojas de consuelda para ayudar a reconstituir los tejidos.

Plantas medicinales tropicales

Hay muchos miles de plantas tropicales que tienen propiedades medicinales y son utilizadas por tribus indígenas. Son relativamente pocas las que se conocen ampliamente o que han sido estudiadas por los científicos occidentales. Las que siguen son algunas de las muchas plantas que pueden ser utilizadas, pero si se carece de una correcta información sobre las plantas medicinales lo mejor es llevar medicamentos convencionales. NUNCA experimente con algo que no pueda identificar positivamente.

Hoja de cobre *(Acalypha indica)* es uno de varios arbustos similares que crecen en la India y en el sureste de Asia, alcanzando una altura de 2-3 metros, con hojas ovaladas o en forma de corazón que suelen estar veteadas en rojo, rosa brillante y verde. En Malasia, las hojas se secan y se beben como té. *Un extracto de raíces y hojas es laxante y restaurativo.*

Alstonias, incluyendo *Alstonia scholaris,* se encuentra desde la India oriental hasta las Filipinas y el sur de Indonesia y partes de Australia. *Hierva la corteza para producir un tónico, reduce la fiebre, alivia la diabetes y mata los gusanos parásitos internos.*

Antelaea azadirachta crece desde la India hasta China e Indonesia. *Un extracto de hojas y corteza ayudará a combatir la malaria y la disentería. Use el aceite de las hojas para tratar las úlceras y las afecciones cutáneas.*

Bruceas crecen en muchas formas similares desde la India Oriental hasta China y sur de Australia. Todas sus partes son amargas. *Use las semillas de* Brucea sumatrana *para la diarrea y la disentería. Las hojas trituradas alivian la hemorragia externa y también furúnculos y mordeduras de insectos.*

Elettaria cardamomum, es pariente del jengibre, crece en la India y es una planta alta, herbácea, con rizomas gruesos y carnosos y un capítulo de flores largo y ramificado. *Use las semillas o el jugo exprimido del fruto para asentar la digestión y aliviar las náuseas.*

Cinchonas, cortezas de China o cortezas rojas (*Cinchona*), son árboles grandes con troncos color marrón rojizo, que crecen en forma silvestre en América del Sur y han sido llevados a todas partes del mundo. *Beba un extracto ae la corteza, que contiene quinina, para combatir la malaria.*

Árbol de rábanos picantes *(Moringa oleifera,* ver *Plantas tropicales* en **Comida)** es una planta comestible que crece en el trópico. *Use el jugo exprimido de las raíces y las hojas para tratar las erupciones cutáneas y las inflamaciones.*

Kibatalia arborea es otro árbol de Asia cuya corteza, cuando se corta, exuda una savia parecida al látex. *Use esta savia en pequeñas cantidades para combatir los gusanos.*

Sida cordifolia es una planta anual, erecta y vellosa, de hasta 1 m de altura, con hojas dentadas y oblongas y flores amarillentas. Crece desde la zona oriental de la India hasta Taiwan. *Use una infusión de las hojas para combatir la tos y la fiebre. Las semillas son ligeramente laxantes.*

Pergularia extensa tiene tallos con vellos rígidos, hojas grandes y ovaladas de hasta 15 cm de largo y pequeñas flores de color blanco verdoso. Crece en el África tropical. *Use hojas y brotes tiernos como hierba para cocinar o en una fuerte infusión para combatir los parásitos y la diarrea. Use un emplasto de hojas en furúnculos, abscesos y heridas.*

Crataeva religiosa crece desde el este de la India hasta Papúa Nueva Guinea y Polinesia. *Un extracto de corteza y hojas alivia las molestias estomacales, dolores febriles y dolores en general.*

Baobabs *(Adansonia,* ver *Plantas del desierto* en **Comida).** ***Use las hojas para estimular la transpiración y aliviar constipados, fiebre y asma, y un extracto de la corteza para combatir la malaria.***
Acacias *(Acacia,* ver *Plantas del desierto en* **Comida)** ***Extraiga la goma de la corteza. Úsela para combatir los gusanos y la diarrea.***

PLANTAS MEDICINALES

Estas plantas medicinales se encuentran en climas templados. Muchas de ellas son muy comunes y todas muy seguras. Úselas para detener las hemorragias y cicatrizar heridas, para la fiebre, constipados y trastornos digestivos y otros tratamientos. Algunas tienen varias aplicaciones, pero han sido agrupadas aquí bajo sus usos más comunes.

Generales y antisépticas:

1•Eufrasia *(Euphrasia officinalis)* crece hasta los 30 cm, con hojas ovaladas y vellosas y flores blancas manchadas de violeta o con venas púrpura y con una mancha amarilla; en lugares cubiertos de hierba en Eurasia, a menudo en las montañas. *Una infusión de toda la planta es excelente para las* ***infecciones oculares****. Se dice también que alivia la fiebre, el catarro y la congestión nasal.*

2•Ajos *(Allium)* crece en numerosas variedades en la mayoría de las zonas templadas y, actualmente, tropicales. Su olor le conducirá a ellos; la mayoría tiene largas hojas en forma de cintas que nacen del bulbo y un tallo alto coronado con un grupo de pequeñas flores blancas o rosadas. *El bulbo es poderosamente antiséptico; use el jugo exprimido externamente con agua para tratar heridas e inflamaciones, y coma ajos para tratar y prevenir los constipados. También contiene un antibiótico natural.*

3•Tomillo silvestre *(Thymus serpyllum)* es una planta pequeña, aromática, con pequeñas flores ovaladas y flores rojo púrpura; crece en zonas secas cubiertas de hierba en Eurasia occidental, pero otras especies crecen en cualquier parte. *Use sus cualidades antisépticas en una infusión para tratar catarros y constipados, o como hierba para condimentar.*

4•Escrofularia *(Scrophularia nodosa)* crece hasta los 90 cm, con tallos cuadrados, hojas puntiagudas y ovaladas y flores marrón rojizo; crece en bosques, claros y matorrales en Eurasia; hay muchas clases diferentes. *Aplique como extracto para reducir las inflamaciones, esguinces, furúnculos y hematomas, para disipar coágulos de sangre y para tratar las hemorroides.*

Hemorragia

5•Consuelda menor *(Prunella vulgaris)* es una planta vellosa, trepadora, con hojas ovaladas y puntiagudas y capullos de flores violeta; crece en zonas secas cubiertas de hierba y lugares desolados de Eurasia. *Use su jugo para detener una hemorragia o, como infusión, para las hemorragias internas.*

6•Geranio *(Geranium molle)* crece hasta los 30 cm, con un tallo velloso, hojas lobuladas y pequeñas flores de cinco pétalos; crece en lugares desolados y cubiertos de hierba. *Use el jugo para detener una hemorragia o como extracto para las hemorragias internas.*

7•Ortiga hedionda *(Stachys palustris)* de fuerte olor, vellosa, hasta 90 cm de alto, con hojas dentadas y en forma de corazón y escarpias de flores rosa oscuro a púrpura con manchas blancas; se encuentra habitualmente en zonas pantanosas; especies similares en los bordes boscosos y lugares umbríos y desolados. *Use el jugo exprimido para detener las hemorragias o como infusión para aliviar dolores y curar heridas bañándolas con el líquido.*

8•Sanícula *(Sanicula europaea)* crece hasta los 50 cm, con hojas en forma de mano, lobuladas y flores diminutas de color blanco o rosado en un compacto capítulo; se extiende en las zonas boscosas de Eurasia. *Use el jugo exprimido para detener la hemorragia y como infusión para las hemorragias internas.*

9•Vincapervinca mayor *(Vinca major)* crece hasta los 50 cm, con hojas correosas, perennes, ampliamente lanceoladas y grandes flores de color violeta azulado; crece en Eurasia en lugares boscosos y tupidos y en zonas rocosas. Hay muchas variedades en otras partes del mundo. *Use externamente el jugo exprimido para restañar las heridas y detener la hemorragia.*

Llantenes (ver *Plantas comestibles* en **Comida)** suministran jugo para tratar heridas y dolencias en el pecho.

Problemas intestinales:

1•Dríada octopétala o **té suizo** *(Dryas octopetala)* se parece a la fresa silvestre trepadora, con hojas bien lobula-

1

2

3

4

5

das, de color más pálido debajo, y grandes flores blanco amarillentas; crece en zonas rocosas y montañosas y en las regiones árticas. *Use una infusión de tallos, hojas y flores para la diarrea o para hacer gárgaras.*

2•Melisa *(Melissa officinalis)* tiene olor a limón y es vellosa, de 60 cm de alto, con hojas dentadas, verde amarillentas y grupos de pequeñas flores blancas en la base de las hojas; crece en zonas cubiertas de hierba en la región más cálida de Eurasia. *Use una infusión de toda la planta para **fiebres y náuseas.** También puede usarse para aliviar los **dolores menstruales.***

3•Menta de agua *(Mentha aquatica)* es aromática, vellosa, está siempre cerca del agua fresca, con hojas dentadas, ovaladas y puntiagudas, un tallo púrpura de 80 cm y grupos de flores rosadas. *Use una infusión de hojas para la diarrea, como digestivo y para estimular la transpiración en casos de fiebre. Mentas similares también son eficaces. Si es demasiado fuerte, la infusión puede ser vomitiva.*

4•Olmos *(Ulmus)* son árboles altos con grandes hojas ovaladas y dentadas, frutos verdes en forma de disco y, con frecuencia, chupones en la base del tronco. *Use un extracto de la corteza para tratar la diarrea y las **erupciones cutáneas.***

5•Matricaria ver siguiente columna.

6•Presera o Hierba de ganso *(Galium aparine)* es dispersa, con largos tallos espinosos, grupos de pequeñas flores blancas y hojas estrechas y espinosas; se extienden en suelo húmedo, boscoso y desierto. Las plantas jóvenes pueden hervirse y comerse como espinacas. *Use una infusión para combatir el estreñimiento. Beba dosis frecuentes mezcladas con una cantidad igual de malvavisco para la **cistitis.***

7•Agrimonia *(Agrimonia eupatoria)* cree hasta los 90 cm, con un tallo velloso, hojuelas dentadas y lanceoladas, gris en la parte inferior, y una alta escarpia de flores amarillas; crece en lugares secos y cubiertos de hierba; hay varias clases diferentes. *Use una infusión de toda la planta para aliviar el estreñimiento y la **acidez estomacal.** Útil también para combatir la cistitis, con dosis pequeñas y frecuentes.*

8•Celidonia menor *(Ranunculus ficaria)* crece hasta los 20 cm, con hojas brillantes, color verde oscuro y en forma de corazón y flores amarillas; crece en terreno boscoso y húmedo en Eurasia. *Aplique el jugo exprimido externamente para tratar las hemorroides;* **NO la confunda con sus parientes venenosas, los ranúnculos.**

9•Sellos de Salomón *(Polygonatum)* son pequeñas, forman manchas, con tallos arqueados que sostienen flores tubulares de color verdiblanco; crecen en zonas boscosas y con matorrales. *Use externamente un extracto de la raíz para tratar las hemorroides y los **hematomas,** o beba una infusión para las **náuseas.** La raíz almidonosa es comestible, pero cuando se la hierve y se seca se endurece y es útil para entablillar miembros heridos. Ya sea como infusión o como emplasto, aliviará los hematomas. **Sus bayas son venenosas.***

Argentina *(ver Raíces comestibles* en ***Comida***) sirve también como infusión para tratar trastornos digestivos y hemorroides.

Fiebres, tos y constipados

5•Matricaria *(Tanacetum parthenium)*, es muy aromática, crece hasta los 45 cm, con hojuelas delicadas y amarillentas y muchas flores parecidas a las margaritas; crece en zonas desiertas y cubiertas de hierba en Eurasia. *La ingestión de las hojas alivia la **jaqueca*** y la ***migraña,*** pero en algunas personas puede causar ampollas en la boca. Es más seguro usarla como infusión de toda la planta para tratar fiebres, jaquecas y dolores generales, o como tintura para las ***picaduras de insectos.*** Frecuentes dosis pequeñas de una infusión caliente ayudan a regular las contracciones ***durante el parto.***

6

7

8

9

1

2

3

4

5

Fiebres, tos y constipados

1•Manzanilla romana *(Chamaemelum nobile)* es aromática, trepadora, con hojas finamente divididas y flores parecidas a la margarita; crece en lugares cubiertos de hierba en Eurasia. *Use una infusión de toda la planta para fiebres,* ***jaquecas, migrañas,*** *y constipados, o el jugo exprimido de las flores para* ***dolores*** *y* ***distensiones.*** *Tiene un efecto* ***calmante,*** *especialmente en los niños excitados.*

2•Uña de caballo *(Tussilago farfara)* es común desde finales del invierno y en zonas desiertas. Flores grandes, amarillas, parecidas al amargón, coronan tallos similares a espárragos; hojas en forma de corazón siguen a estas flores. *Use las hojas en infusiones para constipados y catarros.*

3•Pulmonaria *(Pulmonaria officinallis)* es vellosa, de 30 cm de alto, con hojas débilmente manchadas y lanceoladas y flores en forma de campanilla, púrpuras o púrpura azulado; en zonas boscosas y achaparradas en Eurasia. *Una infusión de toda la planta es excelente para los dolores de pecho y útil para la* ***diarrea.*** *Para los catarros úsela en partes iguales con* ***Uña de caballo.***

4•Marrubio *(Marrubium vulgare)* tiene aroma a tomillo, velloso, con tallos cuadrados de 50 cm, hojas redondas, arrugadas de color verdiblanco y flores blanquecinas; en lugares bajos y secos de Eurasia. *Use una infusión de toda la planta para constipados y trastornos respiratorios; el aceite exprimido de las hojas alivia el* **dolor de oídos.** *Es bueno para tratar el* ***catarro*** *en los niños. Es grandes dosis es* ***laxante.***

5•Milenrama *(Achillea millefolium)* es vellosa, aromática, de 60 cm de alto, con hojas seccionadas, correosas, de color verde oscuro y capítulos de diminutas flores blancas o rosadas; en lugares cubiertos de hierba. *Use una infusión de toda la planta, pero NO las raíces, para constipados y fiebres. También acelera la* ***coagulación*** *de la sangre y reduce la presanguínea y el sangrado en las hemorroides.*

6•Malva almizcleña *(Malva moschata)* crece en lugares cubiertos de hierba y matorrales hasta 60 cm de alto, con un tallo velloso, hojas profundamente seccionadas y grandes flores rosas de cinco pétalos. Vienen en muchas variedades. *Úselas como el malvavisco (8).*

7•Árbol de malva *(Lavatera arborea)* crece hasta los 3 m, con un tallo velloso, leñoso en la base, hojas en forma de hiedra y flores rosapúrpura veteadas de púrpura oscuro; en zonas costeras rocosas desde Europa hasta Asia Menor. *Úselo como el malvavisco (8).*

8•Malvavisco *(Althaea officinalis)* crece hasta los 90 cm, gris velloso, con grandes hojas lobuladas y flores de color rosa pálido. La raíz asada es excelente para comer. *Use una infusión de toda la planta para dolores de pecho o una de sus raíces para aliviar los mareos causados por* ***pérdida de sangre*** *y para limpiar heridas y llagas. Sus hojas trituradas sirven para restañar las* ***picaduras de insectos;*** *hervidas son un buen emplasto para las* ***erupciones cutáneas.*** *Una infusión de las hojas aliviarán la irritación e inflamación del aparato digestivo.*

9•Verbasco o **gordobolo** *(Verbascum thapsus)* está cubierto por un suave vello algodonoso, crece hasta los 2 m, con grandes hojas lanceoladas y una densa escarpia de flores amarillas de cinco pétalos; en lugares cálidos y cubiertos de hierba. *Use una infusión de flores y hojas para catarros y molestias en el pecho, o un extracto de la raíz para hacer gárgaras. Muela las flores para preparar un té calmante y* ***sedante.***

10•Hierba de San Juan *(Hypericum perforatum) crece hasta los 60 cm, con pequeñas hojas oblongas, moteadas translúcidamente y un capítulo de flores amarillo dorado que exudan un jugo rojo cuando se las tritura; en bosques abiertos, zonas cubiertas de hierba y lugares bajos. Use una infusión de toda la planta para* ***constipados*** *y* ***molestias en el pecho.***

6

7

8

9

10

CRIATURAS PELIGROSAS

1

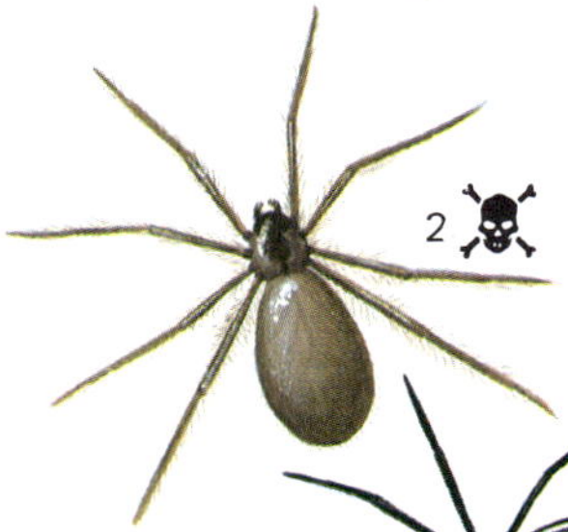

2

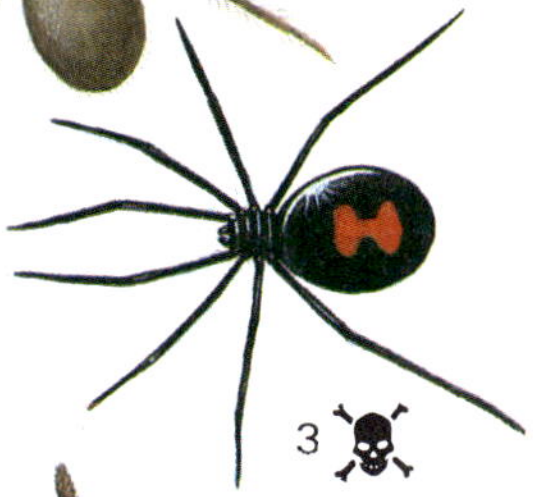

3

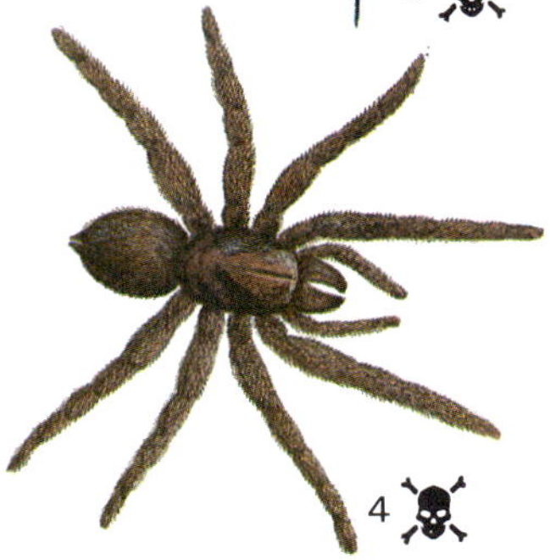

4

5

Los insectos y otras criaturas presentadas aquí no representan un problema grave para los supervivientes si se toman precauciones razonables, pero pueden convertirse fácilmente en un problema si no se les trata con respeto.

1•Escorpiones se encuentran en desiertos, bosques y selvas de las zonas tropicales, subtropicales y templadas cálidas, viviendo una de sus variedades en los Andes, a 3600 metros de altura, y son fundamentalmente nocturnos. La mayoría de las especies del desierto son amarillentas o verde claro, mientras que los de zonas húmedas y de alta montaña son de color marrón o negro. Su tamaño medio es de 2-5 cm, pero las variedades gigantes del sur de África y Nueva Guinea alcanzan los 20 cm. Algunos se entierran, pero habitualmente viven debajo de las rocas, la corteza de los árboles u otros lugares, incluido en nuestros pertrechos. El aguijón se encuentra en la cola. ***Muchas variedades sólo causan un ligero malestar, unas pocas producen toxinas que atacan el sistema nerviosa y provocan parálisis durantee 24-48 horas. Algunos escorpiones de Oriente Medio, Brasil y oeste de México puede inflingir una picadura mortal, pero es muy raro que suceda, y es más probable que sea mortal en los niños, los ancianos o las personas enfermas.***

2•Araña solitaria o violinista *(Loxoscees reclusa)* de América del Norte se le reconoce por su forma de violín en la cabeza. Hay varias clases diferentes, pero *L. reclusa* es la peor de todas. ***Su mordedura produce fiebre, escalofríos, vómitos, dolor en las articulaciones y manchas en la piel a las 24-48 horas. Aunque raramente es mortal, la degeneración de los tejidos alrededor de la herida puede provocar desfiguración o incluso amputación del miembro herido si no se tratara inmediatamente.***

3•Viuda negra o arañas reloj de arena *(Latrodectus)* se encuentran en zonas cálidas, incluyendo desiertos, en casi todas las partes del mundo. Pequeñas, oscuras, se las reconoce por las marcas rojas, amarillas o blancas en el abdomen, a veces en forma de reloj de arena. ***La mordedura produce intenso dolor, sudoración, temblores y debilidad, afectando a la víctima durante una semana. Raramente es mortal.***

4•Funnelwebs *(Atrax)* son arañas grandes, grises o marrones, de Australia. Rechonchas, de patas cortas, su nombre alude a su forma de malla. De hábitos nocturnos y no en condiciones calurosas y soleadas, pero localmente comunes. ***Una mordedura puede matar; los mismos síntomas que la viuda negra.***

5•Tarántulas *(Theraphosidae* y *Lycosa)* son arañas muy grandes y velludas de la zona tropical de América; una variedad en el sur de Europa. De aspecto amenazador, pero su mordedura, aunque dolorosa, no inocula un veneno lo bastante poderoso como para incapacitar a la víctima.

6•Ciempiés y milpiés son generalmente pequeños e inofensivos, pero algunas especies tropicales y del desierto pueden alcanzar los 25 cm. Sus pies tienen garras afiladas que pueden perforar la piel y provocar infecciones, y algunos tienen una mordedura venenosa. ***Apártelos en la dirección de su marcha, de este modo hay menos posibilidades de que se oculten entre su ropa.***

7•Avispones viven en pantanos y hacen nidos que protegen ferozmente. Algunas especies tropicales son muy agresivas y venenosas y deben ser evitadas. ***La picadura del aguijón es como ser quemado con un clavo y muchas pueden ser mortales.***

8•Garrapatas son muy comunes en los trópicos; de cuerpo chato y redondo, con una pequeña cabeza que muerde y se alimenta de las heridas. ***No la arranque de la piel, porque la cabeza quedaría en la herida y la infectaría. Use calor, gasolina, alcohol o agua caliente para quitarlas.***

9•Sanguijuelas son criaturas parecidas a los gusanos y que chupan la sangre, viven en las selvas tropicales y otras zonas húmedas, esperando como si fuesen hilos, en la vegetación antes de adherirse a la víctima. ***Es preferible no intentar arrancarlas: se las puede soltar con fuego o una pizca de sal. Las sanguijuelas pueden causar infecciones.***

10•Vampiros*(Desmodus)* habitan en América Central y del Sur. Pequeños, nocturnos, chupan al sangre de las víctimas dormidas. ***Su mordedura puede transmitir la rabia. En estas zonas, cúbrase por la noche.***

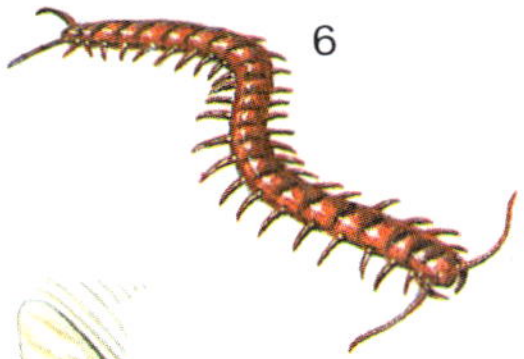

6

7

9

8

10

SERPIENTES VENENOSAS

1

2

3

4

ATENCIÓN

A menos que se indique lo contrario, a estas serpientes se las debe considerar mortalmente venenosas. NO se acerque a ellas, no las provoque ni las toque.

MEDIDAS DE SEGURIDAD

► **Mire dónde pisa:** las serpientes comen sólo una vez por semana. Después de haber comido y cuando mudan la piel son perezosas y es más fácil tropezar con ellas.
► **Tenga cuidado** antes de apartar arbustos o coger frutos de los árboles, ya que algunas serpientes son arbóreas.
► **Nunca las moleste, coja o acorrale:** algunas serpientes, como la laquesida de América Central y del Sur, la mamba negra de África y la cobra real de Asia atacan cuando son acorraladas o cuidan su nido.
► **Use palos y no las manos** para voltear piedras y cavar.
► **Use botas fuertes,** si las tiene. Los dientes de muchas serpientes son demasiado pequeños para penetrar en ellas.
► **Compruebe el lecho, la ropa y las mochilas** antes de usarlos. Las serpientes pueden refugiarse en ellos.
► **Conserve la calma** si encuentra una serpiente. No haga movimientos súbitos ni la golpee. Retroceda lentamente. En la mayoría de los casos, la serpiente también escapará.
► **Para matarla:** si debe matar una serpiente use un palo largo, preferiblemente con el extremo flexible, y propine un sólo golpe en la cabeza. Asegúrese de matarla con el primer golpe, las serpientes heridas son temibles.

América del Norte y del Sur

1•Serpiente de cascabel *(Crotalus* y *Sistrurus).* Muchas de ellas se encuentran en diversas partes de América del Norte, variando desde los 45 cm hasta más de 2 metros. Todas tienen un cuerpo rechoncho, una gran cabeza y un cascabel en la cola que habitualmente, pero no siempre, agita para advertir de su presencia. La más grande es la diamantina, con característicos dibujos en forma de diamantes en el lomo.

2•Cabeza de cobre *Agkistrodon contortix)* de 60-90 cm, con un cuerpo pequeño de color marrón naranja con franjas marrones y una cabeza color rojo cobre; principalmente en la zona este de EE.UU. ***Muy tímida; su mordedura raramente es mortal.***

3•Mocasín de agua *(Agkistrodon piscivorus)* 60-130 cm, con un cuerpo grueso de color marrón o marrón oliváceo, a veces moteado, y un vientre amarillento y también moteado; el interior de la boca es blanco. Acuática, en y junto al agua dulce en el sur de EE.UU. ***¡Agresiva, no la moleste!***

4•Cascabel tropical *(Crotalus durissis)* 1,5-2 m, con marcas en forma de diamante, dos franjas oscuras en el cuello y un cascabel en la cola; noctámbula, en zonas secas desde el norte de América del Sur hasta México. ***Grande, agresiva, muy peligrosa.***

5•Mapanare *(Bothrops atrox)* es amarronada con dibujos geométricos más pálidos y un largo de 1,3-2 m; causa muchas muertes. Sus muchos parientes varían del gris al marrón y rojo con dibujos similares. Se las encuentra desde el norte de América del Sur hasta México; algunas son arbóreas. ***Todas enlazan el cuerpo antes de atacar.***

6•Laquesida *(Lachesis muta)* tiene la cabeza grande, color marrón rosado con grandes triángulos marrón oscuro y alcanza 2-2,6 m o más; de hábitos nocturnos, suele ocultarse en depresiones y agujeros, en América Central y del Sur. ***Feroz si se la acorrala; la más temida de todas las serpientes americanas.***

7•Serpientes de coral alcanzan 45-90 cm, son delgadas y tienen bellos colores en franjas de negro y rojo separadas por otras amarillas o blancas; desde el sur de EE.UU. hasta América del Sur. (Variedades similares se encuentran en el sureste de Asia). ***De boca pequeña, reacias a morder pero mortales.***

5

6

7

NO hay reglas para identificar a las serpeintes venenosas. Las cobras muestran capuchas y las serpientes de cascabel un cascabel en la cola, pero NO son datos fiables. Las serpientes venenosas deben ser reconocidas individualmente. Si tiene alguna duda, trate a todas ellas como si fuesen venenosas.

Europa

1•Culebra *(Viper berus)* de 30-70 cm, sus colores varían del gris oliva al marrón rojizo con otros colores en zigzag; especialmente en páramos, terrenos desiertos y zonas abiertas y en las montañas. Es la única serpiente venenosa del norte de Europa, casi nunca mortal, pero con parientes más grandes y peligrosos en el sur de Europa, por ejemplo *V. espis,* víbora áspid y *V. latasti*, víbora hocicuda, propia de la Península Ibérica.

África y Asia

2•Víbora del desierto *(Bitis arietans),* de cuerpo grueso, cola corta y cabeza alargada, color marrón pajizo con marcas más oscuras y 90-130 cm en regiones semiáridas, a menudo cerca del agua, de África y la península arábiga. Parientes similares en otros hábitats. Muchas víboras diferentes se encuentran en todas partes de África y Eurasia, desde zonas arenosas hasta profundas selvas.

3•Víbora con escamas serradas *(Echis carinatus)* tiene escamas gruesas, rojo pálido a marrón arenoso, con dibujos más oscuros y manchas blancas, 40-55 cm; en zonas áridas desde el oeste de África septentrional hasta la India. ***Peligrosa, común, causa muchas víctimas.***

4•*Víbora de Russell (Vipera russelli)* 1-1,25 m, marrón, con tres franjas de manchas formadas por anillos de borde negro con un centro marrón rojizo; en la mayoría de las regiones excepto en la selva frondosa desde Pakistán hasta Taiwán. ***Responsable de la mayoría de las mordeduras de serpientes en la región.***

5•Serpientes venenosas de Malay o Mocasín *(Calloselasma rhodostoma)* 60-80 cm y es color cervato, rojiza o gris marcada con dibujos geométricos, con el vientre amarillento o manchado de marrón ceniciento; en el sureste de Asia y partes de Indonesia. ***Frecuente causa de mordeduras y con muchos parientes en la zona. EVITE cualquier serpiente que se le parezca.***

6•Cobras se encuentran desde el este de África hasta la India e Indonesia y las Filipinas. Alcanzan 1,5-2 m y, cuando están asustadas, se las reconoce porque alzan la cabeza y la hinchan en una marcada capucha. Común en algunas áreas, especialmente áridas y rocosas.

7•Mambas *(Dendroaspis)* tienen la cabeza pequeña, muy delgadas, con grandes escamas verdes o grisáceas y 1,5-2 m; en África del sur hasta el Sáhara, usualmente en árboles, pero la gran Mamba Negra *D. polypesis* es básicamente terrestre. ***Atacan con rapidez, mortales en casi todos los casos que no se tratan inmediatamente.***

8• Boomslang *(Dispholidus typus)* 1,3-1,5 m, muy delgada, su color varía desde el gris hasta el marrón o negro; en árboles y muy difíciles de descubrir, en zonas de sabanas en África y el Sáhara. ***Muy venenosa; hincha el cuello cuando está alarmada.***

9•Kraits *(Bungarus)* 90-150 cm, de cabeza pequeña, algunas tienen bandas blancas y negras o negras y amarillas a lo largo del cuerpo; en regiones selváticas y abiertas desde la India hasta Indonesia. ***Nocturna, inofensiva, pero su mordedura a menudo resulta mortal.***

Serpientes que escupen

Unas pocas cobras, incluyendo la cobra con anillos, del sur de África, escupen veneno además de morder. Es una medida puramente defensiva y no es peligroso a menos que el veneno alcance a los ojos o a una herida. Si fuese así, lávese inmediatamente con agua o, en una emergencia, con orina.

SERPIENTES VENENOSAS

1

2

3

4

Australasia

1•Culebra de la muerte *(Acanthophis antarcticus)* es marrón, rojiza o gris con franjas más oscuras, cuerpo grueso y 45-60 cm; en zonas arenosas de gran parte de Australia, Papúa Nueva Guinea y algunas islas próximas. ***Bien camuflada; muy venenosa,*** pero no tan peligrosa como la serpiente tigre y la taipán;

2•Serpiente negra australiana *(Pseudechis porphyriacus)* 1,5-2 m, delgada negro azulada con el vientre rojo brillante; en o cerca de agua dulce en casi toda Australia. Hay muchas clases diferentes. ***Raramente mortal, achata el cuello cuando se excita.***

3•Serpiente marrón australiana *(Pseudonaja textilis)* es delgada, marrón amarillenta a marrón con el vientre más claro y 1,5-2 m en regiones secas de Australia y Papúa Nueva Guinea. Hay más de una variedad. ***Agresiva y muy venenosa.***

4•Serpientes tigre *(notechis scutalus)* 1,3-1,6 m, cuerpo grueso, cabeza alargada, color ocre tostado con franjas gris amarillentas, grises o marrón naranja; en áreas semidesiertas de Australia y en Tasmania. ***Agresiva, muy venenosa, principal causa de mordeduras mortales.***

5•Taipán *(Oxyuranus scutellatus)* es uniformemente marrón claro a oscuro con los costados marrón amarillento, al igual que el vientre, y puede alcanzar los 3-5 m; en zonas abiertas y boscosas de Australia septentrional. ***Feroz cuando se la provoca, mortalmente venenosa.***

6•Serpientes marinas se las encuentra en el Índico y el Pacífico; algunas son parcialmente terrestres, en estuarios y pantanos costeros. Su color varía y también su tamaño, alcanzando 1,3-1,5 m, con una cola achatada y parecida a un remo. Sus escamas las diferencian de las anguilas. ***No son agresivas, pero algunas son las serpientes más venenosas que existen.***

Las serpientes poseen un excelente camuflaje, sólo el movimiento las delata. En zonas infestadas de serpientes, pasará junto a muchas de ellas cada día sin siquiera verlas.

Las posibilidades de que le muerdan son escasas, y salvo los casos muy graves, de todas podrá recuperarse. En Malasia es mucho mayor el número de personas que muere cada año con la cabeza rota por la caída de un coco, y en la India las mordeduras de rata producen más casos de hospitalización.

La mordedura de una serpiente venenosa siempre debe tomarse seriamente, pero hay grados de gravedad. Cuando muerden en defensa propia, muchas serpientes inyectan sólo una cantidad de veneno, ocasionalmente ningún veneno en absoluto. Si la serpiente tiene algún problema o ha mordido algo o a alguien recientemente, su veneno puede no ser tan potente y puede haber muy poca cantidad en sus sacos. La ropa o el calzado pueden atenuar la fuerza de la mordedura. En muchas serpientes venenosas la dosis de veneno necesaria para matar a un hombre excede con mucho la que el ofidio puede inyectar en una mordedura.

¡LIBRES DE SERPIENTES!

NO hay serpientes venenosas en Nueva Zelanda, Cuba, Haití, Jamaica, Puerto Rico, Irlanda, Polinesia y las regiones polares.

Lagartos

7•Monstruo de Gila (Heloderma suspectum) se encuentra sólo en los desiertos de Arizona, México y áreas próximas. Tiene la cabeza grande y redondeada, el cuerpo rechoncho, una cola corta y colores brillantes con dibujos amarillos, alcanzando 37-45 cm. ***La mordedura es venenosa, pero sólo muerde cuando se lo toca.***

8•Lagarto con cuentas *(Heloderma horridum)* se parece al anterior, pero es más oscuro y más grande, con una cola más larga, y puntos en lugar de manchas de colores; en unas pocas zonas áridas de México y América Central. ***Dócil, pero su mordedura es venenosa. No lo toque.***

5

6

7

8

CRIATURAS MARINAS PELIGROSAS

Estos peces y criaturas marinas son peligrosos. La mayoría son venenosos al tacto o tienen veneno en su carne.

PELIGROS EN EL RÍO

1

1•Anguilas eléctricas *(Electrophorus electricus)* pueden alcanzar casi 2 m y 20 cm de grosor, redondas, verde oliva a negro, más pálidas en la zona inferior; nativas del Orinoco y del Amazonas en América del Sur. A menudo prefieren aguas poco profundas donde haya más oxígeno. ***La descarga de un ejemplar grande puede ser de 500 voltios, suficiente para derribar a un hombre.***

2

2•Pirañas *(Serrasalmus)* se encuentran en los sistemas fluviales del Orinoco, el Amazonas y el Paraguay en América del Sur. Su tamaño varía, pero pueden alcanzar los 50 cm y todas tienen cuerpos grandes, con poderosas mandíbulas y dientes entrecruzados y afilados como cuchillas. ***Pueden ser muy peligrosas, especialmente en la estación seca cuando desciende el nivel del agua.***

MAR Y RÍOS

3

3•Rayas con púas *(Dasyatidae)* son un peligro en aguas poco profundas, especialmente en las tropicales, y no sólo en las playas de arena. Muy variables, pero todas con la característica forma de raya, aunque resultan difíciles de distinguir. Unas pocas variedades se encuentran en ríos tropicales de América del Sur y el oeste de África. Las rayas de agua dulce raramente exceden los 30 cm de largo. No existen en los ríos que desembocan en el Pacífico. ***Las púas venenosas de la cola pueden provocar heridas graves y, en ocasiones, mortales.***

PELIGROS EN AGUA SALADA

4

4•Peces conejo o Lomoespinoso *(Siganidae)* se encuentra principalmente en los arrecifes de los océanos Índico y Pacífico, alcanza 25-30 cm; comestible, pero con espinas muy afiladas. ***Se dice que es venenoso. Manejar con cuidado.***

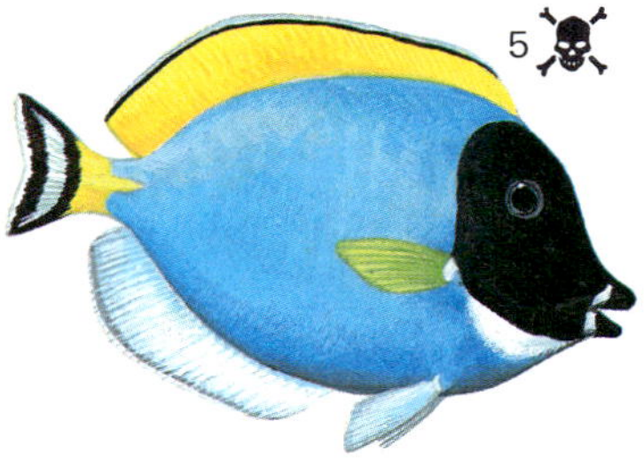
5

5•Tangs o Peces cirujano *(Acanthuridae)* 20-25 cm, cuerpos redondos, boca pequeña, muy colorido, con espinas parecidas a lancetas a ambos lados de la cola que pueden infligir graves heridas cuando ataca. En todas las aguas tropicales.

6

6•Pejesapos venenosos *(Batrachoididae)* se encuentran en aguas tropicales, lejos de la costa en América Central y del Sur. De 17-25 cm de largo, tienen colores pálidos y una gran boca. ***Yacen enterrados en la arena y tienen espinas afiladas y venenosas en el lomo.***

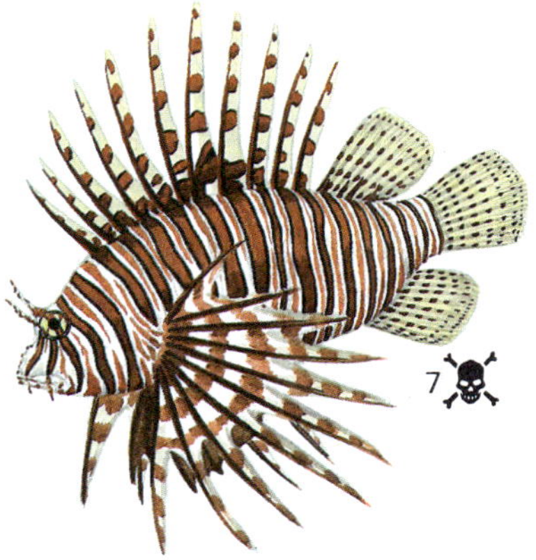
7

7•Escorpinas o Pez cebra *(Scorpaenidae)* se lo encuentran principalmente en los arrecifes de los océanos Índico y Pacífico. 30-75 cm de largo, muy variables, pero de color usualmente rojizo, con largas espinas y rayas onduladas. ***Su aguijón es muy doloroso.*** Parientes menos potentes en el Mediterráneo y el Atlántico.

8

8•Pez piedra *(Synanceia)* se encuentra en los océanos Índico y Pacífico. Alcanza 40 cm de largo y sus colores parduzcos y forma desproporcionada le hacen casi imposible de distinguir. ***Cuando se tropieza con él, las espinas dorsales inyectan un veneno que es terriblemente doloroso y mortal en el peor de los casos.***

Estos tres últimos peces son comestibles. Si se encuentra con alguno de ellos, golpéelo en la cabeza con fuerza y asegúrese de que está muerto antes de tocarle.

Aunque no sean venenosos, hay otros peces con púas peligrosamente afiladas que no siempre son fáciles de detectar, excepto desde muy cerca. esas púas suelen encontrarse en el espinazo pero también pueden nacer desde los flancos del pez. Incluso una púa pequeña puede infligir un pinchazo doloroso que puede infectarse. Las púas grandes —y algunos barbos espinosos crecen hasta alcanzar el tamaño de un hombre— son muy eficaces como estiletes.

Los erizos de mar también pueden causar dolorosas heridas y las anémonas marinas pueden aguijonearle.

CRIATURAS MARINAS PELIGROSAS

1

2

3

4

1•Weeverfishes *(Trachinidae)* ahusados, de colores pálidos, de 30 cm de largo, yacen enterrados en la arena lejos de las costas del sur de Europa hasta África occidental y el Mediterráneo. ***Tiene púas venenosas en el dorso, y las agallas producen un dolor paralizante. Alivie el dolor con agua caliente.***

Venenosos para comer

Muchos peces que viven cerca de la orilla, en arrecifes o lagunas, son venenosos para comer. La mayoría se encuentran confinados a los trópicos pero, en cualquier lugar que usted se encuentre, no coma ningún pescado que no pueda identificar.

Algunos peces, que por lo demás, son buenos para comer, como la barracuda y la cubera, no son comestibles cuando se pescan en arrefices y lagunas, donde habrán absorbido sustancias venenosas con su propia comida.

Las variedades más venenosas, como el pez globo, tienen habitualmente cuerpos redondos con la piel cubierta de púas y escamas espinosas. Habitualmente también tienen bocas parecidas a la del loro, pequeñas aberturas en las agallas y carecen de aletas pélvicas o sólo tienen una.

2•Peces puercoespín *(Diodontidae)* se encuentran en aguas poco profundas de los trópicos. De tamaño variable, alcanzan 50-60 cm pero, cuando se asustan, se hinchan como globos espinosos. ***Su carne es venenosa.***

3•Peces globo *(Tetraodontidae)* se encuentran en todas las aguas tropicales y templadas, unas pocas variedades en ríos del sureste de Asia y el África tropical. De cuerpo grueso, redondeado, de 15-75 cm de largo, la mayoría de las variedades con púas; cuando se asustan se hinchan como un globo. ***La sangre, el hígado y las gónadas son venenosos; 28 g son suficientes para matar a una persona.***

4•Peces ballesta *(Balistridae)* se encuentran en gran variedad en aguas poco profundas de los mares tropicales. De cuerpo grande y comprimido, de menos de 60 cm, con grandes y fuertes púas dorsales. ***Muchas variedades son venenosas para comer. Evítelas a todas.***

OTRAS CRIATURAS MARINAS

5•Sifonóforo *(Physalis physalis)* no es una medusa, sino una colonia de hidroides, principalmente subtropical, pero común en la corriente del Golfo que puede llevarle hasta las costas británicas. Las corrientes meridionales, por ejemplo, le llevan hasta Nueva Zelanda. La vejiga flotante puede tener apenas 15 cm de largo, pero los tentáculos, que portan células urticantes, pueden extenderse hasta los 12 m. **No es mortal, pero puede incapacitar a una persona, por lo que es muy peligroso.**

La medusa común *(Aurelia aurita)* lechosa y en forma de salsera con marcas de color púrpura en forma de herradura en el interior, no es peligrosa para el ser humano, pero muchas otras variedades sí lo son, especialmente la **avispa de mar** o **medusa cofre** *(Chironex fleckeri),* con una campana en forma de cubo de 25 cm de largo y grupos de tentáculos de hasta 9 m de largo. En grandes dosis, su veneno puede ser mortal. **Evite todas las medusas, aún cuando hayan sido barridas hacia la playa.**

6•Pulpo de anillos azules *(Hapalochlaena lunulata)*, pequeño, a veces sólo del tamaño de un puño, vive lejos de la costa oriental de Australia, especialmente alrededor de la Gran Barrera de Arrecifes, es de color gris blanquecino con dibujos iridiscentes en forma de anillos. ***Muy venenoso, potencialmente mortal. Trate con prudencia a todos los pulpos que viven en los arrecifes tropicales.***

7•Moluscos cónicos *(Conidae)* gasterópodos tropicales y subtropicales con una barba venenosa en forma de arpón. Todos tienen forma cónica, pero los dibujos de la concha pueden estar oscurecidos por una membrana. ***Algunos son muy venenosos y, unos pocos que viven en el Índico, son mortales. NO LOS TOQUE.***

8•Barrenas o moluscos Terebra *(Terebridae)* de mares templados y tropicales, particularmente en Indopacífico, con púas urticantes. Son más finos y alargados que los anteriores. ***El aguijón no es tan peligroso como el del molusco cónico, pero NO lo coma.***

5

6

7

8

NOVENA SECCIÓN

SUPERVIVENCIA EN EL MAR

Las condiciones de supervivencia en el mar son, quizá, peores que las de cualquier otro escenario natural y plantean las exigencias más duras. Aviones y barcos llevan equipo de supervivencia, pero incluso meterse en un bote con el mar agitado puede resultar muy difícil.

Una vez que se han agotado las reservas de comida y agua de emergencia, las fuentes no son fiables, de modo que cualquier posibilidad de obtener alimentos del mar y recoger agua potable debe ser explotada para conservar las reservas el mayor tiempo posible.

No todos los peces son comestibles y algunos incluso son peligrosos de manipular. Los peligros que suponen los tiburones suelen exagerarse, pero nunca deben ignorarse. Se necesita una acción apropiada para evitarles o detenerles. Una costa acidentada puede complicar el desembarco, de modo que preste atención a las recomendaciones para reducir los riesgos.

SUPERVIVENCIA EN EL MAR

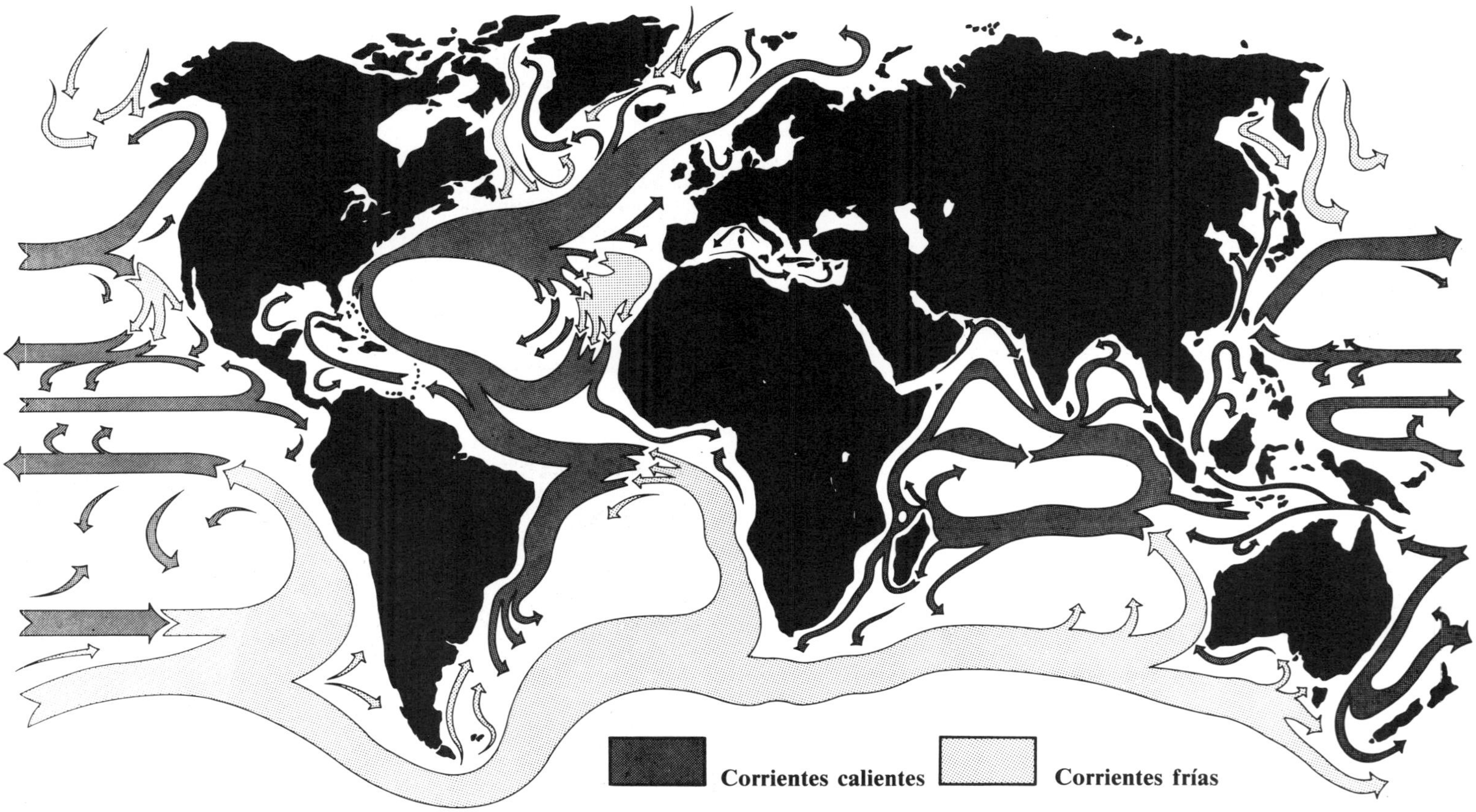

Cuatro quintas partes de la superficie terrestre están cubiertas por los océanos, probablemente el más inquietante de todos los escenarios naturales y el más difícil para la supervivencia. En agua fría, el cuerpo se congela rápidamente e incluso estando en un bote el viento puede helar el cuerpo humano en poco tiempo. Si se encuentra solo en aguas frías, sus probabilidades son escasas si carece del equipo adecuado.

Si conoce su posición y las principales corrientes oceánicas, es posible que pueda predecir adonde le llevarán, aunque será muy lentamente. Las corrientes cálidas, como la Corriente del Golfo, que cruza el Atlántico norte, son ricas en peces y criaturas marinas.

Las aguas costeras también suelen ser ricas en alimentos marinos, pero existen especies peligrosas, como el tiburón, y especies venenosas que viven principalmente en aguas poco profundas cerca de lagunas y arrecifes en climas cálidos. El agua potable es un problema grave si no dispone de ningún medio para destilar el agua salada del mar.

Simulacro de naufragio

Los simulacros de naufragio se realizan en todos los barcos poco después de haber zarpado y debería convertirse en un procedimiento bien ensayado. A los pasajeros se les instruye sobre la forma en que deben colocarse los chalecos salvavidas, como llegar hasta los botes salvavidas de su sección y que es lo que deben llevar con ellos. Los marineros de embarcaciones pequeñas también deberían dar esas instrucciones a todos los que están a bordo. El equipo de salvamento debería incluir botes rígidos, balsas simples, botes hinchables, cinturones o chalecos salvavidas.

Si se da la señal de abandonar el barco, vístase con ropa de abrigo, preferiblemente de lana, incluyendo sombrero y guantes y envuelva su cuello con una toalla. La ropa no le arrastrará debajo del agua y le ayudará a combatir al peor enemigo: la exposición al sol. Lleve una linterna si puede y coja chocolates y dulces si están a la mano. NO empuje a los demás ni grite para no provocar el pánico general; un embarque ordenado en los botes salvavidas y en las balsas o botes hinchables será más rapido a largo plazo y contribuirá a establecer una actitud más tranquila.

No infle su chaleco salvavidas hasta que no haya abandonado el barco o el avión. En los botes pequeños los chalecos salvavidas no deberían quitarse en ningún momento. Son de colores vivos y disponen de un silbato, una bengala, tinte para el agua —cuando se viaja en aguas más cálidas— y un repelente para los tiburones.

Si debe lanzarse por la borda, arroje primero algún objeto que flote y luego láncese cerca de él.

Abandonar el barco

Cuando abandone un barco o un avión es fundamental que lleve con usted todo el equipo que pueda. Un chaleco o cinturón salvavidas le servirán para ahorrar unas energías que, de otra manera, gastaría para mantenerse a flote. Pero aún careciendo de ellos no resulta tan difícil flotar en el océano. El cuerpo humano es de una densidad más baja que el agua salada y cualquier persona que haya aprendido a relajarse en el agua no corre un peligro inmediato de perecer ahogado. Sin embargo, el pánico o el miedo dificultan esta relajación y muchas personas encuentran muy difícil mantenerse a flote en estas condiciones. Sin un chaleco o cinturón salvavidas, el aire atrapado entre la ropa ayudará a permanecer a flote, lo cual es una buena razón para conservar la ropa puesta, a pesar de los frecuentes consejos que indican lo contrario.

¡HOMBRE AL AGUA!

Si usted ha tenido que lanzarse al agua, su primer objetivo, además de permanecer a flote, será el de atraer la atención. Los sonidos viajan bien sobre el agua, por lo que los gritos y los golpes en el agua pueden ser muy efectivos. Sacuda una mano por encima del agua (no lo haga con las dos porque se hundirá), el movimiento le hará más visible.

Si lleva chaleco salvavidas —y si está en un bote pequeño siempre debería llevarlo puesto— probablemente estará dotado de un silbato y una bengala.

Nadar

Nade lenta y regularmente. Si está abandonando un barco o un avión que se hunde manténgase alejado de ellos. Aléjese también de las manchas de aceite o de combustible que flotan en el agua.

Si se ha producido un incendio y usted debe lanzarse al agua, o nadar a través de las llamas, salte de pie y luego nade hacia el viento estilo braza tratando de abrir espacios para espirar apartando las llamas de su cabeza. Si el fuego no se halla muy extendido, lo mejor es nadar por debajo del agua hasta alejarse del peligro.

Si existe el riesgo de una explosión subacuática mientras usted se encuentra en el agua, el riesgo de heridas se ve atenuado si nada de espaldas.

Si la tierra está a la vista no luche contra la marea, relájese y flote hasta que la marea le lleve a la costa. Si el mar está agitado y no puede flotar sobre su espalda, adopte la siguiente técnica.

1 *Flote erguido en el agua y aspire profundamente.*
2 *Sumerja el rostro en el agua (con la boca cerrada) y extienda los brazos hacia adelante para que descansen a nivel del agua.*
3 *Descanse en esta posición hasta que necesite aspirar más aire.*
4 *Saque la cabeza del agua y exhale el aire. Vuelva a inspirar profundamente y vuelva a la posición relajada anterior.*

«Bolsas» para flotar

Puede improvisar una bolsa flotadora con un par de pantalones. Anude los extremos de las perneras, páselas por encima de la cabeza para que se llenen de aire, luego mantenga la cintura debajo del agua para que el aire quede atrapado en el interior, haciendo de las perneras flotadores para apoyarse.

Acción inmediata

Una vez que se ha alejado del lugar del naufragio y se ha orientado, infle su bote o busque una balsa o resto de naufragio que pueda servirle. Si no hay bote ni balsa a la vista, coja la mayor cantidad de material flotante para fabricar una balsa. Ate los trozos con cualquier cosa que tenga a la mano: corbatas, cinturones, cordones de zapatos, prendas. Rescate cualquier equipo flotante.

Hinchar una balsa

Los aviones y muchos barcos y embarcaciones llevan botes salvavidas del tipo balsa. Muchos de ellos son autohinchables y se activan al entrar en contacto con el agua salada.

Si no se hinchan automáticamente, disponen de un inflador. Hay varios puntos para inflarlo porque se construyen en secciones, de modo que si un compartimiento es perforado, los otros mantendrán el bote a flote.

Abordar un bote hinchable

Suba lo antes posible. Si ya se encuentra en el agua muévase hacia el extremo (no el costado) del bote, pase una pierna por encima del borde y ruede hacia el interior.

NO salte dentro del bote desde arriba ya que podría dañarlo.

Para subir a alguien a bordo de una balsa o bote salvavidas cójale por los hombros y pase una pierna por encima del borde antes de izarle a bordo. No deje que ponga sus brazos alrededor de su cuello, ya que podría arrastrarle al agua. Luego todos los ocupantes del bote deben atarse a la embarcación.

Enderazar un bote hinchable

La mayoría de estos botes llevan correas en el fondo, y los de mayor tamaño tienen una cuerda unidad al costado para poder enderezarlos con facilidad. Cójalas desde el extremo opuesto, apoye los pies en el bote y tire con fuerza. El bote se alzará y volteará, sacándole del agua momentáneamente. Cuando el mar está agitado, o sopla un viento muy fuerte, puede ser una operación muy difícil.

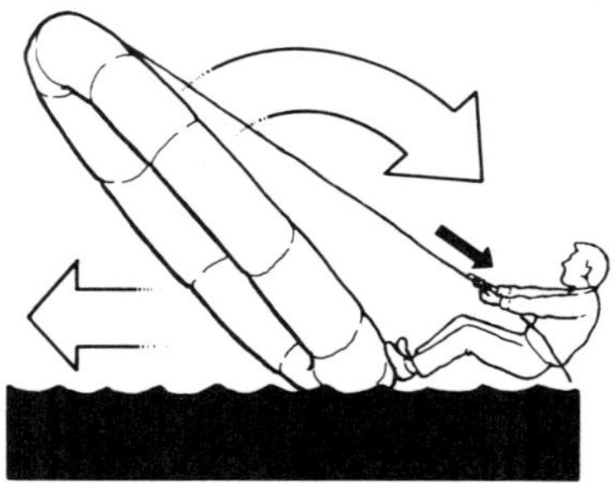

Asegúrese de que el bote está completamente hinchado. Debería estar firme, no duro como una roca. Si no fuese así, deberá inflarlo con ayuda de un inflador o de sus pulmones. Las válvulas son unilaterales y el aire no escapará de ellas.

Compruebe que no tenga fisuras. El aire que se escapa formará burbujas en el agua y producirá un sonido siseante. Solucione el problema con tarugos cónicos que encontrará en el propio bote. Se atornillan en los agujeros y los sellan completamente. Es probable que encuentre también parches de caucho y cemento adhesivo.

Compruebe diariamente si no hay fisuras y si no pierde aire. Si sospecha que puede haber una fisura debajo del bote, nade debajo de él y coloque un tarugo en el orificio.

SUPERVIVENCIA A FLOTE

Balsas y botes salvavidas se construyen para llevar a un número limitado de supervivientes. Las vidas de los que se encuentran en esos botes correrán un peligro aún mayor si esa cantidad se excede.

La prioridad debe ser la seguridad de la mayoría. Los primeros que deben subir al bote salvavidas son los niños, incapacitados y heridos y tantos supervivientes ilesos como pueda soportar la capacidad del bote. El resto debe permanecer en el agua y aferrado a los costados. Los supervivientes que estén abordo en buenas condiciones físicas deben turnarse para saltar al agua y que puedan subir los que están en ella.

Guarde todo el equipo en lugares seguros del bote y átelo. Compruebe que no haya objetos afilados o puntiagudos que pudieran perforar un bote hinchable. Asegúrese también de que todo aquello que puede deteriorarse en contacto con la humedad se encuentre en recipientes impermeables y alejado del agua.

Compruebe todo el equipo de señales: bengalas, cohetes y heliógrafos. Si ya se han enviado señales de socorro, necesitará este equipo para llamar la atención de las partidas de rescate cuando comiencen a buscarles.

Si el pedido de socorro ha incluido la posición del barco o avión accidentados lo mejor es conservar esa posición valiéndose de un ancla. Este ancla tendrá la aparariencia de una gran bolsa de lona. Alejada del bote, lo mantendrá en su lugar y hará que la navegación sea más lenta.

Puede improvisar un ancla con cualquier objeto pesado asegurado a una cuerda. Incluso puede usar prendas de vestir, posiblemente atadas a un remo con nudos cruzados.

Si ignora donde se encuentra, NO trate de navegar hasta que haya establecido su posición, pero si alcanza a ver tierra diríjase hacia ese punto.

PRIORIDADES DE SUPERVIVENCIA

- **PROTECCIÓN** de los elementos y de los efectos de la exposición al sol.
- **SITUACIÓN** Trate de establecer donde se encuentra y la mejor manera de atraer el rescate.
- **AGUA** Haga un inventario de sus reservas. Raciónela de inmediato. Comience a recoger el agua de la lluvia.
- **COMIDA** No coma, a menos que disponga de agua suficiente. Compruebe todas las raciones disponibles, guárdelas en lugar seguro. Comience a pescar tan pronto como sea posible.

PROTECCIÓN

Aún cuando esté solo, lleve un diario de navegación. Esto mantendrá ocupada su mente y le ayudará a mantenerse orientado. Primero apunte los nombres de los supervivientes, fecha y hora y situación del accidente, condiciones meteorológicas, equipo rescatado, y registre diariamente también todo lo que vea.

En clima frío

Si el agua es fría, es fundamental salir de ella lo antes posible. Necesita tener en cuenta el efecto refrigerante del viento, especialmente si está mojado. Mantenga la balsa o el bote lo más seco posible. Achique toda el agua y fabrique un toldo para evitar las salpicaduras del mar.

Seque la ropa mojada y si no dispone de ropa seca, escurra toda el agua que pueda de ella y vuelva a ponérsela.

Mantenga el calor del cuerpo envolviéndose en cualquier material disponible, como un paracaídas o una lona. Si se trata de un grupo, todos deben estar muy juntos para darse calor. Para impedir la rigidez de los músculos y las articulaciones, y para que la sangre siga circulando, haga ejercicios suaves, como extender un brazo en círculos. Cuide de no desequilibrar el bote o la balsa con movimientos súbitos o excesivos.

La mayoría de las balsas salvavidas modernas cuentan con un refugio incluído en su estructura. Si la suya no cuenta con él, fabrique un toldo y una protección contra las salpicaduras. Extienda cualquier material a través de la balsa para impedir que las olas y las salpicaduras de la espuma entren en la balsa. Con un refugio adecuado y ropa abrigada, el ejercicio le protegerá contra el riesgo de la congelación.

En clima cálido

Quítese la ropa que no necesite, pero mantenga el cuerpo ligeramente cubierto. Si lo expone directamente al intenso sol, mantenga cubiertas siempre la cabeza y el cuello para evitar el golpe de calor o las quemaduras. Proteja sus ojos del resplandor improvisando gafas.

Durante el día humedezca la ropa con agua del mar para mantener el cuerpo fresco, pero asegúrese de estar completamene seco al llegar la tarde, porque las noches pueden ser muy frías, y recuerde que la oscuridad llega rápidamente en los trópicos. Recuerde también que un contacto prolongado con el agua del mar puede provocar llagas en la piel.

Cuando haga mucho calor deje escapar un poco de aire de su bote hinchable, ya que el aire se expande por efectos del calor. Vuelva a inflarlo por la tarde cuando refresque.

Guardias y vigías

Si se trata de un grupo, asigne turnos de guardia. Tendría que haber un vigía permanente, incluso por la noche. Cada guardia debe durar un corto espacio de tiempo para evitar el agotamiento y la falta de concentración. Es mejor para todos cumplir con varias guardias por día y no que una sola persona permanezca de guardia mucho tiempo.

Es responsabilidad del vigía buscar cualquier señal de la presencia de barcos, aviones, signos de tierra y algas, bancos de peces, aves, restos del neufragio, etc. También deben inspeccionar la balsa o el bote buscando señales de grietas o pérdidas de aire.

¿HAY TIERRA CERCA?

Cuando no hay tierra a la vista, puede encontrar algunos de estos indicadores de su existencia y la dirección en la que puede encontrarse:

☐ *NUBES*

Los cúmulos en un cielo claro se encuentran probablemente encima de tierra.

En aguas tropicales un tono verdoso en la parte inferior de las nubes, conocido como resplandor de la laguna, está producido por el reflejo de los rayos del sol en las aguas poco profundas que cubren los arrecifes coralinos.

☐ *AVES*

Un ave solitaria no es una señal fiable de la proximidad de tierra y, después del mal tiempo, las aves pueden haber sido desviadas de su curso, pero son pocas las aves que duermen sobre el agua o vuelan más de 160 km de tierra. La dirección de su vuelo es habitualmente lejos de tierra antes del mediodía y de regreso a última hora de la tarde. El sonido continuo de las aves es una señal casi segura de que la tierra no está muy lejos.

☐ *MADERAS FLOTANTES*

Maderas, cocos y otros restos de vegetación a la deriva son, a menudo, una clara señal de que la tierra no está lejos (aunque también pueden ser llevadas a través del océano.)

☐ MOVIMIENTO DEL MAR

El modelo de las olas pueden indicar la presencia de tierra. Un cambio en su dirección puede estar provocado por el curso de la marea alrededor de una isla. Los vientos principales forman un modelo de oleaje y éste es menor si el agua está protegida por la tierra. Si el viento es constante pero las olas disminuyen, puede estar seguro de que hay tierra en la dirección del viento.

☐ COLOR DEL MAR

El agua que está sucia de cieno probablemente proviene de la desembocadura de un gran río.

VIAJAR

Si se ha enviado con éxito un SOS, o usted sabe que se encuentra en o cerca de rutas navegables, es preferible permanecer en ese lugar durante 72 horas.

Si no se dan ninguna de estas circunstancias, lo mejor es ponerse en marcha para aprovechar las energías iniciales, especialmente si se sabe que hay tierra cerca y en la dirección del viento.

Si no hay tierra cerca, calcule la ruta marítima más próxima y diríjase en esa dirección.

FACTORES DECISIVOS

Considere estos factores al tomar la decisión de quedarse donde está o de emprender el viaje:

- ***La cantidad de información enviada antes del accidente.***
- ***¿Su posición es conocida por las partidas de rescate? ¿La conoce usted?***
- ***¿El tiempo es favorable para una búsqueda?***
- ***¿Es probable que otros barcos o aviones pasen por su posición actual?***
- ***¿Qué reservas de agua y alimento tiene?***

Su bote se moverá con el viento y la corriente. En mar abierto, las corrientes raramente superan una velocidad de 9-13 km por día.

Recoja el ancla. Use el viento si puede. En una balsa sin quilla sólo es posible navegar a toda velocidad con el viento o, como máximo, a un ángulo de 10 grados con respecto a éste.

Use un remo como timón. Si el viento sopla en direccion contraria a la elegida, use el ancla para mantener la posición.

Usar el viento

Infle completamente el bote y siéntese en una postura elevada. Improvise una vela si carece de una. No asegure los bordes inferiores, sostenga las cuerdas inferiores o el fondo de la vela de modo que si hay una súbita ráfaga de viento puede soltarla y la balsa no zozobrará.

En aguas agitadas

Aleje el ancla de la proa. Eso mantendrá la proa del bote siempre en dirección del viento e impedirá que el bote vuelque. Dentro del bote, manténgase en una posición sentada. No se ponga de pie ni se siente en los bordes. Nunca haga movimientos súbitos. Si hay varios botes o balsas, todas deben estar atadas entre sí.

SEÑALES EN EL MAR

Bengalas, tinturas acuáticas y movimientos de cualquier naturaleza son las formas habituales de atrar la atención. Si no cuenta con equipo de señales, agite ropa o lonas y el agua también si está en calma. Por la noche, o si hay niebla, un silbato es muy útil para mantener contacto con otros grupos de supervivientes.

Si en el equipo de abordo hay un radiotransmisor, encontrará un manual para operarlo. Las frecuencias están habitualmente prefijadas a 121.5 y 243 megaciclos y su alcance es de aproximadamente 32 km. Transmita a intervalos frecuentes pero sea prudente al utilizar aparatos alimentados con baterías. Las baterías son muy valiosas. (Ver *Señales* en el capitulo *Rescate).*

Los marcadores marinos liberan tintura en el agua y sólo pueden utilizarse durante el día. A menos que el mar esté muy agitado, la tintura se verá durante unas tres horas.

El equipo pirotécnico debe mantenerse seco y en lugar seguro. Lea atentamente las instrucciones y tenga cuidado con el fuego. Las bengalas diurnas y nocturnas son particularmente útiles; uno de sus extremos produce humo para ser divisado durante el día. Cuando lance bengalas y cohetes recuerde que está manejando un equipo peligroso, de modo que no apunte hacia abajo o hacia otra persona.

Use bengalas sólo cuando esté seguro de que serán vistas y dispárelas asegurándose de que las verán —por ejemplo, cuando un avión vuela hacia usted— no cuando ya ha pasado. (Ver ***Señales*** en ***Rescate***).

La mayoría de los rescates se han producido después de que señales de heliógrafos han llamado la atención. Cualquier superficie brillante y refractante puede ser utilizada para señalar de este modo.

SALUD

La exposición y la fuerte deshidratación son, probablemente, los mayores problemas para el superviviente en el océano. Los mareos y vómitos pueden aumentar la deshidratación.

El estreñimiento y, con frecuencia, la dificultad para orinar o una orina muy concentrada no son infrecuentes bajo condiciones de supervivencia en el mar. No intente solucionar estos problemas o podría perder más líquido.

La exposición continuada al agua salada puede producir erupciones cutáneas. No trate de reventar ninguna ampolla o llaga. Como precaución no se moje el cuerpo a menudo con agua salada para mantenerse fresco. Si siente algún dolor, NO LO HAGA.

Proteja sus ojos del resplandor con una máscara y, si se producen ampollas en los ojos a causa del sol, moje un paño con agua de mar y véndese los ojos. No lo haga durante demasiado tiempo. La piel podría agrietarse.

La inmersión de los pies (ver Salud y primeros auxilios) puede ser un problema si está sujeto a una prolongada exposición en un bote lleno de agua. El ejercicio le ayudará a proteger sus pies de la congelación y la exposición. Manténgase bien cubierto cuando descanse y, cuando monte guardia, ejercite suvamente los miembros.

AGUA

Aunque es necesario beber al menos 1 litro diario para mantenerse en buena condición física, es posible sobrevivir con 55-220 cc.

Aún cuando disponga de una buena provisión de agua, raciónela inmediatamente, satisfacciendo estas necesidades mínimas hasta que pueda volver a abastecerse. No abandone este racionamiento hasta que sea rescatado, porque no sabe cuanto tiempo pasará hasta que eso suceda.

Reducir las necesidades de agua

Tome todas las precauciones habituales contra la pérdida de agua (ver *Agua* en el capitulo ***Principios básicos***). Reduzca la transpiración al máximo. Use las brisas y el agua del mar para refrescar el cuerpo. Si el calor es muy intenso, la sombra limitada y las aguas seguras, métase en el mar pero compruebe primero su cuerda salvavidas. SIEMPRE debe estar atado a ella. Tenga cuidado con los peces peligrosos y asegúrese de que puede volver abordo.

Si el mareo es una amenaza, tome píldoras para prevenirlo, si dispone de ellas, ya que el vómito le hará perder una cantidad valiosa de líquido.

Si tiene poca agua, no coma, especialmente alimentos ricos en proteínas —peces y algas— que exigen mucha agua para ser digeridos. Los carbohidratos (azúcares y almidones) necesitan menos agua para ser digeridos.

RACIONES DE AGUA

► **DIA 1:**
NADA DE AGUA. ***El cuerpo es una reserva y cuenta con un depósito.***

► **DIAS 2-4:**
400 cc si hay agua disponible.

► **DIA 5 Y SUCESIVOS:**
55-225 cc diariamente, depende del clima y el agua disponible.

Cuando beba, humedezca los labios, la lengua y la garganta antes de tragar.

Recoger agua potable

Use cualquier recipiente disponible para recoger el agua de lluvia de noche y de día; habitualmente tendrá tiempo de ver llegar la tormenta y de fabricar una especie de estanque de lona o plástico para recoger más cantidad.

Por la noche, disponga recipientes de lona con los bordes doblados para recoger el rocío.

Cuando llueva, beba lentamente, porque si ha sufrido escasez de agua vomitará al tragarla de golpe.

Recoja la mayor cantidad que pueda en los recipientes. Beba primero de los charcos que se han formado en el interior del bote. Pero, cuando el mar esté agitado, tenga cuidado de que el agua de lluvia no se haya mezclado con agua salada. El agua es un buen lastre en un bote hinchable, llénelo hasta el borde y continuará flotando.

Hielo marino

El hielo puede producir agua potable. Pero el hielo que se forma en el mar es salado. use sólo trozos de hielo viejos, que es de color azul-grisáceo y con perfiles redondos. Puede derretirse o chuparse ya que el hielo pierde su salinidad transcurrido un año. En verano, los estanques formados en el hielo viejo puede contener agua potable (si no están salpicados por las olas). Pruebe el agua muy cuidadosamente antes de beberla, ya que beber agua salada agravará aún más la sed.

Agua de los peces

Beba el líquido acuoso que los peces grandes tienen a lo largo del espinazo y en los ojos. Corte cuidadosamente el pez por la mitad para conseguir el agua del espinazo y chupe los ojos. Si tiene tan poca agua que se ve obligado a recurrir a este sistema, NO beba ningún otro líquido contenido en el cuerpo del pez ya que son ricos en proteínas y grasa y deberá usar mayores reservas de agua del organismo para poder digerirlos.

Tratamiento del agua de mar

El equipo de supervivencia incluído en una balsa o bote salvavidas puede contar con destiladores solares y pastillas potablizadoras. Llevan sus propias instrucciones. Disponga inmediatamente de los destiladores solares, pero use las tabletas potabilizadoras de agua sólo cuando el tiempo no sea favorable para la destilación y no pueda recoger el agua de la lluvia o el rocío.

RECUERDE

NO beba agua del mar
NO beba orina
NO beba alcohol
NO fume
NO coma, a menos que disponga de agua suficiente

El sueño y el descanso son la mejores formas de resistir en períodos de escasez de agua y alimentos, pero asegúrese de que dispone de sombra adcuada cuando duerma durante el día.

Si el mar está agitado, átese a la balsa, cúbrase y aléjese de la tormenta lo mejor que pueda. RELAJARSE es la palabra clave... al menos TRATE de relajarse.

COMIDA

Conserve las raciones de emergencia hasta que realmente las necesite e incluso entonces, coja una pequeña cantidad y trate de sobrevivir a base de alimentos naturales.

Los peces serán la principal fuente de comida. En el océano hay algunos peces peligrosos y venenosos pero, en general, en mar abierto y sin tierra cerca, los peces son comestibles. Cerca de las costas hay peces que son peligrosos y venenosos, incluyendo algunos, como la barracuda y la cubera roja, que normalmente son comestibles pero que, en aguas de atolones y arrecifes, son venenosos.

¡Los peces voladores incluso pueden caer dentro de su bote!

PESCAR

► NO sostenga el sedal con las manos desnudas y nunca lo envuelva alrededor de ellas o lo ate a un bote hinchable. La sal que se adhiere a él puede convertirle en un instrumento muy afilado y eso es un peligro tanto para el bote como para sus manos.

► Use guantes o un trozo de tela para manipular los peces y evitar las posibles heridas causadas por las espinas y las agallas.

► Peces y tortugas se sienten atraídos hacia la sombra que proyecta un bote y nadarán debajo de él. Si dispone de una red, pásela por debajo de la quilla desde un extremo al otro (se necesitarán dos personas para sujetarla).

► Por la noche use la luz de la linterna para atraer a los peces o, si hay luna llena, sumerja un trozo de tela, metal o papel de estaño para que reflejen la luz de la luna y atraigan a los peces.

► Improvise anzuelos con cualquier cosa que sirva para ese propósito. Pequeñas navajas de bolsillo, trozos de metal dentado, alambre. Como «cebo» puede utilizar pequeños objetos metálicos brillantes, incluyendo hebillas, cucharas y monedas.

► Si usa una cuchara de metal o un cebo artificial giratorio, manténgalos en movimiento. Deje que el «cebo» se hunda y luego recójalo.

► Use como cebo las entrañas de los peces capturados.

► La carne de pescado se hecha a perder rápidamente y, en los trópicos, debe comerse fresca a menos que el aire sea seco, algo poco probable en los mares tropicales.

► En zonas más frías, los pescados pueden ser secados en el sol para preparar futuras comidas. Límpielos y destrípelos antes de secarlos.

AVES

Todas las aves marinas son un alimento potencial. Se sentirán atraídas hacia la balsa como un lugar donde posarse. Manténgase inmóvil hasta que se hayan posado y quizá pueda cogerlas, especialmente si están agotadas por haber volado con mal tiempo.

También puede atrapar aves usando sedales arrastrados por el agua con anzuelos con pescados como cebo.

Un trozo de lata en forma de punta de diamante, envuelta en un pescado, y arratrado por el bote atraerá a las aves. Cuando un ave coma el «pescado», la lata se le atascará en la garganta.

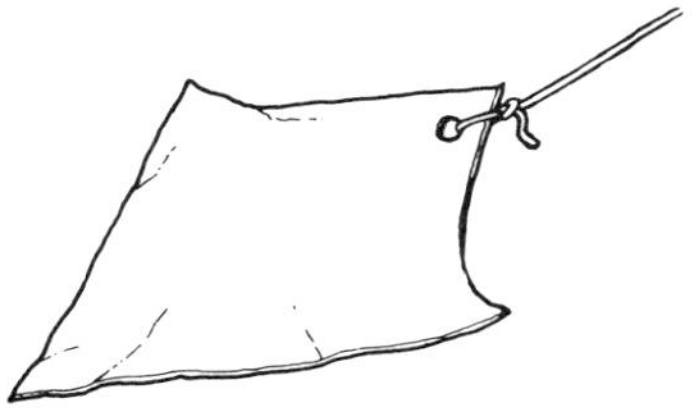

Algas

Las algas no se encuentran solamente junto a la costa sino que, en mar abierto, pueden encontrarse formas flotantes, especialmente la especie *Sargassum* del Mar de los Sargazos en la Corriente del Atlántico norte, que se encuentran en muchas aguas cálidas, y otras que crecen en aguas más frías del Atlántico y Pacífico sur. Puesto que las algas crudas son duras y saladas, son difíciles de digerir. Absorben líquido, de modo que no deben comerse si el agua escasea.

Las algas marinas también pueden suministrar alimento en forma de pequeños cangrejos y moluscos que viven en ellas, y pequeños peces que puede hacer caer dentro del bote si sacude un buen puñado de algas. Estos pequeños decápodos tienen manchas marrones, un color similar al de las algas, de modo que no resulta fácil distinguirlos.

El placton, filtrado del agua, también puede ser una importante fuente de alimento, especialmente en las agúas frías meridionales (ver *Comida polar* en el capitulo ***Clima y terreno***).

Fabrique un gancho asidero atando trozos de madera o de metal hasta formar un anzuelo múltiple. Asegúrelo a un sedal y arrástrelo detrás del bote o láncelo entre las algas. Puede usarlo para coger otros restos del naufragio para consolidar una balsa artesanal.

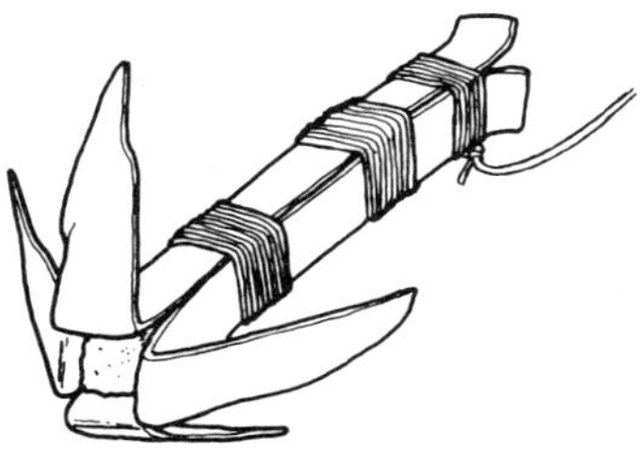

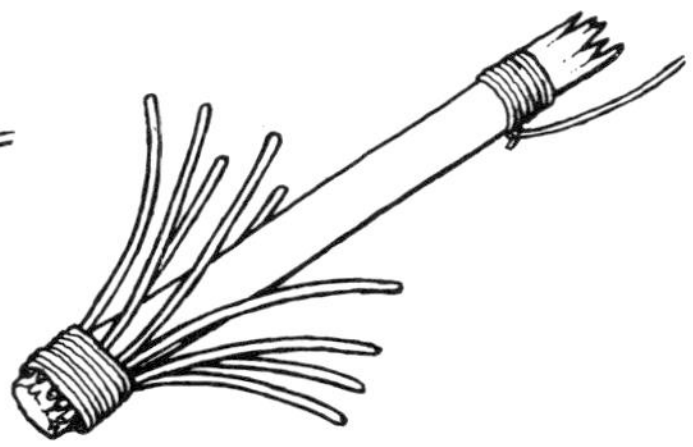

PECES PELIGROSOS

Peces venenosos

Muchos peces que habitan en los arrecifes tienen carne venenosa, algunas especies de forma permanente y, otras, en determinadas épocas del año. Los venenos están presentes en todo el pez, pero especialmente en el hígado, intestinos y huevos.

Las toxinas de los pescados son solubles en agua y la cocción no las neutralizará. Son insípidas, de modo que las pruebas estándar de comestibilidad (ver ***Comida***) serán inútiles. Las aves son menos susceptibles a los venenos de modo que no piense que porque un ave puede comer un pez, se trata de una especie segura para usted. Los gatos parecen resultar menos afectados, pero perros y ratas son tan sensibles a los venenos como el hombre.

Las toxinas producirán insensibilidad en labios, lengua, dedos de los pies y puntas de los dedos de las manos, un intenso sarpullido y una aparente inversión de las sensaciones térmicas. Las cosas frías parecen calientes y viceversa. Es probable que se experimenten náuseas, vómitos, incapacidad de hablar, somnolencia y una parálisis que finalmente provocará la MUERTE.

Además de los peces que tienen veneno en la carne (ver la sección de colores) existen aquellos que también son peligrosos al tacto. Muchas variedades de rayas tienen una púa venenosa en la cola; hay también especies que pueden provocar descargas eléctricas. Algunos peces de arrecife, como el pez piedra y el pez sapo, tienen espinas venenosas que, aunque raramente resultan mortales, pueden ser MUY dolorosas, causando una sensación quemante o incluso un dolor terrible que no guarda relación con la gravedad de la herida.

La medusa, a la que resulta muy difícil distinguir en el agua, puede tener poderosos aguijones. el sifonóforo (que no es una medusa) es una criatura azulada parecida a una vejiga con una pequeña aleta acanalada. No entre en el agua si ve a alguna de estas criaturas. Portan largos tentáculos que contienen toxinas peligrosas y dolorosas.

Peces agresivos

Existen también numerosos peces feroces que deberían evitarse. Se sabe que la barracuda ataca al hombre. Por la noche, puede cargar contra objetos luminosos y luces. El róbalo, que puede alcanzar entre 1 y 8 metros, es otra especie de la que conviene mantenerse alejado y la morena, que tiene dientes afilados y alcanza entre 1 y 5 metros, también puede ser agresiva si se la molesta. Las serpientes marinas son venenosas y, en ocasiones, aparecen en mar abierto. No es probable que muerdan, pero EVÍTELAS.

TIBURONES

Cada año se registran apenas un puñado de ataques de tiburones, y sólo una minoría son mortales. Sin embargo, el superviviente en el mar es más vulnerable que el bañista a quien se refieren generalmente las estadísticas. Muy pocos tipos de tiburón son considerados peligrosos para el hombre.

Seis tiburones son los que causan mayor cantidad de víctimas entre los seres humanos: Gigante Blanco, Mako, Tigre, Cabeza de Martillo, Toro y Nodriza Gris. El Gigante Blanco es el más grande, pero el tamaño no es un indicio de peligro y no guarda ninguna relación con la posibilidad de ataque. Un tiburón más pequeño que un hombre puede matar a un bañista. El tiburón Basking y el tiburón ballena pueden alcanzar los 13,3 metros pero se alimentan de placton y no constituyen una amenaza.

Los tiburones oceánicos tienen la capacidad de matar pero, en los trópicos, disponen de tanta comida que no suelen ser feroces. Estos tiburones son generalmente cobardes y pueden ser asustados con un palo especialmente si se les golpea en la nariz. Sin embargo, una conmoción puede ATRAER a los tiburones desde gran distancia.

Los tiburones viven y se alimentan a considerable profundidad y, la mayor parte del tiempo, lo hacen cerca del fondo del océano, pero los tiburones hambrientos seguirán a los peces hasta la superficie y hacia aguas poco profundas. Cuando explora esas aguas, un tiburón puede ser muy PELIGROSO.

La dieta habitual de un tiburon incluye peces, calamares, cangrejos y una variedad de otros animales marinos, pero busca alimentos que sean FÁCILES de conseguir; persigue especialmente a los rezagados del banco de peces y a las piezas heridas. Siguen también a los barcos para comer los desperdicios que se arrojan por la cubierta.

El tiburón se alimenta más activamente por la noche, al amanecer y al anochecer. Sus pequeños ojos tienen la vision limitada y localiza a su presa por el olor y las vibraciones en el agua. Se sentirá atraído por la sangre de las heridas, desperdicios y excrementos. Los movimientos débiles y vibratorios atraerán al tiburón porque sugieren la presencia de una criatura herida y vulnerable. Se le puede repeler con movimientos fuertes y regulares y sonidos estridentes.

La extraña apariencia humana es nueva para un tiburón y la ropa roduce una forma confusa. Un grupo de personas vestidas y unidas en el agua será más seguro que una persona sola. Si un tiburón se mantiene a distancia, muestra curiosidad. Si describe círculos cada vez más próximos e inicia un movimiento súbito, lo más probable es que se disponga a atacar.

Los tiburones no pueden detenerse de pronto ni girar rápidamente. Un buen nadador puede esquivar a un tiburón grande cambiando rápidamente de dirección en el agua.

FALSA ALARMA

¡No toda aleta dorsal que sobresale del agua pertenece a un tiburón! Las puntas de las aletas de las grandes rayas pueden surgir a la superficie y dar la impresión de tratarse de dos tiburones moviéndose de forma artificial, en perfecta sincronización. También puede aparecer las aletas de las ballenas, y las de delfines y marsopas, que son animales inofensivos y probablemente se muestren de cuerpo entero.

Los tiburones presentados aquí atacan al hombre.

1 • Tiburón Blanco Gigante *(Carcharodon carcharias)* alcanza los 6 m, pero habitualmente menos, gris arriba y blanco debajo, cuerpo grueso, con ojos negros y trompa cónica y roma; en todos los océanos pero principalmente frente a las costas meridionales de África, este y oeste de América del Norte y sur de Australia y Nueva Zelanda.

2 • Mako *(Isurus oxyrichus)* 2-3 m, cuerpo grande, azul ultramar arriba y blanco cremoso debajo; en todos los océanos pero principalmente en aguas cálidas. ***Veloz nadador, suele saltar fuera del agua.***

3 • Tiburón tigre *(Galeocerdo cuvieri)* alcanza los 3-3,5 m, de cuerpo grueso, con franjas o manchas cuando es joven, cuando es adulto su color es más uniformemente gris arriba, blanco debajo, con una cabeza y mandíbulas grandes y una trompa abruptamene roma; en todas las aguas tropicales y subtropicales, ***a menudo muy cerca de la costa.***

4 • Barracuda *(Sphyraena)* no son tiburones sino peces en forma de torpedo, a franjas azuladas arriba y plateado brillante en vientre, con una boca prominente y afilados dientes, algunas variedades alcanzan los 2 m; en aguas tropicales. ***Muy rápidas, como saetas, a menudo en aguas poco profundas habitualmente peligrosas solo cuando hay sangre en el agua.***

5 • Tiburones Cabeza de martillo *(Sphyrna)* se les reconoce de inmediato por su trompa achatada en forma de martillo. Hay numerosas variedades, la mayor alcanza los 6 m; en todas las aguas tropicales y subtropicales.

6 • Tiburón toro *(Carcharhinus leucas)* se lo encuentra en el Atlántico tropical occidental con parientes cercanos en las costas de Suráfrica y en el océano Índico. Corpulento, gris arriba y blanco en el vientre, alcanza los 4 m. ***Agresivo y peligroso poque prefiere las aguas poco profundas y por su capacidad para remontar los ríos.***

7 • Nodriza *(Ginglymostoma)* como el Nodriza Gris de las aguas de Australia oriental, alcanza más de 4 m, es fuerte y alargado, grisáceo en el dorso y blanco en el vientre. ***A menudo se le encuentra muy cerca de la costa.***

Si coge un tiburón

Si un tiburón pequeño queda atrapado accidentalmente en su anzuelo, puede ser arrastrado hacia el costado del bote o de la balsa y golpeado en la cabeza antes de subirle abordo. Asegúrese de que está realmente atontado antes de acercase a él y remátele con nuevos golpes para disponer de bistecs de tiburón.

No lo intente con un tiburón más grande. Podría herirle a usted y causar destrozos en la embarcación. Debe cortar el sedal ya que los movimientos desesperados del tiburón atraerán a otros compañeros.

PROTECCIÓN CONTRA TIBURONES

A menos que use un chaleco salvavidas o viaje en un bote equipado con repelente para tiburones, cualquier persona que se encuentre en el agua corre un gran peligro, pero no es inevitable que el tiburón le ataque.

El repelente para tiburones no tiene una eficacia del 100 %, pero debe usarlo cuando sea absolutamente necesario. Recuerde: sólo podrá usarlo una sola vez.

► *En el agua*

Si hay tiburones trate de no orinar ni defecar, ya que podría atraer el interés del tiburón. Si debe orinar hágalo en chorros rápidos y cortos y permita que se disipen antes de continuar. Recoja la materia fecal y arrójela lo más lejos posible de usted. Si vomita, trate de retener el vómito en la boca y volver a tragarlo, pero si no pudiera hacerlo, escúpalo lejos de usted.

Si debe nadar, hágalo con brazadas fuertes y regulares, evitando los bancos de peces.

Si se trata de un grupo de supervivientes amenazados, deben unirse mirando hacia afuera. Para repeler los ataques deben golpear hacia adelante con los pies y las palmas de las manos.

Haga ruido golpeando el agua con las manos ahuecadas. Sumerja la cabeza y grite. Estas medidas son más eficaces con un grupo, pero también puede dar resultado si está solo y resulta atacado. Si tiene un cuchillo, prepárese para usarlo. Clávelo profundamente en la trompa del tiburón o busque la zona de las agallas y los ojos.

► *En un bote o una balsa*

No pesque cuando haya tiburones cerca y no arroje desperdicios por encima de la borda (incluyendo excrementos y menudillos de los peces). Retire lo anzuelos con cebo. No meta en el agua las manos ni los pies. Si un tiburón amenaza con atacar, desanímelo con golpes en la trompa con un remo o un palo. Recuerde: un tiburón grande también puede arrancar de un mordisco un trozo de su bote.

> ***RECUERDE***
> ***Si cuenta con un repelente para tiburones, siga las instrucciones del fabricante, pero úselo sólo si la situación es desesperada. El repelente se disolverá rápidamente en el agua y será ineficaz. Elija bien el momento, ya que sólo podrá usarlo una sola vez.***

DESEMBARCAR

Cuando se aproxime a tierra trate de elegir un punto de desembarque donde resulte fácil llegar a la playa o donde pueda llegar sin problemas a nado. Plegue la vela y tenga cuidado con las rocas. El ancla le mantendrá en dirección a la costa y hará que su avance sea más lento, dándole más tiempo para alejarse si hay rocas. Trate de no desembarcar con el sol de frente, ya que dificultará su visión si hay rocas o alguna otra dificultad.

El lugar ideal para desembarcar es una playa en pendiente con un poco de oleaje. Si puede, calcule el tiempo para llegar junto con una ola rompiente. Para evitar ser volcado por la cresta de una ola reme con fuerza, pero no pase por encima de una ola que le está llevando hacia la playa. Cuando el oleaje sea muy fuerte, haga girar el bote para que enfile hacia el mar y, cuando se acerque la ola, reme hacia ella.

Mientras se aproxima, registre las características de la zona: la ubicación del terreno elevado, tipos de vegetación, posibles vías de agua. Podrá ver detalles que resultan inapreciables desde la costa. Si está en grupo, determine un lugar de encuentro para volver a reunirse si el bote zozobra y el grupo se separa.

Si divisa tierra por la noche, espere hasta la mañana para desembarcar, ya que hay muchos peligros en los que puede caer en la oscuridad.

Si flota en un estuario haga un esfuerzo por alcanzar la orilla. La bajamar podría volver a arrastrarle a mar abierto. Recoja el ancla y, para llegar a tierra, aligere el bote. Achique el agua y, si se trata de un bote hinchable, ínflelo al máximo. Esto le permitirá aprovechar la pleamar.

Si es arrastrdo nuevamente hacia el mar, lastre el bote llenándolo parcialmente de agua y lance el ancla.

NOTA: manténgase atado al bote. Aún cuando vuelque o resulte dañado y usted pierda el conocimiento, tendrá una posibilidad de sobrevivir. Si está solo en el agua y es arrastrado hacia las rocas... estará MUERTO.

Nadar hacia la costa

Si debe nadar hasta la costa con el mar revuelto y hay rocas, no se quite la ropa, los zapatos ni el chaleco salvavidas. Levante las piernas delante de usted para absorber con las plantas el impacto contra las rocas; doble las rodillas para protegerse aún más.

DECIMA SECCION

RESCATE

Hacer señales es necesario para atraer a los grupos de rescate, y los códigos pueden ser necesarios para comunicarse una vez que se ha establecido el contacto. Si los modelos utilizados por las patrullas de búsquedas son entendidos, ello ayudará al establecimiento de las señales y aumentará su efectividad.

Si los supervivientes han de ser rescatados desde el aire, será necesario preparar un lugar de aterrizaje para los aviones o helicópteros. En esta sección se describen los lugares más aconsejables y las precauciones que deben tomarse en presencia de un helicóptero.

NOTA DEL EDITOR:
Las señales del CÓDIGO TIERRA-AIRE (ver pág. 257) vigentes y actualizadas podrán ser consultadas en la 4.ª edición del MANUAL DE BÚSQUEDA Y SALVAMENTO PARA BUQUES MERCANTES DE LA ORGANIZACIÓN MARÍTIMA INTERNACIONAL.

SEÑALES
Fuego y humo ▪ Colocando las señales ▪ Códigos internacionales ▪ Transmisores ▪ Ruido

SEÑALES Y CÓDIGOS:
Señales de fuego ▪ Señales tierra-aire ▪ Mensajes ▪ Heliógrafo ▪ Señales con trapos ▪ Señales corporales ▪ Código internacional de rescate de montaña ▪ Bengalas ▪ Señales de información.

BÚSQUEDA:
Modelos de búsqueda terrestre ▪ Modelos de búsqueda aérea

RECATE CON HELICÓPTERO:
Lugar de aterrizaje ▪ Rescate sin aterrizaje ▪ Viento ▪ Rescate nocturno ▪ Rescate en el mar ▪ Precauciones ▪ Izar al superviviente

SEÑALES

La primera exigencia para el rescate es permitir que los demás conozcan su situación y, si es posible, el lugar donde se encuentra. Una vez que ha establecido contacto, puede pasar a otra información.

Existe una serie de señales de socorro internacionalmente reconocidas. Las letras **SOS** (por *Save Our Souls* - Salvad nuestras almas), es, probablemente, el mensaje más conocido. Puede ser escrito, transmitido por radio, emitido mediante un semáforo o enviado en código morse por cualquier método.

La señal **Mayday** (representación fonética de la expresión francesa *m'aidez*, ayúdeme) es la que se emplea con mayor frecuencia en la mayoría de las radiotelecomunicaciones de barcos y aviones.

Restos de un vehículo o avión accidentados

Si usted se encuentra junto a un vehículo o avión accidentados, puede encontrar numerosos elementos que le servirán para sus señales. Si no se ha producido ningún incendio, dispondrá de combustible, aceite y líquido hidráulico para quemar. Los neumáticos y los cables con aislamiento eléctrico producirán una espesa humareda negra.

El cristal y el cromo son excelentes reflectores, especialmente la cubierta del motor y los tapacubos. Chalecos salvavidas, balsas y paracaídas suelen estar fabricados en vivos colores y llamarán fácilmente la atención. Disponga estos objetos brillantes y coloridos alrededor de su posición, donde serán más visibles.

Encienda las luces por la noche o, si las baterías están casi agotadas, resérvelas para encender los faros delanteros y haga sonar el claxón o recurra a otros medios cuando pase un avión o advierta la proximidad de los grupos de rescate.

Fuego y humo

El fuego —llamas y humo— es un excelente medio para atraer la atención. Disponer señales con fuego es una de las tareas primarias una vez que se han cubierto las necesidades inmediatas de atención de los heridos y construcción de un refugio. En los grupos numerosos, algunos de sus componentes deben salir en busca de combustible para el fuego del campamento y para hacer señales lo antes posible.

Dónde colocar las señales

Cuando coloque las señales tenga en cuenta especialmente el terreno. Escoja puntos elevados para las señales luminosas. Si se encuentra en una montaña, erigir una silueta inusual puede contribuir a llamar la atención. Si está dejando marcas en el suelo, hágalo a nivel de tierra o asegúrese de que se encuentran en laderas que no serán ignoradas por los grupos de rescate aéreo.

Es habitual que los aviones vuelen sobre territorio montañoso desde los puntos más bajos a los más elevados. Esto crea el problema de que las laderas debajo de las cimas pueden quedar ocultas cuando el avión se aproxima. Si tiene alguna duda, las señales colocadas cerca de las cimas deberían verse desde cualquier dirección en que se aproxime el avión de rescate.

Códigos internacionales

Cuando se ha establecido contacto, algunos códigos internacionales más complejos (presentados más adelante) le permitirán transmitir mediante señales sus necesidades más básicas, si la comunicación verbal no es viable.

En los casos de rescate aéreo o marítimo, puede entonces ser necesario preparar una zona de aterrizaje o ayudar a atar los cabos, y ciertos conocimientos de los procedimientos elementales facilitará enormemente la operación (Ver *Rescate*).

Transmisores

Balsas, botes salvavidas e incluso chalecos salvavidas individuales suelen estar equipados con transmisores que emiten señales indicando su posición, aunque habitualmente no son efectivos a gran distancia. Muchos radiotransmisores de emergencia, también tienen un alcance muy limitado y, para evitar malgastar las baterías, deben preservarse hasta que haya alguna posibilidad cierta de que sus señales serán recogidas por otro aparato. Con un aparato de radio potente, sin embargo, las señales de socorro deben enviarse inmediatamente y transmitirse a intervalos regulares.

Compruebe las instrucciones de todos los aparatos de transmision. Los transmisores de barcos y aviones pueden operar en muchas longitudes de onda, pero algunos equipos de emergencia se encuentran sintonizados en canales de socorro.

En términos generales, los transmisores-receptores VHF utilizados por los equipos de montañismo pueden comunicar sólo con estaciones en una única dirección y sin que haya ninguna obstrucción (aunque, a veces, puede establecerse una estación repetidora en un punto elevado estratégico). Esos aparatos suelen sintonizarse en una frecuencia de rescate de montaña, pero los procedimientos deben fijarse antes de iniciar la marcha.

Si dispone de un transmisor en funcionamiento, compruebe regularmente las baterías. ¿Puede utilizarse el motor del vehículo para generar electricidad o recargar las baterías? Conserve el combustible para este propósito y planifique sus transmisiones según un modelo, en lugar de intentarlo durante prolongados períodos en el aire. Si alguien capta sus señales, pueden suponer que podrán volver a captarla.

Ruido

El ruido es también un medio excelente de atraer la atención si usted sabe que hay gente que puede oírle. La Señal Internacional de Socorro en la Montaña, aparte de comunicar el *SOS*, es seis silbatos por minuto (o seis movimientos con la mano o un trapo, señales de luz, etc.) seguidos de un minuto de silencio, y luego repetir. Un grito puede ser suficiente si usted se encuentra atrapado, o próximo al rescate, pero demasiado herido para llegar a él.

Tenga imaginación

No rechace posibilidades como la de un mensaje dentro de una botella. Este método particular tiene pocas probabilidades de éxito si ha naufragado en medio del Pacífico, pero en un río un objeto llamativo que lleve un mensaje puede llamar la atención: una pequeña balsa con una vela brillante que lleve las letras *SOS*, por ejemplo. Use su imaginación para discernir métodos que atraerán la atención hacia usted y su situación comprometida, sin utilizar valiosos recursos y energías.

En marcha

Si decide que el rescate es poco probable, y que lo mejor es emprender la marcha en busca de la civilización, debe dejar señales claras para que los grupos de rescate puedan tener un indicio de la ruta que ha tomado. Mientras viaja quizá tenga más éxito atrayendo la atención si permanece cerca de rutas aéreas regulares o en territorio más abierto.

SEÑALES Y CÓDIGOS

RECUERDE

Casi todas las señales repetidas tres veces se interpretarán como una señal de socorro. Según sea su situación, podría tratarse de tres fuegos, tres columnas de humo, tres estridentes silbatos, tres disparos o, incluso, tres destellos de luz. Si usa sonidos o luces, espere un minuto entre cada tanda de señales

▲ Señales con fuego

Tres hogueras es una señal de socorro internacionalmente reconocida. Deberían estar idealmente colocadas formando un triángulo a distancias iguales una de la otra, una diposición que también facilita su alimentación con combustible, pero si ello no fuese posible, cualquier disposición servirá, siempre que se encuentren claramente separadas, sin embargo, si el combustible es escaso, o si se encuentra malherido o debilitado por el hambre para mantener varios fuego a la vez, use sólo el fuego de su campamento.

No puede mantener continuamente estas señales de fuego, pero deben estar preparadas, cubiertas para conservarlas secas, y mantenidas, preparadas para ser encendidas para atraer la atención de cualquier avión que vuele sobre esa zona. Prepare las hogueras con gran cantidad de yesca fácilmente combustible para que enciendan rápidamente. La corteza de abedul es una yesca ideal para ello. Otros materiales utilizados como yesca se describen en *Fuego* en el capítulo ***Campamento.***

La gasolina puede ser utilizada para alimentar el fuego pero NO la vierta directamente sobre las llamas. Y tampoco encienda inmediatamente la yesca rociada con ella. Lleve la lata de gasolina a una distancia prudencial y aguarde unos segundos antes de encender la cerilla o la mecha. Si el fuego no enciende a la primera, separe la yesca, comprobando que no haya rescoldos aún encendidos, antes de añadir más gasolina.

RECUERDE

► ***Mantenga una reserva de leña verde o caucho para provocar una humareda cuando lo necesite.***
► ***Construya una pared de tierra alrededor de cada fuego si se encuentra en medio de la vegetación o cerca de los árboles.***
► ***No tiene sentido enceder fuego entre los árboles, donde no pueden ser vistos, ya que las copas de los mismos bloquearán la señal. Haga fuego en los claros.***

Si se encuentra junto a un río o lago, construya balsas para colocar las hogueras y sujételas en posición. La flecha señala la dirección de la corriente.

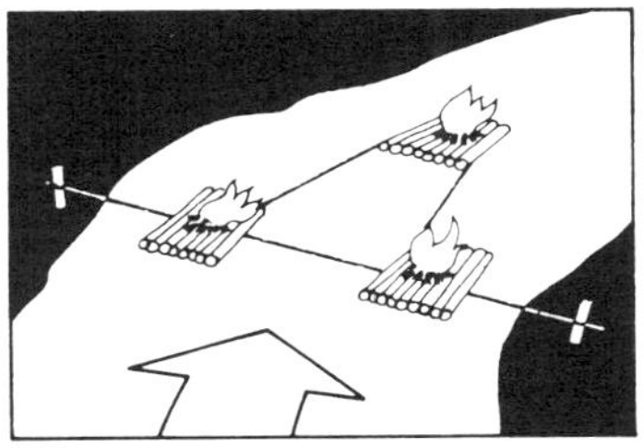

Árboles linterna

Los árboles pequeños y aislados constituyen excelentes señales de fuego. Prepare el fuego entre los troncos. Use muchas ramas secas; los nidos de los pájaros son una excelente yesca. Este fuego encenderá el follaje y producirá mucho humo. Si el árbol está seco, inicie el fuego por la base. Arderá durante mucho tiempo y permitirá que usted se pueda ocupar de otras señales.

NOTA: no corra riesgos iniciando un incendio en un bosque. Aparte de los daños que provocará, su propia vida estará en peligro.

Hogueras cónicas y luminosas

En un lugar abierto construya un trípode con una plataforma para colocar el fuego. La plataforma mantiene la yesca apartada del suelo, y también puede reunir más leña debajo de ella. Use una cubierta de arbustos perennes para mantener el cono seco; quemarán vivamente y producirán gran cantidad de humo.

Cubra toda la estructura con algún material de colores brillantes; un paracaídas sería ideal. Esto no sólo mantendrá la señal seca y lista para ser encendida, sino que, además, será un bueña señal por sí misma durante el día. Retire la cubierta cuando encienda el fuego; tal vez no tenga éxito la primera vez.

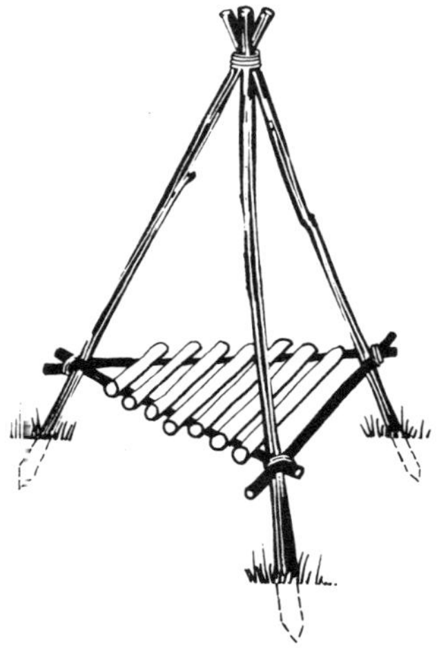

Mantenga estos trípodes bien sujetos, asegurándose de que la madera esté seca para que encienda inmediatamente y de que la provisión de la misma no sea utilizada para otros fines. Clave los extremos de los postes en tierra para evitar que se vuelque si el viento sopla con fuerza.

Cuando está encendido, el resplandor de este cono puede divisarse desde varios kilómetros de distancia. En un lugar expuesto, un pequeño fuego dentro de una tienda cónica o tipi de tela de paracaídas también será un excelente señal. Asegúrese de que hay humo y una abertura de salida en la punta del tipi y mantenga el fuego bajo control. Si está en una ladera, añada combustible desde el costado o desde encima del fuego para no enmascarar demasiado la luz que proyecta, aunque cierta intermitencia en el movimiento puede llamar la atención también.

Use restos del accidente para las señales con fuego

Disponga el fuego sobre un trozo de metal proveniente de un avión o un vehículo. Lo mantendrá aislado del suelo húmedo, cuando se caliente aumentaará la conducción y hará que el fuego arda vivamente y, si la superficie es brillante, actuará como un reflector que intensificará el brillo. Tres fuegos similares a éste constituirán inmediatamente una señal de socorro.

Indicadores de humo

Durante el día, el humo es un buen localizador, de modo que tenga preparada una buena cantidad de material productor de humo para colocar sobre las llamas. Elija este material para que produzca un humo que contraste con el medio ambiente.

▲ **Humo claro** se destaca contra el suelo oscuro o el follaje verde oscuro. Use hierbas verdes, hojas, musgo y helechos. Cualquier material húmedo producirá un buen fuego ahumado y las esterillas mojadas y cubiertas de asiento arderán durante mucho tiempo. Este humo también mantendrá alejados a los insectos.

▲ **Humo oscuro** se destacará mejor contra la nieve o la arena del desierto. Para producirlo, uso aceite o caucho. Si las condiciones atmósfericas hacen que el humo se condense en capas cerca del suelo, alimente el fuego para que aumente su poder calorífico. Las corrientes térmicas elevarán el humo a una buena altura.

RECUERDE

El humo no sólo ayuda al piloto de un avión de rescate a encontrarle, sino que también muestra la dirección del viento de superficie. Asegúrese de que humo se dirija a favor del viento en la zona de aterrizaje y de cualquier panel de señales que pueda haber colocado para que no queden oscurecidos

▲ Señales tierra-aire

Las letras del recuadro forman parte de un código de señales reconocido internacionalmente. La palabra FILL es una buena regla nemonectinea para recordar las principales. La barra simple: I es la más importante es la más fácil de hacer. Un piloto se arriesgará todo lo que sea necesario para responder a esta emergencia. Hágalas lo más grandes y llamativas posibles, usando el color o la sombra como contraste. Un tamaño aconsejable es 10 m de largo por 3 de ancho para cada símbolo, con 3 m de separación entre cada uno de ellos.

Disponga estas señales en campo abierto, evitando las pendientes y las quebradas, como así también las laderas invertidas. Use los paneles marcadores de su zurrón de supervivencia, o improvise si carece de ellos. Extienda restos del accidente o cave los signos como si fuesen pequeñas trincheras, amontonando la tierra a los costados para que aumente la profundidad de la sombra. Use rocas o troncos para acentuarla.

En la nieve, los símbolos excavados durarán hasta la próxima nevada.

Una vez que se ha establecido el contacto, un mensaje lanzado o emitido por un avión puede contestarse con una A o una Y (afirmativo) y una N (negativo), o mediante señales corporales o código morse.

CÓDIGO TIERRA - AIRE

- **I** — **Herido grave: evacuación inmediata. También puede significar *NECESITO MÉDICO***
- **II** — **Necesito suministros médicos**
- **F** — **Necesito comida y agua**
- **N** — **Negativo (*No*)**
- **A** — **Afirmativo (*Sí*) — (*Y también se entenderá*)**
- **LL** — **Todo en orden**
- **X** — **No puedo seguir**
- **→** — **Me dirijo en esta dirección**
- **K** — **Indicar dirección a seguir**
- **JL** — **No entiendo**
- **□** — **Necesito brújula y mapa**
- **△** — **Creo que es seguro aterrizar aquí (*Roto en los ángulos significa INTENTANDO DESPEGAR*)**
- **¦** — **Necesito radio/lámpara de señales/batería**
- **L7** — **Avión gravemente averiado**

Señales nocturnas

Estas señales atraerán la atención durante el día, incluso si usted duerme o está herido. Si dispone de un buen suministro de combustible u otras sustancias inflamables, puede hacer señales que funcionarán por la noche. Cave o raspe un **SOS** (o cualquier símbolo) en la tierra, arena o nieve y, cuando necesite utilizarlo, vierta gasolina dentro del símbolo y préndale fuego.

NOTA: DEBE destruir estas señales si es rescatado. Continuarán ardiendo hasta mucho después de que usted haya abandonado el lugar.

▲ *Mensajes*

No hay necesidad de aprender un complicado sistema de semáforo. El código morse internacional puede transmitirse mediante luces encendidas y apagadas, mediante un simple heliógrafo, agitando una bandera o una camisa atada a un palo o usando el sonido.

NOTA: no confíe en su memoria, lleve una copia del código con usted. Incluso si usted lo utiliza regularmente y lo conoce de memoria, otros pueden necesitarlo.

Hay un procedimiento a seguir cuando se envían y reciben mensajes. Aprenda estos códigos especiales para facilitar la operación.

Heliógrafo

Use el sol y un reflector para enviar señales luminosas. Cualquier objeto luminoso servirá a este efecto —la tapa metálica de un recipiente, gafas, un trozo de papel de estaño— aunque lo mejor es un espejo de mano. Las señales se hacen a través de rayas y puntos. Si usted ignora el código morse, incluso señales emitidas al azar atraerán la atención. Al menos aprenda el código para emitir **S O S**.

Una señal luminosa puede ser vista desde gran distancia y aún cuando usted no la dirija a nadie en especial, puede llamar la atención de cualquiera que la vea. Merece la pena intentarlo, ya que requiere un mínimo de energía. Haga señales hacia el horizonte durante el día. Si se aproxima un avión, haga señales intermitentes para no deslumbrar al piloto. Una vez que esté seguro que le han visto, DEJE de enviar señales.

Reflector de una sola cara

Con un reflector improvisado recoja la luz del sol para conseguir una imagen en el suelo o en otra superficie y oriéntela en dirección de un avión u otro contacto potencial.

Usando el heliógrafo

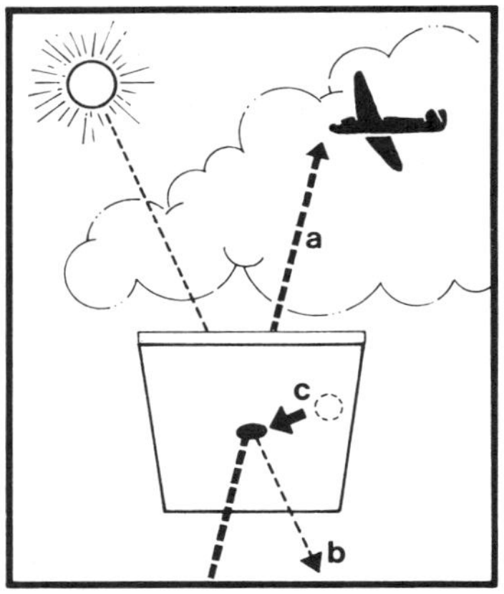

Si dispone de un reflector de dos caras y puede practicar un orificio en él, tendrá algo parecido a un heliógrafo.

Mire a la persona, avión, barco, etc. con que quiere establecer «contacto» a través del orificio del heliógraf (a) en la dirección general del sol, de modo que el sol brillará a través del orificio (b). Verá un punto de luz en su rostro (c).

Angule el espejo de modo que el punto de luz de su rostro «desaparece» a través del orificio en el espejo, sin que el objeto visualizado desaparezca.

Si el sol se encuentra en un ángulo tal que esta maniobra no da resultado, acerque el espejo a sus ojos con una mano colocada en línea entre usted y el contacto. Angule el espejo para que brille sobre su mano y luego aparte la mano.

NOTA: practique esta forma de señalización, pero a menos que se encuentre en una situación de supervivencia, NO haga señales a un avión ni trate de «transmitir» mensajes que podrían causar alarma o peligro a los demás.

Señales con trapos

Ate una bandera o una prenda de colores vivos a un palo y agítela hacia la izquierda para las rayas y a la derecha para los puntos. Exagere cada movimiento describiendo una figura en ocho.

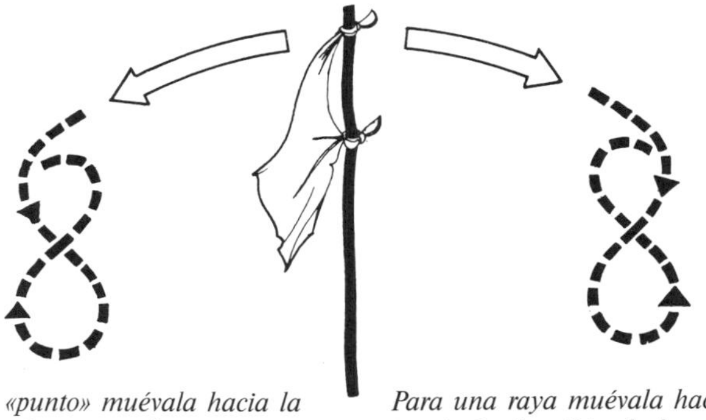

Para un «punto» muévala hacia la derecha y haga una figura en ocho.

Para una raya muévala hacia la izquierda describiendo la misma figura.

Esta simple señal puede funcionar sin necesidad de hacer movimientos en forma de ocho a corta distancia. Mantenga las pausas de «línea» a la izquierda, ligeramente más prolongadas que los movimientos de «punto» a la derecha.

CÓDIGO MORSE

A .—	N —.	1 .————
B —...	O ———	2 ..——
C —.—.	P .——.	3 ...——
D —..	Q ——.—	4 ...—
E .	R .—.	5 .....
F ..—.	S ...	6 —....
G ——.	T —	7 ——...
H	U ..—	8 ———..
I ..	V ...—	9 ————.
J .———	W .——	0 —————
K —.—	X —..—	
L .—..	Y —.——	
M ——	Z ——..	

ENVIAR SEÑALES

AAAAA* etc - Señal de llamada. *Tengo un mensaje*
AAA* - Fin de frase. *Sigue.*
Pausa - Fin de palabra. *Sigue.*
EEEEE* etc. - Error. *Comience desde la última palabra correcta.*
AR - Fin de mensaje.

RECIBIENDO SEÑALES

TTTTT* etc *Le recibo*
K - Estoy listo. *Comience el mensaje*
T - Palabra recibida
IMI* - Repita la señal. *No enterado*
R - mensaje recibido

** Enviado como una palabra. Sin pausas.*

PALABRAS ÚTILES

SOS ...———...
ENVIADO ...|.|—.|—..
MÉDICO —..|———|—.—.|—|————|.—.
AYUDA ....|.|.—..|.——.
HERIDO ..|—.|.———|..—|.—.|—.——
ATRAPADO —.—.|.—|.——.|.——.|.|—..
PERDIDO .—..|———|...|—
AGUA .——|.—|—|.|.—.

SEÑALES CORPORALES

Esta serie de señales serán entendidas por los pilotos y pueden utilizarse para comunicarse con ellos. Advierta los cambios desde posiciones frontales a laterales y el uso de la pierna y la postura corporal, como también los movimientos de la mano. Use un trapo en la mano para enfatizar las señales de SI y NO. Transmita todas las señales de un modo claro y exagerado.

Recogednos

Necesito ayuda mecánica

Aterrice aquí

Todo en orden

Puede proceder de inmediato

Tengo radio

No trate de aterrizar aquí

Necesito ayuda médica

Lance el mensaje

Respuestas a las señales corporales

Para confirmar los mensajes recibidos desde tierra, el piloto de un avión realizará alguna de estas maniobras:

▲ **Mensaje recibido y entendido**
De día: haciendo oscilar las alas
De noche: encendiendo y apagando las luces verdes

▲ **Mensaje recibido pero NO entendido**
De día: volando en círculos hacia la derecha
De noche: encendiendo y apagando las luces rojas

▲*Código de rescate de montaña*

Estos códigos —de sonido, luz y pirotécnicos— son reconocidos internacionalmente por los servicios de rescate de montaña.

► **Mensaje: SOS**
Señal con bengala: Roja
Señal sonora: 3 sonidos cortos, 3 largos, 3 cortos
Repetir después de 1 minuto de intervalo
Señal luminosa: 3 destellos cortos, 3 largos, 3 cortos
Repetir después de 1 minuto de intervalo

► **Mensaje: SOLICITUD DE AYUDA**
Señal con bengala: Roja
Señal sonora: 6 sonidos en rápida sucesión
Repetir después de 1 minuto de intervalo
Señal luminosa: 6 destellos en rápida sucesión
Repetir después de 1 minuto de intervalo

► **Mensaje: MENSAJE ENTENDIDO**
Señal con bengala: Blanca
Señal sonora: 3 sonidos en rápida sucesión
Repetir después de 1 minuto de intervalo
Señal luminosa: 3 destellos en rápida sucesión
Repetir después de 1 minuto de intervalo

► **Mensaje: REGRESO A BASE**
Señal con bengala: Verde
Señal sonora: prolongada sucesión de sonidos
Señal luminosa: prolongada sucesión de destellos

▲ *Bengalas*

Cualquier bengala será investigada durante una operación de búsqueda, independientemente de su color, pero elija la que mejor se adapte a su situación.

► En territorio de vegetación frondosa, el rojo es mucho mejor que el verde.
► En la nieve: roja y verde son las mejores

Familiarícese con los distintos tipos de bengalas. Asegúrese de que ha comprendido las instrucciones, ya que algunas de ellas expulsa una pelota incandescente de magnsio que perforará cualquier cosa que alcance: su pecho o la balsa sino está bien dirigida.

Tipos de bengala

Algunas bengalas son portables y reversibles. Un extremo produce humo para su utilización durante el día, el otro extremo tiene una bengala luminosa para usarla de noche. Cuanto más altas se sostengan, más fácil resultará verlas. Las bengalas y los cohetes disparados al aire podrán verse desde gran distancia. Un tipo alcanza una altura de 90 m y luego cae suspendida de un paracaídas que sostiene la bengala encendida duranta varios minutos. Otros cohetes producen un estridente sonido y bolas de colores.

Mantenga las bengalas secas y apartadas de las llamas y fuentes de calor. Asegúrese de que las anillas de seguridad están en su lugar y que no se soltarán accidentalmente, pero también que no estén tan ajustadas que resulte difícil accionarlas en caso de emergencia.

Manipulación de las bengalas

Las bengalas portables son tubos cilíndricos con una cápsula en cada extremo. Una cápsula superior incluye a menudo una letra o un dibujo para poder identificarla en la oscuridad. Quítela primero. Luego quite la cápsula de la base para dejar expuesto un cordel corto y una anilla de seguridad, o algún otro artilugio de seguridad. Apunte la bengala hacia arriba y apartada de usted en caso de que se dispare accidentalmente. Quite la anilla, o coloque en posición de disparo. Sostenga la bengala con el brazo extendido, a la altura del hombro, apuntando directamente hacia arriba. Tire bruscamente del cordel hacia abajo. Prepárese para el impacto de retroceso. Algunas bengalas tienen un mecanismo de disparo con muelle similar al de las trampas para ratones.

Hay pistolas que disparan varios cartuchos. Para hacerlo, cargue la pistola, apunte hacia el cielo, amartille la pistola y apriete el gatillo.

Las mini bengalas son actualmente el equipo más común, más ligeras que las pistolas pero tan efectivas como ellas (ver *Equipo de supervivencia* en *Principios básicos*). Deben manipularse con el mismo cuidado. Para usarlas, atornille una bengala del color elegido en el extremo del descargador, apunte al cielo y apriete el percutor... ¡FUEGO!

PELIGRO

Las bengalas portables se calientan. Cuando le quemen la mano no las deje caer dentro del bote, donde podrían provocar un incendio o perforarlo si es hinchable.

▲ Señales de información

Hay señales que usted debe dejar en el camino cuando abandone el lugar del accidente o un campamento.

Fabrique una forma de flecha de grandes dimensiones para indicar la dirección que ha tomado para que sea visible desde el aire y otras señales que puedan seguirse por tierra.

Las señales en la tierra llamarán la atención de su presencia, actual o pasada, y los indicadores de dirección ayudarán a los grupos de rescate a seguir sus huellas. Continúe dejándolas a medida que avanza, no sólo para que las personas las sigan sino para establecer su propia ruta si quiere volver sobre sus pasos, y como guía si pierde su sentido de la orientación y debe regresar.

En el campamento deje mensajes escritos dentro de recipientes y detalle en ellos sus planes. Cuelgue los recipientes de trípodes o árboles y deje indicadores que los señalen.

Los indicadores de dirección pueden incluir piedras o restos en forma de flecha (a), un palo colocado en una horquilla y con el extremo elevado señalando la dirección seguida (b), hierbas atadas con un medio nudo y con un extremo inclinado en la dirección que ha tomado (c), ramas bifurcadas colocadas en el suelo y con la horquilla señalando en la dirección seguida (d), pequeñas piedras colocadas sobre rocas más grandes, con otra piedra pequeña delante y señalando la dirección seguida (e), muescas en forma de flecha en los troncos de los árboles indicando la dirección (f).

Palos o piedras cruzados (g) indicando «En esta dirección no».

Señale el peligro o una situación de emergencia con tres rocas, palos o montones de hierba colocados de forma prominente y visible (h).

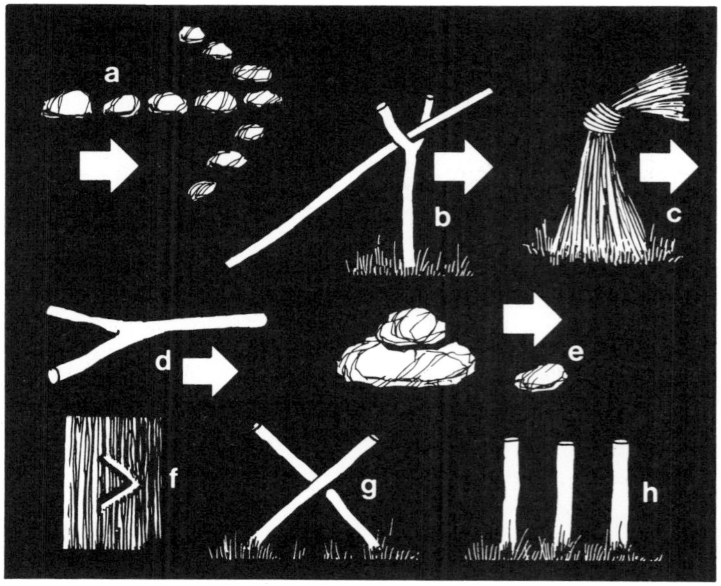

BÚSQUEDA

El conocimiento de los procedimientos de búsqueda demostrará cuán importante es para cualquier expedición o viaje registrar sus planes de rutas y para los supervivientes permanecer lo más cerca posible de esa ruta, colocar señales claras para llamar la atención y marcar cualquier campamento que hayan abandonado (dejando información sobre sus planes ulteriores).

La búsqueda comenzará en el último lugar conocido y se desarrollará a lo largo de la ruta propuesta. Se harán estimaciones sobre la probable estrategia adoptada, considerando el terreno y las condiciones climatológicas. En regiones montañosas, por ejemplo, es probable que los fuertes vientos hagan que los supervivientes usen las laderas protegidas para descender de las montañas hacia el valle. Si no se encuentra ningún rastro de ellos en la ruta prevista, éstas son las zonas donde deberán concentrarse los esfuerzos de búsqueda.

Se tendrá en cuenta también el efecto del medio: estudiando el terreno, la partida de búsqueda puede suponer que los supervivientes se vieron obligados a abandonar la ruta prevista por la configuración del terreno. Para facilitar la tarea del grupo de rescate, erija una construcción de piedras en un punto fácilmente detectable y deje un mensaje en una bolsa impermeable o en el bolsillo de una prenda de vivos colores. Informe sobre sus intenciones y sobre el estado del grupo.

Si su ruta ha sido comprobada y examinados los refugios más obvios, la partida de rescate extenderá la búsqueda hasta cubrir toda la zona donde han desaparecido. En términos ideales, esta operación se realizará desde el aire, pero las malas condiciones climatológicas, que dificultan los vuelos y la visibilidad, pueden obligar a realizar la búsqueda a pie, aún cuando haya aviones disponibles.

El número de personas que integre la partida de rescate y el tipo de terreno dictarán el modelo de búsqueda más adecuada para la situación.

MODELOS DE BÚSQUEDA

La primera búsqueda se realizará a lo largo de la ruta que se supone han tomado los supervivientes.

Línea básica

La línea básica, o búsqueda en caja, se realiza cuando han habido vientos fuertes o mal tiempo en la ruta conocida (a). Los grupos de rescate deducirán que usted puede haberse desviado hacia la zona protegida de una ladera buscando refugio.

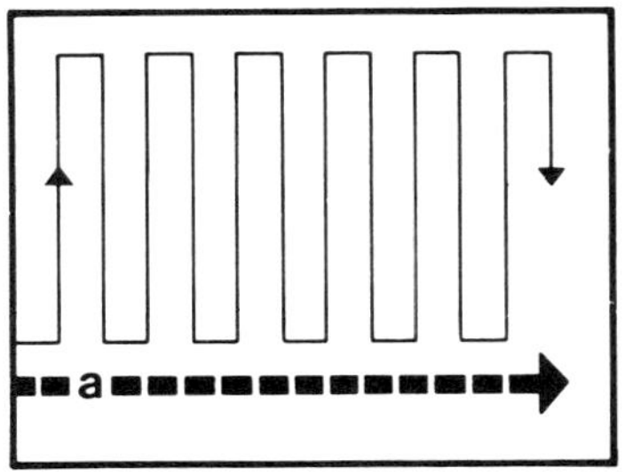

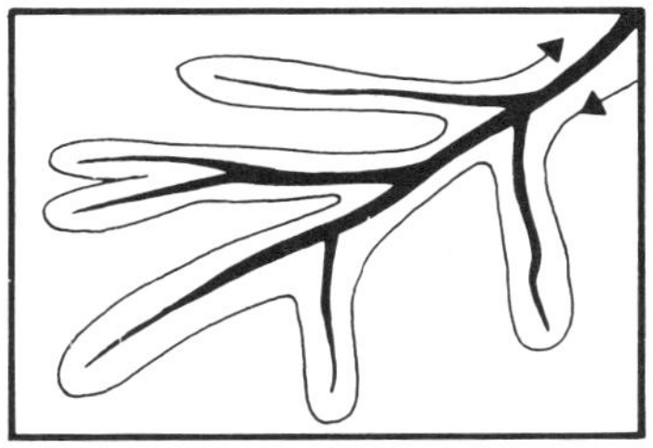

Corriente de agua

La búsqueda en una corriente de agua incluye todos sus afluentes, utilizando la vía principal como línea básica. Esta búsqueda se lleva a cabo cuando su última posición conocida se localizaba en o cerca de un río.

Abanico

La búsqueda en abanico se emplea cuando su última posición conocida (x) es bastante fiable, pero resulta imposible deducir la dirección que usted puede haber tomado.

▲ Búsqueda aérea

Los modelos de búsqueda desde el aire cubren ambos lados de la ruta de vuelo del avión desaparecido o de su ruta conocida.

Si las condiciones del tiempo son favorables, puede efectuarse una búsqueda nocturna, ya que las luces serán claramente visibles y la búsqueda puede llevarse a cabo desde una mayor altura para cubrir una zona más amplia. Si esto no da resultados positivos, la zona será inspeccionada nuevamente cuando amanezca.

Si usted le hace señales a un avión y éste se aleja, no deje de vigilar el cielo. El avión puede estar realizando una de esas búsquedas conocidas y usted podrá anticipar los momentos críticos para hacer las señales más adecuadas.

Línea quebrada

La búsqueda en línea quebrada, comenzando en una esquina del área de busqueda, es especialmente útil cuando se dispone sólo de un aparato. El avión recorre paralelas que deben alejarse y acercarse al sol para una búsquea terrestre de modo que cualquier reflejo del avión desaparecido u otro resto del accidente y las señales de los supervivientes puedan verse con más facilidad.

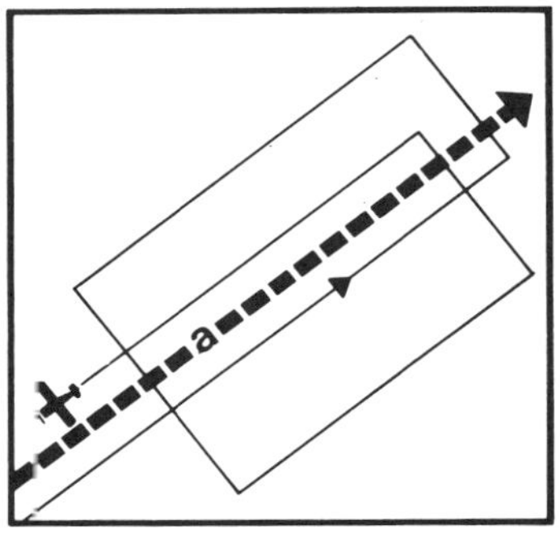

En paralelo

El modelo primario de búsqueda se realiza en corredores paralelos a ambos lados de la ruta de vuelo del avión desaparecido (a), o recorriendo la ruta terrestre conocida. Después de viajar durante una hora, gire y vuele en sentido contrario.

Búsqueda en cuadrados

La búsqueda en cuadrados es útil cuando debe cubrirse una zona comparativamente pequeña. La búsqueda comienza en la última posición conocida (x) y continúa hacia el exterior de la misma.
Si no da resultado, vuele sobre la última posición conocida y comience la búsqueda en otra dirección. Esto asegura que se cubran ambos lados.

Búsqueda en espiral

Esta búsqueda permite que se inspeccionen montañas y valles con máximo detenimiento. Los valles escarpados deben sobrevolarse varias veces.

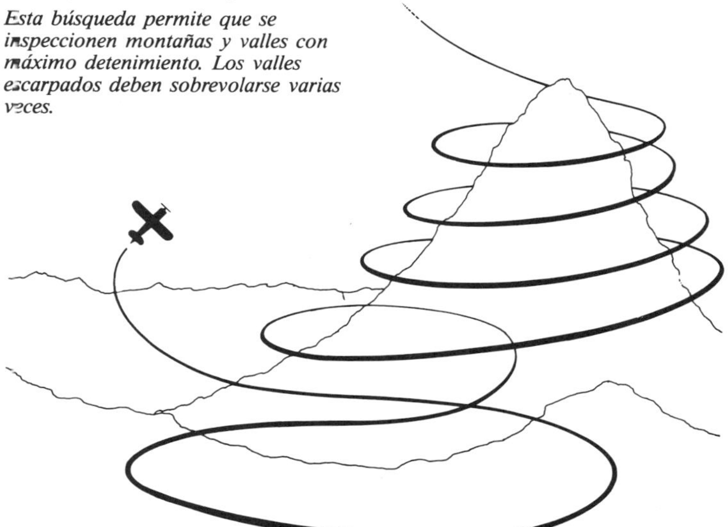

Búsquedas combinadas

En el mar, una búsqueda combinada por aire y por mar es la más aconsejable. Si el avión localiza a los supervivientes, los barcos pueden recogerles. El barco puede actuar también como un punto de referencia para los aviones. Los aviones de rescate están equipados con suministros para lanzarles a los supervivientes y ayudarles mientras aguardan la llegada de los barcos.

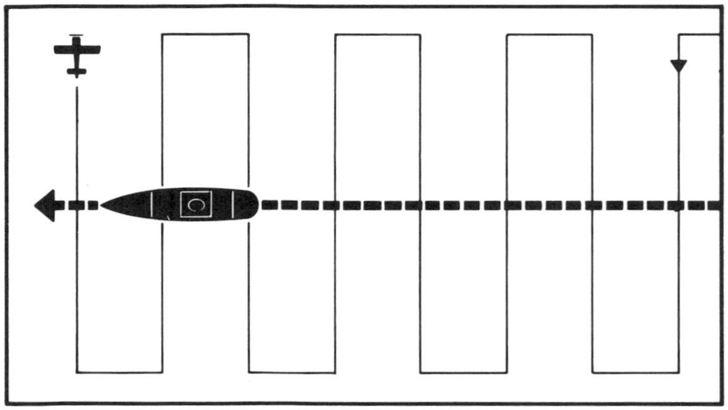

RESCATE CON HELICÓPTERO

Mientras que los aviones se utilizan para las operaciones de búsqueda, en la mayoría de los países se utilizan helicópteros para que lleven a cabo las tareas de rescate, sobre todo en tierra. Donde sea posible hacerlo, los helicópteros aterrizarán para recoger a los superviviente y sacarles de su situación comprometida. Es posible que el piloto pueda encontrar un lugar adecuado para aterrizar cerca de los supervivientes para que éstos puedan abrirse camino hasta el aparato, pero será más fácil para los supervivientes encontrar un lugar o fabricar uno si fuese necesario para que el helicóptero pueda aterrizar.

El helicóptero necesitará una aproximación libre de obstáculos y una salida igualmente expedida, en ambos casos CON los vientos dominantes. El suelo debe estar nivelado (la inclinación no debe superar los sietes grados o un gradiente de 1 en 10). La superficie de aterrizaje debe ser firme y estar libre de materiales sueltos. Quite hojas, ramas, cualquier cosa. No debe haber agujeros, tocones de árboles o rocas que pudieran dañar al aparato.

▲ Escogiendo un lugar de aterrizaje

Busque un claro natural. En terreno cerrado, el mejor lugar suele ser la orilla de un río en un amplio recodo. Alternativamente, puede subir a una colina y escoger un lugar plano y libre de árboles. Si necesita derribar árboles para limpiar el terreno, no dude en hacerlo. Los árboles caerán colina abajo sin obstruir el área de aterrizaje y puede conseguirse un camino de salida a través de la estribación montañosa. No trate de crear una zona de aterrizaje en terreno plano; le llevará muchísimo tiempo crear una zona libre para el aterrizaje y el despegue.

ZONA DE ATERRIZAJE

PREPRANDO EL SITIO

Se necesita una zona nivelada y abierta de al menos 26 m de diámetro. Se necesitan otros 5 m a su alrededor, despejado hasta una altura de 60 cm. Debería haber una ruta de aproximación hacia el viento predominante, sin obstrucciones y dentro de un ángulo de 15 grados desde el lugar central de aterrizaje.

Marque el punto de contacto con tierra con una **H**. Puede hacerlo con piedras incrustadas en el suelo (manteniendo la superficie llana) prendas bien sujetas, o paneles marcadores. En la nieve, apisónela bien para impedir que se alce en remolinos y, en zonas secas, riegue la superficie para impedir que el polvo se levante.

LUGARES YA HECHOS

En una estribación montañosa, montecillo o terreno elevado, resultará más fácil allanarlo y supondrá una aproximación y despegue a través de la estribación si la dirección del viento es la adecuada.

TERRENO MONTAÑOSO

La carga útil de un helicóptero se ve drásticamente reducida con la altitud, de modo que, si es posible, prepare el lugar de aterrizaje por debajo de los 1830 m. En las montañas, las corrientes de aire ascendentes y descendentes pueden ser considerables según las características del terreno y su relación con los vientos predominantes. Escoja un lugar que asegure la máxima elevación en la dirección en que el helicóptero habrá de despegar.

La nieve blanda y mojada se adherirá al helicóptero y dificultará su despegue. Trate de apisonar la superficie nevada. La nieve en polvo formará remolinos debajo del rotor y limitará la visibilidad del piloto. Esta nieve también debe ser apisonada.

▲ *Rescate sin aterrizaje*

En una emergencia, los helicópteros correrán considerables riesgos para rescatar a los supervivientes. Pueden flotar en el aire con un patín apoyado en una roca para que los supervivientes puedan embarcar, pero lo mejor es crear una zona de aterrizaje y reducir al máximo los riesgos.

La mayoría de los helicópteros están equipados con un sistema para izar a las personas. Si es imposible crear una zona de aterrizaje, el helicóptero puede izarle desde el aire. Todo lo que necesita es un claro desde el cual poder subirlo al aparato.

▲ *Indicación del viento*

Es muy importante indicar la dirección y la fuerza del viento en la zona de aterrizaje para que el piloto pueda seleccionar la mejor aproximación a tierra y mantener el aparato estabilizado mientras lleva a cabo las tareas de rescate. El humo es un indicador ideal, pero no lo coloque de modo que oscurezca la zona de aterrizaje.

Si no es posible hacer fuego, haga un signo en forma de **T** y colóquelo en el borde de la zona de aterrizaje que está a favor del viento y con la barra horizontal de la T colocada contra el viento. Si no tiene nada con que hacer la T, una persona colocada en el borde a favor de viento con los brazos extendidos y con la espalda contra el viento puede formar un símbolo viviente para el piloto. No haga esta señal hasta que llegue el momento y, entonces, sólo en la posición correcta. Es similar a otra señal corporal que significa «necesito ayuda».

▲ *Rescate nocturno*

El helicóptero cuenta con poderosos focos con los cuales puede aterrizar o izar a los supervivientes, pero usted necesitará luces para atraer al piloto hacia la zona de aterrizaje. Bengalas y hogueras darán una indicación de su posición una vez que el helicóptero está a la vista.

Si usted ilumina desde tierra con antorchas, faros de vehículo u otros heces de luz, apúntelos hacia el cielo al principio para atraer la atención pero, una vez que piloto le ha visto, mantenga las luces a poca intensidad para que NO deslumbren al piloto, y apúntelas hacia la zona de aterrizaje o de izamiento.

▲ *Rescate en el mar*

Si los supervivientes son izados desde un barco, ayudará al piloto que la cubierta se encuentre a un ángulo aproximado de 40° a la derecha de la dirección del viento. Si puede controlar la embarcación, trate de que el viento en cubierta no supere los 29 kph.

PRECAUCIONES DURANTE EL ATERRIZAJE

● Cuando un helicóptero toca tierra en el lugar del aterrizaje, las aspas seguirán girando. La aproximación al aparato es, por tanto, especialmente importante tanto para su seguridad personal como para la seguridad del helicóptero.

● NUNCA se aproxime por detrás. Es un punto ciego para el piloto y la tripulación y el rotor de cola no está protegido. En terreno empinado, acérquese siempre colina arriba, por debajo de las hojas de la hélice.

● NUNCA se aproxime colina abajo. Podría herirse con las hojas de la hélice.

● Asegúrese de no llevar nada que pudiera dañar el motor principal. Si lleva una radio, baje la antena.

● Mantenga todos los objetos afilados y punzantes alejados de los paneles del helicóptero. Están construídos en una aleación ligera y se averían con facilidad.

● Siéntese en el lugar que le han indicado, átese el cinturón de seguridad y manténgase asegurado al asiento hasta que le digan que puede soltarse el cinturón.

● No trate de bajar del helicóptero hasta que el motor haya sido apagado después del aterrizaje y, aún entonces, aguarde instrucciones.

▲ *Técnicas de izamiento*

El método habitual es el izamiento doble pero, ocasionalmente, también se utiliza el izamiento simple.

Izamiento doble: uno de los miembros de la tripulación del helicóptero es bajado llevando lazo para el superviviente. Durante el izamiento, el miembro de la tripulación sostiene al superviviente con las piernas enlazándole alrededor de la cintura, y le sujeta la cabeza con las manos. Una vez que el lazo ha sido colocado en su lugar y ajustado, mantenga los brazos junto al cuerpo y no los levante... ¡déjese llevar y disfrute de la experiencia!

Izamiento simple: usted mismo debe colocarse el lazo para ser izado. Cuando lo haya colocado por debajo de sus axilas y asegurado firmemente haga una señal con el pulgar hacia arriba. Una vez recibida esta señal en el helicóptero, no haga ninguna otra, y no levante los brazos porque podría deslizarse del lazo.

Cuando llegue a la puerta del helicóptero, deje que uno de los miembros de la tripulación se encargue de subirle abordo. Haga EXACTAMENTE lo que él le dice. Una vez que se encuentre sano y salvo en el aparato le dirán donde debe sentarse. Hágalo y ajústese el cinturón de seguridad, o espere a que le aseguren al asiento de alguna otra manera.

▲ *Izamiento mojado*

Los dos métodos descritos anteriormente pueden utilizarse en el agua, empleando las mismas técnicas básicas.

Si se encuentra en una balsa, desátese de la cuerda de seguridad. Retire el toldo y arríe la vela o cualquier otra protección que pueda haber colocado. Deje caer el ancla. Esto ayudará al piloto a colocarse encima de la balsa. Permanezca en la balsa hasta el momento de ser izado.

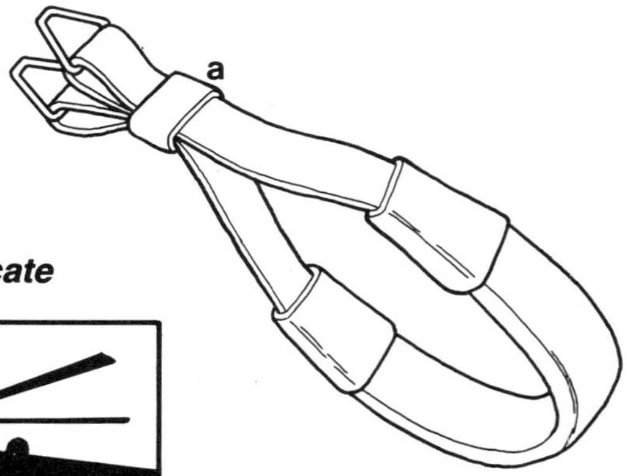

▲ *Lazo de rescate*

El lazo está conectado al gancho de izamiento. Coloque cabeza y brazos a través del lazo y ajústelo para asegurar el pecho por debajo de las axilas, deslizando el anillo de regulación (a). Levante el pulgar para indicar al piloto que todo está preparado. Luego mantenga los brazos junto al cuerpo.

¡CUIDADO!

Todos los aviones acumulan una considerable carga de electricidad estática. Esta es descargada hacia la tierra o el agua cuando el aparato, o el cable, tocan el suelo. Deje que el cable o el lazo toquen el suelo antes de acercarse, de otro modo podría recibir una fuerte descarga.

UNDÉCIMA SECCIÓN

DESASTRES

Los accientes y el aislamiento no constituyen las únicas causas de una situación de supervivencia. Hay muchas fuerzas naturales y provocadas por el hombre que pueden causar desastres que exigen las mismas habilidades para sobrevivir. Sequía, incendios, terremotos e inundaciones, por ejemplo, pueden producirse en un campamento de supervivencia remoto y también en casa. El superviviente debe conocer las técnicas para combatir un incendio forestal, pero es igualmente importante saber como escapar de un edificio en llamas.

El ***colectivo doméstico*** se enfrenta con los problemas de abordar la supervivencia en su propia casa si los servicios y suministros de lo que normalmente depende se ven interrumpidos por alguna razón.

SEQUÍA

La sequía, provocada por los largos períodos de tiempo seco o lluvia insuficiente, crea desiertos en aquellas áreas donde esta situación es permanente. En otras zonas, la sequía puede ser una característica estacional regular durante una parte del año, y previsible año tras año. Allí donde está equilibrada por una estación húmeda, el agua puede almacenarse para que dure durante los meses de sequía. Las cisternas subterráneas, ya sea de piedra o construídas en hormigón, de las antiguas y modernas civilizaciones mediterráneas recogen el agua de lluvia durante la estación húmeda y la conservan para el largo y seco verano.

En las regiones templadas, si la lluvia cae en cantidades inferiores a los niveles normales, se puede producir una sequía periódica con una vegetación incapaz de obtener agua para compensar la que pierde. En los casos donde la temporada seca no es tan obvia, pero la humedad sigue siendo insuficiente para satisfacer las necesidades de las plantas, se produce una situación conocida como «sequía invisible». La muerte de la vegetación provoca una carencia en la cadena alimentaria que se basa en ella. Si la sequía es grave, los animales muertos y agonizantes incluso pueden contaminar el agua que aún queda.

Riesgo de incendio

Los cuerpos de los animales muertos deben ser enterrados en fosas profundas. La tierra seca puede ser muy dura, pero el enterramiento es la mejor manera de eliminar estas posibles fuentes de infección. Los cadáveres también pueden ser quemados, pero como la sequía lo deja todo convertido en yesca seca, el riesgo de incendio es considerable y podría descontrolarse fácilmente. Cada año, los incendios asolan el sur de Francia, California y Australia y, sin agua para combatir las llamas, se extienden rápidamente. Si debe encender fuego, haga un foso en la tierra y mantenga el fuego controlado todo el tiempo.

Higiene

En las casas, la falta de agua para lavar y para fines sanitarios puede ser una causa de infección. Si el nivel de agua en un inodoro no es suficiente, la enfermedad puede extenderse desde las cloacas y la higiene personal puede verse afectada por la falta de agua para lavarse. No use el WC y deje suficiente agua en la taza para formar una barrera. Construya una letrina exterior (ver *Higiene* en ***Campamento***).

El sudor ayudará a mantener los poros abiertos y libres de suciedad pero, incluso cuando necesite toda el agua disponible para beber, trate de lavarse las manos después de defecar y antes de preparar la comida.

Almacene y conserve el agua

Si un monzón no comienza en la época esperada, o un verano especialmente tórrido produce el resquebrajamiento de la tierra, tome precauciones almacenando toda el agua que pueda y usándola con prudencia. Manténgala cubierta y a la sombra para evitar que se evapore.

Cave un hoyo para construir una cisterna de almacenamiento en un lugar protegido del sol, evitando las raíces de los árboles. Revístalo con polietileno o cemento si dispone de él (pero no llene la cisterna de agua hasta que el cemento se haya secado completamente). Si vive en una zona de tierra arcillosa, cave un hoyo y revístalo con arcilla. Si construye la cisterna en una elevación, ayudará a mantener el agua fresca y dejará una pequeña abertura que debe mantener cubierta.

NUNCA desperdicie el agua. El agua utilizada para cocinar puede usarse después para lavar. Hierva todo el agua destinada a beber. Si un pozo se seca, puede conseguir más agua cavando más profundamente, pero cuanto más cave, más reduce el agua contenida en la tierra.

> **Si la sequía persiste, especialmente durante más de un año, las condiciones de desertización pueden comenzar a desarrollarse y tal vez la evacuación sea la única solución, especialmente si no pueden conseguirse fuentes de agua.**

En zonas donde las noches son frías, el descenso de la temperatura puede condensar la humedad contenida en el aire. Aplique todas las técnicas descritas anteriormente (ver ***Principios básicos*** en ***Clima y terreno, pág. 33***) para la supervivencia en el desierto.

El terreno elevado presentará una mayor variación entre las temperaturas diurnas y nocturnas y ofrecerán una mayor posibilidad de recoger el rocío a primera hora de la mañana. También puede ofrecer la ventaja de contar con brisas refrescantes.

La sequía puede golpear en cualquier parte. Incluso en zonas donde las precipitaciones son abundantes, como en Asam, se han producido sequías al fallar el monzón.

ADVERTENCIAS

● En condiciones de grave sequía, tenga especial cuidado con la contaminación de las reservas de agua. Las enfermedades propagadas por los animales muertos pueden ser terribles. No importa la sed que pueda tener, hierva siempre el agua antes de beber.

● Al principio, las moscas pueden ser un problema serio. Asegúrese de que todos los alimentos están cubiertos. Protéjalos también del polvo, que puede ser un peligro cuando la capa superior de la tierra es levantada por el viento.

● Cuando la naturaleza se halla perturbada de este modo, los animales actúan de un modo anormal. Enloquecidos por la sed, los animales normalmente dóciles pueden llegar a atacarle.

FUEGO

El fuego necesita calor, combustible y oxígeno, y produce humo, calor y gases tóxicos. Puede extenderse calentando los alrededores a través del contacto directo (conducción), elevando gases y humo (convección) o a través de rayos caloríficos (radiación). La convección es habitualmente la más seria de estas formas de propagación del calor.

La mejor protección contra el fuego es la prevención. El descuido con cigarrillos encendidos y cerillas es la causa de muchos incendios. Los rayos del sol a través de una botella abandonada o de un trozo de cristal roto puede iniciar un incendio devastador en temporada de sequía.

El fuego puede golpear en todas partes y en cualquier momento. Siempre deben tomarse precauciones. Vehículos y edificios deberían estar SIEMPRE equipados con extintores. Las plantaciones forestales son divididas con anchos senderos cuando se declara un incendio. Los equipos para combatir las llamas deberían encontrarse en numerosos lugares. USTED debe saber como usar este equipo.

INCENDIOS FORESTALES

Si usted se halla presente cuando se declara un incendio (o donde se propaga accidentalmente el fuego de un campamento) en terreno boscoso, o en páramos o tierras cubiertas de hierbas, su primera acción debe ser apagarlo.

La primera señal de que hay un incendio forestal en progresión es el olor a humo. Luego es probable que oiga el fuego antes de ver las llamas. Es posible que advierta un comportamiento extraño de los animales antes de comprender la causa que lo provoca.

Ruta de escape

Si es sorprendido en una zona donde el fuego es intenso, y cuando ya es demasiado tarde para extinguirlo, NO huya inmediatamente, a menos que el fuego esté tan próximo a usted que no tenga otra alternativa.

Aunque sienta que la ropa dificulta sus movimientos, NO se la quite, ya que le protegerá de la fuerza calorífica irradiada por el incendio.

El humo indicará la dirección del viento y el fuego se propagará más rápidamente en esa dirección. Si el viento sopla alejándose de usted y hacia el fuego, diríjase HACIA el viento. Diríjase hacia cualquier cortafuego natural, como una zona despejada entre los árboles, donde las llamas serán detenidas. Un río es el mejor cortafuego, y aunque las llamas pueden salvarlo, usted estará razonablemente seguro en el agua. En plantaciones forestales busque las carreteras y los cortafuegos.

NO corra alocadamente. Elija su ruta de escape. Compruebe el terreno que le rodea y la dirección del viento para calcular la posible propagación del fuego.

Si el viento sopla hacia usted, es probable que el fuego viaje más rápidamente, y las llamas pueden salvar las depresiones del terreno. El fuego se propaga a mayor velocidad cuesta arriba, de modo que NO debe dirigirse hacia terreno elevado. Trate de rodear el fuego si puede, aunque algunos incendios forestales abarcan un frente de varios kilómetros. Si no puede rodear ni alejarse del incendio, busque refugio en un claro de grandes dimensiones, en una hondanada profunda, en un curso de agua o en un barranco.

Hacia el fuego

En ocasiones, la mejor ruta de escape puede ser dirigida HACIA el incendio. Esto resulta imposible si el fuego es muy intenso y muy extensa el área que cubre. En un claro o zona baldía, sin embargo, puede ser posible correr a través de una zona menos densa del incendio para buscar refugio en la zona ya quemada. Cubra la mayor parte de piel expuesta y si tiene agua moje su ropa, el pelo y cualquier zona de piel que no haya podido cubrir. Moje un trozo de paño para cubrirse la nariz y la boca.

La vegetación tupida arderá furiosamente y dificultará su marcha, de modo que elija cuidadosamente el lugar para atravesar las llamas. Decídase y no pierda el tiempo. Aspire profundamente. Cúbrase la nariz y la boca para protegerse del humo y CORRA.

COMBATIR UN INCENDIO FORESTAL

En áreas donde hay plantaciones forestales, debe descubrir los equipos para extinguir el fuego a intervalos regulares a lo largo de las carreteras principales. Estos consisten en haces de pequeñas ramas (habitualmente de abedul) atadas en forma de escoba, y batidores en forma de espada con hojas de caucho. Pueden ser muy efectivos a la hora de extinguir un incendio incipiente.

A pesar de su nombre, NO golpée violentamente con ellos, ya que alimentará las llamas y esparcirá las chispas. El objetivo es ATENUAR el fuego apoyando el batidor sobre las llamas para extinguirlas. Las hojas planas son particularmente eficaces para extinguir llamas que se han iniciado entre hojas y monte bajo.

Si no dispone de ninguna clase de equipo, use un abrigo o una manta para extinguir el fuego y para privar de oxígeno a las llamas, o use una rama frondosa para apagarlas.

PERMANEZCA EN EL VEHICULO

Si es sorprendido por un incendio forestal en un vehículo, permanezca en su interior y cierre completamente las ventanillas. Apague el sistema de ventilación. El coche le proporcionará cierta protección contra el calor ambiental. Aléjese con el coche si puede hacerlo pero, si ello no es posible, permanezca en el mismo lugar y en el interior del vehículo.

Hay personas que han sobrevivido dentro de un vehículo hasta que los cristales se han derretido, en cuyo momento el incendido ya había superado su posición. Si se hubiesen dejado ganar por el pánico, huyendo del coche, habrían perecido sin duda alguna.

Existe el peligro de que estalle el depósito de gasolina, pero las posibilidades de sobrevivir son mayores que si sale del coche, si las llamas que le rodean son muy grandes.

Enterrarse

Si no hay ninguna quebrada u hondonada natural en la que protegerse y el fuego es tan intenso que no se puede atravesar, tal vez deba buscar refugio en la tierra.

Hay personas que han sobrevivido a grandes incendios enterrándose y cubriéndose completamente con tierra que luego ha sido quemada por las llamas. El riesgo es considerable, no sólo por el calor sino por la asfixia, ya que el fuego agota el oxígeno.

Cave un hoyo lo más profundo que pueda, depositando la tierra en un abrigo o trozo de tela y luego cubriéndose con él. Cúbrase la boca con las manos y respire a través de ellas. Esto no aumentará la cantidad de oxígeno disponible, pero servirá para enfriar y filtrar el aire caliente y las chispas, que pueden lesionar el aparato respiratorio. Trate de contener la respiración cuando el fuego pase por encima de usted.

Combatir el fuego con fuego

Puede usarse también el fuego para protegerse, si no hay forma de huir de las llamas o de pasar a través de ellas, pero encontrándose todavía a cierta distancia.

La técnica consiste en quemar un trozo de tierra antes de que el fuego principal llegue hasta allí. Con nada por delante por quemarse, las llamas no pueden avanzar y usted tendrá un lugar dónde refugiarse. El fuego principal debe encontrarse lo bastante lejos para que usted pueda quemar una zona antes de que llegue.

Encienda su fuego a lo largo de una línea lo más amplia posible, de al menos 10 m de ancha, pero 100 m sería mejor. Arderá en la misma dirección del fuego principal, creando un cortafuego en el que pueda refugiarse. Asegúrese de determinar correctamente la dirección del viento.

¡CUIDADO!: el viento puede soplar en remolinos y el fuego crear sus propias corrientes, de modo que puede verse obligado a huir de sus propias llamas. El incendio principal debe estar lejos para que su fuego tenga tiempo de quemar la zona prevista. NO menosprecie la velocidad a la que se desplazan las llamas, ya que pueden acercarse a mayor velocidad de la que usted puede correr. NO encienda otro fuego a menos que esté desesperado y completamente seguro del resultado.

EDIFICIOS EN LLAMAS

El humo será habitualmente el primer indicio de la presencia del fuego. Si el fuego aún es pequeño, trate de extinguirlo cubriendo las llamas con una manta o una cortina gruesa (para privarlas de oxígeno), o usando agua, arena o un extintor.

Fuegos eléctricos

Si hay alguna posibilidad de que se produzca un incendio por un fallo eléctrico, NO use agua hasta que la electricidad haya sido cortada, preferiblemente en la red eléctrica. Corte el gas también. Si el televisor o el ordenador se incendian, NO los apague con agua. Incluso después de haber sido desconectados, queda una carga eléctrica residual que puede afectarle (incluso matarle) y el agua fría puede hacer que el tubo del televisor explote. Extinga las llamas y aproxímese por detrás debido al riesgo de estallido del tubo.

EXTINTORES

TIRE *para quitar el seguro*
APUNTE *a la base del fuego*
APRIETE *el mango/gatillo*
BARRA *de un lado a otro*

Compruebe que tipo de extintor es el que tiene. Algunos están diseñados para fuegos simples y pequeños y contienen agua: NO son aptos para combatir fuegos eléctricos o producidos por combustible. Otros están destinados a combatir fuegos provocados por combustibles, aceites, grasas, pinturas o disolventes (por ejemplo, una sartén con patatas fritas o gasolina derramada). Un tercer tipo de extintor es especial para fuegos eléctricos o aquellos donde hay cables expuetos. Un extintor multiuso de espuma seca puede usarse para apagar la mayoría de los fuegos.

¡APRENDA A USAR SU EXTINTOR!

Evacuación

Si el fuego es demasiado grande para combatirlo con los recursos disponibles, evacúe el edificio. Corte la corriente en la red principal. Cierre todas las puertas y ventanas. Trate de contener el fuego durante la evacuación y de impedir que se extienda antes de que lleguen los bomberos o servicios de rescate.

El fuego se desplaza hacia arriba más rápidamente que hacia abajo, aunque un piso que se derrumba hará que las llamas se desplacen a un nivel inferior. Escaleras, ascensores y conductos de ventilación son particularmente peligrosos.

NUNCA use un ascensor durante un incendio. Si necesita bajar de un edificio en llamas, use una escalera libre de humo.

Antes de abrir una puerta compruebe que no haya humo en sus bordes y tampoco calor. Los pomos de metal son un buen indicador. Si están calientes, NO abra la puerta; para hacer la prueba use el dorso de la mano. Si coge el pomo podría sufrir una quemadura. Una puerta resistente puede contener las llamas durante unos 30 minutos o más (aunque no debe confiar en que ello ocurra con las puertas modernas de paneles delgados, a menos que se trate de puertas ignífugas).

Si no hay más alternativa que entrar en una habitación en llamas: apoye el pie contra la puerta y ábrala ligeramente; esto ayudará a que se abra violentamente debido a la presión que ejercen el aire caliente y los gases en el interior. Agáchese para entrar, abriendo la puerta lo menos posible. Esto le expondrá menos al humo y al calor y el fuego tendrá menos posibilidades de filtrarse a través de la puerta. Cierre la puerta detrás de usted para retardar la propagación del fuego.

Esperando el rescate

Si usted se encuentra aislado y no puede ponerse a salvo, diríjase a la habitación más alejada del fuego (pero NO en un nivel superior a menos que esté seguro de que los equipos de rescate se encuentran muy cerca y provistos de escaleras largas u otro equipo). Si hay alguna posibilidad, escoja una habitación que en el exterior tenga el suelo blando, sin barandas debajo o donde haya ropas de cama o cortinas con las que hacer una cuerda anudada. Jardines (ó Parterres), macizos de flores o incluso senderos de grava son más blandos que el paviemto, el hormigon o los adoquines. Si, finalmente, se ve obligado a lanzarse al vacío sobre una superficie de hormigon, una pendiente será menos peligrosa que un lugar llano.

Cierre la puerta y cubra todas las aberturas con cortinas, felpudos u otro material grueso, que tardarán bastante en arder. Mójelos si puede. Si aun no ha sido dada la alarma, trate de atraer la atención desde la ventana.

Para romper el cristal de la ventana, use algún mueble. Puede romperlo también con el pie pero no lo retire inmediatamente, ya que tendrá que pasarlo cuidadosamente entre los bordes astillados del cristal. Si debe usar la mano, envuelva bien el puño con un material que le sirva de protección. Alternativamente, cuando esté protegido por una chaqueta gruesa, un golpe con el hombro será efectivo.

Prepararse para «saltar»

Si el rescate no está próximo, NO salte... descuélguese. Ate sábanas, mantas, cortinas y otros materiales resistentes para hacer una cuerda que, aunque no llegue hasta el suelo, reducirá la distancia que habrá de salvar. Asegure esta improvisada cuerda con nudos cruzados y compruebe que cada uno de ellos esté firme tirando con fuerza. Lleve algún mueble pesado hasta la ventana y asegure a él un extremo de la cuerda, o asegúrela a un radiador o bien rompa la ventana y asegúrela a una parte fuerte y resistente del marco. Si la cuerda no es lo bastante larga, deje caer cortinas, almohadas o un colchón... cualquier cosa que sirva para amortiguar su caída.

Si no dispone de nada para fabricar una cuerda, cuelguese del borde de la ventana. Si la ventana no tiene alféizar, cuélguese del borde inferior del marco.

No salte hacia el exterior a menos que haya un grupo de bomberos preparados para recibirle con una manta. Si debajo hubiera alguna superficie que pueda amortiguar su caída, aprovéchela. El techo de un coche es un buen lugar para dejarse caer.

CUIDADO: los árboles pueden amortiguar su caída, pero corre el riesgo de quedar incrustado en las ramas.

Dejarse caer desde una altura

Habiendo tomado todas las medidas recomendadas para reducir la altura de su salto, piense en proteger su cabeza; un casco de automovilista es ideal para ello, pero un suéter o una toalla envueltos alrededor de la cabeza como si fuese un turbante también pueden servir.

Cuando se encuentre lo más bajo posible y dispuesto a dejarse caer, apártese de la pared del edificio con el costado del pie y, cuando caiga, doble las rodillas y vuélvase. Levante los brazos para proteger los costados de la cabeza.

Cuando llegue al suelo, doble aún más las rodillas y ruede hacia un lado apoyado sobre la espalda (sin dejar de proteger la cabeza y con las piernas en el aire). Esto ayuda a repartir el impacto sobre un área más grande y aumenta sus posibilidades de no sufrir heridas graves.

Cayendo sobre una pendiente

Lancese hacia la pendiente, con las piernas juntas y las rodillas ligeramente dobladas. Apoye el mentón contra el pecho y los codos contra los costados del cuerpo, protegiendo la cabeza con las manos. Aterrice con las plantas planas, permitiendo que las rodillas se doblen por completo, rodando hacia adelante en una voltereta. Es el método que emplean los paracaidistas.

ESPERE HASTA AGOTAR TODAS LAS POSIBILIDADES DE RESCATE ANTES DE ARRIESGARSE A LANZARSE AL VACIO DESDE UNA ALTURA SUPERIOR A LOS 4 METROS.

ESCAPAR A TRAVÉS DEL FUEGO

- *Si se ve obligado a huir a través de las llamas para ponerse a salvo, cúbrase (incluyendo la cabeza) con una manta, una cortina o un abrigo —mojados si es posible—, luego aguante la respiración y corra.*
- *Si su ropa es presa de las llamas, NO se quede de pie cuando haya escapado de las llamas. Las llamas y el humo se dirigirán hacia arriba en su cuerpo y afectarán a sus pulmones.*
- *NO corra, ya que alimentará las llamas con el aire.*
- *Ruede por el suelo y trate de envolverse en alguna cosa que extinga el fuego: una alfombra, una manta o un abrigo.*
- *Si alguien escapa del fuego con la ropa en llamas, arrójele al suelo y use los mismos métodos para extinguir el oxígeno. NO abrace a la persona contra su cuerpo porque sus prendas podrían también prenderse.*

VEHÍCULOS INCENDIADOS

El mayor riesgo que existe en estos casos es que estalle el depósito de combustible, ya que tiene el efecto de una bomba y desparrama gasolina ardiendo por todas partes. El objetivo es controlar el fuego antes de que alcance el depósito. Todo tiene un punto de inflamación y un depósito de combustible corre más riesgo que cualquier otra cosa. Habitualmente la tubería de combustible (si no está blindada) arderá, actuando como una mecha que finalmente prende fuego al depósito.

En un Garaje

Si un coche se incendia en un lugar reducido, como un garaje, pronto se acumularán humo y vapores tóxicos. Primero trate de extinguir el fuego, pero si no puede conseguirlo, aleje el coche del edificio antes de que ponga en peligro la vida y la propiedad.

NO suba al coche. Puede hacerlo todo desde el exterior del mismo, incluso dirigirlo. Si es posible, empuje el coche hacia afuera. Si su coche tiene auto-arrancador, ponga la primera o la marcha atrás y úselo para mover el coche. Con un mecanismo de encendido convencional, haga girar la llave en pequeños arranques. CUIDADO. El coche se moverá violentamente.

EXTINTOR

¡DEBE ESTAR DONDE PUEDA ALCANZARLE CON FACILIDAD!
NO tenga el extintor en el portaequipajes/maletero, sino en el interior del coche para poder utilizarlo inmediatamente. Cualquier impacto puede trabar la puerta del maletero e impedir que pueda abrirlo.

En un coche estrellado: las puertas pueden quedar atascadas. Si hay llamas, salga por la ventanilla o rompa el parabrisas.

Si el fuego se declara en el interior del coche: use el extintor o trate de apagarlo con un abrigo o una alfombrilla. Los materiales sintéticos utilizados en el tapizado de muchos coches arden rápidamente y producen un humo espeso y gases tóxicos. El humo y los gases persistirán cuando las llamas se hayan extinguido, de modo que salga del coche lo antes posible para respirar aire puro.

Si hay fuego también en el exterior: por ejemplo, en la gasolina derramada; tenga las ventanillas cerradas y aléjese con el coche de la zona en llamas, abandonando el vehículo lo antes posible cuando no haya peligro en el exterior.

INCENDIOS EN EL AIRE

Los aviones están equipados con extintores automáticos para los fuegos en los motores y extintores manuales en la cabina. La acción debe ser inmediata. En las aerolíneas comerciales avise inmediatamente a la azafata de sus sospechas de que se ha declarado un incendio; ellas saben donde se encuentra el equipo extintor de incendios y como utilizarlos. Evite provocar el pánico en los demás pasajeros. Si usted advierte la presencia de llamas o fuego humeante, trate de extinguirlos con una manta de viaje o un abrigo.

Los principales peligros de incendio son: antes del despegue, cuando hay combustible y gases volátiles alrededor del avión y, especialmente, cuando se produce un aterrizaje de emergencia, momento en que los depósitos pueden romperse y prender fuego el combustible debido a chispas eléctricas o producidas por la fricción. Se toman las precauciones para que el fuego no sea un peligro. Usted también puede ayudar. NO fume cuando así se lo indiquen. NO fume y dormite al mismo tiempo.

GASES Y PRODUCTOS QUÍMICOS

Los gases explosivos pueden producirse y acumularse en cuevas y minas, pero los principales peligros para un superviviente en terreno desconocido e inhóspito serán la deficiencia de oxígeno y el envenamiento por monóxido de carbono en espacios y refugios reducidos.

En los incendios declarados en una casa y un vehículo y en emplazamientos industriales el riesgo son los humos tóxicos producidos cuando arden plásticos y otros materiales. Los accidentes industriales y de carretera que incluyen productos químicos presentan un peligro añadido.

Es muy poco lo que puede hacer para protegerse en desastres como los ocurridos en Seveso, en el norte de Italia, o en Bophal, en la India, una vez que se han producido, salvo quedarse dentro de su casa con las puertas y ventanas herméticamente cerradas. Pero puede tratar de descubrir los riesgos latentes en la zona donde vive si hay plantas químicas o similares. Debería haber comprobaciones regulares por parte de las autoridades locales y gubernamentales y también controles rigurosos para reforzar los procedimientos de seguridad más adecuados. Muchas autoridades exigen la señalización y rotulación de aquellos lugares donde se utilizan o almacenan productos químicos. En Londres, por ejemplo, se utiliza un triángulo amarillo y/o el signo HAZCHEM.

Si manipula materiales peligrosos —no sólo en el trabajo ya que sustancias potencialmente peligrosas se utilizan en tareas domésticas, jardinería y hobbies— siga los procedimientos de seguridad recomendados. EVITE el contacto con productos químicos y la inhalación de gases, y tome precauciones contra el derramamiento, rotura, vibración o mezcla accidental con otros productos químicos que podrían provocar una reacción peligrosa.

Si se ve expuesto a gases o peligros químicos salga a respirar aire puro lo antes posible y elimine las sustancias químicas con mucha agua, PERO añadir agua a algunos productos químicos puede provocar reacciones aún más peligrosas. Aprenda las propiedades de las sustancias que manipula o transporta y las medidas para hacer frente a los accidentes.

EVITE tocar a una persona contaminada con sustancias químicas y NO practique la reanimación boca a boca hasta saber exactamente cuales son esas sustancias.

ACCIDENTES DE CARRETERA Y FERROVIARIOS

Manténgase alejado de cualquier accidente en que haya una cisterna o cualquier otro vehículo utilizado para el transporte de sustancias peligrosas. Es posible que vea parte de ese producto derramado en la carretera. Los escapes de gas pueden NO verse. Los fuegos químicos pueden combatirse con técnicas apropiadas. Si no está debidamente entrenado equipado para hacerles frente, puede agravar la situación, poniéndose en peligro y poniendo en peligro a los demás.

En esos casos, la acción habitual consiste en cubrir cualquier sustancia inflamable con espuma para eliminar el oxígeno, y en diluir las sustancias químicas que no reaccionan peligrosamente con el agua, con grandes cantidades de la misma.

PERO si ignora qué sustancias son exactamente las implicadas en el accidente y los pasos que debe seguir... NO INTERVENGA. LLAME A LOS BOMBEROS O A LA POLICÍA Y MANTÉNGASE ALEJADO.

Existen muchos casos de personas con gran espíritu cívico que han perdido la vida en esas circunstancias, como el hombre que acudió en ayuda del conductor de un camión cisterna lleno de ácido y que había volcado. Cuando llegaron los bomberos lo único que quedaba de él era su anillo de boda.

Los vehículos pueden llevar un cartel pintado advirtiendo que transportan productos químicos potencialmente peligrosos y que incluye un código de figuras y letras que advierte a los servicios de emergencia sobre el tipo de acción que deben emprender, qué tipo de protección es esencial y si el producto químico es explosivo o venenoso. En el código británico, por ejemplo, una E final significa EVACUACIÓN. Los símbolos 1 o 2 en el comienzo del código indican que se puede utilizar agua, pero eso sólo es una parte de la información, ya que el uso del agua puede producir gases que exigen el uso de mascarillas. Tal vez sea necesario usar ropa especial en esos casos.

Los detalles de estos códigos no suelen ofrecerse al público en general, ya que la información que suministran no supone una guía práctica para las personas no entrenadas, más allá de una advertencia clara de que se transportan materiales peligrosos.

Aunque la información proporcionada por estos códigos es muy valiosa para los miembros de los servicios de emergencia, ellos ignoran en que proporción están concentrados los productos químicos, o si la combinación de estos productos pudiera producir resultados diferentes de los esperados. En los casos en que los productos peligrosos en tránsito esten en conocimiento de las autoridades, los servicios de rescate pueden obtener información adicional, pero los elementos incontrolables, como la dirección del viento, la temperatura y otros factores, afectarán la forma en que se manejan esos accidentes.

Si usted ve un código de productos químicos peligrosos británicos, un signo de la CEE del Acuerdo europeo sobre transporte internacional de mercancías peligrosas por carretera (ADR), que da una información mucho menos detallada, o el Código internacional de emergencia de las naciones Unidas (EAC), que cubre sólo un limitado número de procedimientos en caso de emergencia, CONSERVE LA DISTANCIA.

INUNDACIÓN

Las inundaciones pueden producirse por el desbordamiento de ríos, lagos y embalses a causa de lluvias torrenciales (no necesariamente en en el lugar donde se produce la inundación); por la subida del agua de mares y lagos debido a terremotos submarinos, huracanes y mareas altas anormales y vientos; o por la rotura de diques o presas.

La lluvia torrencial puede producir rápidamente grandes torrentes donde sólo había el lecho seco de un río, o una subida del nivel del agua en un estrecho canal o detrás de una barrera que luego deja paso a una pared de agua que lo arrasa todo a su paso.

La lluvia persistente durante un período prolongado, después de una temporada de sequía y de grandes tormentas, debería alertarle para mantenerse alejado de canales y terreno bajo, pero una inundación puede afectar a áreas mucho más extensas. Siempre es más seguro acampar en una zona elevada. Si el nivel del agua está subiendo, trasládese a una zona aún más elevada. En áreas montañosas, aléjese del fondo de los valles, ya que son especialmente proclives a inundaciones súbitas.

Es probable que la comida no sea un problema, al menos al principio, ya que los animales también se dirigirán a tierras altas. Tanto depredadores como presas se reúnen para ponerse a salvo, pero tenga cuidado de no resultar herido por los animales presa del pánico.

Puede ser difícil conseguir agua potable, ya que el agua que le rodea puede estar contaminada. Recoja agua de lluvia para beber y hierva cualquier otra clase de agua antes de usarla.

Edificios inundados

Si usted se encuentra en un edificio sólido cuando comienza la inundación, quédese allí si el agua sube rápidamente. Correrá menos peligros que si intenta la evacuación a pie. Corte el gas y la electricidad y prepare raciones de comida de emergencia; ropa de abrigo; agua potable en botellas plásticas con tapón a rosca u otros recipientes herméticamente cerrados. Es muy importante que los recipientes estén bien cerrados para impedir que su contenido se derrame o se contamine. Si puede, coja un silbato, una linterna, un espejo, ropa de colores vivos, o banderas, que serán muy útiles para hacer señales y añádalas a su equipo. Un hornillo de acampada será muy útil para calentar alimentos y para dar calor. Las velas también son útiles, y NO olvide las cerillas.

Moverse hacia el piso superior

Suba al piso superior o al tejado si se trata de una casa de una sola planta. Si se ve obligado a ocupar el tejado, construya alguna clase de refugio. Si se trata de un tejado en declive, ate a todos a una chimenea u otra estructura sólida que se mantenga firme. Si todo hace suponer que el agua seguirá subiendo, prepare alguna clase de balsa. Si no dispone de cuerdas, use sábanas para atar las cosas. A menos que el agua amenace con arrasar su casa, o suba tanto que se vea obligado a evacuarla, permanezca donde ésta hasta que cese de llover.

Prepararse para la inundación

Si usted vive en el valle de un río o en una zona costera proclive a las inundaciones, averigue a qué altura se encuentra sobre el nivel normal del agua. Aprenda cual es la mejor ruta hacia el terreno elevado, no necesariamente hacia la autopista, ya que en el fondo de los valles las carreteras principales tienden a seguir los canales de drenaje. En la temporada de lluvias escuche las advertencias sobre inundación, ya que a menudo prevén los niveles que alcanzará el agua y las áreas que se verán afectadas.

Incluso unos pocos centímetros de caudal de una crecida puede causar muchos daños y es mejor colocar sacos de arena o bolsas de plástico llenas de tierra en puertas y ventanas para impedir la entrada del agua. Si vive en una casa realmente bien construída y puertas, ventanas y otras aberturas están bloqueadas, el agua no penetrará en el interior. El tubo de la caldera, los orificios de ventilación y otros espacios deben ser sellados.

Si es probable que el agua alcance una gran altura, no tiene sentido tratar de que no entre en el sótano. En algunas casas con sótano esto podría causar un daño aún mayor debido a la presión desigual del agua contra las paredes. Si no hay ninguna duda de que la inundación llegará hasta su casa, llene usted mismo su sótano con agua, para que la presión esté equilibrada. Más tarde, tendrá menos superficie que limpiar.

Evacuación

Si está abandonando su casa, entre todos los muebles exteriores; ello reducirá la cantidad de objetos flotantes o arrastrados hacia afuera.

Cuando camine o conduzca hacia un lugar más seguro: recuerde que una pequeña depresión en el nivel de la carretera en una colina puede representar una considerable diferencia en la profundidad del agua.

NO trate de cruzar un estanque: (o una corriente) a menos que esté SEGURO de que el agua no será más alta que el centro de las ruedas del coche o que sus rodillas.

Si debe cruzar: aplique las técnicas de cruces de ríos (ver ***En marcha)***

Si cruza puentes sumergidos: tome medidas especiales, tal vez no alcance a ver que la corriente se ha llevado parte del puente.

Inundaciones repentinas

En épocas de lluvias intensas, manténgase apartado del fondo de los valles y de los cursos de agua durante y después de la lluvia. Recuerde que no debe encontrarse en la base de una colina para verse atrapado por el agua que cae por las laderas, transportando a menudo barro y conjuntos de restos de árboles y piedras.

Inundación costera

Es habitualmente una combinación de pleamar y vientos que elevan aún más el nivel del agua. Normalmente se advertirá de la inminencia de la inundación y la evacuación será la mejor solución.

Consecuencias de la inundación

Cuando el agua retrocede deja un vasto escenario de devastación con desperdicios y los restos de las víctimas de la inundación. Con la podredumbre y la contaminación del agua se produce el riesgo de enfermedades y deben tomarse todas las precauciones necesarias. Queme todos los cadáveres de animales —no se arriesgue a comerlos— y hierva el agua antes de usarla. Algunos granos tal vez puedan utilizarse una vez que las aguas se hayan retirado, y las aves que hayan escapado a la inundación pueden rescatarse y ser buenas para comer.

TSUNAMI

Un tsunami está íntimamente relacionado con un terremoto en el fondo océanico, produciendo una serie de olas que pueden alcanzar más de 30 m de altura y provocando daños considerables en las costa.

Es un fenómeno típico del Pacífico —donde se han registrado más de 200 en este siglo— y su efecto y escala pueden variar según la dirección, forma de la costa y otros factores. Un tsunami pequeño en una playa determinada, puede ser una ola gigante unos kilómetros más lejos. Los avisos sobre el tsunami son transmitidos por el cuartel general del National Oceanic and Atmospheric Administrations's Pacific Tsunami Warning System con sede en Hawai.

No todos los terremotos producen un tsunami, pero cualquiera puede producirlos. Manténgase alejado de las playas y diríjase a tierras altas cuando haya temblores de tierra. NO vaya a buscar un tsunami: si está lo bastante cerca para verlo, también se encuentra demasiado cerca para escapar de la ola, a menos que se encuentre en un terreno muy elevado. No hay apenas defensa contra una pared de agua en movimiento. Proceda a la evacuación de inmediato.

AVALANCHA

Las avalanchas constituyen un grave peligro en todas las regiones montañosas. Estos son los tipos principales. Sus causas y formas de evitarlas se analizan en *Montañas* en la sección *Clima y terreno.*

☐ *AVALANCHA DE PLACAS BLANDAS*

La nieve que cae sobre las laderas protegidas, a menudo debajo de una cornisa, no logra asentarse y volverse compacta como la nieve que hay debajo. Entonces se forma una grieta. Puede parecer dura y segura pero la más pequeña perturbación —o un ruido fuerte como el disparo de un rifle— puede poner toda la placa en movimiento.

☐ *AVALANCHA DE PLACAS DURAS*

Aquí la placa presenta una superficie dura engañosa y caminar sobre ella suele provocar un ruido resonante. A menudo es el resultado de fuertes vientos y un súbito descenso de la temperatura. El movimiento de un escalador o un esquiador puede provocar el desprendimiento de toda la placa o una gran cantidad de rocas muy peligrosas.

☐ *AVALANCHA EN FORMA DE ALUD*

A menudo es consecuencia de nieve nueva cayendo sobre una placa ya endurecida o en condiciones secas y frías. Puede comenzar como una avalancha de placa, pero aumenta de tamaño al añadir nieve en polvo y puede alcanzar una velocidad de 90 m/seg. Cúbrase la boca y la nariz para tener una posibilidad de sobrevivir. La muerte se produce por asfixia al inhalar nieve en grandes cantidades.

☐ *AVALANCHA DE NIEVE HÚMEDA*

Más frecuente en épocas de deshielo, en invierno o primavera, después de un súbito aumento de la temperatura y después de una nevada. La nueva capa húmeda no se puede adherir con facilidad a la capa antigua y menos densa. Se mueve más lentamente que el alud, arrastrando rocas y árboles en su descenso y produciendo grandes bolas de nieve. Cuando se detiene se congela casi al instante, haciendo que el rescate sea muy complicado.

Acuéstese y use la brazada de estilo libre para mantenerse encima del alud; los materiales acarreados pueden formar un estrato muy profundo. Quítese los esquíes, la mochila u otros impedimentos. Cúbrase la nariz y la boca para impedir la entrada de nieve. Cuando el alud haya cesado, construya a su alrededor una canvidad muy grande antes de que la nieve se solidifique y trate de alcanzar la superficie. Libérese de cualquier otro objeto que aún tenga en su poder, ya que dificultará su rescate cuando sea localizado y le extraigan de la nieve. Reserve su energía para gritar con todas sus fuerzas cuando oiga que hay personas cerca.

HURACÁN

Un huracán es un viento de alta velocidad —superior a fuerza 12 en la escala de Beaufort— que produce lluvias torrenciales y puede destruir cualquier estructura endeble. Es una forma de ciclón tropical que, en latitudes más templadas, verá impedido su desarrollo en los niveles superiores de la atmósfera por los vientos del oeste.

A los huracanes se les conoce por distintos nombres alrededor del mundo:

Huracán: Caribe y Atlántico norte, Pacífico nororiental, Pacífico suroccidental.
Ciclón: Mar arábigo, Bahía de Bengala, Océano Índico meridional.
Tifón: Mar de la China, Pacífico noroccidental.
Willy-willy: noroeste de Australia.

Los huracanes se forman sobre el océano cuando las temperaturas del mar se hallan en su punto más alto, especialmente a finales del verano. El aire caliente crea una zona de baja presión alrededor de la cual el viento puede girar a velocidades de hasta 300 km/h o más, en sentido inverso al de las agujas del reloj en el hemisferio norte y a la inversa en el hemisferio sur. Los vientos más fuertes se encuentran habitualmente a 16-19 km del centro del huracán, pero el centro u «ojo» produce una calma temporal. El «ojo» del huracán puede tener 6-50 km de diámetro y los huracanes más poderosos hasta 500 km. Pueden aparecer en cualquier época del año pero, en el hemisferio norte, la estación principal es de junio a noviembre, mientras que en el hemisferio sur es de noviembre a abril (especialmente enero y febrero). Los huracanes no son una característica del Atlántico sur.

Modelo de huracán

Los huracanes ganarán fuerza mar adentro y comenzarán a orientarse hacia el polo, siendo mayor la velocidad del viento en el lado del ojo que mira precisamente en dirección al polo. Pueden viajar a una velocidad de 50 km/h, devastando las islas a su paso y causando estragos en las costas continentales, pero suelen reducir su velocidad a unos 16 km/h cuando se adentran en el continente.

Avisos de huracán

Los satélites de vigilancia permiten que los meteorólogos vean la formación de los huracanes mar adentro, seguir su evolución y advertir sobre su proximidad. Algunos huracanes se mueven muy erráticamente, de modo que, los marinos, sobre todo, deben tener en cuenta los pronósticos del tiempo en áreas de huracanes.

Sin un radio que pueda alertarle, un indicio del huracán puede ser el aumento del oleaje, cuando se une a otras condiciones tales como amaneceres o crepúsculos muy coloridos; densos cirros convergiendo hacia el vértice de la tormenta que se acerca; aumentos anormales de la presión barométrica seguidos de descensos igualmente bruscos.

Precauciones de seguridad

Aléjese del camino del huracán si tiene posibilidades de hacerlo.

- Las advertencias sobre la presencia de un hurácan suelen hacerse cuando se lo espera en las próximas 24 horas y eso le proporcionará tiempo suficiente para alejarse de su camino.
- Manténgase alejado de la costa, donde la destrucción será peor, con inundaciones y mareas altas, y de las orillas de los ríos.
- Coloque paneles de madera sobre las ventanas y asegure los objetos exteriores que pueden ser llevados por el viento.
- En el mar, arríe las velas, cierre las escotillas y guarde en lugar seguro todo el equipo.

Si se encuentra en un edificio sólido en terreno elevado, PERMANEZCA EN ESE LUGAR, ya que viajar durante un huracán es extremadamente peligroso. El lugar más seguro suele ser un sótano o debajo de las escaleras. Almacene agua potable —el agua y la energía eléctrica pueden verse cortadas durante la tormenta— y disponga de una radio operada con baterías para mantenerse en contacto con el exterior y poder escuchar las instrucciones. Si la construcción no es segura, trasládese a un refugio. Corte la corriente eléctrica antes de marcharse.

Buscar refugio

En el exterior, una cueva ofrecerá la mejor protección posible. Un foso o trinchera será el siguiente mejor refugio. Si no puede huir del huracán, acuéstese en el suelo para estar mejor protegido de los objetos voladores. Arrástrese hacia la zona protegida de cualquier refugio sólido, como un saliente rocoso o un amplio círculo de árboles grandes. Tenga cuidado con los árboles pequeños y los setos, ya que la fuerza del viento puede arrancarlos.

Cuando el huracán haya pasado, permanezca donde está. Habitualmente se producirá una calma de una hora aproximadamente mientras pasa el ojo del huracán, y luego los vientos volverán a soplar en la dirección contraria. Si ha buscado refugio en el exterior, trasládese al otro lado de su zona de protección o busque un refugio mejor que no se halle demasiado lejos.

TORNADO

Los tornados son violentas tormentas asociadas con bajas presiones atmosféricas y vientos en forma de remolino. Aparentemente se desarrollan cuando el aire de superficie se ha calentado y una columna de aire desciende desde la base de unas nubes cúmulonimbo tormentosas. El aire, bajando velozmente hacia la zona de bajas presiones, comienza a girar violentamente.

Los tornados son los fenómenos atmosféricos más violentos y los más destructivos cuando afectan a un área pequeña. La velocidad del viento se ha calculado en 620 km/h.

El diámetro del «torbellino» a nivel del suelo es de sólo 25-50 m pero, dentro de él, la destruccón es terrible. Todo lo que encuentra a su paso, excepco las construcciones sólidas, es absorbido hacia arriba. La diferencia de presión en el interior y el exterior de una casa o construcción es a menudo causa de colapso o «explosión». Los tornados pueden sonar como una máquina de hilar o como un motor y se los ha oído desde distancias superiores a los 40 km. Viajan a una velocidad de 50-65 km/h.

En el mar, los tornados producen trombas marinas. Aunque pueden producirse en cualquier otra parte, los tornados son más frecuentes en las praderas de EEUU, en el valle de los ríos Mississippi y Missouri y en Australia. Pueden convertirse en huracanes.

Precauciones ante los tornados

Refúgiese en la estructura más sólida que encuentre, reforzada con cemento o con acero si fuese posible, pero preferiblemente en una cueva o un sótano que sirva de refugio durante las tormentas. Si se trata de un sótano común, permanezca junto a una pared o en una sección especialmente reforzada. Si no dispone de un sótano, colóquese en el centro de la planta baja, en una habitación o refugio pequeños debajo de algún mueble sólido y resistente, pero no en una zona que se encuentre debajo de otro piso donde haya muebles pesados. Aléjese de las ventanas.

Cierre todas las puertas y ventanas del lado que enfrenta al tornado y abra las que dan al otro lado. Esto impedirá que el viento entre y levante el techo y equilibrará la presión, impidiendo que la casa «explote».

NO permanezca dentro de una caravana o de un coche, ya que podrían ser «chupados» por la tormenta.

En el exterior, se halla expuesto a los innumerables objetos voladores y a ser absorbido por el viento, aunque ha habido casos de personas que han vuelto a ser depositadas en tierra ilesas! Usted PUEDE ver y oir a un tornado cuando se acerca. Apártese de su camino. Muévase en ángulo recto con respecto a su dirección aparente. Refúgiese en una zanja o depresión del terreno, tiéndase y cúbrase la cabeza con las manos.

RAYOS

La liberación de cargas eléctricas acumuladas de las nubes puede ser especialmente peligrosa en terreno elevado o cuando usted es el objeto más alto. Durante una tormenta eléctrica, manténgase apartado de la cresta de las colinas, de los árboles altos y de las piedras grandes y aisladas. Trate de llegar a terreno bajo y tiéndase en el suelo.

Aislamiento

Si no puede apartarse de los objetos altos, pero tiene algún material SECO que le proporcione aislamiento, siéntese sobre él. Los zapatos con suelas de goma pueden ser aislantes, pero no son una garantía para su seguridad. NO se siente sobre nada mojado. Incline la cabeza y apoye las rodillas contra el pecho, levantados los pies del suelo. No toque el suelo con las manos ya que podría servir de conducción a los rayos. Si no dispone de nada para aislarse, tiéndase en el suelo.

Permanezca tendido

A veces puede sentir que el golpe de un rayo es inminente a través de un cosquilleo en la piel y la sensación de que los pelos se ponen de punta. Si está de pié, arrójese al suelo INMEDIATAMENTE, poniéndose primero de rodillas con las manos tocando el suelo. Si el rayo cae sobre usted, la carga puede tomar el camino más corto a través de sus brazos, esquivando el torso y no provocándole la muerte por asfixia o parada cardíada. TIENDASE RÁPIDAMENTE.

No lleve objetos metálicos cuando haya una tormenta eléctrica y aléjese de las estructuras metálicas y de las vallas. Sin embargo, no se desprenda de su equipo si luego no puede recuperarlo, (escalando una montaña, por ejemplo). Un hacha seca con mango de madera puede hacer chispas en la punta pero está bien aislada. La proximidad a grandes objetos metálicos puede ser peligrosa, incluso sin que exista el contacto, ya que la onda de choque provocada por el aire calentado —cuando pasa el rayo— puede causar lesiones en los pulmones.

Refugio

Uno de los mejores lugares para refugiarse durante una tormenta eléctrica es el interior de una cueva profunda con un mínimo de 1 m a cada lado. NO se refugie en la boca de una cueva o debajo de una saliente rocosa en terreno montañoso. El rayo puede echar chispas a través de la grieta. Las pequeñas aberturas en las rocas suelen ser los extremos de fisuras que también son rutas de drenaje y canales automáticos para los rayos.

TERREMOTO

Los terremotos son, probablemente, las formas de violencia natural más temidas por el hombre y aparecen súbitamente sin apenas advertencia. A diferencia de otras amenazas naturales, como las inundaciones y los incendios, es muy poco lo que se puede hacer para preparse. Los terremotos van desde vibraciones menores en la tierra, detectables solamente con sofisticados instrumentos de precisión, hasta terribles movimientos de tierra que son capaces de separar montañas.

Los temblores menores de tierra pueden producirse en cualquier parte, pero los mayores seísmos están confinados a fallas terrestres conocidas donde los edificios se construyen con la posibilidad de resistirlos o de causar daños mínimos si se derrumban, como los edificios tradicionales en el Japón. Las ciudades modernas raramente tienen esto en cuenta.

El constante control que ejercen los sismólogos hace que los grandes seísmos puedan ser anticipados para proceder a la evacuación de la gente. Los animales se ponen tensos, nerviosos y dispuestos a huir.

Un conocimiento detallado de la geología local puede indicar los puntos débiles a lo largo de fisuras principales, pero los temblores y las ondas de movimiento a través de la tierra pueden extenderse a prácticamente cualquier parte en la zona del terremoto.

Causas

Los terremotos están provocados por la súbita liberación de tensión acumulada en la corteza terrestre, tan profundamente como 700 km debajo de la superficie, pero sólo una fractura en la placa más próxima a la superficie es la que puede afectar a la misma. La onda de choque del terremoto de Alaska en 1964, por ejemplo, se produjo a unos 20-30 km de la superficie.

El cinturón del terremoto discurre a lo largo de los bordes de las placas semirígidas que forman la corteza de la Tierra. Los terremotos más profundos se producen a lo largo de las fallas oceánicas, formando y destruyendo islas. El más violento de estos movimientos tiende a producirse en áreas donde una placa está incrustada debajo de otra y ejerciendo presión contra ella, como sucede a lo largo de la costa occidental de América del Norte, donde la Falla de San Andrés constituye una zona especialmente vulnerable a los seísmos.

Una sucesión de temblores preliminares, conocidos como choques previos, seguida a menudo por un período sísmicamente tranquilo, suele preceder a un importante terremoto, al que realmente dan paso. Estos temblores iniciales pueden pasar desapercibidos.

Precauciones domésticas contra los terremotos

Sintonice la radio en una emisora que le mantenga informado de todos los detalles si existe la posibilidad de que se produzca un terremoto. Corte el gas, la electricidad y el agua si así se lo recomiendan. Quite los objetos pesados y grandes de estanterías altas, de las cuales podrían caer sobre su cabeza. Coloque botellas, vasos, bajilla y otros objetos rompibles en aparadores bajos. Los estantes deberían contar con un borde elevado o un tope para impedir que los objetos cayeran al suelo. Las puertas de los aparadores deben tener un buen sistema de cierre, no precisamente pestillos de presión magnética. Asegure o retire los objetos colgantes, como tiestos con flores y lámparas grandes.

En caso de necesidad debe tener: agua potable y alimentos, una linterna, un botiquín de primeros auxilios y un extintor.

MANTÉNGASE ALEJADO DE CUALQUIER COSA QUE PUDIERA CAER SOBRE USTED: árboles, ya que pueden ser arrancados; edificios ya que, aunque sean lo batante estables como para no derrumbarse, grandes trozos de los mismos pueden caer a la calle. Lo ideal es dirigirse hacia una zona abierta pero, si eso no es posible, y quizá no disponga de tiempo, es más seguro quedarse en el interior. En las calles, la rotura de las conducciones de gas y electricidad pueden ser un peligro añadido. La gente que entra y sale es la que está más expuesta a los trozos que caen desde los edificios.

□ *EN EL INTERIOR*

Si usted está en el interior de una casa o edificio al comenzar el terremoto, permanezca en ese lugar. Apague cualquir fuego que esté encendido en ese momento. Aléjese de los cristales, incluyendo los espejos, y sobre todo de los grandes ventanales.

- Una esquina interior de la casa, o un portal interior bien sustentado, son buenos lugares para refugiarse.
- Un piso inferior o un sótano brindan probablemente la mejor posibilidad de sobrevivir. Un piso más alto podría derrumbarse con usted dentro. Asegúrese de que hay muchas salidas.
- Métase debajo de una mesa u otro mueble sólido y resistente que no sólo le protegería sino que también le permitirá respirar.
- Si se encuentra en una tienda, apártese de las estanterías donde haya productos que puedan caerse.
- Si se encuentra en una oficina a gran altura, no se mueva. Nunca se meta en un ascensor. Las escaleras pueden atraer a personas presas del pánico. Busque un escritorio y refúgiese debajo de él.

□ *EN UN COCHE*

Pare el coche lo más rápida y seguramente que pueda... pero no baje de él. Le ofrecerá un poco de protección contra los objetos que puedan caer desde lo alto. Agáchese a la altura del asiento y estará más protegido si algo cae sobre el coche. Cuando cesen los temblores, observe los alrededores buscando cualquier obstáculo o peligro: cables rotos, calles socavadas o puentes que puedan ceder.

□ *EN EL EXTERIOR*

Si está en un lugar abierto, tiéndase en el suelo. NO intente correr. Podría caer dentro de una fisura.

- Aléjese de los edificios altos.
- No entre deliberadamente en un túnel o en un lugar subterráneo donde podría quedar atrapado si se bloquean las salidas.
- Si ha logrado salir a un lugar abierto, no regrese a la zona de los edificios ya que podrían producirse pequeños temblores que derrumbarán las estructuras aflojadas por el primer terremoto.
- En la ladera de una colina, es más seguro dirigirse hacia la cima. Las laderas son proclives a los corrimientos de tierra y cualquiera que esté atrapado en las toneladas de tierra y piedras moviéndose a gran velocidad tendría pocas posibilidades de sobrevivir. Se sabe de personas que se han salvado rodando sobre el suelo convertidas en una pelota.
- Las playas —siempre que no se encuentren debajo de acantilados— son, en principio, lugares seguros pero, puesto que a los terremotos suelen suceder grandes olas, debería alejarse de la playa hacia terreno elevado y abierto tan pronto como hayan cesado los temblores. Sucesivos temblores no serán nunca tan peligrosos como un tsunami.

Precauciones posteriores

La rotura de los sistemas de alcantarillado, la contaminación del agua y los peligros de los cuerpos atrapados entre los restos pueden hacer que el riesgo de epidemias sea tan peligroso como el propio terremoto. Entierre todos los cadáveres, tanto animales como humanos.

- NO se refugie en edificios dañados y tampoco entre sus escombros. Construya un refugio con lo que pueda encontrar.
- Cuide especialmente la higiene personal y las medidas sanitarias. Filtre y hierva toda el agua.
- No encienda cerillas ni mecheros, ni use artefactos eléctricos, porque puede haber fugas de gas. Las chispas provocarán una explosión de gas.
- Compruebe que el sistema de cloacas esté intacto antes de usar los lavabos.
- Abra con cuidado los armarios, los objetos podrían caer sobre usted.
- Esté preparado para el shock posterior al terremoto.

¡PERMANEZCA EN CALMA! ¡PIENSE DEPRISA!

La rapidez es esencial cuando se produce un terremoto. Hay muy poco tiempo para organizar a los demás. Use la fuerza si es necesario para ponerles a salvo o arrójeles a tierra.

ERUPCIÓN VOLCÁNICA

Los volcanes activos se encuentran en aquellas zonas del mundo que también son las más afectadas por los terremotos, o sea, donde hay mayores movimiento subterráneos. Volcanes inactivos desde hace mucho tiempo y volcanes muertos pueden encontrarse en todas partes, como la Silla de Arturo en Edimburgo, Escocia.

Cuando la presión interna expulsa hacia el exterior las rocas fundidas (magma) se forma un canal. Este canal es habitualmente el principal camino de salida para erupciones posteriores, aunque también pueden aparecer otras aberturas. Una erupción importante puede volar toda la parte superior de una montaña.

El magma, habitualmente conocido como lava cuando llega a la superficie, puede ser de dos clases: lava de gratito, que es viscosa y se desplaza lentamente, y lava basáltica, que fluye más rápidamente a velocidades de 8-16 km/h. La lava de granito tiende a bloquear la boca del volcán, finalmente abierta por una explosión que es consecuencia de la acumulación de presión, lanzando lava y rocas ígneas a considerable distancia y provocando incendios.

PELIGROS DE LA ERUPCIÓN

□ *LAVA*

Aunque es posible evitar la lava basáltica, esta continúa fluyendo incesantemente hasta alcanzar el fondo del valle o enfriarse. Arrasa todo lo que encuentra a su paso. El flujo de lava volcánica es quizá el menor de los peligros que supone para la vida humana una erupción volcánica, ya que una persona sin problemas físicos puede apartarse de su camino sin mayores dificultades. Pero otros peligros NO pueden evitarse con la misma facilidad.

□ *PROYECTILES*

Los proyectiles volcánicos, que van desde fragmentos del tamaño de un guijarro hasta grandes rocas y «bombas» de lava incandescente, pueden llegar a considerable distancia. Una lluvia de ceniza volcánica puede cubrir una zona aún más amplia, y parte del polvo es llevado a gran altura y se dispersa alrededor del mundo afectando las condiciones climatológicas.

Si se aleja de una zona próxima al volcán, los cascos duros del tipo utilizado por trabajadores de la construcción, motociclistas o jinetes pueden proporcionarle alguna protección. En zona más alejadas, donde tal vez la evacuación no sea necesaria, deberá protegerse de los efectos de las cenizas y de cualquier lluvia que la acompañe.

□ *CENIZA*

La ceniza volcánica no es exactamente ceniza, sino rocas pulverizadas expulsadas en una nube de vapor y gases. Abrasiva, irritante y pesada, puede derrumbar los techos de las casas. Ahoga los cereales, bloquea las carreteras y los cursos de agua y, combinada con los gases tóxicos, puede lesionar los pulmones a los niños, los ancianos y a aquellas personas con problemas respiratorios. Los gases altamente concentrados, capaces de envenenar a personas sanas, se encuentran sólo en una zona muy próxima al volcán. Pero, cuando el dióxido de azufre de la nube de ceniza se combina con la lluvia, se produce ácido sulfúrico (y, a veces, otros) en concentraciones que pueden quemar la piel, los ojos y las membranas mucosas. Use gafas protectoras (gafas de esquiador o una máscarilla respiratoria que cubra los ojos, NO gafas de sol). Use un paño mojado que cubra la nariz y la boca, o máscaras industriales anti polvo si dispone de ellas. Al llegar al refugio, quítese la ropa, lave completamente la piel que ha estado expuesta y los ojos con agua limpia.

□ *BOLAS DE GAS*

Una bola de gas y de polvo puede rodar por la ladera del volcán a una velocidad superior a los 160 km/h. Este fenómeno (llamado por los científicos *nube ardiente*) es incandescente y se mueve demasiado rápido para poder esquivarlo. A menos que haya un refugio sólido y subterráneo, lo más seguro y la única posibilidad de sobrevivir es sumergirse en el agua y contener la respiración durante medio minuto aproximadamente hasta que haya pasado.

□ *AVALANCHA DE BARRO*

El volcán puede fundir la nieve y el hielo y provocar un alud glacial o —combinado con la tierra— crear una avalancha de barro, conocida como «lahar». Puede moverse a más de 100 km/h con efectos devastadores, como sucedió en Colombia en 1985. En un valle estrecho, el lahar puede alcanzar una altura de 30 m. Es un peligro aún después de que la erupción ha terminado y representa un riesgo potencial incluso cuando el volcán está inactivo, si genera el calor suficiente para fundir el hielo. Las lluvias torrenciales también pueden fundir el hielo.

ADVERTENCIAS

Los volcanes suelen mostrar un incremento en su actividad antes de que se produzca una gran erupción, con temblores y escapes de vapor y gases. Otras señales de advertencia son olor a azufre en los ríos, lluvia ácida o irritante, sonidos retumbantes o chorros de vapor del volcán. Si procede a la evacuación en coche, recuerde: las cenizas pueden tornar resbaladizas las carreteras, aún cuando no las bloqueen. Evite las rutas que discurren por el valle ya que podrían constituir un camino para el lahar.

RADIACIÓN

Una radiación potencialmente nociva es utilizada para el diagnóstico y tratamiento de distintas enfermedades. Y se usan materiales radiactivos para la producción de energía nuclear. La exposición a los rayos X debe controlarse cuidadosamente. Los técnicos que operan esos equipos lo hacen desde atrás de unas pantallas especiales para protegerse de las radiaciones. Las instalaciones nucleares y los materiales fisionables que usan representan peligros mucho más grandes.

La radiación nuclear de material fisionable puede ser tolerada en pequeñas dosis; un bajo nivel de radiación estaba presente mucho antes de que el hombre separara el átomo. La radiación se mide en roentgen por hora (R) y, si una pequeña parte del cuerpo es expuesta, una persona sana puede tolerar una breve exposició a una carga de 5000R, pero una dosis de sólo 700R en todo el cuerpo es letal.

Las centrales nucleares, las plantas de investigación y las plantas de procesamiento de residuos nucleares usan protecciones, ropa especial y procedimientos decontaminantes para proteger a sus empleados e impiden la contaminación de otros y del medio ambiente. Pero a pesar de elaborados sistemas de seguridad y de control, se han producido fugas y accidentes en estas plantas y los problemas asociados al transporte y eliminación de los residuos nucleares aún no han sido resueltos satisfactoriamente.

En EEUU y Gran Bretaña, cada comunidad próxima a una central nuclear tiene un plan de emergencia para hacer frente a un accidente radiactivo. Para averiguar cuáles son estos planes póngase en contacto con las autoridades locales. Las emisoras de radio locales serán utilizadas para emitir informaciones de emergencia y es probable que le recomienden evacuar el área afectada. Si no es así, permanezca dentro de su casa el máximo tiempo posible. La exposición a pequeñas emisiones de yodo radiactivo es tratada con tabletas de ioduro de Potasio que retarda la absorción por el organismo.

Cualquier persona que pueda haber estado expuesta en una fuga radiactiva debe lavarse completamente el cuerpo con jabón y mucha agua y buscar ayuda inmediatamente.

Armas nucleares

El uso ofensivo de la energía nuclear estará probablemente precedido por una escala gradual de la situación militar. Es posible que haya un período en el cual aquellos que así lo deseen, tomen medidas para protegerse. Sin embargo, no hay ninguna garantía de que se produzca una advertencia previa y los refugios adecuados a esta situación no pueden construirse en poco tiempo. Muchas personas creen que lo mejor es comenzar a construir ahora refugios nucleares. Otros, especialmente en zonas susceptibles de ser alcanzadas por armas nucleares, pueden pensar que todo eso es inútil.

Cualquiera que logre escapar a la aniquilación nuclear necesitará una mentalidad de superviviente muy superior a la de cualquier otra situación de supervivencia.

EXPLOSIÓN NUCLEAR

Los peligros inmediatos de una explosión nuclear son onda expansiva, calor y radiación. La gravedad de sus efectos dependerá del tamaño y el tipo de arma utilizada, la distancia o altura de la explosión, las condiciones del tiempo y del terreno. El calor y la onda expansiva son similares a las que producen los explosivos convencionales, pero muchas veces más poderosos.

□ *ONDA EXPANSIVA*

La detonación provoca la onda de choque inicial. Aún más poderosa es la compresión del aire producida por la rápida expansión de la bola de fuego. La onda de presión viajando hacia el exterior desde el punto de detonación arrasará edificios, arrancará árboles y llenará el aire de restos voladores, mucho antes de la ola de calor. Aproximadamente la mitad de la energía total de la explosión se desarrolla de este modo.

Cuando ha pasado la onda expansiva, el aire regresa violentamente a ocupar el vacío que ha dejado y provoca más daños. En los lugares distantes donde la onda expansiva inicial sólo ha debilitado las estructuras, este efecto de vacío acabará el trabajo.

□ *CALOR*

La radiación térmica (calor y luz) producida por la explosión nuclear alcanza temperaturas más elevadas que las del sol e incluye rayos ultravioletas, infrarrojos y de luz visible de gran intensidad. Cerca del punto de detonación, todos los materiales inflamables se incendian e incluso se evaporan. En el caso de la bomba de Hiroshima, se quemó la piel expuesta de personas que se encontraban a una distancia de 4 km. Las armas nucleares actuales son MUCHAS veces más potentes y sus efectos son comparablemente más extensivos. Incluso la visión de la explosión puede causar graves lesiones oculares y quemaduras en la piel.

□ *RADIACTIVIDAD*

Además de la radiación térmica, la fisión nuclear produce partículas alfa y beta y rayos gamma. Aunque la precipitación radiactiva se asienta en la tierra, con la aparición de polvo o ceniza blancos, este es el residuo de materia destruida y no la radiactividad en sí. Esa radiactividad no puede ser detectada por los sentidos humanos. Se necesita un contador geiger para registrar su presencia, indicada por un dial o una señal acústica que aumenta junto con la radiación.

► **Partículas alfa** tienen baja capacidad de penetración y es fácil rechazarlas, NO pueden penetrar la piel pero sí suponen graves problemas si se las ingiere o inhala.

► **Partículas beta** son sólo ligeramente penetrantes y tanto la ropa y las botas pesadas le protegerán completamente. Puede causar quemaduras en la zona de piel expuesta. Si se las ingiere, atacan los huesos, el conducto gastrointestinal, la glándula tiroides y otros órganos.

►**Los rayos gamma** son de alta penetración. Viajan mucho más lentamente que los alfa y los beta, lesionando las células del cuerpo.

> ***Los síntomas comunes de la exposición a la radiación son: náusea, vómitos, debilidad general. En la piel aparecen úlceras que tienden a adquirir una tonalidad grisácea.***

Radiación residual

La radiación inicial producida durante el primer minuto de una explosión nuclear puede matar, pero sólo dura un breve intervalo. Una vez que ha pasado la onda expansiva, también lo ha hecho la amenaza de radiación inicial. No obstante, la exposición a la radiación residual puede ser igualmente peligrosa.

La cantidad de radiación residual depende de la forma en que haya sido detonada la bomba. Si lo ha sido a gran altura sobre la tierra y la bola de fuego no ha tocado el suelo, se produce una escasa radiación residual o lo que los estrategas llaman una «bomba limpia». Si explosiona en o cerca del suelo, una gran cantidad de tierra y escombros es chupada hacia arriba a gran altura y vuelve a caer a la tierra en forma de polvo radiactivo. Las partículas más pesadas caen en las proximidades de la explosión, pero las más ligeras pueden ser transportadas por el viento y cubrir una zona más amplia, expandiendo de este modo la radiactividad.

Con el tiempo, la radiación desaparece; las ciudades de Hiroshima y Nagasaki han sido reconstruídas y rehabitadas. Sin embargo, mientras que hasta un 70 % de estas partículas siguen siendo radiactivas durante un día o menos, a otras les lleva años perder su radiactividad.

La radiactividad a la que podría quedar expuesta una persona desprotegida en las primeras horas de la explosión, excederá con creces a la que recibiera durante el resto de la semana. La radiactividad recibida en esa primera semana excederá a la acumulada durante el resto de la vida en la misma zona contaminada. Por tanto, es muy importante estar protegido durante las etapas iniciales.

Refugios contra la radiación

A falta de un bunker profundo y equipado con aire y reservas de agua y alimentos, en el cual resistir un conflicto nuclear y sus consecuencias, la mejor protección es una profunda trinchera con un techo cubierto por un metro o más de tierra. Si la explosión es suficientemente lejana para no causar una destrucción total, la trinchera y la tierra le protegerán de la onda expansiva, el calor y la radiación.

PROTECCIÓN

Hablando en términos estrictos, es imposible protegerse completamente de la radiación, pero un refugio con materiales suficientemente gruesos reducirán el nivel de radiación. Aquí presentamos algunos de estos materiales y el grosor necesario para reducir en un 50 % la capacidad de penetración radiactiva.

Material	***Metros***
Hierro y acero	0,21
Hormigón	0,66
Ladrillo	0,60
Tierra	1,00
Hielo	2,00
Madera	2,60
Nieve	6,00

Busque un terreno que tenga un refugio natural, como grietas, hondonadas, zanjas y salientes rocosos. Si no dispone de un refugio preparado en una trinchera, comience a cavar... DEPRISA! Tan pronto como el hoyo sea lo bastante grande, métase dentro para continuar cavando y para reducir la exposición a la radiación si la explosión le sorprende cavando. Construya un techo. Aunque sea sólo de tela, impedirá que el polvo radiactivo le alcance. Los rayos penetrantes sí pueden alcanzarle, de modo que trate de que haya un metro de tierra sobre usted.

Si la explosión le sorprende en el exterior, corra a su refugio. Una vez cubierto, quítese las prendas exteriores y entiérrelas bajo un metro de tierra en un extremo del refugio. No salga a menos que sea absolutamente necesario y no vuelva a usar la ropa que se ha quitado. Bajo ninguna circunstancia debe abandonar el refugio en las primeras 48 horas.

Si está muy necesitado de agua, una breve salida que no se prolongue más allá de los 30 minutos, puede hacerse al tercer día. Al séptimo día una nueva exposición, de poco más de media hora, puede extenderse al octavo día a una hora y posteriormente entre dos y cuatro horas durante los siguientes cuatro días y, a partir del decimotercer día, puede recuperar los hábitos normales de trabajo, regresando a descansar al refugio.

Descontaminación

Si su cuerpo, o incluso su ropa, ha estado expuesto a la radiación, debe ser descontaminado. Una vez en el refugio, coja tierra y frótese con ella las partes expuestas del cuerpo y sus prendas exteriores. Luego arroje la tierra al exterior. Lavese la piel con un paño limpio si es posible. Si dispone de agua, es más eficaz lavar completamente el cuerpo con agua y jabón en lugar de hacerlo con tierra.

Cuidados médicos

TODAS las heridas deben ser cubiertas para impedir que las partículas alfa y beta penetren a través de ellas. Las quemaduras, ya sea que estén causadas por las partículas beta y los rayos gamma o por el calor de la explosión, deben lavarse con agua limpia y cubiertas inmediatamente. Se puede usar la orina, si no se dispone de agua no contaminada. Los ojos deben cubrirse para impedir que otras partículas entren en ellos y deben cubrirse la boca y la nariz con un paño mojado para impedir más inhalaciones.

La radiación afecta a la sangre y aumenta la probabilidad de infecciones. Tome las precauciones necesarias, incluso contra los constipados y las infecciones respiratorias.

CONSECUENCIAS

A menos que se hayan guarecido en refugios profundos, o con una protección especial, todos los alimentos habrán absorbido un poco de radiactividad. Tenga cuidado con los alimentos que contengan mucha sal, productos lácteos, como leche y queso, y alimentos marinos. Después de las pruebas, se descubrió que los alimentos con sal y otros aditivos tenían una mayor concentración de radiactividad que los alimentos que no contenían sal ni aditivos. Los mejores alimentos envasados son sopas, vegetales y frutas. La carne curada y procesada se contamina más rápidamente que la carne fresca. Los huesos absorben los niveles más altos de radiactividad, por tanto la carne magra y con grasa es la que absorbe menos cantidad.

Agua

A menos que provenga de una fuente protegida, no beba agua durante 48 horas después de la explosión. Evite el agua de lagos, estanques y otras aguas provenientes de superficies estáticas. Filtre toda el agua y hiérvala antes de beberla.

Las siguientes fuentes son las menos contaminadas (en orden decreciente de riesgo):

1 • Manantiales y pozos subterráneos
2 • Agua en contenedores/tuberías subterráneos
3 • Nieve recogida de capas profundas bajo la superficie
4 • Ríos de corriente rápida

Cave un hoyo junto a un río de corriente rápida y deje que el agua filtre en su interior. Quite cualquier espuma que se forme en la superficie y recoja el agua. Fíltrela a través de las capas de arena y guijarros (cave profundamente para encontrarlos) en una lata con orificios en el fondo, o a través de un calcetín. Hiérvala en un recipiente no contaminado.

Descontamine los utensilios lavándolos con agua hervida o en un río de corriente rápida.

Animales para comer

Los animales que viven bajo tierra se hallan menos expuestos a la radiación que aquellos que viven en la superficie: conejos, tejones, ratones y animales similares son los mejores pero, cuando se aventuren en el exterior, también resultarán contaminados. Sin embargo, esas fuentes de comida deben aprovecharse. Aumentará su propia contaminación, pero la alternativa es morirse de inanición.

Para reducir la contaminación de la carne NO manipule directamente los cadáveres, use guantes o un paño para cubrirse las manos mientras procede a despellejar y lavar el animal. Evite la carne que esté en contacto con el hueso. El esqueleto retiene el 80 % de la radiación, de modo que deje al menos 3 mm en el hueso. Las partes más seguras de la carne son el músculo y la grasa. Descarte TODOS los óganos internos.

Peces y animales acuáticos tendrán un nivel de contaminación más alto que los animales terrestres de la zona. Las aves se encontrarán gravemente contaminadas y no debe comerlas. No obstante, los huevos no representan ningún peligro.

Plantas para comer

Las raíces vegetales con tubérculos comestibles que crecen bajo tierra son las más seguras: por ejemplo, zanahorias, patatas y nabos. Lávelos bien y pélelos antes de comerlos.

Las frutas de piel suave y los vegetales son los más seguros después de aquellas. Las plantas que tienen follaje ondulado son las más difíciles de descontaminar debido a su textura. Deben evitarse.

Supervivencia a largo plazo

Las predicciones sobre los resultados a largo plazo de un conflicto termonuclear sobre el medio ambiente difieren considerablemente. La posibilidad de un «invierno nuclear», con consecuentes efectos sobre el clima y la vida vegetal más allá de las áreas afectadas, dificultará incluso la agricultura de subsistencia. A corto plazo, sin embargo, y en el caso de que sea un conflicto limitado, pueden servirle los consejos que se ofrecen en el siguiente epígrafe: ***Colectivo doméstico.***

COLECTIVO DOMÉSTICO

No necesita estar a cientos de kilómetros de la civilización para quedar atrapado en una situación de supervivencia. Los desastres naturales, los desórdenes civiles o las acciones militares pueden aislarle de todos los servicios habituales y del suministro de alimentos. Hasta que puedan ser restablecidos, quedará sometido a sus propios recursos y habilidades.

Sin suministro eléctrico: calefacción central, agua caliente, luz, aire acondicionado y refrigeración dejarán de funcionar. Las radios y los televisores a pilas proporcionarán durante algún tiempo noticias del mundo exterior, si la situación no es global, pero el correo, el teléfono y la prensa ya no podrán utilizarse. Cuando se interrumpa el suministro de agua, los grifos se secarán y los inodoros ya no podrán utilizarse.

En el campo habrá recursos naturales que pueden aprovecharse. En las grandes ciudades, las tiendas agotarán sus existencias en poco tiempo —ya sea vendidas o saqueadas— y las plantas de jardines y parques serán arrancadas una vez que se hayan agotado las provisiones privadas. La población se verá obligada a hacer incursiones de pillaje al campo para sobrevivir, o bien abandonar las ciudades, a menos que se encuentren sitiadas. Los habitantes de los suburbios disponen de más terreno para sembrar vegetales y hacer acopio de alimentos. Ellos dependerán menos de las tiendas de alimentación. Las personas que viven lejos de los grandes centros poblados disponen de mayores reservas porque no pueden comprar cuando lo desean.

La mayoría de las familias tiene algo de comida almacenada. Esta comida deberá ser racionada y complementada con cualquier otra fuente de alimentos que pueda encontrar.

RESERVAS DE COMIDA

Almacenar comida es un buen hábito, especialmente si usted vive en un lugar apartado que puede verse completamente aislado. Si usted dispone de comida para resistir un año, y puede reponerla a medida que la consume, no sólo podrá sobrevivir a los peores momentos sino que podrá hacerlo a los precios del año anterior.

La reserva de comida no tiene que hacerse de una sola vez. Haga un acopio gradual de ella, aprovechando las ofertas especiales de los supermercados. Compre una caja o una lata extras y guárdelas. Almacene los alimentos en un lugar seco, fresco y oscuro y alejado del suelo; la humedad y el calor producen bacterias y moho. Si los alimentos permanecen en el suelo, insectos y roedores darán buena cuenta de ellos. Asegúrese de que todos los recipientes son a prueba de insectos y roedores.

RECUERDE

Haga girar las latas para que el contenido no se asiente y sepárelas. Coloque etiquetas escritas con rotulador en cada lata o paquete, apuntando el contenido y la fecha de envase. Use los alimentos en orden, empezando por los que almacenó primero. Haga provisiones metódidas, y si alguna etiqueta se desprende, aún así deberá tener una buena idea de lo que contiene el recipiente.

La elección de los alimentos dependerá del gusto individual, pero los productos simples (carne acecinada mejor que carne estofada y masa molida para sopa) se conservarán mejor y pueden aprovecharse de muchas maneras. El grano se conserva mejor que la harina, es menos susceptible a la humedad, la luz, los insectos y los cambios de temperatura. Los granos encontrados en las pirámides se hallaban muy bien conservados a pesar de los miles de años transcurridos. No obstante, debe molerlos para hacer la harina, de modo que debe contar con un pequeño mortero.

Mantenga los alimentos protegidos

Los frascos de dulces con tapa o rosca son ideales y los recipientes de plástico con tapas herméticas también pueden utilizarse. No los llene excesivamente para que la tapa pueda ajustar correctamente. Utilice una cinta adhesiva para sellar los recipientes. Vuelva a colocar una cinta después de abrirlos, pero recuerde que una vez abierto el recipiente, su contenido comenzará a deteriorarse.

VIDA PROPIA DE LOS ALIMENTOS RECOMENDADOS

Grano	Indefinidamente por debajo de 15°
Leche en polvo	2 años
Miel	Indefinidamente
Huevos en polvo	2 años
Sal	Indefinidamente si está completamente seca
Alimentos enlatados	3-5 años (repóngalos regularmente)
Avenas	Indefinidamente
Aceite de cocina	2 años (repóngalo regularmente)

Raciones

Pueden conseguirse raciones completas con varios menús, ya sea deshidratadas o deshidratados por congelación. Son más ligeros y ocupan menos espacio que la comida envasada. Los alimentos deshidratados por congelación son mejores tanto en sabor como en textura y retienen los minerales que se pierden con la deshidratación simple. Aunque ambos alimentos necesitan agua para recuperar su volumen, pueden comerse también como tentenpié seco.

Vitaminas

Las tabletas multivitamínicas también son muy buenas. El organismo puede acumular hasta un mes de reservas vitamínicas, pero luego la salud se resentirá si no son repuestas. En situaciones de estrés, las vitaminas se utilizan en mayor cantidad. La familia B (y minerales, calcio y zinc) es la primera en agotarse. Las tabletas de vitaminas no tienen una vida ilimitada, compruebe las instrucciones del fabricante.

Otros alimentos

Nueces y frutos secos son muy nutritivos y también deberían ser incluidos: pasas de uva, uvas de Esmirna y pasas de Corinto se conservan muy bien. Las nueces en su cáscara se conservan tanto tiempo como permanezcan secas. Los paquetes de frutos secos y salados, como cacahuetes, castañas y avellanas son muy nutritivos.

Patata en polvo es excelente para los estómagos hambrientos y puede prepararse de diversas maneras para que sea sobroso.

Arroz no pulimentado es más nutritivo que el arroz blanco de grano grande, que pierde casi toda sus propiedades cuando es hervido.

Dónde guardar los alimentos

Cuanto más fresco sea el lugar donde se guarden los alimentos, mejor se conservarán. Un sótano es el lugar ideal, pero puede haber problemas con la humedad, de modo que mantenga los alimentos alejados del suelo y examínelos regularmente. Si el sótano tiene claraboya, cúbrala. Es mejor que esté a oscuras.

Un desván también es un buen lugar para guardar comida, ya que los alimentos no serán un obstánculo para las actividades cotidianas. Sin embargo, en verano puede hacer mucho calor en ese sitio y el acceso puede ser complicado —especialmente si una escalera es el único medio de llegar hasta allí— dificultando las operaciones cuando se trate de objetos grandes y pesados. El techo también es una zona vulnerable en la mayoría de los desastres naturales. Un desván no es una buena elección en zona azotada por huracanes. En una zona susceptible de quedar inundada, un sótano tampoco es una buena elección. Debajo de la escalera también es otra zona que puede ofrecer cierta protección, aunque un espacio limitado. Debe aprovecharse todo aquello susceptible de ser almacenado, no sólo alimentos sino también medicinas, desinfectantes, materiales de limpieza... y agua. Si usted divide la zona de almacenamiento en más de un área, cada una con diversos productos, estará perfectamente preparado.

AÑADA A SUS PROVISIONES

Dentrífico y jabón
Desinfectante y decolorante
Jabón en polvo
Medicinas en general
Medicinas para: disentería, desórdenes estomacales, alergias, calmantes generales
Vendajes y apósitos

PRIORIDADES

En una situación doméstica dispondrá probablemente de un lugar donde refugiarse, a menos que la casa haya sido totalmente destruida, o bien el área se haya convertido en una zona peligrosa donde la evacuación es imperativa. Los daños pueden ser inicialmente reparados para brindar un poco de protección, mientras que las reparaciones más permanentes deben iniciarse lo antes posible.

El suministro de agua siempre es un problema, ya que escasea incluso durante una inundación. Afortunadamente es probable que se disponga de algunas reservas y, teniendo conocimiento de la crisis que se avecina deben aumentarse.

El fuego para calentarse es un problema menos grave, ya que habrá suficientes materiales combustibles en la casa y los alrededores. Las infecciones pueden ser el peligro más grave y deben reforzarse las medidas sanitarias e higiénicas.

AGUA

Aunque una familia de cuatro miembros puede usar una cantidad de agua considerable por semana, sólo una pequeña proporción es para beber: unos 2 litros diarios por persona. Si se avecina una crisis, llene la mayor cantidad de recipientes que tenga, especialmente si vive en una zona de clima cálido. Una bañera puede contener decenas de litros; aumente su capacidad anulando la abertura que impide que se desborde. Use cubos, ollas, toneles... incluso bolsas de polietileno si sólo las llena por la mitad y las ata firmemente.

Guarde el agua en la oscuridad. Si las alcanza la luz, pueden aparecer algas verdes. El agua es pesada y ocupa espacio. No la almacene en un desván porque podría derrumbarse.

Aunque no haya advertencias sobre la inminencia de un desastre natural, habrá agua en el depósito de reserva, en las tuberías de la calefacción, en los radiadores, quizá en un acuario y en la cisterna del lavabo... no la desperdicie. En el exterior de la casa tal vez haya una piscina, toneles de agua o un estanque; incluso se puede utilizar el agua del radiador de un coche. El agua de la calefacción central está tratada habitualmente con un agente deoxigenizante y el radiador de un coche probablemente contenga anticongelante, de modo que es mejor reservar este agua para limpiar. Si no tiene más remedio que beberla, no olvide hervirla varias veces. (Ver: ***Principios básicos.***)

El agua hervida es insípida y el agua destilada tiene incluso menos sabor. Es fácil devolverle parte de su sabor insuflándole oxígeno: pase el agua simplemene de un recipiente a otro. Un pequeño trozo de carbón de leña colocado en el recipiente mientras que el agua hierve, también ayuda a darle sabor.

FILTRAR Y ESTERILIZAR

Filtre y esterilice TODA el agua antes de usarla para beber. Si las circunstancias no permiten hervir el agua, esterilícela con productos químicos.

FILTRAR: permita que el agua permanezca en el recipiente para que el sedimento se deposite en el fondo. Luego extráigala mediante un sifón y pásela a través de un filtro hecho con un calcetín de nilón (u otro material poroso) lleno de arena (en el fondo), carbón y musgo (arriba).

ESTERILIZAR: agua clara: *añada 2 medidas de decolorante doméstico por litro, o 3 medidas de tintura de iodo al 2 % por litro.*

Agua turbia: *doble las cantidades de decolorante o yodo.*

Grandes cantidades: *1/2 cucharadita de decolorante por litro.*

Cocinar con agua

El agua para cocinar DEBE hervirse durante al menos ocho minutos, pero el agua que no es hervida durante ese lapso puede utilizarse para calentar recipientes de comida, siempre que no entre en contacto con el contenido.

Coloque la lata en el agua, practique un pequeño orificio en la parte superior para que no explosione y tapónelo con un trozo de paño para que el agua no entre en la lata.

Alternativamente, hierva el agua, apártela del fuego y coloque la lata sin ningún orificio dentro del agua. Este método es más lento.

Recolección de agua

● Recoja la mayor cantidad posible de agua de lluvia. Rompa las secciones inferiores de las tuberías y desvíe el flujo de agua hacia un cubo. Aunque el agua de lluvia es pura, el paso por los canales del tejado puede contaminarla. Esterilícela.

● Añada más recipientes con grandes trozos de plástico sostenidos por palos. Cúbralos para evitar la evaporación y que se llenen de desperdicios.

● Si el nivel de agua subterránea en su zona es elevado, puede cavar hasta encontrarla; incluso puede haber un pozo en su propiedad que pueda volver a habilitarse.

● Otras formas de obtener agua son los destiladores solares y de vegetación (ver ***Principios básicos***).

Conservación del agua

No malgaste el agua lavando ropa, salvo la ropa interior. Nunca arroje el agua que ha usado. Permita que se asiente el sedimento y vuelva a utilizarla.

Es muy importante lavarse las manos antes de cocinar, pero el resto del cuerpo puede esperar hasta que llueva. El cuerpo produce aceites naturales y, en la medida en que los poros permanezcan abiertos, la salud no se verá afectada. Pronto se acostumbrará al olor y las reuniones sociales no son frecuentes en situaciones de crisis. Si las lluvias son pocas y espaciadas use un paño mojado para lavarse. Los paños dejados a la intemperie, en prados o arbustos, durante la noche recogerán suficiente humedad para higienizarse sin necesidad de recurrir a sus reservas de agua.

Las personas heridas tienen prioridad para el baño y toda su ropa debe hervirse regularmente.

FUEGO

El calor y el bienestar que proporciona el fuego son fundamentales para elevar la moral, pero su aplicación más importante será hervir el agua y conservar los alimentos. El uso del combustible debe contemplar estas dos prioridades.

Las chimeneas bloqueadas deben volver a habilitarse. Si no están bien limpias pueden prender fuego y, con ellas, la casa.

Limpiar una chimenea

Asegure un buen arbusto de acebo o similar al extremo de una cuerda larga y, desde el tejado, introdúzcalo por la chimenea (una piedra atada al extremo de la cuerda asegurará su caída). Luego tire del arbusto nuevamente hacia arriba y la chimenea quedará limpia.

Hogares improvisados

Si no dispone de recipientes metálicos en los hogares, puede improvisarlos con tapas de cubos de basura y radiadores de calefacción para encender el fuego sobre ellos. En pisos con suelos de hormigón, se puede encender fuego directamente sobre él. Si dispone de una barbacoa, úsela.

Nunca deje sin controlar un fuego encendido en el interior. Incluso un fuego que arde en un lugar protegido debe extinguirse por la noche si nadie se va a quedar despierto para vigilarlo.

Combustible

Comience usando los muebles de jardín, árboles, arbustos, tallos, columpios, escaleras y mangos de herramientas. Cuando se acaben, queme los muebles y demás elementos. Alfombras, cortinas y cojines quemarán muy bien. Cartones, libros y periódicos enrollados también producirán mucho calor. También puede quemarse el combustible de cualquier vehículo, además de los aceites convencionales para iluminación y calefacción.

ATENCIÓN

Muchos materiales y muebles modernos, especialmente los muebles PVC y hechos con bloques de gomaespuma, producen gases venenosos cuando arden. Si está quemando estos objetos, el fuego debe hacerse en el exterior de la casa o, si se ve obligado a hacerlo en el interior, el fuego debe estar cerca de una ventana abierta. Cúbrase la cara con un paño mojado cuando deba acercarse al fuego para vigilarlo.

COMIDA

● Compruebe todos los alimentos que hay en la casa y raciónelos inmediatamente.

● Use primero los alimentos perecederos. Los alimentos grasos son los primeros en deteriorarse y los alimentos envasados los últimos en hacerlo.

- Recuerde que, una vez que falle el suministro eléctrico, la nevera y el refrigerador dejarán de funcionar, aunque tardarán cierto tiempo en descongelarse si usted abre las puertas lo menos posible.
- Hierva la leche para que se conserve durante más tiempo.
- Hierba los huevos o protéjalos con una capa de grasa; si tiene gelatina (un método tradicional para preservar los huevos frescos) simplemente sumérjalos en ella.
- Cocine la carne, envuélvala en un paño y entiérrela. Cocine primero la carne de cerdo (que tiene el contenido de grasa más elevado), luego la de cordero, y por último la de vaca (que es la mejor carne para conservar).
- Una vez que la carne ha sido cocida y se ha enfriado, NO vuelva a calentarla o puede correr el riesgo de que se pudra.
- Sólo puede cocinar una parte cada vez, de modo que deje el resto en el refrigerador mientras aún conserven el frío.

Comida del jardín

Los vegetales con cuatro pétalos, incluyendo todas las hierbecitas, desde alelíes a repollos, son comestibles. Las malvas, aunque no son muy sabrosas, son nutritivas. Gusanos, babosas y caracoles también son comestibles. EVITE los bulbos como narcisos, tulipanes y acónitos, pues son venenosos.

Más alla del jardín

Explore los parques y los espacios abiertos en busca de otro tipo de vegetación y también para tender trampas y cazar. Las aves que viven en una ciudad —especialmente palomas y estorninos— llenarán su plato, sobre todo si usa redes y lazos con cebo (ver *Trampas y cepos* en **Comida**).

Más cerca de casa

Tenga cuidado con las plantas de interior —algunas de ellas son venenosas, especialmente la *difembaquia y el filodendro*— aunque las orquídeas pueden comerse.

Si la comida es escasa, no habrá nada con que alimentar a los animales domésticos y NO PUEDE permitirse el lujo de ser escrupuloso en este aspecto. Si necesita beber agua del acuario, no se desprenda de los peces. De hecho, ellos serán probablemente la comida más asequible aunque no necesite el agua. El gato es el siguiente en la lista. Una vez despellejado le resultará difícil diferenciarlo de un conejo. Gerbos, hamsters, conejos, periquitos australianos y loros pueden ser añadidos a la dieta y, a menos que su perro sea un extraordinario cazador, él también debería engrosar esa lista.

Conservar la comida

Para conocer los métodos de ahumado, salado y adobo, ver *Preservación de la comida* en **Comida.**

Cuando el refrigerador ya no funcione, quítele el motor, haga un agujero en la parte inferior, colóquelo sobre piedras o ladrillos y, con un fuego debajo, úselo como ahumadero doméstico.

REFUGIO

Las primeras prioridades serán un techo seguro sobre su cabeza y una estructura estable. Quite los escombros y asegúrese de que no queda nada que pueda derrumbarse o caer desde lo alto y herirle. Use pizarra, tejas y ladrillos de otros edificios para asegurarse de que, al menos, su construcción es buena.

En clima frío

Conserve los recursos viviendo en una habitación, eligiendo una planta baja que mire al sur (si vive en el hemisferior norte). Tape todas las aberturas para que no haya corrientes de aire y evite abrir la puerta innecesariamente. Si hay fuego encendido, asegúrese de que existe una ventilación adecuada para evitar la asfixia o el envenenamiento por monóxido de carbono. Use ropa de abrigo para conservar combustible. Cuanto mayor sea el número de personas en la habitación, más alta será la temperatura. Descanse y haga el menor ejercicio físico posible.

En clima muy cálido

Use las habitaciones superiores y abra las ventanas de la planta baja en la dirección que sopla el viento; abra las ventanas superiores hacia el lado protegido de la casa. Deje todas las puertas abiertas y una brisa fresca soplará a través de la casa. Descanse durante el día y haga el trabajo necesario por la noche.

Mudarse

Si la casa no puede repararse, u otros factores le obligan a la evacuación, llévese lo imprescindible —comida, mantas, herramientas, medicinas, recipientes para el agua y materiales para construir un refugio— si piensa que no los encontrará en otra parte. Como medio de transporte para todas estas cosas use un carrito de la compra o uno de bebé. Encuentre un edificio o casa vacíos o prepárese para acampar en otro sitio.

HIGIENE

Las medidas sanitarias son muy importantes durante el período posterior a cualquier desastre. Las cloacas destruídas, el agua contaminada y la acumulación de desperdicios causan y extienden las enfermedades. Los gérmenes, transmitidos por ratas, pulgas y otros insectos, se multiplican rápidamente. Los desperdicios de toda clase deben ser eliminados cuidadosamente y todos los procedimientos descritos (ver *Higiene* en *Campamento*) **deben adaptarse a la situación doméstica.**

Excrementos

La orina es estéril, pero si se acumulan grandes cantidades su olor atrae a las moscas. Use el tipo de orinal descrito en ***Campamento.*** Mantenga el tubo cubierto. Si no lo usa directamente, vierta toda la orina recogida por el tubo.

Construya una letrina (vea nuevamente ***Campamento***) alejada de la casa para que su olor no se perciba pero no tan lejos que sea difícil llegar a ella en una emergencia y, en una situación de emergencia, habrá muchas emergencias. Una caja con un agujero practicado en la base puede utilizarse como retrete. Después de usarla, si dispone de agua, lávese antes de usar el papel higiénico. Y lávese cuidadosamente las manos también.

Ajuste una tapa a la caja, apile tierra alrededor del fondo para suprimir el olor y mantener alejadas a las moscas.

Evite el contacto con las manos y elimine los excrementos con una pala.

Animales

Los animales contraen enfermedades que pueden ser transmitidas a los seres humanos. Si tiene animales y los toca, asegúrese de no tener ninguna herida en la piel, o use guantes. Las infecciones pueden penetrar por el más pequeño de los cortes. Cocine toda la carne cuidadosamente.

Basuras de la cocina

Todas las basuras biodegradables deben apilarse en un rincón del jardín y convertidas en abono para enriquecer la tierra. Las pilas de abono también son una fuente de gusanos, que añadirán proteínas a su dieta.

Sin embargo, no debería haber una cantidad excesiva de desperdicios de cocina. NO pele las patatas, gran parte de su valor alimenticio se halla en la piel. Las hojas exteriores de la col, que alguna vez descartó, pueden ser comestibles cortadas en trozos pequeños.

Los desperdicios no biodegradables —latas y plásticos que no pueden utilizarse— deben quemarse y enterrarse. Esto impide que atraigan a las moscas. En climas cálidos queme TODA la basura. Y luego meta las cenizas en un pozo.

ENFERMEDADES ALIMENTARIAS

Salmonella y shigella son enfermedades transmitidas por manos contaminadas por vía oral-anal.

Las llagas en las manos pueden ser una fuente de entrada para los estafilococos que producen fuertes dolores de estómago, diarrea y deshidratación.

Clostridium botulinum **es un bacilo frecuentemente mortal que puede producirse cuando se realiza el enlatado casero y la temperatura no es suficientemente elevada. Es un bacilo que crece sólo cuando no hay oxígeno. No hay ninguna manera segura de determinar si la comida está contaminada, de modo que TENGA MUCHO CUIDADO si procede a envasar su propia comida. Un bacilo relacionado con el anterior es el responsable del tétano.**

Enfermedades transmisibles

El hecho de vivir en grupos muy apiñados después de un desastre aumenta el riesgo de transmisión de enfermedades. Una buena higiene personal puede reducir esta amenaza. El aislamiento de los pacientes con constipados o fiebre también es una buena medida.

Los vendajes usados y las secreciones deben sellarse en una bolsa de polietileno y quemarse inmediatamente. Disponga de todas las heces y la orina en la letrina exterior, y hierva regularmente el recipiente usado para transportar los excrementos.

Higiene personal

Lávese con arena si no dispone de agua. No se muerda las uñas —aunque las condiciones sean muy angustiantes— ni se lleve los dedos a la boca. No perfore llagas ni ampollas y cúbralas convenientemente. Cámbiese la ropa interior regularmente y lávela (pero no use agua potable para hacerlo).

ALGUNOS PREPARADOS HERBÁCEOS ÚTILES

Las **raíces de fresa** contienen una sustancia para limpiar los dientes.
Las **semillas de delfinio** pueden triturarse para combatir a los piojos.
La **corteza de abedul** puede ser destilada para producir un aceite que alivia las afecciones cutáneas.
La **lavanda** produce un extracto para limpiar la piel.
Ver también **Medicina natural.**

POSDATA

Ahora dispone usted de unos conocimientos que a mí, y a otros como yo, nos han llevado toda una vida de entrenamiento y experiencia reunir. Pero **no** *piense que sólo leyendo este libro le convertirá en un superviviente. Le ha mostrado cuales son las* técnicas *necesarias, pero es* **usted** *quien debe aplicarlas y quien debe enfrentarse a las situaciones.*

Cuando yo estoy enseñando personalmente a soldados y civiles a afrontar situaciones de supervivencia parte de mi trabajo consiste en garantizar su seguridad. No puedo hacer lo mismo con el lector de esta obra. Sólo puedo darle información y consejos. No estaré allí para impedir que cometa una tontería. No puedo abordar situaciones individuales específicas, y tampoco puedo asegurar que lo que he escrito ha sido entendido como corresponde. Pero **sí** *sé que lo que he escrito ha salvado vidas en el pasado y estoy convencido de que podrá salvar más vidas en el futuro. Debe aplicar con prudencia las técnicas de supervivencia, ya que será responsabilidad suya —y no mía— si resulta herido o provoca heridas o lesiones a los demás.*

El cuerpo humano tiene una asombrosa capacidad para hacer frente a situaciones peligrosas y ambientes hostiles. Las personas que han pasado por ellas, después de haber soportado terribles penurias en condiciones aparentemente imposibles, son una prueba viviente de ello. Hombres y mujeres, jóvenes y ancianos, todos ellos tuvieron la voluntad de vivir. Todos tienen este instinto básico en alguna medida y pueden desarrollarlo con entrenamiento.

La supervivencia es tanto una actitud mental como una cuestión de conocimiento y resistencia física. Piense en las técnicas de supervivencia como si se tratara de una pirámide, y trabaje sobre la base de esa voluntad para salir adelante. Muchas personas con esa voluntad han logrado sobrevivir con todas las apuestas en contra. Con unos pocos conocimientos podrían haberlo tenido más fácil. De modo que el siguiente escalón de la pirámide es el conocimiento. Alimenta la confianza y disipa los temores.

El tercer escalón de la pirámide debe ser el entrenamiento, y no significa intentar algo una sola vez sino dominar las técnicas y mantenerlas. Al hacerlo, también mantendrá entrenado su cuerpo.

En la cima de la pirámide coloque su equipo de supervivencia. Un equipo y provisiones adecuadas son algo lógico, pero el superviviente no sabe necesariamente para qué condiciones deberá equiparse. Es en ese momento cuando su kit de supervivencia adquiere una importancia fundamental. Al instinto de supervivencia que desarrollará más tarde, añádale conocimientos, entrenamiento y equipo y estará preparado para cualquier cosa.

ACREDITACIONES/RECONOCIMIENTOS

Este libro ha sido redactado y diseñado por
Howard Loxton y Tony Spalding

Las ilustraciones de color fueron pintadas por
Norman Arlott

Otras ilustraciones fueron dibujadas por
Steve Cross
Chris Lyon
Andrew Mawson
Tony Spalding

Los editores también desean agradecer la ayuda prestada
por las siguientes personas e instituciones:

Belinda Bouchard, Ronald Clark, Mark Crean,
Johnny Pinfold, William Spalding

Department of Community Affairs, Estado de Florida
Department of Emergency Management, Estado de Washington
Federal Emergency Management Agency, Washington D.C.
Greater London Council Fire Brigade Department
Health and Safety Commission (Reino Unido)
Office of Emergency Services, Estado de California